U0161542

西门子S7-200 SMART PLC
从入门到精通

陈忠平　胡彦伦　张金菊　张　锋　编著

中国电力出版社

CHINA ELECTRIC POWER PRESS

内 容 摘 要

本书从实际工程应用出发，详细讲解了西门子 S7-200 SMART 系列 PLC 的基础与实际应用等方面的内容。本书共 10 章，主要介绍了 PLC 的基本概况、S7-200 SMART PLC 的硬件、S7-200 SMART PLC 编程基础、S7-200 SMART PLC 基本指令的使用及应用实例、S7-200 SMART PLC 功能指令的使用及应用实例、数字量控制系统梯形图的设计方法、模拟量功能与 PID 控制、S7-200 SMART PLC 的通信与网络、HMI 与变频器、PLC 控制系统设计及实例等内容。

本书语言通俗易懂，实例的实用性和针对性较强，特别适合初学者使用，对有一定 PLC 基础知识的读者也会有很大帮助。本书既可作为电气控制领域技术人员的自学教材，也可作为高职高专院校、成人高校、本科院校的电气工程、自动化、机电一体化、计算机控制等专业的参考书。

图书在版编目（CIP）数据

西门子 S7-200 SMART PLC 从入门到精通/陈忠平等编著 . —北京：中国电力出版社，2020.9
ISBN 978-7-5198-4711-1

Ⅰ. ①西…　Ⅱ. ①陈…　Ⅲ. ①PLC 技术　Ⅳ. ①TM571. 61

中国版本图书馆 CIP 数据核字（2020）第 101795 号

出版发行：中国电力出版社
地　　址：北京市东城区北京站西街 19 号（邮政编码 100005）
网　　址：http：//www. cepp. sgcc. com. cn
责任编辑：刘　炽　何佳煜（484241246@qq. com）
责任校对：黄　蓓　郝军燕　李　楠
装帧设计：郝晓燕
责任印制：杨晓东

印　　刷：北京雁林吉兆印刷有限公司
版　　次：2020 年 9 月第一版
印　　次：2020 年 9 月北京第一次印刷
开　　本：787 毫米×1092 毫米　16 开本
印　　张：33.5
字　　数：777 千字
定　　价：128.00 元

版 权 专 有　侵 权 必 究
本书如有印装质量问题，我社营销中心负责退换

前　言

　　PLC(programmable logic controller) 即可编程逻辑控制器，它是以微处理器为基础，综合了计算机技术、自动控制技术和通信技术发展起来的一种通用工业自动控制装置。20 世纪 60 年代第 1 台 PLC 问世，之后 PLC 的发展非常迅猛，如今已成为工控领域中最重要、应用最广的控制设备之一。

　　随着科技的进步，PLC 厂商纷纷推出更新换代的产品，作为全球生产 PLC 的大型厂商西门子公司也不例外。SIMATIC❶ S7-200 SMART 是西门子公司于 2013 年推出的一种小型整体式 PLC，作为 S7-200 PLC 的换代产品，其结构紧凑，具有机型丰富、以太互联、软件编程高效、运动控制便捷、性能卓越等特点。为便于读者学习和理解 S7-200 SMART PLC 控制系统的相关技术，特编写本书。

　　本书在编写过程中注重题材的取舍，具有以下特点：

　　(1) 以 PLC 的应用技术为重点，淡化原理，注重实用，以项目、案例为线索进行内容编排。

　　(2) 本书面向自动控制的应用层面，工程实例丰富，着重培养读者的动手能力，使读者能跟上新技术的发展。

　　(3) 本书的大部分实例取材于实际工程项目或其中的某个环节，对读者从事 PLC 应用和工程设计具有较大的实践指导意义。

　　全书共分 10 章，第 1 章讲述了 PLC 的定义、发展历史与趋势、功能、特点与主要性能指标、应用和分类、PLC 的硬件组成及工作原理；第 2 章首先简单介绍了 S7-200 SMART PLC 的性能特点及硬件系统组成，然后详细讲解了 CPU 模块、扩展模块以及硬件装卸和接线等内容；第 3 章先简单介绍了 PLC 的编程语言种类、数据类型与寻址方式，然后详细讲述了 STEP7-Micro/WIN SMART 编程软件的使用；第 4 章介绍了位逻辑类指令、定时器指令、计数器指令，并通过实例讲解这些基本指令的使用方法；第 5 章详细讲解了传送指令、比较指令、数学运算指令、逻辑运算指令、移位指令、转换指令、表格指令、字符串指令、实时时钟指令、程序控制指令、中断指令、高速计数器指令及高速脉冲指令的指令格式及应用等内容；第 6 章介绍了梯形图的设计方法、顺序控制设计法与顺序功能图、常见的顺序控制编写梯形图的方法、S7-200 SMART PLC 顺制继电器指令编程法，并通过多个实例重点讲解了单序列的 S7-200 SMART PLC 顺序控制、选择序列的 S7-200 SMART PLC 顺序控制、并行序列的 S7-200 SMART PLC 顺序控制的应用；第 7 章介绍了模拟量的基本概念、S7-200 系列的模拟量扩展模块、模拟量控制的使用、PID 控制与应用等内容；第 8 章介绍了通信基础知识、S7-200 SMART 系列 PLC 的通信部件及协议，并通过实例重点讲解了 S7-200 SMART PLC 的自由端口通信和 S7-200 SMART PLC

---

❶　SIMATIC 是西门子自动化系列产品品牌统称，来源于 SIEMENS＋Automatic（西门子＋自动化）。

的 Modbus 通信等内容；第 9 章介绍了文本显示器和触摸屏的使用方法，以及西门子 MM440 变频器的接线方法、调试方法等内容，然后通过实例讲解 PLC 在变频器控制系统中的应用；第 10 章讲解了 PLC 控制系统的设计、通过实例讲解了 PLC 在电动机控制系统中的应用、PLC 控制的应用设计方法。

参加本书编写工作的有湖南工程职业技术学院陈忠平，衡阳技师学院胡彦伦，湖南信息学院张金菊，长沙市公安局开福分局张锋，湖南涉外经济学院侯玉宝、廖亦凡和高金定，湖南航天诚远精密机械有限公司刘琼等。全书由湖南工程职业技术学院龚亮副教授主审。

由于编者知识水平和经验的局限性，书中难免有错漏之处，敬请广大读者批评指正。

编者

目　　录

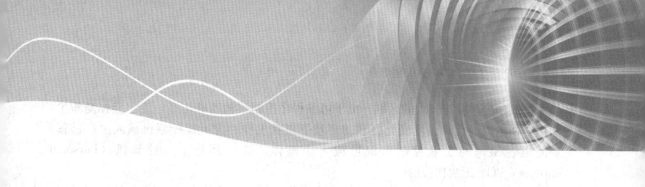

第1章 PLC的基本概况

可编程控制器是结合继电-接触器控制和计算机技术不断发展完善的一种自动控制装置，具有编程简单、使用方便、通用性强、可靠性高等优点，在自动控制领域的应用十分广泛。本书以西门子 S7-200 SMART 为例介绍可编程控制器的基本结构、工作原理、指令系统、程序设计、应用控制等内容。

1.1 PLC 概 述

1.1.1 PLC的定义

可编程控制器是在继电器控制和计算机控制的基础上开发出来的，并逐渐发展为以微处理器为基础，综合计算机技术、自动控制技术和通信技术等现代科技的新型工业自动控制装置。目前广泛应用于各种生产机械和生产过程的自动控制系统中。

因早期的可编程控制器主要用于代替继电器实现逻辑控制，因此将其称为可编程逻辑控制器（programmable logic controller，PLC）。随着技术的发展，许多厂家采用微处理器（micro processer unit，MPU）作为可编程控制的中央处理单元（central processing unit，CPU），大大加强 PLC 功能，使它不仅具有逻辑控制功能，还具有算术运算功能和对模拟量的控制功能。据此，美国电气制造协会（National Electrical Manufacturers Association，NEMA）于 1980 年将它正式命名为可编程序控制器（programmable controller，PC），且对 PC 做如下定义："PC 是一种数字式的电子装置，它使用了可编程序的存储器以存储指令，能完成逻辑、顺序、计时、计数和算术运算等功能，用以控制各种机械或生产过程"。

为了确定可编程序控制器的性质，国际电工委员会（International Electrical Committee，IEC）曾多次发布以及修订有关可编程序控制器的文件，如 1987 年颁布的可编程序控制器标准草案中对它做了以下定义："可编程序控制器是一种专门在工业环境下应用而设计的数字运算操作的电子装置。它采用可编程程序的存储器，用来在其内部存储执行逻辑运算、顺序控制、定时、计数和算术运算等操作的指令，它以接入式 CPU 为核心，通过数字式或模拟式的输入和输出，控制各种类型的机械或生产过程。"

可编程序控制器从内部构造、功能及工作原理上看是一台计算机，是数字运算操作的电子装置，它带有可以编制程序的存储器，能进行逻辑运算、顺序运算、定时、计数和算术运算工作。

可编程序控制器是一种工业现场用计算机。它是为工业环境下应用而设计的，工业环境和一般办公环境有较大的区别。由于可编程序控制器的特殊构造,使它能在高粉尘、高噪声、强电磁干扰和温度变化剧烈的环境下正常工作。为了能控制机械或生产过程,它要能很容易地与工业控制系统形成一个整体,这些都是个人计算机(Personal Computer,PC)无法比拟的。

可编程序控制器是一种通用的计算机。它能控制各种类型的工业设备及生产过程。它的功能能够很容易地扩展,它的程序是可以根据控制对象的不同,由使用者来编制的。也就是说,可编程序控制器较其以前的工业控制计算机,如单片机工业控制系统,具有更大的灵活性,它可以方便地应用在各种场合。

通过以上定义还可以了解到,相较一般意义上的计算机,可编程序控制器不仅具有计算机的内核,它还配置了许多使其适用于工业控制的器件。它实质上是经过一次开发的工业控制用计算机。从另一个方面来说,它是一种通用机,经过二次开发,它可以在任何具体的工业设备上使用。自其诞生以来,电气工程技术人员感受最强的也正是可编程序控制器二次开发十分容易。它在很大程度上使工业自动化设计从专业设计院走进工厂和矿山,变成了普通工程技术人员甚至普通电气工人也可以处理的工作。再加上体积小、工作可靠性高、抗干扰能力强、控制功能完善、适应性强、安装接线简单等诸多优点,可编程序控制器获得了突飞猛进的发展,在工业控制领域获得了非常广泛的应用。

可编程序控制器(PC)在工业界使用了多年,但因个人计算机(PC)也简称为 PC,为了对两者进行区别,现在通常把可编程序控制器简称为 PLC,所以本书中也将其称为 PLC。

1.1.2 PLC 的发展历史与趋势

PLC 从诞生至今,已成为一种最重要、最普及、应用场合最广的工业控制器。

1. PLC 的发展历史

20 世纪 20 年代起,人们把各种继电器、定时器、接触器及其触点按一定的逻辑关系连接起来,组成传统的继电-接触器控制系统,来控制各种机械设备。由于其结构简单,在一定范围内能满足控制要求,因而使用面广,在工业控制领域中一直占有主导地位。

随着工业技术的发展,设备和生产过程越来越复杂。复杂的系统若采用传统继电-接触器控制,需使用成百上千个各式各样的继电器。对于复杂的控制系统,继电器控制系统存在可靠性差和灵活性差等缺点。

20 世纪 60 年代,工业生产流水线的自动控制系统基本上都由传统的继电-接触器构成。20 世纪 60 年代中期,美国汽车制造业竞争激烈,各生产厂家的汽车型号不断更新,要求加工的生产线控制装置也随之改变。美国通用汽车公司(GM)为适应生产工艺不断更新的需要提出使用一种新的工业控制装置,该装置具有以下 10 项指标:

(1) 编程简单,可在现场修改程序;

(2) 维护方便,采用模拟化结构;

(3) 可靠性高于继电-接触器控制装置;

(4) 体积小于继电-接触器控制装置;

(5) 成本可与继电-接触器控制装置竞争;

(6) 可将数据直接输入计算机;

（7）输入是交流 115V（美国标准系列电压值）；

（8）输出为交流 115V、2A 以上，能直接驱动电磁阀、交流接触器、小功率电机等；

（9）通用性强，能扩展；

（10）能存储程序，存储器容量至少能扩展到 4KB。

根据这些条件，美国 DEC 公司（美国数字设备公司）首先响应，于 1969 年成功研制出世界上第一台可编程序控制器 PDP-14，用它代替传统的继电器控制系统，并在美国 GM 公司的汽车自动装配上试用成功。接着，美国哥德公司也开发出了可编程序控制器 MODICON 084。

这种新型的工业控制装置具有简单易懂、操作方便、可靠性高、通用灵活、体积小、使用寿命长等优点，其技术很快在美国其他工业领域中得到推广，在工业界产生了巨大影响。从此，可编程序控制器在世界各地迅速发展起来。

1971 年，日本从美国引进这些技术，并很快研制了日本第一台可编程序控制器 DSC-8。1973～1974 年德国和法国也研制出自己的可编程序控制器。我国从 1974 年开始研制，当时仿制美国第一代产品，技术水平不高。直到 1977 年底，美国 Motorola 公司的一位微处理器 MC14500 研制成功后，我国便以 MC14500 微处理器为核心进行可编程序控制器的研制，并很快研制成功，开始应用于工业领域。

PLC 从 1969 年诞生至今经过 40 余年的发展，大致经历了五次更新换代。

（1）第一代：1969～1972 年。第一代的 PLC 称为可编程逻辑控制器，主要是作为继电-接触器控制装置的替代物。其功能单一，只是执行原先由继电器完成的顺序控制、定时、计数等功能，将继电器的"硬接线"控制方式改为"软接线"方式。CPU 由中、小规模集成电路组成，存储器为磁芯存储器。典型的产品有美国 DEC 公司的 PDP-14、PDP14/L；美国哥德公司的 MODICON 084；日本富士电机公司的 USC-4000；日本立石电机（OMRON）公司的 SCY-022；日本北辰电机公司的 HOSC-20；日本横河电机公司的 YODIC'S 等。

（2）第二代：1973～1975 年。第二代的 PLC 已开始使用微处理器作为 CPU，存储器采用 EPROM 半导体技术。功能有所增加，能够实现数字运算、传送、比较等功能，并初步具备自诊断功能，可靠性也有一定的提高。典型产品有美国哥德公司的 MODICON 184、284、384；美国 GE 通用电气公司的 LOGISTROT；德国 Siemens 的 SIMATIC S3、S4 系列；日本富士电机公司的 SC 系列等。

第一代和第二代的 PLC 又称为早期 PLC，在这一时期采用了广大电气工程技术人员所熟悉的继电-接触器控制线路方式，即梯形图，并作为 PLC 特有的编程语言一直沿用至今。

（3）第三代：1976～1983 年。第三代 PLC 又称为中期 PLC，在这一时期 PLC 进入了大发展阶段，美国、德国、日本各有多个厂家生产 PLC。这个时期的产品中 CPU 已采用 8 位和 16 位微处理器，部分产品的 CPU 还采用多个微处理器结构，使 PLC 的功能增强、工作速度加快，能进行多种复杂的数学运算、体积减小、可靠性提高、成本下降。

在硬件方面，除保持原有的开关模块外，还增加模拟量模块、远程 I/O 控制模块、扩大存储容量、增加各种逻辑线圈的数量。在软件方面除保持原有的逻辑运算、计时、计数功能外，还增加了算术运算、数据处理和传送、通信、自诊断等功能。

典型产品有美国哥德公司的 MODICON 84、484、584、684、884；TI 公司的 PM550、510、520、530；德国 Siemens 的 SYMATIC S5 系列；日本三菱公司的 MEL-PLAC-50、550；日本富士电机公司的 MICREX 等。

（4）第四代：1983 年至 20 世纪 90 年代中期。在这一时期，由于超大规模集成电路技术的迅速发展，CPU 采用了 16 位微处理器，内存容量更大。为了进一步提高 PLC 的处理速度，各制造商还研制了专用逻辑处理芯片。这样 PLC 在软、硬件功能上都有巨大变化。PLC 的联网通信能力增强，可将多台 PLC 链接起来，构成功能完善的分布式控制系统，实现资源共享；外设多样化，可配置 CRT 和打印机等。

（5）第五代：20 世纪 90 年代中期至今。近期 PLC 使用 16 位和 32 位微处理器，运算速度更快，功能更强，具有更强的数学运算和大批量的数据处理能力。出现了智能化模块，可以实现各种复杂系统的控制。编程语言除了可使用传统的梯形图、流程图外，还可使用高级编程语言。

2. PLC 的发展趋势

近年来，可编程序控制器发展更加迅猛。展望未来，可编程序控制器主要向以下方向发展：

（1）朝简易、经济、超小型和高速度、大容量、高性能的大型可编程序控制器发展。

单片机技术的发展，使 PLC 的结构更加紧凑、体积进一步减小、价格降低、可靠性不断提高，可广泛取代传统的继电-接触器控制系统。简易、经济、超小型 PLC 主要用于单机控制和规模较小的控制线系统。

大型 PLC 一般为多处理器系统，由字处理器、位处理器和浮点处理器等组成，具有较大的存储功能和较强的输入输出接口。如有的机型扫描速度高达 0.1ms/K 字，可处理几万个开关量 I/O 信号和多个模拟量 I/O 信号，用户存储器空间达几十兆。

（2）过程控制功能增强。

随着 PLC 技术的发展，已出现了模拟量 I/O 模块和专门用于模拟量闭环控制（过程控制）的智能 PID（Proportional Integral Derivative，比例-微分-积分）模块。现代 PLC 模拟量控制除采用闭环控制指令和智能 PID 模块外，有的还采用模糊控制、自适应控制和参数自整定功能，以减少调试时间、提高控制精度。

（3）朝智能化、模块化发展。

智能 I/O 模块就是以微处理器和存储器为基础的微型计算机系统，具有很强的信息处理能力和控制功能。它们的 CPU 与 PLC 的主 CPU 并行工作，占用主 CPU 的时间很少，有利于提高 PLC 系统的运行速度、信息处理速度，有时还可完成主 CPU 难以兼顾的功能，以提高 PLC 的适应性和可靠性。

（4）向网络通信方向发展。

可编程序控制器通过网络接口，可级连不同类型的 PLC 和计算机，从而组成控制范围很大的局部网络，便于分散与集中控制。PLC 通信能力的增强，使设备之间的通信能够自动周期性地进行，而不需要用户为通信进行编程。

（5）向软件化发展。

编程软件可以控制可编程序控制器系统中各框架各个插槽上模块的型号、模块参数、各串行通信接口的参数等硬件结构和参数。在屏幕上可以直接生成和编辑 PLC 梯形图、指令表、功能图、顺序控制功能程序，并可实现不同编程语言的相互转换。

1.1.3　PLC 的功能、特点与主要性能指标

1. PLC 的基本功能

PLC 具有逻辑控制、定时控制、计数控制、步进控制、数据处理、A/D 和 D/A 转换、通信联网、监控等基本功能。

（1）逻辑控制功能。逻辑控制又称为顺序控制或条件控制，它是 PLC 应用最广泛的领域。逻辑控制功能实际上就是位处理功能，使用 PLC 的"与"（AND）、"或"（OR）、"非"（NOT）等逻辑指令，取代继电器触点的串联、并联及其他各种逻辑连接，进行开关控制。

（2）定时控制功能。PLC 的定时控制，类似于继电-接触器控制领域中的时间继电器控制。在 PLC 中有许多可供用户使用的定时器，这些定时器的定时时间可由用户根据需要进行设定。PLC 执行时根据用户定义时间长短进行相应限时或延时控制。

（3）计数控制功能。PLC 为用户提供了多个计数器，PLC 的计数器类似于单片机中的计数器，其计数初值可由用户根据需求进行设定。执行程序时，PLC 对某个控制信号状态的改变次数（如某个开关的动合次数）进行计数，当计数到设定值时，发出相应指令以完成某项任务。

（4）步进控制功能。步进控制（又称为顺序控制）功能是指在多道加工工序中，使用步进指令控制在完成一道工序后，PLC 自动进行下一道工序。

（5）数据处理功能。PLC 一般具有数据处理功能，可进行算术运算、数据比较、数据传送、数据移位、数据转换、编码、译码等操作。中、大型 PLC 还可完成开方、PID 运算、浮点运算等操作。

（6）A/D、D/A 转换功能。有些 PLC 通过 A/D、D/A 模块完成模拟量和数字量之间的转换、模拟量的控制和调节等操作。

（7）通信联网功能。PLC 通信联网功能是利用通信技术，进行多台 PLC 间的同位链接、PLC 与计算机链接，以实现远程 I/O 控制或数据交换。可构成集中管理、分散控制的分布式控制系统，以完成较大规模的复杂控制。

（8）监控功能。监控功能是指利用编程器或监视器对 PLC 系统各部分的运行状态、进程、系统中出现的异常情况进行报警和记录，甚至自动终止运行。通常小型低档 PLC 利用编程器监视运行状态；中档以上的 PLC 使用 CRT 接口，从屏幕上了解系统的工作状况。

2. PLC 的主要特点

PLC 之所以广泛应用于各种工业控制领域中，是因为它与传统的继电-接触器系统相比具有以下显著的特点。

（1）可靠性高、抗干扰能力强。继电-接触器控制系统使用大量的机械触点，连接线路比较繁杂，且触点通断时有可能产生电弧和机械磨损，影响其寿命，可靠性差。PLC 中采用现代大规模集成电路，比机械触点继电器的可靠性要高。在硬件和软件设计中都

采用了先进技术以提高可靠性和抗干扰能力。比如，用软件代替传统继电-接触器控制系统中的中间继电器和时间继电器，只剩下少量的输入输出硬件，将触点因接触不良造成的故障大大减小，提高了可靠性；所有 I/O 接口电路采用光电隔离，使工业现场的外电路与 PLC 内部电路进行电气隔离；增加自诊断、纠错等功能，使其在恶劣工业生产现场的可靠性、抗干扰能力提高了。

（2）灵活性好、扩展性强。继电-接触器控制系统由继电器等低压电器采用硬件接线实现的，连接线路比较繁杂，而且每个继电器的触点有数目有限。当控制系统功能改变时，需改变线路的连接。所以继电-接触器控制系统的灵活性、扩展性差。而由 PLC 构成的控制系统中，只需在 PLC 的端子上接入相应的控制线即可，减少接线。当控制系统功能改变时，有时只需编程器在线或离线修改程序，就能实现其控制要求。PLC 内部有成大量的编程元件，能进行逻辑判断、数据处理、PID 调节和数据通信功能，可以实现非常复杂的控制功能，若元件不够时，只需加上相应的扩展单元即可，因此 PLC 控制系统的灵活性好、扩展性强。

（3）控制速度快、稳定性强。继电-接触器控制系统是依靠触点的机械动作来实现控制的，其触点的动断速度一般为几十毫秒，影响控制速度，有时还会出现抖动现象。PLC 控制系统由程序指令控制半导体电路来实现的，响应速度快，一般执行一条用户指令在很短的微秒内即可，PLC 内部有严格的同步，不会出现抖动现象。

（4）延时调整方便，精度较高。继电-接触器控制系统的延时控制是通过时间继电器来完成的，而时间继电器的延时调整不方便，且易受环境温度和湿度的影响，延时精度不高。PLC 控制系统的延时是通过内部时间元件来完成的，不受环境温度和湿度的影响，定时元件的延时时间只需改变定时参数即可，因此其定时精度较高。

（5）系统设计安装快、维修方便。继电-接触器实现一项控制工程，其设计、施工、调试必须依次进行，周期长，维修比较麻烦。PLC 使用软件编程取代继电-接触器中的硬件接线而实现相应功能，使安装接线工作量减小，现场施工与控制程序的设计还可同时进行，周期短、调试快。PLC 具有完善的自诊断、履历情报存储及监视功能，对于其内部工作状态、通信状态、异常状态和 I/O 点的状态均有显示，若控制系统有故障时，工作人员通过它即可迅速查出故障原因，及时排除故障。

3. PLC 的主要性能指标

PLC 的性能指标较多，在此主要介绍与组成 PLC 控制系统关系较直接的几个。

（1）编程语言及指令功能。梯形图语言、助记符语言在 PLC 中较为常见，梯形图语言一般都在计算机屏幕上编辑，使用起来简单方便。助记符语言与计算机编程序相似，对有编制程序基础的工程技术人员来说，学习助记符会容易一些，只要理解各个指令的含义，就可以像写计算机程序一样写 PLC 的控制程序。如果两种语言都会使用更好，因为它们之间可以互相转换。PLC 实际上只认识助记符语言，梯形图语言是需要转换成助记符语言后，存入 PLC 的存储器中。

现在功能语言的使用量有上升趋势。编程语言中还有一个内容是指令的功能。衡量指令功能强弱可看两个方面：一是指令条数多少；二是指令中有多少综合性指令。一条综合性指令一般就能完成一项专门操作。用户编制的程序完成的控制任务，取决于 PLC 指令的多少，指令功能越多，编程越简单方便，完成一定的控制任务越容易。

（2）输入/输出（I/O）点数。输入/输出（I/O）点数是指 PLC 面板上输入和输出的端子个数，即点数，它是衡量 PLC 性能的重要指标。I/O 点数越多，外部可接的输入和输出的元器件就越多，控制规模就越大。因此国际上根据 I/O 点数的多少而将 PLC 分为大型机、中型机和小型或微型机。

（3）存储容量。存储容量在此是指用户程序存储器的存储空间的大小，它决定了 PLC 可容纳的用户程序的长短。一般是以字为单位进行计算，2 个字节构成 1 个字，1024 个字节为 1KB。中、小型 PLC 的存储容量一般在 8KB 以下，大型 PLC 的存储容量有的可达几兆以上，也有的 PLC 其用户存储容量以编程的步数来表示，每编一条语句为一步。

（4）扫描速度。扫描速度是指 PLC 执行用户程序的速度，它也是衡量 PLC 性能的一个重要指标，一般以每扫描 1KB 的用户程序所需时间的长短来衡量扫描速度。例如 20ms/KB 表示扫描 1KB 的用户程序所需的时间为 20ms。

（5）内部元件的种类和数量。在编写 PLC 程序时，需使用大量的内部元件，如辅助继电器、计时器、计数器、移位寄存器等进行存放变量、中间结果、时间等状态，因此这些内部元件的种类和数量越多，表示 PLC 的存储和处理各种信息的能力越强。

（6）可扩展性。在现代工业生产中，PLC 的可扩展性也显得非常重要，主要包括输入/输出点数的扩展，存储容量的扩展，联网功能的扩展，可扩展的模块数。

1.1.4　PLC 的应用和分类

1. PLC 的应用

以前由于 PLC 的制造成本较高，其应用受到一定的影响。随着微电子技术的发展，PLC 的制造成本不断下降，同时 PLC 的功能大大增强，因此 PLC 目前已广泛应用于冶金、石油、化工、建材、机械制造、电力、汽车、造纸、纺织、环保等行业。从应用类型看，其应用范围大致归纳以下几种：

（1）逻辑控制。PLC 可进行"与""或""非"等逻辑运算，使用触点和电路的串、并联代替继电-接触器系统进行组合逻辑控制、定时控制、计数控制与顺序逻辑控制。这是 PLC 应用最基本、最广泛的领域。

（2）运动控制。大多数 PLC 具有拖动步进电动机或伺服电动机的单轴或多轴位置的专用运动控制模块，灵活运用指令，使运动控制与顺序逻辑控制有机结合在一起，广泛用于各种机械设备。如对各种机床、装配机械、机械手等进行运动控制。

（3）过程控制。现代中、大型 PLC 都具有多路模拟量 I/O 模块和 PID 控制功能，有的小型 PLC 也具有模拟量输入输出模块。PLC 可将接收到的温度、压力、流量等连续变化的模拟量，通过这些模块实现模拟量和数字量的 A/D 或 D/A 转换，并对被控模拟量进行闭环 PID 控制。这一控制功能广泛应用于锅炉、反应堆、水处理、酿酒等方面。

（4）数据处理。现代 PLC 具有数学运算（如矩阵运算、函数运算、逻辑运算等）、数据传送、转换、排序、查表、位操作等功能，可进行数据采集、分析、处理，同时可通过通信功能将数据传送给别的智能装置，如 PLC 对计算机数值控制 CNC 设备进行数据处理。

（5）通信联网控制。PLC 通信包括 PLC 与 PLC、PLC 与上位机（如计算机）、PLC 与其他智能设备之间的通信。PLC 通过同轴电缆、双绞线等设备与计算机进行信息交换，可构成"集中管理、分散控制"的分布式控制系统,以满足工厂自动化FA系统、柔性制造系统FMS、集散控制系统DCS等发展的需要。

2. PLC 的分类

PLC种类繁多,性能规格不一,通常根据其结构形式、性能高低、控制规模等方面进行分类。

(1) 按结构形式进行分类。根据PLC的硬件结构形式,将PLC分为整体式、模块式和混合式三类。

整体式PLC是将电源、CPU、I/O接口等部件集中配置装在一个箱体内,形成一个整体,通常将其称为主机或基本单元。采用这种结构的PLC具有结构紧凑、体积小、重量轻、价格较低、安装方便等特点,但主机的I/O点数固定,使用不太灵活。一般小型或超小型的PLC通常采用整体式结构,例如Siemens公司生产的S7-200系列PLC就是采用整体式结构。

模块式结构PLC又称为积木式结构PLC,它是将PLC各组成部分以独立模块的形式分开,如CPU模块、输入模块、输出模块、电源模块有各种功能模块。模块式PLC由框架或基板和各种模块组成,将模块插在带有插槽的基板上,组装在一个机架内。采用这种结构的PLC具有配置灵活、装配方便、便于扩展和维修。大、中型PLC一般采用模块式结构。

混合式结构PLC是将整体式的结构紧凑、体积小、安装方便和模块式的配置灵活、装配方便等优点结合起来的一种新型结构PLC。例如台达公司生产的SX系列PLC就是采用这种结构的小型PLC,Siemens公司生产的S7-300系列PLC也是采用这种结构的中型PLC。

(2) 按性能高低进行分类。根据性能的高低,将PLC分为低档PLC、中档PLC和高档PLC这三类。

低档PLC具有基本控制和一般逻辑运算、计时、计数等基本功能,有的还具有少量模拟量输入/输出、算术运算、数据传送和比较、通信等功能。这类PLC只适合于小规模的简单控制,在联网中一般作为从机使用。

中档PLC有较强的控制功能和运算能力,它不仅能完成一般的逻辑运算,也能完成比较复杂的三角函数、指数和PID运算,工作速度比较快,能控制多个输入/输出模块。中档PLC可完成小型和较大规模的控制任务,在联网中不仅可作从机,也可作主机,如S7-300就属于中档PLC。

高档PLC有强大的控制和运算能力,不仅能完成逻辑运算、三角函数、指数、PID运算、还能进行复杂的矩阵运算、制表和表格传送操作。可完成中型和大规模的控制任务,在联网中一般作主机,如Siemens公司生产的S7-400就属于高档PLC。

(3) 按控制规模进行分类。根据PLC控制器的I/O总点数的多少可分为小型机、中型机和大型机。

I/O总点数在256点以下的PLC称为小型机,如S7-200系列PLC。小型PLC通常用来代替传统继电-接触器控制,在单机或小规模生产过程中使用,它能执行逻辑运算、定时、计数、算术运算、数据处理和传送、高速处理、中断、联网通信及各种应用指令。I/O总点数等于或小于64点的称为超小型或微型PLC。

I/O 总点数在 256～2048 点的 PLC 称为中型机，如 S7-300 系列 PLC。中型 PLC 采用模块化结构，根据实际需求，用户将相应的特殊功能模块组合在一起，使其具有数字计算、PID 调节、查表等功能，同时相应的辅助继电器增多，定时、计数范围扩大，功能更强，扫描速度更快，适用于较复杂系统的逻辑控制和闭环过程控制。

I/O 总点数在 2048 以上的 PLC 称为大型机，如 S7-400 系列 PLC，其中 I/O 总点数超过 8192 的称为超大型 PLC 机。大型 PLC 具有逻辑和算术运算、模拟调节、联网通信、监视、记录、打印、中断控制、远程控制及智能控制等功能。目前有些大型 PLC 的使用 32 位处理器，多 CPU 并行工作，具有大容量的存储器，使其扫描速度高速化，存储容量大大加强。

1.2　PLC 的结构和工作原理

PLC 是微型计算机技术与机电控制技术相结合的产物，是一种以微处理器为核心、用于电气控制的特殊计算机，因此 PLC 的组成与微型计算机类似，由硬件系统和软件系统组成。

1.2.1　PLC 的硬件组成

硬件系统就如人的躯体，PLC 的硬件系统主要由中央处理器（CPU）、存储器、输入/输出（I/O）接口，电源、通信接口、扩展接口等单元部件组成。整体式 PLC 的硬件组成如图 1-1 所示，模块式 PLC 的硬件组成如图 1-2 所示。

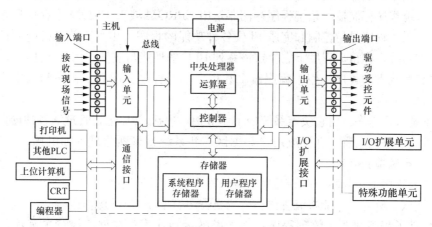

图 1-1　整体式 PLC 的硬件组成

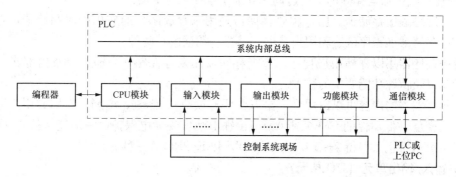

图 1-2　模块式 PLC 的硬件组成

1. 中央处理器

PLC 的中央处理器与一般的计算机控制系统一样，由运算器和控制器构成，是整个系统的核心，类似于人类的大脑和神经中枢。它是 PLC 的运算、控制中心，用来实现逻辑和算术运算，并对全机进行控制，按 PLC 中系统程序赋予的功能，有条不紊地指挥 PLC 进行工作，主要完成以下任务：

（1）控制从编程器、上位计算机和其他外部设备键入的用户程序数据的接收和存储。

（2）用扫描方式通过输入单元接收现场输入信号，并存入指定的映像寄存器或数据寄存器。

（3）诊断电源和 PLC 内部电路的工作故障和编程中的语法错误等。

（4）PLC 进入运行状态后，执行相应工作：①从存储器逐条读取用户指令，经过命令解释后，按指令规定的任务产生相应的控制信号去启闭相关控制电路，通俗讲就是执行用户程序，产生相应的控制信号。②进行数据处理，分时、分渠道执行数据存取、传送、组合、比较、变换等动作，完成用户程序中规定的逻辑运算或算术运算等任务。③根据运算结果，更新有关标志位的状态和输出寄存器的内容，再由输入映像寄存器或数据寄存器的内容，实现输出控制、制表、打印、数据通信等。

2. 存储器

PLC 中存储器的功能与普通微机系统的存储器的结构类似，它由系统程序存储器和用户程序存储器等部分构成。

（1）系统程序存储器。系统程序存储器是用 EPROM 或 E^2PROM 来存储厂家编写的系统程序，系统程序是指控制和完成 PLC 各种功能的程序，相当于单片机的监控程序或微机的操作系统，在很大程度上它决定该系列 PLC 的性能与质量，用户无法更改或调用。系统程序有系统管理程序、用户程序编辑和指令解释程序、标准子程序和调用管理程序三种类型。

1）系统管理程序：由它决定系统的工作节拍，包括 PLC 运行管理（各种操作的时间分配安排）、存储空间管理（生成用户数据区）和系统自诊断管理（如电源、系统出错，程序语法、句法检验等）。

2）用户程序编辑和指令解释程序：编辑程序能将用户程序变为内码形式以便于程序的修改、调试。解释程序能将编程语言变为机器语言便于 CPU 操作运行。

3）标准子程序和调用管理程序：为了提高运行速度，在程序执行中某些信息处理（I/O 处理）或特殊运算等都是通过调用标准子程序来完成的。

（2）用户程序存储器。用户程序存储器是用来存放用户的应用程序和数据，它包括用户程序存储器（程序区）和用户数据存储器（数据区）两种。

程序存储器用以存储用户程序。数据存储器用来存储输入、输出以及内部接点和线圈的状态以及特殊功能要求的数据。

用户存储器的内容可以由用户根据需要任意读/写、修改、增删。常用的用户存储器形式有高密度、低功耗的 CMOS RAM（由锂电池实现断电保护，一般能保持 5~10 年，经常带负载运行也可保持 2~5 年）、EPROM 和 E^2PROM 三种。

3. 输入/输出单元（I/O 单元）

输入/输出单元又称为输入/输出模块，它是 PLC 与工业生产设备或工业过程连接的接口。现场的输入信号，如按钮开关、行程开关、限位开关以及各传感器输出的开关量或模拟量等，都要通过输入模块送到 PLC 中。由于这些信号电平各式各样，而 PLC 的 CPU 所处理的信息只能是标准电平，所以输入模块还需要将这些信号转换成 CPU 能够接受和处理的数字信号。输出模块的作用是接收 CPU 处理过的数字信号，并把它转换成现场的执行部件所能接收的控制信号，以驱动负载，如电磁阀、电动机、灯光显示等。

　　PLC 的输入/输出单元上通常都有接线端子，PLC 类型的不同，其输入/输出单元的接线方式不同，通常分为汇点式、分组式和隔离式三种接线方式，如图 1-3 所示。

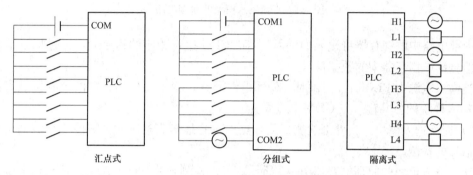

图 1-3　输入/输出单元三种接线方式

　　输入/输出单元分别只有一个公共端 COM 的称为汇点式，其输入或输出点共用一个电源；分组式是指将输入/输出端子分为若干组，每组的 I/O 电路有一个公共点并共用一个电源，组与组之间的电路隔开；隔离式是指具有公共端子的各组输入/输出点之间互相隔离，可各自使用独立的电源。

　　PLC 提供了各种操作电平和驱动能力的输入/输出模块供用户选择，如数字量输入/输出模块、模拟量输入/输出模块。这些模块又分为直流与交流型、电压与电流型等。

　　（1）数字量输入模块。数字量输入模块又称为开关量输入模块，它是将工业现场的开关量信号转换为标准信号传送给 CPU，并保证信息的正确和控制器不受其干扰。它一般是采用光电耦合电路与现场输入信号相连，这样可以防止使用环境中的强电干扰进入 PLC。光电耦合电路的核心是光电耦合器，其结构由发光二极管和光电三极管构成。现场输入信号的电源可由用户提供，直流输入信号的电源也可由 PLC 自身提供。数字量输入模块根据使用电源的不同分为直流输入模块（直流 12V 或 24V）和交流输入（交流 100～120V 或 200～240V）模块两种。

　　1）直流输入模块。当外部检测开关接点接入的是直流电压时，需使用直流输入模块对信号进行的检测。下面以某一输入点的直流输入模块进行讲解。

　　直流输入模块的原理电路如图 1-4 所示。外部检测开关 S 的一端接外部直流电源（直流 12V 或 24V），S 的另一端与 PLC 的输入模块的一个信号输入端子相连，外部直流电源的另一端接 PLC 输入模块的公共端 COM。虚线框内的是 PLC 内部输入电路，R1 为限流电阻；R2 和 C 构成滤波电路，抑制输入信号中的高频干扰；LED 为发光二极管。当 S 闭合后，直流电源经 R1、R2、C 的分压、滤波后形成 3V 左右的稳定电压供给光电隔离 VLC 耦合器，LED 显示某一输入点有无信号输入。光电隔离 VLC 耦合器另一侧的光电三极管接通，此时 A 点为高电平，内部＋5V 电压经 R3 和滤波器形成适合 CPU 所需的标准信号送入内部电路中。

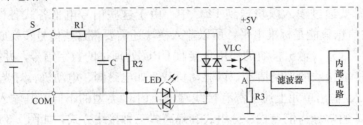

图 1-4　直流输入模块的原理电路

内部电路中的锁存器将送入的信号暂存，CPU 执行相应的指令后，通过地址信号和控制信号读取锁存器中的数据信号。

当输入电源由 PLC 内部提供时，外部电源断开，将现场检测开关的公共接点直接与 PLC 输入模块的公共输入点 COM 相连即可。

2）交流输入模块。当外部检测开关接点加入的是交流电压时，需使用交流输入模块进行信号的检测。

交流输入模块的原理电路如图 1-5 所示。外部检测开关 S 的一端接外部交流电源（交流 100～120V 或 200～240V），S 的另一端与 PLC 的输入模块的一个信号输入端子相连，外部交流电源的另一端接 PLC 输入模块的公共端 COM。虚线框内的是 PLC 内部输入电路，R1 和 R2 构成分压电路，C 为隔直电容，用来滤掉输入电路中的直流成分，对交流相当于短路；LED 为发光二极管。当 S 闭合时，PLC 可输入交流电源，其工作原理与直流输入电路类似。

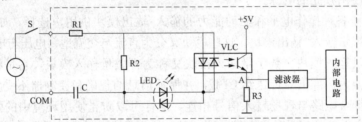

图 1-5　交流输入模块的原理电路

3）交直流输入模块。当外部检测开关接点加入的是交流或直流电压时，需使用交直流输入模块进行信号的检测，如图 1-6 所示。从图中看出，其内部电路与直流输入电路类似，只不过交直流输入电路的外接电源除直流电源外，还可用 12～24V 的交流电源。

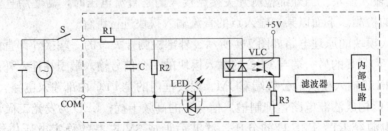

图 1-6　交直流输入模块的原理电路

(2) 数字量输出模块。数字量输出模块又称为开关量输出模块，它是将 PLC 内部信号转换成现场执行机构所能接收的各种开关信号。数字量输出模块按照使用电源（即用户电源）的不同，分为直流输出模块、交流输出模块和交直流输出模块 3 种。按照输出电路所使用的开关器件不同，又分为晶体管输出、晶闸管（即可控硅）输出和继电器输出，其中晶体管输出方式的模块只能带直流负载；晶闸管输出方式的模块只能带交流负载；继电器输出方式的模块既可带交流也可带直流的负载。

1) 直流输出模块（晶体管输出方式）。PLC 某 I/O 点直流输出模块电路如图 1-7 所示，虚线框内表示 PLC 的内部结构。它由 VLC 光电隔离耦合器件、LED 二极管显示、VT 输出电路、VD 稳压管、熔断器 FU 等组成。当某端需输出时，CPU 控制锁存器的对应位为 1，通过内部电路控制 VLC 输出，晶体管 VT 导通输出，相应的负载接通，同时输出指示灯 LED 亮，表示该输出端有输出。当某端不需要输出时，锁存器相应位为 0，VLC 光电隔离耦合器没有输出，VT 晶体管截止，使负载失电，此时 LED 指示灯熄灭，负载所需直流电源由用户提供。

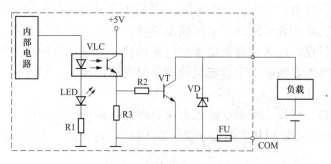

图 1-7　晶体管输出电路

2) 交流输出模块（晶闸管输出方式）。PLC 某 I/O 点交流输出模块电路如图 1-8 所示，虚线框内表示 PLC 的内部结构。图中双向晶闸管（光控晶闸管）为输出开关器件，由它和发光二极管组成的固态继电器 T 有良好的光电隔离作用；电阻 R2 和 C 构成了高频滤波电路，减少高频信号的干扰；浪涌吸收器起限幅作用，将晶闸管上的电压限制在 600V 以下；负载所需交流电源由用户提供。当某端需输出时，CPU 控制锁存器的对应位为 1，通过内部电路控制 T 导通，相应的负载接通，同时输出指示灯 LED 亮，表示该输出端有输出。

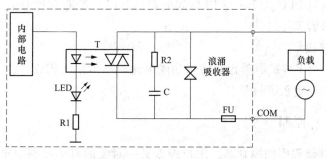

图 1-8　晶闸管输出电路

3）交直流输出模块（继电器输出方式）。PLC 某 I/O 点交直流输出模块电路如图 1-9 所示，它的输出驱动是 K 继电器。K 继电器既是输出开关，又是隔离器件；R2 和 C 构成灭弧电路。当某端需输出时，CPU 控制锁存器的对应位为 1，通过内部电路控制 K 吸合，相应的负载接通，同时输出指示灯 LED 亮，表示该输出端有输出。负载所需交直流电源由用户提供。

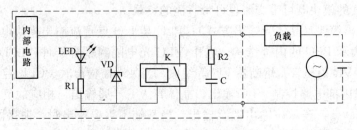

图 1-9 继电器输出电路

通过上述分析可知，为防止干扰和保证 PLC 不受外界强电的侵袭，I/O 单元都采用了电气隔离技术。晶体管只能用于直流输出模块，它具有动作频率高，响应速度快，驱动负载能力小的特点；晶闸管只能用于交流输出模块，它具有响应速度快，驱动负载能力不大的特点；继电器既能用于直流也能用于交流输出模块，它的驱动负载能力强，但动作频率和响应速度慢。

（3）模拟量输入模块。模拟量输入模块是将输入的模拟量如电流、电压、温度、压力等转换成 PLC 的 CPU 可接收的数字量。在 PLC 中将模拟量转换成数字量的模块又称为 A/D 模块。

（4）模拟量输出模块。模拟量输出模块是将输出的数字量转换成外部设备可接收的模拟量，这样的模块在 PLC 中又称为 D/A 模块。

4. 电源单元

PLC 的电源单元通常是将 220V 的单相交流电源转换成 CPU、存储器等电路工作所需的直流电，它是整个 PLC 系统的能源供给中心，电源的好坏直接影响 PLC 的稳定性和可靠性。对于小型整体式 PLC，其内部有一个高质量的开关稳压电源，为 CPU、存储器、I/O 单元提供 5V 直流电源，还可为外部输入单元提供 24V 直流电源。

5. 通信接口

为了实现微机与 PLC、PLC 与 PLC 间的对话，PLC 配有多种通信接口，如打印机、上位计算机、编程器等接口。

6. I/O 扩展接口

I/O 扩展接口用于将扩展单元或特殊功能单元与基本单元相连，使 PLC 的配置更加灵活，以满足不同控制系统的要求。

1.2.2 PLC 的工作原理

PLC 是一种存储程序的控制器。用户根据某一对象的具体控制要求，编制好控制程序后，用编程器将程序输入到 PLC（或用计算机下载到 PLC）的用户程序存储中的寄存。PLC 的控制功能就是通过运行用户程序来实现的。

PLC 虽然以微处理器为核心，具有微型计算机的许多特点，但它的工作方式却与微型计算机很大不同。微型计算机一般采用等待命令或中断的工作方式，如常见的键盘扫描方式或 I/O 扫描方式，当有键按下或 I/O 动作，则转入相应的子程序或中断服务程序；无键按下，则继续扫描等待。微型计算机运行程序时，一旦执行 END 指令，程序运行便结束。而 PLC 采用循环扫描的工作方式，即"顺序扫描，不断循环"。

PLC 从 0 号存储地址所存放的第一条用户程序开始，在无中断或跳转的情况下，按存储地址号递增的方向顺序逐条执行用户程序，直到 END 指令结束。然后再从头开始执行，并周而复始地重复，直到停机或从运行（RUN）切换到停止（STOP）工作状态。PLC 的这种执行程序方式称为扫描工作式。每扫描一次程序就构成一个扫描周期。另外，PLC 对输入、输出信号的处理与微型计算机不同。微型计算机对输入、输出信号实时处理，而 PLC 对输入、输出信号是集中批处理。其运行和信号处理示意如图 1-10 所示。

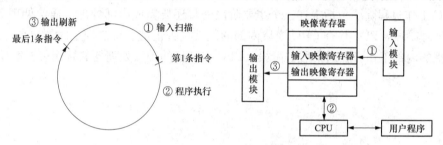

图 1-10　PLC 内部运行和信号处理示意图

PLC 采用集中采样、集中输出的工作方式，减少了外界干扰的影响。PLC 的循环扫描工作过程分为输入扫描、程序执行和输出刷新三个阶段，如图 1-11 所示。

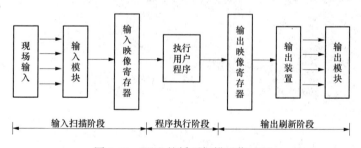

图 1-11　PLC 的循环扫描工作过程

（1）输入扫描阶段。PLC 在开始执行程序前，首先扫描输入模块的输入端子，按顺序将所有输入信号，读入到寄存器（即输入状态的输入映像寄存器）中，此过程称为输入扫描。PLC 在运行程序时，所需的输入信号不是现时取输入端子上的信息，而是取输入映像寄存器中的信息。在本工作周期内这个采样结果的内容不会改变，输入状态的变化只在下一个扫描周期输入扫描阶段才被刷新。此阶段的扫描速度很快，其扫描时间取决于 CPU 的时钟速度。

（2）程序执行阶段。PLC 完成输入扫描工作后，从 0 号存储地址按顺序对用户程序进行扫描执行，如果程序用梯形图表示，则总是按先上后下、先左后右的顺序进行。若遇到程序跳转指令时，则根据跳转条件是否满足来决定程序的跳转地址。当指令中涉输入、输出状态时，PLC 从输入映像寄存将上一阶段采样的输入端子状态读出，从元件映像寄存器中读出对应元件的当前状态，并根据用户程序进行相应运算，然后将运算结果再存入元件寄存器中，对于元件映像寄存器来说，其内容随着程序的执行而发生改变。此阶段的扫描时间取决于程序的长度、复杂程度和 CPU 的功能。

（3）输出刷新阶段。当所有指令执行完后，进入输出刷新阶段。此时，PLC 将输出映像寄存器中所有与输出有关的输出继电器的状态转存到输出锁存器中，并通过一定的方式输出，驱动外部负载。此阶段的扫描时间取决于输出模块的数量。

上述 3 个阶段就是 PLC 的软件处理过程，可以认为就是程序扫描时间。扫描时间通常由三个因素决定：一是 CPU 的时钟速度，越高档的 CPU，时钟速度越高，扫描时间越短；二是 I/O 模块的数量，模块数量越少，扫描时间越短；三是程序的长度，程序长度越短，扫描时间越短。一般的 PLC 执行容量为 1k 的程序需要的扫描时间为 1~10ms。

PLC 工作过程除了包括上述三个主要阶段外，还要完成内部处理、通信处理等工作。在内部处理阶段，PLC 检查 CPU 模块内部的硬件是否正常，将监控定时器复位，以及完成一些别的内部工作。在通信服务阶段，PLC 与其他的带微处理器的智能装置实现通信。

第 2 章　S7-200 SMART PLC 的硬件

SIMATIC S7-200 SMART 系列 PLC 是西门子公司专为我国量身定制的一款高性价比的小型整体式 PLC。它是在 S7-200 CN 的基础上发展起来产品,一方面继承了 S7-200 CN 丰富的功能,另一方面融入了新的亮点,全面取代并超越了 S7-200 CN。

2.1　S7-200 SMART PLC 概述

S7-200 SMART 系列 PLC 结构紧凑、组态灵活、指令丰富、功能强大、可靠性高,具有体积小、运算速度快、性价比高、易于扩展等特点,适用合自动化工程中的各种应用场合。

2.1.1　西门子 PLC 简介

德国西门子(Siemens)公司是欧洲最大的电子和电气设备制造商之一,生产的 SIMATIC 可编程序控制器在欧洲处于领先地位。其著名的"SIMATIC"商标,就是西门子公司在自动化领域的注册商标。其第一代可编程序控制器是 1975 年投放市场的 SIMATIC S3 系列的控制系统。

在 1979 年,微处理器技术被广泛应用于可编程序控制器中,产生了 SIMATIC S5 系列,取代了 S3 系列,之后在 20 世纪末又推出了 S7 系列产品。

经过多年的发展演绎,西门子公司最新的 SIMATIC 产品可以归结为 SIMATIC S7、SIMATIC M7 和 SIMATIC C7 等几大系列。

M7-300/400 采用与 S7-300/400 相同的结构,它可以作为 CPU 或功能模块使用,具有 AT 兼容计算机的功能。其显著特点是具有 AT 兼容计算机功能,使用 S7-300/400 的编程软件 STEP7 和可选的 M7 软件包,可以用 C、C++或 CFC(连续功能图)等语言来编程。M7 适用于需要处理数据量大,对数据管理、显示和实时性有较高要求和系统使用。

C7 由 S7-300PLC、HMI(人机接口)操作面板、I/O、通信和过程监控系统组成。整个控制系统结构紧凑,面向用户配置/编程、数据管理与通信集成于一体,具有很高的性价比。

现今应用最为广泛的 S7 系列 PLC 是西门子公司在 S5 系列 PLC 基础上,于 1995 年陆续推出的性能价格比较高的 PLC 系统。

西门子 S7 系列 PLC 体积小、速度快、标准化,具有网络通信能力,功能更强,可靠性更高。S7 系列 PLC 产品可分为微型 PLC(如 S7-200),小规模性能要求的 PLC(如 S7-300)和中、高性能要求的 PLC(如 S7-400)等。

S7-200 PLC 是超小型化的 PLC，由于其具有紧凑的设计、良好的扩展性、低廉的价格和强大的指令系统，它能适用于各行各业，各种场合中的自动检测、监测及控制等。S7-200 PLC 的强大功能使其无论单机运行，或联成网络都能实现复杂的控制功能。

S7-300 是模块化小型 PLC 系统，能满足中等性能要求的应用。各种单独的模块之间可进行广泛组合构成不同要求的系统：与 S7-200 PLC 比较，S7-300 PLC 采用模块化结构，具备高速（0.6～0.1μs）的指令运算速度；用浮点数运算比较有效地实现了更为复杂的算术运算；一个带标准用户接口的软件工具方便用户给所有模块进行参数赋值；方便的人机界面服务已经集成在 S7-300 操作系统内，人机对话的编程要求大大减少。SIMATIC 人机界面（HMI）从 S7-300 中取得数据，S7-300 按用户指定的刷新速度传送这些数据。S7-300 操作系统自动地处理数据的传送；CPU 的智能化的诊断系统连续监控系统的功能是否正常、记录错误和特殊系统事件（例如，超时，模块更换等）；多级口令保护可以使用户高度、有效地保护其技术机密，防止未经允许的复制和修改；S7-300 PLC 设有操作方式选择开关，操作方式选择开关像钥匙一样可以拔出，当钥匙拔出时，就不能改变操作方式，这样就可防止非法删除或改写用户程序。具备强大的通信功能，S7-300 PLC 可通过编程软件 Step 7 的用户界面提供通信组态功能，这使得组态非常容易、简单。S7-300 PLC 具有多种不同的通信接口，并通过多种通信处理器来连接 AS-I 总线接口和工业以太网总线系统；串行通信处理器用来连接点到点的通信系统；多点接口（MPI）集成在 CPU 中，用于同时连接编程器、PC 机、人机界面系统及其他 SIMATIC S7/M7/C7 等自动化控制系统。

S7-400 PLC 是用于中、高档性能范围的可编程序控制器。该系列 PLC 采用模块化无风扇的设计、可靠耐用，同时可以选用多种级别（功能逐步升级）的 CPU，并配有多种通用功能的模板，这使用户能根据需要组合成不同的专用系统。当控制系统规模扩大或升级时，只要适当地增加一些模板，便能使系统升级和充分满足需要。

随着技术和工业控制的发展，西门子在技术层面上对 S7 系列 PLC 进一步升级。近几年推出了 S7-200 SMART、S7-1200、S7-1500 系列 PLC 产品。

S7-200 SMART 是西门子公司于 2012 年推出的专门针对我国市场的高性价比微型 PLC，可作为国内广泛使用的 S7-200 系列 PLC 的替代产品。S7-200 SMART 的 CPU 内可安装一块多种型号的信号板，配置较灵活，保留了 S7-200 的 RS-485 接口，集成了一个以太网接口，还可以用信号板扩展一个 RS-485/RS-232 接口。用户通过集成的以太网接口，可以用 1 根以太网线，实现程序的下载和监控，也能实现与其他 CPU 模块、触摸屏和计算机的通信和组网。S7-200 SMART 的编程语言、指令系统、监控方法和 S7-200 兼容。与 S7-200 的编程软件 STEP 7-Micro/Win 相比 S7-200 SMART 的编程软件融入了新颖的带状菜单和移动式窗口设计，先进的程序结构和强大的向导功能，使编程效率更高。S7-200 SMART 软件自带 Modbus RTU 指令库和 USS 协议指令库，而 S7-200 需要用户安装这些库。

S7-200 SMART 主要应用于小型单机项目，而 S7-1200 定位于中低端小型 PLC 产品线，可应用于中型单机项目或一般性的联网项目。S7-1200 是西门子公司于 2009 年推出的一款紧凑型、模块化的 PLC。S7-1200 的硬件由紧凑模块化结构组成，其系统 I/O 点数、内存容量均比 S7-200 多出 30%，充分满足市场的针对小型 PLC 的需求，可作为 S7-

200 和 S7-300 之间的替代产品。本书以 S7-200 SMART 为例，讲述 PLC 的相关知识。

2.1.2　S7-200 SMART PLC 的性能特点

S7-200 SMART PLC 集成了一定数量的数字量 I/O、一个 RJ-45 以太网口和一个 RS485 接口。S7-200 SMART 系列 CPU 不仅提供了多种型号 CPU 的扩展模块，能够满足各种配置要求，CPU 内部还集成了高速计数器、PID 的运动控制等功能。S7-200 SMART PLC 的性能特点主要体现在以下方面。

1. 机型丰富，选择更多

该产品提供不同类型、I/O 点数丰富的 CPU 模块，如本体集成数字量点数从 20 点、30 点、40 点到 60 点等。产品配置灵活，在满足不同需求的同时，又可最大限度地控制成本，是小型自动化系统的理想选择。

2. 选件扩展，配置灵活

S7-200 SMART CPU 为标准型 CPU 提供的扩展选件包括扩展模块和信号板两种。扩展模块使用插针连接到 CPU 后面，包括数字量输入（DI）、数字量输出（DO）、数字量输入/输出（DI/DO）模块，以及模拟量输入（AI）、模拟量输出（AO）、模拟量输入/输出（AI/AO）、RTD、TC 模块。新型的信号板设计，可将信号板插在 CPU 前面板的插槽里，在不额外占用控制柜空间的前提下，实现通信端口、数字理通道、模拟量通道的扩展，其配置更加灵活。

3. 以太互联，经济便捷

CPU 模块的本身集成了以太网接口（经济型 CPU 模块除外），用一根以太网线，便可以实现程序的下载和监控，省去了购买专用编程电缆的费用；同时，强大的以太网功能，可以实现与其他 CPU 模块、触摸屏和计算机的通信和组网。

4. 软件友好，编程高效

STEP 7-Micro/Win SMART 编程软件融入了新颖的带状菜单和移动式界面窗口设计，先进的程序结构和强大的向导功能等，使编程效率更高。

5. 运动控制功能强大

S7-200 SMART PLC 的 CPU 模块本身最多集成三路高速脉冲输出，支持 PWM/PO 输出方式以及多种运动模式。配以方便易用的向导设置功能，快速实现设备调速和定位。

6. 完美结合，无缝集成

S7-200 SMART PLC、Smart Line 系列触摸屏和 SINAMICS V20 变频器和 SINAMICS V90 伺服驱动系统完美结合，可以满足用户人机交互、控制和驱动等功能的全方位需要。

2.1.3　S7-200 SMART PLC 的硬件系统组成

S7-200 SMART PLC 控制系统由 CPU 模块、数字量扩展模块、模拟量扩展模块、热电偶与热电阻模块和相关设备组成。CPU 模块、信号板及扩展模块，如图 2-1 所示。

CPU 模块指的是 S7-200 SMART PLC 基本模块，而不是中央处理器 CPU。它是一个完整的控制系统，可以单独地完成一定的控制任务，主要功能是采集输入信号、执行程序、发出输出信号和驱动外部负载。

图 2-1　S7-200 SMART PLC 的 CPU 模块、信号板及扩展模块

　　当 CPU 模块数字量 I/O 点数不能满足控制系统的需求时，用户可根据实际情况对数字量 I/O 点数进行扩展。数字量扩展模块不能单独使用，需要通过自带的连接器插在 CPU 模块上。

　　模拟量扩展模块为主机提供了模拟量输入/输出功能，适用于复杂控制场合。它通过自带的连接器与主机相连，并且可以直接连接变送器和执行器。

　　S7-200 SMART PLC 有 4 种信号板，分别为模拟量输入/输出信号板、数字量输入/输出信号板、RS485/RS232 信号板和电池信号板。模拟量输入信号板型号为 SB AE01，1 点模拟量输入。模拟量输出信号板型号为 SB AQ0，1 点模拟量输出，输出量程为 $-10\sim$ 10V 或 $0\sim20$mA，对应的数字量值为 $-27\ 648\sim27\ 648$ 或 $0\sim27\ 648$。数字量输入/输出信号板型号为 SB DT04，2 点输入/2 点输出晶体管输出型，输出端子每点最大额定电流为 0.5A。RS485/RS232 信号板型号为 SB CM01，可以组态 RS-485 或 RS-232 通信接口。电池信号板型号为 SB BA01，可支持 CR1025 纽扣电池，保持时钟大约 1 年。

　　热电偶或热电阻扩展模块是模拟量模块的特殊形式，可直接连接热电偶或热电阻测量温度。热电偶或热电阻扩展模块可以支持多种热电偶或热电阻。热电阻扩展模块型号为 EM AR02，温度测量分辨率为 0.1℃/0.1℉，电阻测量精度为 15 位＋符号位；热电偶扩展模块型号为 EM AT04，温度测量分辨率和电阻测量精度与热电阻相同。

2.2　S7-200 SMART PLC 的 CPU 模块

　　S7-200 SMART 系列 PLC 的 CPU 模块将微处理器、集成电源、输入电路和输出电路集成在一个紧凑的外壳中，从而形成了一个功能强大的 Micro PLC。

2.2.1　CPU 模块的类别及主要性能

　　S7-200 SMART 系列 PLC 的 CPU 模块有经济型和标准型两大类型共 12 种型号，其中经济型的 CPU 模块主要有 CPU CR20、CPU CR30、CPU CR40、CPU CR60；标准型的 CPU 模块主要有 CPU SR20、CPU ST20、CPU SR30、CPU ST30、CPU SR40、CPU ST40、CPU SR60、CPU ST60。S7-200 SMART 系列 PLC 的 CPU 模块每种型号具有一定的含义，其命名方法如图 2-2 所示。

　　西门子为顺应市场需求而推出的经济型 CPU 模块，具备高性价比，其主要技术性能见表 2-1。该类型的产品没有以太网端口，只能使用 RS485 端口进行编程，不支持数据日

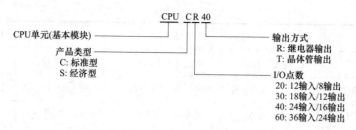

图 2-2　CPU 模块的命名方法

志，没有实时时钟，不提供信号板的支持，不能进行运动控制。

表 2-1　　　　　　　　　　　　　　　　经济型 CPU 模块的主要技术性能

性能参数		CPU CR20	CPU CR30	CPU CR40	CPU CR60
外形尺寸 $W \times H \times D$（mm×mm×mm）		90×100×81	110×100×81	125×100×81	175×100×81
用户存储器	程序存储器	12kB	12kB	12kB	12kB
	数据存储器	8kB	8kB	8kB	8kB
	保持存储器	2kB	2kB	2kB	2kB
本机 I/O 数		12 输入/8 输出	18 输入/12 输出	24 输入/16 输出	36 输入/24 输出
数字量 I/O 映像区		256 位入/256 位出	256 位入/256 位出	256 位入/256 位出	256 位入/256 位出
高速计数器	单相（kHz）	100（4 路）	100（4 路）	100（4 路）	100（4 路）
	正交（kHz）	50（2 路）	50（2 路）	50（2 路）	50（2 路）
RS485 端口		1 个	1 个	1 个	1 个
以太网接口		无	无	无	无
信号板		无	无	无	无
扩展模块		无	无	无	无
PID 回路		8	8	8	8
实时时钟		无	无	无	无

标准型 CPU 模块可满足不同行业、不同用户、不同设备的各种需求，其主要技术性能见表 2-2。相较于经济型 CPU 模块而言，该类型的产品自带以太网端口，能够进行工业以太网通信，可扩展 6 个扩展模块和 1 个信号板，适用于 I/O 点数较多，逻辑控制较为复杂的应用场合。

表 2-2　　　　　　　　　　　　　　　　标准型 CPU 模块的主要技术性能

性能参数		CPU SR20/ST20	CPU SR30/ST30	CPU SR40/ST40	CPU SR60/ST60
外形尺寸 $W \times H \times D$（mm×mm×mm）		90×100×81	110×100×81	125×100×81	175×100×81
用户存储器	程序存储器	12kB	18kB	24kB	30kB
	数据存储器	8kB	12kB	16kB	20kB
	保持存储器	10kB	10kB	10kB	10kB

性能参数		CPU SR20/ST20	CPU SR30/ST30	CPU SR40/ST40	CPU SR60/ST60
本机 I/O 数		12 输入/8 输出	18 输入/12 输出	24 输入/16 输出	36 输入/24 输出
数字量 I/O 映像区		256 位入/256 位出	256 位入/256 位出	256 位入/256 位出	256 位入/256 位出
模拟映像		56 字入/56 字出	56 字入/56 字出	56 字入/56 字出	56 字入/56 字出
高速计数器	单相（kHz）	200（4 路）	200（5 路）	200（4 路）	200（4 路）
	正交（kHz）	30（2 路）	30（1 路）	30（2 路）	30（2 路）
RS485 端口		1 个	1 个	1 个	1 个
以太网接口		1 个	1 个	1 个	1 个
信号板		1 个	1 个	1 个	1 个
扩展模块		最多 6 个	最多 6 个	最多 6 个	最多 6 个
PID 回路		8	8	8	8
实时时钟		有	有	有	有

经济型 CPU 模块 CPU CR20、CPU CR30、CPU CR40、CPU CR60 为交流供电（AC），直流数字量输入（DC），继电器数字量输出（RLY）；标准型 CPU 模块 CPU SR20、CPU SR30、CPU SR40、CPU SR60 也为交流供电（AC），直流数字量输入（DC），继电器数字量输出（RLY）；而标准型 CPU 模块 CPU ST20、CPU ST30、CPU ST40、CPU ST60 为直流 24V 供电（DC），直流数字量输入（DC），晶体管数字量输出（DC）。

2.2.2　CPU 模块的外形结构

S7-200 SMART 系列 PLC 的 CPU 模块外形结构如图 2-3 所示，它将微处理器、集成电源和若干数字量 I/O 点集成在一个紧凑的封装中。当系统需要扩展时，可选用需要的扩展模块与 CPU 模块连接。

（1）数字量输入接线端子是外部数字量输入信号与 PLC 连接的接线端子，在顶部端盖下面。此外，顶部端盖下面还有输入公共端子和 PLC 工作电源接线端子。

（2）数字量输出接线端子是外部负载与 PLC 连接的接线端子，在底部端盖下面。此外，底部端盖下面还有输出公共端子和 24V 直流电源端子，24V 直流电源为传感器和光电开关等提供能量。

（3）数字量输入指示灯（LED）用于显示是否有数字量输入控制信号接入 PLC。当指示灯亮时，表示有控制信号接入 PLC；当指示灯不亮时，表示没有控制信号接入 PLC。

（4）数字量输出指示灯（LED）用于显示是否有数字量输出信号驱动外部执行设备。当指示灯亮时，表示有输出信号驱动外部设备；当指示灯不亮时，表示没有输出信号驱动外部设备。

（5）CPU 运行指示灯包含 RUN、STOP、ERROR 这三个，其中 RUN、STOP 指示灯用于显示当前工作状态。若 RUN 指示灯亮，表示 PLC 处于运行状态；当 STOP 指示

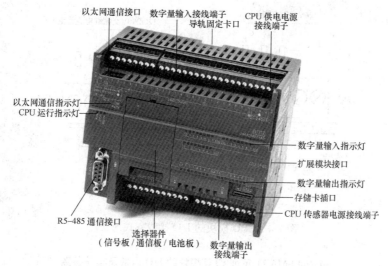

图 2-3　S7-200 SMART 系列 PLC 的 CPU 模块外形结构图

灯亮，表示 PLC 处于停止状态。ERROR 指示灯亮时，表示系统故障，PLC 停止工作。

（6）存储卡插口仅限于标准型基于模块，该插口可插入 Micro SD 卡，可以下载程序和 PLC 固件版本的更新。

（7）选择器件仅限于标准型基于模块，可用于连接扩展模块，如信号板、通信板和电池板等。它采用插针式连接，使模块连接更加紧密。

（8）以太网通信接口仅限于标准型基于模块，可用于程序下载和设备组态。程序下载时，只需要一条以太网线即可，不需要购买专用的程序下载线。

2.2.3　CPU 模块的 I/O

S7-200 SMART 系列 CPU 模块的 I/O 端子包括输入端子和输出端子，作为数字量 I/O 时，输入方式分为直流 24V 源型和漏型输入；输出方式分为直流 24V 源型的晶体管输出和交流 120/240V 的继电器输出，它们的接线方式如图 2-4 所示。基本模块的型号不同，它们的 I/O 端子数和输出方式不同，其具体情况见表 2-3，表中前 8 种型号为经济型，其余为标准型。

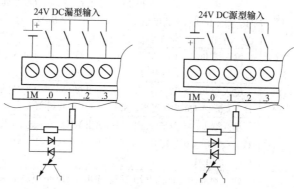

图 2-4　CPU 模块的 I/O 接线方式（一）

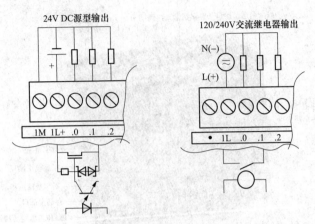

图 2-4　CPU 模块的 I/O 接线方式（二）

表 2-3　　　　　　　　S7-200 SMART 系列 CPU 模块的 I/O 点数及相关参数

型号	I/O 点数	电源供电方式	公 共 端	输入类型	输出类型
CPU ST20	12 入/8 出	DC 电源 20.4～28.8V	输入端 I0.0～I1.3 共用 1M；输出端 Q0.0～Q0.7 共用 2L+、2M	DC 24V 漏型输入	晶体管输出
CPU ST30	18 入/12 出	DC 电源 20.4～28.8V	输入端 I0.0～I2.1 共用 1M；输出端 Q0.0～Q0.7 共用 2L+、2M，Q1.0～Q1.3 共用 3L+、3M	DC 24V 漏型输入	晶体管输出
CPU ST40	24 入/16 出	DC 电源 20.4～28.8V	输入端 I0.0～I2.7 共用 1M；输出端 Q0.0～Q0.7 共用 2L+、2M，Q1.0～Q1.7 共用 3L+、3M	DC 24V 漏型输入	晶体管输出
CPU ST60	36 入/24 出	DC 电源 20.4～28.8V	输入端 I0.0～I4.3 共用 1M；输出端 Q0.0～Q0.7 共用 2L+、2M，Q1.0～Q1.7 共用 3L+、3M，Q2.0～Q2.7 共用 4L+、4M	DC 24V 漏型输入	晶体管输出
CPU SR20	12 入/8 出	AC 电源 85～264V	输入端 I0.0～I1.3 共用 1M；输出端 Q0.0～Q0.3 共用 1L，Q0.4～Q0.7 共用 2L	DC 24V 漏型输入	继电器输出
CPU SR30	18 入/12 出	AC 电源 85～264V	输入端 I0.0～I2.1 共用 1M；输出端 Q0.0～Q0.3 共用 1L，Q0.4～Q0.7 共用 2L，Q1.0～Q1.3 共用 3L	DC 24V 漏型输入	继电器输出
CPU SR40	24 入/16 出	AC 电源 85～264V	输入端 I0.0～I2.7 共用 1M；输出端 Q0.0～Q0.3 共用 1L，Q0.4～Q0.7 共用 2L，Q1.0～Q1.3 共用 3L，Q1.4～Q1.7 共用 4L	DC 24V 漏型输入	继电器输出
CPU SR60	36 入/24 出	AC 电源 85～264V	输入端 I0.0～I4.3 共用 1M；输出端 Q0.0～Q0.3 共用 1L，Q0.4～Q0.7 共用 2L，Q1.4～Q1.7 共用 4L，Q2.0～Q2.3 共用 5L，Q2.4～Q2.7 共用 6L	DC 24V 漏型输入	继电器输出
CPU CR20	12 入/8 出	AC 电源 85～264V	输入端 I0.0～I1.3 共用 1M；输出端 Q0.0～Q0.3 共用 1L，Q0.4～Q0.7 共用 2L	DC 24V 漏型输入	继电器输出
CPU CR30	18 入/12 出	AC 电源 85～264V	输入端 I0.0～I2.1 共用 1M；输出端 Q0.0～Q0.3 共用 1L，Q0.4～Q0.7 共用 2L，Q1.0～Q1.3 共用 3L	DC 24V 漏型输入	继电器输出
CPU CR40	24 入/16 出	AC 电源 85～264V	输入端 I0.0～I2.7 共用 1M；输出端 Q0.0～Q0.3 共用 1L，Q0.4～Q0.7 共用 2L，Q1.0～Q1.3 共用 3L，Q1.4～Q1.7 共用 4L	DC 24V 漏型输入	继电器输出
CPU CR60	36 入/24 出	AC 电源 85～264V	输入端 I0.0～I4.3 共用 1M；输出端 Q0.0～Q0.3 共用 1L，Q0.4～Q0.7 共用 2L，Q1.4～Q1.7 共用 4L，Q2.0～Q2.3 共用 5L，Q2.4～Q2.7 共用 6L	DC 24V 漏型输入	继电器输出

24

CPU ST20 为 12 点输入、8 点输出，端子编号采用 8 进制，其中输入端子为 I0.0～I1.3，输出端子为 Q0.0～Q0.7。它们 I/O 都采用汇点式接线，如图 2-5 所示。CPU ST20 由外部电源供电，其电压范围为 DC 20.4～28.8V。CPU ST20 的输入端为 DC 24V 漏型输入，公共端为 1M；输出端为晶体管输出方式，公共端为 2L＋和 2M，且 2L＋接 DC 24V 的正极。L＋、M 为 PLC 向外额定输出 DC 24V/300mA 直流电源，L＋为电源正极，M 为电源负极，该电源既可作为输入端电源使用，也可作为传感器供电电源。

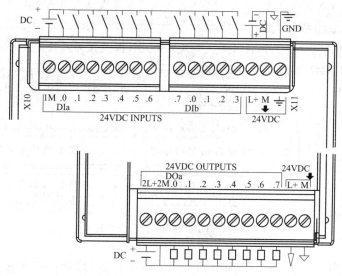

图 2-5　CPU ST20 的 I/O 接线

CPU ST30 为 18 点输入、12 点输出，端子编号采用 8 进制，其中输入端子为 I0.0～I2.1，输出端子为 Q0.0～Q1.3。CPU ST30 的输入采用汇点式接线，输出采用分组式接线，如图 2-6 所示。CPU ST30 的输入端为 DC 24V 漏型输入，公共端为 1M。输出端为晶体管输出方式，共分 2 组，其中 Q0.0～Q0.7 为 1 组，公共端为 2L＋和 2M；Q1.0～Q1.3 为第 2 组，公共端为 3L＋和 3M。

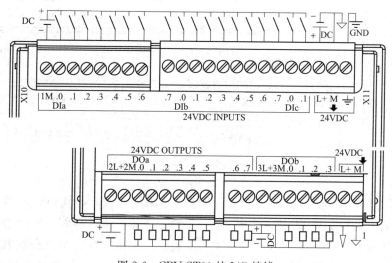

图 2-6　CPU ST30 的 I/O 接线

CPU ST40 为 24 点输入、16 点输出,端子编号采用 8 进制,其中输入端子为 I0.0～
I2.7,输出端子为 Q0.0～Q1.7。CPU ST40 的输入采用汇点式接线,输出采用分组式接
线,如图 2-7 所示。CPU ST40 的输入端为 DC 24V 漏型输入,公共端为 1M。输出端为
晶体管输出方式,共分 2 组,其中 Q0.0～Q0.7 为 1 组,公共端为 2L＋和 2M;Q1.0～
Q1.7 为第 2 组,公共端为 3L＋和 3M。

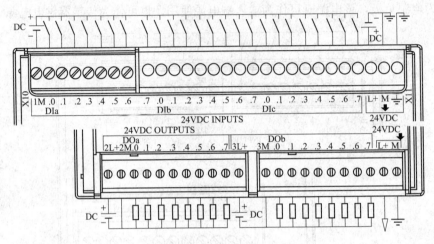

图 2-7　CPU ST40 的 I/O 接线

CPU ST60 为 36 点输入、24 点输出,端子编号采用 8 进制,其中输入端子为 I0.0～
I4.3,输出端子为 Q0.0～Q2.7。CPU ST60 的输入采用汇点式接线,输出采用分组式接
线,如图 2-8 所示。CPU ST60 的输入端为 DC 24V 漏型输入,公共端为 1M。输出端为
晶体管输出方式,共分 3 组,其中 Q0.0～Q0.7 为 1 组,公共端为 2L＋和 2M;Q1.0～
Q1.7 为第 2 组,公共端为 3L＋和 3M;Q2.0～Q2.7 为第 3 组,公共端为 4L＋和 4M。

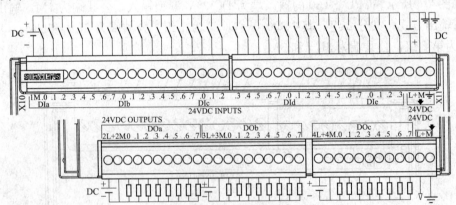

图 2-8　CPU ST60 的 I/O 接线

CPU SR20 为 12 点输入、8 点输出,端子编号采用 8 进制,其中输入端子为 I0.0～
I1.3,输出端子为 Q0.0～Q0.7。CPU SR40 的输入采用汇点式接线,输出采用分组式接
线,如图 2-9 所示。CPU SR20 的 L1、N 端子接外部交流电源以给自身供电,其电压范
围为 AC 85～264V。CPU SR20 的输入端为 DC 24V 漏型输入,公共端为 1M。输出端为

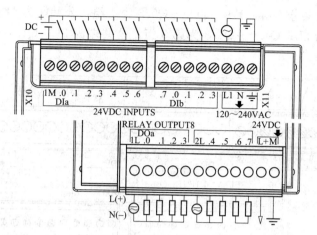

图 2-9　CPU SR20 的 I/O 接线

继电器输出方式,共分 2 组,其中 Q0.0~Q0.3 为 1 组,公共端为 1L;Q0.4~Q0.7 为第 2 组,公共端为 2L。L+、M 为 PLC 向外额定输出 DC 24V/300mA 直流电源,L+ 为电源正极,M 为电源负极,该电源既可作为输入端电源使用,也可作为传感器供电电源。根据负载性质的不同,输出回路电源支持交流和直流。

CPU SR30 为 18 点输入、12 点输出,端子编号采用 8 进制,其中输入端子为 I0.0~I2.1,输出端子为 Q0.0~Q1.3。CPU SR30 的输入采用汇点式接线,输出采用分组式接线,如图 2-10 所示。CPU SR30 的输入端为 DC 24V 漏型输入,公共端为 1M。输出端为继电器输出方式,共分 3 组,其中 Q0.0~Q0.3 为 1 组,公共端为 1L;Q0.4~Q0.7 为第 2 组,公共端为 2L;Q1.0~Q1.3 为第 3 组,公共端为 3L。

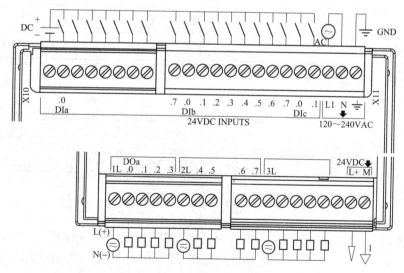

图 2-10　CPU SR30 的 I/O 接线

CPU SR40 为 24 点输入、16 点输出,端子编号采用 8 进制,其中输入端子为 I0.0~I2.7,输出端子为 Q0.0~Q1.7。CPU SR40 的输入采用汇点式接线,输出采用分组式接线,如图 2-11 所示。CPU SR40 的输入端为 DC 24V 漏型输入,公共端为 1M。输出端为继电器输出方式，共分 4 组，其中 Q0.0～Q0.3 为 1 组，公共端为 1L；Q0.4～Q0.7 为第 2 组，公共端为 2L；Q1.0～Q1.3 为第 3 组，公共端为 3L；Q1.4～Q1.7 为第 4 组，公共端为 4L。

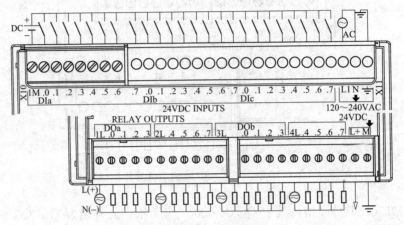

图 2-11   CPU SR40 的 I/O 接线

CPU SR60 为 36 点输入、24 点输出，端子编号采用 8 进制，其中输入端子为 I0.0～I4.3，输出端子为 Q0.0～Q2.7。CPU SR60 的输入采用汇点式接线，输出采用分组式接线，如图 2-12 所示。CPU SR60 的输入端为 DC 24V 漏型输入，公共端为 1M。输出端为继电器输出方式，共分 6 组，其中 Q0.0～Q0.3 为 1 组，公共端为 1L；Q0.4～Q0.7 为第 2 组，公共端为 2L；Q1.0～Q1.3 为第 3 组，公共端为 3L；Q1.4～Q1.7 为第 4 组，公共端为 4L；Q2.0～Q2.3 为第 5 组，公共端为 5L；Q2.4～Q2.7 为第 6 组，公共端为 6L。

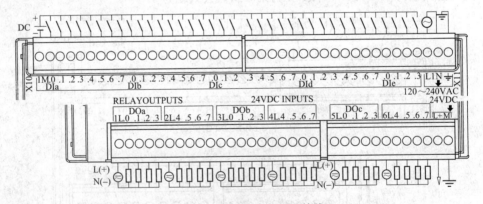

图 2-12   CPU SR60 的 I/O 接线

经济型 CPU 模块 CPU CR20、CPU CR30、CPU CR40、CPU CR60 的 I/O 端子编号、I/O 接线方式、公共端等，分别与标准型 CPU 模块 CPU SR20、CPU SR30、CPU SR40、CPU SR60 的相同，在此不再赘述。

2.2.4 CPU 的工作方式

CPU 模块有 3 个运行指示灯，用于提供 CPU 模块的运行状态信息。绿色的 RUN 灯亮，表示 CPU 处于运行状态；黄色的 STOP 灯亮，表示 CPU 处于停止状态；红色的 ERROR 灯亮，表示系统出现故障，CPU 停止工作。

CPU 有两种工作方式：运行（RUN）方式和停止（STOP）方式。CPU 在停止（STOP）方式时，不执行程序，此时可以通过编程装置向 PLC 装载程序或进行系统设置。在程序编辑、上下载等处理过程中，必须将 CPU 置于 STOP 方式。CPU 在运行（RUN）工作方式下，PLC 按照自己的工作方式运行用户程序。

1. 置于 RUN 方式

CPU 模块与计算机正确连接，并可通信后，若要将 CPU 模块置于 CPU 方式，可按以下两个步骤进行：

（1）在 S7-200 SMART 的编程软件 STEP 7-Micro/WIN SMART 中，单击 PLC 菜单功能区或程序编辑器工具栏中的"运行"按钮 ▶。

（2）提示时，单击"确定"更改 CPU 的工作方式。

2. 置于 STOP 方式

若要停止程序运行，单击 PLC 菜单功能区或程序编辑器工具栏中的"停止"按钮 ⬛，并确认有关将 CPU 置于 STOP 方式的提示。也可以在程序逻辑中包括 STOP 指令，以将 CPU 模块置于 STOP 方式。

2.3 S7-200 SMART PLC 的扩展模块

S7-200 SMART PLC 产品定位于小型自动化 PLC，CPU 模块本体集成了一些数字量 I/O，除了本体集成的 I/O，还可以与多种扩展模块连接，以满足不同配置的需求。扩展模块分为两大类：EM 扩展模块和 SB 信号板，只有标准型 CPU 可以连接扩展模块。

2.3.1 EM 扩展模块

EM 扩展模块连接在 CPU 模块的右侧，给 CPU 增加一些附加功能。按照类型的不同，可分数字量扩展模块、模拟量扩展模块、通信扩展模块等。EM 扩展模块的外形结构如图 2-13 所示，不同类型的扩展模块，其信号指示灯和接线端子不同。

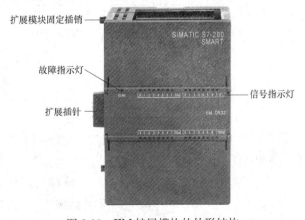

图 2-13 EM 扩展模块的外形结构

1. 数字量扩展模块

当 CPU 模块数字量 I/O 点数不能满足控制系统的需求时，用户可以根据实际的需求对数字量 I/O 点数进行扩展。数字量扩展模块不能单独使用，需要通过自带的连接器插在 CPU 模块上。数字量扩展模块通常分为三类：数字量输入扩展模块、数字量输出扩展模块和数字量输入/输出混合扩展模块。

（1）数字量输入扩展模块。S7-200 SMART 系列 PLC 的数字量输入扩展模块包括两种类型：8 点 24V 直流电源输入、16 点 24V 直流电源输入。输入方式分为直流 24V 源型、漏型输入。这 2 种数字量输入扩展模块类型的型号分别为 EM DE08 和 EM DE16，其主要技术参数见表 2-4。

表 2-4　　　　　　　　　　数字量输入扩展模块的主要技术参数

型号	EM DE08	EM DE16
尺寸 $W \times H \times D$(mm×mm×mm)	45×100×81	45×100×81
功耗	1.5W	2.3W
数字量输入点数	8	16
输入类型	漏型/源型	漏型/源型
额定输入电压	DC 24V/4mA	DC 24V/4mA
输入隔离组数	2	4

（2）数字量输出扩展模块。S7-200 SMART 系列 PLC 的数字量输出扩展模块包括两种类型：8/16 点 DC 24V 晶体管输出、8/16 点继电器输出。输出方式分为直流 24V 源型输出以及交流 120/230V 的继电器输出。这两种数字量输出扩展模块类型的型号分别为 EM DR08、EM DT08、EM QR16 和 EM QT16，其主要技术参数见表 2-5。

表 2-5　　　　　　　　　　数字量输出扩展模块的主要技术参数

型号	EM DR08	EM DT08	EM QR16	EM QT08
尺寸 $W \times H \times D$(mm×mm×mm)	45×100×81	45×100×81	45×100×81	45×100×81
功耗	4.5W	1.5W	4.5W	1.7W
数字量输出点数	8	8	16	16
输出类型	继电器，干触点	固态 MOSFET（源型）	继电器，干触点	固态 MOSFET（源型）
输出电压范围	DC 5～30V 或 AC 5～250V	DC 20.4～28.8V	DC 5～30V 或 AC 5～250V	DC 20.4～28.8V
每点输出额定电流	2.0A	0.75A	2.0A	0.75A
通态触点电阻	0.2Ω	0.6Ω	0.2Ω	0.6Ω
输出隔离组数	2	2	4	4
每个公共端最大电流	8A	3A	8A	3A

（3）数字量输入/输出混合扩展模块。S7-200 SMART 系列 PLC 的数字量输入/输出混合扩展模块包括四种类型：①8 点 24V 直流输入，8 点直流 24V 源型输出；②8 点 24V 直流输入，交流 120/230V 的继电器输出；③16 点 24V 直流输入，16 点直流 24V 源型输出；④16 点 24V 直流输入，16 点交流 120/230V 的继电器输出。它们的型号分别为 EM DR16、EM DT16、EM DR32 和 EM DT32，其主要技术参数见表 2-6。

表 2-6　　　　　　　　　　数字量输入/输出混合扩展模块的主要技术参数

型号	EM DR16	EM DT16	EM DR32	EM DT32
尺寸 $W \times H \times D$（mm×mm×mm）	45×100×81	45×100×81	45×100×81	45×100×81
功耗	5.5W	2.5W	10W	4.5W
数字量输入/输出点数	8 入/8 出	8 入/8 出	16 入/16 出	16 入/16 出
输入类型	漏型/源型	漏型/源型	漏型/源型	漏型/源型
输出类型	继电器，干触点	固态 MOSFET（源型）	继电器，干触点	固态 MOSFET（源型）
额定输入电压	DC 24V/4mA	DC 24V/4mA	DC 24V/4mA	DC 24V/4mA
输出电压范围	DC 5～30V 或 AC 5～250V	DC 20.4～28.8V	DC 5～30V 或 AC 5～250V	DC 20.4～28.8V
每点输出额定电流	2.0A	0.75A	2.0A	0.75A
通态触点电阻	0.2Ω	0.6Ω	0.2Ω	0.6Ω
隔离组数　输入	2	2	2	2
隔离组数　输出	2	2	4	3
每个公共端最大电流	8A	3A	8A	6A

2. 模拟量扩展模块

在工业控制中，被控对象常常是模拟量，如压力温度、流量、转速等。而 PLC 的 CPU 内部执行的是数字量，因此需要将模拟量转换成数字量，以便 CPU 进行处理，这一任务由模拟量扩展模块来完成。

模拟量扩展模块为 CPU 模块提供了模拟量输入/输出功能，适用于复杂控制场合。它通过自带连接器与 CPU 模块连接，并且可以直接连接变送器的执行器。模拟量扩展模块也分为三类：模拟量输入扩展模块、模拟量输出扩展模块和模拟量输入/输出混合扩展模块。

（1）模拟量输入扩展模块。S7-200 SMART 系列 PLC 的模拟量输入扩展模块有两种型号：EM AE04 和 EM AE08。其中，EM AE04 为 4 路模拟量输入，EM AE08 为 8 路模拟量输入，它们的主要技术参数见表 2-7。

表 2-7　　　　　　　　　　模拟量输入扩展模块的主要技术参数

型号	EM AE04	EM AE08
尺寸 $W \times H \times D$（mm×mm×mm）	45×100×81	45×100×81
功耗（空载）	1.5W	2.0W
模拟量输入路数	4	8
输入类型	电压或电流（差动），可 2 个选为 1 组	电压或电流（差动），可 2 个选为 1 组
输入电压或电流范围	±10V，±5V，±2.5V 或 0～20mA	±10V，±5V，±2.5V 或 0～20mA

型号		EM AE04	EM AE08
A/D分辨率	电压模式	12位＋符号位	12位＋符号位
	电流模式	12位	12位
A/D转换精度		电压模式为满量程的±0.1%(25℃)/±0.2%(0～55℃)；电流模式为满量程的±0.2%(25℃)/±0.3%(0～55℃)	
输入阻抗		≥9MΩ（电压）/250Ω（电流）	≥9MΩ（电压）/250Ω（电流）

（2）模拟量输出扩展模块。S7-200 SMART 系列 PLC 的模拟量输出扩展模块也有两种型号：EM AQ02 和 EM AQ04。其中，EM AQ02 为 2 路模拟量输出，EM AQ04 为 4 路模拟量输出，它们的主要技术参数见表 2-8。

表 2-8　　　　　　　　　　　模拟量输出扩展模块的主要技术参数

型号		EM AQ02	EM AQ04
尺寸 $W×H×D$(mm×mm×mm)		45×100×81	45×100×81
功耗（空载）		1.5W	2.1W
模拟量输出路数		2	4
输出类型		电压或电流	电压或电流
输出电压或电流范围		±10V 或 0～20mA	±10V 或 0～20mA
D/A分辨率	电压模式	11位＋符号位	11位＋符号位
	电流模式	11位	
D/A转换精度		满量程的±0.5%(25℃)/±1.0%(0～55℃)	
负载阻抗		≥1kΩ（电压）；≤500Ω（电流）	≥1kΩ（电压）；≤500Ω（电流）

（3）模拟量输入/输出混合扩展模块。S7-200 SMART 系列 PLC 的模拟量输入/输出混合扩展模块同样有两种型号：EM AM03 和 EM AM06。其中，EM AM03 为 2 路模拟量输入/1 路模拟量输出，EM AM06 为 4 路模拟量输入/2 路模拟量输出，它们的主要技术参数见表 2-9。

表 2-9　　　　　　　　　模拟量输入/输出混合扩展模块的主要技术参数

型号		EM AM03	EM AM06
尺寸 $W×H×D$(mm×mm×mm)		45×100×81	45×100×81
功耗（空载）		1.1W	2.0W
模拟量输入路数		2	4
模拟量输出路数		1	2
输入类型		电压或电流（差动），可 2 个选为 1 组	电压或电流（差动），可 2 个选为 1 组
输出类型		电压或电流	电压或电流
输入电压或电流范围		±10V，±5V，±2.5V 或 0～20mA	±10V，±5V，±2.5V 或 0～20mA
输出电压或电流范围		±10V 或 0～20mA	±10V 或 0～20mA
A/D分辨率	电压模式	12位＋符号位	12位＋符号位
	电流模式	12位	12位

续表

型号		EM AM03	EM AM06
D/A 分辨率	电压模式	11 位＋符号位	11 位＋符号位
	电流模式	11 位	11 位
精度	A/D 转换	电压模式为满量程的±0.1％（25℃）/±0.2％（0～55℃）； 电流模式为满量程的±0.2％（25℃）/±0.3％（0～55℃）	
	D/A 转换	满量程的±0.5％/±1.0％（0～55℃）	
阻抗	输入	≥9MΩ（电压）/250Ω（电流）	≥9MΩ（电压）/250Ω（电流）
	负载	≥1kΩ（电压）；≤500Ω（电流）	≥1kΩ（电压）；≤500Ω（电流）

3. 通信扩展模块

S7-200 SMART 系列 PLC 的基本模块集成了 1 个 RS485/232 端口，支持自由端口、Modbus RTU、USS 等通信协议，通过此端口可实现与变频器、触摸屏等第三方设备的通信。对于标准型的基本模块还集成了一个以太网端口，通过此端口进行以太网的连接，可以对程序进行编辑、状态监视、程序传送等远程服务，也可以与网络中的其他 PLC 进行数据交换、电子邮件的收发与 PLC 数据的读/写操作。

除了基本模块本身集成的通信口外，还可外接通信扩展模块，如 EM DP01 模块。EM DP01 模块同时支持 PROFIBUS-DP 和 MPI 两种协议。使用 EM DP01 通信扩展模块可以将 S7-200 SMART CPU 作为 PROFIBUS-DP 从站连接到 PROFIBUS 通信网络，通过模块上的旋转开关可以设置 PROFIBUS-DP 的从站地址。

2.3.2　SB 信号板

SB 是 Signal Board 的缩写，中文称为信号板。SB 信号板是安装在标准型 CPU 的正面插槽里的，用来扩展少量的 I/O 点、通信接口以及电池接口板等。目前，S7-200 SMART PLC 提供了 4 种 SB 信号板，分别为数字量输入/输出信号板、模拟量输出信号板、RS485/RS232 信号板和电池板。

数字量输入/输出信号板型号为 SB DT04，其外形结构如图 2-14 所示。SB DT04 为 2 点输入/2 点输出型，属于晶体管输出，输出端子每点最大额定电流为 0.5A。

模拟量输出信号板型号为 SB AQ01，为 1 点模拟量输出，输出量程为 −10～10V 或 0～20mA，对应数字量值为 −27 648～27 648 或 0～27 648。

RS485/RS232 信号板型号为 SB CM01，可以组态 RS-485 或 RS-232 通信模式。电池板型号为 SB BA01，适用于实时时钟的长期备份。电池板可以插入 S7-200 SMART CPU（固件版本 2.0 及更高版本）正面的信号板插槽中，且需将 SB

图 2-14　SB DT04 信号板外形结构图

BA01 添加到设备组态并将硬件配置下载到 CPU 中，SB BA01 电池板才能正常工作。

2.3.3 S7-200 SMART PLC 连接扩展模块数量

S7-200 SMART 标准型 CPU 模块可以连接 EM 扩展模块和 SB 信号板，其连接的模块数量受两个因素的影响：CPU 固件版本和 CPU 模块供电能力的限制。

1. CPU 固件版本

S7-200 SMART CPU V1.0 版本的标准型 CPU 模块最多只支持 4 个扩展模块连接，而当前 S7-200 SMART CPU V2.0 版本的标准型 CPU 模块最多可连接 6 个 EM 扩展模块和 1 个 SB 信号板。

2. CPU 模块供电能力

每个扩展模块（包括 EM 和 SB）与 CPU 模块通信时都需要消耗一定的 5V 电源，这个 5V 电源就是 CPU 模块的 "背板 5V 电源"。背板 5V 电源是由 CPU 模块向扩展模块提供的，不能通过外接 5V 电源进行供电。所以，标准型 CPU 模块连接扩展模块的个数还受 CPU 模块的 DC 5V 电源预算限制。表 2-10 列出了扩展模块的耗电情况。

表 2-10 扩展模块的耗电情况

模块类型	CPU 型号	消耗背板 5V 电源电流	消耗 DC 24V（传感器电源）电流
数字量扩展模块	EM DE08	105mA	8×4mA
	EM DT08	120mA	—
	EM DR08	120mA	8×11mA
	EM DT16	145mA	输入：8×4mA；输出：—
	EM DR16	145mA	输入：8×4mA；输出：8×11mA
	EM DT32	185mA	输入：16×4mA；输出：—
	EM DR32	180mA	输入：16×4mA；输出：16×11mA
模拟量扩展模块	EM AE04	80mA	40mA（无负载）
	EM AE08	80mA	70mA（无负载）
	EM AQ02	60mA	50mA（无负载）
	EM AQ04	60mA	75mA（无负载）
	EM AM03	60mA	30mA（无负载）
	EM AM06	80mA	60mA（无负载）
RTD、TC 扩展模块	EM AR02	80mA	40mA
	EM AR04	80mA	40mA
	EM AT04	80mA	40mA
信号板	SB AQ01	15mA	40mA（无负载）
	SB DT04	50mA	2×4mA
	SB RS485/RS232	50mA	不适用
	SB AE01	50mA	不适用
通信扩展模块	EM DP01	150mA	通信激活时为 30mA；通信端口加 90mA/5V 负载时为 60mA；通信端口加 120mA/24V 负载时为 180mA

每个标准型 CPU 模块都有 1 个 DC 24V 电源（L+、M），该 24V 电源是"传感器 24V 电源"它可以为本机和扩展模块的输入点和输出回路继电器线圈提供 DC 24V 电源，因此，要求所有输入点和输出回路继电器线圈耗电不得超出 CPU 模块本身 DC 24V 电源的供电能力。表 2-11 列出了 CPU 模块的供电能力。

表 2-11　　　　　　　　　　　　　　CPU 模块的供电能力

CPU 型号	可提供背板 DC 5V 电源的电流	可提供 DC 24V 传感器电源的电流
CPU SR20/ST20	1400mA	300mA
CPU SR30/ST40	1400mA	300mA
CPU SR60/ST60	1400mA	300mA
CPU CR40/CR60	—	300mA

在连接扩展模块时时，有必要先对 S7-200 SMART PLC 电源的需求进行计算。计算的理论依据是：CPU 供电能力和扩展模块电流消耗。

3. 电源的需求计算举例

【例 2-1】　某系统有 CPU SR30 模块 1 台，2 个数字量输出模块 EM DR08，3 个数字量输入模块 EM DE08，1 个模拟量输入模块 EM AE08，试计算电流消耗，看是否能用传感器电源 DC 24V 供电。

【分析】　该系统安装后，共有 42 点输入、28 点输出。CPU SR30 模块已分配驱动 CPU 内部继电器线圈所需的功率，因此计算消耗的电流时不需要包括内部继电器线圈所消耗的电流。

计算过程见表 2-12。经计算，DC 5V 总电流差额 = 1400 − 635 = 765（mA）> 0mA，DC 24V 总电流差额 = 300 − 384 = −84（mA）< 0mA，CPU 模块提供了足够 DC 5V 的电流，但是传感器电源不能为所有输入和扩展继电器线圈提供足够的 DC 24V 电流。因此，这种情况下，DC 24V 供电需外接直流电源，实际工程中干脆由外接 DC 24V 直流电源供电，就不用 CPU 模块上的传感器电源了，以免出现扩展模块不能正常工作的情况。

表 2-12　　　　　　　　　　　　　某系统扩展模块耗电计算

CPU 电流计算	电流供应		
	DC 5V	DC 24V（传感器电源）	备注
CPU SR30	1400mA	300mA	
减去			
CPU SR30，18 点输入	—	72mA	18×4mA
插槽 0：EM DR08	120mA	88mA	8×11mA
插槽 1：EM DR08	120mA	88mA	8×11mA
插槽 2：EM DE08	105mA	32mA	8×4mA
插槽 3：EM DE08	105mA	32mA	8×4mA
插槽 4：EM DE08	105mA	32mA	8×4mA
插槽 5：EM AE04	80mA	40mA	
系统总要求	635mA	384mA	
等于			
总电流差额	765mA	−84mA	

2.4　S7-200 SMART PLC 的硬件装卸和现场接线

S7-200 SMART CPU、EM 扩展模块、SB 信号板等硬件设备的安装和现场接线必须在断电的情况下进行。

2.4.1　S7-200 SMART 设备的安装方法及安装尺寸

1. S7-200 SMART 设备的安装方法

S7-200 SMART CPU 和扩展模块体积小，易于安装。既可以安装在控制柜背板上（面板安装），也可以安装在标准导轨上（DIN 导轨安装）；既可以水平安装，也可以垂直安装，如图 2-15 所示。S7-200 SMART 是通过空气自然对流进行冷却的，所以在安装时必须在设备上方和下方应留出 25mm 的深度。

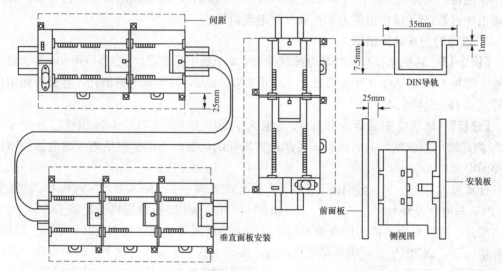

图 2-15　S7-200 SMART 安装方式、方向和间距

2. S7-200 SMART 设备的安装尺寸

S7-200 SMART 系列的 CPU 和扩展模块都有安装孔，可以很方便地安装在背板上，其安装尺寸见表 2-13。根据实际模块的宽度可确定导轨的长度。

表 2-13　　　　　　　S7-200 SMART 系列的 CPU 和扩展模块安装尺寸　　　　　　单位：mm

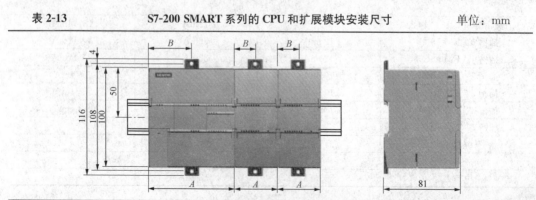

续表

S7-200 SMART 模块		宽度 A	宽度 B	高	深
CPU 模块	CPU SR20、CPU ST20 和 CPU CR20	90	45	100	81
	CPU SR30、CPU ST30 和 CPU CR30	110	55	100	81
	CPU SR40、CPU ST40 和 CPU CR40	125	62.5	100	81
	CPU SR60、CPU ST60 和 CPU CR60	175	37.5	100	81
扩展模块	EM 4AI、EM 8AI、EM 2AQ、EM 4AQ、EM 8DI、EM 16DI、EM 8DQ RLY、EM 16DQ RLY 以及 EM 16DQ 晶体管	45	22.5	100	81
	EM 8DI/8DQ 和 EM 8DI/8DQ RLY	45	22.5	100	81
	EM 16DI/16DQ 和 EM 16DI/16DQ RLY	70	35	100	81
	EM 2AI/1AQ 和 EM 4AI/2AQ	45	22.5	100	81
	EM 2RTD、EM 4RTD	45	22.5	100	81
	EM 4TC	45	22.5	100	81
	EM DP01	70	35	100	81

2.4.2 S7-200 SMART PLC 的硬件安装与拆卸

1. 端子块连接器的安装与拆卸

S7-200 SMART CPU、EM 扩展模块、SB 信号板的 I/O 端子块连接器是可以拆卸的，用户可以不用更改信号线而通过拆卸 I/O 端子块连接器来更换 CPU 和模块。端子块连接器上有一个螺丝刀的插口，拆卸时把螺丝刀插入插口，用力向外撬就可以拆下端子块连接器。下面以 CPU 模块端子块连接器为例，讲述其安装与拆卸方法。

（1）端子块连接器的拆卸。通过卸下 CPU 模块的电源并打开连接器上的盖子，准备从系统中拆卸端子块连接器时，其步骤如下：

1）确保 CPU 模块和所有 S7-200 SMART 设备与电源断开连接。

2）查看连接器的顶部并找到可插入螺丝刀头的槽。

3）将小螺丝刀插入槽中，如图 2-16（a）所示。

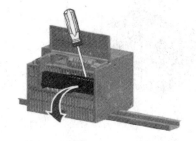

(a) 小螺丝刀插入槽中   (b) 撬起连接器顶部

图 2-16 拆卸端子块连接器

4）轻轻撬起连接器顶部使其与 CPU 模块分离，使连接器从夹紧位置脱离，如图 2-

16（b）所示。

5）抓住连接器并将其从 CPU 模块上卸下。

（2）端子块连接器的重新安装。断开 CPU 模块电源并打开连接器上的盖子，准备安装端子块连接器时，其步骤如下：

1）确保 CPU 模块和所有 S7-200 SMART 设备与电源断开连接。

2）连接器与单元上的插针对齐。

3）将连接器的接线边对准连接器座沿的内侧。

4）用力接下并转换连接器直到卡入到位。

2. CPU 模块的安装和拆卸

CPU 模块可以很方便地安装到标准 DIN 导轨或面板上，如图 2-17 所示。采用导轨安装时，可通过卡夹将设备固定到 DIN 导轨上。面板安装时，将卡夹掰到一个伸出位置，然后通过螺丝钉将其固定到安装位置。

DIN 导轨卡夹处于锁紧位置   卡夹处于伸出位置

DIN 导轨安装   面板安装

图 2-17　在 DIN 导轨或面板上安装 CPU 模块

（1）面板上安装 CPU 模块。在面板上安装 CPU 模块时，首先按照表 2-13 所示的尺寸进行定位、钻安装孔，并确保 CPU 模块和 S7-200 SMART 设备与电源断开连接，然后用合适的螺钉（M4 或美国标准 8 号螺钉）将模块固定在背板上。若再使用扩展模块，则将其放在 CPU 模块旁，并一起滑动，直至连接器牢固连接。

（2）在 DIN 导轨上安装 CPU 模块。在 DIN 导轨上安装 CPU 模块时，首先每隔 75mm 将导轨固定到安装板上，然后咔嚓一声打开模块底部的 DIN 夹片［见图 2-18 (a)］，并将模块背面卡在 DIN 导轨上，最后将模块向下旋转至 DIN 导轨，"咔嚓"一声闭合 DIN 夹片［见图 2-18 (b)］。

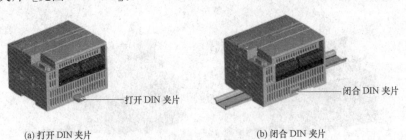

打开 DIN 夹片   闭合 DIN 夹片

(a) 打开 DIN 夹片   (b) 闭合 DIN 夹片

图 2-18　DIN 导轨安装 CPU 模块

（3）在 DIN 导轨上拆卸 CPU 模块。在 DIN 导轨上拆卸 CPU 模块时，首先切断 CPU 模块和连接的所有 I/O 模块的电源，接着断开连接到 CPU 模块的所有线缆，然后拧下安装螺钉或咔嚓一声打开 DIN 夹片。如果连接了扩展模块，则向左滑动 CPU 模块，将其从扩展模块连接器脱离。最后，卸下 CPU 模块即可。

3. 信号板与电池板的安装和拆卸

在 S7-200 SMART 系列 PLC 中，经济型 CPU 模块是不支持使用扩展模块、信号板或电池板，所以只有在标准型 CPU 模块中才能安装信号板或电池板。

（1）在标准型 CPU 模块中安装信号板或电池板。在标准型 CPU 模块中安装信号板或电池板时，其步骤如下：

1）确保 CPU 模块和所有 S7-200 SMART 设备与电源断开连接。

2）卸下 CPU 模块上部和下部的端子板盖板。

3）将螺丝刀插入 CPU 模块上部接线盒背面的槽中。

4）轻轻将盖撬起并从 CPU 模块上卸下，如图 2-19（a）所示。

5）将信号板或电池板直接向下放入 CPU 模块上部的安装位置中，如图 2-19（b）所示。

6）用力将模块压入该位置直到卡入就位。

7）重新装上端子块盖板。

(a) 卸下信号板或电池板　　　(b) 信号板或电池板向下放入

图 2-19　安装信号板或电池板

（2）在标准型 CPU 模块中拆卸信号板或电池板。在标准型 CPU 模块中安装信号板或电池板时，其步骤如下：

1）确保 CPU 模块和所有 S7-200 SMART 设备与电源断开连接。

2）卸下 CPU 模块上部和下部的端子板盖板。

3）将螺丝刀插入 CPU 模块上部接线盒背面的槽中。

4）轻轻将盖手撬起使其与 CPU 模块分离。

5）将模块直接从 CPU 模块上部的安装位置中取出。

6）将盖板重新装到 CPU 模块上。

7）重新装上端子块盖板。

4. EM 扩展模块的安装和拆卸

在 S7-200 SMART 系列 PLC 中，只有标准型 CPU 模块才支持 EM 扩展模块或 SB 信号板。

（1）EM 扩展模块的安装。在安装好 CPU 模块之后，才能单独安装 EM 扩展模块。EM 扩展模块的安装步骤如下：

1）确保 CPU 模块和所有 S7-200 SMART 设备与电源断开连接。

2）卸下 CPU 模块右侧的 I/O 总线连接器盖。

3）将小螺丝刀插入盖上方的插槽中。

4）将其上方的盖轻轻撬出并卸下盖。

（2）EM 扩展模块与 CPU 模块的连接。将 EM 扩展模块与 CPU 模块进行连接时，其步骤如下：

1）拉出下方的 DIN 导轨卡夹以便将 EM 扩展模块安装到导轨上。

2）将 EM 扩展模块放置在 CPU 右侧。

3）将 EM 扩展模块挂到 DIN 导轨上方。

4）向左滑动扩展模块，直至 I/O 连接器与 CPU 模块右侧的连接器完全啮合，并推入下方的卡夹将扩展模块锁定到导轨上。

（3）EM 扩展模块的拆卸。EM 扩展模块的拆卸可按以下步骤进行：

1）确保 CPU 模块和所有 S7-200 SMART 设备与电源断开连接。

2）将 I/O 连接器和接线从 EM 扩展模块上卸下，然后拧松所有 S7-200 SMART 设备的 DIN 导轨卡夹。

3）向右滑动扩展模块。

2.4.3　S7-200 SMART PLC 的硬件接线

S7-200 SMART CPU 模块需要从外界供电才能够工作，S7-200 SMART CPU 中，有的型号需要 DC 24V 直流供电，有的型号需要 AC 220V 交流供电，所以在接线时一定要确认清楚再进行接线。由于 CPU 模块的 I/O 接线在 2.2.3 节中已进行讲述，在此仅讲述接线注意事项及供电接线的内容。

1. 接线注意事项

在进行接线时应注意以下事项。

（1）PLC 应远离强干扰源，如电焊机、大功率硅整流装置和大型动力设备，不能与高压电器安装在同一个开关柜内。

（2）动力线、控制线以及 PLC 的电源线和 I/O 线应该分别配线，隔离变压器与 PLC 和 I/O 之间应采用双绞线连接。将 PLC 的 I/O 线和大功率线分开走线，如果必须在同一线槽内，分开捆扎交流线、直流线。如果条件允许，最好分槽走线，这不仅能使其有尽可能大的空间距离，并能将干扰降到最低限位，如图 2-20 所示。

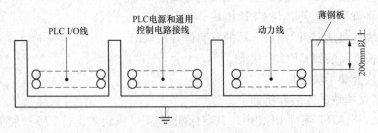

图 2-20　在同一电缆沟内铺设 I/O 接线和动力电缆

（3）PLC 的输入与输出最好分开走线，开关量与模拟量也要分开敷设。模拟量信号的传送应采用屏蔽线，屏蔽层应一端或两端接地，接地电阻应小于屏蔽层电阻的 1/10。

（4）交流输出线和直流输出线不要用同一根电缆，输出线应尽量远离高压线和动力线，避免并行。

（5）I/O 端的接线。接线方式如下：

1）输入接线。输入接线一般不要太长，但如果环境干扰较小，电压降不大时，输入接线可适当长些。尽可能采用常开触点形式连接到输入端，使编制的梯形图与继电器原理图一致，便于阅读。

2）输出接线。输出端接线分为独立输出和公共输出。在不同组中，可采用不同类型和电压等级的输出电压，但在同一组中的输出只能用同一类型、同一电压等级的电源。由于 PLC 的输出元件被封装在印制电路板上，并且连接至端子板，若将连接输出元件的负载短路，将烧毁印制电路板，导致整个 PLC 的损坏。采用继电器输出时，所承受的电感性负载的大小，会影响到继电器的使用寿命，因此，使用电感性负载时应合理选择或加隔离继电器。PLC 的输出负载可能产生干扰，因此要采取措施加以控制，如直流输出的续流管保持，交流输出的阻容吸收电路，晶体管及双向晶闸管输出的旁路电阻保持。

2. 供电接线

（1）S7-200 SMART CPU 供电接线。S7-200 SMART CPU 有两种供电类型：DC 24V 和 AC 120/240V。对于 DC/DC/DC 类型的 CPU 供电是 DC 24V；AC/DC/RLY 类型的 CPU 供电是 AC 220V。图 2-21 的 CPU 供电接线说明了 S7-200 SMART CPU 供电的端子名称和接线方法，直流供电和交换供电接线端子的标识是不同的，接线时一定要确认 CPU 的类型及其供电方式。

凡是标记为 L1/N 的接线端子，都是交流电源端；凡是标记为 L+/M 的接线端子，都是直流电源端。

（2）S7-200 SMART CPU 传感器电源接线。S7-200 SMART CPU 在模块右下角的位置有一个 24V 直流传感器电源，可以用来给 CPU 本体的 I/O 点、EM 扩展模块、SB 信号板上的 I/O 点供电，其最大的输出为 300mA，该传感器电源的端子名称的接线方式如图 2-22 所示。

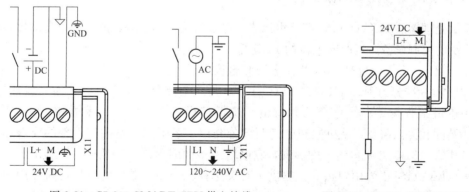

图 2-21　S7-200 SMART CPU 供电接线　　图 2-22　S7-200 SMART CPU 传感器电源接线

3. EM 扩展模块的 SB 信号板电源接线

不是所有的 EM 扩展模块和 SB 信号板都需要为其供电，比如 EM DT08 模块就不需要 24V 供电电源。需要供电的 EM 扩展模块和 SB 信号板其外接供电电源都是 24V 直流电源，接线方式与 CPU 模块的 24V 直流电源的接线方式一致。

第3章　S7-200 SMART PLC 编程基础

PLC 是一种由软件驱动的控制设备，PLC 软件由系统程序和用户程序组成。系统程序由 PLC 制造厂商设计编制，并写入 PLC 内部的 ROM 存储区，用户无法修改。用户程序由用户根据控制需要在 PLC 编程软件中编写程序，并下载到 PLC。写一篇文章，既可以采用中文，也可以使用英文，还可以使用法文等。同样，编制 PLC 用户程序也可以使用多种语言。本章主要讲述 PLC 的编程语言、S7-200 SMART 系列编程软件等内容。

3.1　PLC 编 程 语 言

PLC 是专为工业控制而开发的装置，其主要使用者是工厂广大电气技术人员，为了适应他们的传统习惯和掌握能力，通常 PLC 采用面向控制过程、面向问题的"自然语言"进行编程。S7-200 SMART 系列 PLC 的编程语言非常丰富，有梯形图、助记符（又称指令表）、顺序功能流程图、功能块图等，用户可选择一种语言或混合使用多种语言，通过专用编程器或上位机编写具有一定功能的指令。

3.1.1　PLC 编程语言的国际标准

基于微处理器的 PLC 自 1968 年问世以来，已取得迅速的发展，成为工业自动化领域应用最广泛的控制设备。当形形色色的 PLC 涌入市场时，国际电工委员会（IEC）及时地于 1993 年制定了 IEC 1131 标准以引导 PLC 健康发展。

IEC 1131 标准分为 IEC 1131-1～IEC 1131-5 共 5 个部分：IEC 1131-1 为一般信息，即对通用逻辑编程作了一般性介绍并讨论了逻辑编程的基本概念、术语和定义；IEC 1131-2 为装配和测试需要，从机械和电气两部分介绍了逻辑编程对硬件设备的要求和测试需要；IEC 1131-3 为编程语言的标准，它吸取了多种编程语言的长处，并制定了 5 种标准语言；IEC 1131-4 为用户指导，提供了有关选择、安装、维护的信息资料和用户指导手册；IEC 1131-5 为通信规范，规定了逻辑控制设备与其他装置的通信联系规范。

IEC 1131 标准是由来自欧洲、北美以及日本的工业界和学术界的专家通力合作的产物，在 IEC 1131-3 中，专家们首先规定了控制逻辑编程中的语法、语义和显示，然后从现有编程语言中挑选了 5 种，并对其进行了部分修改，使其成为目前通用的语言。在这 5 种语言中，有 3 种是图形化语言，2 种是文本化语言。图形化语言有梯形图、顺序功能图、功能块图，文本化语言有指令表和结构文本。IEC 并不要求每种产品都运行这 5 种语言，可以只运行其中的一种或几种，但均必须符合标准。在实际组态时，可以在同一项目中运用多种编程语言，相互嵌套，以供用户选择最简单的方式生成控制策略。

正是由于 IEC 1131-3 标准的公布，许多 PLC 制造厂先后推出符合这一标准的 PLC 产品。美国 A-B 公司属于罗克韦尔（Rockwell）公司，其许多 PLC 产品都带符合 IEC 1131-3 标准中结构文本的软件选项。施耐德（Schneider）公司的 Modicon TSX Quantum PLC 产品可采用符合 IEC 1131-3 标准的 Concept 软件包，它在支持 Modicon 984 梯形图的同时，也遵循 IEC 1131-3 标准的 5 种编程语言。德国西门子（Siemens）公司的 SIMATIC S7-200 SMART 采用 SIMATIC 软件包，其中梯形图部分符合 IEC 1131-3 标准。

3.1.2　梯形图

梯形图 LAD（ladder programming）语言是使用得最多的图形编程语言，被称为 PLC 的第一编程语言。LAD 是在继电-接触器控制系统原理图的基础上演变而来的一种图形语言，它和继电-接触器控制系统原理图很相似。梯形图具有直观易懂的优点，很容易被工厂电气人员掌握，特别适用于开关量逻辑控制，它常被称为电路或程序，梯形图的设计称为编程。

1. 梯形图相关概念

在梯形图编程中，用到以下软继电器、能流和梯形图的逻辑解算三个基本概念。

（1）软继电器。PLC 梯形图中的某些编程元件沿用了继电器的这一名称，如输入继电器、输出继电器、内部辅助继电器等，但是它们必须不是真实的物理继电器，而是一些存储单元（软继电器），每一软继电器与 PLC 存储器中映像寄存器的一个存储单元相对应。梯形图中采用类似于了诸如继电-接触器中的触点和线圈符号，见表 3-1。

表 3-1　　　　　　　　　　　　　　　　符号对照表

类型	物理继电器	PLC 继电器
线圈	□	—( )
动合触点	/	—┤├—
动断触点	⊥	—┤/├—

存储单元如果为"1"状态，则表示梯形图中对应软继电器的线圈"通电"，其动合触点接通，动断触点断开，称这种状态是该软继电器的"1"或"ON"状态。如果该存储单元为"0"状态，对应软继电器的线圈和触点的状态与上述的相反，称该软继电器为"0"或"OFF"状态。使用中，常将这些"软继电器"称为编程元件。

PLC 梯形图与继电-接触器控制原理图的设计思想一致，它沿用继电-接触器控制电路元件符号，只有少数不同，信号输入、信息处理及输出控制的功能也大体相同。但两者还是有一定的区别：①继电-接触器控制电路由真正的物理继电器等部分组成，而梯形图没有真正的继电器，是由软继电器组成；②继电-接触器控制系统得电工作时，相应的继电器触头会产生物理动断操作，而梯形图中软继电器处于周期循环扫描接通之中；③继电-接触器系统的触点数目有限，而梯形图中的软触点有多个；④继电-接触器系统的功能单一，编程不灵活，而梯形图的设计和编程灵活多变；⑤继电-接触器系统可同步执行多项工作，而 PLC 梯形图只能采用扫描方式由上而下按顺序执行指令并进行相应工作。

（2）能流。在梯形图中有一个假想的"概念电流"或"能流"（power flow）从左向右流动，这一方向与执行用户程序时的逻辑运算的顺序是一致的。能流只能从左向右流动。利用能流这一概念，可以帮助我们更好地理解和分析梯形图。图 3-1（a）不符合能流只能从左向右流动的原则，因此应改为如图 3-1（b）所示的梯形图。

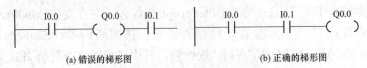

(a) 错误的梯形图　　　　　　(b) 正确的梯形图

图 3-1　母线梯形图

梯形图的两侧垂直公共线称为公共母线（bus bar），左侧母线对应于继电-接触器控制系统中的"相线"，右侧母线对应于继电-接触器控制系统中的"零线"，一般右侧母线可省略。在分析梯形图的逻辑关系时，为了借用继电器电路图的分析方法，可以想象左右两侧母线（左母线和右母线）之间有一个左正右负的直流电源电压，母线之间有"能流"从左向右流动。

（3）梯形图的逻辑解算。根据梯形图中各触点的状态和逻辑关系，求出与图中各线圈对应的编程元件的状态，称为梯形图的逻辑解算。梯形图中逻辑解算是按从左至右、从上到下的顺序进行的。解算的结果，马上可以被后面的逻辑解算所利用。逻辑解算是根据输入映像寄存器中的值，而不是根据解算瞬时外部输入触点的状态来进行的。

2. 梯形图的编程规则

尽管梯形图与继电-接触器电路图在结构形式、元件符号及逻辑控制功能等方面类似，但在编程时，梯形图需遵循一定的规则，具体如下。

（1）自上而下，从左到右的方法编写程序。编写 PLC 梯形图时，应按从上到下、从左到右的顺序放置连接元件。在 Step 7 中，与每个输出线圈相连的全部支路形成 1 个逻辑行，即 1 个程序段，每个程序段起于左母线，最终止于输出线圈，同时还要注意输出线圈的右边不能有任何触点，输出线圈的左边必须有触点，如图 3-2 所示。

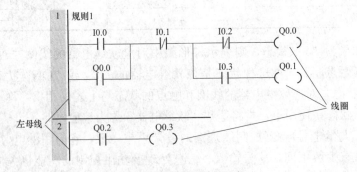

图 3-2　梯形图绘制规则 1

（2）串联触点多的电路应尽量放在上部。在每个程序段（每一个逻辑行）中，当几条支路并联时，串联触点多的应尽量放在上面，如图 3-3 所示。

（3）并联触点多的电路应尽量靠近左母线。几条支路串联时，并联触点多的应尽量靠近左母线，这样可适当减少程序步数，如图 3-4 所示。

（4）垂直方向不能有触点。在垂直方向的线上不能有触点，否则形成不能编程的梯

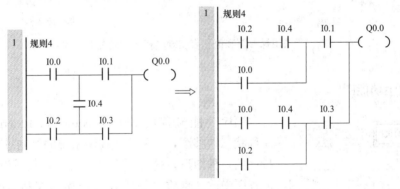

图 3-3　梯形图绘制规则 2

图 3-4　梯形图绘制规则 3

形图，因此需重新安排，如图 3-5 所示。

图 3-5　梯形图绘制规则 4

（5）触点不能放在线圈的右侧。不能将触点放在线圈的右侧，只能放在线圈的左侧，对于多重输出的，还须将触点多的电路放在下面，如图 3-6 所示。

图 3-6　梯形图绘制规则 5

3.1.3　语句表

语句表 STL（statement list），又称指令表或助记符。它是通过指令助记符控制程序要求的，类似于计算机汇编语言。不同厂家的 PLC 所采用的指令集不同，所以对于同一个梯形图，书写的语句表指令形式也不尽相同。

一条典型指令往往由助记符和操作数或操作数地址组成，助记符是指使用容易记忆的字符代表可编程序控制器某种操作功能。语句表与梯形图有一定的对应关系，如图 3-7 所示，分别采用梯形图和语句表来实现电机正反转控制的功能。

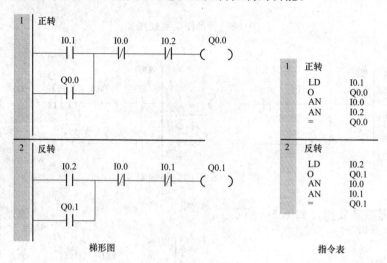

图 3-7　采用梯形图和语句表实现电机正反转控制程序

3.1.4　顺序功能图

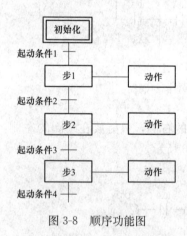

图 3-8　顺序功能图

顺序功能流程图 SFC（sequential function chart），又称状态转移图，它是描述控制系统的控制过程、功能和特性的一种图形，这种图形又称为"功能图"。顺序功能流程图中的功能框并不涉及所描述的控制功能的具体技术，而是只表示整个控制过程中一个个的"状态"，这种"状态"又称"功能"或"步"，如图 3-8 所示。

顺序功能图编程法可将一个复杂的控制过程分解为一些具体的工作状态，把这些具体的功能分别处理后，再把这具体的状态依一定的顺序控制要求，组合成整体的控制程序，它并不涉及所描述的控制功能的具体技术，是一种通用的技术语言，可以供进一步设计和不同专业的人员之间进行技术交流之用。

STEP7 中的顺序控制图形编程语言（S7 Graph）属于可选软件包，在这种语言中，工艺过程被划分为若干个顺序出现的步，步中包含控制输出的动作，从一步到另一步的转换由转换条件控制。用 Graph 表达复杂的顺序控制过程非常清晰，用于编程及故障诊断更为有效，使 PLC 程序的结构更为易读，它特别适合于生产制造过程。S7 Graph 具有丰富的图形、窗口和缩放功能。系统化的结构和清晰的组织显示使 S7 Graph 对于顺序过程的控制更加有效。

3.1.5　功能块图

功能块图 FBD（function block diagram），又称逻辑盒指令，它是一种类似于数字逻辑门电路的 PLC 图形编程语言。控制逻辑常用"与""或""非"3 种逻辑功能进行表达，每种功能都有一个算法。运算功能由方框图内的符号确定，方框图的左边为逻辑运算的输入变量，右边为输出变量，没有像梯形图那样的母线、触点和线圈。如图 3-9 所示，为PLC 梯形图和功能块图表示的电机启动电路。

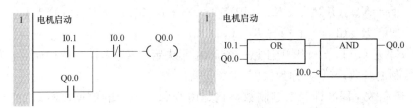

图 3-9　梯形图和功能块图表示的电机启动电路

西门子公司的"LOGO"系列微型 PLC 使用功能块图编程，除此之外，国内很少有人使用此语言。功能块图语言适用于熟悉数字电路的用户使用。

3.2　数据类型与寻址方式

3.2.1　数据长度与数制

1. 数据长度

计算机中使用的都是二进制数，在 PLC 中，通常使用位、字节、字、双字来表示数据，它们占用的连续位数称为数据长度。

位（bit）指二进制的一位，它是最基本的存储单位，只有"0"或"1"两种状态。在 PLC 中一个位可对应一个继电器，如某继电器线圈得电时，相应位的状态为"1"；若继电器线圈失电或断开时，其对应位的状态为"0"。8 位二进制数构成一个字节（Byte），其中第 7 位为最高位（MSB），第 0 位为最低位（LSB）。两个字节构成一个字（Word），在 PLC 中字又称为通道（CH），一个字含 16 位，即一个通道（CH）由 16 个继电器组成。两个字构成一个汉字，即双字（Double word），在 PLC 中它由 32 个继电器组成。

2. 数制

数制也称计数制，是用一组固定的符号和统一的规则来表示数值的方法。如在计数过程中采用进位的方法，则称为进位计数制。进位计数制有数位、基数、位权三个要素。数位指数码在一个数中所处的位置。基数指在某种进位计数制中，数位上所能使用的数码的个数，例如，十进制数的基数是 10，二进制的基数是 2。位权指在某种进位计数制中，数位所代表的大小，对于一个 R 进制数（即基数为 R），若数位记作 j，则位权可记作 R^j。

人们通常采用的数制有十进制、二进制、八进制和十六进制。在 S7-200 SAMRT 系列 PLC 中使用的数制主要是二进制、十进制、十六进制。

（1）十进制数。十进制数有两个特点：①数值部分用 10 个不同的数字符号 0、1、2、3、4、5、6、7、8、9 来表示；②逢十进一。

【例 3-1】 123.45

小数点左边第一位代表个位，3 在左边 1 位上，它代表的数值是 $3×10^0$，1 在小数点左面 3 位上，代表的是 $1×10^2$，5 在小数点右面 2 位上，代表的是 $5×10^{-2}$。

$$123.45=1×10^2+2×10^1+3×10^0+4×10^{-1}+5×10^{-2}$$

一般对任意一个正的十进制数 S，可表示为：

$$S=K_{n-1}(10)^{n-1}+K_{n-2}(10)^{n-2}+\cdots+K_0(10)^0+K_{-1}(10)^{-1}+$$
$$K_{-2}(10)^{-2}+\cdots+K_{-m}(10)^{-m}$$

其中：K_j 是 0、1、…、9 中任意一个，由 S 决定，K_j 为权系数；m、n 为正整数；10 称为计数制的基数；$(10)^j$ 称为权值。

（2）二进制数。BIN 即为二进制数，它是由 0 和 1 组成的数据，PLC 的指令只能处理二进制数。它有两个特点：①数值部分用 2 个不同的数字符号 0、1 来表示；②逢二进一。

二进制数化为十进制数，通过按权展开相加法。

【例 3-2】 $1101.11B=1×2^3+1×2^2+0×2^1+1×2^0+1×2^{-1}+1×2^{-2}$
$$=8+4+0+1+0.5+0.25$$
$$=13.75$$

任意二进制数 N 可表示为：

$$N=±(K_{n-1}×2^{n-1}+K_{n-2}×2^{n-2}+\cdots+K_0×2^0+K_{-1}×2^{-1}+$$
$$K_{-2}×2^{-2}+\cdots+K_{-m}×2^{-m})$$

其中：K_j 只能取 0、1；m、n 为正整数；2 是二进制的基数。

（3）八进制数。八进制数有两个特点：①数值部分用 8 个不同的数字符号 0、1、3、4、5、6、7 来表示；②逢八进一。

任意八进制数 N 可表示为：

$$N=±(K_{n-1}×8^{n-1}+K_{n-2}×8^{n-2}+\cdots+K_0×8^0+K_{-1}×8^{-1}+$$
$$K_{-2}×8^{-2}+\cdots+K_{-m}×8^{-m})$$

其中：K_j 只能取 0、1、3、4、5、6、7；m、n 为正整数；8 是基数。

因 $8^1=2^3$，所以 1 位八制数相当于 3 位二进制数，根据这个对应关系，二进制与八进制间的转换方法为从小数点向左向右每 3 位分为一组，不足 3 位者以 0 补足 3 位。

（4）十六进制数。十六进制数有两个特点：①数值部分用 16 个不同的数字符号 0、1、2、3、4、5、6、7、8、9、A、B、C、D、E、F 来表示；②逢十六进一。这里的 A、B、C、D、E、F 分别对应十进制数字中的 10、11、12、13、14、15。

任意十六进制数 N 可表示为：

$$N=±(K_{n-1}×16^{n-1}+K_{n-2}×16^{n-2}+\cdots+K_0×16^0+K_{-1}×16^{-1}+$$
$$K_{-2}×16^{-2}+\cdots+K_{-m}×16^{-m})$$

其中：K_j 只能取 0、1、2、3、4、5、6、7、8、9、A、B、C、D、E、F；m、n 为正整数；16 是基数。

因 $16^1=2^4$，所以 1 位十六制数相当于 4 位二进制数，根据这个对应关系，二进制数转换为十六进制数的转换方法为从小数点向左向右每 4 位分为一组，不足 4 位者以 0 补足 4 位。十六进制数转换为二进制数的转换方法为从左到右将待转换的十六制数中的每个数依次用 4 位二进制数表示。

3.2.2　基本数据类型

具有一定格式的数字或数值称为数据，数据的不同格式称为数据类型。在 S7-200 SMART 系列中，数据存储器中存放数据的基本类型有位类型、数值型和字符型。

1. 位类型

位类型，又称为布尔型逻辑型（Bool）。位类型的数据长度为 1 位，有效数据范围只有两个值：0 或 1，即 True 或 False。

2. 数值型

数值型主要包括字节型（Byte）、字类型、双字类型、整数型和实数型（REAL）。整数型用来存储整数数值，没有小数部分的数值，整数型数据包括 16 位单字（INT）和 32 位双字（DINT）的带符号整数；实数型数据又称浮点型数据，它带有小数部分的数字，实数型采用 32 位的单精度数表示。它们的数据范围见表 3-2。

表 3-2　　　　　　　　　　　数值型数据范围

数据长度、类型	无符号整数	有符号整数	实数（单精度）IEEE 32 位浮点数
字节 B（8 位）	0～255（十进制）	−128～+127（十进制）	
	0～FF（十六进制）	80～7F（十六进制）	
字 W（16 位）	0～65 535（十进制）	−32 768～+32 767（十进制）	
	0～FFFF（十六进制）	8000～7FFF（十六进制）	
双字 DW（32 位）	0～4 294 967 295（十进制）	−2 147 483 648～+2 147 483 647（十进制）	+1.175 495E−38～+3.402 823E+38（正数）−1.175 495E−38～−3.402 823E+38（负数）（十进制）
	0～FFFFFFFF（十六进制）	80 000 000～7FFFFFFF（十六进制）	

（1）字节（Byte）。一个字节（Byte）等于 8 位（bit），其中 0 位为最低位，7 位为最高位。如 IB0（包括 I0.0～I0.7 位），QB1（包括 QB1.0～QB1.7 位），MB0，VB1 等。其中第一个字母表示数据的类型如：I、Q、M 等，第二个字母 B 则表示字节。

（2）字（Word）。相邻的两个字节（Byte）构成一个字（Word）来表示一个无符号数，因此，字为 16 位。如 IW0 是由 IB0 和 IB1 组成的，其中 I 是输入映像寄存器，W 表示字，0 是字的起始字节。需要注意的是，字的起始字节必须是偶数。字的范围为十六进制数 0000～FFFF。在编程时要注意，如果已经用了 IW0，如再用 IB0 或 IB1 时要特别加以小心，可能会造成数据区的冲突使用，产生不可预料的错误。

（3）双字（Double Word）。相邻的两个字（Word）构成一个双字（Double Word）来表示一个无符号数，因此，双字为 32 位。如 MD0 是由 MW0 和 MW1 组成的，其中 M

是内部标志位寄存器，D 表示双字，0 是双字的起始字。需要注意的是，双字的起始字必须是偶数。双字的范围为十六进制数 0000～FFFFFFFF。在编程时要注意，如果已经用了 MD0，如再用 MW0 或 MW1 时要特别加以小心，可能会造成数据区的冲突使用，产生不可预料的错误。

（4）16 位整数（INT，Integer）。16 位整数为有符号数，最高位为符号位，如果符号位为 1，表示负数，符号位为 0 表示正数。

（5）32 位整数（DINT，Double Integer）。32 位整数也为有符号数，最高位为符号位，如果符号位为 1，表示负数，符号位为 0 表示正数。

（6）浮点数（R，Real）。浮点数又称为实数，它为 32 位，可以用来表示小数。浮点数可以为：$1.m \times 2^e$，其存储结构如图 3-10 所示。例如 $123.4 = 1.234 \times 10^2$。

图 3-10   浮点数结构

根据 ANSI/IEEE 标准，浮点数可以表示为 $1.m \times 2^e$ 的形式。其中指数 e 为 8 位正整数（$1 \leqslant e \leqslant 254$）。在 ANSI/IEEE 标准中浮点数占用一个双字（32 位）。因为规定尾数的整数部分总是为 1，只保留尾数的小数部分 m（0～22 位）。浮点数的表示范围为 $\pm 1.175\,495 \times 10^{-38} \sim \pm 3.402\,823 \times 10^{+38}$。

3. 字符与字符串

字符类型用于存储单个字符，在定义字符型时要用单引号表示，如 'S' 表示一个字符，而 "S" 表示一个字符串。字符串是一个字符序列，其中的每个字符都以字节的形式存储。字符串的第一个字节定义字符串的长度，即字符数。字符串的格式如下：

实际长度	字符1	字符2	字符3	字符4	…	字符254
字节1	字节2	字节3	字节4	字节5	…	字节255

字符串的长度可以是 0～254 个字符，再加上长度字节，因此字符串的最大长度为 255 字节。字符串常数限制为 126 字节。

3.2.3   CPU 的存储区

S7-200 SMART 系列 PLC 的存储器是 PLC 系统软件开发过程中的编程元件，每个单元都有唯一的地址，为满足不同编程功能的需要，S7-200 SMART 系统为存储单元做了分区，所以不同的存储区有不同的有效范围，可以完成不同的编程功能。S7-200 SMART 的存储器空间大致可分为程序空间、数据空间和参数空间。

1. 程序空间

该空间主要用于存放用户应用程序，程序空间容量在不同的 CPU 中是不同的。另外，CPU 中的 RAM 区与内置 EEPROM 上都有程序存储器，但它们互为映像，且空间大小一样。

2. 数据空间

数据空间的主要作用是用于存放工作数据，这部分存储器称为数据存储器；另外一部分数据空间作寄存器使用称为数据对象。无论是作为数据存储器还是数据对象，在 PLC 系统的软件开发及硬件应用过程当中都是非常重要的工具，PLC 通过对各种数据的读取及逻辑判断才能完成相应的控制功能。

西门子 S7-200 SMART PLC 的数据空间包括输入映像寄存器 I、输出映像寄存器 Q、变量存储器 V、内部标志位寄存器 M、顺序控制继电器 S、特殊标志位寄存器 SM、局部存储器 L、定时器存储器 T、计数器存储器 C、模拟量输入映像寄存器 AI、模拟量输出寄存器 AQ、累加器 AC、和高速计数器 HC 等。

（1）输入映像寄存器 I。S7-200 SMART 的输入映像寄存器又称为输入继电器，它是 PLC 用来接收外部输入信号的窗口。PLC 中的输入继电器与继电-接触器中的继电器不同，它是"软继电器"，实质上是存储单元。当外部输入开关的信号为闭合时，输入继电器线圈得电，在程序中常开触点闭合，闭合触点断开。这些"软继电器"的最大特点是可以无限次使用，在使用时一定要注意，它们只能由外部信号驱动，用来检测外部信号的变化，不能在内部用指令来驱动，所以编程时，只能使用输入继电器触点，而不能使用输入继电器线圈。

输入映像寄存器可按位、字节、字或双字等方式进行编址，如 I0.1、IB4、IW5、ID10 等。

S7-200 SMART 系列 PLC 输入映像寄存器区域有 IB0～IB31 共 32 个字节单元，输入映像寄存器可按位进行操作，每一位对应一个输入数字量，因此，输入映像寄存器能存储 32×8 共计 256 点信息。CPU ST20/SR20/CR20 的基本单元有 12 个数字量输入点：I0.0～I0.7、I1.0～I1.3，占用两个字节 IB0、IB1，其余输入映像寄存器可用于扩展或其他操作。

（2）输出映像寄存器 Q。S7-200 SMART 的输出映像寄存器又称为输出继电器，每个输出继电器线圈与相应的 PLC 输出相连，用来将 PLC 的输出信号传递给负载。

输入映像寄存器可按位、字节、字或双字等方式进行编址，如 Q0.3、QB1、QW5、QD12 等。

同样，S7-200 SMART 系列 PLC 输出映像寄存器区域有 QB0～QB31 共 32 个字节单元，能存储 32×8 共计 256 点信息。CPU ST60/SR60/CR60 的基本单元有 24 个数字量输出点：Q0.0～Q0.7、Q1.0～Q1.7、Q2.0～Q2.7，占用 3 个字节 QB0、QB1、QB2，其余输出映像寄存器可用于扩展或其他操作。

输入/输出映像寄存器实际上就是外部输入/输出设备状态的映像区，通过程序使 PLC 控制输入/输出映像区的相应位与外部物理设备建立联系，并映像这些端子的状态。

（3）变量寄存器 V。变量寄存器用来存储全局变量、存放数据运算的中间运算结果或其他相关数据。变量存储器全局有效，即同一个存储器可以在任一个程序分区中被访问。在数据处理中，经常会用到变量寄存器。变量寄存器可按位、字节、字、双字使用。变量寄存器有较大的存储空间，S7-200 SMART 的基本单元其变量寄存器区域有 VB0～VB8191 共 8192 个字节单元。

（4）内部标志位寄存器 M。内部标志位寄存器 M，相当于继电-接触器控制系统中的

51

中间继电器，它用来存储中间操作数或其他控制信息。内部标志位寄存器在 PLC 中没有输入/输出端与之对应，它的触点不能直接驱动外部负载，只能在程序内部驱动输出继电器的线圈。

内部标志位寄存器可按位、字节、字、双字使用，如 M23.2、MB10、MW13、MD24。S7-200 SMART 基本单元的有效编址范围为 M0.0～M31.7。

（5）顺序控制继电器 S。顺序控制继电器 S 又称为状态元件，用于顺序控制或步进控制。它可按位、字节、字、双字使用，有效编址范围为 S0.0～S31.7。

（6）特殊标志位寄存器 SM。特殊标志位寄存器 SM 用于 CPU 与用户程序之间信息的交换，用这些位可选择和控制 S7-200 SMART CPU 的一些特殊功能。它分为只读区域和可读区域。

特殊标志位寄存器可按位、字节、字、双字使用。S7-200 SMART 基本单元特殊标志寄存器的有效编址范围为 SMB0～SMB1699，其中特殊存储器区的 SMB0～SMB29、SMB480～SMB515、SMB1000～SMB1699 字节为只读区。

特殊寄存器标志位提供了大量的状态和控制功能，详细说明请参阅附录 2，常用的特殊标志位寄存器的功能如下：

SM0.0：运行监视，始终为"1"状态。当 PLC 运行时可利用其触点驱动输出继电器，并在外部显示程序是否处于运行状态。

SM0.1：初始化脉冲，该位在首次扫描为 1 时，调用初始化子程序。

SM0.3：开机进入 RUN 运行方式时，接通一个扫描周期，该位可用在启动操作之前给设备提供一个预热时间。

SM0.4：提供 1min 的时钟脉冲或延时时间。

SM0.5：提供 1s 的时钟脉冲或延时时间。

SM0.6：扫描时钟，本次扫描时置 1，下次扫描时清 0，可作扫描计数器的输入。

SM0.7：该位适用于具有实时时钟的 CPU 型号，如果实时时钟设备的时间在上电时复位或丢失，则 CPU 将该位设置为 1 并持续 1 个扫描周期。程序可将该位用作错误存储器位或用于调用特殊启动序列。

SM1.0：零标志位，当执行某些指令结果为 0 时，该位被置 1。

SM1.1：溢出标志位，当执行某些指令，结果溢出时，该位被置 1。

SM1.2：负数标志位，当执行某些指令，结果为负数时，该位被置 1。

SM1.3：除零标志位，试图除以 0 时，该位被置 1。

（7）局部存储器 L。局部存储器用来存储局部变量，类似于变量存储器 V，但全局变量是对全局有效，而局部变量只和特定的程序相关联，只是局部有效。

S7-200 SMART 基本单元系列 PLC 有 64 个字节局部存储器，编址范围为 LB0.0～LB63.7。局部存储器可按位、字节、字、双字使用。PLC 运行时，可根据需求动态分配局部存储器。当执行主程序时，64 个字节的局部存储器分配给主程序，而分配给子程序给子程序或中断服务程序的局部变量存储器不存在；当执行子程序或中断程序时，将局部存储器重新分配给相应程序。不同程序的局部存储器不能互相访问。

（8）定时器存储器 T。PLC 中的定时器相当于继电-接触器中的时间继电器，它是PLC 内部累计时间增量的重要编程元件，主要用于延时控制。

PLC 中的每个定时器都有 1 个 16 位有符号的当前值寄存器，用于存储定时器累计的时基增量值（1~32 767）。S7-200 SMART 定时器的时基有 3 种：1ms、10ms、100ms，有效范围为 T0~T255。

通常定时器的设定值由程序或外部根据需要设定，若定时器的当前值大于或等于设定值时，定时器位被置 1，其常开触点闭合，常闭触点断开。

（9）计数器存储器 C。计数器用于累计其输入端脉冲电平由低到高的次数，其结构与定时器类似，通常设定值在程序中赋予，有时也可根据需求而在外部进行设定。S7-200 SMART 中提供了 3 种类型的计数器：加计数器、减计数器和加/减计数器。

PLC 中的每个计数器都有 1 个 16 位有符号的当前值寄存器，用于存储计数器累计的脉冲个数（1~32 767）。S7-200 SMART 计数器的有效范围为 C0~C255。

当输入触发条件满足时，相应计数器开始对输入端的脉冲进行计数，若当前计数大于或等于设定值时，计数器位被置 1，其常开触点闭合，常闭触点断开。

（10）模拟量输入映像寄存器 AI。模拟量输入模块是将外部输入的模拟量转换成 1 个字长（16 位）的数字量，并存入模拟量输入映像寄存器 AI 中，供 CPU 运算处理。

在模拟量输入映像寄存器中，1 个模拟量等于 16 位的数字量，即两个字节，因此其地址均以偶数进行表示，如 AIW0、AIW2、AIW4。模拟量输入值为只读数据，模拟量转换的实际精度为 12 位。S7-200 SMART 基本单元的有效地址范围为 AIW0~AIW110。

（11）模拟量输出寄存器 AQ。模拟量输出模块是将 CPU 已运算好的 1 个字长（16位）的数字量按比例转换为电流或电压的模拟量，用来驱动外部模拟量控制设备。

在模拟量输出映像寄存器中，1 个模拟量等于 16 位的数字量，即两个字节，因此其地址均以偶数进行表示，如 AQW0、AQW2、AQW4。模拟量输出值为只写数据，用户只能给它置数而不能读取。模拟量转换的实际精度为 12 位。S7-200 SMART 基本单元的有效地址范围为 AQW0~AQW110。

（12）累加器 AC。累加器是用来暂存数据、计算的中间结果、子程序传递参数、子程序返回参数等，它可以像存储器一样使用读写存储区。S7-200 SMART 系列 PLC 提供了 4 个 32 位累加器 AC0~AC3，可按字节、字或双字的形式存取累加器中的数据。按字节或字为单位存取时，累加器只使用了低 8 位或低 16 位，被操作数据长度取决于访问累加器时所使用的指令。

（13）高速计数器 HC。高速计数器用来累计比 CPU 扫描速度更快的高速脉冲，其工作原理与普通计数器基本相同。高速计数器的当前值为 32 位的双字长的有符号整数，且为只读数据。单脉冲输入时，标准型基本模块的计数器最高频率达 200kHz，而经济型基本模块的计数器最高频率为 100kHz。S7-200 SMART 基本单元提供了 4 路高速计数器 HC0~HC3。

3. 参数空间

用于存放有关 PLC 组态参数的区域，如保护口令、PLC 站地址、停电记忆保持区、软件滤波、强制操作的设定信息等。存储器为 E^2PROM。

4. 存储器范围及特性

标准型 S7-200 SMART 存储器范围及特性见表 3-3。

西门子 S7-200 SMART PLC 从入门到精通

表 3-3   标准型 S7-200 SMART 存储器范围及特性

存储器		CPU SR20/ST20	CPU SR30/ST30	CPU SR40/ST40	CPU SR60/ST60
输入映像寄存器 I		I0.0～I31.7	I0.0～I31.7	I0.0～I31.7	I0.0～I31.7
输出映像寄存器 Q		Q0.0～Q31.7	Q0.0～Q31.7	Q0.0～Q31.7	Q0.0～Q31.7
模拟量输入映像寄存器 AI		AIW0～AIW110	AIW0～AIW110	AIW0～AIW110	AIW0～AIW110
模拟量输出映像寄存器 AQ		AQW0～AQW110	AQW0～AQW110	AQW0～AQW110	AQW0～AQW110
变量存储器 V		V0.0～V8192.7	V0.0～V12 287.7	V0.0～V16 383.7	V0.0～V20 479.7
局部存储器 L		LB0～LB63	LB0～LB63	LB0～LB63	LB0～LB63
内部标志寄存器 M		M0.0～M31.7	M0.0～M31.7	M0.0～M31.7	M0.0～M31.7
特殊标志位存储器 SM		SM0.0～SM1535.7	SM0.0～SM1535.7	SM0.0～SM1535.7	SM0.0～SM1535.7
定时器 T	有记忆接通延迟 1ms	T0、T64	T0、T64	T0、T64	T0、T64
	有记忆接通延迟 10ms	T1～T4、T65～T68	T1～T4、T65～T68	T1～T4、T65～T68	T1～T4、T65～T68
	有记忆接通延迟 100ms	T5～T31、T69～T95	T5～T31、T69～T95	T5～T31、T69～T95	T5～T31、T69～T95
	接通/关断延迟 1ms	T32、T96	T32、T96	T32、T96	T32、T96
	接通/关断延迟 10ms	T33～T36、T97～T100	T33～T36、T97～T100	T33～T36、T97～T100	T33～T36、T97～T100
	接通/关断延迟 100ms	T37～T68、T101～T255	T37～T68、T101～T255	T37～T68、T101～T255	T37～T68、T101～T255
计数器 C		C0～C255	C0～C255	C0～C255	C0～C255
高速计数器 HC		HC0～HC5	HC0～HC5	HC0～HC5	HC0～HC5
顺序控制继电器 S		S0.0～S31.7	S0.0～S31.7	S0.0～S31.7	S0.0～S31.7
累加器 AC		AC0～AC3	AC0～AC3	AC0～AC3	AC0～AC3
跳转/标号		0～255	0～255	0～255	0～255
调用/子程序		0～127	0～127	0～127	0～127
中断程序		0～44	0～44	0～44	0～44
正/负跳变		256	256	256	256
PID 回路		0～7	0～7	0～7	0～7

3.2.4 编址与寻址方式

1. 数据存储器的编址方式

数据存储器的编址方式主要是对位、字节、字、双字进行编址。

位编址的方式为：（区域标志符）字节地址．位地址，如 I0.1、Q1.0、V3.5。

字节编址的方式为：（区域标志符）B 字节地址，如 IB0 表示输入映像寄存器 I0.0～I0.7 这 8 位组成的字节；VB0 表示输出映像寄存器 V0.0～V0.7 这 8 位组成的字节。

字编址的方式为：（区域标志符）W 起始字节地址，最高有效字节为起始字节，如 VW0 表示由 VB0 和 VB1 这 2 个字节组成的字。

双字编址的方式为：（区域标志符）D 起始字节地址，最高有效字节为起始字节，如 VD100 表示由 VB100、VB101、VB102 和 VB103 这 4 个字节组成的双字。

2. 寻址方式

S7-200 SMART 将信息存储在不同的存储单元，每个单元都有唯一的地址，系统允许用户以字节、字、双字的方式存取信息。使用数据地址访问数据称为寻址，指定参与的操作数据或操作数据地址的方法，称为寻址方式。S7-200 SMART 系列 PLC 有立即数寻址、直接寻址和间接寻址三种寻址方式。

（1）立即数寻址。数据在指令中以常数形式出现，取出指令的同时也就取出了操作数据，这种寻址方式称为立即数寻址方式。常数可分为字节、字、双字型数据。CPU 以二进制方式存储常数，指令中还可用十进制、十六进制、ASCII 码或浮点数来表示。

（2）直接寻址。在指令中直接使用存储器或寄存器元件名称或地址编号来查找数据，这种寻址方式称为直接寻址。直接寻址可按位、字节、字、双字进行寻址，如图 3-11 所示。可按位、字节、字、双字进行直接寻址的数据空间见表 3-4。

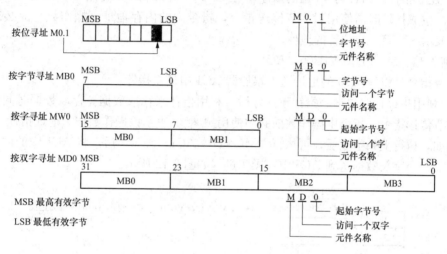

图 3-11　位、字节、字、双字寻址方式

表 3-4　　　　　　　　　　S7-200 SMART 系列可直接寻址的数据空间

元件符号	所在数据区域	位寻址	字节寻址	字寻址	双字寻址
I	数字量输入映像区	Ix. y	IBx	IWx	IDx
Q	数字量输出映像区	Qx. y	QBx	QWx	QDx
V	变量存储器区	Vx. y	VBx	VWx	VDx
M	内部标志位寄存器区	Mx. y	MBx	MWx	MDx
S	顺序控制继电器区	Sx. y	SBx	SWx	SDx
SM	特殊标志寄存器区	SMx. y	SMBx	SMWx	SMDx
L	局部存储器区	Lx. y	LBx	LWx	LDx
T	定时器存储器区	无	无	Tx	无
C	计数器存储器区	无	无	Cx	无
AI	模拟量输入映像区	无	无	AIx	无
AQ	模拟量输出映像区	无	无	AQx	无

元件符号	所在数据区域	位寻址	字节寻址	字寻址	双字寻址
AC	累加器区	无	任意		
HC	高速计数器区	无	无	无	HCx

注　1. 表中"x"表示字节号。

　　2. 表中"y"表示字节内的位地址。

（3）间接寻址。数据存放在存储器或者寄存器中，在指令中只出现所需数据所在单元的内存地址，需通过地址指针来存取数据，这种寻址方式称为间接寻址。在 S7-200 SMART 系列中，可间接寻址的元器件有 I、Q、V、M、S、T 和 C，其中 T 和 C 只能对当前值进行。使用间接寻址时，首先要建立指针，然后利用指针存取数据。

1）建立指针。指针为 32 位的双字，在 S7-200 系列中，只能用 V、L 或 AC 作为地址指针。生成指针时需使用双字节传送指令，指令中的内存地址（操作数）前必须使用"&"，表示内存某一位位置的地址。

【例 3-3】　MOVD &VB200，AC1

这条指令是将 VB200 的地址送入累加器 AC1 中建立指针。

2）利用指针存取数据。指针建立好后，利用指针来存取数据。存取数据时同样需使用双字节传送指令，指令中操作数前必须使用"＊"，表示该操作数作为地址指针。

例如，执行上条指令后，再执行"MOVD ＊AC1，AC0"后，将 AC1 中的内容为起始地址的一个字长数据送到 AC0 中。操作过程如图 3-12 所示。

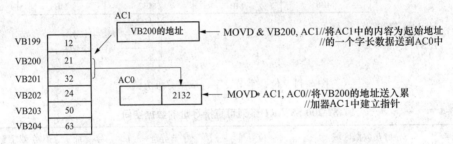

图 3-12　间接寻址

3.3　STEP7-Micro/WIN SMART 编程软件的使用

STEP 7-Micro/WIN SMART 是基于 Windows 操作系统的编程和配置软件，它是 Siemens 公司专为 S7-200 SMART 系列 PLC 设计开发的组态、编程和操作软件。该软件功能强大，界面友好，能很方便地进行各种编程操作，同时也可实时监控用户程序的执行状态。

3.3.1　编程软件的安装与界面介绍

1. 编程软件的安装

STEP 7-Micro/WIN 电脑编程软件可以从西门子自动化与驱动集团的中文官方网站 www. ad. siemens. com. cn 上进行下载，当前最新版本为 STEP 7-Micro/WIN SMART

V2.4。软件的安装可根据以下步骤进行。

第一步：应关闭所有应用程序，包括 Microsoft Office 快捷工具栏；在光盘驱动器内插入安装光盘。如果没有禁止光盘插入自动运行，安装程序会自动运行；或者在 Windows 资源管理器中打开"Setup. exe"软件安装文件。

第二步：按照安装程序的提示完成安装。

（1）选择安装程序界面语言。双击编程软件包中的 Setup. exe 安装文件，弹出如图 3-13 所示的安装对话框。此对话框的下拉选项中列出了中文和英语。选择"中文"作为安装过程中使用的语言后，再根据安装提示进行软件的安装。

图 3-13　"选择设置语言"对话框

（2）选择安装目的文件夹。选择了安装语言后，单击"确定"按钮，将会弹出如图 3-14 所示对话框。在此对话框中，可以设置软件安装的路径。

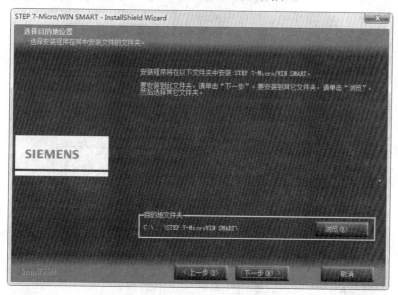

图 3-14　"选择安装目的文件夹"对话框

（3）安装过程中，会出现如图 3-15 所示的"Set PG/PC Interface"对话框，单击"OK"按钮继续进行软件的安装。

（4）安装完成后，单击对话框上的"Finish"（完成）按钮重新启动计算机。

（5）重新启动后，用鼠标双击 Windows 桌面上的 STEP 7-Wicro/WIN SMART 图标，或者在 Windows 的"开始"菜单找到相应的快捷方式，运行 STEP 7-Wicro/WIN SMART 软件，如图 3-16 所示。

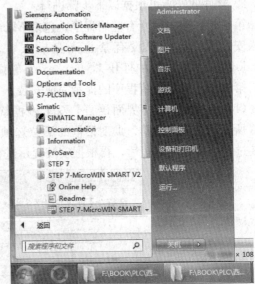

图 3-15　Set PG/PC Interface 对话框　　　图 3-16　选取并运行 STEP 7-Micro/WIN SMART 软件

2. 软件界面介绍

STEP7-Micro/WIN SMART 编程软件的界面如图 3-17 所示，它主要由导航栏、快速工具访问栏、项目树、菜单栏、程序编辑器、功能区、状态栏等部分组成。

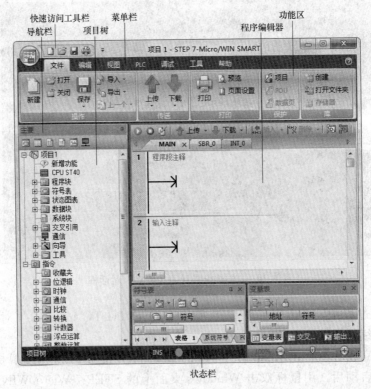

图 3-17　STEP7-Micro/WIN SMART 编程软件的界面

（1）快速访问工具栏。

快速访问工具栏位于菜单栏的上方，如图3-18所示。单击"快速访问工具栏"按钮，可以快速地访问"文件"菜单下的大部分功能和最近文档。"快速访问工具栏"的其余按钮分别为新建、打开、保存和打印以及自定义快速访问工具栏。

（2）导航栏。

导航栏位于项目树的上方，它有符号表、状态图表、数据块、系统块、交叉引用和通信几个按钮，如图3-19所示。单击相应的按钮，可以直接打开项目树中的对应选项。

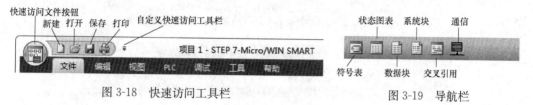

图 3-18　快速访问工具栏　　　　　　　　　图 3-19　导航栏

（3）项目树。

项目树位于导航栏下方，如图3-20所示。项目树有两功能：组织编辑项目和提供指令。

（1）组织编辑项目：①双击"系统块"，或 ，可以进行硬件组态；②单击"程序块"文件夹前的 ，"程序块"文件夹会展开，右键可以插入子程序或中断程序；③单击"符号表"文件夹前的 ，"符号表"文件夹会展开，右键可以插入新的符号表；④单击"状态图表"文件夹前的 ，"状态图表"文件夹会展开，右键可以插入新的状态表；⑤单击"向导"文件夹前的 ，"向导"文件夹会展开，操作者可以选择相应的向导。常用的向导有运动向导、PID向导和高速计数器向导。

（2）提供相应的指令：单击相应指令文件夹前的 ，相应的指令文件夹会展开，操作者双击或拖拽相应的指令，相应的指令会出现程序编辑器的相应位置。

此外，项目树的右上角有一小钉，当小钉为竖放" "，项目树位置会固定；当小钉为横放" "，项目树会自动隐藏。小钉隐藏时，会扩大程序编辑器的区域。

（3）菜单栏。

图 3-20　项目树

STEP7-Micro/WIN SMART软件下拉菜单的结构使用桌面平铺模式，根据功能类别的不同，菜单栏分为文件、编辑、视图、PLC、调试、工具和帮助这7个菜单项，如图3-21所示。这种分类方式和西门子其他工控软件类似。

"文件"菜单主要包含对项目整体的编辑操作，以及上传/下载、打印、保存和对库文件的操作。

"编辑"菜单主要包含对项目程序的修改功能，包括剪贴板、插入和删除程序对象以及搜索功能。

"视图"菜单包含的功能有程序编辑语言的切换，不同组件之间的切换显示、符号表和符号寻址优先级的修改、书签的使用以及打开POU和数据块属性的快捷方式。

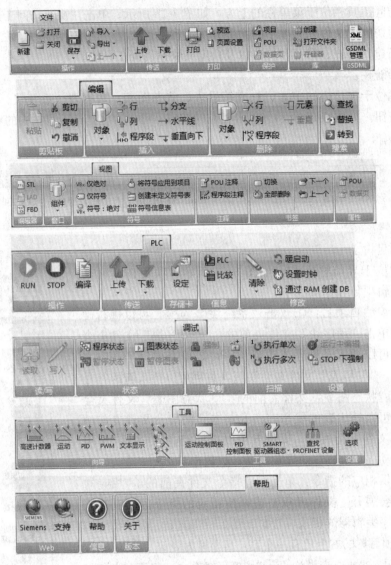

图 3-21 功能区展示的各菜单项

"PLC"菜单包含的主要功能是对在线连接的 S7-200 SMART CPU 的操作和控制,如控制 CPU 的运行状态、编译和传送项目文件、清除 CPU 中的项目文件、比较离线和在线的项目程序、读取 PLC 信息以及修改 CPU 的实时时钟。

"调试"菜单的主要功能是在线连接 CPU 后,对 CPU 中的数据进行读/写和强制对程序运行状态进行监控。此菜单中的"执行单次"和"执行多次"的扫描功能是指 CPU 从停止状态开始执行一个扫描周期或者多个扫描周期后自动进入停止状态,常用于对程序的单步或多步调试。

"工具"菜单中主要包含向导和相关工具的快捷打开方式以及 STEP7-Micro/WIN SMART 编程软件的选项。

"帮助"菜单中包含软件自带帮助文件的快捷打开方式和西门子支持网站的超级链接以及当前的软件版本信息。

（4）程序编辑器。

程序编辑器是编写和编辑程序的区域，如图 3-22 所示。程序编辑部主要包括工具栏、POU 选择器、POU 注释、程序段注释等。其中，工具栏详解如图 3-23 所示。POU 选择器用于主程序、子程序和中断程序之间的切换。

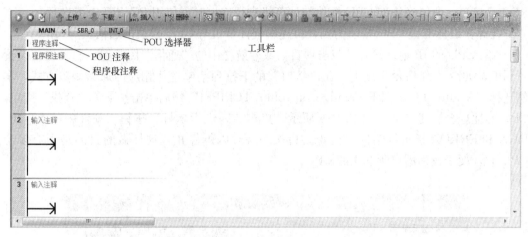

图 3-22　程序编辑器

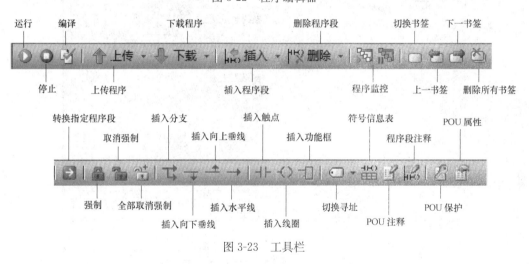

图 3-23　工具栏

（5）窗口选项卡。

窗口选项卡可以实现变量表窗口、符号表窗口、状态表窗口、数据块窗口和输出窗口的切换。

（6）状态栏。

状态栏位于主窗口底部，提供软件中执行的操作信息。

3.3.2　编程计算机与 CPU 通信

S7-200 SMART 系列 PLC 的标准型 CPU 模块集成了 1 个以太网接口和 1 个 RS-485 通信接口；经济型 CPU 模块只集成了 1 个 RS-485 通信接口。

标准型 CPU 模块通过以太网接口可与多种终端进行连接：使用普通网线与计算机连

接即可实现程序的下载，不需要通过专用编程电缆，不仅方便且有效降低用户成本；与 SMART LINE 触摸屏进行通信，实现 CPU 运行状况的监控；通过交换机与多台以太网设备进行通信，实现数据的快速交互。

由于计算机通信端口采用 RS-232C 接口或 USB 通信端口，而经济型 CPU 模块采用 RS-485 接口，所以经济型 CPU 模块与计算机进行连接时需使用 PC/PPI 电缆进行。

在此，以标准型 CPU 模块为例，讲述编程计算机与 CPU 模块的通信。

（1）CPU 的 IP 地址设置。双击项目树或导航栏中的"通信"图标![], 打开通信设置对话框，如图 3-24 所示。点击"通信接口"的下拉列菜单选择相应的通信接口方式，本例选择"Realtek PCIe GBE Family Controller. TCPIP. 1"然后单击左下角"查找"按钮，CPU 的地址会被搜出来，如图 3-25 所示。点击"闪烁指示灯"按钮，硬件中的 STOP、RUN 和 ERROR 指示灯会同时闪烁，再按一下，闪烁停止，这样做的目的是当有多个 CPU 时，便于找到用户所选用的 CPU。

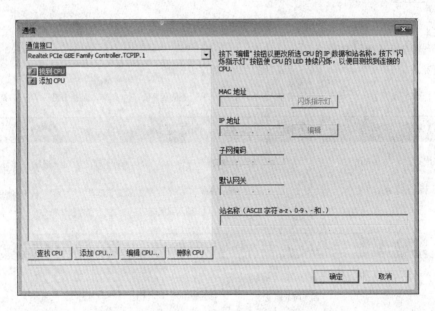

图 3-24　通信设置对话框

S7-200 SMART PLC 默认 IP 地址为"192.168.2.1"，如果需要修改，则单击"设置"按钮即可进行更改。为便于网络管理，在此修改了 CPU 模块的 IP 地址、默认网关和站名称，如图 3-26 所示。如果"系统块"中组态了以太网端口为"IP 地址数据固定为下面的值，不能通过其他方式更改"（如图 3-27 所示），在图 3-25 中点击"编辑"按钮，会出现错误信息，说明这里的 IP 地址不能改变。

（2）计算机网卡的 IP 地址设置。打开计算机的控制面板，双击"网络连接"图标，其对话框会打开，按图 3-28 所示进行设置 IP 地址即可。这里的 IPv4 地址设置为"192.168.2.120"，子网掩码为"255.255.255.0"，默认网关设置为"192.168.2.254"。

至此，通过以上两方面设置，S7-200 SMART PLC 与计算机之间就能进行通信了，能通信的标准就是 STEP7-Micro/WIN SMART 编程软件状态栏上的绿色指示灯不停地

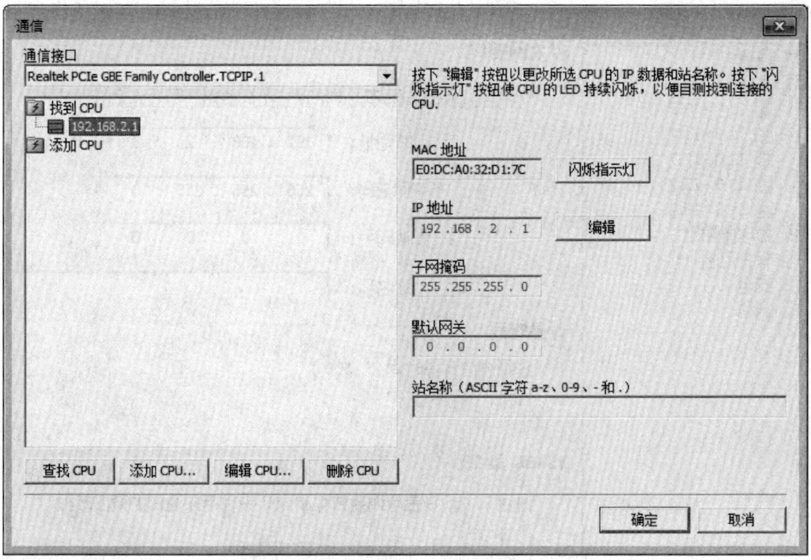

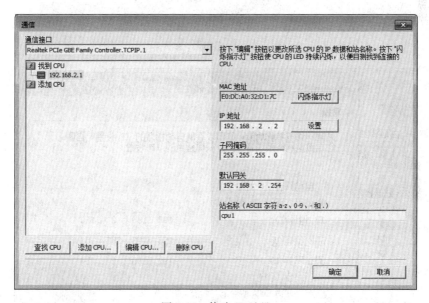

图 3-25　查找到 CPU

图 3-26　修改 IP 地址

闪烁。

　　注意，两个设备要通过以太网通信，必须在同一子网中，简单来说，CPU 模块默认为 C 类 IP 地址，所以 CPU 模块与计算机中 IPv4 前 3 段的 IP 地址相同，而第 4 段只能是 1~254 且除了占用之外的数据。如本例中，CPU 的 IP 地址为 "192.168.2.1"，计算机网卡 IPv4 地址为 "192.168.2.120"，它们的前 3 段相同，而第 4 段不同，所以两者能通信。

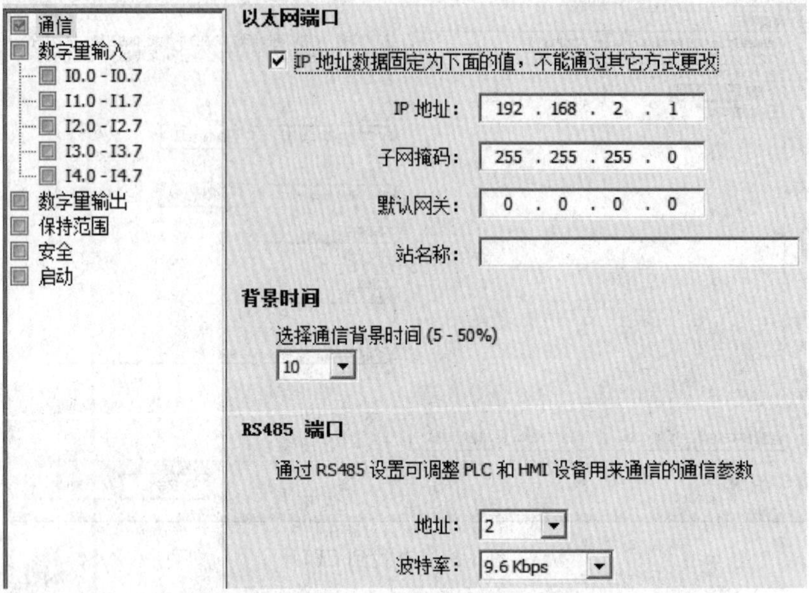

图 3-27　系统块中以太网端口的设置

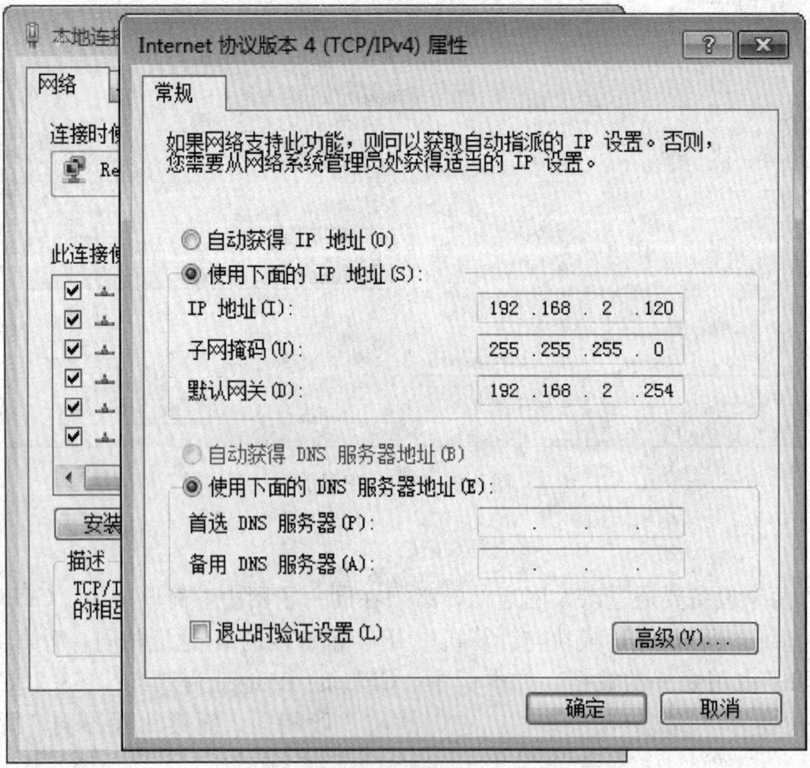

图 3-28　计算机网卡的 IPv4 地址设置

3.3.3　项目创建与硬件组态

1. 新建、打开、保存项目文件

用户可以通过下面 3 种方式来新建、打开、保存项目文件，如图 3-29 所示。

（1）打开 STEP7-Micro/WIN SMART 编程软件，在【文件】→【操作】组中单击"新建""打开"或"保存"按键。

（2）单击"快速访问文件按钮"图标，选择"新建""打开"或"保存"命令。

（3）通过快捷键进行新建（Ctrl＋N）、打开（Ctrl＋O）和保存（Ctrl＋S）。

图 3-29　新建、打开、保存项目

2. 硬件组态

硬件组态的任务就是在 STEP 7 中生成一个与实际的硬件系统完全相同的系统。在 STEP7-Micro/WIN SMART 编程软件中，硬件组态包括 CPU 型号、EM 扩展模块和 SB 信号板的添加，以及它们相关参数的设置。

（1）硬件配置。硬件配置前，应先打开系统块。系统块的打开可采用以下两种方法：双击项目树中的系统块图标，或者单击导航栏中系统块按钮。系统块被打开后，其界面如图 3-30 所示。

图 3-30　系统块界面

1) 选择 CPU。系统块的第 1 行是 CPU 型号的设置。在第 1 行的第 1 列，可以单击下拉列表图标 ▾，选择与实际硬件匹配的 CPU 型号。在第 1 行的第 3 列，显示的是 CPU 输入点的起始的地址。在第 1 行的第 4 列，显示的是 CPU 输出点的起始的地址。在第 1 行第 5 列是订货号，选型时需要填写。

2) 选择信号板。系统块的第 2 行是信号板的设置。在第 2 行的第 1 列，单击下拉列表图标 ▾，选择与实际信号板匹配的类型。信号板有数字输入/输出信号板 SB DT04、模拟量输入信号板 SB AE01、模拟量输出信号板 SB AQ01、电池信号板 SB BA01 以及 RS485/RS232 通信信号板 SB CM01。

3) 扩展模块的设置。扩展模块包括数字量扩展模块、模拟量扩展模块、热电阻扩展模块和热电偶扩展模块。在系统块表格的第 3 行～第 8 行可以设置 EM 扩展模块。

【例 3-4】 某系统硬件选择了 CPU SR60、1 块电池信号板、1 块 4 点模拟量输出模块、1 块 4 点模拟量输入模块和 8 点数字量输入模块。在 STEP7-Micro/WIN SMART 编程软件中进行硬件组态，并说明所占的地址。

【分析】 在 STEP7-Micro/WIN SMART 编程软件中硬件组态的结果如图 3-31 所示。在进行硬件组态时，各模块所占的输入/输出点地址是系统自动分配的，用户不能对其进行修改，现对个模块所占地址说明如下：

	模块	版本	输入	输出	订货号
CPU	CPU SR60 (AC/DC/Relay)	V02.04.00_00.00...	I0.0	Q0.0	6ES7 288-1SR60-0AA0
SB	SB BA01 (Battery)		I7.0		6ES7 288-5BA01-0AA0
EM 0	EM AE04 (4AI)		AIW16		6ES7 288-3AE04-0AA0
EM 1	EM DE08 (8DI)		I12.0		6ES7 288-2DE08-0AA0
EM 2	EM AQ04 (4AQ)			AQW48	6ES7 288-3AQ04-0AA0
EM 3					
EM 4					
EM 5					

图 3-31 硬件组态举例

a) CPU SR60 的输入点起始地址为 I0.0，占用 IB0～IB3 四个字节以及 IB4 字节中的 I4.0 和 I4.3 这两点，即 CPU SR60 共有 36 点输入。当鼠标在 CPU 型号这行时，按图 3-32 方法可确定实际的输入点。CPU SR60 的输出点起始地址为 Q0.0，占用 QB0～QB2 三个字节，即 CPU SR60 共有 24 点输出，确定方法如图 3-33 所示。

b) 电池信号板 SB BA01 有 1 个数字量输入点，其地址为 I7.0。

c) 模拟量输入扩展模块 EM AE04 的起始地址为 AIW16，它有 4 路通道，此后地址为 AIW18、AIW20 和 AIW22。

d) 数字量输入扩展模块 EM DE08 的起始地址为 I12.0，占 IB12 一个字节。

e) 模拟量输出扩展模块 EM AQ04 的起始地址为 AQW48，它有 4 路通道，此后地址为 AQW50、AQW52、AQW54。

（2）相关参数的设置。

1) 组态数字量输入。

a) 设置滤波时间。由于 PLC 外接的触点在开关时会产生抖动，有时模拟量也会对输入信号产生脉冲干扰，所以需要使用输入滤波器滤除输入线路上的干扰噪声。S7-200 SMART 为某些或全部局部数字量输入点选择 1 个定义延时的输入滤波器。该延迟帮助过

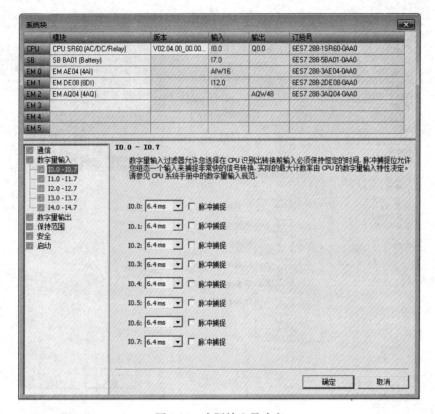

图 3-32　实际输入量确定

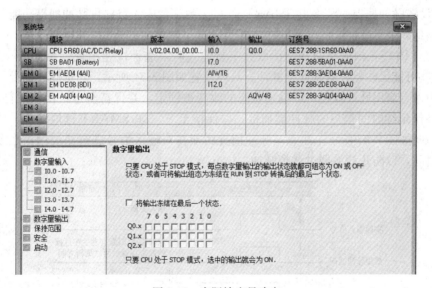

图 3-33　实际输出量确定

滤输入接线上可能对输入状态造成不良改动的噪声。其设置方法是：先选中 CPU 或要设置的数字量模块/信号板，勾中"数字量输入"，再点击倒三角来选择延时时间，如图 3-34 所示。延时默认为 6.4ms，调整延时范围为 0.2μs～12.8ms。

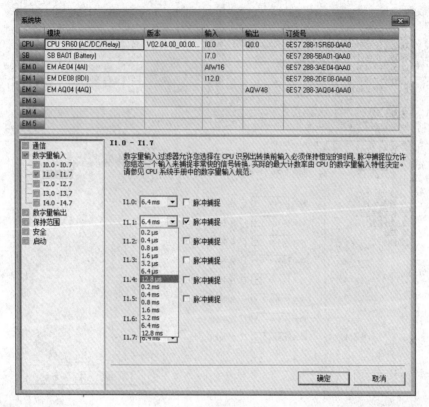

图 3-34 组态数字量输入

b）设置脉冲捕捉。S7-200 SMART PLC 为数字量输入点提供脉冲捕捉功能，该功能可以捕捉到高电平脉冲或低电平脉冲。此类脉冲出现的时间极短，以至于小于 PLC 的扫描周期。当 PLC 在扫描周期开始读取数字量输入时，这种快速出现的脉冲已经结束了，所以 CPU 可能无法始终看到此类脉冲。具体设置如图 3-34 所示，勾选脉冲捕捉即可。当为某一输入点启用脉冲捕捉时，输入状态的改变被锁定，并保持至下一次输入循环更新。这样可确保延续时间很短的脉冲被捕捉，并保持至 S7-200 SMART 读取输入。脉冲捕捉功能的说明如图 3-35 所示。注意，脉冲捕捉功能在对输入信号进行滤波后，必须调整输入滤波时间，以防止滤波器过滤掉脉冲。

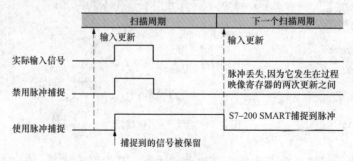

图 3-35 脉冲捕捉功能示意图

2）组态数字量输出。

a）将输出冻结在最后一个状态。将输出冻结在最后一个状态是指，当 CPU 由 RUN 转为 STOP 时，将输出冻结在最后一个状态。其设置方法是：先选中 CPU，再选择数字量输出模块，然后勾选"将输出冻结在最后一个状态"，即可将数字量输出冻结在最后一个状态，如图 3-36 所示。这样，如果 Q0.2 的最后 1 个状态是 1，则 CPU 由 RUN 转为 STOP 时，Q0.2 的状态仍为 1。

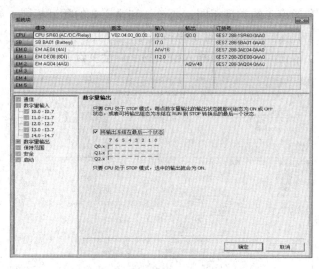

图 3-36　将输出冻结在最后一个状态

b）强制输出设置。强制输出可以将某些数字输出点强制输出为"1"。其设置方法是：先选中 CPU，再选择数字量输出模块，然后将需要强制输出的位勾选，如图 3-37 所示。这样，CPU 由 RUN 转为 STOP 时，Q0.2、Q1.3 和 Q2.5 强制输出为 1，而其余位输出均为 0。

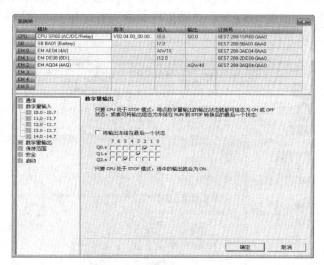

图 3-37　强制输出

3）组态模拟量输入。在 S7-200 系列 PLC 中，模拟量模块的类型和范围都是设置模块上的拨码开关来设置，而 S7-200 SMART 系列 PLC 模拟量模块的类型和范围是通过软件来设置。

先选中模拟量输入模块，再选择要设置的通道，然后就可以设置输入类型及范围等，如图 3-38 所示。模拟量的输入有电压及电流两种类型，输入电压范围有 3 种：±2.5V、±5V、±10V；输入电流范围只有 0～20mA 一种。

注意，通道 0 和通道 1 的类型相同；通道 2 和通道 3 的类型相同。如果勾选了"超出上限""下限报警"两个选项，则设置了模拟量输入的上、下限报警。当模拟量输入值低于下限值，或超过上限值时，模拟量输入模块的小灯会变红并闪烁。

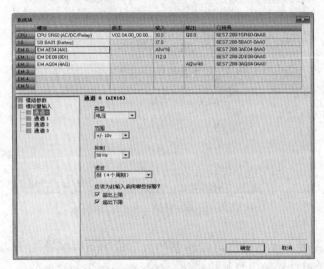

图 3-38　组态模拟量输入

4）组态模拟量输出。先选中模拟量输出模块，再选择要设置的通道，然后就可以设置输出类型及范围等，如图 3-39 所示。模拟量的输出有电压及电流两种类型，输出电压范围为 -10～10V，输出电流范围为 0～20mA。

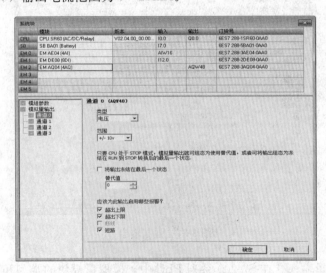

图 3-39　组态模拟量输出

（3）断电数据保持的设置。当电源掉电后，由于 CPU 具有超级电容，可在 CPU 断电后保存 RAM 数据。系统断电后，S7-200 SMART 的 CPU 检查 RAM 内存，确认超级电容或电池已成功在保存存储在 RAM 中的数据。如果 RAM 数据被成功保存，RAM 内存的保留区不变。永久 V 存储区（在 EEPROM 中）的相应区域被复制到 CPU RAM 中的非保留区。用户程序和 CPU 配置也从 EEPROM 恢复。CPU RAM 的所有其他非保留区均被设为零。

系统上电后，如果未保存 RAM 的内容（例如，长时间断电后），CPU 清除 RAM（包括保留和非保留范围），并为通电后的首次扫描设置保留数据丢失内存位（SM0.2）。然后，用户程序和 CPU 配置从 EEPROM 复制到 CPU RAM。此外，EEPROM 中 V 存储区的永久区域和 M 存储区永久区域（如果被定义为保留）从 EEPROM 复制到 CPU RAM。CPU RAM 的所有其他区域均被设为零。

在存储器 V、M、C 和 T 中，最多可定义 6 个需要保持的存储区。对于定时器 T，只有 TONR 可以保持；对于定时器 T 和计数器 C，只有当前值可以保持，而定时器位和计数器位是不能保持的。

单击"系统"对话框的"保持范围"，然后在相应的范围内单击下拉菜单，可选择数据区域的类型，在"偏移量"中可以输入需要保存的数据的起始地址，"单元数目"中能够定义需要保存的数据的数目，其设置如图 3-40 所示。

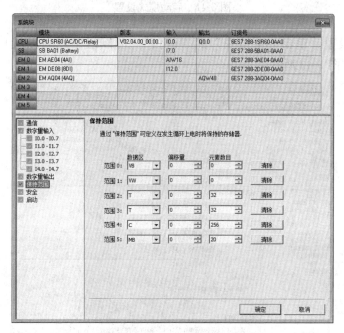

图 3-40　断电数据保持的设置

（4）启动模式组态。CPU 的启动模式有 STOP、RUN 和 LAST 这 3 种，用户可以根据需要进行选择。STOP 模式是默认选项，当设置为 STOP 模式时，CPU 上电或重启时始终进入 STOP 模式。选择 RUN 模式，CPU 上电或重启时始终进入 RUN 模式。选择 LAST 模式，CPU 进入上一次上电或重启前的工作模式。

打开"系统块"对话框，在选中 CPU 时，单击"启动"，用户可以对 CPU 的启动模式进行选择，如图 3-41 所示。

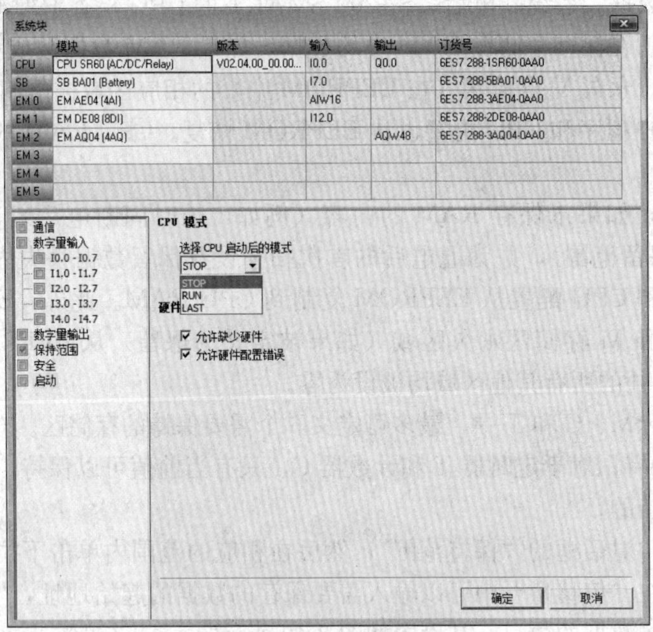

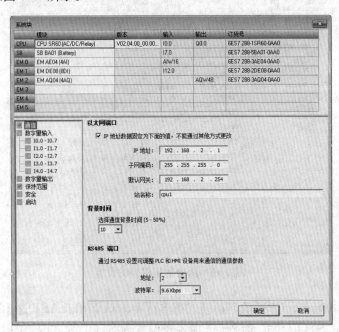

图 3-41　启动模式设置

（5）通信设置。单击"系统块"的"通信"，可以组态以太网端口、背景时间和
RS485 端口，如图 3-42 所示。

图 3-42　通信设置

在以太网端口栏，勾选"IP 地址数据固定为下面的值，不能通过其他方式更改"，可以设置 CPU 模块的 IP 地址、默认网关和站名称。

S7-200 SMART 可以配置专门用于处理与 RUN 模式编译或执行状态监控有关的通信处理所占的扫描周期的时间百分比,即通信背景时间的设置。增加专门用于处理通信的时间百分比时,也会增加扫描时间,减慢控制过程的运行速度。此功能专门用于处理通信请求的默认扫描时间百分比被设为 10%。该设置为处理编译/状态监控操作同时尽量减小对控制过程的影响进行了合理的折中。用户可以调整该设置,每次增加 5%,最大为 50%。

系统块内的"RS485 端口"用来设置 CPU 的 RS485 通信端口。"地址"下拉列表可以为同一网络上的设备指定地址;"波特率"下拉列表可以选择通信速率。

(6)安全设置。单击"系统块"的"安全设置",可以设置密码、通信写入限制、串行端口,如图 3-43 所示。

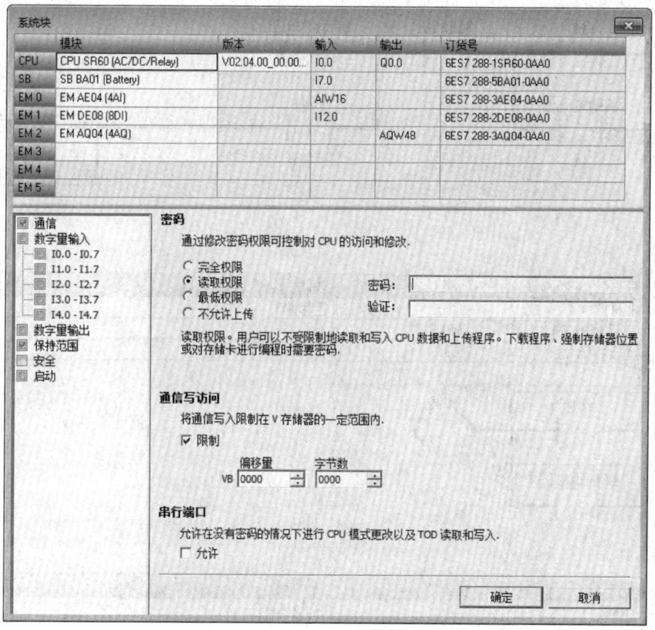

图 3-43　安全设置

3.3.4　梯形图程序的输入

在 STEP 7-Micro/WIN SMART 中,成功新建项目后,可进行主程序(MAIN)、子程序(SBR)和中断程序(INT)的编写。这三类程序的输入方法基本相同,在此以主程序为例讲述梯形图语言的输入。

下面以"两台电动机同时启动,第二台延时停止"控制系统为例,介绍怎样用 STEP 7-Micro/WIN SMART 软件进行梯形图主程序的编写。假设控制两台三相异步电动机的 SB1 与 I0.0 连接,SB2 与 I0.1 连接,KM1 线圈与 Q0.0 连接控制 M1 电动机,KM2 线圈与 Q0.1 连接控制 M2 电动机。其运行梯形图程序如图 3-44 所示,按下启动 SB1 按钮后,Q0.0 为 ON,KM1 线圈得电使得 M1 电动机启动。同时 Q0.0 常开触点也闭合,M0.0 线圈得电自锁,M0.0 常开触点闭合,Q0.1 线圈得电,M2 电动机也同时启动。当按下停止按钮 SB2 时，I0.1 常闭触点断开，Q0.0 线圈失电，M1 电动机停止，Q0.0 常闭触点闭合，T37 得电延时，10s 后 T37 常闭触点断开，M0.0 线圈失电，M0.0 常开触点断开，Q0.1 线圈失电，M2 电动机停止。

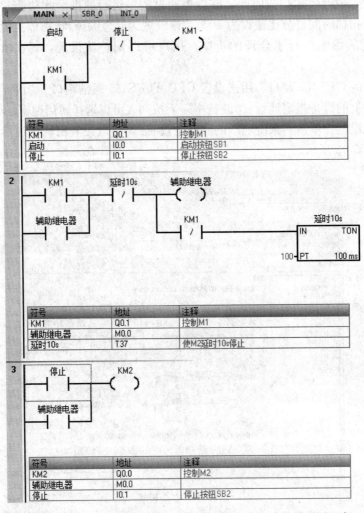

图 3-44 "两台电动机同时启动，第二台延时停止"的梯形图程序

（1）程序段 1 的输入步骤如下：

第一步：常开触点 I0.0 的输入步骤。首先将光标移至程序段 1 中需要输入指令的位置，单击"指令树"的"位逻辑"左侧的加号，在╫上双击鼠标左键输入指令；或者在"工具栏"中点击"触点"选择╫。然后单击"?? .?"并输入地址：I0.0。

第二步：串联常闭触点 I0.1 的输入步骤。首先将光标移至程序段 1 中┤I0.0├的右侧，单击"指令树"的"位逻辑"左侧的加号，在╫╱上双击鼠标左键输入指令；或者在"工具栏"中点击"触点"选择╫╱。然后单击"?? .?"并输入地址：I0.1。

第三步：并联常开触点 Q0.0 的输入步骤。首先将光标移至程序段 1 中┤I0.0├的下方，单击"指令树"的"位逻辑"左侧的加号，在╫上双击鼠标左键输入指令；或者在"工

74

具栏"中点击"触点"选择┤├。再单击"?? . ?"并输入地址：Q0.0。然后单击选中┤Q0.0├且在"LAD 工具条"中单击↑向上连线。

第四步：输出线圈 Q0.0 的输入步骤。首先将光标移至程序段 1 中的┤I0.1├右侧，单击"指令树"的"位逻辑"左侧的加号，在-()上双击鼠标左键输入指令；或者在"工具栏"中单击"线圈"选择-()。然后单击"?? . ?"并输入地址：Q0.0。

（2）程序段 2 的输入步骤如下：

第一步：常开触点 Q0.0 的输入步骤。首先将光标移至程序段 2 中需要输入指令的位置，单击"指令树"的"位逻辑"左侧的加号，在┤├上双击鼠标左键输入指令；或者在"工具栏"中点击"触点"选择┤├。然后单击"?? . ?"并输入地址：Q0.0。

第二步：串联常闭触点 T37 的输入步骤。首先将光标移至程序段 2 中┤Q0.0├的右侧，单击"指令树"的"位逻辑"左侧的加号，在┤/├上双击鼠标左键输入指令；或者在"工具栏"中点击"触点"选择┤/├。然后单击"?? . ?"并输入地址：T37。

第三步：并联常开触点 M0.0 的输入步骤。首先将光标移至程序段 2 中┤Q0.0├的下方，单击"指令树"的"位逻辑"左侧的加号，在┤├上双击鼠标左键输入指令；或者在"工具栏"中点击"触点"选择┤├。再单击"?? . ?"并输入地址：M0.0。然后单击选中┤M0.0├且在"LAD 工具条"中点击↑向上连线。

第四步：输出线圈 M0.0 的输入步骤。首先将光标移至程序段 2 中的┤T37├右侧，单击"指令树"的"位逻辑"左侧的加号，在-()上双击鼠标左键输入指令；或者在"工具栏"中点击"线圈"选择-()。然后单击"?? . ?"并输入地址：M0.0。

第五步：串联常闭触点 Q0.0 的输入步骤。首先将光标移至程序段 2 中的┤T37├右侧，在"LAD 工具条"中点击↓向下连线和→向右连线，再单击"指令树"的"位逻辑"左侧的加号，在┤/├上双击鼠标左键输入指令；或者在"工具栏"中点击"触点"选择┤/├。然后单击"?? . ?"并输入地址：Q0.0。

第六步：定时器指令 T37 的输入步骤。首先将光标移至程序段 2 中-(Q0.0)的右侧，单击"指令树"的"定时器"左侧的加号，在□ TON 上双击鼠标左键输入指令，再单击"????"输入定时器号 T37 按下回车键，光标自动移到预置时间值（PT），输入预置时间 100。

（3）程序段 3 的输入步骤如下：

第一步：常开触点 I0.1 的输入步骤。首先将光标移至程序段 3 中需要输入指令的位置，单击"指令树"的"位逻辑"左侧的加号，在┤├上双击鼠标左键输入指令；或者在"工具栏"中点击"触点"选择┤├。然后单击"?? . ?"并输入地址：I0.1。

第二步：并联常开触点 M0.0 的输入步骤。首先将光标移至程序段 3 中┤I0.1├的下方，单击"指令树"的"位逻辑"左侧的加号，在┤├上双击鼠标左键输入指令；或者在"工具栏"中点击"触点"选择┤├。再单击"?? . ?"并输入地址：M0.0。然后单击选中┤M0.0├且在"LAD 工具条"中点击↑向上连线。

第三步：输出线圈 Q0.1 的输入步骤。首先将光标移至程序段 3 中的┤I0.1├右侧，单击"指令树"的"位逻辑"左侧的加号，在-()上双击鼠标左键输入指令；或者在"工具栏"中点击"线圈"选择⟨⟩。然后单击"?? .?"并输入地址: Q0.1。

输入完毕后保存的完整梯形图主程序如图 3-45 所示。

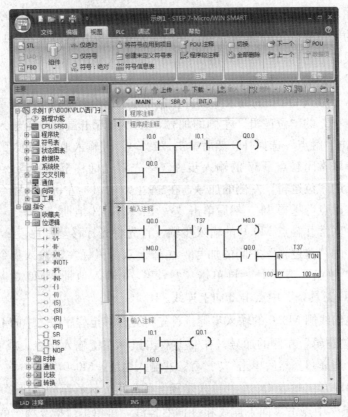

图 3-45　完整的梯形图主程序

3.3.5　符号表与编程语言的转换

1. 符号表

一个程序, 特别是较长的程序, 如果要很容易被别人看懂, 对程序进行描述是很有必要的。程序描述包括三个方面, 分别是 POU 注释、程序段注释和符号表。其中, 以符号表最为重要。在【视图】→【注释】组中可设置 POU 注释和程序段注释是否显示; 在【视图】→【符号】组中可设置符号表是否显示以及符号表显示时的显示样式。

POU 注释是显示在 POU 中第一个程序段上方, 提供详细的多行 POU 注释功能。每条 POU 注释最多可以有 4096 个字符。这些字符可以是中文, 也可以是英文, 主要对整个 POU 功能等进行说明。

程序段注释是显示在程序段上方, 提供详细的多行注释附加功能。每条程序段注释最多可以有 4096 个字符。这些字符可以是中文, 也可以是英文。

在导航栏中单击"符号表"按钮▣, 或在【视图】→【组件】→【符号表】可打开符号表, 如图 3-46 所示。从图中可以看出, 符号表由表格 1、系统符号表、POU 符号表和 I/O 符号表四部分组成。

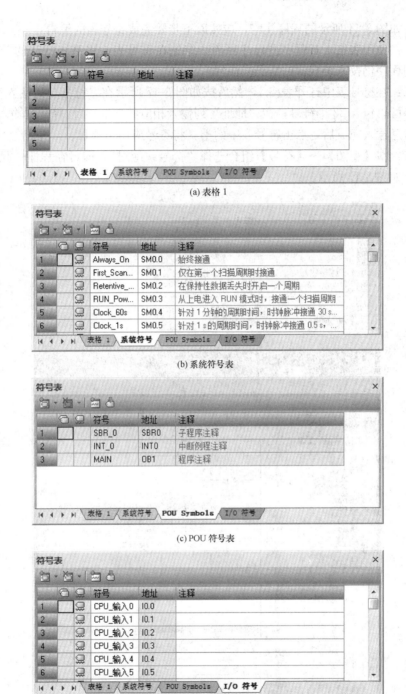

(a) 表格 1

(b) 系统符号表

(c) POU 符号表

(d) I/O 符号表

图 3-46　符号表

在默认情况下，图 3-46（a）表格 1 是空表格，可以在符号和地址列输入相关信息，生成新的符号，对程序进行注释；系统符号表可以看到特殊存储器 SM 的符号、地址和功能；POU 符号表为只读表格，可以显示主程序、子程序和中断程序的默认名称；I/O 符号表可以看到输入/输出的符号和地址。

要实现如图 3-44 所示的程序注释，应按以下步骤完成符号表的编辑：

步骤一：使用表格 1 对程序进行注释前，应先在符号表中将系统默认的 I/O 符号表删除，否则程序仍按系统默认的情况来注释。

步骤二：在符号表中打开表格 1，然后按如图 3-47 所示在"符号"列输入符号名称，符号名最多可以包含 23 个符号；在"地址"列输入相应的地址；"注释"列输入详细的注释。注释信息输入完成后，点击符号表中的 📇，将符号应用于项目。

步骤三：在【视图】→【符号】组合选择"符号：绝对"，即可在程序中显示相应的符号注释，如图 3-47 所示。

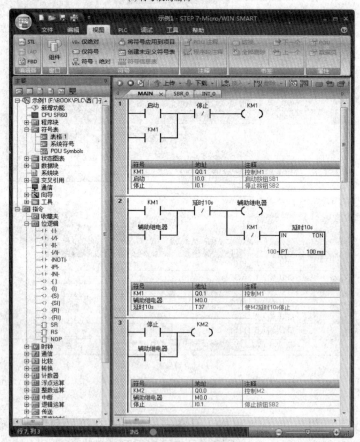

(a) 符号表的编辑

(b) 开启了符号信息表的梯形图主程序

图 3-47　符号表编辑及开启了符号信息表的梯形图主程序

2. 编程语言的转换

在【视图】→【编辑器】组件中单击 STL、LAD、FBD 可进入相应的编程环境。若使用梯形图编写程序时,在【视图】→【编辑器】组件中,单击 STL 或 FBD 将有相应的语句表或功能块图。控制两台三相异步电动机运行的 STL 和 FBD 程序如图 3-48 所示。如果使用 STL 语句表编写程序时,在【视图】→【编辑器】组件中单击 LAD 将显示相应的梯形图程序。

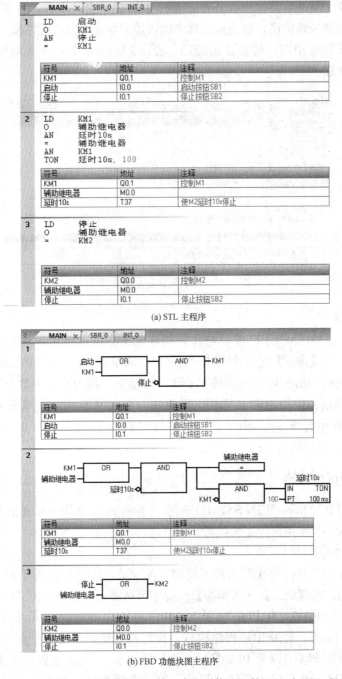

(a) STL 主程序

(b) FBD 功能块图主程序

图 3-48　"两台电动机同时启动,第二台延时停止"的 STL 和 FBD 程序

79

3.3.6 程序编译与下载

1. 程序编译

在程序下载前,为了避免程序出错,最好进行程序的编译。

在 STEP 7-Micro/WIN SMART 软件中,打开已编写好的项目程序,在【PLC】→【操作】组件中单击"编译",或单击程序编辑器工具栏上的 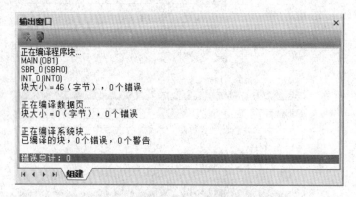,可以编译当前打开的程序或全部的程序。编译后在输出窗口显示程序中语法错误的个数,每条错误的原因和错误的位置。双击某一条错误,将会显示程序编辑器中该错误所在程序段。如图 3-49 所示,表示编译后程序没有错误。需要指出的是,程序如果未编译,下载前软件会自动编译,编译结果显示在输出窗口。

图 3-49 输出窗口显示编译结果

2. 程序下载

若程序编译正确,且 CPU 模块与计算机建立了正确连接后,可将程序下载到 PLC 中。在【文件】→【传送】组件中单击"下载",或单击程序编辑中工具栏上的"下载"按钮 ↓ 下载,会弹出如图 3-50 所示的"下载"对话框。用户可以在"块"的复选框中选择是否下载程序块、数据块和系统块,如果选择则在其前面的复选框中打勾。可以在"选项"的复选框中选择"从 RUN 切换到 STOP 时提示""从 STOP 切换到 RUN 时提示""成功后关闭对话框"。

3.3.7 程序调试与监控

在运行 SETP7-Micro/WIN SMART 编程设备和 PLC 之间建立通信并向 PLC 下载程序后,便可调试并监视用户程序的执行。

1. 工作模式的选择

PLC 有"运行"和"停止"两种不同的工作模式,工作模式的不同,PLC 调试操作的方法也不相同。在【PLC】→【操作】组件中可选择不同的工作方式。

(1)停止工作模式。当 PLC 位于 STOP(停止)模式时,可以创建和编辑程序,PLC 处于半空闲状态;停止用户程序执行;执行输入更新;用户中断条件被禁用。PLC 操作系统继续监控 PLC(采集 PLC RAM 和 I/O 状态),将状态数据传递给 STEP 7-Micro/WIN SMART,并执行所有的"强制"或"取消强制"命令。当 PLC 位于 STOP

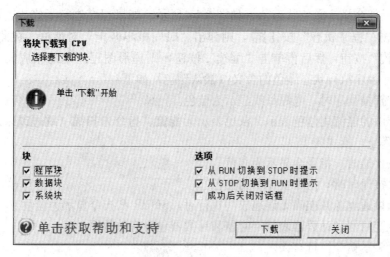

图 3-50　下载对话框

（停止）模式中时，可以执行以下操作：

1）使用状态表或程序状态监控查看操作数的当前值（由于程序未执行，相当于执行"单次读取"）。

2）可以使用状态表或程序状态监控强制数据；使用状态表写入数值。

3）写入或强制输出。

4）执行有限次数扫描，并通过状态表或项目状态查看结果。

（2）运行工作模式。当 PLC 位于 RUN（运行）模式时，不能使用"执行单次"或"执行多次"扫描功能。可以在状态表中写入和强制数据，或使用 LAD 或 FBD 程序编辑器强制数据，方法与 STOP（停止）模式中强制数据相同。还可以执行以下操作〔不得从 STOP（停止）模式使用〕：

1）使用状态图表采集不断变化的 PLC 数据的连续更新信息（如果希望使用单次更新，状态表监控必须关闭，才能使用"单次读取"命令）。

2）使用程序状态监控采集不断变化的 PLC 数据的连续更新信息。

3）使用"RUN（运行）模式中的程序编辑"功能编辑程序，并将改动下载至 PLC。

2. 程序状态显示

当程序下载至 PLC 后，可以用"程序状态"功能执行和测试程序网络。

在工具栏中点击"程序状态"按钮🔲或在【调试】→【状态】组件选择"程序状态"，在程序编辑器窗口中显示 PLC 各元件的状态。在进入"程序状态"的梯形图中，用彩色块表示位操作数的线圈得电或触头闭合状态。┤██├表示触头的闭合状态，◀██▶表示位操作数的线圈得电。

3. 程序状态监视

利用 3 种程序编辑器（LAD、STL、FBD）都可在 PLC 运行时，监视程序对各元件的执行结果，并可监视操作数的数值。在此，以 LAD 为例讲述梯形图程序的状态监视。

在梯形图程序状态操作开始之前应先将 CPU 切换 RUN 运行模式，如图 3-51 所示。在【调试】→【状态】组件中选择"程序状态"或单击"程序状态"按钮🔲，梯形图程序中的相应元件会显示彩色状态值,如图 3-52 所示。如果程序进行了修改,且未下载到 PLC 中,单击"程序状态"按钮 🔀,则弹出"时间戳不匹配"对话框。在此对话框中,先单击"比较"按钮,然后再单击"继续"按钮,则梯形图程序中的相应元件也会显示彩色状态值。程序执行状态颜色的含义(默认颜色)如下:

1)正在扫描程序时,电源母线显示为蓝色。

2)图形中的能流用蓝色表示,灰色表示无能流、指令未扫描(跳过或未调用)或位于 STOP(停止)模式的 PLC。

3)触点接通时,指令会显示为蓝色。

4)输出接通时时,指令会显示为蓝色。

5)指令接通电源并准确无误地成功执行时,SUBR 和指令显示为蓝色。

6)绿色定时器和计数器表示定时器和计数器包含有效数据。

7)红色表示指令执行有误。

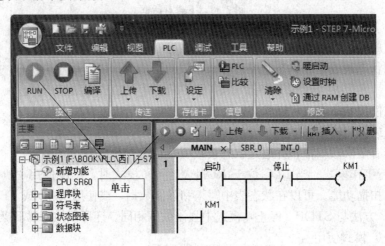

图 3-51 CPU 切换到 RUN 运行模式

4. 状态图表强制与监视

状态图表是用于监控、写入或强制指定地址的工具表格。在【调试】→【状态】组件中选择"图表状态"或单击"图表状态"按钮 ▶,则弹出状态图表在线界面。用户在此界面中只需要键入需要被监控的数据地址,即可实现对 CPU 数据的监控和修改,如图 3-53 所示。

状态图表分为地址、格式、当前值和新值 4 列。"地址"表示填写被监控数据的地址或者符号名;"格式"为选择被监控数据的数据类型;"当前值"表示被监控数据在 CPU 中的当前值;"新值"为用户准备写入被监控数据地址的数值。

在线状态下,在图 3-53 中,输入相应的地址后,会显示各地址的当前值。若设置 I0.0 的新值为 0 后,在【调试】→【强制】组件中选择"强制",则 I0.0 的当前值显示为 2#0,程序段 1 中的 I0.0 触点断开,其运行状态如图 3-54 所示,这样模拟了松开启动按钮 SB1 后的执行情况。

在线状态下,若继续将强制设置,如先将 I0.1 强制为"1",再强制 I0.1 为"0",则 Q0.1 线圈立即失电,即 M2 电动机停止,同时 T37 定时器当前值进行累加,其运行状态

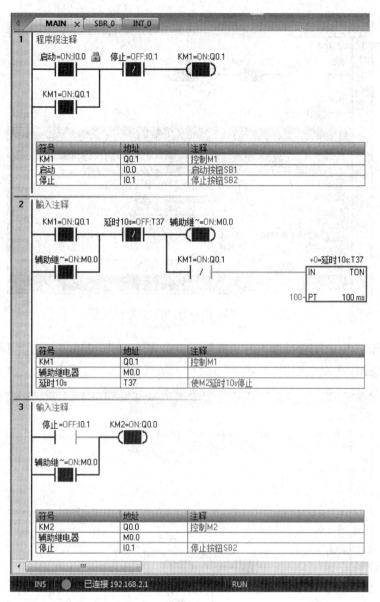

图 3-52　梯形图执行状态监控

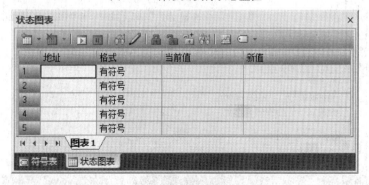

图 3-53　状态图表

西门子 S7-200 SMART PLC 从入门到精通

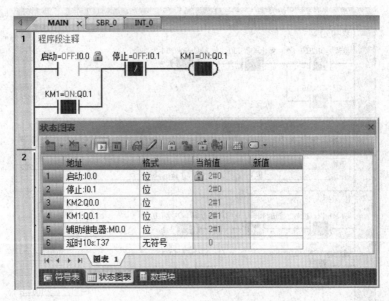

图 3-54　强制 I0.0 为"0"的运行状态

如图 3-55 所示。若 T37 定时器当前值累加到设定值 100 时，M0.0 线圈失电，同时 Q0.0 线圈失电，即 M1 电动机停止。

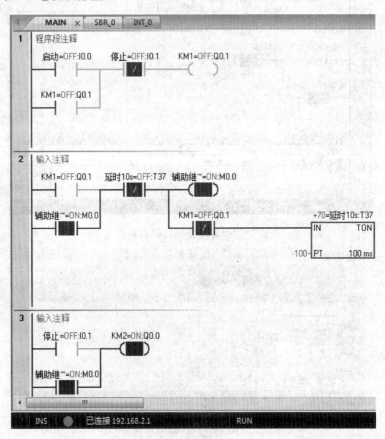

图 3-55　强制 I0.1 由"1"变为"0"后的运行状态

84

3.4　S7-200 SMART PLC 仿真软件的使用

西门子公司未提供 S7-200 SMART 系列 PLC 的模拟仿真软件，但是可以使用第三方仿真软件进行简单的程序仿真。

在网上流行的西班牙人编写的一种 S7-200 仿真软件就可以简单仿真 S7-200 SMART 系列 PLC 程序。它是免安装软件，使用时只要双击 S7-200.exe 图标，就可以打开它，如图 3-56 所示。

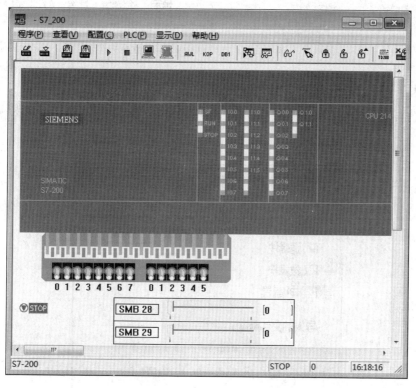

图 3-56　S7-200 仿真软件界面

使用 S7-200 仿真软件的操作步骤如下：

步骤一：在 SETP7-Micro/WIN SMART 中，打开编译好的程序文件，然后在【文件】→【操作】组件中选择"导出"→"POU"，在弹出的"导出"对话框中输入导出的 ASCII 文本文件的文件名，该文本文件的默认扩展名为 .awl。在此将"两台电动机同时启动，第二台延时停止"的梯形图程序导出为"示例 1.awl"。

步骤二：打开 S7-200 仿真软件，单击菜单"配置"→"CPU 型号"或在已有的 CPU 图案上双击鼠标左键，弹出如图 3-57 所示的对话框。在此对话框中输入或读出 CPU 的型号。由于 S7-200 仿真软件专用于 S7-200 PLC 的程序仿真，若要仿真 S7-200 SMART PLC 程序，在选择 CPU 型号时注意所选 CPU 的 I/O 端口数与 S7-200 SMART PLC 的 I/O 端口数对应即可。

步骤三：单击菜单"程序"→"载入程序"或单击工具条中的第二个按钮，弹出

85

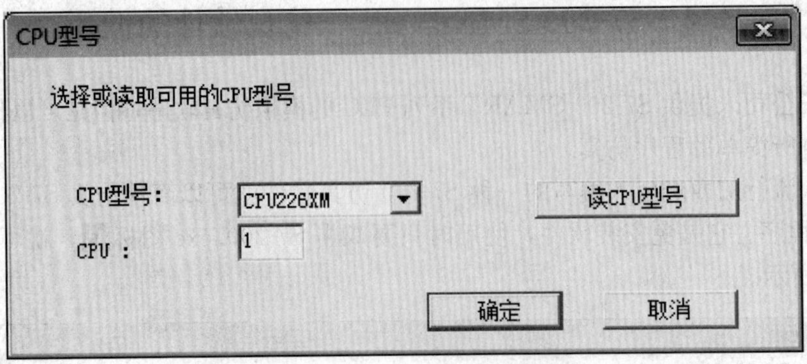

图 3-57　CPU 型号选择对话框

"载入 CPU"对话框，在此对话框中选择 SETP7-Micro/WIN 的版本（如图 3-58 所示），按下"确定"键后，在弹出的"打开"对话框中选择在 SETP7-Micro/WIN 项目中导出的 .awl 文件。

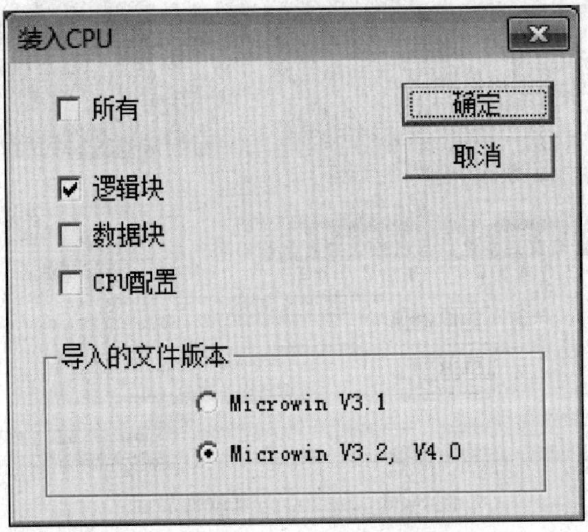

图 3-58　载入 CPU 对话框

步骤四：单击菜单点"PLC"→"RUN"或工具栏上的绿色三角按钮▶，程序开始模拟运行。先单击图中的 0 位拨码开关，启动两台电动机运行后，再单击图中 1 位拨码开关，然后在工具栏中单击📷图标，控制两台三相异步电动机运行的仿真图形如图 3-59 所示。

步骤五：PLC 仿真运行后，若想观看相关数据存储器的状态或数值，则在工具栏中单击📷图标，然后在弹出的状态表（State Table）对话框的相关地址栏（Address）中输入相应元件地址，最后单击"开始"按钮，即可显示数据存储器的运行状态值，如图 3-60 所示。

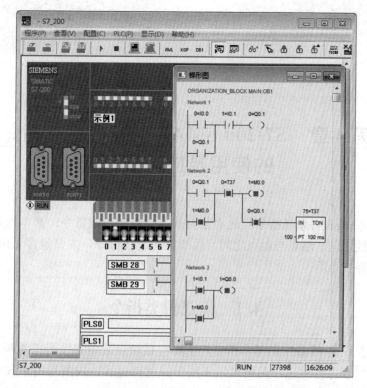

图 3-59　"两台电动机同时启动，第二台延时停止"的运行仿真

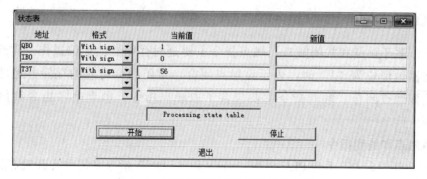

图 3-60　相关数据寄存器的运行状态值

第4章　S7-200 SMART PLC 基本指令的使用及应用实例

微型 PLC 一般有百余条指令，通常分为基本指令和功能指令。基本指令是用来表达元件触点与母线之间、触点与触点之间、线圈等的连接指令，主要包含了位逻辑类指令、定时器、计数器指令等。

4.1　位逻辑类指令

位逻辑类指令是 PLC 中的基本指令，主要包括触点指令和线圈指令两大类。触点是对二进制位的状态进行测试，其测试结果用于位逻辑运算；线圈是用来改变二进制位的状态，其状态是根据它前面的逻辑运算结果而定。

4.1.1　触点与线圈指令

触点分常开触点和常闭触点，触点指令主要是对存储器地址位操作。常开触点对应的存储器地址位为"1"时，表示该触点闭合；常闭触点对应的存储器地址为"0"时，表示该触点闭合。触点指令主要包含了取触点指令、触点串联指令和触点并联指令。

1. 取触点和线圈指令

在 S7-200 SMART 系列 PLC 中用"LD"和"LDN"指令来装载常开触点和常闭触点；用"＝"作为线圈输出指令。

（1）指令格式。取触点和线圈指令格式见表 4-1，表中 LAD 为梯形图，STL 为语句表。LAD 和 STL 是 PLC 最常用的编程语言，用户只要使用其一进行编程即可。STL 的基本表达方式为"操作码＋操作数"，表中 LD、LDN 为操作码，而操作数以位地址格式出现。

表 4-1　　　　　　　　　　　　取触点和线圈输出指令的格式

指令名称	LAD	STL	操作数
取常开触点指令	＜位地址＞ ——┤ ├——	LD＜位地址＞	I、Q、M、SM、T、C、V、S、L

指令名称	LAD	STL	操作数
取常闭触点指令	⊣/⊢ <位地址>	LDN<位地址>	I、Q、M、SM、T、C、V、S、L
线圈输出指令	─( )─ <位地址>	=<位地址>	Q、M、SM、T、C、V、S、L

LD(Load)：取指令，用于常开触点的装载。该指令是在左母线上或线路的分支点处装载一个常开触点。

LDN(Load Not)：取反指令，用于常闭触点的装载。该指令是在左母线上或线路的分支点处装载一个常开触点。

=(OUT)：输出指令，对应梯形图则为线圈驱动。"="可驱动 Q、M、SM、T、C、V、S 的线圈，但不能驱动输入映像寄存器 I。当 PLC 输出端不带负载时，尽量使用 M 或其他控制线圈。

（2）指令应用。

【例 4-1】　取触点和线圈指令的应用见表 4-2。假设两个按钮 SB1 和 SB2 与 CPU 模块的输入端子 I0.0 和 I0.1 相连，控制电动机 M1 和 M2 的两个交流接触器线圈 KM1、KM2 分别与 CPU 模块的输出端子 Q0.0 和 Q0.1 相连。CPU 模块一上电，未按下任何按钮时，程序段 2 中的 Q0.1 线圈得电输出为 1，从而控制 M2 电动机启动运行，而程序段 1 中的 Q0.0 线圈未得电，即 M1 电动机处于停止状态。若按下 SB1 时，在程序段 1 中，I0.0 常开触点闭合，使得 Q0.0 线圈得电输出为 1，则 M1 电动机启动运行；如果松开 SB1 时，程序段 1 中的 I0.0 常开触点闭合，使得 Q0.0 线圈失电，M1 电动机立即停止运行。如果按下 SB2 按钮，则程序段 2 中的 I0.1 常闭触点断开，Q0.1 线圈失电，M2 电动机立即停止运行；如果松开 SB2 时，程序段 2 中的 I0.1 常闭触点恢复闭合状态，Q0.1 线圈得电输出为 1，控制 M2 电动机又一次启动运行。因此在实际应用中，程序段 1 可实现电动机的点动控制；程序段 2 可作为电源信号指示。

表 4-2　　　　取触点和线圈指令的应用

程序段	LAD	STL
程序段 1	I0.0 ⊣⊢ Q0.0 ─( )─ (LD) (=)	LD　I0.0 =　Q0.0
程序段 2	I0.1 ⊣/⊢ Q0.1 ─( )─ (LDN) (=)	LDN　I0.1 =　Q0.1

2. 触点串联指令

（1）指令格式。触点串联指令又称逻辑"与"指令，它包括常开触点串联和常闭触点串联，分别用 A 和 AN 指令来表示，其指令格式见表 4-3。

表 4-3   触点串联指令的格式

指令名称	LAD	STL	操作数
常开触点串联指令	⊣ ⊢　⊣ ⊢ <位地址>	A　<位地址>	I、Q、M、SM、T、C、V、S
常闭触点串联指令	⊣ ⊢　⊣/⊢ <位地址>	AN　<位地址>	I、Q、M、SM、T、C、V、S

A(And)："与"操作指令，在梯形图中表示串联一个常开触点。

AN(And Not)"与非"操作指令，在梯形图中表示串联一个常开触点。

（2）指令应用。

【例 4-2】 触点串联指令的应用见表 4-4。假设两个按钮 SB1 和 SB2 与 CPU 模块的输入端子 I0.0 和 I0.1 相连，两个指示灯 HL1 和 HL2 分别与 CPU 模块的输出端子 Q0.0 和 Q0.1 连接。在表 4-4 所示的程序中，若 SB1 和 SB2 同时按下时，程序段 1 的 I0.0 和 I0.1 这两个常开触点闭合，使得 Q0.0 线圈得电，从而使得 HL1 点亮，SB1 或 SB2 只要有一个按钮松开，则 Q0.0 线圈失电，HL1 将熄灭。程序段 2 中，只要按下 SB2，I0.1 常闭触点断开，此时不管 SB1 是否按下，Q0.1 线圈将处于失电状态，即 HL2 熄灭；只有 SB2 松开时，即 I0.1 触点处于闭合状态，按下 SB1，则 Q0.1 线圈得电，使得 HL2 点亮。注意，在指令中，"//"表示注释。

表 4-4   触点串联指令的应用

程序段	LAD	STL
程序段 1	常开触点串联指令 I0.0　I0.1　Q0.0 ⊣ ⊢　⊣ ⊢　( ) LD　A　=	//常开触点串联指令 LD　I0.0 A　I0.1 =　Q0.0
程序段 2	常闭触点串联指令 I0.0　I0.1　Q0.1 ⊣ ⊢　⊣/⊢　( ) LD　AN　=	//常闭触点串联指令 LD　I0.0 AN　I0.1 =　Q0.1

3. 触点并联指令

（1）指令格式。触点并联指令又称逻辑"或"指令，它包括常开触点并联和常闭触点并联，分别用 O 和 ON 指令来表示，其指令格式见表 4-5。

表 4-5　　　　　　　　　　　　　触点并联指令的格式

指令名称	LAD	STL	操作数
常开触点并联指令	<位地址>	O　<位地址>	I、Q、M、SM、T、C、V、S
常闭触点并联指令	<位地址>	ON　<位地址>	I、Q、M、SM、T、C、V、S

（2）指令应用。

【例 4-3】　触点并联指令的应用见表 4-6。假设启动按钮 SB1、启动按钮 SB2 和停止按钮 SB3 分别与 CPU 模块的输入端子 I0.0、I0.1 和 I0.2 相连，控制电动机 M1 和 M2 的两个交流接触器线圈 KM1、KM2 分别与 CPU 模块的输出端子 Q0.0 和 Q0.1 相连。CPU 模块未上电时，两个程序段中的 Q0.0 和 Q0.1 线圈均处于失电状态，即电动机 M1 和 M2 都处于停止状态。若按下 SB1 时，程序段 1 中的 I0.0 常开触点闭合，Q0.0 线圈得电，从而控制电动机 M1 运行；松开 SB1，程序段 1 中的 I0.0 常开触点断开，Q0.0 线圈失电，电动机 M1 停止运行。这种按下启动按钮电动机就运行，而松开启动按钮电动机就停止，称为电动机的"点动"控制。按下 SB2 时，程序段 2 中的 I0.1 常开触点闭合，Q0.1 线圈得电，控制电动机 M2 运行，同时 Q0.1 辅助常开触点闭合，此时松开 SB2，Q0.1 线圈仍然得电，电动机 M2 继续运行。这种按下启动按钮电动机就运行，电动机运行后松开启动按钮，而电动机仍然继续运行，称为电动机的"长动"控制。电动机 M1 或 M2 在运行过程中，只要按下 SB3，则 I0.2 常闭触点断开，Q0.0 和 Q0.1 线圈立即失电，M1 和 M2 将处于停止状态。因此，表 4-6 中的程序段 1 实现了 M1 的"点动"控制；程序段 2 实现了 M2 的"长动"控制，与 I0.1 并联的 Q0.1 辅助常开触点被称为自锁触点或自保触点。

表 4-6　　　　　　　　　　　　　触点并联指令的应用

程序段	LAD	STL
程序段 1	点动控制 I0.0 — I0.2 — Q0.0　LD　AN　=	//点动控制 LD　I0.0 AN　I0.2 =　Q0.0
程序段 2	长动控制 I0.1 — I0.2 — Q0.1 Q0.1（O,自锁）　LD　AN　=	//长动控制 LD　I0.1 O　Q0.1 AN　I0.2 =　Q0.1

4.1.2 块操作指令

在较复杂的控制系统中，触点的串联、并联关系不能全部用简单的与、或、非逻辑关系描述，因此在指令系统中还有电路块的"与"和电路块的"或"操作指令，分别用 ALD 和 OLD 表示。在电路中，由两个或两个以上触点串联在一起的回路称为串联回路块，由两个或两个以上触点并联在一起的回路称为并联回路块。

1. 电路块串联指令

(1) 指令格式。ALD 是块"与"操作指令，用于两个或两个以上触点并联在一起回路块的串联连接，其指令格式见表 4-7。将并联回路块串联连接进行"与"操作时，回路块开始用 LD 或 LDI 指令，回路块结束后用 ALD 指令连接起来。

表 4-7　　　　　　　　　　　　　　电路块串联指令的格式

指令名称	LAD	STL
电路块串联指令		ALD

(2) 指令应用。ALD 指令不带元件编号，是一条独立指令，ALD 对每个回路块既可单独使用，又可成批使用，因此对一个含回路块的 PLC 梯形图，可有两种编程方式，分别为一般编程法和集中编程法。

【例 4-4】 ALD 指令的应用见表 4-8。表中的 STL 采用了两种编程方式：一般编程法和集中编程法。在程序中将 3 个并联回路块分别设为 a、b、c，一般编程法是每写完两个并联回路块时，就写一条 ALD 指令，然后接着写第 3 个并联回路块，再写一条 ALD 指令，PLC 运行时先处理 a 和 b 两个并联回路块的串联，即 a×b，然后将 a×b 看作一个新回路块与 c 回路块进行串联处理，即 [a×b]×c。对于集中编程法，它是将 3 个并联回路块全部写完后，再连续写 2 个 ALD 指令，PLC 运行时先处理第 1 个 ALD 指令，即 b×c，然后将 b×c 看作一个新回路块运行第 2 个 ALD 指令与 a 回路块进行串联处理，即 [b×c]×a。

表 4-8　　　　　　　　　　　　　　电路块串联指令的应用

程序段	LAD	STL	
		一般编程法	集中编程法
程序段 1	I0.1 I0.3 I0.5 Q0.0 I0.2 I0.4 I0.6 a b c	LD I0.1 ⎤a O I0.2 ⎦ LDN I0.3 ⎤b O I0.4 ⎦ ALD a×b LD I0.5 ⎤c O I0.6 ⎦ ALD [a×b]×c = Q0.0	LD I0.1 ⎤a O I0.2 ⎦ LDN I0.3 ⎤b O I0.4 ⎦ LD I0.5 ⎤c O I0.6 ⎦ ALD b×c ALD [b×c]×a = Q0.0

2. 电路块并联指令

（1）指令格式。OLD 是块"或"操作指令，用于两个或两个以上触点串联在一起回路块的并联连接，其指令格式见表 4-9。将串联回路块并联连接进行"或"操作时，回路块开始用 LD 或 LDI 指令，回路块结束后用 OLD 指令连接起来。

表 4-9　　　　　　　　　　　　电路块并联指令的格式

指令名称	LAD	STL
电路块并联指令		OLD

（2）指令应用。同样，OLD 指令不带元件编号，是一条独立指令，OLD 对每个回路块既可单独使用，又可成批使用，因此对一个含回路块的 PLC 梯形图，也有一般编程和集中编程两种编程方式。

【例 4-5】　　OLD 指令的应用见表 4-10。表中的 STL 也采用了两种编程方式：一般编程法和集中编程法。在程序中将 3 个串联回路块分别设为 a、b、c，一般编程法是每写完两个串联回路块时，就写一条 OLD 指令，然后写第 3 个串联回路块，再写一条 OLD 指令，PLC 运行时先处理 a 和 b 两个串联回路块的并联，即 a+b，然后将 a+b 看作一个新回路块与 c 回路块进行并联处理，即［a+b］+c。对于集中编程法，它是将 3 个串联回路块全部写完后，再连续写 2 个 OLD 指令，PLC 运行时先处理第 1 个 OLD 指令，即 b+c，然后将 b+c 看作一个新回路块再运行第 2 个 OLD 指令与 a 回路块进行并联处理，即［b+c］+a。

表 4-10　　　　　　　　　　　　电路块并联指令的应用

程序段	LAD	STL	
		一般编程法	集中编程法
程序段 1	I1.1 a I1.2 —(Q1.0) / I1.3 b I1.4 / I1.5 c I1.6 /	LD I1.1 / AN I1.2]a / LD I1.3 / A I1.4]b / OLD a+b / LDN I1.5 / AN I1.6]c / OLD ［a+b］+c / = Q1.0	LD I1.1 / AN I1.2]a / LD I1.3 / A I1.4]b / LDN I1.5 / AN I1.6]c / OLD b+c / OLD ［b+c］+a / = Q1.0

4.1.3　逻辑堆栈指令

在编写程序时，经常会遇到多个分支电路同时受一个或一组触点控制的情况，在此情况下采用前面的几条指令不易编写程序，像单片机程序一样，可借助堆栈来完成程序的编写。

在 S7-200 SMART 系列 PLC 中采用了模拟堆栈的结构，用来保存逻辑运算结果及断点的地址，这种堆栈称为逻辑堆栈。常见的 STL 逻辑堆栈指令有 LPS 进栈指令、LRD 读栈指令和 LPP 出栈指令。

（1）指令格式。

LPS(Logic Push) 逻辑进栈指令，用于运算结果的暂存。

LRD(Logic Read) 逻辑读栈指令，用于存储内容的读出。

LPP(Logic Pop) 逻辑出栈指令，用于存储内容的读出和堆栈复位。

这 3 条堆栈指令不带元件编号，都是独立指令，可用于多重输出的电路。图 4-1 所示为逻辑堆栈指令对栈区的影响，图中 iv.x 表示存储在栈区某个程序断点的地址。PLC 执行 LPS 指令时，将断点的地址压入栈区，栈区内容自动下移，栈底内容丢失。执行读栈指令 LRD 时，将存储器栈区顶部内容读入程序的地址指针寄存器，栈区内容保持不变。执行出栈指令时，栈的内容依次按照先进后出的原则弹出，将栈顶内容弹入程序的地址指针寄存器，栈的内容依次上移。为保证程序地址指针不发生错误，LPS 和 LPP 必须成对使用。

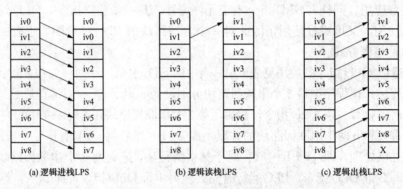

(a) 逻辑进栈 LPS　　　　　　(b) 逻辑读栈 LPS　　　　　　(c) 逻辑出栈 LPS

图 4-1　逻辑堆栈指令对栈区的影响

（2）指令应用。

【例 4-6】　逻辑堆栈指令的应用见表 4-11。程序段 1～程序段 3 为不含嵌套的 STL 逻辑堆栈指令，程序段 4 为含块操作的多重输出 STL 逻辑堆栈指令。

表 4-11　　　　　　　　　　　　　逻辑堆栈指令的应用

程序段	LAD	STL
程序段 1	I0.0 I0.1 I0.2 M0.0 LPS Q0.0 LPP	LD I0.0 AN I0.1 LPS A I0.2 = M0.0 LPP = Q0.0
程序段 2	M0.0 I0.3 Q0.1 LPS I0.4 Q0.2 LPP	LD M0.0 LPS A I0.3 = Q0.1 LPP A I0.4 = Q0.2

续表

程序段	LAD	STL
程序段 3		LD　　Q0.1 LPS A　　I0.4 =　　Q0.3 LRD A　　I0.5 =　　Q0.4 LPP A　　I0.6 =　　Q0.5
程序段 4		LD　　I0.0 LPS LD　　I0.1 O　　I0.2 ALD =　　M0.1 LRD LD　　I0.3 AN　　I0.4 LD　　I0.5 AN　　I0.6 OLD ALD =　　Q1.0 LRD LD　　I0.4 AN　　I0.3 LD　　I0.6 AN　　I0.5 OLD ALD =　　Q1.1 LPP A　　M0.1 =　　Q1.2 LD　　I0.7 O　　I2.0 ALD =　　Q1.3

4.1.4　置位与复位指令

置位即置 1，复位即置 0。置位指令 S（Set）和复位指令 R（Reset）可以将位存储区的某一位开始的一个或多个（最多可达 255 个）同类存储器位置 1 或置 0。

（1）指令格式。置位与复位指令的格式见表 4-12。

表 4-12 置位与复位指令的格式

指令名称	LAD	STL	操 作 数
置位指令	<位地址> ——(S) N	S<位地址>，N	Q、M、SM、T、C、V、S、L
复位指令	<位地址> ——(R) N	R<位地址>，N	Q、M、SM、T、C、V、S、L

置位指令 S（Set）是将位存储区的指定位（位 bit）开始的 N 个同类存储器位置位。它的梯形图由置位线圈、置位线圈的位地址和置位线圈数据构成，置位指令语句表由 S、位地址、N 构成。

复位指令 R（Reset）是将位存储区的指定位（位 bit）开始的 N 个同类存储器位置 0。它的梯形图由复位线圈、复位线圈的位地址和复位线圈数据构成，复位指令语句表由 R、位地址、N 构成。

对于位存储区而言，一旦置位，就保持在通电状态，除非对它进行复位操作；如果一旦复位，就保持在断电状态，除非对它进行置位操作。对同一元件多次使用置位或复位指令，元件的状态取决于最后执行的那条指令。

（2）指令应用。

【例 4-7】 置位与复位指令的应用及相应的动作时序见表 4-13。CPU 模块一上电时，程序段 1 中的 SM0.1 触点闭合 1 次，然后将断开，此时将 Q0.2 连续 3 位置 1。只有 I0.0 和 I0.1 同时为 ON 时，Q1.0 才为 ON；只要 I0.0 和 I0.1 同时接通，Q0.0 就会置 1，Q0.2～Q0.4 复位为 0。执行一次置位和复位操作后，当 I0.0 或 I0.1 断开时，Q0.0 保持为 1，Q0.2～Q0.4 也保持为 0。

表 4-13 置位与复位指令的应用及相应的动作时序

程序段	LAD	STL
程序段 1	SM0.1　　　　　Q0.2 ——| |————(S) 　　　　　　　　3	LD　SM0.1 S　Q0.2, 3
程序段 2	I0.0　　　I0.1　　　Q1.0 ——| |——| |———( )	LD　I0.0 A　I0.1 =　Q1.0
程序段 3	I0.0　　　I0.1　　　Q0.0 ——| |——| |———(S) 　　　　　　　　　　1 　　　　　　　　　Q0.2 　　　　　　　　　(R) 　　　　　　　　　3	LD　I0.0 A　I0.1 S　Q0.0, 1 R　Q0.2, 3

续表

程序段	LAD	STL
动作时序	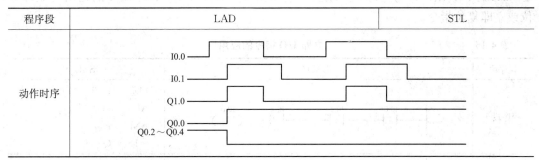	

4.1.5　立即 I/O 指令

立即 I/O 指令包括立即触点、立即输出、立即置位、立即复位等指令。

（1）指令格式。立即 I/O 指令格式见表 4-14。在每个基本位触点指令的后面加"I"，就是立即触点指令。指令执行时，立即读取物理输入点的值，但是不刷新对应映像寄存器的值。这类指令包括 LDI、LDNI、AI、ANI、OI 和 ONI。立即触点指令用常开和常闭立即触点表示。

表 4-14　　　　　　　　　　　立即 I/O 指令格式

指令名称	LAD	STL	操作数
立即触点指令	<位地址> —┤I├—	LDI <位地址> AI <位地址> OI <位地址>	I
	<位地址> —┤/I├—	LDNI <位地址> ANI <位地址> ONI <位地址>	I
立即输出指令	<位地址> —(I)—	=I<位地址>	Q
立即置位指令	<位地址> —(SI)— N	SI <位地址>，N	Q
立即复位指令	<位地址> —(RI)— N	RI <位地址>，N	Q

立即指令访问输出点时，把栈顶值立即复制到指令所指定的物理输出点，同时，相应的输出映像寄存器的内容也被刷新。

立即置位指令访问输出点时，从指令所指出的位（bit）开始的 N 个（最多为 128 个）物理输出点被立即置位，同时，相应的输出映像寄存器的内容也被刷新。

立即复位指令访问输出点时，从指令所指出的位（bit）开始的 N 个（最多为 128 个）物理输出点被立即复位，同时，相应的输出映像寄存器的内容也被刷新。

（2）指令应用。

【例 4-8】　立即 I/O 指令的应用见表 4-15。程序段 1 和程序段 2 中除了输出指令

Q0.1 以外，其余的都为立即触点或立即输出指令；程序段 3～程序段 4 的输出为立即置位或立即复位指令。

表 4-15   立即 I/O 指令的应用

程序段	LAD	STL
程序段 1	I0.0 I0.1 I0.2 I0.0 ─┤ I ├──┤ I ├──┤/I├──(I)─	LDI I0.0 AI I0.1 ANI I0.2 =I Q0.0
程序段 2	I0.3 Q0.1 ─┤/I├──────( )─ I0.4 ─┤ I ├─ I0.5 ─┤/I├─	LDNI I0.3 OI I0.4 ONI I0.5 = Q0.1
程序段 3	I1.0 Q1.0 ─┤ I ├──────(SI)─ 1	LD I1.0 SI Q1.0，1
程序段 4	I1.1 Q1.0 ─┤ I ├──────(RI)─ 1	LD I1.1 RI Q1.0，1
程序段 5	I1.2 Q1.1 ─┤ I ├──────(SI)─ 3	LD I1.2 SI Q1.1，3
程序段 6	I1.3 Q1.1 ─┤ I ├──────(RI)─ 3	LD I1.3 RI Q1.1，3

4.1.6 双稳态触发器指令

在 S7-200 SMART PLC 中的双稳态触发器包含 SR 触发器和 RS 触发器，它们均有相应的置位/复位功能。

（1）指令格式。双稳态触发器指令仅在 LAD 和 FBD 中使用，其指令格式见表 4-16。

表 4-16   双稳态触发器指令的格式

指令名称	LAD	操 作 数
SR 置位指令	<位地址> ┌─S1 OUT─┐ │ SR │ └─R ┘	<位地址>为被置位或复位的位，其操作数为：I、Q、V、M、S；S1 和 R 的操作为：I、Q、V、M、SM、S、T、C
RS 复位指令	<位地址> ┌─S OUT─┐ │ RS │ └─R1 ┘	<位地址>为被置位或复位的位，其操作数为：I、Q、V、M、S；S 和 R1 的操作为：I、Q、V、M、SM、S、T、C

SR 是一种置位优先触发器，S1 为置位信号输入端，R 为复位信号输入端。当置位信号 S1 和复位信号 R 同时为"1"时，置位优先。

RS 是一种复位优先触发器，S 为置位信号输入端，R1 为复位信号输入端。当置位信号 S 和复位信号 R1 同时为"1"时，复位优先。

（2）指令应用。

【例 4-9】　双稳态触发器指令的应用及对应在动作时序见表 4-17。在程序段 1 中，当 I0.0 常开触点闭合时，Q0.0 置 1，Q0.0 输出且始终保持；I0.1 常开触点闭合时，Q0.0 复位；如果 I0.0 和 I0.1 这两个常开触点同时闭合时，置位优先，即 Q0.0 置 1。在程序段 2 中，当 I0.0 常开触点闭合时，Q0.1 置 1，Q0.1 输出且始终保持；I0.1 常开触点闭合时，Q0.1 复位；如果 I0.0 和 I0.1 这两个常开触点同时闭合时，复位优先，即 Q0.1 复位。

表 4-17　　　　　　　　　　双稳态触发器指令的应用

程序段	LAD	STL
程序段 1		LD　I0.0 LD　I0.1 NOT A　Q0.0 OLD =　Q0.0
程序段 2		LD　I0.0 LD　I0.1 NOT LPS A　Q0.1 =　Q0.1 LPP ALD O　Q0.1 =　Q0.1
动作时序		

4.1.7　边沿脉冲指令

边沿脉冲是用边沿触发信号产生一个机器周期的扫描脉冲，以实现对脉冲进行整形。

（1）指令格式。边沿脉冲指令包含了正跳变触点指令和负跳变触点指令，其指令格式见表 4-18。

表 4-18   边沿脉冲指令格式

指令名称	LAD	STL
正跳变触发指令	—| P |—	EU
负跳变触发指令	—| N |—	ED

正跳变触发又称上升沿触发或上微分触发，它是指某操作数出现由 0~1 的上升沿时使触点闭合形成一个扫描周期的脉冲。正跳变触发梯形图由常开触点和"P"构成，指令用"EU"表示，没有操作元件，一般放在这一脉冲出现的语句之后。

负跳变触发又称下降沿触发或下微分触发，它是指某操作数出现由 1~0 的下降沿时使触点闭合形成一个扫描周期的脉冲。负跳变触发梯形图由常开触点和"N"构成，指令用"ED"表示，没有操作元件，一般放在这一脉冲出现的语句之后。

（2）指令应用。

【例 4-10】 边沿脉冲指令的应用及所对应的动作时序见表 4-19。如果 I0.0 由 OFF 变为 ON，则 Q0.0 接通为 ON，一个扫描周期的时间后重新变成 OFF。若 I0.0 由 ON 变为 OFF，则 Q0.1 接通为 ON，一个扫描周期的时间后重新变成 OFF。

表 4-19   边沿脉冲指令的应用

程序段	LAD	STL
程序段 1	I0.0 —||— | P |— (Q0.0)	LD I0.0 EU = Q0.0
程序段 2	I0.0 —||— | N |— (Q0.1)	LD I0.0 ED = Q0.1
动作时序	(时序图 I0.0、Q0.0、Q0.1 一个扫描周期)	

4.1.8 取反与空操作指令

NOT 取反指令又称取非指令，是将左边电路的逻辑运算结果取反，若运算结果为"1"取反后变为"0"，运算结果为"0"取反后变为"1"。该指令没有操作数。梯形图中是在触点上加写个"NOT"字符构成；指令语句表中用"NOT"表示。

NOP 空操作指令不做任何逻辑操作，在程序中留下地址以便调试程序时插入指令或稍微延长扫描周期长度，而不影响用户程序的执行。梯形图中由"NOP"和 N 构成，指令语句表由"NOP"和操作数 N 构成，其中 N 的范围为 0~255。

（1）指令格式。取反指令和空操作指令格式见表 4-20。

表 4-20　　　　　　　　　　　　　　　取反指令与空操作指令的格式

指令名称	LAD	STL	操作数
取反指令	—|NOT|—	NOT	无
空操作指令	N NOP	NOP　N	N 为常数（0~255）

（2）指令应用。

【例 4-11】 取反与空操作指令的应用见表 4-21。在程序段 1 中，I0.0 常开触点未闭合时，Q0.0 线圈得电输出高电平；I0.0 常开触点闭合时，Q0.0 线圈失电输出低电平。在程序段 2 中，当 I0.1 常开触点闭合后，空操作指令 NOP 执行 40 次后（相当于延时了一段时间），才能执行程序段 3 中的指令。

表 4-21　　　　　　　　　　　　　　　取反与空操作指令的应用

程序段	LAD	STL
程序段 1	I0.0　—|NOT|—　Q0.0	LD　　I0.0 NOT =　　Q0.0
程序段 2	I0.1　　40 NOP	LD　　I0.0 NOT =　　Q0.0
程序段 3	I0.2　I0.3　Q0.1 Q0.1	LD　　I0.2 O　　Q0.1 AN　　I0.3 =　　Q0.1

4.2　定　时　器

在传统继电器-交流接触器控制系统中一般使用延时继电器进行定时，通过调节延时调节螺丝来设定延时时间的长短。在 PLC 控制系统中通过内部软延时继电器-定时器来进行定时操作。PLC 内部定时器与传统延时继电器不同的是定时器有无数对常开、常闭触点供用户使用。其结构主要由一个 16 位当前值寄存器（用来存储当前值）、一个 16 位预置值寄存器（用来存储预置值）和 1 位状态位（反映其触点的状态）组成。

4.2.1　定时器的基本知识

定时器的梯形图符号如图 4-2 所示，由使能端、当前值、定时器编号、定时器类型、时基、预置值输入端和预置值等部分组成，在 CPU 模块未进入运行模式，当前值不会

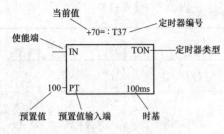

图 4-2　定时器的梯形图符号

显示。

定时器编程时要预置定时值，其预置值由预置值输入端载入 CPU 模块。在运行过程中如果定时器的输入条件满足时（即使能端 IN 有效），当前值开始按一定的时基增加，当定时器的当前值达到预置值时，定时器发生动作，从而满足各种定时逻辑控制的需要。

S7-200 SMART 系列 PLC 提供了 3 种定时器指令：接通延时型定时器（TON）、记忆接通延时型定时器（TONR）、断开延时型定时器（TOF）。

定时器的编号用 T 和常数编号（0～255）来表示，如 T0、T1 等。S7-200 系列 PLC 提供了 T0～T255 共 256 个增量型定时器，用于对时间的控制。

按照时间间隔（即时基）的不同，可将定时器分为 1ms、10ms、100ms 三种类型。不同的时基标准，定时精度、定时范围和定时器的刷新方式不同。

（1）定时精度和定时范围。定时器使能端输入有效后，当前值寄存器对 PLC 内部的时基脉冲增 1 计数，最小的计时单位称为时基脉冲宽度，又称定时精度。从定时器输入有效，到状态位输出有效经过的时间为定时时间，定时时间＝设定值×时基。假如 T37（为 100ms 定时器）和设定值为 100，则实际定时时间为 $T=100×100ms=10\ 000ms=10s$。

定时器的设定值 PT，数据类型为 INT 型。操作数可以是 VW、IW、QW、MW、SW、SMW、LW、AIW、T、C、AC、＊VD、＊AC、＊LD 或常数，其中常数最为常用。当前值寄存器为 16 位，最大计数值为 $2^{16}=32\ 767$。最长定时时间＝时基×最大定时计数值，时基越大，定时时间越长，但精度越差。T0～T255 定时器分属不同的工作方式和时基，其规格见表 4-22。注意，为避免定时器冲突，同一个定时器编号不能同时用于 TON 和 TOF 定时器。例如，不能同时使用 TON T32 和 TOF T32。

表 4-22　　　　　　　　　　　　　定时器规格

工作方式	时基（ms）	最长定时时间（s）	定时器编号
TONR	1	32.767	T0，T64
	10	327.67	T1～T4，T65～T68
	100	3276.7	T5～T31，T69～T95
TON、TOF	1	32.767	T32，T96
	10	327.67	T33～T36，T97～T100
	100	3276.7	T37～T63，T101～T255

（2）定时器的刷新方式。1ms 定时器采用中断的方式每隔 1ms 刷新一次，其刷新与扫描周期和程序处理无关，因此当扫描周期较长时，在一个周期内可刷新多次，其当前值可能被改变多次。

10ms 定时器在每个扫描周期开始时刷新，由于每个扫描周期内只刷新一次，因此每次程序处理期间，当前值不变。

100ms 定时器是在该定时器指令执行时刷新，下一条执行的指令即可使用刷新后的结果。在使用时要注意，如果该定时器的指令不是每个周期都执行，定时器就不能及时刷新，还可能导致出错。

通常定时器可采用字和位两种方式进行寻址，若按字访问定时器时，返回定时器当前值；按位访问定时器时，返回定时器的位状态，即是否到达定时值。

4.2.2　定时器指令

S7-200 SMART 系列 PLC 的除了提供 TON、TONR、TOF 这 3 种定时器指令外，还具有时间隔定时器指令 BITIM、CITIM，格式见表 4-23，表中 Txxx 表示定时器编号。

表 4-23　　　　　　　　　　　　定时器指令格式

LAD	STL	功能说明	操　作　数
T××× IN TON PT ???ms	TON Txxx, PT	接通延时型定时器	Txxx 为 WORD 类型（T0～T255）；IN 为 BOOL 类型，取值为 I、Q、V、M、SM、S、T、C、L；PT 为 INT 类型，取值为 IW、QW、VW、MW、SMW、SW、T、C、LW、AC、AIW、*VD、*LD、*AC、常数
T××× IN TONR PT ???ms	TONR Txxx, PT	记忆接通延时型定时器	Txxx 为 WORD 类型（T0～T255）；IN 为 BOOL 类型，取值为 I、Q、V、M、SM、S、T、C、L；PT 为 INT 类型，取值为 IW、QW、VW、MW、SMW、SW、T、C、LW、AC、AIW、*VD、*LD、*AC、常数
T××× IN TOF PT ???ms	TOF Txxx, PT	断开延时型定时器	Txxx 为 WORD 类型（T0～T255）；IN 为 BOOL 类型，取值为 I、Q、V、M、SM、S、T、C、L；PT 为 INT 类型，取值为 IW、QW、VW、MW、SMW、SW、T、C、LW、AC、AIW、*VD、*LD、*AC、常数
BGN_ITIME EN ENO OUT	BITIM OUT	开始间隔时间指令，读取内置 1ms 计数器的当前值	OUT 为 DWORD 类型，取值为 ID、VD、MD、SMD、SD、LD、AC、*VD、*LD、*AC
CAL_ITIME EN ENO IN OUT	CITIM IN, OUT	计算间隔时间指令，计算当前时间与 IN 中提供的时间差	IN 和 OUT 均为 DWORD 类型，取值为 ID、VD、MD、SMD、SD、LD、AC、*VD、*LD、*AC

4.2.3　接通延时型定时器

接通延时型定时器又称为通电延时型定时器，它用于单一间隔的定时。在梯形图中由定时器类型 TON、使能端 IN、预置值输入端 PT 及定时器编号 Tn 构成；语句表中由定时器类型 TON、预置值输入端 PT 和定时器编号 Tn 构成。

当使能端 IN 为低电平无效时，定时器的当前值为 0，定时器 Tn 的状态也为 0，定时器没有工作；当使能端 IN 为高电平 1 时，定时器开始工作，每过一个时基时间，定时器的当前值就增 1。若当前值等于或大于定时器的设定值 PT 时，定时器的延时时间到，定时器输出点有效，输出状态位由 0 变为 1。定时器输出状态改变后，仍然继续计时，直到当前值等于其最大值 32 767 时，才停止计时。

【例 4-12】 接通延时型定时器的应用及动作时序见表 4-24。在程序段 1 中，由 I0.0 接通定时器 T38 的使能输入端，预置值 PT 为 200，设定时间为 $200 \times 100\text{ms} = 20\,000\text{ms} = 20\text{s}$。当 I0.0 常开触点闭合时启动 T38 开始计时，计时时间达到或超过 25s，即 T38 的当前值达到或超过 200 时，程序段 2 中的 T38 的常开触点为 ON，则 Q0.0 输出为 ON。如果 I0.0 由 ON 变为 OFF 时，则 T38 的常开触点立即复位断开，当前值也回到 0。

表 4-24   接通延时型定时器的应用

程序段	LAD	STL
程序段 1	I0.0 ——[ ]—— [T38 / IN TON / 200—PT 100ms]	LD I0.0 TON T38，200
程序段 2	T38 ——[ ]—— (Q0.1)	LD T38 = Q0.1
动作时序		

4.2.4 断开延时型定时器

断开延时型定时器又称为断电延时型定时器，它用于断开或故障事件后的单一间隔定时。在梯形图中由定时器类型 TONR、使能端 IN、预置值输入端 PT 及定时器编号 Tn 构成；语句表中由定时器类型 TONR、预置值输入端 PT 和定时器编号 Tn 构成。

当使能端 IN 为高电平时，定时器输出状态位置 1，当前值为 0，没有工作。当使能端 IN 由高跳变到低电平时，定时器开始计时，每过一个时基时间，当前值递增，若当前值达到设定值时，定时器状态位置 0，并停止计时，当前值保持。

【例 4-13】 断开延时型定时器的应用及动作时序见表 4-25。在程序段 1 中，由 I0.0 接通定时器 T33 的使能输入端，预置值 PT 为 200，设定时间为 $200 \times 10\text{ms} = 2000\text{ms} = 2\text{s}$。当 I0.0 常开接通时，程序段 2 中的 T33 的常开触点动作，Q0.1 输出为 ON。当程序段 1 中的 I0.0 常开触点断开时，T33 开始计时。当 T33 计时时间达到 2s，即 T33 的当前值达到或超过 200 时，程序段 2 中的 T33 的常开触点为 OFF，则 Q0.1 输出为 OFF。

表 4-25   断开延时型定时器的应用

程序段	LAD	STL
程序段 1	I0.0 ——[ ]—— [T33 / IN TOF / 200—PT 10ms]	LD I0.0 TOF T33，200

续表

程序段	LAD	STL
程序段 2	T33　　　Q0.1 ┤├──( )	LD　　T33 =　　　Q0.1
动作时序	I0.0 2s　　　1.5s T33当前值　　200 PT　　　PT T33计时值 Q0.1	

4.2.5　记忆接通延时型定时器

记忆接通延时型定时器又称为保持型定时器,用于多次间隔的累计定时,其构成和工作原理与接通延时型定时器类似,不同之处在于保持型定时器在使能端 IN 为 0 时,当前值将被保持,当使能端 IN 有效时,在原保持值上继续递增。

TONR 定时器只能使用复位指令(R)对其进行复位操作。TONR 复位后,定时器位为 OFF,当前值为 0。

【例 4-14】 记忆接通延时型定时器的应用及动作时序见表 4-26。在程序段 1 中,由 I0.0 接通定时器 T30 的使能输入端,设定值为 200,设定时间为 200×100ms=20 000ms=2s。当 I0.0 接通时开始计时,计时时间达到或超过 20s,即 T30 的当前值达到或超过 20s 时,程序段 2 中的 T30 的常开触点为 ON,则 Q0.1 输出为 ON。如果程序段 3 中的 I0.1 接通时,T30 被复位,T30 的常开触点复位断开,程序段 2 中的 Q0.1 为 OFF。如果 I0.1 为 OFF,I0.0 接通开始计时。T30 计时未达到 20s 时,如果 I0.0 断开,则 T30 会把当前值记忆下来,当下次 I0.0 恢复为 ON 时,T30 的当前值会在上次计时的基础上继续累计,当累计计时时间达到或超过 20s,程序段 2 中的 T30 常开触点动作,Q0.1 输出为 ON。

表 4-26　　　　　　　　　　　　记忆接通延时型定时器的应用

程序段	LAD	STL
程序段 1	I0.0　　　　　　T30 ┤├──IN　TONR 200─PT　　100ms	LD　　I0.0 TONR T30,200
程序段 2	T30　　　Q0.1 ┤├──( )	LD　　T30 =　　　Q0.1
程序段 3	I0.1　　　T30 ┤├──(R) 　　　　　1	LD　　I0.1 R　　　T30,1

续表

程序段	LAD	STL
动作时序	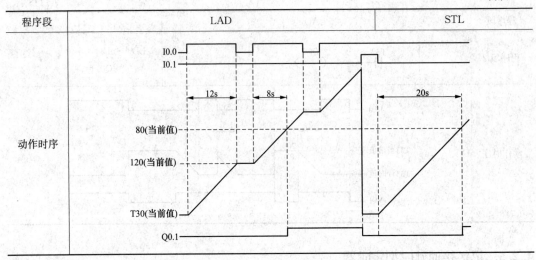	

4.2.6 时间间隔定时器

时间间隔定时器指令有两个,其相应的 STL 分别为 BITIM 和 CITIM。BITIM 为开始间隔时间指令,用于读取内置 1ms 计数器的当前值,并将该值存储在 OUT 所指定的地址中。CITIM 为计算间隔时间指令,用于计算当前时间与 IN 中提供时间的时间差,并将该差值存储在 OUT 指令的地址中。

【**例 4-15**】 时间间隔定时器指令的应用见表 4-27。在程序段 1 中,当 I0.0 闭合一次时,Q0.0 线圈输出为 ON 并自锁。在程序段 2 中,通过 BITIM 指令捕捉 Q0.0 接通的时刻,并将该值存储到 VD10 中。在程序段 3 中,使用 CITIM 指令计算 Q0.0 接通的时长,并将结果存储到 VD14 中。

表 4-27   时间间隔定时器指令的应用

程序段	LAD	STL
程序段 1	I0.0 —┤├— I0.1 —┤/├— (Q0.0) Q0.0 —┤├—	LD I0.0 O Q0.0 AN I0.1 = Q0.0
程序段 2	Q0.0 —┤├— ┤P├— BGN_ITIME EN ENO OUT—VD10	LD Q0.0 EU BITIM VD10
程序段 3	Q0.0 —┤├— CAL_ITIME EN ENO VD10—IN OUT—VD14	LD Q0.0 CITIM VD10,VD14

4. 2. 7　定时器的应用举例

【例 4-16】　使用定时器设计一个 2h 的延时电路。

【分析】　2h 等于 7200s，在定时器中，最长的定时时间为 3276.7s，单个定时器无法延时 2 小时的时间，但可采用多个定时器级联的方法实现，程序如表 4-28 所示。

表 4-28　　　　　　　　　　　　　　定时器设计一个 2h 的程序

程序段	LAD	STL
程序段 1	I0.1 —P— I0.0 T37 M0.0 IN TON 30000—PT 100ms	LD　　I0.1 EU O　　　M0.0 AN　　I0.0 TON　T37, 30 000
程序段 2	T37 T38 IN TON 30000—PT 100ms	LD　　T37 TON　T38, 30 000
程序段 3	T38 T39 IN TON 12000—PT 100ms	LD　　T38 TON　T39, 12 000
程序段 4	T39 Q0.0 —( )	LD　　T39 =　　　Q0.0

当开始计时按钮 SB2 按下 1 次，I0.1 常开触点闭合 1 次，M0.0 线圈得电并自锁，T37 线圈得电开始延时，在延时过程中，如果按下停止计时按钮 SB1 时，I0.0 常闭触点断开，T37 线圈失电，T37 当前值恢复为 0。松开停止计时按钮 SB1，然后再次按下开始计时按钮 SB2，I0.1 常开触点再次闭合，M0.0 线圈得电并自锁，T37 线圈得电重新延时。若 T37 延时达到 3000s，其延时闭合触点闭合使 T38 定时器线圈得电开始延时 3000s，如果 T38 延时时间到，使 T39 进行延时 1200s，当 T39 延时时间到后，从 Q0.0 输出一脉冲。因此，从第 2 次 I0.0 闭合开始到 Q0.0 的输出这一时间段已经延时了 2h。

【例 4-17】　定时器在 3 台电动机控制中的应用。某电动机控制系统中，连接 3 台电动机，要求实现电动机的顺序定时启动，同时停止控制。当按下启动按钮 SB2，启动第 1 台电动机 M1 运行，延时 5s 后启动第 2 台电动机 M2 运行，再延时 8s 后启动第 3 台电动机

M3 运行。全部启动后，按下停止按钮 SB1，3 台电动机同时停止。

【分析】 假设停止按钮 SB1、启动按钮 SB2 分别与 CPU 模块的 I0.0 和 I0.1 连接；控制电动机 M1、M2 和 M3 的 3 个交流接触器线圈 KM1、KM2、KM3 分别与 CPU 模块的输出端子 Q0.0、Q0.1 和 Q0.2 相连。则本例需 2 个输入点和 3 个输出点，输入/输出分配表见表 4-29，其 I/O 接线如图 4-3 所示。

表 4-29   3 台电动机控制的输入/输出分配表

输 入			输 出		
功能	元件	PLC 地址	功能	元件	PLC 地址
停止按钮，停止电动机	SB1	I0.0	接触器 1，控制 M1	KM1	Q0.0
启动按钮，启动电动机	SB2	I0.1	接触器 2，控制 M2	KM2	Q0.1
			接触器 3，控制 M3	KM3	Q0.2

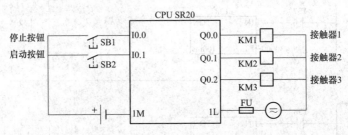

图 4-3   3 台电动机控制的 I/O 接线图

本例可使用两个定时器（如 T37 和 T38）分别实现延时 5s 和延时 8s 控制，编写的程序及动作时序见表 4-30。按下启动按钮 SB2，I0.1 常开触点闭合，Q0.0 线圈先得电并自锁，M1 电动机启动，同时定时器 T37 线圈得电延时。当 T37 延时 5s 后，T37 常开触点闭合，使得 Q0.1 线圈得电，M2 电动机启动，同时定时器 T38 线圈得电延时，其仿真效果如图 4-4 所示。当 T38 延时 8s 后，T38 常开触点闭合，使得 Q0.2 线圈得电，M3 电动机启动，这样 3 台电动机按顺序启动了。按下停止按钮 SB1，I0.0 常闭触点断开，Q0.0 线圈失电，M1 电动机停止，同时 T37 线圈失电，Q0.1 线圈失电，M2 电动机停止，T38 线圈也失电，从而 Q0.2 线圈失电，M3 电动机停止。

表 4-30   定时器在 3 台电动机控制中的应用程序

程序段	LAD	STL
程序段 1	I0.1 I0.0 Q0.0 ─┤├──┤/├──────( ) Q0.0 T37 ─┤├────────IN TON 50─PT 100ms	LD I0.1 O Q0.0 AN I0.0 = Q0.0 TON T37，50

续表

程序段	LAD	STL
程序段 2	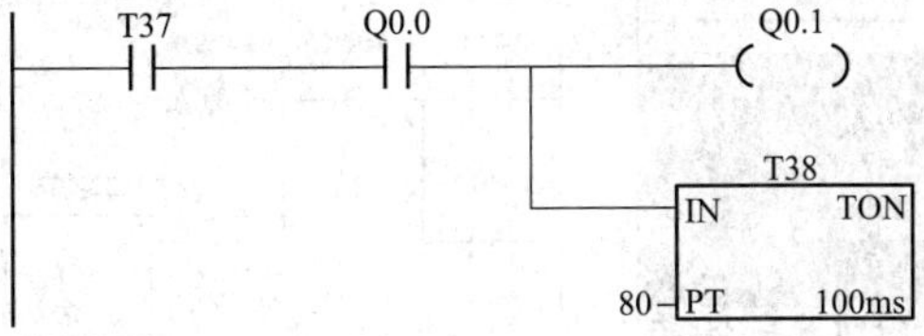	LD T37 A Q0.0 = Q0.1 TON T38, 80
程序段 3	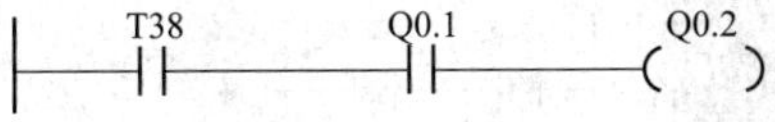	LD T38 A Q0.1 = Q0.2
动作时序	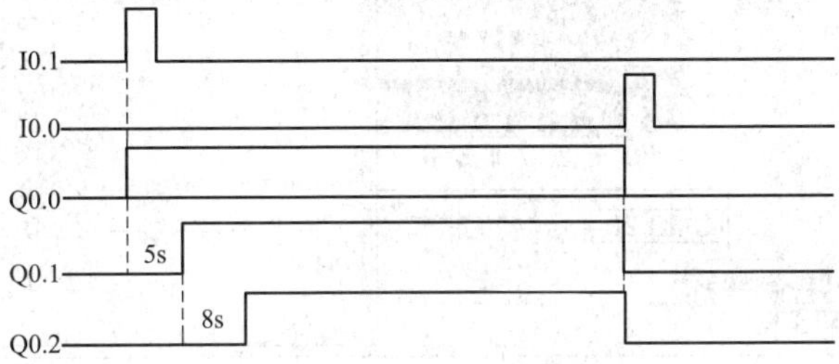	

【例 4-18】 定时器在 3 只指示灯控制中的应用。某信号指示系统中有红绿黄 3 只指示灯，当按下启动按钮后，3 只指示灯每隔 50s 以 1Hz 的频率闪烁，并循环，即首先红色指示灯以 1Hz 的频率闪烁 50s 后，接着绿色指示灯也以 1Hz 的频率闪烁 50s 后，黄色指示灯也以 1Hz 的频率闪烁 50s，再重复下一轮循环。当按下停止按钮时，3 只指示灯均熄灭。

【分析】 假设停止按钮 SB1、启动按钮 SB2 分别与 CPU 模块的 I0.0 和 I0.1 连接；3 只指示灯分别与 CPU 模块的 Q0.0~Q0.2 相连，则本例需 2 个输入点和 3 个输出点，输入/输出分配表见表 4-31，其 I/O 接线如图 4-5 所示。

表 4-31　　　　　　　　　　　3 台电动机控制的输入/输出分配表

输入			输出		
功能	元件	PLC 地址	功能	元件	PLC 地址
停止按钮，停止显示	SB1	I0.0	控制红色指示灯	HL1	Q0.0
启动按钮，启动显示	SB2	I0.1	控制绿色指示灯	HL2	Q0.1
			控制黄色指示灯	HL3	Q0.2

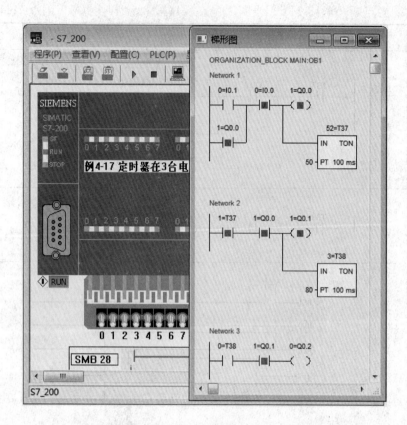

图 4-4 定时器在 3 台电动机控制中的仿真效果图

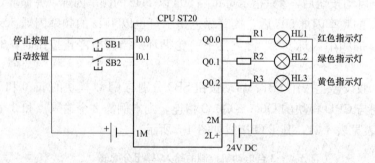

图 4-5 3 只指示灯控制的 I/O 接线图

本例可使用 3 个定时器实现 3 只指示灯的 5s 延时控制，1Hz 频率的闪烁可使用特殊辅助继电器 SM0.5 来完成，编写的程序见表 4-32。按下启动按钮 SB2，I0.1 常开触点闭合，M0.0 线圈得电并自锁，同时 T37 开始延时。当 T37 延时达 50s 后，T37 常开触点闭合，同时 M0.1 线圈得电并自锁，并启动 T38 进行延时，而 M0.1 常闭触点断开，使 M0.0 线圈失电。当 T38 延时达 50s 后，T38 常开触点闭合，同时 M0.2 线圈得电并自锁，并启动 T39 进行延时，而 M0.2 常闭触点断开，使 M0.1 线圈失电。当 T39 延时达 50s 后，T39 常开触点闭合，使得 M0.0 线圈又 1 次得电并自锁，并启动 T37 进行延时，而 M0.0 常闭触点断开，使 M0.2 线圈失电。程序段 4～程序段 6 为闪烁控制，例如当 M0.0 线圈得电时，程序段 4 中的 M0.0 常开触点闭合，而 SM0.5 输出 1Hz 的频率，使得与 Q0.0 连接的红色指示灯以 1Hz 的频率闪烁，其仿真效果如图 4-6 所示。

表 4-32　　　　　　　　　　　　　　定时器在 3 只指示灯控制中的应用程序

程序段	LAD	STL
程序段 1	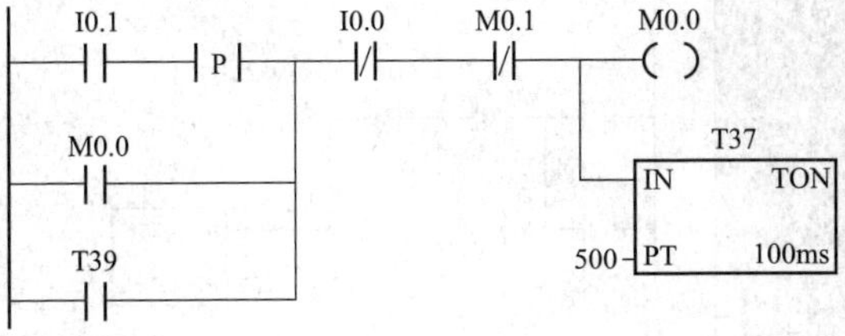	LD　I0.1 EU O　M0.0 O　T39 AN　I0.0 AN　M0.1 =　M0.0 TON　T37，500
程序段 2	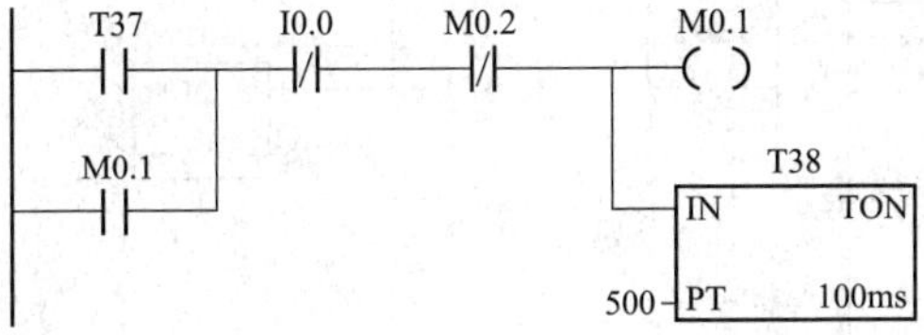	LD　T37 O　M0.1 AN　I0.0 AN　M0.2 =　M0.1 TON　T38，500
程序段 3	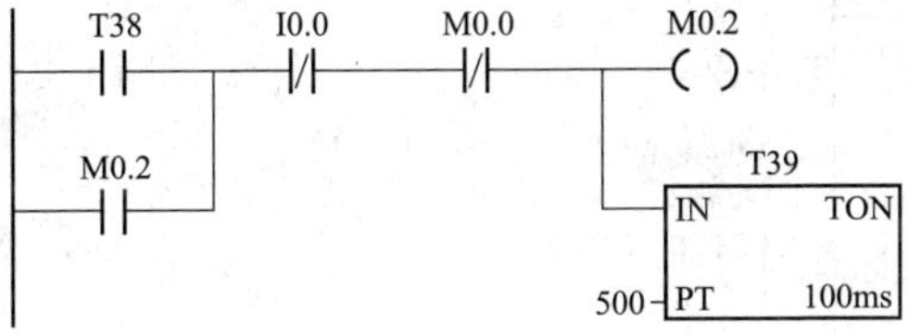	LD　T38 O　M0.2 AN　I0.0 AN　M0.0 =　M0.2 TON　T39，500
程序段 4	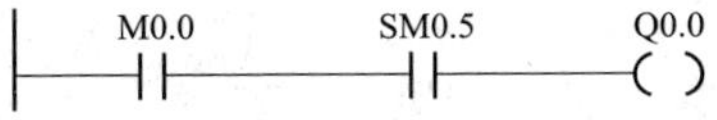	LD　M0.0 A　SM0.5 =　Q0.0
程序段 5	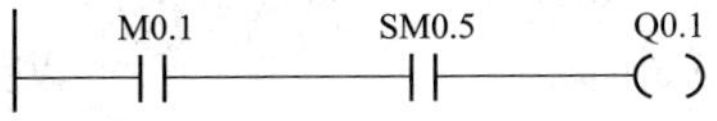	LD　M0.1 A　SM0.5 =　Q0.1
程序段 6	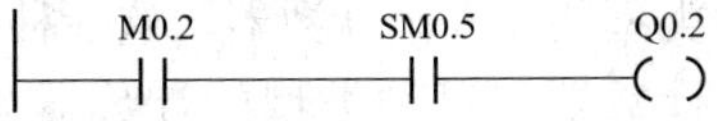	LD　M0.2 A　SM0.5 =　Q0.2

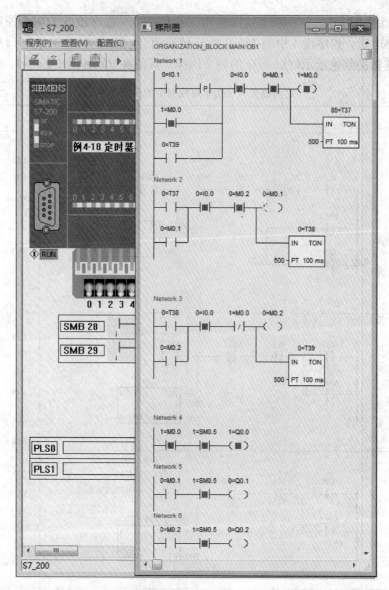

图 4-6　定时器在 3 只指示灯控制中的仿真效果图

4.3　计　数　器

计数器用于对输入脉冲进行计数，实现计数控制。计数器主要由 1 个 16 位当前值寄存器、1 个 16 位预置值寄存器和 1 位状态位组成。

4.3.1　计数器指令

S7-200 SMART 系列 PLC 提供了 3 种类型共 256 个计数器，这 3 种类型分别为 CTU 加计数器、CTD 减计数器和 CTUD 加/减计数器。每种类型的计数器均有相应的指令，其指令格式见表 4-33。

表 4-33　　　　　　　　　　　　　计数器指令格式

LAD	STL	功能说明	操 作 数
Cxxx CU　CTU R PV	CTU Cxxx，PV	加计数器	Cxxx 为 WORD 类型（C0～C255）；CU 加计数器输入端；R 为加计数复位输入端；PV 为预置值输入端，取值为 IW、QW、VW、MW、SMW、SW、T、C、LW、AC、AIW、＊VD、＊LD、＊AC、常数
Cxxx CD　CTD LD PV	CTD Cxxx，PV	减计数器	Cxxx 为 WORD 类型（C0～C255）；CD 为减计数器输入端；LD 为减计数复位输入端；PV 为预置值输入端，取值为 IW、QW、VW、MW、SMW、SW、T、C、LW、AC、AIW、＊VD、＊LD、＊AC、常数
Cxxx CU　CTUD CD R PV	CTUD　Cxxx，PV	加/减计数器	Cxxx 为 WORD 类型（C0～C255）；CU 加计数器输入端；CD 为减计数器输入端；R 为计数复位输入端；PV 为预置值输入端，取值为 IW、QW、VW、MW、SMW、SW、T、C、LW、AC、AIW、＊VD、＊LD、＊AC、常数

4.3.2　加计数器

加计数器的梯形图符号如图 4-7 所示，由脉冲输入端 CU、计数器编号 Cxxx、复位端 R 和预置值输入端 PV 等部分组成。

如果复位端 R＝1 时，加计数器的当前值为 0，状态值也为 0。若复位端 R＝0 时，加计数器输入端每来一个上升沿脉冲时，计数器的当前值增 1 计数，如果当前计数值大于或等于设定值时，计数器状态位置 1，但是每来一个上升

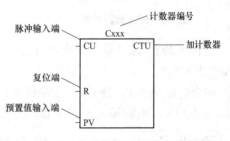

图 4-7　加计数器的梯形图符号

沿脉冲时，计数器仍然进行计数，直到当前计数值等于 32 767 时，停止计数。

【例 4-19】　加计数器的应用及动作时序见表 4-34。表中 C0 为加计数器，I0.0 为加计数脉冲输入端，I0.1 为复位输入端，计数器的计数次数设置为 4。I0.0 每接通一次时，C0 的当前值将加 1。当 I0.0 的接通次数达到或超过 4 时，程序段 2 中的 C0 常开触点闭合，从而驱动 Q0.0 为 ON。如果 I0.1 触点闭合，则 C0 的当前值复位为 0，C0 常开触点断开。

表 4-34 加计数器的应用程序

程序段	LAD	STL
程序段 1	I0.0 ┤├ CU CTU C0, I0.1 ┤├ R, 4-PV	LD I0.0 LD I0.1 CTU C0, 4
程序段 2	C0 ┤├ Q0.0 ( )	LD C0 = Q0.0
动作时序	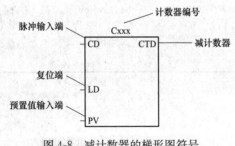	

4.3.3 减计数器

图 4-8 减计数器的梯形图符号

减计数器的梯形图符号如图 4-8 所示，由脉冲输入端 CD、计数器编号 Cxxx、复位端 LD 和预置值输入端 PV 等部分组成。

如果复位输入端 LD=1 时，计数器将设定值装入当前值存储器，状态值为 0。若复位输入端 LD=0 时，减计数器输入端每来一个上升沿时，计数器的当前值减 1 计数，如果当前计数值等于 0 时，计数器状态位置 1，停止计数。

【例 4-20】 减计数器的应用及动作时序见表 4-35。表中 C0 为减计数器，I0.0 为减计数脉冲输入端，I0.1 为复位输入端，计数器的计数次数设置为 5。I0.0 每接通一次时，C0 的当前值将减 1。当 C0 的当前值为 0 时，程序段 2 中的 C0 常开触点闭合，从而驱动 Q0.0 为 ON。如果 I0.1 触点闭合，则 C0 的当前值复位为设定值，C0 常开触点断开。

表 4-35 减计数器的应用程序

程序段	LAD	STL
程序段 1	I0.0 ┤├ CD CTD C0, I0.1 ┤├ LD, 5-PV	LD I0.0 LD I0.1 CTD C0, 5

续表

程序段	LAD	STL
程序段 2	C0　　　　　Q0.0 ┤├────( )	LD　C0 =　　Q0.0
动作时序	I0.0 I0.1 5 4 3 2 1 0　5 4 3 2 1 0　5 4 5 C0当前值　0 Q0.0	

4.3.4　加/减计数器

加/减计数器的梯形图符号如图 4-9 所示，由加计数脉冲输入端 CU、减计数脉冲输入端 CD、计数器编号 Cxxx、复位端 R 和预置值输入端 PV 等部分组成。

复位输入端 R=1 时，当前值为 0，状态值也为 0。当复位输入端 R=0 时，加/减计数器开始计数。若 CU 端有一个上升沿输入脉冲时，计数器的当前值加 1 计数，如果当前计数值大于或等于设定值时，计数器状态

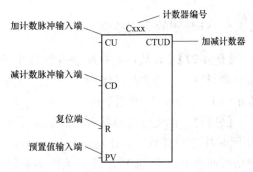

图 4-9　加/减计数器的梯形图符号

位 1。若 CD 端有一个上升沿输入脉冲时，计数器的当前值减 1 计数，如果当前值小于设定值时，状态位清 0。在加计数过程中，当前计数值达到最大值 32 767 时，下一个 CU 的输入使计数值变为最小值-32 768，同样，在减计数过程中，当前计数值达到最小值-32 768 时，下一个 CU 的输入使计数值变为最大值 32 767。

【例 4-21】　加/减计数器的应用及动作时序见表 4-36。表中 C0 为增/减计数器，I0.0 为加计数脉冲输入端，I0.1 为减计数脉冲输入端，I0.2 为复位输入端，计数器的计数次数设置为 3。I0.0 每接通一次时，C0 的当前值将加 1；I0.1 每接通一次时，C0 的当前值将减 1。当 C0 的当前值达到或超过设定值时，程序段 2 中的 C0 常开触点闭合，从而驱动 Q0.0 为 ON。如果 I0.2 触点闭合，则 C0 的当前值复位为 0，C0 常开触点断开。

表 4-36　　　　　　　　　　　　　　加/减计数器的应用程序

程序段	LAD	STL
程序段 1	I0.0 ┤├──CU　CTUD C0 I0.1 ┤├──CD I0.2 ┤├──R 4─PV	LD　　I0.0 LD　　I0.1 LD　　I0.2 CTUD C0, 4

程序段	LAD	STL
程序段 2	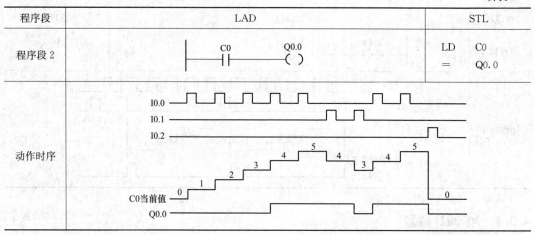 C0　　　　Q0.0	LD　C0 =　　Q0.0
动作时序		

4.3.5　计数器的应用举例

【例 4-22】　计数器在物品进库管理中的应用。某物品进库管理系统中，当光电传感器检测到有 150 件物品进库时，绿色指示灯 HL2 点亮；当检测到有 200 件物品时，红色指示灯 HL1 以 1Hz 的频率进行闪烁。

【分析】　用光电传感器来检测物品是否进库，若每来 1 件物品，产生 1 个脉冲信号送入 PLC 中进行计数。启动按钮 SB2 与 I0.1 连接，停止按钮 SB1 与 I0.0 连接，光电传感器信号通过 I0.2 输入 PLC 中，因此本系统需要使用 3 个输入点和 2 个输出点，输入/输出分配表见表 4-37，其 I/O 接线如图 4-10 所示。

表 4-37　　　　　　　　　　物品进库管理的输入/输出分配表

输　入			输　出		
功能	元件	PLC 地址	功能	元件	PLC 地址
停止按钮，停止指示	SB1	I0.0	控制红色指示灯	HL1	Q0.0
启动按钮，启动指示	SB2	I0.1	控制绿色指示灯	HL2	Q0.1
光电传感器，物品入库	S1	I0.2			

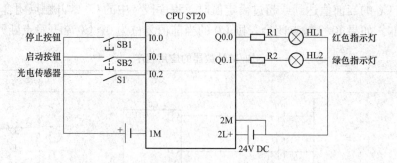

图 4-10　物品进库管理的 I/O 接线图

本例中有两个计数值，所以需要使用两个计数器，例如 C0 用于 150 件物品的计数，

C1 用于 200 件物品的计数。1Hz 频率可使用 SM0.5 来实现，本例的程序编写见表 4-38。当按下启动按钮时 I0.1 常开触点闭合，M0.0 线圈得电并自锁。当物品未达到 200 件时，C1 常闭触点闭合，每次 I0.2 检测到物品入库时，计数器 C0 和 C1 加 1，其仿真效果如图 4-11 所示。当物品达到 200 件时，C1 常闭触点断开，此时即使 I0.2 检测到物品，但计数器 C0 和 C1 均不再计数。若 C0 的当前计数值达到 150 时，C0 常开触点闭合，Q0.0 线圈得电，控制绿色指示灯 HL2 点亮。如果 C1 的当前计数值达到 200 时，C1 常开触点闭合与 SM0.5 串联后以 1Hz 的频率控制红色指示灯 HL1 闪烁。

表 4-38　　　　　　　　　　　　　　物品进库管理程序

程序段	LAD	STL
程序段 1	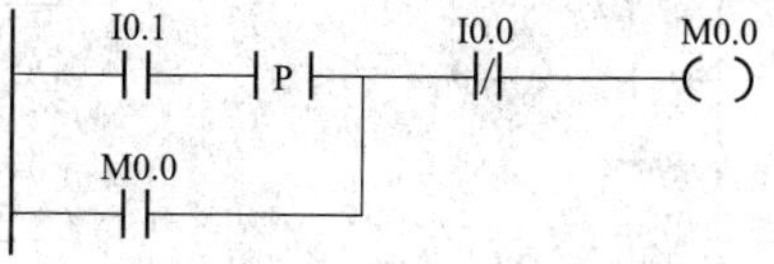 I0.1 —[P]— I0.0 M0.0；M0.0 自锁	LD I0.1 / EU / O M0.0 / AN I0.0 / = M0.0
程序段 2	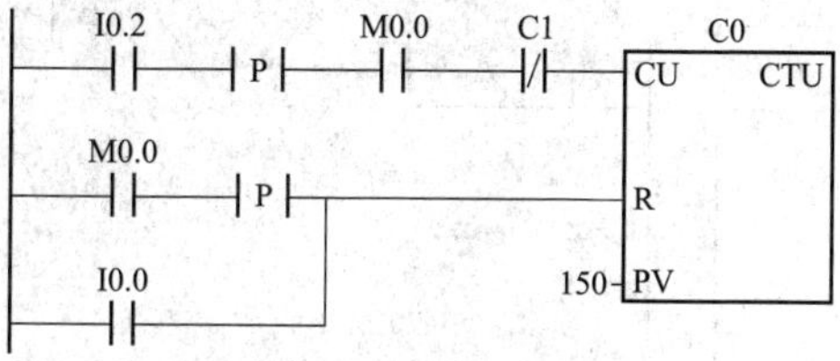 I0.2 —[P]— M0.0 C1 C0(CTU) CU；M0.0 —[P]— R；I0.0；150-PV	LD I0.2 / EU / A M0.0 / AN C1 / LD M0.0 / EU / O I0.0 / CTU C0, 150
程序段 3	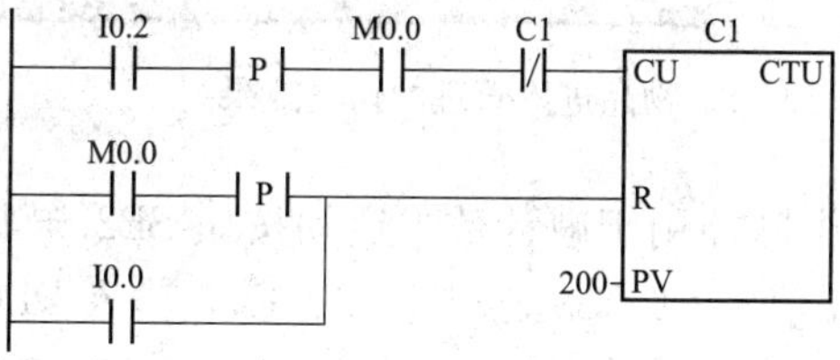 I0.2 —[P]— M0.0 C1 C1(CTU) CU；M0.0 —[P]— R；I0.0；200-PV	LD I0.2 / EU / A M0.0 / AN C1 / LD M0.0 / EU / O I0.0 / CTU C1, 200
程序段 4	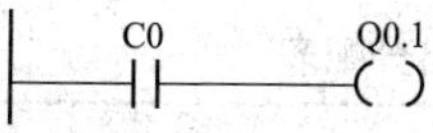 C0 Q0.1	LD C0 / = Q0.1
程序段 5	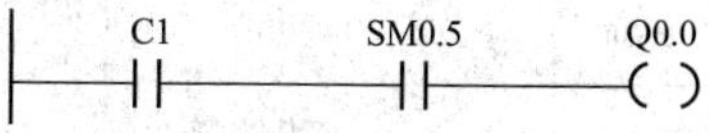 C1 SM0.5 Q0.0	LD C1 / A SM0.5 / = Q0.0

【例 4-23】　计数器在超载报警中的应用。为了确保交通安全，客车不能超载。当乘客超过 30 人时，报警灯进行闪烁，提示司机已超载。

【分析】　可以在前后车门各设置一个光电传感器，用来检测是否有乘客从前门上车或从后门下车。若有乘客上车，则光电传感器 S1 输入 1 个脉冲用于加计数；若有乘客下

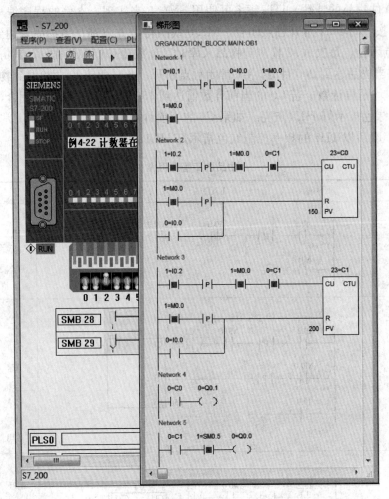

图 4-11 物品进库管理的仿真效果图

车，则光电传感器 S2 输入 1 个脉冲用于减计数。启动按钮 SB2 与 I0.1 连接，停止按钮 SB1 与 I0.0 连接，光电传感器信号 S1、S2 通过 I0.2、I0.3 输入 PLC 中，因此本系统需要使用 4 个输入点和 1 个输出点，输入/输出分配表见表 4-39，其 I/O 接线如图 4-12 所示。

表 4-39 超载报警的输入/输出分配表

输 入			输 出		
功能	元件	PLC 地址	功能	元件	PLC 地址
停止按钮，停止指示	SB1	I0.0	超载报警	HL1	Q0.0
启动按钮，启动指示	SB2	I0.1			
光电传感器 1，乘客上车	S1	I0.2			
光电传感器 2，乘客下车	S2	I0.3			

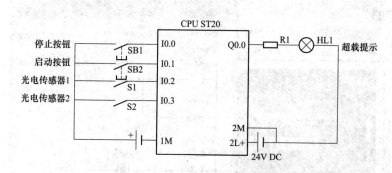

图 4-12　超载报警的 I/O 接线图

本例可使用加/减计数器（如 C10）来实现乘客上车或下车后客车中人数的统计，报警灯的闪烁频率可由 SM0.5 来实现，本例的程序编写见表 4-40。当按下启动按钮时 I0.1 常开触点闭合，M0.0 线圈得电并自锁。S1 每检测到有 1 名乘客上车时，C10 加 1 计数；S2 每检测到有 1 名乘客下车时，C10 减 1 计数，其仿真效果如图 4-13 所示。若 C10 的当前计数值达到 31，即超过 30 名乘客时，计数器 C10 的常开触点闭合，与 SM0.5 串联后以 1Hz 的频率控制指示灯 HL1 闪烁。

表 4-40　　　　　　　　　　　　　　　　超载报警程序

程序段	LAD	STL
程序段 1	I0.1 —| |— —|P|— I0.0 —|/|— M0.0 —( ) M0.0 —| |—	LD　I0.1 EU O　　M0.0 AN　I0.0 =　　M0.0
程序段 2	I0.2 —| |— —|P|— M0.0 —| |— CU　C10 CTUD I0.3 —| |— —|P|— M0.0 —| |— CD M0.0 —| |— —|P|— R I0.0 —| |— 31—PV	LD　I0.2 EU A　　M0.0 LD　I0.3 EU A　　M0.0 LD　M0.0 EU O　　I0.0 CTUD C10，31
程序段 3	C10 —| |— SM0.5 —| |— Q0.0 —( )	LD　　C10 A　　SM0.5 =　　Q0.0

119

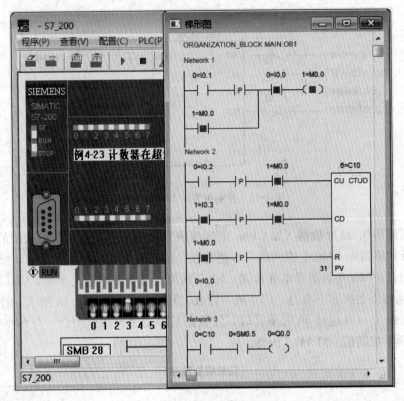

图 4-13　超载报警的仿真效果图

4.4　基本指令应用实例

4.4.1　四只开关控制信号灯的亮灭

1. 控制要求

某系统有 4 只开关 S1~S4，要求任何一只开关都可以控制信号灯的亮与灭。

2. 控制分析

4 只开关可以组成 $2^4 = 16$ 组状态。因此，根据要求可以通过列出真值表见表 4-41。

表 4-41　　　　　　　　　　　　　　信号灯显示输出真值表

开关 S4	开关 S3	开关 S2	开关 S1	信号灯 LED	说　　明
0	0	0	0	0	0 个开关动作时信号灯灭
0	0	0	1	0	1 个开关动作时信号灯亮
0	0	1	0	1	1 个开关动作时信号灯亮
0	0	1	1	0	2 个开关动作时信号灯灭
0	1	0	0	1	1 个开关动作时信号灯亮

续表

开关 S4	开关 S3	开关 S2	开关 S1	信号灯 LED	说　明
0	1	0	1	1	2 个开关动作时信号灯灭
0	1	1	0	0	2 个开关动作时信号灯灭
0	1	1	1	1	3 个开关动作时信号灯亮
1	0	0	0	1	1 个开关动作时信号灯亮
1	0	0	1	0	2 个开关动作时信号灯灭
1	0	1	0	0	2 个开关动作时信号灯灭
1	0	1	1	1	3 个开关动作时信号灯亮
1	1	0	0	0	2 个开关动作时信号灯灭
1	1	0	1	1	3 个开关动作时信号灯亮
1	1	1	0	1	3 个开关动作时信号灯亮
1	1	1	1	0	4 个开关动作时信号灯灭

从真值表只可以看出只有奇数只开关按下，LED 才点亮，将这些点亮的状态写出逻辑表达式：

$$LED = (S1 \cdot \overline{S2} \cdot \overline{S3} \cdot \overline{S4}) + (S2 \cdot \overline{S1} \cdot \overline{S3} \cdot \overline{S4}) + (S3 \cdot \overline{S1} \cdot \overline{S2} \cdot \overline{S4})$$
$$+ (S4 \cdot \overline{S1} \cdot \overline{S2} \cdot \overline{S3}) + (\overline{S4} \cdot S1 \cdot S2 \cdot S3) + (\overline{S3} \cdot S1 \cdot S2 \cdot S4)$$
$$+ (\overline{S2} \cdot S1 \cdot S2 \cdot S4) + (\overline{S1} \cdot S2 \cdot S3 \cdot S4)$$
$$= (S1 \cdot \overline{S2} + \overline{S1} \cdot S2) \cdot \overline{S3} \cdot \overline{S4} + (S3 \cdot \overline{S4} + \overline{S3} \cdot S4) \cdot \overline{S1} \cdot \overline{S2}$$
$$+ (S1 \cdot \overline{S2} + \overline{S1} \cdot S2) \cdot S3 \cdot S4 + (S3 \cdot \overline{S4} + \overline{S3} \cdot S4) \cdot S1 \cdot S2$$
$$= (S1 \cdot \overline{S2} + \overline{S1} \cdot S2) \cdot (\overline{S3} \cdot \overline{S4} + S1 \cdot S2)$$
$$+ (S2 \cdot \overline{S3} + \overline{S2} \cdot S3) \cdot (\overline{S1} \cdot \overline{S2} + S1 \cdot S2)$$

3. I/O 端子资源分配与接线

根据控制要求及控制分析可知，本例需要使用 4 个输入点和 1 个输出点，输入/输出分配表见表 4-42，其 I/O 接线如图 4-14 所示。

表 4-42　　　　　　　　四只开关控制信号灯亮灭的输入/输出分配表

输　　入			输　　出		
功能	元件	PLC 地址	功能	元件	PLC 地址
开关 1，控制信号灯	S1	I0.0	信号灯	LED	Q0.0
开关 2，控制信号灯	S2	I0.1			
开关 3，控制信号灯	S3	I0.2			
开关 4，控制信号灯	S4	I0.3			

4. 程序编写与仿真

根据用 4 只开关控制 1 个信号灯的控制分析和 PLC 资源配置，编写出 4 只开关控制 1

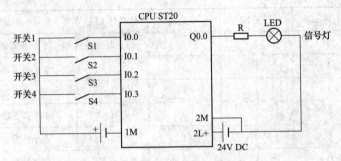

图 4-14　4 只开关控制信号灯亮灭的 I/O 接线图

个信号灯的 PLC 梯形图（LAD）及指令语句表（STL），见表 4-43。

表 4-43　　　　　　　　　　　　　　　　4 只开关控制信号灯亮灭的程序

程序段	LAD	STL
程序段 1	（梯形图）	LD I0.0 AN I0.1 LDN I0.0 A I0.1 OLD LDN I0.2 AN I0.3 LD I0.2 A I0.3 OLD ALD LDN I0.0 AN I0.1 LD I0.0 A I0.1 OLD LD I0.2 AN I0.3 LDN I0.2 A I0.3 OLD ALD OLD = Q0.0

梯形图内容（程序段 1）：

- I0.0 I0.1 I0.2 I0.3 — Q0.0 ( )
- I0.0 I0.1 I0.2 I0.3
- I0.0 I0.1 I0.2 I0.3
- I0.0 I0.1 I0.2 I0.3

在 SETP7-Micro/WIN SMART 中输入表 4-43 所示程序，并导出 POU 到文本文件。在 S7-200 仿真软件中导入此文本文件，以进行程序的仿真。刚进入在线仿真状态时，线圈 Q0.0 线圈处于失电状态。当某 1 个或 3 个开关状态为 1 时，Q0.0 线圈得电，其仿真效果如图 4-15 所示。若 2 个或 4 个开关的状态为 1 时，Q0.0 线圈处于失电状态。

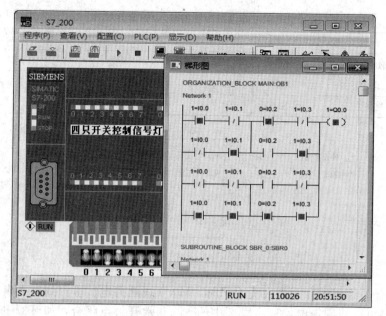

图 4-15　四只开关控制信号灯亮灭的仿真效果图

4.4.2　洗手间的冲水清洗控制

1. 控制要求

某洗手间有人进入时，光电检测开关 S1 接通，3s 后电磁阀 YV 打开，开始冲水，时间为 2s；当使用者离开后，再 1 次冲水，时间为 3s。

2. 控制分析

若光电检测开关 S1 与 I0.1 连接，电磁阀 YV 与 Q0.0 连接。根据控制要求，可以画出 I0.0 和 Q0.0 的时序关系，如图 4-16 所示。

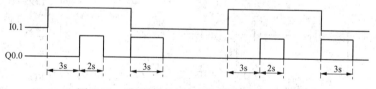

图 4-16　洗手间冲水清洗控制的时序关系图

从图 4-16 中可以看出，有人进去 1 次（即 I0.1 每接通 1 次）则 Q0.0 要接通 2 次。I0.0 接通后延时 3s 将 Q0.0 第 1 次接通，这用定时器就可以实现。然后是当人离开（I0.0 的下降沿到来时），Q0.0 第 2 次接通，且前后两次接通的时间长短不一样，分别为 2s 和 3s。人的进来或离去可以使用边沿脉冲指令 EU/ED 来实现。

3. I/O 端子资源分配与接线

根据控制要求及分析可知，本例需要使用 2 个输入点和 1 个输出点，输入/输出分配表见表 4-44，其 I/O 接线如图 4-17 所示。

4. 程序编写与仿真

从图 4-16 中可以看出，本例需要使用 3 个定时器，编写程序见表 4-45。程序段 1 中，

表 4-44 　　　　　　　　　　洗手间冲水清洗控制的输入/输出分配表

输　入			输　出		
功能	元件	PLC 地址	功能	元件	PLC 地址
关闭按钮，电源开关	SB1	I0.0	电磁阀，控制冲水	YV	Q0.0
光电检测开关	S1	I0.1			

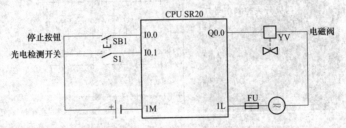

图 4-17　洗手间冲水清洗控制的 I/O 接线图

当光电检测开关检测到有人进入洗手间时，M0.0 线圈得电；检测到有人出去时，M0.1 线圈得电。M0.0 线圈得电，程序段 2 中的 M0.0 常开触点闭合，使 T37 进行延时。当 T37 延时达 3s 时，程序段 3 中的 M0.3 线圈得电，且 T38 开始延时。M0.3 线圈得电，程序段 5 中的 Q0.0 线圈得电，使得电磁阀打开从而进行 2s 的冲水清洗操作，其仿真效果如图 4-18 所示。当 T38 延时达 2s 时，程序段 2 中的 T38 常闭触点断开，使得 T37 断电，即 2s 冲水清洗操作完成。当 M0.1 线圈得电，程序段 4 中的 M0.4 线圈得电，且 T39 开始延时。M0.4 线圈得电，程序段 5 中的 Q0.0 线圈得电，使得电磁阀打开从而进行 3s 的冲水清洗操作。当 T39 延时达 3s 时，程序段 4 中的 T39 常闭触点断开，使得 T39 断电，即 3s 冲水清洗操作完成。

表 4-45 　　　　　　　　　　洗手间冲水清洗控制程序

程序段	LAD	STL
程序段 1	I0.1　I0.0　　P　　M0.0 　　　　　　　　N　　M0.1	LD　I0.1 AN　I0.0 LPS EU ＝　M0.0 LPP ED ＝　M0.1
程序段 2	M0.0　I0.0　T38　M0.2 M0.2 　　　　　　T37 　　　　IN　　TON 30－PT　　100ms	LD　M0.0 O　　M0.2 AN　I0.0 AN　T38 ＝　M0.2 TON　T37, 30
程序段 3	T37　M0.3 　　　　　　T38 　　　　IN　　TON 20－PT　　100ms	LD　T37 ＝　M0.3 TON　T38, 20

续表

程序段	LAD	STL
程序段 4	M0.1　　I0.0　　T39　　M0.4 ├─┤├──┤/├──┤/├──( ) M0.4 ├─┤├ 　　　　　　　　　T39 　　　　　IN　　TON 30─PT　　100ms	LD　M0.1 O　　M0.4 AN　I0.0 AN　T39 =　　M0.4 TON　T39，30
程序段 5	M0.3　　Q0.0 ├─┤├──( ) M0.4 ├─┤├	LD　M0.3 O　　M0.4 =　　Q0.0

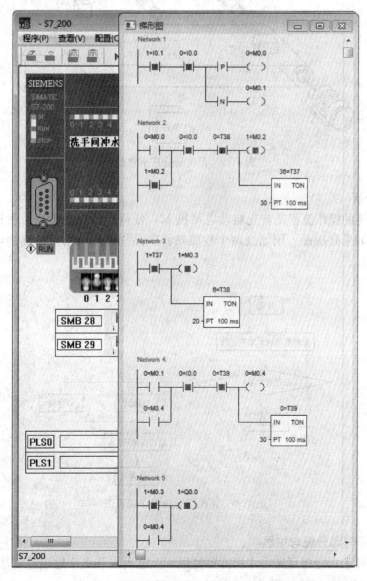

图 4-18　洗手间冲水清洗控制的仿真效果图

4.4.3 正次品分拣控制

1. 控制要求

某企业车间产品的分拣示意如图 4-19 所示，电动机 M 由启动按钮 SB2 和停止按钮 SB1 控制其运行与停止，S1 为检测站 1，S2 为检测站 2，Y 为电磁铁，电动机 M 运行时，被检测的产品（包括正品与次品）在皮带上运行。产品在皮带上运行时，若 S1 检测到次品，经过 10s 传送，到达次品剔除位置时，启动电磁铁 YA 驱动剔除装置，剔除次品（电磁铁通电 1s），检测器 S2 检测到的次品，经过 5s 后，启动电磁铁 YA 剔除次品；正品继续向前输送。

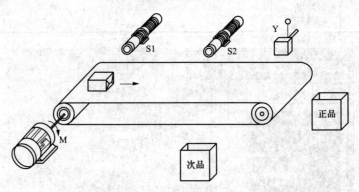

图 4-19 正次品分拣示意图

2. 控制分析

正次品分拣的操作流程是首先启动电动机 M，使得产品在皮带运行下进行传送。在传送过程中，如果有次品，则通过两个检测站将次品剔除，否则正品继续传送，其流程如图 4-20 所示。

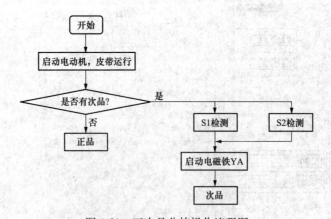

图 4-20 正次品分拣操作流程图

3. I/O 端子资源分配与接线

根据控制要求及分析可知，本例需要使用 4 个输入点和 2 个输出点，输入/输出分配表见表 4-46，其 I/O 接线如图 4-21 所示。

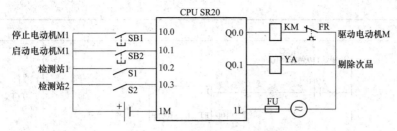

图 4-21　正次品分拣 I/O 接线图

表 4-46　　　　　　　　　　　　　正次品分拣输入/输出分配表

输入（I）			输出（O）		
功能	元件	PLC 地址	功能	元件	PLC 地址
停止电动机 M	SB1	I0.0	驱动电动机 M	KM	Q0.0
启动电动机 M	SB2	I0.1	剔除次品	YA	Q0.1
检测站 1	S1	I0.2			
检测站 2	S2	I0.3			

4. 程序编写与仿真

本例也需要使用 3 个定时器，编写程序见表 4-47。程序段 1 为电动机运行控制，按下启动按钮 SB1，则电动机 M 运行，使得被检测的产品（包括正品与次品）在皮带上运行。程序段 2 中 S1 检测到次品时，M0.0 线圈得电。程序段 3 中，T37 延时 10s，将次品传到剔除位置。程序段 4 中 S2 检测到次品时，M0.1 线圈得电，仿真效果如图 4-22 所示。程序段 5 中，T38 延时 5s，将次品传到剔除位置。程序段 6 中只要次品到达剔除位置（即T37 或 T38 常开触点闭合 1 次），Q0.1 线圈得电，启动电磁铁 YA 驱动剔除装置，剔除次品。程序段 7 为剔除机构动作时间控制。

表 4-47　　　　　　　　　　　　　正次品分拣控制程序

程序段	LAD	STL
程序段 1	传送带电动机控制 I0.1　　　　I0.0　　　　Q0.0 ─┤├──────┤/├───( ) Q0.0 ─┤├─	LD　　I0.1 O　　　Q0.0 AN　　I0.0 =　　　Q0.0
程序段 2	检测站1 I0.2　　　　　　　T37　　　M0.0 ─┤├──┤P├────┤/├───( ) M0.0 ─┤├─	LD　　I0.2 EU O　　　M0.0 AN　　T37 =　　　M0.0

程序段	LAD	STL
程序段 3	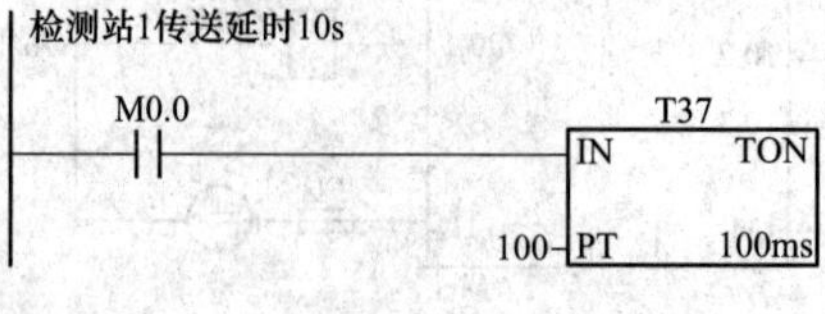 检测站1传送延时10s M0.0 ——[ ]—————[T37 / IN TON / 100—PT 100ms]	LD M0.0 TON T37, 100
程序段 4	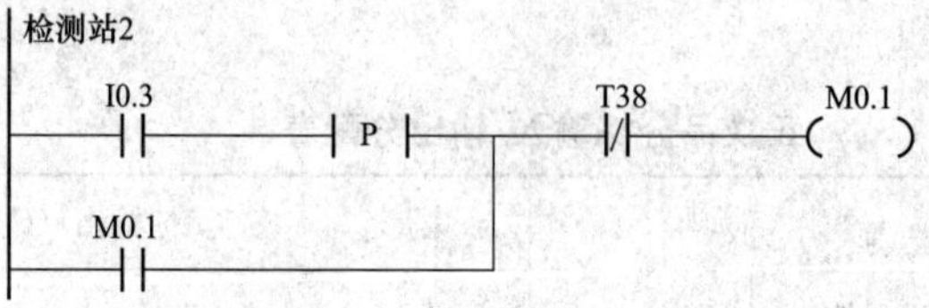 检测站2 I0.3 ——[ ]——[P]————[T38]/[——(M0.1) M0.1 ——[ ]—	LD I0.3 EU O M0.1 AN T38 = M0.1
程序段 5	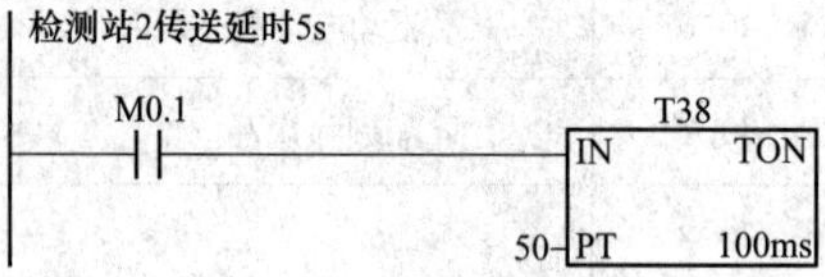 检测站2传送延时5s M0.1 ——[ ]—————[T38 / IN TON / 50—PT 100ms]	LD M0.1 TON T38, 50
程序段 6	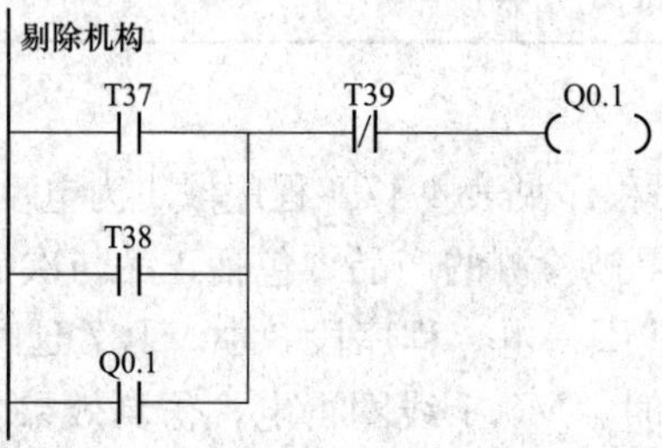 剔除机构 T37 ——[ ]——[T39]/[——(Q0.1) T38 ——[ ]— Q0.1 ——[ ]—	LD T37 O T38 O Q0.1 AN T39 = Q0.1
程序段 7	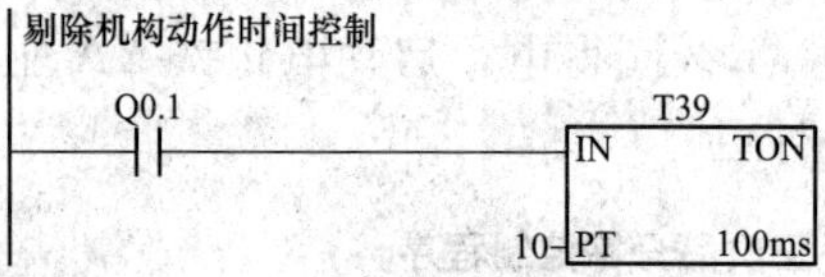 剔除机构动作时间控制 Q0.1 ——[ ]—————[T39 / IN TON / 10—PT 100ms]	LD Q0.1 TON T39, 10

4.4.4 小车自动往返控制

1. 控制要求

某小车可在5处位置进行自动循环往返，其行程路线示意如图 4-23 所示。初始状态下，小车在 A 点，若按下启动按钮，小车依次前进到 B、C、D、E 点，并分别停止 5s，然后返回到 A 点。

2. 控制分析

从图 4-23 可以看出，初始状态下，小车处于 A 点位置，按下启动按钮后小车开始往左前进。当小车行驶到 B 处位置时，行程开关 SQ2 动作，且对 B 处位置进行记忆，延时5s小车后改变行驶方向，往右后退。当小车行驶到 A 处位置时，行程开关 SQ1 动作，小车再次改变方向，往左前进。此时小车经过 B 处位置时，继续往左前进。当小车行驶到 C

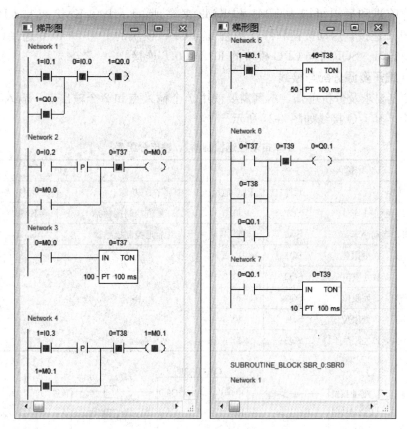

图 4-22　正次品分拣控制的仿真效果图

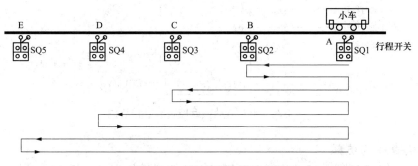

图 4-23　小车行程路线示意图

处位置时，行程开关 SQ3 动作，且对 C 处位置进行记忆，延时 5s 后小车改变行驶方向，往右后退。直到小车返回到 A 处位置时，行程开关 SQ1 动作，小车改变方向，往左前进。此时小车经过 B 处和 C 处位置时，继续往左前进。当小车行驶到 D 处位置时，行程开关 SQ4 动作，且对 D 处位置进行记忆，延时 5s 后小车改变行驶方向，往右后退。直到小车返回到 A 处位置时，行程开关 SQ1 动作，小车改变方向，往左前进。此时小车经过 B 处、C 处和 D 处位置时，继续往左前进。当小车行驶到 E 处位置时，行程开关 SQ5 动作，且对 E 处位置进行记忆，延时 5s 后小车改变行驶方向，往右后退。当小车返回到 A 处位置时，延时 5s 后又执行下一轮循环运行。

小车的前进和后退可以由 KM1 和 KM2 来实现，KM1 和 KM2 可与 CPU 模块的 Q0.0 和 Q0.1 连接；启动按钮和停止按钮可与 CPU 模块的 I0.1 和 I0.0 连接，5 处位置的行程开关 SQ1～SQ5 可与 CPU 模块的 I0.2～I0.6 连接。

3. I/O 端子资源分配与接线

根据控制要求及分析可知，本例需要使用 7 个输入点和 2 个输出点，输入/输出分配表见表 4-48，其 I/O 接线如图 4-24 所示。

表 4-48 小车自动往返控制输入/输出分配表

输入（I）			输出（O）		
功能	元件	PLC 地址	功能	元件	PLC 地址
停止按钮，停止小车	SB1	I0.0	前进控制接触器	KM1	Q0.0
启动按钮，启动小车	SB2	I0.1	后退控制接触器	KM2	Q0.1
A 处行程开关，A 处限位	SQ1	I0.2			
B 处行程开关，B 处限位	SQ2	I0.3			
C 处行程开关，C 处限位	SQ3	I0.4			
D 处行程开关，D 处限位	SQ4	I0.5			
E 处行程开关，E 处限位	SQ5	I0.6			

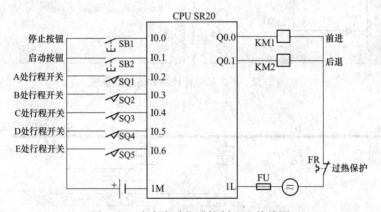

图 4-24 小车自动往返控制 I/O 接线图

4. 程序编写与仿真

5s 延时可由定时器 T37 来完成，为了对 4 处位置进行记忆，可使用 4 个辅助继电器（如 M0.1～M0.4）来完成，编写程序见表 4-49。按下启动按钮 SB2，I0.1 常开触点闭合，Q0.0 得电自锁，小车前进，到达 B 处位置时，I0.3 常开触点闭合，M0.0 线圈经 I0.3 常开触点和 M0.1 常闭触点闭合自锁，M0.0 常闭触点断开 Q0.0 线圈，小车停止。M0.1 置位，对 B 处位置进行记忆。定时器 T37 延时 2s，T37 常开触点闭合，Q0.1 线圈得电，小车后退，其仿真效果如图 4-25 所示。

小车后退到 A 处位置时，I0.2 常闭触点断开，M0.0 和 Q0.1 线圈失电，小车停止后退。Q0.0 线圈得电，小车前进，到达 B 处位置时，I0.3 常开触点闭合，但是 M0.1 常闭触点，M0.0 线圈不能得电，小车继续前进，到达 C 处位置时，I0.4 常开触点闭合，M0.0 线圈经 I0.4 常开触点和 M0.2 常闭触点闭合并自锁，M0.0 常开触点断开 Q0.0 线

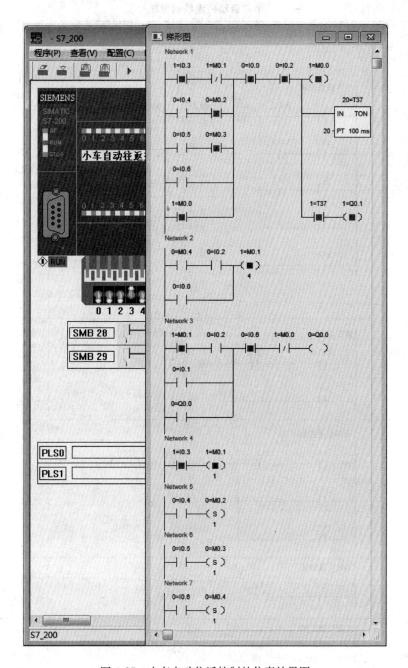

图 4-25　小车自动往返控制的仿真效果图

圈，小车停止。M0.2 置位，对 C 处位置进行记忆。定时器 T37 延时 2s，T37 常开触点
闭合，Q0.1 线圈得电，小车后退。

小车后退到 A 处位置时，其接下来的动作过程与上述类似。

小车最后到达 E 处位置时，M0.1～M0.4 均已置位，小车从 E 处后退到 A 处位置
时，I0.2 常开触点闭合，先对 M0.1～M0.4 复位，由于 M0.1 常开触点断开，I0.2 常开
触点闭合不会使 Q0.0 线圈得电，小车将停止。

表 4-49 小车自动往返控制程序

程序段	LAD	STL
程序段 1	小车后退控制 I0.3　M0.1　I0.0　I0.2　　　　M0.0 ├┤├─┤/├─┤/├─┤/├──( ) I0.4　M0.2 ├┤├─┤/├ I0.5　M0.3 ├┤├─┤/├ 　　　　　　　　　T37 　　　　　IN　　　TON 　20─PT　　　100ms I0.6 ├┤├ 　　　　　　　T37　　Q0.1 　　　　　├┤├──( ) M0.0 ├┤├	LD　　I0.3 AN　　M0.1 LD　　I0.4 AN　　M0.2 OLD LD　　I0.5 AN　　M0.3 OLD O　　　I0.6 O　　　M0.0 AN　　I0.0 AN　　I0.2 =　　　M0.0 TON　T37，20 A　　　T37 =　　　Q0.1
程序段 2	复拉控制 M0.4　　I0.2　　　　M0.1 ├┤├──┤├──────(R) 　　　　　　　　　　　　4 I0.0 ├┤├	LD　　M0.4 A　　　I0.2 O　　　I0.0 R　　　M0.1，4
程序段 3	小车前进控制 M0.1　　I0.2　　I0.6　M0.0　　Q0.0 ├┤├──┤├──┤/├─┤/├──( ) I0.1 ├┤├ Q0.0 ├┤├	LD　　M0.1 A　　　I0.2 O　　　I0.1 O　　　Q0.0 AN　　I0.6 AN　　M0.0 =　　　Q0.0
程序段 4	B处位置记忆 I0.3　　　M0.1 ├┤├──(S) 　　　　　　1	LD　　I0.3 S　　　M0.1，1
程序段 5	C处位置记忆 I0.4　　　M0.2 ├┤├──(S) 　　　　　　1	LD　　I0.4 S　　　M0.2，1
程序段 6	D处位置记忆 I0.5　　　M0.3 ├┤├──(S) 　　　　　　1	LD　　I0.5 S　　　M0.3，1
程序段 7	E处位置记忆 I0.6　　　M0.4 ├┤├──(S) 　　　　　　1	LD　　I0.6 S　　　M0.4，1

第5章 S7-200 SMART PLC 功能指令的
使用及应用实例

功能指令（Function Instruction）又称为应用指令（Applied Instruction），是可编程序控制器数据处理能力的标志。在 SIMATIC S7-200 SMART 系列中功能指令主要包括数据处理指令、算术运算和逻辑运算指令、表功能指令、转换指令、中断指令、高速处理指令、PID 回路指令、实时时钟指令等。由于数据处理远比逻辑处理复杂，功能指令无论在表达形式上，还是在指令涉及的机内器件的种类、数量及信息的类型上都比基本指令复杂。

5.1 传 送 指 令

传送指令用来完成各存储单元之间一个或多个数据的传送，传送过程中数值保持不变。根据每次传送数据的多少，可以将其分为单一传送指令、数据块传送指令，无论是单一传送还是数据块传送指令，都有字节、字、双字和实数等几种数据类型。为了满足立即传送的要求，设有字节立即传送指令。为了方便实现在同字内高低字节的交换，还设有字节交换指令。数据传送指令适用于存储单元的清零、程序的初始化等场合。

5.1.1 单一数据传送指令

单一数据传送每次传送 1 个数据，在传送过程中数据内容保持不变。

（1）指令格式。MOV 指令是将输入的数据（IN）传送到输出（OUT）。按传送数据的类型可分为字节传送 MOVB、字传送 MOVW、双字传送 MOVD 和实数传送 MOVR，指令格式见表 5-1。

表 5-1 　　　　　　　　　　　　　单一数据传送指令格式

传送类型	LAD	STL	输入数据 IN	输出数据 OUT
字节传送	MOV_B EN　　ENO IN　　OUT	MOVB IN, OUT	VB, IB, QB, MB, SB, SMB, LB, AC, 常数	VB, IB, QB, MB, SB, SMB, LB, AC

续表

传送类型	LAD	STL	输入数据 IN	输出数据 OUT
字传送	MOV_W EN ENO IN OUT	MOVW IN, OUT	VW, IW, QW, MW, SW, SMW, LW, T, C, AIW, AC, 常数	VW, IW, QW, MW, SW, SMW, LW, T, C, AQW, AC
双字传送	MOV_DW EN ENO IN OUT	MOVD IN, OUT	VD, ID, QD, MD, SD, SMD, LD, HC, AC, 常数	VD, ID, QD, MD, SD, SMD, LD, HC, AC
实数传送	MOV_R EN ENO IN OUT	MOVR IN, OUT	VD, ID, QD, MD, SD, SMD, LD, AC, 常数	VD, ID, QD, MD, SD, SMD, LD, AC

表中 EN 为允许输入端；ENO 为允许输出端；IN1 输入操作数据；OUT 为结果输出端。字节传送指令中，输入和输出操作数都为字节型数据，且输出操作数不能为常数；字传送指令中，输入和输出操作数都为字型或 INT 型数据，且输出操作数不能为常数；双字传送指令中，输入和输出操作数都为双字型或 DINT 型数据，且输出操作数不能为常数；实数传送指令中，输入和输出操作数都为 32 位的实数，且输出操作数不能为常数。

（2）指令应用。

【例 5-1】 单一数据传送指令的应用见表 5-2。SM0.1 为特殊标志寄存器位，PLC 首次扫描时该位为 ON，用于初始化子程序。程序段 1 为字节传送，指令"MOVB IB0, QB0"是将字节 IB0 传送 QB0，即将 I0.0～I0.7 各位的状态送入 Q0.0～Q0.7；指令"MOVB 16#06, QB1"是将十六进制数 06 传送给字节 QB1，使得 Q1.2 和 Q1.1 输出高电平，QB1 其余的各位输出为低电平。程序段 2 为字传送，指令"MOVW IW0, QW2"是把字型数据 IW0 传送给 QW2，即将 IB0 和 IB1 的各位状态送入 QB2 和 QB3 中，IB0 为输入端的高字节，IB1 为输入端的低字节，QB2 为输出端的高字节，QB3 为输出端的低字节；指令"MOVW 16#06, QW4"是把十六进制数 06 传送给 QW4，使得 QB4（高字节）为 0，QB5（低字节）为 6。程序段 3 为双字传送，指令"MOVD QD0, MD10"把双字型数据 QD0 传送给 MD10；指令"MOVD 16#06, MD14"把十六进制数 06 传送给双字型数据 MD14，使得 MW14 为 00（即 MB14 和 MB15 均为 0），MW16 为 6（即 MB16 为 0，MB17 为 6）。程序段 4 为实数传送，指令"MOVR 0.6, AC0"把实数 0.6 传送给 AC0，其中 AC0 为 32 位的数据。

表 5-2　　　　　　　　　　　　　　　单一数据传送指令的应用

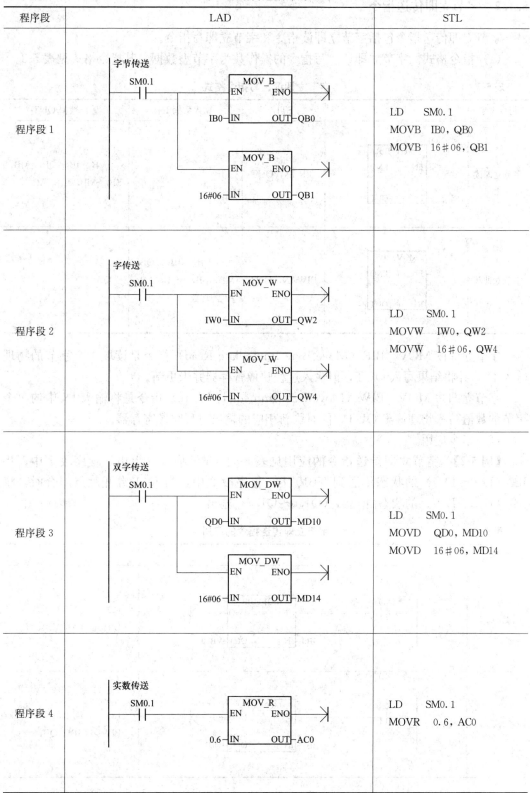

程序段	LAD	STL
程序段 1	字节传送	LD　　SM0.1 MOVB　IB0，QB0 MOVB　16#06，QB1
程序段 2	字传送	LD　　　SM0.1 MOVW　IW0，QW2 MOVW　16#06，QW4
程序段 3	双字传送	LD　　　SM0.1 MOVD　QD0，MD10 MOVD　16#06，MD14
程序段 4	实数传送	LD　　SM0.1 MOVR　0.6，AC0

5.1.2　字节立即传送指令

字节立即传送指令包括字节立即读指令和字节立即写指令。

（1）指令格式。字节立即读、写指令的操作数为字节型数据，其指令格式见表5-3。

表 5-3　　　　　　　　　　　字节立即读、写指令格式

指令类型	LAD	STL	输入数据 IN	输出数据 OUT
字节立即读	MOV_BIR EN　ENO IN　OUT	BIR IN, OUT	IB	VB, IB, QB, MB, SB, SMB, LB, AC
字节立即写	MOV_BIW EN　ENO IN　OUT	BIW IN, OUT	VB, IB, QB, MB, SB, SMB, LB, AC, 常数	QB

字节立即读 MOV_BIR（Move Byte Immediate Read）指令是读取 1 个字节的物理输入 IN，并将结果写入 OUT，但输入过程映像寄存器并未更新。

字节立即写 MOV_BIW（Move Byte Immediate Write）指令是将输入 IN 中的 1 个字节的数值写入物理输出 OUT，同时刷新相应的输出过程映像寄存器。

（2）指令应用。

【例 5-2】　字节立即传送指令的应用见表5-4。CPU 模块一上电，程序段 1 中，将 IB0（I0.0～I0.7）的状态传送到 VB10 中；程序段 2 中，当 I0.1 常开触点闭合时，将 IB1（I1.0～I1.7）的状态由 QB1（Q1.0～Q1.7）输出。

表 5-4　　　　　　　　　　　字节立即传送指令的应用

程序段	LAD	STL
程序段 1	SM0.0　MOV_BIR EN　ENO IB0-IN　OUT-VB10	LD　SM0.0 BIR　IB0, VB10
程序段 2	I0.1　MOV_BIW EN　ENO IB1-IN　OUT-QB1	LD　I0.1 BIW　IB1, QB1

5.1.3　数据块传送指令

数据块传送指令将从输入 IN 指定地址的 n 个连续数据传送到从输出 OUT 指定地址开始的 N 个连续单元中。N 可以是 VB、IB、QB、MB、LB、AC 和常数，其数据范围为 $1 \sim 255$。

（1）指令格式。根据传送数据类型的不同，数据块传送指令有：字节块传送 BMB、字块传送 BMV 和双字块传送 BMD，它们的指令格式见表 5-5。

表 5-5　　数据块传送指令格式

传送类型	LAD	STL	输入数据 IN	输出数据 OUT
字节块传送	BLKMOV_B EN ENO IN OUT N	BMB IN, OUT	VB, IB, QB, MB, SB, SMB, LB	VB, IB, QB, MB, SB, SMB, LB
字块传送	BLKMOV_W EN ENO IN OUT N	BMW IN, OUT	VW, IW, QW, MW, SW, SMW, LW, T, C, AQW	VW, IW, QW, MW, SW, SMW, LW, T, C, AQW
双字块传送	BLKMOV_D EN ENO IN OUT N	BMD IN, OUT	VD, ID, QD, MD, SD, SMD, LD	VD, ID, QD, MD, SD, SMD, LD

（2）指令应用。

【例 5-3】　数据块传送指令的应用见表 5-6。当 I0.0 常开触点闭合 1 次时，程序段 1 将 MB0 开始的 4 个字节（MB0～MB3）中相应的位置 1；当 I0.1 常开触点闭合 1 次时，程序段 2 将 MB0 开始的 4 个字节（MB0～MB3）共 32 个位清零；当 I0.2 常开触点闭合 1 次时，程序段 3 将 MB0（高字节）和 MB1（低字节）中的数据移至 VB0 开始的 2 个字节（VB0 和 VB1）中；程序段 4 将 MW0（即 MB0 和 MB1）和 MW2（即 MB2 和 MB3）中的数据移至 QW0 开始的 2 个字中。

表 5-6   数据块传送指令的应用

程序段	LAD	STL
程序段 1	I0.0 ── P ──（S）M0.0 6 （S）M1.0 4 （S）M2.0 5 （S）M3.0 3	LD I0.0 EU S M0.0, 6 S M1.0, 4 S M2.0, 5 S M3.0, 3
程序段 2	I0.1 ── P ──（R）M0.0 32	LD I0.1 EU R M0.0, 32
程序段 3	I0.2 ── P ── BLKMOV_B EN ENO MB0─IN OUT─VB0 2─N	LD I0.2 EU BMB MB0, VB0, 2
程序段 4	I0.3 ── P ── BLKMOV_W EN ENO MW0─IN OUT─QW0 2─N	LD I0.3 EU BMW MW0, QW0, 2

5.1.4 字节交换指令

字节交换指令用于交换字 IN 的最高有效字节和最低有效字节。

（1）指令格式。字节交换指令是将输入字 IN 的高 8 位与低 8 位进行互换，交换结果仍存放在输入 IN 指定的地址中。输入字 IN 为无符号整数型，字节交换指令格式见表 5-7。

表 5-7   字节交换指令格式

指令	LAD	STL	输入数据 IN
字节交换	SWAP EN ENO · IN	SWAP IN	VW, IW, QW, MW, SW, SMW, LW, TC, AC

（2）指令应用。

【例 5-4】　字节交换指令在 LED 指示灯的中应用。假设 CPU 模块的 QB0 和 QB1 外接 16 只发光二极管，每隔 1s，高 8 位的 LED 与低 8 位的 LED 实现互闪，其程序编写见表 5-8。在程序段 1 中，PLC 一上电时，将初始值 16♯FF 送入 QW0，由于 QW0 包含 QB0 和 QB1 两个字节，且 QB0 为高 8 位，QB1 为低 8 位，所以执行传送指令后，QB1 为 16♯FF，QB0 为 16♯00。在程序段 2 中，由于 SM0.5 为 1s 的时钟周期信号，则每隔 1s，QB0 和 QB1 中的内容交换，从而实现了高 8 位（QB0）的 LED 与低 8 位（QB1）的 LED 互闪。

表 5-8　字节交换指令的应用

程序段	LAD	STL
程序段 1	SM0.1　MOV_W　EN　ENO　16#FF—IN　OUT—QW0	LD　　SM0.1 MOVW　16♯FF，QW0
程序段 2	SM0.5　SWAP　EN　ENO　QW0—IN	LD　　SM0.5 SWAP　QW0

5.1.5　传送指令的应用

【例 5-5】　传送指令在置位与复位中的应用。

【分析】　置位与复位是对某些存储器置 1 或清零的一种操作。用数据传送指令实现置 1 与清零，与用 S、R 指令实现置 1 或清零的效果是一致的。将 Q0.0 置 1，则送数据 1 给 QB0 即可，要将该位清零时，则送数据 0 给 QB0。传送指令在置位与复位中的应用及动作时序见表 5-9，程序中传送的数据均为二进制。在程序中所有的赋值 CPU 模块一上电时，程序段 1 中的 SM0.1 触点闭合 1 次，然后将断开，此时将 Q0.2 连续 3 位置 1。只有 I0.0 和 I0.1 同时为 ON 时，Q1.0 才为 ON；只要 I0.0 和 I0.1 同时接通，Q0.0 就会置 1，Q0.2~Q0.4 复位为 0。执行一次置位和复位操作后，当 I0.0 或 I0.1 断开时，Q0.0 保持为 1，Q0.2~Q0.4 也保持为 0。

表 5-9　传送指令在置位与复位中的应用

程序段	LAD	STL
程序段 1	SM0.1　MOV_B　EN　ENO　2#11100—IN　OUT—QB0	LD　　SM0.1 MOVB　2♯11100，QB0

续表

程序段	LAD	STL
程序段 2	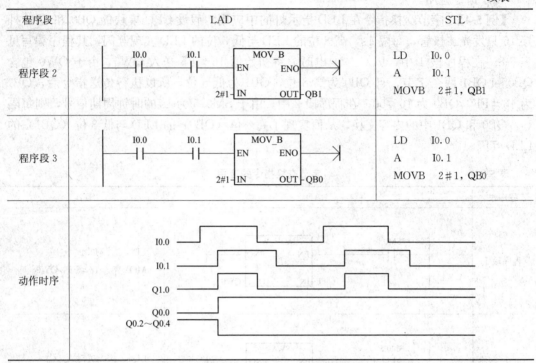	LD　　I0.0 A　　I0.1 MOVB　2#1, QB1
程序段 3		LD　　I0.0 A　　I0.1 MOVB　2#1, QB0
动作时序		

【例 5-6】 数据传送指令在两级传送带启停控制中的应用。两级传送带启动控制，如图 5-1 所示。若按下启动按钮 SB1 时，I0.0 触点接通，电机 M1 启动，A 传送带运行使货物向右运行。当货物到达 A 传送带的右端点时，触碰行程开关使 I0.1 触点接通，电机 M2 启动，B 传送带运行。当货物传送到 B 传送带并触碰行程开关使 I0.2 触点接通时，电机 M1 停止，A 传送带停止工作。当货物到达 B 传送带的右端点时，触碰行程开关使 I0.3 触点接通，电机 M2 停止，B 传送带停止工作。

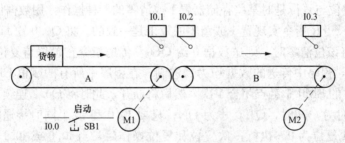

图 5-1　两级传送带启动控制

【分析】 使用数据传送指令实现此功能，设计的程序见表 5-10。在程序段 1 中，按下启动按钮 SB1 时，I0.0 常开触点闭合 1 次，将立即数 1 送入 QB0，使 Q0.0 线圈输出为 1，控制 M1 电机运行。在程序段 2 中，货物触碰行程开关使 I0.1 常开触点接通 1 次，将立即数 1 送入 QB1，使 Q1.0 线圈输出为 1，控制 M2 电机运行。在程序段 3 中，货物触碰行程开关使 I0.2 常开触点接通 1 次，将立即数 0 送入 QB0，使 Q0.0 线圈输出为 0，控制 M1 电机停止工作。在程序段 4 中，货物触碰行程开关使 I0.3 常开触点接通 1 次，将立即数 0 送入 QB1，使 Q1.0 线圈输出为 0，控制 M2 电机停止工作。

表 5-10　　　　　　　　　　　数据传送指令实现两级传送带启停控制的程序

程序段	LAD	STL
程序段 1	I0.0 —| |— P —| MOV_B EN ENO　1-IN OUT-QB0	LD　　I0.0 EU MOVB　1, QB0
程序段 2	I0.1 —| |— P —| MOV_B EN ENO　1-IN OUT-QB1	LD　　I0.1 EU MOVB　1, QB1
程序段 3	I0.2 —| |— P —| MOV_B EN ENO　0-IN OUT-QB0	LD　　I0.2 EU MOVB　0, QB0
程序段 4	I0.3 —| |— P —| MOV_B EN ENO　0-IN OUT-QB1	LD　　I0.3 EU MOVB　0, QB1

5.2　比　较　指　令

比较指令用来比较两个操作数 IN1 和 IN2 的大小，当 IN1 和 IN2 的关系符合比较条件时，比较触点闭合，后面的电路被接通，否则比较触点断开，后面的电路不接通。它可对起始触点、并联触点和串联触点进行比较，比较的操作数可以为字节、字、双字、实数等。比较条件有：等于（＝）、大于（＞）、小于（＜）、不等于（＜＞）、大于等于（＞＝）、小于等于（＜＝）。

5.2.1　字节触点比较指令

（1）指令格式。字节触点比较用于两个字节操作数 IN1 和 IN2 的大小比较，它有 6 种比较类型，其指令格式见表 5-11。

表 5-11 字节触点比较指令格式

字节触点比较	LAD	STL			IN1 和 IN2
		装载触点	串联触点	并联触点	
字节等于比较	IN1 ─┤ =B ├─ IN2	LDB= IN1, IN2	AB= IN1, IN2	OB= IN1, IN2	
字节大于比较	IN1 ─┤ >B ├─ IN2	LDB> IN1, IN2	AB> IN1, IN2	OB> IN1, IN2	
字节小于比较	IN1 ─┤ <B ├─ IN2	LDB< IN1, IN2	AB< IN1, IN2	OB< IN1, IN2	IB、 QB、 VB、 SMB、 SB、 LB、 AC、＊VD、＊LD、 ＊AC、常数
字节不 等于比较	IN1 ─┤ <>B ├─ IN2	LDB<> IN1, IN2	AB<> IN1, IN2	OB<> IN1, IN2	
字节大于 等于比较	IN1 ─┤ >=B ├─ IN2	LDB>= IN1, IN2	AB>= IN1, IN2	OB>= IN1, IN2	
字节小于 等于比较	IN1 ─┤ <=B ├─ IN2	LDB<= IN1, IN2	AB<= IN1, IN2	OB<= IN1, IN2	

字节等于比较指令用于两个无符号字节值的比较，如果 IN1 等于 IN2，则结果为 TRUE；字节大于比较指令用于两个无符号字节值的比较，如果 IN1 大于 IN2，则结果为 TRUE；字节小于比较指令用于两个无符号字节值的比较，如果 IN1 小于 IN2，则结果为 TRUE；字节不等于比较指令用于两个无符号字节值的比较，如果 IN1 不等于 IN2，则结果为 TRUE；字节大于等于比较指令用于两个无符号字节值的比较，如果 IN1 大于或等于 IN2，则结果为 TRUE；字节小于等于比较指令用于两个无符号字节值的比较，如果 IN1 小于或等于 IN2，则结果为 TRUE。

（2）指令应用。

【例 5-7】　字节触点比较指令的应用。假设 CPU 模块的 IB0 外接 8 位拨码开关，Q0.0～Q0.2 分别外接 3 只信号指示灯 LED1～LED3，将拨码开关值 IN1 与预设值 IN2 进行比较，如果 IN1 等于 IN2 时，与 Q0.0 连接的 LED1 点亮；如果 IN1 大于 IN2，与 Q0.1 连接的 LED2 点亮闪烁；如果 IN1 小于 IN2，与 Q0.2 连接的 LED3 点亮闪烁，编写程序见表 5-12。

表 5-12　　　　　　　　　　　　　　字节触点比较指令的应用

程序段	LAD	STL
程序段 1	SM0.1 —| |— MOV_B EN ENO —( ) 16#3F—IN OUT—VB0	LD　　SM0.1 MOVB　16#3F，VB0
程序段 2	IB0 —|==B|— Q0.0 —( )　VB0	LDB=　IB0，VB0 =　　　Q0.0
程序段 3	IB0 —|>B|— SM0.5 —| |— Q0.1 —( )　VB0	LDB>　IB0，VB0 A　　　SM0.5 =　　　Q0.1
程序段 4	IB0 —|<B|— SM0.5 —| |— Q0.2 —( )　VB0	LDB<　IB0，VB0 A　　　SM0.5 =　　　Q0.2

5.2.2　整数触点比较指令

（1）指令格式。整数触点比较用于两个有符号整数值 IN1 和 IN2 的大小比较，它有 6 种比较类型，其指令格式见表 5-13。

表 5-13　　　　　　　　　　　　　　整数触点比较指令格式

整数触点比较	LAD	STL			IN1 和 IN2
		装载触点	串联触点	并联触点	
整数等于比较	IN1 —|==I|— IN2	LDW= IN1，IN2	AW= IN1，IN2	OW= IN1，IN2	IW、QW、VW、SMW、SW、T、C、LW、AC、AIW、＊VD、＊LD、＊AC、常数
整数大于比较	IN1 —|>I|— IN2	LDW> IN1，IN2	AW> IN1，IN2	OW> IN1，IN2	

整数触点比较	LAD	STL			IN1 和 IN2
		装载触点	串联触点	并联触点	
整数小于比较	IN1 ─┤ <I ├─ IN2	LDW< IN1，IN2	AW< IN1，IN2	OW< IN1，IN2	
整数不 等于比较	IN1 ─┤ <>I ├─ IN2	LDW<> IN1，IN2	AW<> IN1，IN2	OW<> IN1，IN2	IW、QW、VW、SMW、SW、T、C、LW、AC、AIW、＊VD、＊LD、＊AC、常数
整数大于 等于比较	IN1 ─┤ >=I ├─ IN2	LDW>= IN1，IN2	AW>= IN1，IN2	OW>= IN1，IN2	
整数小于 等于比较	IN1 ─┤ <=I ├─ IN2	LDW<= IN1，IN2	AW<= IN1，IN2	OW<= IN1，IN2	

整数等于比较指令用于两个有符号整数值的比较，如果 IN1 等于 IN2，则结果为 TRUE；整数大于比较指令用于两个有符号整数值的比较，如果 IN1 大于 IN2，则结果为 TRUE；整数小于比较指令用于有符号整数值的比较，如果 IN1 小于 IN2，则结果为 TRUE；整数不等于比较指令用于两个有符号整数值的比较，如果 IN1 不等于 IN2，则结果为 TRUE；整数大于等于比较指令用于两个有符号整数值的比较，如果 IN1 大于或等于 IN2，则结果为 TRUE；整数小于等于比较指令用于两个有符号整数值的比较，如果 IN1 小于或等于 IN2，则结果为 TRUE。

（2）指令应用。

【例 5-8】 整数触点比较指令在温度控制中的应用。S7-200 SMART 的热电阻模块 EM AR02 接 PT100 热电阻用于检测−20～300℃的温度，当所测温度低于−20℃时，指示灯 LED1 闪烁，所测温度处于−20～300℃范围内时指示灯 LED2 点亮；所测温度高于 300℃时，指示灯 LED3 闪烁。

【分析】 热电阻模块 EM AR02 作为外扩模块与 CPU 模块连接，其输入端口为 AIW16，指示灯 LED1～LED3 分别与 CPU 模块的 Q0.0～Q0.2 连接，编写程序见表 5-14。

表 5-14　　　　　　　　　　整数触点比较指令的应用

程序段	LAD	STL
程序段 1	AIW16　＜I　　SM0.5　　Q0.0　　─┤ ├─　─┤ ├─　─( )─　　　−20	LDW＜　AIW16，−20 A　　　SM0.5 ＝　　　Q0.0
程序段 2	AIW16　＞＝I　　AIW16　＜＝I　Q0.1　─┤ ├─　　─┤ ├─　─( )─　　　−20　　　　　300	LDW＞＝　AIW16，−20 AW＜＝　AIW16，300 ＝　　　　Q0.1
程序段 3	AIW16　＞I　　SM0.5　　Q0.2　─┤ ├─　─┤ ├─　─( )─　　　300	LDW＞　AIW16，300 A　　　SM0.5 ＝　　　Q0.2

5.2.3　双字整数比较指令

（1）指令格式。双字整数比较用于两个有符号 32 位整数值 IN1 和 IN2 的大小比较，它有 6 种比较类型，其指令格式见表 5-15。

双字整数等于比较指令用于两个有符号 32 位整数值的比较，如果 IN1 等于 IN2，则结果为 TRUE；双字整数大于比较指令用于两个 32 位有符号整数值的比较，如果 IN1 大于 IN2，则结果为 TRUE；双字整数小于比较指令用于 32 位有符号整数值的比较，如果 IN1 小于 IN2，则结果为 TRUE；双字整数不等于比较指令用于两个 32 位有符号整数值的比较，如果 IN1 不等于 IN2，则结果为 TRUE；双字整数大于等于比较指令用于两个 32 位有符号整数值的比较，如果 IN1 大于或等于 IN2，则结果为 TRUE；双字整数小于等于比较指令用于两个 32 位有符号整数值的比较，如果 IN1 小于或等于 IN2，则结果为 TRUE。

表 5-15　　　　　　　　　　双字整数比较指令格式

双字整数比较	LAD	STL			IN1 和 IN2
		装载触点	串联触点	并联触点	
双字整数 等于比较	IN1 ─┤ ＝D ├─ IN2	LDD＝ IN1，IN2	AD＝ IN1，IN2	OD＝ IN1，IN2	ID、QD、VD、 SMD、SD、LD、 AC、HC、＊VD、 ＊LD、＊AC、常 数
双字整数 大于比较	IN1 ─┤ ＞D ├─ IN2	LDD＞ IN1，IN2	AD＞ IN1，IN2	OD＞ IN1，IN2	

双字整数比较	LAD	STL			IN1 和 IN2
		装载触点	串联触点	并联触点	
双字整数 小于比较	IN1 ─┤ <D ├─ IN2	LDD< IN1，IN2	AD< IN1，IN2	OD< IN1，IN2	ID、QD、VD、 SMD、SD、LD、 AC、HC、＊VD、 ＊LD、＊AC、常 数
双字整数不 等于比较	IN1 ─┤ <>D ├─ IN2	LDD<> IN1，IN2	AD<> IN1，IN2	OD<> IN1，IN2	
双字整数大于 等于比较	IN1 ─┤ >=D ├─ IN2	LDD>= IN1，IN2	AD>= IN1，IN2	OD>= IN1，IN2	
双字整数小于 等于比较	IN1 ─┤ <=D ├─ IN2	LDD<= IN1，IN2	AD<= IN1，IN2	OD<= IN1，IN2	

(2) 指令应用。

【例 5-9】 双字整数比较指令的应用见表 5-16。假设 CPU 模块的 ID0 外接 32 位拨码开关，Q0.0~Q0.2 分别外接 3 只信号指示灯 LED1~LED3，将 32 位拨码开关值 IN1 (ID0) 与预设值 IN2 (VD0) 进行比较，如果 IN1 等于 IN2 时，与 Q0.0 连接的 LED1 点亮；如果 IN1 大于 IN2，与 Q0.1 连接的 LED2 点亮闪烁；如果 IN1 小于 IN2，与 Q0.2 连接的 LED3 点亮闪烁，编写程序见表 5-16。

表 5-16　　　　　　　　　　　双字整数比较指令的应用

程序段	LAD	STL
程序段 1	SM0.1 ─┤├─ MOV_DW EN　　ENO 16#6A3C0102─IN　　OUT─VD0	LD　　SM0.1 MOVD　16#6A3C0102，VD0
程序段 2	ID0 ─┤ ==D ├─────(Q0.0) VD0	LDD=　ID0，VD0 =　　　Q0.0

146

程序段	LAD	STL
程序段 3	<pre> ID0 SM0.5 Q0.1 ─┤ >D ├────┤ ├────( ) VD0</pre>	LDD>　ID0，VD0 A　　　SM0.5 =　　　Q0.1
程序段 4	<pre> ID0 SM0.5 Q0.2 ─┤ <D ├────┤ ├────( ) VD0</pre>	LDD<　ID0，VD0 A　　　SM0.5 =　　　Q0.2

5.2.4　实数触点比较指令

（1）指令格式。实数触点比较用于两个有符号实数值 IN1 和 IN2 的大小比较，它有 6 种比较类型，其指令格式见表 5-17。

实数等于比较指令用于两个有符号 32 位实数值的比较，如果 IN1 等于 IN2，则结果为 TRUE；实数数大于比较指令用于两个 32 位有符号实数值的比较，如果 IN1 大于 IN2，则结果为 TRUE；实数小于比较指令用于 32 位有符号实数的比较，如果 IN1 小于 IN2，则结果为 TRUE；实数不等于比较指令用于两个 32 位有符号实数值的比较，如果 IN1 不等于 IN2，则结果为 TRUE；实数大于等于比较指令用于两个 32 位有符号实数值的比较，如果 IN1 大于或等于 IN2，则结果为 TRUE；实数小于等于比较指令用于两个 32 位有符号实数值的比较，如果 IN1 小于或等于 IN2，则结果为 TRUE。

表 5-17　　　　　　　　　　　　　实数触点比较指令格式

实数触点比较	LAD	STL			IN1 和 IN2
		装载触点	串联触点	并联触点	
实数等于比较	<pre> IN1 ─┤ ==R ├─ IN2</pre>	LDR= IN1，IN2	AR= IN1，IN2	OR= IN1，IN2	
实数大于比较	<pre> IN1 ─┤ >R ├─ IN2</pre>	LDR> IN1，IN2	AR> IN1，IN2	OR> IN1，IN2	ID、QD、VD、SMD、SD、LD、AC、*VD、*LD、*AC、常数
实数小于比较	<pre> IN1 ─┤ <R ├─ IN2</pre>	LDR< IN1，IN2	AR< IN1，IN2	OR< IN1，IN2	

续表

实数触点比较	LAD	STL			IN1 和 IN2
		装载触点	串联触点	并联触点	
实数不等 于比较	IN1 —|<>R|— IN2	LDR<> IN1, IN2	AR<> IN1, IN2	OR<> IN1, IN2	
实数大于 等于比较	IN1 —|>=R|— IN2	LDR>= IN1, IN2	AR>= IN1, IN2	OR>= IN1, IN2	ID、QD、VD、 SMD、SD、LD、 AC、*VD、*LD、 *AC、常数
实数小于 等于比较	IN1 —|<=R|— IN2	LDR<= IN1, IN2	AR<= IN1, IN2	OR<= IN1, IN2	

（2）指令应用。

【例 5-10】 实数触点比较指令的应用见表 5-18。当 I0.0 常开触点闭合 1 次时，将存储器地址中装载较小值；当 I0.1 常开触点闭合 1 次时，将存储器地址中装载较大值。当 I0.2 常开触点闭合时，执行相应的比较。

表 5-18　　　　　　　　　　　　　　　　实数触点比较指令的应用

程序段	LAD	STL
程序段 1	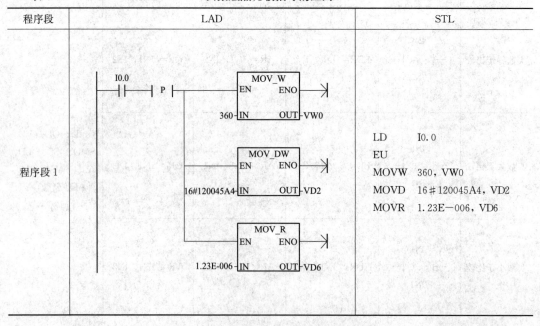	LD　　　I0.0 EU MOVW　360，VW0 MOVD　16#120045A4，VD2 MOVR　1.23E－006，VD6

程序段	LAD	STL
程序段 2	I0.1 ─┤├─ P ── MOV_W EN ENO / 870─IN OUT─VW0 MOV_DW EN ENO / 16#7650127C─IN OUT─VD2 MOV_R EN ENO / 3.141593─IN OUT─VD6	LD　　I0.1 EU MOVW　870，VW0 MOVD　16#7650127C，VD2 MOVR　3.141593，VD6
程序段 3	I0.2 ─┤├─ VW0 ─┤>=I├─ +1000 (Q0.0) 16#78912345 ─┤<D├─ VD2 (Q0.1) VD6 ─┤>R├─ 5.6789 (Q0.2)	LD　　I0.2 LPS AW>=　VW0，+1000 =　　　Q0.0 LRD AD<　16#78912345，VD2 =　　　Q0.1 LPP AR>　VD6，5.6789 =　　　Q0.2

5.2.5　字符串触点比较指令

指令格式。字节符串触点比较指令用于比较两个 ASCII 字符串 IN1 和 IN2 的大小，它有 2 种比较类型，其指令格式见表 5-19。

表 5-19　　　　　　　　　　字符串比较指令格式

字符串比较	LAD	STL			IN1 和 IN2
		装载触点	串联触点	并联触点	
字符串等于比较	IN1 ─┤==s├─ IN2	LDS= IN1，IN2	AS= IN1，IN2	OS= IN1，IN2	IN1 为：VB、LB、＊VD、＊LD、＊AC、常数字符串；IN2 为：VB、LB、＊VD、＊LD、＊AC
字符串不等于比较	IN1 ─┤<>s├─ IN2	LDS<> IN1，IN2	AS<> IN1，IN2	OS<> IN1，IN2	

IN1 和 IN2 为字符串变量，是一个字符序列，其中每个字符均以字节形式存储，第 1

个字节定义字符串的长度，即字符字节数。字符串的长度可以是 0～254 个字符，最大存储为 255 个字节。

【例 5-11】 字符串触点比较指令的应用见表 5-20。在程序段 1 中，PLC 一上电时，将常数字符串"ABC01234"添加到 VB0 起始单元中；程序段 2 中，当 I0.0 常开触点闭合时将常数字符串"ABC12345"与 VB0 中的字符串进行比较，两者相同则 Q0.0 线圈输出为 ON，如果两者不相同，则 Q0.1 线圈输出为 ON。

表 5-20　　　　　　　　　　字符串比较指令的应用

程序段	LAD	STL
程序段 1	SM0.1 —[ ]— STR_CAT EN ENO —( )— "ABC01234"—IN OUT—VB0	LD　　SM0.1 SCAT　"ABC01234", VB0
程序段 2	I0.0 —[ ]— "ABC12345"==s VB0 —( )—Q0.0 　　　　 "ABC12345"<>s VB0 —( )—Q0.1	LD　　I0.0 LPS AS=　"ABC12345", VB0 =　　Q0.0 LPP AS<>"ABC12345", VB0 =　　Q0.1

5.2.6　比较指令的应用

【例 5-12】 比较指令在 3 台电动机的顺启逆停控制中的应用。3 台电动机 M1、M2 和 M3 分别由 Q0.0、Q0.1 和 Q0.2 输出控制。按下启动按钮 SB1 后，首先 M1 直接启动，延时 3s 后 M2 启动，再延时 3s 后 M3 启动。按下停止按钮 SB2 后，M3 直接停止，延时 2s 后 M2 停止，再延时 3s 后 M1 停止。使用比较指令实现此功能。

【分析】 启动按钮 SB1 与 I0.0 连接，停止按钮 SB2 与 I0.1 连接，要实现电动机 M1～M3 的顺序启动、逆序停止，可使用两个定时器和两个整数触点比较指令来实现。T37 作为顺序启动延时定时器，T38 作为逆序停止延时定时器，编写程序如表 5-21 所示。程序段 1 中，按下启动按钮 SB1 时，I0.0 常开触点闭合，M0.0 线圈得电并自锁。M0.0 线圈得电，使得程序段 3 中的 M0.0 常开触点闭合，T37 开始延时，同时 Q0.0 线圈得电，电动机 M1 直接启动。当 T37 延时达 3s 时，程序段 5 中的 Q0.1 线圈得电，使电动机 M2 延时 3s 后启动。当 T37 延时达 6s 时，程序段 6 中的 Q0.2 线圈得电，使电动机 M3 延时 6s 后启动，同时程序段 2 中的 T37 常开触点闭合，为电动机的停止做准备。当 3 台电动机全部启动后，按下停止按钮 SB2，程序段 2 中的 M0.1 线圈得电自锁。M0.1 线圈得电，使得程序段 4 中的 T38 进行延时，同时程序段 6 中的 M0.1 常闭触点断开，电动机 M3 直接停止。当 T38 延时达 2s，程序段 7 中的 M0.2 线圈得电，从而使程序段 5 中的 M0.2 常闭触点断开，电动机 M2 停止运行。当 T38 延时达 5s，则程序段 3 中的 T38 常闭触点断开，电动机 M1 停止运行，同时程序段 1 中的 T38 常闭触点也断开，使 M0.0 线圈失电，各元件恢复为初始状态。

表 5-21 　　　　　　　　　　　　　3 台电动机的顺启逆停控制程序

程序段	LAD	STL
程序段 1	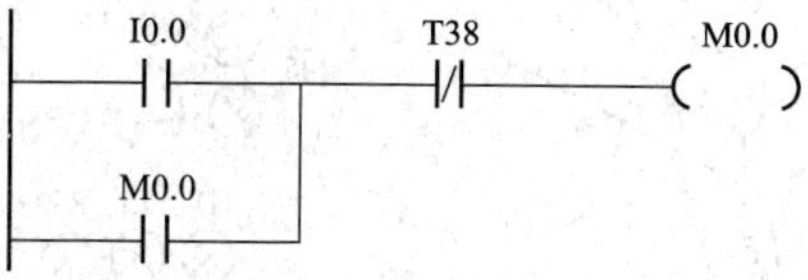 I0.0 —||— T38 —|/|— M0.0 —( ) M0.0 —||—	LD　I0.0 O　M0.0 AN　T38 =　M0.0
程序段 2	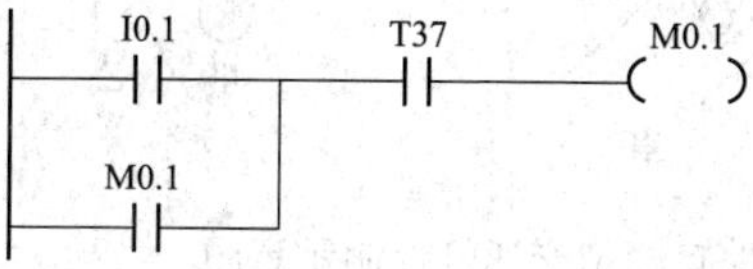 I0.1 —||— T37 —||— M0.1 —( ) M0.1 —||—	LD　I0.1 O　M0.1 A　T37 =　M0.1
程序段 3	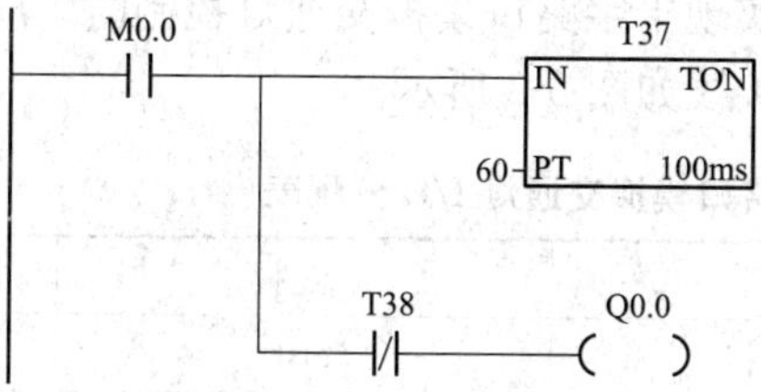 M0.0 —||—　T37 [IN TON / 60—PT　100ms] T38 —|/|— Q0.0 —( )	LD　M0.0 TON　T37, 60 AN　T38 =　Q0.0
程序段 4	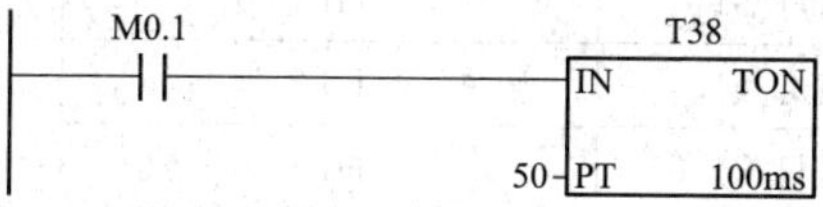 M0.1 —||—　T38 [IN TON / 50—PT　100ms]	LD　M0.1 TON　T38, 50
程序段 5	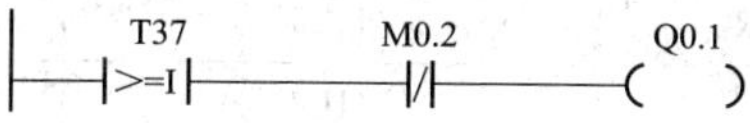 T37 —|>=I|— M0.2 —|/|— Q0.1 —( )	LDW>=　T37, 30 AN　M0.2 =　Q0.1
程序段 6	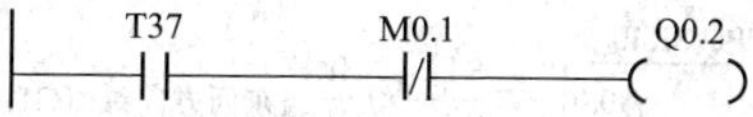 T37 —||— M0.1 —|/|— Q0.2 —( )	LD　T37 AN　M0.1 =　Q0.2
程序段 7	T38 —|>=I|— M0.2 —( ) 20	LDW>=　T38, 20 =　M0.2

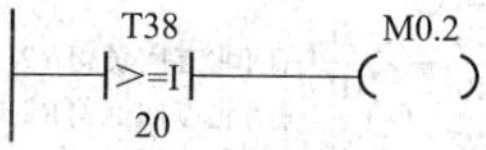

【例 5-13】 比较指令在十字路口模拟交通灯控制中的应用。某十字路口模拟交通灯的控制示意如图 5-2 所示，在十字路口当某个方向绿灯点亮 20s 后熄灭，黄灯以 2s 周期闪烁 3 次

（另一方向红灯点亮），然后红灯点亮（另一方向绿灯点亮、黄灯闪烁），如此循环。

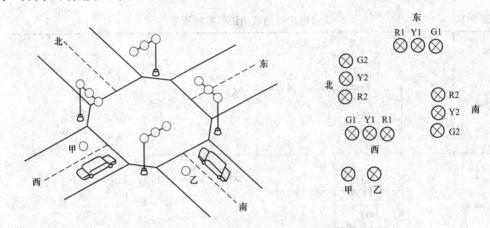

图 5-2　十字路口模拟交通灯控制示意图

【分析】　根据题意可知，PLC 实现十字路口模拟交通灯控制时，应有 2 个输入，8 个输出，I/O 分配见表 5-22，其 I/O 接线如图 5-3 所示。

表 5-22　　　　　　　　　　十字路口模拟交通灯 I/O 分配表

类型	功能	元件	PLC 地址
输入（I）	停止按钮	SB1	I0.0
	启动按钮	SB2	I0.1
输出（O）	东西方向绿灯 G1	HL1	Q0.0
	东西方向黄灯 Y1	HL2	Q0.1
	东西方向红灯 R1	HL3	Q0.2
	南北方向绿灯 G2	HL4	Q0.3
	南北方向黄灯 Y2	HL5	Q0.4
	南北方向红灯 R2	HL6	Q0.5
	甲车通行	HL7	Q0.6
	乙车通信	HL8	Q0.7

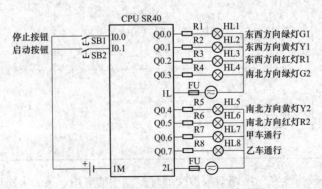

图 5-3　十字路口模拟交通灯 I/O 接线图

按某个方向顺序点亮绿灯、黄灯、红灯，可以采用秒计数器进行计时，通过比较计数器当前计数值驱动交通灯显示，编写程序见表 5-23。程序段 1 中，当按下启动按钮时，M0.0 线圈得电并自锁。程序段 2 中，通过 SM0.5 每隔 1s 使 C0 计数 1 次，其最大计数值为 50。当 C0 计数值达到 50 次时，程序段 3 中的 M0.1 线圈得电，从而使程序段 2 中的计数器 C0 复位。程序段 4 为东西方向的绿灯显示及甲车通行控制；程序段 5 为东西方向的黄灯显示控制，黄灯闪烁 3 次，因此通过 3 次数值比较而实现；程序段 6 为东西方向的红灯显示控制；程序段 7 为南北方向的红灯显示控制；程序段 8 为南北方向的绿灯显示及乙车通行控制；程序段 9 为南北方向的黄灯显示控制。

表 5-23　　　　　　　　　　　　　十字路口模拟交通灯程序

程序段	LAD	STL
程序段 1		LD　I0.1 O　M0.0 AN　I0.0 =　M0.0
程序段 2		LD　M0.0 A　SM0.5 LD　M0.1 O　I0.0 CTU　C0，+50
程序段 3		LD　C0 A　M0.0 =　M0.1
程序段 4		LD　M0.0 AW>=　C0，0 AW<=　C0，19 =　Q0，0 =　Q0，6
程序段 5		LDW=　C0，20 OW=　C0，22 OW=　C0，24 A　M0.0 =　Q0.1

程序段	LAD	STL
程序段 6	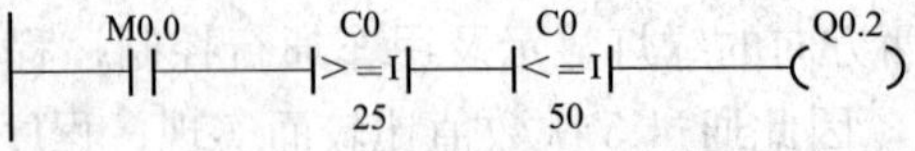 M0.0 ─┤├─ C0 ─┤>=I├─ 25 C0 ─┤<=I├─ 50 Q0.2 ─( )─	LD M0.0 AW>= C0, 25 AW<= C0, 50 = Q0.2
程序段 7	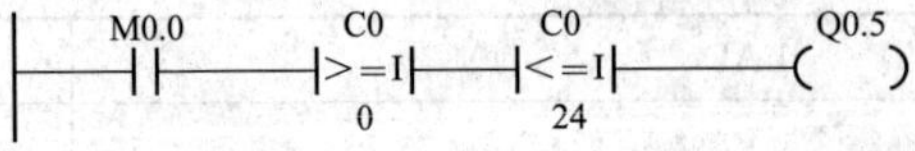 M0.0 ─┤├─ C0 ─┤>=I├─ 0 C0 ─┤<=I├─ 24 Q0.5 ─( )─	LD M0.0 AW>= C0, 0 AW<= C0, 24 = Q0.5
程序段 8	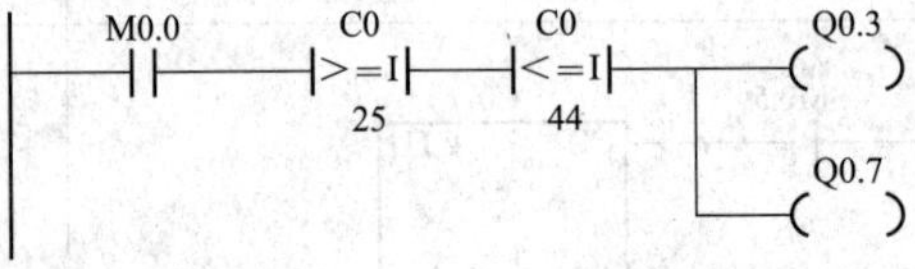 M0.0 ─┤├─ C0 ─┤>=I├─ 25 C0 ─┤<=I├─ 44 Q0.3 ─( )─ Q0.7 ─( )─	LD M0.0 AW>= C0, 25 AW<= C0, 44 = Q0.3 = Q0.7
程序段 9	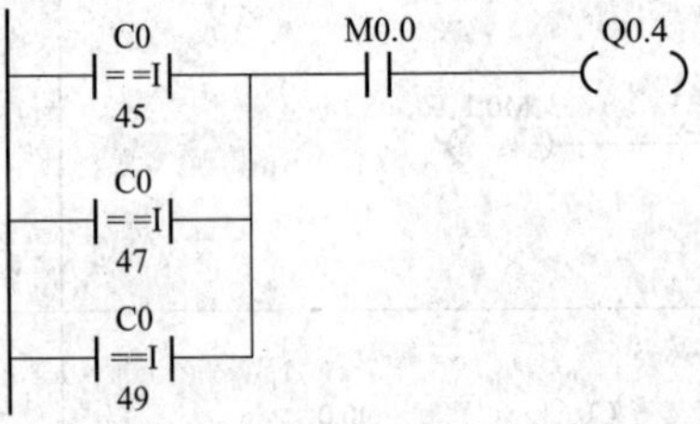 C0 ─┤==I├─ 45 M0.0 ─┤├─ Q0.4 ─( )─ C0 ─┤==I├─ 47 C0 ─┤==I├─ 49	LDW= C0, 45 OW= C0, 47 OW= C0, 49 A M0.0 = Q0.4

5.3　数学运算指令

　　PLC 普遍具有较强的运算功能，其中数学运算类指令是实现运算的主体，它包括四则运算指令、数学函数指令和递加、递减指令。在 S7-200 SMART PLC 中，对于数学运算指令来说，在使用时需注意存储单元的分配，在梯形图中，源操作数 IN1、IN2 和目标操作数 OUT 可以使用不一样的存储单元，这样编写程序比较清晰且容易理解。在使用语句表时，其中的一个源操作数需要和目标操作数 OUT 的存储单元一致，因此给理解和阅读带来不便，在使用数学运算指令时，建议使用梯形图。

5.3.1　四则运算指令

四则运算包含加法、减法、乘法、除法操作。为完成这些操作，在 S7-200 SMART PLC 中提供相应的四则运算指令。

1. 加法指令 ADD

（1）指令格式。ADD 加法指令是对两个带符号数 IN1 和 IN2 进行相加，并产生结果输出到 OUT。它又包括整数加法＋I、双整数加法＋D 和实数加法＋R，其指令格式见表 5-24。

表 5-24　　　　　　　　　　　加法指令格式

指令类型	LAD	STL	输入数据 IN1/IN2	输出数据 OUT
整数加法	ADD_I EN　ENO IN1　OUT IN2	+I IN1, OUT	IW、QW、VW、MW、SMW、SW、T、C、LW、AC、AIW、＊VD、＊AC、＊LD、常数	IW、QW、VW、MW、SMW、SW、T、C、LW、AC、＊VD、＊AC、＊LD
双整数加法	ADD_DI EN　ENO IN1　OUT IN2	+D IN1, OUT	ID、QD、VD、MD、SMD、SD、LD、AC、HC、＊VD、＊LD、＊AC、常数	ID、QD、VD、MD、SMD、SD、LD、AC、＊VD、＊LD、＊AC
实数加法	ADD_R EN　ENO IN1　OUT IN2	+R IN1, OUT	ID、QD、VD、MD、SMD、SD、LD、AC、＊VD、＊LD、＊AC、常数	ID、QD、VD、MD、SMD、SD、LD、AC、＊VD、＊LD、＊AC

若 IN1、IN2 和 OUT 操作数的地址不同时，在 STL 指令中，首先用数据传送指令将 IN1 中数据送入 OUT，然后再执行相加运算 IN2＋OUT＝OUT。若 IN2 和 OUT 操作数地址相同，在 STL 中是 IN1＋OUT＝OUT，但在 LAD 中是 IN1＋IN2＝OUT。

执行加法指令时，＋I 表示 2 个 16 位的有符号数 IN1 和 IN2 相加，产生 1 个 16 位的整数和 OUT；＋D 表示 2 个 32 位的有符号数 IN1 和 IN2 相加，产生 1 个 32 位的整数和 OUT；＋R 表示 2 个 32 位的实数 IN1 和 IN2 相加，产生 1 个 32 位的实数和 OUT。

进行相加运算时，将影响特殊存储器位 SM1.0（零标志位）、SM1.1（溢出标志位）、SM1.2（负数标志位）。影响允许输出 ENO 的正常工作条件有 SM1.1（溢出）、SM4.3（运行时间）和 0006（间接寻址）。

（2）指令应用。

【例 5-14】 加法指令的应用见表 5-25。在程序段 1 中，PLC 一上电，将 VW0、VD2 和 AC0 中传送相应数值；在程序段 2 中，当 I0.0 常开触点闭合 1 次时，执行相应的加法操作。

表 5-25   加法指令的应用程序

程序段	LAD	STL

程序段 1	SM0.1 —— MOV_W (EN ENO), 16#1234 —IN OUT— VW0; MOV_DW (EN ENO), 16#12345678 —IN OUT— VD2; MOV_R (EN ENO), 3.141593 —IN OUT— VC0	LD SM0.1
		MOVW 16#1234, VW0
		MOVD 16#12345678, VD2
		MOVR 3.141593, AC0

程序段 2	I0.0 —| |— P — ADD_I (EN ENO), VW0 —IN1 OUT— VW10, IW2 —IN2; ADD_DI (EN ENO), VD2 —IN1 OUT— VD12, 16#87213645 —IN2; ADD_R (EN ENO), AC0 —IN1 OUT— VD14, 1.2345 —IN2	LD I0.0
		EU
		MOVW VW0, VW10
		+I IW2, VW10
		MOVD VD2, VD12
		+D 16#87213645, VD12
		MOVR AC0, VD14
		+R 1.2345, VD14

2. 减法指令 SUB

（1）指令格式。SUB 减法指令是对两个带符号数 IN1 和 IN2 进行相减操作，并产生结果输出到 OUT。同样，它包括整数减法-I、双整数减法-DI 和实数减法-R，其指令格式见表 5-26。

表 5-26   减法指令格式

指令类型	LAD	STL	输入数据 IN1/IN2	输出数据 OUT
整数减法	SUB_I (EN ENO, IN1 OUT, IN2)	-I IN1, OUT	IW、QW、VW、MW、SMW、SW、T、C、LW、AC、AIW、*VD、*AC、*LD、常数	IW、QW、VW、MW、SMW、SW、T、C、LW、AC、*VD、*AC、*LD

续表

指令类型	LAD	STL	输入数据 IN1/IN2	输出数据 OUT
双整数减法	SUB_DI EN ENO IN1 OUT IN2	—D IN1, OUT	ID、QD、VD、MD、SMD、SD、LD、AC、HC、* VD、* LD、* AC、常数	ID、QD、VD、MD、SMD、SD、LD、AC、* VD、* LD、* AC
实数减法	SUB_R EN ENO IN1 OUT IN2	—R IN1, OUT	ID、QD、VD、MD、SMD、SD、LD、AC、* VD、* LD、* AC、常数	ID、QD、VD、MD、SMD、SD、LD、AC、* VD、* LD、* AC

IN1 与 OUT 两个操作数地址相同时，进行减法运算时，在 STL 中执行 OUT—IN2＝OUT，但在 LAD 中是 IN1—IN2＝OUT。

执行减法指令时，—I 表示 2 个 16 位的有符号数 IN1 和 IN2 相减，产生 1 个 16 位的整数 OUT；—DI 表示 2 个 32 位的有符号数 IN1 和 IN2 相减，产生 1 个 32 位的整数 OUT；—R 表示 2 个 32 位的实数 IN1 和 IN2 相减，产生 1 个 32 位的实数 OUT。

进行减法运算时，将影响特殊存储器位 SM1.0（零标志位）、SM1.1（溢出标志位）、SM1.2（负数标志位）。影响允许输出 ENO 的正常工作条件有 SM1.1（溢出）、SM4.3（运行时间）和 0006（间接寻址）。

（2）指令应用。

【例 5-15】　减法指令的应用见表 5-27。程序段 1 中，当 I0.0 常开触点闭合 1 次时，16 位的有符号整数 1000 加上 300，结果送入 VW10 中，VW10 中的数值减去 400 送入 VW12 中；程序段 2 中，VW10 中的值等于 1300 时，Q0.0 线圈得电；程序段 3 中，VW12 中的数值大于 900 时，Q0.1 线圈得电。

表 5-27　　　　　　　　　减法指令的应用程序

程序段	LAD	STL

程序段 1	I0.0—P— ADD_I(EN ENO / +1000 IN1 OUT-VW10 / +300 IN2) / SUB_I(EN ENO / VW10 IN1 OUT-VW12 / +400 IN2)	LD I0.0
		EU
		MOVW +1000, VW10
		+I +300, VW10
		MOVW VW10, VW12
		—I +400, VW12

程序段 2	VW10 ==I 1300 — Q0.0	LDW= VW10, 1300 = Q0.0
程序段 3	VW12 >I 900 — Q0.1	LDW> VW12, 900 = Q0.1

3. 乘法指令 MUL

（1）指令格式。MUL 乘法指令是对两个带符号数 IN1 和 IN2 进行相乘操作，并产生结果输出到 OUT。同样，它包括完全整数乘法 MUL、整数乘法 *I、双整数乘法 *DI 和实数乘法 *R，其指令格式见表 5-28。

表 5-28 乘法指令格式

指令类型	LAD	STL	输入数据 IN1/IN2	输出数据 OUT
完全整数乘法	MUL EN ENO IN1 OUT IN2	MUL IN1, OUT	IW、QW、VW、MW、SMW、SW、T、C、LW、AC、AIW、*VD、*AC、*LD、常数	IW、QW、VW、MW、SMW、SW、T、C、LW、AC、*VD、*AC、*LD
整数乘法	MUL_I EN ENO IN1 OUT IN2	*I IN1, OUT	IW、QW、VW、MW、SMW、SW、T、C、LW、AC、AIW、*VD、*AC、*LD、常数	IW、QW、VW、MW、SMW、SW、T、C、LW、AC、*VD、*AC、*LD
双整数乘法	MUL_DI EN ENO IN1 OUT IN2	*D IN1, OUT	ID、QD、VD、MD、SMD、SD、LD、AC、HC、*VD、*LD、*AC、常数	ID、QD、VD、MD、SMD、SD、LD、AC、*VD、*LD、*AC
实数乘法	MUL_R EN ENO IN1 OUT IN2	*R IN1, OUT	ID、QD、VD、MD、SMD、SD、LD、AC、*VD、*LD、*AC、常数	ID、QD、VD、MD、SMD、SD、LD、AC、*VD、*LD、*AC

执行乘法指令时，完全整数乘法指令 MUL 表示 2 个 16 位的有符号整数 IN1 和 IN2

相乘，产生 1 个 32 位的双整数结果 OUT，其中操作数 IN2 和 OUT 的低 16 位共用一个存储地址单元；＊I 表示 2 个 16 位的有符号数 IN1 和 IN2 相乘，产生 1 个 16 位的整数结果 OUT，如果运算结果大于 32 767，则产生溢出；＊DI 表示 2 个 32 位的有符号数 IN1 和 IN2 相乘，产生 1 个 32 位的整数结果 OUT，如果运算结果超出 32 位二进制数范围时，则产生溢出；＊R 表示 2 个 32 位的实数 IN1 和 IN2 相乘，产生 1 个 32 位的实数结果 OUT，如果运算结果超出 32 位二进制数范围时，则产生溢出。

进行乘法运算时，若产生溢出时，SM1.1 置 1，结果不写到输出 OUT，其他状态位都清 0。

（2）指令应用。

【例 5-16】　乘法指令的应用见表 5-29。程序段 1 中，PLC 一上电，16 位的有符号十进制整数 123 乘上 345，产生 1 个 32 位的结果送入 AC0 中；程序段 2 中，当 I0.1 由 OFF 变为 ON 时，两个有符号的整数相乘，产生 1 个 16 位的结果送入 AC1 中；程序段 3 中，当 I0.2 由 OFF 变为 ON 时，VD0 和 VD2 中的 32 位有符号数相乘，产生 1 个 32 位的结果送入 QD0 中；程序段 4 中，当 I0.3 由 OFF 变为 ON 时，AC0 中的 32 位数据乘以实数 3.14，结果送入 AC2 中。

表 5-29　乘法指令的使用程序

程序段	LAD	STL
程序段 1	SM0.1 —| |— MUL EN ENO ; 123 — IN1 OUT — AC0 ; 345 — IN2	LD　　SM0.1 MOVW　123, AC0 MUL　　345, AC0
程序段 2	I0.1 —| |— P — MUL_I EN ENO ; +128 — IN1 OUT — AC1 ; +256 — IN2	LD　　I0.1 EU MOVW　+128, AC1 ＊I　　+256, AC1
程序段 3	I0.2 —| |— P — MUL_DI EN ENO ; VD0 — IN1 OUT — QD0 ; VD2 — IN2	LD　　I0.2 EU MOVD VD0, QD0 ＊D　VD2, QD0
程序段 4	I0.3 —| |— P — MUL_R EN ENO ; AC0 — IN1 OUT — AC2 ; 3.14 — IN2	LD　　I0.3 EU MOVR AC0, AC2 ＊R　3.14, AC2

4. 除法指令 DIV

（1）指令格式。DIV 除法指令是对两个带符号数 IN1 和 IN2 进行相除操作，并产生结果输出到 OUT。同样，它包括完全整数除法 DIV、整数除法/I、双整数除法/DI 和实数除法/R，其指令格式见表 5-30。

表 5-30　除法指令格式

指令类型	LAD	STL	输入数据 IN1/IN2	输出数据 OUT
完全整数除法	DIV EN　ENO IN1　OUT IN2	DIV IN1, OUT	IW、QW、VW、MW、SMW、SW、T、C、LW、AC、AIW、* VD、* AC、* LD、常数	IW、QW、VW、MW、SMW、SW、T、C、LW、AC、* VD、* AC、* LD
整数除法	DIV_I EN　ENO IN1　OUT IN2	/I IN1, OUT	IW、QW、VW、MW、SMW、SW、T、C、LW、AC、AIW、* VD、* AC、* LD、常数	IW、QW、VW、MW、SMW、SW、T、C、LW、AC、* VD、* AC、* LD
双整数除法	DIV_DI EN　ENO IN1　OUT IN2	/D IN1, OUT	ID、QD、VD、MD、SMD、SD、LD、AC、HC、* VD、* LD、* AC、常数	ID、QD、VD、MD、SMD、SD、LD、AC、* VD、* LD、* AC
实数除法	DIV_R EN　ENO IN1　OUT IN2	/R IN1, OUT	ID、QD、VD、MD、SMD、SD、LD、AC、* VD、* LD、* AC、常数	ID、QD、VD、MD、SMD、SD、LD、AC、* VD、* LD、* AC

执行除法指令时，完全整数除法指令 DIV 表示 2 个 16 位的有符号整数 IN1 和 IN2 相除，产生 1 个 32 位的双整数结果 OUT，其中 OUT 的低 16 位为商，高 16 位为余数；/I 表示 2 个 16 位的有符号数 IN1 和 IN2 相除，产生 1 个 16 位的整数商结果 OUT，不保留余数；/DI 表示 2 个 32 位的有符号数 IN1 和 IN2 相除，产生 1 个 32 位的整数商结果 OUT，同样不保留余数；/R 表示 2 个 32 位的实数 IN1 和 IN2 相除，产生 1 个 32 位的实数商结果 OUT，不保留余数。

除法操作数 IN1 和 OUT 的低 16 位共用一个存储地址单元，因此在 STL 中是 OUT/IN2＝OUT，但在 LAD 中是 IN1/IN2。进行除法运算时，除数为 0，SM1.3 置 1，其他算术状态位不变，原始输入操作数也不变。

（2）指令应用。

【例 5-17】　除法指令的应用见表 5-31。程序段 1 中，当 I0.0 每发生 1 次上升沿跳变时（OFF 变为 ON），C0 计数 1 次，当 C0 计数达 6 次时，C0 自动复位。C0 当前计数值为 1 时，程序段 2 中执行整数乘法操作，将整数 23 和 36 相乘，结果送入 VW0 中。C0 当前计数值为 2 时，程序段 3 中执行双整数除法操作，将双整数 1200 除以 4，结果送入 VD10 中。C0 当前计数值为 3 时，程序段 4 中执行实数除法操作，将实数 400.0 除以 25.0，结果送入 VD14 中。C0 当前计数值为 4 时，程序段 5 中执行完全整数乘法操作，将整数 1500 除以 20，结果送入 VD18 中。C0 当前计数值为 5 时，程序段 6 中执行完全整数除法操作，将 VW0 中的整数除以 12，结果送入 VD6 中。

表 5-31　　　　　　　　　　　　除法指令的应用程序

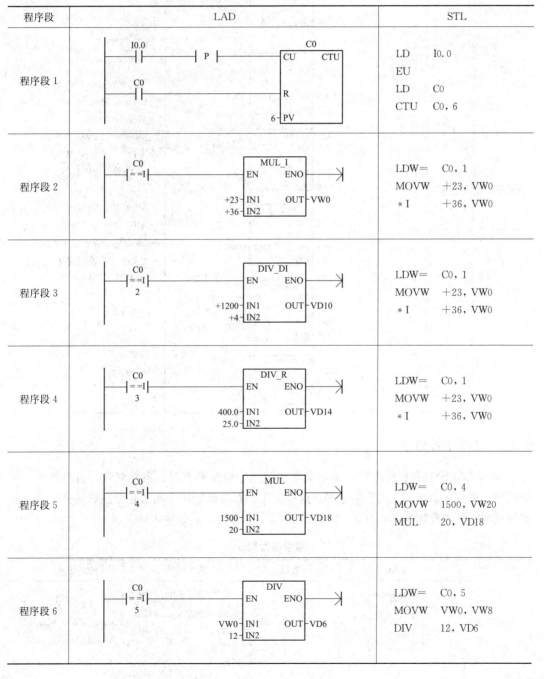

【例 5-18】 试编写程序实现以下算术运算：$y = \dfrac{x + 20}{6} \times 3 - 20$，式中，$x$ 是从 IB0 输入的二进制数，计算出的 y 值以二进制的形式从 QB0 输出，其编写见表 5-32。

表 5-32　　　　　　　　　　　　　算术运算程序

程序段	LAD	STL
程序段 1	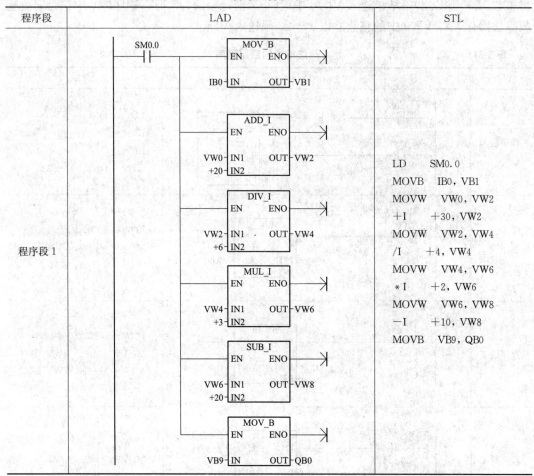	LD　　SM0.0 MOVB　IB0, VB1 MOVW　VW0, VW2 +I　　+30, VW2 MOVW　VW2, VW4 /I　　+4, VW4 MOVW　VW4, VW6 *I　　+2, VW6 MOVW　VW6, VW8 -I　　+10, VW8 MOVB　VB9, QB0

5.3.2　数学函数指令

在 S7-200 SMART 系列 PLC 中的数学函数指令包括平方根、自然对数、自然指数、三角函数（正弦、余弦、正切）指令等，这些常用的数学函数指令实质是浮点数函数指令，在运算过程中，主要影响 SM1.0、SM1.1、SM1.2 标志位，指令格式见表 5-33。

表 5-33　　　　　　　　　　　　　数学函数指令

指令类型	LAD	STL	输入数据 IN	输出数据 OUT
平方根指令	SQRT EN　　ENO IN　　OUT	SQRT IN, OUT	VD, ID, QD, MD, SMD, SD, LD, AC,LD, *VD, *AC, 常数	VD, ID, QD, MD, SMD, SD, LD, AC,LD, *VD, *AC

指令类型	LAD	STL	输入数据 IN	输出数据 OUT
自然对数指令	LN EN　ENO IN　OUT	LN　IN, OUT	VD, ID, QD, MD, SMD, SD, LD, AC, LD, * VD, * AC, 常数	VD, ID, QD, MD, SMD, SD, LD, AC, LD, * VD, * AC
自然指数指令	EXP EN　ENO IN　OUT	EXP　IN, OUT	VD, ID, QD, MD, SMD, SD, LD, AC, LD, * VD, * AC, 常数	VD, ID, QD, MD, SMD, SD, LD, AC, LD, * VD, * AC
正弦指令	SIN EN　ENO IN　OUT	SIN　IN, OUT	VD, ID, QD, MD, SMD, SD, LD, AC, LD, * VD, * AC, 常数	VD, ID, QD, MD, SMD, SD, LD, AC, LD, * VD, * AC
余弦指令	COS EN　ENO IN　OUT	COS　IN, OUT	VD, ID, QD, MD, SMD, SD, LD, AC, LD, * VD, * AC, 常数	VD, ID, QD, MD, SMD, SD, LD, AC, LD, * VD, * AC
正切指令	TAN EN　ENO IN　OUT	TAN　IN, OUT	VD, ID, QD, MD, SMD, SD, LD, AC, LD, * VD, * AC, 常数	VD, ID, QD, MD, SMD, SD, LD, AC, LD, * VD, * AC

1. 平方根函数指令 SQRT

平方根函数指令 SQRT（Square Root）指令将输入的 32 位正实数 IN 取平方根，产生 1 个 32 位的实数结果 OUT。

【例 5-19】 平方根函数的应用。CPU 模块的 ID0 外接 32 位拨码开关，使用平方根函数求出拨码开关输入状态的平方根值，结果输出到 AC0 中，编写程序见表 5-34。

表 5-34　　　　　　　　　　　　平方根函数的应用程序

程序段	LAD	STL
程序段 1	SM0.0 —┤├— SQRT EN　ENO —( ) ID0 —IN　OUT— AC0	LD　　SM0. 0 SQRT　ID0, AC0

2. 自然对数指令 LN

自然对数指令 LN（Natural Logarithm）是将输入的 32 位实数 IN 取自然对数，产生 1 个 32 位的实数结果 OUT。

若求以 10 为低的常数自然对数 $\lg x$ 时，用自然对数值除以 2.302 585 即可实现。

3. 自然指数指令 EXP

自然指数指令 EXP（Natural Exponential）是将输入的 32 位实数 IN 取以 e 为底的指数，产生 1 个 32 位的实数结果 OUT。

自然对数与自然指数指令相结合，可实现以任意数为底，任意数为指数的计算。

【例 5-20】 用 PLC 自然对数和自然指数指令实现 4 的 3 次方运算。

【分析】 求 2 的 3 次方用自然对数与指数表示为 $4^3 = \mathrm{EXP}\,(3 \times \mathrm{LN}\,(4)) = 64$，若用 PLC 自然对数和自然指数表示，则程序见表 5-35。

表 5-35 4^3 运算程序

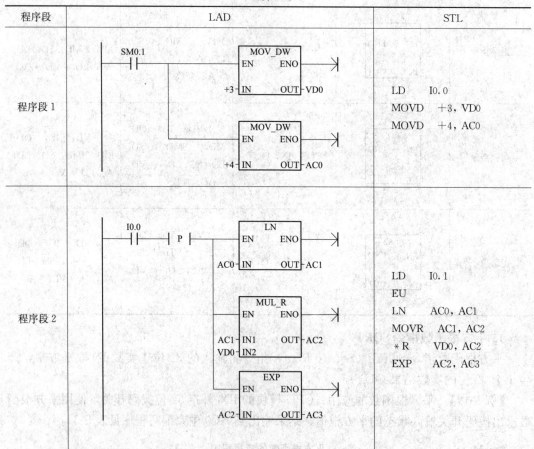

【例 5-21】 用 PLC 自然对数和自然指数指令求 125 的 3 次方根运算。

【分析】 求 125 的 3 次方根用自然对数与指数表示为 $125^{1/3} = \mathrm{EXP}\,(\mathrm{LN}\,(125)\div 3) = 4$，若用 PLC 自然对数和自然指数表示，可在表 5-35 的基础上将乘 3 改为除以 3 即可，程序见表 5-36。

表 5-36   **125 的 3 次方根运算程序**

程序段	LAD	STL
程序段 1	SM0.1 接 MOV_DW（EN ENO，+3 IN OUT VD0）；MOV_DW（EN ENO，+125 IN OUT AC0）	LD SM0.1 MOVD +3，VD0 MOVD +125，AC0
程序段 2	I0.1 —P— 接 LN（EN ENO，VC0 IN OUT AC1）；DIV_R（EN ENO，AC1 IN1 OUT AC2，VD0 IN2）；EXP（EN ENO，AC2 IN OUT AC3）	LD I0.1 EU LN AC0，AC1 MOVR AC1，AC2 /R VD0，AC2 EXP AC2，AC3

4. 三角函数指令

在 S7-200 SMART 系列 PLC 中三角函数指令主要包括正弦函数指令 SIN（Sine）、余弦函数指令 COS（Cosine）、正切函数指令 TAN（Tan），这些指令分别对输入 32 位实数的弧度值取正弦、余弦或正切，产生 1 个 32 位的实数结果 OUT。

如果输入的实数为角度值时，应先将其转换为弧度值再执行三角函数操作。其转换方法是使用实数乘法指令 $*$ R（MUL _ R），将角度值乘以 $\pi/180°$ 即可。

【例 5-22】 用 PLC 三角函数指令求 $45°$ 正切值。

【分析】 输入的实数为角度值，不能直接使用正切函数，应先将其转换为弧度值，程序见表 5-37。

表 5-37   **$45°$ 正切值程序**

程序段	LAD	STL
程序段 1	SM0.1 接 MOV_DW（EN ENO，180 IN OUT VD0）；MOV_DW（EN ENO，45 IN OUT VD1）	LD SM0.0 MOVD 180，VD0 MOVD 45，VD1

续表

程序段	LAD	STL

程序段 2	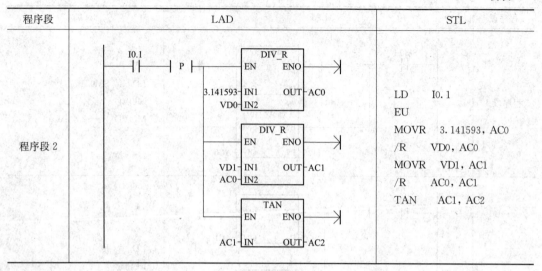	LD I0.1
		EU
		MOVR 3.141593, AC0
		/R VD0, AC0
		MOVR VD1, AC1
		/R AC0, AC1
		TAN AC1, AC2

5.3.3 递增、递减指令

递增（Increment）和递减（Decrement）指令是对无符号整数或者有符号整数自动加1或减1，并把数据结果存放到输出单元，即 IN＋1＝OUT 或 IN－1＝OUT，在语句表中为 OUT＋1＝OUT 或 OUT－1＝OUT。

（1）指令格式。递增或递减指令可对字节、字或双字进行操作，其中字节递增或递减只能是无符号整数，其余的操作为有符号整数，指令格式见表5-38。

表 5-38   递增/递减指令格式

指令类型		LAD	STL	输入数据 IN	输出数据 OUT
递增	字节递增	INC_B EN ENO IN OUT	INCB OUT	VB, IB, QB, MB, SB, SMB, LB, AC, 常数, *VD, *LD, *AC	VB, IB, QB, MB, SB, SMB, LB, AC, *VD, *LD, *AC
	字递增	INC_W EN ENO IN OUT	INCW OUT	VW, IW, QW, MW, SW, SMW, AC, AIW, LW, T, C, *LD, *AC, *VD, 常数	VW, IW, QW, MW, SW, SMW, AC, AIW, LW, T, C, *LD, *AC, *VD
	双字递增	INC_DW EN ENO IN OUT	INCD OUT	VD, ID, QD, MD, SD, SMD, LD, AC, HC, *VD, *LD, *AC, 常数	VD, ID, QD, MD, SD, SMD, LD, AC, *VD, *LD, *AC

指令类型		LAD	STL	输入数据 IN	输出数据 OUT
递减	字节递减	DEC_B EN　ENO IN　　OUT	DECB OUT	VB，IB，QB，MB，SB，SMB，LB，AC，常数，＊VD，＊LD，＊AC	VB，IB，QB，MB，SB，SMB，LB，AC，＊VD，＊LD，＊AC
	字递减	DEC_W EN　ENO IN　　OUT	DECW OUT	VW，IW，QW，MW，SW，SMW，AC，AIW，LW，T，C，＊LD，＊AC，＊VD，常数	VW，IW，QW，MW，SW，SMW，AC，AIW，LW，T，C，＊LD，＊AC，＊VD
	双字递减	DEC_DW EN　ENO IN　　OUT	DECD OUT	VD，ID，QD，MD，SD，SMD，LD，AC，HC，＊VD，＊LD，＊AC，常数	VD，ID，QD，MD，SD，SMD，LD，AC，＊VD，＊LD，＊AC

　　字节递增/递减指令对 SM1.0、SM1.1 会产生影响；字、双字递增/递减指令对 SM1.0、SM1.1、SM1.2（负）产生影响。

　　（2）指令应用。

　　【例 5-23】　递增/递减指令的应用见表 5-39。程序段 1 中，CPU 模块一上电，分别对 MB0、VW0 和 VD2 赋初值；程序段 2 中，当 I0.0 由 OFF 变为 ON 时，MB0、VW0 和 VD2 中的数据分别自增 1；程序段 2 中，当 I0.1 由 OFF 变为 ON 时，MB0、VW0 和 VD2 中的数据分别自减 1。

表 5-39　　　　　　　　　　　　　　递增/递减指令的应用程序

程序段	LAD	STL
程序段 1	SM0.1　　　　MOV_B 　┤├　　　　　EN　ENO 16#8A─IN　　OUT─MB0 　　　　　　MOV_W 　　　　　　EN　ENO 16#2345─IN　　OUT─VW0 　　　　　MOV_DW 　　　　　EN　ENO 16#87213698─IN　OUT─VD2	LD　　SM0.1 MOVB　16#8A，MB0 MOVW　16#2345，VW0 MOVD　16#87213698，VD2

续表

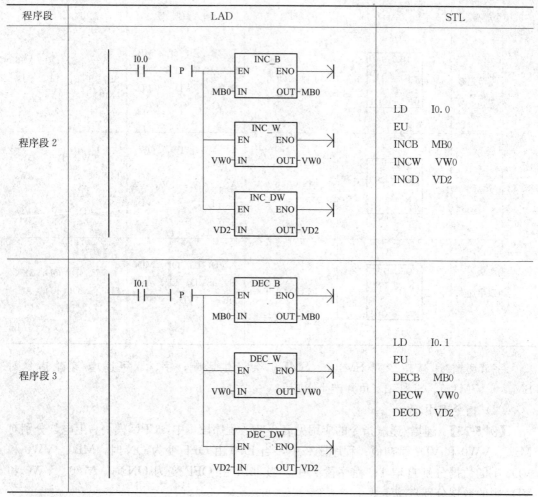

程序段	LAD	STL
程序段 2		LD I0.0 EU INCB MB0 INCW VW0 INCD VD2
程序段 3		LD I0.1 EU DECB MB0 DECW VW0 DECD VD2

【例 5-24】 设计 1 个物件统计系统。按下启动按钮后，传输带电动机工作，物品在传输带上开始传送，每 22 个物品为 1 箱，要求能记录生产的箱数。

【分析】 用光电检测来检测物品是否在传输带上，若每来一个物品，产生一个脉冲信号送入 PLC 中进行计数。PLC 中可用加计数器 C0 进行计数，C0 的设定值为 22。停止按钮 SB1 与 I0.0 连接，启动按钮 SB2 与 I0.1 连接，光电检测信号通过 I0.2 输入 PLC 中。C0 每计数 22 次时，其常开触点闭合 1 次，执行增 1 计数，结果送入 VW10 中，参考程序见表 5-40。

表 5-40   物件统计参考程序

程序段	LAD	STL
程序段 1		LD I0.0 O M0.0 AN I0.1 = M0.0

续表

程序段	LAD	STL
程序段 2	M0.0　I0.2　　　　　C0 ├┤├─┤├─┤P├─CU　CTU C0 ├┤├──────────R 　　　　　22─PV	LD　　M0.0 A　　　I0.2 EU LD　　C0 CTU　C0, 22
程序段 3	C0　　INC_W ├┤├──EN　ENO─( ) VW10─IN　OUT─VW10	LD　　C0 INCW　VW10

5.3.4　数学运算指令的应用

【例 5-25】　数学运算指令在 7 挡加热控制中的应用。某加热系统有 7 个挡位可调，功率大小分别是 0.5kW、1kW、1.5kW、2kW、2.5kW、3kW、3.5kW，由 1 个功率选择按钮 SB2 和 1 个停止按钮 SB1 控制。第 1 次按下 SB2 选择功率第 1 挡，第 2 次按下 SB2 选择功率第 2 挡……第 8 次按下 SB2 或按下 SB1 时，停止加热。

【分析】　根据题意可知，PLC 实现 7 挡加热控制时，可由 CPU 模块的 3 个输出端子来完成，比如选择 1 挡时，Q0.0 线圈输出为 ON，控制加热元件 1 进行加热，从而实现 0.5kW 的加热；选择 2 挡时，Q0.1 线圈输出为 ON，控制加热元件 2 进行加热，从而实现 1kW 的加热；选择 3 挡时，Q0.0 和 Q0.1 这两个线圈均输出为 ON，控制加热元件 1 和加热元件 2 进行加热，从而实现 1.5kW 的加热……选择 7 挡时，Q0.0、Q0.1 和 Q0.2 这 3 个线圈均输出为 ON，控制 3 个加热元件同时加热，从而实现 3.5kW 的加热。所以，本例的硬件控制可由 2 个输入，3 个输出来完成，I/O 分配见表 5-41，其 I/O 接线如图 5-4 所示。

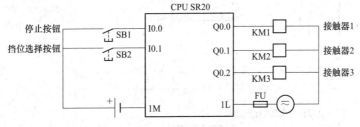

图 5-4　7 挡加热控制的 I/O 接线图

表 5-41　　　　　　　　　　　　7 挡加热控制的 I/O 分配表

输入（I）			输出（O）		
功能	元件	PLC 地址	功能	元件	PLC 地址
停止按钮，停止加热	SB1	I0.0	接触器 1，加热控制 1	KM1	Q0.0
挡位选择按钮，7 挡选择	SB2	I0.1	接触器 2，加热控制 2	KM2	Q0.1
			接触器 3，加热控制 3	KM3	Q02

挡位选择按钮每按下 1 次，则 MB1 的内容加 1，其挡位选择控制见表 5-42。从该表中可以看出，可由 MB1 的 M1.0 至 M1.2 位来控制 Q0.0～Q0.2 线圈的输出情况，而 M1.3 可作为加热停止控制。MB1 的内容为零，意味着 Q0.0～Q0.2 线圈输出为低电平，即加热停止。CPU 模块一上电时 MB1 的内容应清零，按下停止加热按钮时 MB1 的内容也应清零，因此 SM0.1、I0.0 和 M1.3 可作为 MB1 清零的使能信号。MB1 的内容每次加 1，可由递增指令来实现。因此，本例编写的程序见表 5-43。

表 5-42 加热挡位选择控制

SB2 按下次数	辅助继电器 MB1 的存储位				输出功率（kW）
	M1.3	M1.2	M1.1	M1.0	
0	0	0	0	0	0
1	0	0	0	1	0.5
2	0	0	1	0	1
3	0	0	1	1	1.5
4	0	1	0	0	2
5	0	1	0	1	2.5
6	0	1	1	0	3
7	0	1	1	1	3.5
8	1	0	0	0	0

表 5-43 7 挡加热控制程序

程序段	LAD	STL
程序段 1	CPU上电复位/加热停止 SM0.1 / I0.0 / M1.3 → MOV_B EN ENO 0-IN OUT-MB1	LD SM0.1 O I0.0 O M1.3 MOVB 0, MB1
程序段 2	单按钮按下次数统计 I0.1 —P— INC_B EN ENO MB1-IN OUT-MB1	LD I0.1 EU INCB MB1
程序段 3	0.5kW热元件加热 M1.0 Q0.0	LD M1.0 = Q0.0

程序段	LAD	STL
程序段 4	1kW热元件加热 M1.1　　　　Q0.1 ||————( )	LD　　M1.1 =　　　Q0.1
程序段 5	2kW热元件加热 M1.2　　　　Q0.2 ||————( )	LD　　M1.2 =　　　Q0.2

【例 5-26】　数学运算指令在公式计算中的应用。试编程实现（IW0＋AIW16）×10－20，再开方的值。

【分析】　按照公式（IW0＋AIW16）×10－20，再运用数学运算指令表达出来即可。考虑到 SQRT 指令输入输出操作数均为实数，因此在执行减法操作时，应使用实数减法指令。如果结果等于 10，则 Q0.0 输出为 ON，编写程序见表 5-44。

表 5-44　　　　　　　　　　　数学运算指令在公式计算中的应用程序

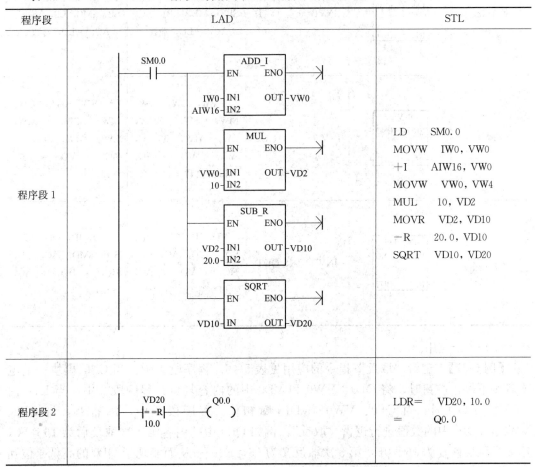

程序段	LAD	STL
程序段 1		LD　　SM0.0 MOVW　IW0，VW0 ＋I　　AIW16，VW0 MOVW　VW0，VW4 MUL　　10，VD2 MOVR　VD2，VD10 －R　　20.0，VD10 SQRT　VD10，VD20
程序段 2	VD20　　　　Q0.0 |==R|————( ) 10.0	LDR=　VD20，10.0 =　　　Q0.0

5.4 逻辑运算指令

逻辑运算是对无符号数按位进行逻辑"取反""与""或"和"异或"等操作，参与运算的操作数可以是字节、字或双字。

5.4.1 逻辑"取反"指令

逻辑"取反"（Logic Invert）指令 INV，是对输入数据 IN 按位取反，产生结果 OUT，也就是对输入 IN 中的二进制数逐位取反，由 0 变 1，由 1 变 0。

（1）指令格式。在 S7-200 SMART PLC 中，可对字节、字、双字进行逻辑取反操作，其指令格式见表 5-45。在 STL 中，OUT 和 IN2 使用同一个存储单元。

表 5-45　　　　　　　　　　　　　　　　逻辑"取反"指令

指令类型	LAD	STL	输入数据 IN	输出数据 OUT
字节取反	INV_B / EN ENO / IN OUT	INVB IN, OUT	VB, IB, QB, MB, SB, SMB, LB, AC, ＊AC, ＊LD, 常数	VB, IB, QB, MB, SB, SMB, LB, AC, ＊AC, ＊LD, 常数
字取反	INV_W / EN ENO / IN OUT	INVW IN, OUT	VW, IW, QW, MW, SW, SMW, LW, AIW, T, C, AC, ＊VD, ＊AC, ＊LD, 常数	VW, IW, QW, MW, SW, SMW, LW, AIW, T, C, AC, ＊VD, ＊AC, ＊LD
双字取反	INV_DW / EN ENO / IN OUT	INVD IN, OUT	VD, ID, QD, MD, SD, SMD, AC, LD, HC, ＊VD, ＊AC, ＊LD, 常数	VD, ID, QD, MD, SD, SMD, AC, LD, HC, ＊VD, ＊AC, ＊LD

（2）指令应用。

【例 5-27】 逻辑"取反"指令的应用见表 5-46。程序段 1 中，当 CPU 模块一上电或者按下停止按钮时，将 QB0、VW0 和 VD0 中的内容复位；程序段 2 中，当 I0.0 由 OFF 变为 ON 时，对 QB0、VW0、VD10 赋初值。程序段 3 中，每隔 1s，将 QB0、VW0、VD10 中的数值进行逻辑"取反"，例如 QB0 中的内容第 1 次取反后为 16♯F0，第 2 次取反恢复为 16♯0F，第 3 次取反又为 16♯F0……从而实现了 QB0 的高低 4 位互闪的效果。

表 5-46　　　　　　　　　　　　　逻辑"取反"指令的应用程序

程序段	LAD	STL
程序段 1	SM0.1 / I0.0 MOV_B (EN ENO, 0-IN OUT-QB0) MOV_W (EN ENO, 0-IN OUT-VW0) MOV_DW (EN ENO, 0-IN OUT-VD10)	LD　　SM0.1 O　　 I0.0 MOVB　0, QB0 MOVW　0, VW0 MOVD　0, VD10
程序段 2	I0.1 ─P─ MOV_B (EN ENO, 16#0F-IN OUT-QB0) MOV_W (EN ENO, 16#A5A5-IN OUT-VW0) MOV_DW (EN ENO, 16#F0F0A5A5-IN OUT-VD10)	LD　　 I0.1 EU MOVB　16＃0F, QB0 MOVW　16＃A5A5, VW0 MOVD　16＃F0F0A5A5, VD10
程序段 3	SM0.5 INV_B (EN ENO, QB0-IN OUT-QB0) INV_W (EN ENO, VW0-IN OUT-VW0) INV_DW (EN ENO, VD10-IN OUT-VD10)	LD　　SM0.5 INVB　QB0 INVW　VW0 INVD　VD10

5.4.2　逻辑"与"指令

逻辑"与"(Logic And) 指令 WAND，是对两个输入数据 IN1、IN2 按位进行"与"操作，产生结果 OUT。逻辑"与"时，若两个操作数的同一位都为 1，则该位逻辑结果为 1，否则为 0，即全"1"为"1"。

（1）指令格式。在 S7-200 SMART PLC 中，可对字节、字、双字进行逻辑"与"操作，其指令格式见表 5-47。在 STL 中，OUT 和 IN2 使用同一个存储单元。

表 5-47　　　　　　　　　　　　逻辑"与"指令格式

指令类型	LAD	STL	输入数据 IN1、IN2	输出数据 OUT
字节"与"	WAND_B EN ENO IN OUT	ANDB IN, OUT	VB, IB, QB, MB, SB, SMB, LB, AC, *AC, *LD, 常数	VB, IB, QB, MB, SB, SMB, LB, AC, *AC, *LD, 常数
字"与"	WAND_W EN ENO IN OUT	ANDW IN, OUT	VW, IW, QW, MW, SW, SMW, LW, AIW, T, C, AC, *VD, *AC, *LD, 常数	VW, IW, QW, MW, SW, SMW, LW, AIW, T, C, AC, *VD, *AC, *LD
双字"与"	WAND_DW EN ENO IN OUT	ANDD IN, OUT	VD, ID, QD, MD, SD, SMD, AC, LD, HC, *VD, *AC, *LD, 常数	VD, ID, QD, MD, SD, SMD, AC, LD, HC, *VD, *AC, *LD

（2）指令应用。

【例 5-28】　逻辑"与"指令的应用及运算过程见表 5-48。程序段 1 中，CPU 模块一上电，将 VB0、VB1、VW2 和 VW4 赋初值；程序段 2 中，当 I0.0 常开触点闭合 1 次时，将 VB0 和 VB1 中的内容进行逻辑"与"操作，结果送入 VB10，将 VW2 和 VW4 中的内容进行逻辑"与"操作，结果送入 VW20 中。

表 5-48　　　　　　　　　　　　逻辑"与"指令的应用程序

程序段	LAD	STL
程序段 1	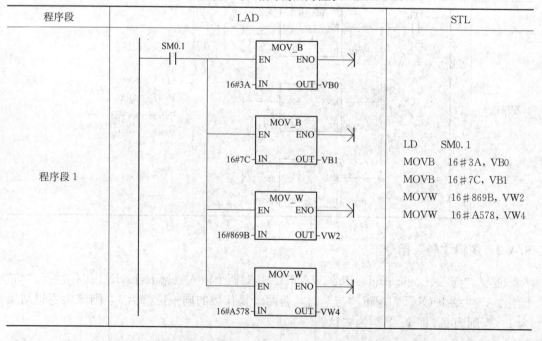	LD　　SM0.1 MOVB　16#3A, VB0 MOVB　16#7C, VB1 MOVW　16#869B, VW2 MOVW　16#A578, VW4

程序段	LAD	STL
程序段 2	I0.0 ─┤├─ P ─ 　WAND_B　EN ENO　IN1 OUT─VB10　VB0─IN1　VB1─IN2 　WAND_W　EN ENO　VW2─IN1 OUT─VW20　VW4─IN2	LD　　I0.0 EU MOVB　VB0，VB10 ANDB　VB1，VB10 MOVW　VW2，VW20 ANDW　VW4，VW20
逻辑"与"运算过程	00111010　VB0（16♯3A） &　 01111100　VB1（16♯7C） =　 00111000　VB10（16♯38）	1000011010011100　VW2（16♯869B） &　 1010010101111110000　VW4（16♯A578） =　 1000010000011000　VW20（16♯8418）

5.4.3　逻辑"或"指令

逻辑"或"（Logic Or）指令 WOR，是对两个输入数据 IN1、IN2 按位进行"或"操作，产生结果 OUT。逻辑"或"时，只需两个操作数的同一位中 1 位为 1，则该位逻辑结果为 1，即有"1"为"1"。

（1）指令格式。在 S7-200 SMART PLC 中，可对字节、字、双字进行逻辑"或"操作，其指令格式见表 5-49。在 STL 中，OUT 和 IN2 使用同一个存储单元。

表 5-49　　　　　　　　　　　　逻辑"或"指令

指令类型	LAD	STL	输入数据 IN1、IN2	输出数据 OUT
字节"或"	WOR_B EN ENO IN OUT	ORB IN，OUT	VB，IB，QB，MB，SB，SMB，LB，AC，＊AC，＊LD，常数	VB，IB，QB，MB，SB，SMB，LB，AC，＊AC，＊LD，常数
字"或"	WOR_W EN ENO IN OUT	ORW IN，OUT	VW，IW，QW，MW，SW，SMW，LW，AIW，T，C，AC，＊VD，＊AC，＊LD，常数	VW，IW，QW，MW，SW，SMW，LW，AIW，T，C，AC，＊VD，＊AC，＊LD
双字"或"	WOR_DW EN ENO IN OUT	ORD IN，OUT	VD，ID，QD，MD，SD，SMD，AC，LD，HC，＊VD，＊AC，＊LD，常数	VD，ID，QD，MD，SD，SMD，AC，LD，HC，＊VD，＊AC，＊LD

（2）指令应用。

【**例 5-29**】 逻辑"或"指令的应用及操作见表 5-50。程序段 1 中，CPU 模块一上电，将 VB0、VB1、VW2 和 VW4 赋初值；程序段 2 中，当 I0.0 常开触点闭合 1 次时，将 VB0 和 VB1 中的内容进行逻辑"或"操作，结果送入 VB10，将 VW2 和 VW4 中的内容进行逻辑"或"操作，结果送入 VW20 中。

表 5-50 逻辑"或"指令的应用程序

程序段	LAD	STL

程序段 1	SM0.1 — MOV_B (16#3A IN, OUT VB0); MOV_B (16#7C IN, OUT VB1); MOV_W (16#869B IN, OUT VW2); MOV_W (16#A578 IN, OUT VW4)	LD SM0.1
		MOVB 16#3A, VB0
		MOVB 16#7C, VB1
		MOVW 16#869B, VW2
		MOVW 16#A578, VW4

程序段 2	I0.0 —P— WOR_B (VB0 IN1, VB1 IN2, OUT VB10); WOR_W (VW2 IN1, VW4 IN2, OUT VW20)	LD I0.0
		EU
		MOVB VB0, VB10
		ORB VB1, VB10
		MOVW VW2, VW20
		ORW VW4, VW20

逻辑"或"运算过程	00111010 VB0 (16#3A) 01111100 VB1 (16#7C) = 01111110 VB10 (16#7E)	1000011010011100 VW2 (16#869B) 1 10100101011110000 VW4 (16#A578) = 1010011111111100 VW20 (16#A7FC)

5.4.4 逻辑"异或"指令

逻辑"异或"（Logic Exclusive Or）指令 WXOR，是对两个输入数据 IN1、IN2 按位进行"异或"操作，产生结果 OUT。逻辑"异或"时，两个操作数的同一位不相同，则该位逻辑结果为"1"，即不一为"1"。

（1）指令格式。在 S7-200 SMART PLC 中，可对字节、字、双字进行逻辑"异或"操作，其指令格式见表 5-51。在 STL 中，OUT 和 IN2 使用同一个存储单元。

表 5-51　　　　　　　　　　　　　　逻辑"异或"指令格式

指令类型	LAD	STL	输入数据 IN1、IN2	输出数据 OUT
字节"异或"	WXOR_B EN ENO IN OUT	XORB IN, OUT	VB, IB, QB, MB, SB, SMB, LB, AC, *AC, *LD, 常数	VB, IB, QB, MB, SB, SMB, LB, AC, *AC, *LD, 常数
字"异或"	WXOR_W EN ENO IN OUT	XORW IN, OUT	VW, IW, QW, MW, SW, SMW, LW, AIW, T, C, AC, *VD, *AC, *LD, 常数	VW, IW, QW, MW, SW, SMW, LW, AIW, T, C, AC, *VD, *AC, *LD ~
双字"异或"	WXOR_DW EN ENO IN OUT	XORD IN, OUT	VD, ID, QD, MD, SD, SMD, AC, LD, HC, *VD, *AC, *LD, 常数	VD, ID, QD, MD, SD, SMD, AC, LD, HC, *VD, *AC, *LD

（2）指令应用。

【例 5-30】　逻辑"异或"指令的应用及操作见表 5-52。程序段 1 中，CPU 模块一上电，将 VB0、VB1、VW2 和 VW4 赋初值；程序段 2 中，当 I0.0 常开触点闭合 1 次时，将 VB0 和 VB1 中的内容进行逻辑"异或"操作，结果送入 VB10，将 VW2 和 VW4 中的内容进行逻辑"异或"操作，结果送入 VW20 中。

表 5-52　　　　　　　　　　　　　　逻辑"异或"指令的应用程序

程序段	LAD	STL

程序段 1	SM0.1
	MOV_B EN ENO / 16#3A—IN OUT—VB0
	MOV_B EN ENO / 16#7C—IN OUT—VB1
	MOV_W EN ENO / 16#869B—IN OUT—VW2
	MOV_W EN ENO / 16#A578—IN OUT—VW4
		LD SM0.1
		MOVB 16#3A, VB0
		MOVB 16#7C, VB1
		MOVW 16#869B, VW2
		MOVW 16#A578, VW4

续表

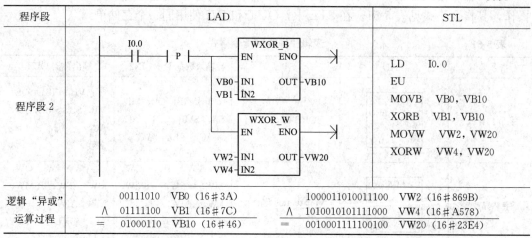

程序段	LAD	STL
程序段 2		LD I0.0 EU MOVB VB0，VB10 XORB VB1，VB10 MOVW VW2，VW20 XORW VW4，VW20
逻辑"异或" 运算过程	00111010 VB0（16#3A） ∧ 01111100 VB1（16#7C） = 01000110 VB10（16#46）	1000011010011100 VW2（16#869B） ∧ 1010010101111000 VW4（16#A578） = 0010001111100100 VW20（16#23E4）

5.4.5　逻辑运算指令的应用

【例 5-31】　逻辑运算指令在表决器中的应用。在某表决器中有 2 位裁判及若干个表决对象，裁判需对每个表决对象做出评价，看是过关还是淘汰。当主持人按下评价按钮时，2 位裁判均按下 1 键，表示表决对象过关；否则表决对象淘汰。过关绿灯亮，淘汰红灯亮。

【分析】　根据题意，列出表决器的 I/O 分配见表 5-53，其 I/O 接线如图 5-5 所示。进行表决时，首先将每位裁判的表决情况送入相应的辅助寄存器中（例如 A 裁判的表决结果送入 MB0，B 裁判的表决结果送入 MB1），然后将辅助寄存器中的内容进行逻辑"与"操作，只有逻辑结果为"1"才表示表决对象过关，编写程序见表 5-54。

表 5-53　　　　　　　　　　　　　　表决器的 I/O 分配表

输 入			输 出		
功能	元件	PLC 地址	功能	元件	PLC 地址
主持人评价按钮	SB1	I0.0	过关绿灯	HL1	Q0.0
主持人复位按钮	SB2	I0.1	淘汰红灯	HL2	Q0.1
A 裁判 1 键	SB3	I0.2			
A 裁判 0 键	SB4	I0.3			
B 裁判 1 键	SB5	I0.4			
B 裁判 0 键	SB6	I0.5			

表 5-54　　　　　　　　　　　　　　表决器程序

程序段	LAD	STL

程序段 1	A裁判1键
	I0.2 P MOV_B
	    EN ENO
	    1-IN OUT-MB0
		LD I0.2
		EU
		MOVB 1，MB0

程序段	LAD	STL
程序段 2	A裁判0键 I0.3 —[ ]— P — MOV_B (EN ENO), 0—IN OUT—MB0, M4.0 —(S)1	LD　I0.3 EU MOVB　0, MB0 S　　M4.0, 1
程序段 3	B裁判1键 I0.4 —[ ]— P — MOV_B (EN ENO), 1—IN OUT—MB1	LD　　I0.4 EU MOVB　1, MB1
程序段 4	B裁判0键 I0.5 —[ ]— P — MOV_B (EN ENO), 0—IN OUT—MB1, M4.1 —(S)1	LD　　I0.5 EU MOVB　0, MB1 S　　M4.1, 1
程序段 5	裁判开始表决 I0.0 —[ ]— P — I0.1 —[/]— (M3.0) M3.0 —[ ]—	LD　　I0.0 EU O　　M3.0 AN　　I0.1 =　　M3.0
程序段 6	裁判表决结果 M3.0 —[ ]— WAND_B (EN ENO), MB0—IN1 OUT—MB2, MB1—IN2 M2.0 —[/]— M4.0 —[ ]— (Q0.1) 　　　　　　　M4.1 —[ ]— M2.0 —[ ]— (Q0.0)	LD　　M3.0 LPS MOVB　MB0, MB2 ANDB　MB1, MB2 AN　　M2.0 LD　　M4.0 O　　M4.1 ALD =　　Q0.1 LPP A　　M2.0 =　　Q0.0

程序段	LAD	STL

程序段 7	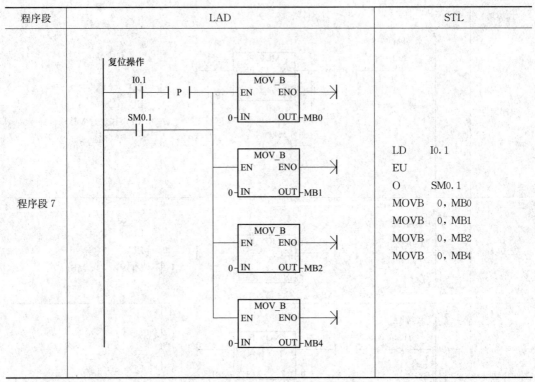	LD I0.1
		EU
		O SM0.1
		MOVB 0, MB0
		MOVB 0, MB1
		MOVB 0, MB2
		MOVB 0, MB4

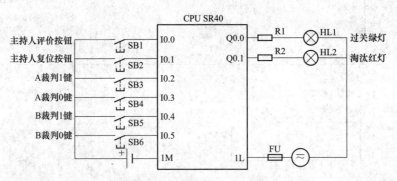

图 5-5　表决器的 I/O 接线图

　　程序段 1 和程序段 2 为 A 裁判表决情况，裁判 A 按下 1 键时，将 "1" 送入 MB0 中；裁判 A 按下 0 键时，将 "0" 送入 MB0 中，同时将 M4.0 置 1。程序段 3 和程序段 4 为 B 裁判表决情况，裁判 B 按下 1 键时，将 "1" 送入 MB1 中；裁判 A 按下 0 键时，将 "0" 送入 MB1 中，同时将 M4.1 置 1。程序段 5 为是否允许裁判开始表决控制。程序段 6 将两位裁判的表决结果进行逻辑 "与" 操作，当两位裁判的表决结果均为 "1"，逻辑 "与" 后 M2.0 常开触点闭合，而 M2.0 常闭触点断开，Q0.0 线圈输出为 ON，意味着表决通过；否则 M2.0 常开触点断开，M2.0 常闭触点闭合，且 M4.0 或 M4.1 常开触点闭合，Q0.1 线圈输出为 ON，意味着表决淘汰。程序段 7 为复位操作，当 CPU 模块一上电，或主持人按下复位按钮时，将相关的 MB 清零。

5.5　移位指令

移位指令是 PLC 控制系统中比较常用的指令之一，在程序中可以方便地实现某些运算，也可以用于取出数据中的有效位数字。移位控制指令主要有 3 大类，分别为左移位与右移位指令、循环左移与右移指令和移位寄存器指令。

5.5.1　左移位与右移位指令

左移位指令 SHL 是将输入端 IN 指定的数据左移 n 位，结果存入 OUT 中；右移位指令 SHR 是将输入端 IN 指定的数据左移 n 位，结果存入 OUT 中。

（1）指令格式。左移 n 位相当于乘以 2^n，左移位指令包括字节左移位 SLB、字左移位 SLW 和双字左移位 SLD 指令；右移 n 位相当于除以 2^n，右移位指令包括字节右移位 SRB、字右移位 SRW 和双字右移位 SRD 指令，其格式见表 5-55。

表 5-55　　　　　　　　　左移位与右移位指令格式

左移位与右移位指令		LAD	STL	输入数据 IN	输出数据 OUT
左移位	字节左移指令	SHL_B EN ENO IN OUT N	SLB OUT, n	VB, IB, QB, MB, SB, SMB, LB, AC	VB, IB, QB, MB, SB, SMB, LB, AC
	字左移指令	SHL_W EN ENO IN OUT N	SLW OUT, n	VW, IW, QW, MW, SW, SMW, LW, T, C, AC, 常数	VW, IW, QW, MW, SW, SMW, LW, T, C, AC
	双字左移指令	SHL_DW EN ENO IN OUT N	SLD OUT, n	VD, ID, QD, MD, SD, SMD, LD, AC, HC, 常数	VD, ID, QD, MD, SD, SMD, LD, AC
右移位	字节右移指令	SHR_B EN ENO IN OUT N	SRB OUT, n	VB, IB, QB, MB, SB, SMB, LB, AC	VB, IB, QB, MB, SB, SMB, LB, AC

左移位与右移位指令		LAD	STL	输入数据 IN	输出数据 OUT
右移位	字右移指令	SHR_W EN ENO IN OUT N	SRW OUT, n	VW, IW, QW, MW, SW, SMW, LW, T, C, AC, 常数	VW, IW, QW, MW, SW, SMW, LW, T, C, AC
	双字右移指令	SHR_DW EN ENO IN OUT N	SRD OUT, n	VD, ID, QD, MD, SD, SMD, LD, AC, HC, 常数	VD, ID, QD, MD, SD, SMD, LD, AC

（2）指令应用。

【例 5-32】 左移位和右移位指令的应用见表 5-56。当 CPU 模块一上电时，将十六进制数 16#A4 和 16#C5 分别送入 VB0 和 VB2 中；当 I0.1 每次由 OFF 变为 ON 时，将 VB0 中的内容左移 2 位送入 QB0 中，VB2 中的内容右移 3 位送入 QB1 中。执行左移指令后，VB0 中的十六进制数 16#A4 左移 2 位，送入 QB0 中的结果为 16#90；VB2 中的十六进制数 16#C5 右移 2 位，送入 QB1 中的结果为 16#18。

表 5-56 左移、右移指令的应用程序

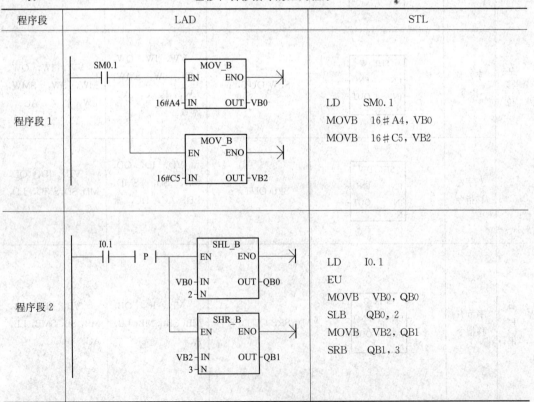

程序段	LAD	STL

程序段 1	SM0.1 — MOV_B (EN ENO, 16#A4-IN OUT-VB0); MOV_B (EN ENO, 16#C5-IN OUT-VB2)	LD SM0.1
		MOVB 16#A4, VB0
		MOVB 16#C5, VB2

程序段 2	I0.1 — P — SHL_B (EN ENO, VB0-IN OUT-QB0, 2-N); SHR_B (EN ENO, VB2-IN OUT-QB1, 3-N)	LD I0.1
		EU
		MOVB VB0, QB0
		SLB QB0, 2
		MOVB VB2, QB1
		SRB QB1, 3

续表

程序段	LAD	STL
执行移位指令	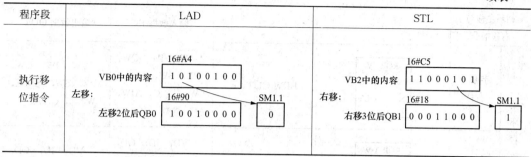	

5.5.2　循环左移与右移指令

（1）指令格式。循环左移位指令是将输入端 IN 指定的数据循环左移 n 位，结果存入 OUT，它有字节循环左移位 RLB、字循环左移位 RLW 和双字循环左移位 RLD 指令；循环右移位指令是将输入端 IN 指定的数据循环右移 n 位，结果存入 OUT，它有字节循环右移位 RRB、字循环右移位 RRW 和双字循环右移位 RRD 指令，其格式如表 5-57 所示。

表 5-57　　　　　　　　　　　　循环左移与右移指令格式

循环左移与右移指令		LAD	STL	输入数据 IN	输出数据 OUT
循环左移	字节循环左移	ROL_B —EN　ENO— —IN　OUT— —N	RLB OUT，n	VB，IB，QB，MB，SB，SMB，LB，AC，常数	VB，IB，QB，MB，SB，SMB，LB，AC
	字循环左移	ROL_W —EN　ENO— —IN　OUT— —N	RLW OUT，n	VW，IW，QW，MW，SW，SMW，LW，T，C，AIW，AC，常数	VW，IW，QW，MW，SW，SMW，LW，T，C，AC
	双字循环左移	ROL_DW —EN　ENO— —IN　OUT— —N	RLD OUT，n	VD，ID，QD，MD，SD，SMD，LD，AC，HC，常数	VD，ID，QD，MD，SD，SMD，LD，AC
循环右移	字节循环右移	ROR_B —EN　ENO— —IN　OUT— —N	RRB OUT，n	VB，IB，QB，MB，SB，SMB，LB，AC，常数	VB，IB，QB，MB，SB，SMB，LB，AC

183

循环左移与 右移指令		LAD	STL	输入数据 IN	输出数据 OUT
循环右移	字循环 右移	ROR_W EN ENO IN OUT N	RRW OUT，n	VW、IW、QW、 MW、SW、SMW、 LW、T、C、AIW、 AC，常数	VW、IW、QW、 MW、SW、SMW、 LW、T、C、AC
	双字循 环右移	ROR_DW EN ENO IN OUT N	RRD OUT，n	VD、ID、QD、 MD、SD、SMD、 LD、AC、HC，常 数	VD、ID、QD、 MD、SD、SMD、LD、 AC

循环左移位和循环右移位的移位数据存储单元与 SM1.1 溢出端相连，循环移位是环形的，移位时，被移出位来的位将返回到另一端空出来的位置，移出的最后一位数据进入 SM1.1，如果移动的位数 n 大于允许值时，执行循环移位前先将 n 除以最大允许值后取其余数，该余数即为循环移位次数。字节型移位的最大允许值为 8；字型移位的最大允许值为 16；双字型移位的最大允许值为 32。

（2）指令应用。

【例 5-33】 循环左移位和右移位指令的应用见表 5-58。当 CPU 模块一上电时，将十六进制数 16♯A4 和 16♯C5 分别送入 VB0 和 VB2 中；当 I0.1 每次由 OFF 变为 ON 时，将 VB0 中的内容循环左移 2 位送入 QB0 中，VB2 中的内容循环右移 3 位送入 QB1 中。执行循环左移指令后，VB0 中的十六进制数 16♯A4 左移 2 位，送入 QB0 中的结果为 16♯92；VB2 中的十六进制数 16♯C5 循环右移 2 位，送入 QB1 中的结果为 16♯B8。

表 5-58　　　　　　　　　循环左移、右移指令的应用程序

程序段	LAD	STL

程序段 1	SM0.1 — MOV_B [EN ENO] 16#A4-IN OUT-VB0
	MOV_B [EN ENO] 16#C5-IN OUT-VB2
		LD SM0.1
		MOVB 16♯A4,VB0
		MOVB 16♯C5,VB2

程序段 2	I0.1 —P— ROL_B [EN ENO] VB0-IN OUT-QB0 2-N
	ROR_B [EN ENO] VB2-IN OUT-QB1 3-N
		LD I0.1
		EU
		MOVB VB0,QB0
		RLB QB0,2
		MOVB VB2,QB1
		RRB QB1,3

程序段	LAD	STL
执行循环移位指令	循环左移： 16#A4 VB0中的内容　1 0 1 0 0 1 0 0 16#92　　　　SM1.1 左移2位后QB0　1 0 0 1 0 0 1 0　→　0	循环右移： 16#C5 VB2中的内容　1 1 0 0 0 1 0 1 16#B8　　　　SM1.1 右移3位后QB1　1 0 1 1 1 0 0 0　→　1

5.5.3　移位寄存器指令

移位寄存器指令多用于顺序控制程序的编制，它是可以指定移位寄存器的长度和移位方向的移位指令。

（1）指令格式。移位寄存器指令 SHRB 将 DATA 端输入的数值移入移位寄存器中，在梯形图中有 3 个数据输入端：DATA 数据输入端、S_BIT 移位寄存器最低位端和 n 移位寄存器长度指示端，其格式见表 5-59。DATA 为数据输入，执行指令时将该位的值移入移位寄存器；S_BIT 指定移位寄存器的最低位；N：指定移位寄存器的长度和移位方向（负值向右移，正值向左移）。

表 5-59　　　　　　　　　　　移位寄存器指令格式

指令	LAD	STL	DATA 和 S_BIT	N
移位寄存器指令	SHRB —EN　　ENO— —DATA —S_BIT —N	SHRB DATA, S_BIT, n	I, Q, M, SM, T, C, V, S, L	VB, IB, QB, MB, SB, SMB, LB, AC

若 N 为正数，在每个扫描周期内 EN 为上升沿时，寄存器中的各位由低位向高位移一位，DATA 输入的二进制数从最低位移入，最高位被移到溢出位 SM1.1。若 N 为负数，移位是从最高位移入，最低位移出。

（2）指令应用。

【**例 5-34**】　移位寄存器指令的应用见表 5-60。I0.1 常开触点每闭合 1 次时，移位寄存器指令执行 1 次。

表 5-60　　　　　　　　　　　移位寄存器指令的应用程序

程序段	LAD	STL
程序段 1	I0.1 —| |—P—　SHRB 　　　　　EN　　ENO— I0.2 —DATA M10.0 —S_BIT +8 —N	LD　　　I0.1 EU SHRB　　I0.2, M10.0, +8

185

程序段	LAD	STL

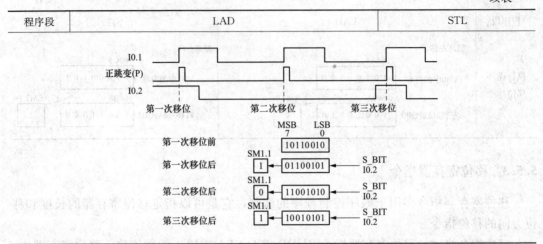

5.5.4 移位指令的应用

【例 5-35】 使用 SHL 指令实现小车自动往返控制。设小车初始状态停止在最左端，按下启动按钮 SB1 将按如图 5-6 所示的轨迹运行；再次按下启动按钮 SB1，小车又开始新一轮运动。

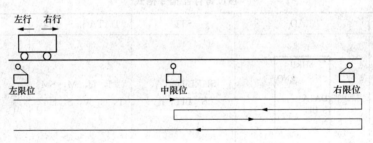

图 5-6 小车自动往返运行示意图

【分析】 根据题意可知，小车自动往返控制应有 5 个输入和 2 个输出，I/O 分配见表 5-61，其 I/O 接线如图 5-7 所示。

表 5-61 小车自动往返控制 I/O 分配表

输入（I）			输出（O）		
功能	元件	PLC 地址	功能	元件	PLC 地址
停止按钮	SB1	I0.0	小车右行	KM1	Q0.0
启动按钮	SB2	I0.1	小车左行	KM2	Q0.1
左限位	SQ1	I0.2			
中限位	SQ2	I0.3			
右限位	SQ3	I0.4			

使用左移位指令 SHL 实现此功能时，编写的程序见表 5-62。程序段 1 为小车的启动与停止控制。程序段 2 中小车启动运行或每个循环结束时，将 MB0 清零。程序段 3 中

186

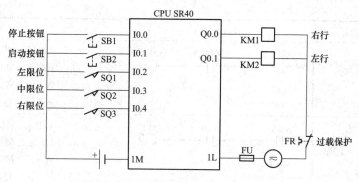

图 5-7 小车自动往返控制 I/O 接线图

M0.1~M0.4 为 0 时，将 M0.0 置 1，为左移位指令重新赋移位初值。程序段 4 中，移位脉冲每满足 1 次，移位指令将 MB0 的值都会左移 1 次。程序段 5 为右行输出控制。程序段 6 为左行输出控制。

表 5-62　　　　　　　　　　　　　　　　小车自动往返控制程序

程序段	LAD	STL
程序段 1	I0.1 — I0.0 — M2.0；M2.0	LD I0.1 O M2.0 AN I0.0 = M2.0
程序段 2	M2.0 —P— MOV_B；I0.2；EN ENO；0-IN OUT-MB0	LD M2.0 EU O I0.2 MOVB 0, MB0
程序段 3	M0.1 M0.2 M0.3 M0.4 — M0.0	LDN M0.1 AN M0.2 AN M0.3 AN M0.4 = M0.0
程序段 4	M0.0 I0.0 I0.2 M2.0 SHL_B；M0.1 I0.4；EN ENO；M0.2 I0.3；MB0-IN OUT-MB0；M0.3 I0.4；1-N；M0.4 I0.2	LD M0.0 A I0.0 A I0.2 LD M0.1 A I0.4 OLD LD M0.2 A I0.3 OLD LD M0.3 A I0.4 OLD LD M0.4 A I0.2 OLD A M2.0 SLB MB0, 1

187

续表

程序段	LAD	STL
程序段 5	M0.1　M2.0　Q0.0 ──┤├──┤├──( )── M0.3 ──┤├──	LD　M0.1 O　M0.3 A　M2.0 =　Q0.0
程序段 6	M0.2　M2.0　Q0.1 ──┤├──┤├──( )── M0.4 ──┤├──	LD　M0.2 O　M0.4 A　M2.0 =　Q0.1

【例 5-36】 使用 RLB 指令实现 8 只流水灯控制。假设 PLC 的输入端子 I0.0 和 I0.1 分别外接停止和启动按钮；PLC 的输出端子 QB0 外接 8 只发光二极管 HL1～HL8。要求按下启动按钮后，流水灯开始从 Q0.0～Q0.7 每隔 1s 依次左移点亮，当 Q0.7 点亮后，流水灯再从 Q0.0 开始执行下轮循环左移点亮。

【分析】 根据题意可知，PLC 实现 8 只流水灯控制时，应有 2 个输入和 8 个输出，I/O 分配见表 5-63，其 I/O 接线如图 5-8 所示。

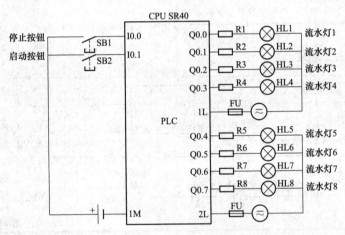

图 5-8　8 只流水灯的 I/O 接线图

表 5-63　　　　　　　　　　　　8 只流水灯的 I/O 分配表

输入（I）			输出（O）		
功能	元件	PLC 地址	功能	元件	PLC 地址
停止按钮	SB1	I0.0	流水灯 1	HL1	Q0.0
启动按钮	SB2	I0.1	流水灯 2	HL2	Q0.1
			流水灯 3	HL3	Q0.2
			流水灯 4	HL4	Q0.3
			流水灯 5	HL5	Q0.4
			流水灯 6	HL6	Q0.5
			流水灯 7	HL7	Q0.6
			流水灯 8	HL8	Q0.7

使用循环左移位指令 SHL 实现此功能时，编写的程序见表 5-64。程序段 1 中，当 PLC 一上电或者按下停止按钮 SB2 时 QB0 输出为 0，即 8 只流水灯全部熄灭。程序段 2 中，按下启动按钮 SB1 时，M0.0 线圈得电并自锁。程序段 3 中，M0.0 线圈得电后，在 M0.0 常开触点首次闭合时，将 Q0.0 置为 1，为循环移位指令赋初始值。程序段 4 为延时 1s 脉冲控制。程序段 5 中，T37 每延时 1s，执行 1 次循环左移指令 RLB，将 QB0 中的内容左移 1 位，从而实现流水控制。

表 5-64　　　　　　　　　　　　　　8 只流水灯的控制程序

程序段	LAD	STL
程序段 1		LD　　I0.0 EU O　　SM0.1 MOVB　0, QB0
程序段 2		LD　　I0.1 O　　M0.0 AN　　I0.0 =　　M0.0
程序段 3		LD　　M0.0 EU MOVB　1, QB0
程序段 4		LD　　M0.0 AN　　T37 TON　　T37, +10
程序段 5		LD　　T37 EU RLB　　QB0, 1

【例 5-37】　使用 SHRB 指令实现 12 只流水灯控制。假设 PLC 的输入端子 I0.0 和 I0.1 分别外接停止和启动按钮；PLC 的输出端子 QB0、QB1 外接 12 只发光二极管 HL1～

HL12。要求按下启动按钮后，流水灯开始从 Q0.0～Q1.3 每隔 1s 依次左移点亮，当 Q1.3 点亮后，流水灯再从 Q0.0 开始执行下轮循环左移点亮。

【分析】 根据题意可知，PLC 实现 12 只流水灯控制时，应有 2 个输入和 12 个输出，I/O 分配见表 5-65，其 I/O 接线如图 5-9 所示。

表 5-65   12 只流水灯的 I/O 分配表

输入（I）			输出（O）		
功能	元件	PLC 地址	功能	元件	PLC 地址
停止按钮	SB1	I0.0	流水灯 1	HL1	Q0.0
启动按钮	SB2	I0.1	流水灯 2	HL2	Q0.1
			流水灯 3	HL3	Q0.2
			流水灯 4	HL4	Q0.3
			流水灯 5	HL5	Q0.4
			流水灯 6	HL6	Q0.5
			流水灯 7	HL7	Q0.6
			流水灯 8	HL8	Q0.7
			流水灯 9	HL9	Q1.0
			流水灯 10	HL10	Q1.1
			流水灯 11	HL11	Q1.2
			流水灯 12	HL12	Q1.3

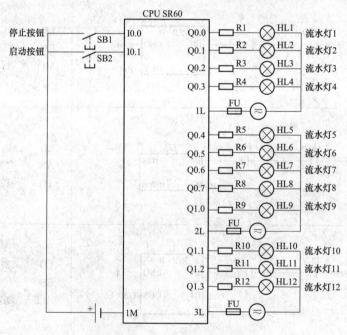

图 5-9   12 只流水灯的 I/O 接线图

此题是在例 5-36 的基础上将 8 只流水灯改为 12 只流水灯，但要用循环左移指令实现起来将非常困难。而寄存器移位指令是可以指定移位寄存器的长度和方向的，编写的程序见表 5-66。程序段 1 中，当 PLC 一上电或者按下停止按钮 SB2 时 QW0 输出为 0，即 12 只流水灯全部熄灭。程序段 2 中，按下启动按钮 SB1 时，M0.0 线圈得电并自锁。程序段 3 中，M0.0 线圈得电后，在 M0.0 常开触点首次闭合时，将 M0.2 置为 1，为寄存器移位指令赋移位初值。程序段 4 为延时 1s 脉冲控制。程序段 5 中，T37 每延时 1s，执行 1 次寄存器移位指令 SHRB，将 QB0 中的内容左移 1 位。程序段 6 中，当移位 1 次后，将 M0.2 复位，使每次只点亮 1 只灯，从而实现流水灯控制。

表 5-66　　　　　　　　　　　12 只流水灯的控制程序

程序段	LAD	STL
程序段 1	I0.0 —P— MOV_B EN ENO; SM0.1; 0-IN OUT-QB0	LD I0.0 EU O SM0.1 MOVB 0, QB0
程序段 2	I0.1 I0.0 M0.0 ( ); M0.0	LD I0.1 O M0.0 AN I0.0 = M0.0
程序段 3	M0.0 —P— M0.2 (S) 1; Q1.3	LD M0.0 O Q1.3 EU S M0.2, 1
程序段 4	M0.0 T37 T37 IN TON; +10-PT 100ms	LD M0.0 AN T37 TON T37, +10
程序段 5	T37 —P— SHRB EN ENO; M0.2-DATA; Q0.0-S_BIT; 12-N	LD T37 EU SHRB M0.2, Q0.0, 12
程序段 6	Q0.0 —P— M0.2 (R) 1	LD Q0.0 EU R M0.2, 1

5.6 转 换 指 令

转换指令是对操作数的类型进行转换，并输出到指定的目标地址中去。S7-200 SMART 系列 PLC 的转换指令包括数据类型转换、数据的编码和译码、ASCII 码转换等指令。

5.6.1 数据类型转换指令

在 S7-200 SMART 系列 PLC 中的数据类型主要有字节型、整数型、双整数型和实数型，使用了 BCD 码、ASCII 码、十进制数和十六进制数。不同功能的指令对操作数类型要求不同，因此，许多指令执行前需对操作数进行类型的转换。

数据类型转换主要有 BCD 码与整数之间的转换、字节与整数之间的转换、整数与双字整数之间的转换和双字整数与实数的转换等。

1. BCD 码与整数之间的转换

在一些数字系统，如计算机和数字式仪器中，如数码开关设置数据，往往采用二进制码表示十进制数。通常，把用一组四位二进制码来表示一位十进制数的编码方法称为 BCD 码。

4 位二进制码共有 16 种组合，可从中选取 10 种组合来表示 0～9 这 10 个数，根据不同的选取方法，可以编制出多种 BCD 码，其中 8421BCD 码最为常用。十进制数与 8421BCD 码的对应关系见表 5-67。如十进制数 1234 化成 8421BCD 码为 0001001000110100。

表 5-67 十进制数与 8421BCD 码对应表

十进制数	0	1	2	3	4	5	6	7	8	9
BCD 码	0000	0001	0010	0011	0100	0101	0110	0111	1000	1001

（1）指令格式。BCD 码与整数之间的转换是对无符号操作数进行的，其转换指令格式见表 5-68。输入 IN 和输出 OUT 的类型为字。

表 5-68 BCD 码与整数之间的转换指令格式

指令	LAD	STL	IN	OUT
BCD 转整数	BCD_I —EN ENO— ????—IN OUT—????	BCDI IN, OUT	VW, IW, QW, MW, SW, SMW, LW, T, C, AC, *VD, *LD, *AC, 常数	VW, IW, QW, MW, SW, SMW, LW, T, C, AIW, *VD, *LD, *AC
整数转 BCD	I_BCD —EN ENO— ????—IN OUT—????	IBCD IN, OUT		

使用 BCDI 指令可将 IN 端输入的 BCD 码转换成整数，产生结果送入 OUT 指定的变量中。IN 输入的 BCD 码范围为 0~9999。

使用 IBCD 指令可将 IN 端输入的整数转换成 BCD 码，产生结果送入 OUT 指定的变量中。IN 输入的整数范围为 0~9999。

若为无效 BCD 码时，特殊标志位 SM1.6 被置 1。输入 IN 和输出 OUT 操作数地址最好相同，若不相同时，需使用指令：

MOV　IN，OUT

BCDI　OUT

（2）指令应用。

【例 5-38】　BCD 码与整数之间的转换指令的应用。将 VW0 中的 BCD 码转换成整数，并存放到 AC0 中；将 VW2 中的整数转换成 BCD 码，并存放到 AC1 中。其程序见表 5-69。假设 VW0 中的 BCD 为 1000011000100101，执行 BCDI 指令后，转换的整数为 8625；假设 VW2 中的整数为 6543，执行 IBCD 指令后，转换的 BCD 码为 0110010101000011。

表 5-69　　　　　　　　　　　BCD 码与整数之间的转换指令的应用

程序段	LAD	STL

程序段 1	I0.1 —P— BCD_I (EN ENO, VW0-IN OUT-AC0) I_BCD (EN ENO, VW2-IN OUT-AC1)	LD I0.0
		EU
		MOVW VW0, AC0
		BCDI AC0
		MOVW VW2, AC1
		IBCD AC1

2. 字节与整数之间的转换

（1）指令格式。字节与整数之间的转换是对无符号操作数进行的，其转换指令见表 5-70。

表 5-70　　　　　　　　　　　字节与整数之间的转换指令

指令	LAD	STL	IN	OUT
字节转整数	B_I (EN ENO, IN OUT)	BTI IN, OUT	VB, IB, QB, MB, SB, SMB, LB, AC, 常数	VW, IW, QW, MW, SW, SMW, LW, T, C, AC
整数转字节	I_B (EN ENO, IN OUT)	IBT IN, OUT	VW, IW, QW, MW, SW, SMW, LW, T, C, AC, AIW, 常数	VB, IB, QB, MB, SB, SMB, LB, AC

使用 BTI 指令可将 IN 端输入的字节型数据转换成整数型数据，产生结果送入 OUT 指定的单元中。使用 ITB 指令可将 IN 端输入的整数型数据转换成字节型数据，产生结果送入 OUT 指定的变量中。被转换的值应为有效的整数，否则溢出位 SM1.1 被置 1。

（2）指令应用。

【例 5-39】 字节与整数之间的转换指令的应用见表 5-71。在程序段 1 中，当 CPU 模块一上电时，将十进制值 15 送入 VB0 中，十进制值 7895 送入 VW2 中；在程序段 2 中，当 I0.1 由 OFF 变为 ON 时，分别执行 BTI 和 ITB 指令。其中执行 BTI 指令后，将 VB0 中的字节值转换为整数送入 VW10 中，使得 VW10 中的结果也为 15；执行 ITB 指令后，将 VW2 中的整数 7895 对应的十六进制值（16♯1ED7）转换为字节值 D7（即 215）送入 VB12 中，使得 VB12 中的结果为 215。

表 5-71 字节与整数之间的转换指令的应用

程序段	LAD	STL
程序段 1	SM0.1 MOV_B　EN ENO 15-IN　OUT-VB0 MOV_W　EN ENO 7895-IN　OUT-VW2	LD　　SM0.1 MOVB　15, VB0 MOVW　7895, VW2
程序段 2	I0.1　P B_I　EN ENO VB0-IN　OUT-VW10 I_B　EN ENO VW2-IN　OUT-VB12	LD　　I0.1 EU BTI　　VB0, VW10 ITB　　VW2, VB12

3. 整数与双字整数之间的转换

（1）指令格式。整数与双字整数之间的转换指令格式见表 5-72。

表 5-72 整数与双字整数之间的转换指令格式

指令	LAD	STL	IN	OUT
整数转双字整数	I_DI EN ENO ????-IN　OUT-????	ITD IN, OUT	VW, IW, QW, MW, SW, SMW, LW, T, C, AIW, AC, 常数	VD, ID, QD, MD, SD, SMD, LD, AC

指令	LAD	STL	IN	OUT
双字整数转整数	DI_I —EN　ENO— ????—IN　OUT—????	DTI IN, OUT	VD，ID，QD，MD，SD，SMD，LD，AC，常数	VW，IW，QW，MW，SW，SMW，LW，T，C，AIW，AC

ITD 指令是将输入 IN 的整数型数据转换成双整数型数据，产生的结果送入 OUT 指定存储单元，输入为整数型数据，输出为双整数型数据，要进行符号扩展。

DTI 指令是将输入 IN 的双整数型数据转换成整数型数据，产生的结果置入 OUT 指定存储单元，输入为双整数型数据，输出为整数型数据。被转换的输入 IN 值应为有效双整数，否则 SM1.1 被置 1。

（2）指令应用。

【例 5-40】　整数与双字整数之间的转换指令的应用见表 5-73。在程序段 1 中，当 CPU 模块一上电时，将十六进制数 16♯98C4 送入 VW0 中，十六进制值 16♯A4C389B5 送入 VVD4 中；在程序段 2 中，当 I0.1 由 OFF 变为 ON 时，分别执行 IDI 和 DII 指令。其中执行 IDI 指令后，将 VW0 中的整数转换为双字整数送入 VD10 中，使得 VD10 中的结果也 16♯000098C4；执行 DII 指令后，将 VD4 中的双字整数转换为整数值 16♯89D5 送入 VW14 中。

表 5-73　　　　　　　　　整数与双字整数之间的转换指令的应用

程序段	LAD	STL

程序段 1	SM0.1
	—||——　MOV_W
	　　　　EN　ENO—
	16#98C4—IN　OUT—VW0
	　　　　MOV_DW
	　　　　EN　ENO—
	16#A4C389B5—IN　OUT—VD4
		LD　　SM0.1
		MOVW 16♯98C4, VW0
		MOVD 16♯A4C389B5, VD4

程序段 2	I0.1 —||—|P|——　I_DI 　　　　　　EN　ENO— 　　　VW0—IN　OUT—VD10 　　　　　　DI_I 　　　　　　EN　ENO— 　　　VD4—IN　OUT—VW14	LD　　I0.1 EU ITD　　VW0, VD10 DTI　　VD4, VW14

4. 双字整数与实数的转换

（1）指令格式。双字整数与实数的转换指令格式见表 5-74。

表 5-74 双字整数与实数的转换指令

指令	LAD	STL	IN	OUT
双字整数转实数	DI_R EN ENO IN OUT	DTR IN, OUT	VD, ID, QD, MD, SD, SMD, LD, HC, AC, 常数	VD, ID, QD, MD, SD, SMD, LD, AC
四舍五入（取整）	ROUND EN ENO IN OUT	ROUND IN, OUT	VD, ID, QD, MD, SD, LD, AC, SMD, 常数	VD, ID, QD, MD, SD, SMD, LD, AC
舍去小数（取整）	TRUNC EN ENO IN OUT	TRUNC IN, OUT	VD, ID, QD, MD, SD, SMD, LD, AC, 常数	VD, ID, QD, MD, SD, SMD, LD, AC

DTR 指令是将输入 IN 的双字整数型数据转换为实数型数据，产生的结果送入 OUT 指定存储单元，IN 输入的为有符号的 32 位双字整数型数据。

四舍五入和舍去小数指令都是实数转换为双字整数的取整指令。执行 ROUND 指令时，实数的小数部分四舍五入；执行 TRUNC 指令时，实数的小数部分舍去。若输入的实数值太大，无法用双字整数表示时，SM1.1 被置 1。

（2）指令应用。

【例 5-41】 用实数运算求直径为 16mm、高为 8mm 的圆柱体的体积，并将结果转换为整数。

【分析】 圆柱体的体积＝圆半径的平方×π×h，因此按此公式使用相应的指令完成即可，编写的 PLC 程序见表 5-75。

5.6.2 ASCII 码转换指令

ASCII 码（American Standard Code for Information Interchange）为美国标准信息交换码，在计算机系统中使用最广泛。S7-200 SMART 系列 PLC 的 ASCII 字符数组转换指令包括整数转换为 ASCII 码指令、双整数转换为 ASCII 码指令、实数转换为 ASCII 码指令、十六进制整数与 ASCII 码相互转换指令。

表 5-75　　　　　　　　　　　　　　　　　　圆柱体的体积程序

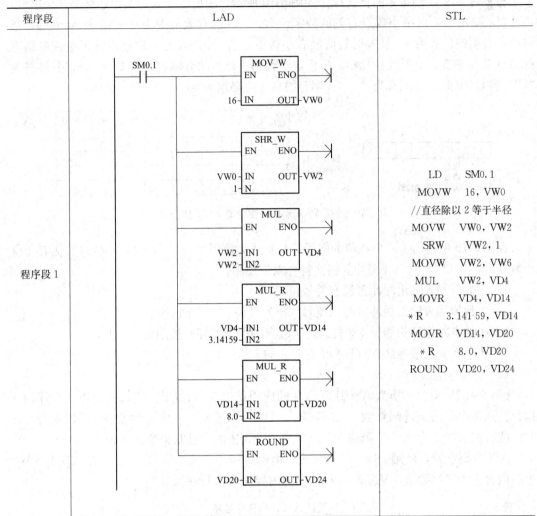

程序段 1

STL:

```
LD      SM0.1
MOVW    16，VW0
//直径除以 2 等于半径
MOVW    VW0，VW2
SRW     VW2，1
MOVW    VW2，VW6
MUL     VW2，VD4
MOVR    VD4，VD14
*R      3.141 59，VD14
MOVR    VD14，VD20
*R      8.0，VD20
ROUND   VD20，VD24
```

1. 整数转换为 ASCII 码指令 ITA

（1）指令格式。整数转换为 ASCII 码指令 ITA（Integer to ASCII）把输入端 IN 的有符号整数转换成 ASCII 字符串，其转换结果存入以 OUT 为起始字节地址的 8 个连续字节的缓冲区中，FMT 指定小数点右侧的转换精度和小数点是使用逗号还是点号，其指令格式见表 5-76。

表 5-76　　　　　　　　　　　　整数转换为 ASCII 码的指令格式

指令	LAD	STL	操作数
整数转换为 ASCII	ITA EN ENO IN OUT FMT	ITA IN，OUT，FMT	IN 为整数类型，取值为：IW、QW、VW、MW、SMW、SW、T、C、LW、AC、AIW 和常数；FMT 为字节类型，取值为：IB、QB、VB、MB、SMB、SB、LB、AC 和常数；OUT 为字节类型，取值为：IB、QB、VB、MB、SMB、SB、LB 和常数

整数转 ASCII 码指令的格式操作如图 5-10 所示，输出缓冲区的大小始终是 8 个字节，nnn 表示输出缓冲区中小数点右侧的数字位数，nnn 的有效范围为 0～5，若 nnn＝0，指定小数右侧的位数为 0，转换时数值没有小数点；若 nnn＞5 时，输出缓冲区会被空格键的 ASCII 码填充，此时无法输出。C 指定整数和小数点的分隔符，当 C＝1 时，分隔符为"，"；当 C＝0 时，分隔符为"．"，FMT 的高 4 位必须为 0。

图 5-10　整数转 ASCII 码指令的 FMT 操作数

在图 5-10 中给出了一个数值的例子，其格式为使用点号（C＝0），小数点右侧有 3 位小数（nnn＝011），输出缓缓冲区格式符合以下规则：

1）正数值写入输出缓冲区没有符号位。

2）负数值写入输出缓冲区时以负号（－）开头。

3）小数点左侧开头的 0（除去靠近小数点的那个之外）被隐藏。

4）数值在输出缓冲区 OUT 中是右对齐的。

（2）指令应用。

【例 5-42】　整数转换为 ASCII 码指令的应用见表 5-77。CPU 模块一上电，程序段 1 执行传送指令，将十进制整数 24 635 送入 VW2 中；当 I0.0 常开触点由 OFF 变为 ON 时，执行整数转换为 ASCII 码指令 ITA，将 VW2 中的十进制整数转换为从 VB10 开始的 8 个 ASCII 码字符，使用 16♯0B 的格式，用逗号作小数点，保留 3 位小数。表中 VW2 中的内容为十进制数值，VB10～VB17 中的内容为十六制数值。

表 5-77　　　　　　　　　　　　整数转 ASCII 码指令程序

程序段	LAD	STL
程序段 1	SM0.1 — MOV_W（EN ENO）24635—IN OUT—VW2	LD　SM0.1 MOVW　24 635, VW2
程序段 2	I0.0 —P— ITA（EN ENO）VW2—IN OUT—VB10 16#0B—FMT	LD　I0.0 EU ITA　VW2, VB10, 16♯0B
转换结果	24635 VW2　执行ITA	2　　4　　,　　6　　3　　5 20　20　32　34　2C　36　33　35 VB10 VB11 VB12 VB13 VB14 VB15 VB16 VB17

2. 双整数转换为 ASCII 码指令 DTA

（1）指令格式。双整数转换为 ASCII 码指令 DTA（Double Integer to ASCII）把输入端 IN 的有符号双字整数转换成 ASCII 字符串，其转换结果存入以 OUT 为起始字节地址的 12 个连续字节的缓冲区中，其指令格式见表 5-78。

表 5-78　双整数转换为 ASCII 码的指令格式

指令	LAD	STL	操作数
双整数转换为 ASCII	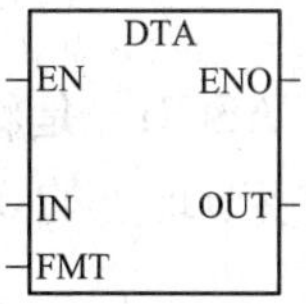DTA EN ENO IN OUT FMT	DTA IN，OUT，FMT	IN 为双整数类型，取值为：ID、QD、VD、MD、SMD、SD、LD、AC、HC 和常数；FMT 为字节类型，取值为：IB、QB、VB、MB、SMB、SB、LB、AC 和常数；OUT 为字节类型，取值为：IB、QB、VB、MB、SMB、SB、LB

除输入 IN 为双整数、输出为 12 字节外，其他方面与整数转 ASCII 码指令相同。双整数转换为 ASCII 码指令的格式操作数如图 5-11 所示。

FMT

MSB 7	6	5	4	3	2	1	LSB 0
0	0	0	0	C	n	n	n

C=1，逗号
C=0，点号
nnn=小数点右侧的位数

	输出	输出+1	输出+2	输出+3	输出+4	输出+5	输出+6	输出+7	输出+8	输出+9	输出+10	输出+11
输入=-12						-	0	.	0	0	1	2
输入=1234567					1	2	3	.	4	5	6	7

图 5-11　双整数转 ASCII 码指令的 FMT 操作数

（2）指令应用。

【例 5-43】　双整数转换为 ASCII 码指令的应用见表 5-79。CPU 模块一上电，程序段 1 执行传送指令，将十进制整数 879 456 送入 VD0 中；当 I0.0 常开触点由 OFF 变为 ON 时，执行双整数转换为 ASCII 码指令 DTA，将 VD0 中的十进制整数转换为从 VB10 开始的 12 个 ASCII 码字符，使用 16＃0B 的格式，用逗号作小数点，保留 3 位小数。表 5-79 中 VD0 中的内容为十进制数值，VB10～VB21 中的内容为十六制数值。

表 5-79　双整数转 ASCII 码指令程序

程序段	LAD	STL
程序段 1	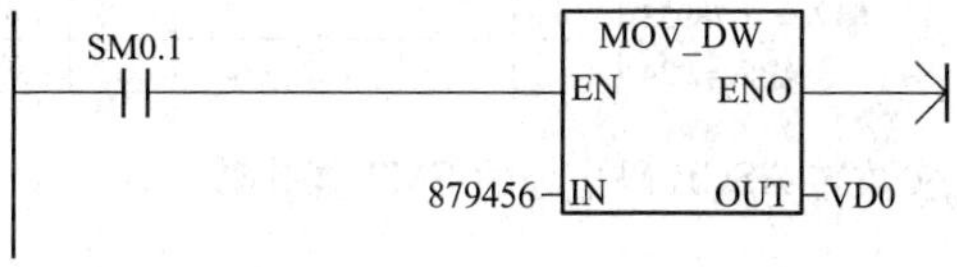SM0.1 MOV_DW EN ENO 879456 IN OUT VD0	LD　SM0.1 MOVD　879 456，VD0
程序段 2	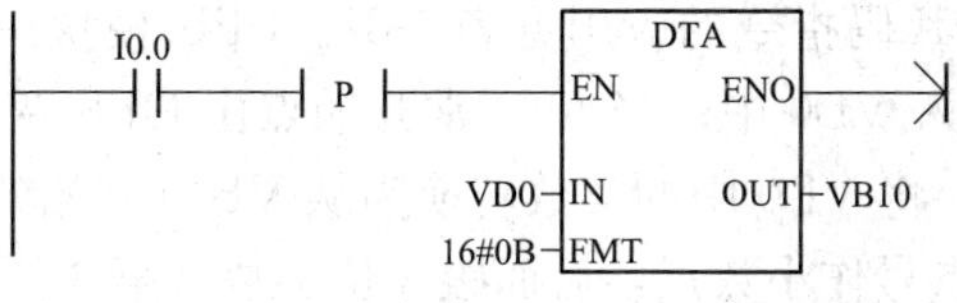I0.0 P DTA EN ENO VD0 IN OUT VB10 16#0B FMT	LD　I0.0 EU DTA　VD0，VB10，16＃0B

续表

程序段	LAD		STL
转换结果	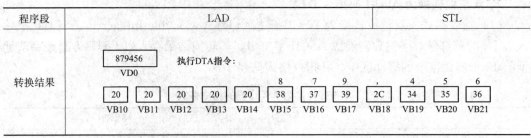		

3. 实数转换为 ASCII 码指令 RTA

（1）指令格式。实数转换为 ASCII 码指令 RTA（Real to ASCII）是将输入端 IN 的实数数转换成 ASCII 字符串，其转换结果存入以 OUT 为起始字节地址的 3~15 个连续字节的缓冲区中，其指令格式见表 5-80。

表 5-80 实数转换为 ASCII 码的指令格式

指令	LAD	STL	操作数
实数转换为 ASCII	RTA EN ENO IN OUT FMT	RTA IN, OUT, FMT	IN 为实数类型，取值为 ID、QD、VD、MD、SMD、SD、LD、AC 和常数；FMT 为字节类型，取值为 IB、QB、VB、MB、SMB、SB、LB、AC 和常数；OUT 为字节类型，取值为：IB、QB、VB、MB、SMB、SB、LB

实数转换为 ASCII 码指令的格式如图 5-12 所示。S7-200 SMART 的实数格式最多支持 7 位小数，若显示 7 位以上的小数会产生一个四舍五入的错误。图 5-12 中，SSSS 表示输出缓冲区 OUT 的大小，它的范围为 3~15 个字节。输出缓冲区的大小应大于输入实数小数点右边的位数，如实数−3.895 46，小数点右边有 5 位，SSS 应大于 5，至少为 6。与整数转 ASCII 码指令相比，实数转 ASCII 码的输出缓冲区的格式还具有以下规则：

1）小数点右侧的数值按照指定的小数点右侧的数字位数被四舍五入。

2）输出缓冲区的大小应至少比小数点右侧的数字位多 3 个字节。

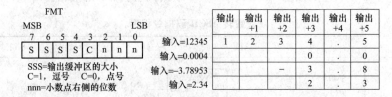

图 5-12 实数转 ASCII 码指令的 FMT 操作数

（2）指令应用。

【例 5-44】 实数转换为 ASCII 码指令的应用见表 5-81。CPU 模块一上电，程序段 1 执行传送指令，将实数 3.159 送入 VD0 中；当 I0.0 常开触点由 OFF 变为 ON 时，执行实数转换为 ASCII 码指令 RTA，将 VD0 中的实数转换为从 VB10 开始的 12 个 ASCII 码字符，使用 16♯A3 的格式，用点号作小数点，后面跟 3 位小数（第 3 位小数四舍五入）。

表中 VD0 中的内容为十进制数值，VB10～VB21 中的内容为十六制数值。

表 5-81   **实数转 ASCII 码指令程序**

程序段	LAD	STL
程序段 1	SM0.1 ┤├ ─── MOV_R (EN ENO) 3.1569─IN OUT─VT0	LD SM0.1 MOVR 3.1569, VD0
程序段 2	I0.0 ┤├─┤P├─── RTA (EN ENO) VD0─IN OUT─VB10 16#A3─FMT	LD I0.0 EU RTA VD0, VB10, 16♯A3
转换结果	3.1569 / VD0 执行RTA指令： 3 1 5 7 5 6 0 20 20 20 20 20 33 2E 31 35 37 35 36 00 VB10 VB11 VB12 VB13 VB14 VB15 VB16 VB17 VB18 VB19 VB20 VB21 VB22	

4. 十六进制整数 ASCII 码相互转换指令

ASCII 码 30～39 和 41～46 与十六进制数为 0～9 和 A～F 相对应，使用 ATH 指令可将十六进制整数转换为 ASCII 码字符串；使用 HTA 指令可将 ASCII 码字符串转换为相应的十六进制整数。

（1）指令格式。ATH 指令将一个长度为 LEN 从 IN 开始的 ASCII 码字符串转换成从 OUT 开始的十六进制整数；HTA 指令将从输入字节 IN 开始的长度为 LEN 的十六进制整数转换成从 OUT 开始的 ASCII 码字符串，其指令格式见表 5-82。ASCII 码和十六进制数的有效范围为 0～255。

表 5-82   **十六进制整数 ASCII 码相互转换的指令格式**

指令	LAD	STL	操作数
ASCII 转换为十六进制	ATH (EN ENO) (IN OUT) (LEN)	ATH IN, OUT, LEN	IN 和 OUT 均为字节类型，取值为：IB、QB、VB、MB、SMB、SB、LB；LEN 为字节类型，取值为：IB、QB、VB、MB、SMB、SB、LB、AC 和常数
十六进制数转换为 ASCII	HTA (EN ENO) (IN OUT) (LEN)	HTA IN, OUT, LEN	IN 和 OUT 均为字节类型，取值为：IB、QB、VB、MB、SMB、SB、LB；LEN 为字节类型，取值为：IB、QB、VB、MB、SMB、SB、LB、AC 和常数

（2）指令应用。

【例 5-45】 ASCII 码转十六进制整数指令的应用。将 VB100～VB102 中存放的 3 个 ASCII 码 34、42、38 转换成十六进制数。程序及运行结果见表 5-83。表中"x"为半字节，表示 VB11 的低 4 位值未改变。

表 5-83   ASCII 码转十六进制整数指令的应用程序

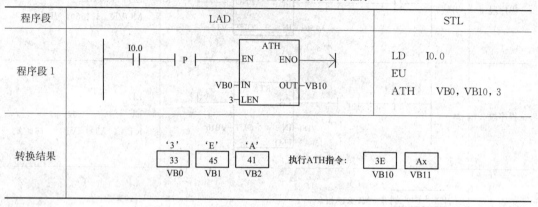

程序段	LAD	STL
程序段 1	I0.0 ─┤├─┤ P ├─ ATH EN ENO ─⟩ VB0─IN OUT─VB10 3─LEN	LD I0.0 EU ATH VB0,VB10,3
转换结果	'3' 'E' 'A' 33 45 41 VB0 VB1 VB2	执行ATH指令： 3E Ax VB10 VB11

5.6.3 编码与译码指令

编码指令 ENCO（Encode）是将输入的字型数据 IN 中为 1 的最低有效位的位数写入输出字节 OUT 的最低 4 位，即用半字节对一个字型数据 16 位中的"1"位有效位进行编码。译码指令 DECO（Decode）是将输入的字节型数据 IN 的低 4 位表示的位号输出到 OUT 所指定的单元对应位置 1，而其他位清 0。即对半字节的编码进行译码，以选择一个字型数据 16 位中的"1"位。

（1）指令格式。编码指令的输入 IN 为字型数据，输出 OUT 为字节型数据；译码指令的输入 IN 为字节型数据，输出 OUT 为字型数据，其指令见表 5-84。

表 5-84   编码与译码的指令格式

指令	LAD	STL	IN、N	OUT
编码指令	ENCO ─EN ENO ─⟩ ????─IN OUT─????	ENCO IN, OUT	VW，IW，QW， MW，SW，SMW， LW，T，C，AC， 常数	VB，IB，QB， MB，SMB，LB， SB，AC
译码指令	DECO ─EN ENO ─⟩ ????─IN OUT─????	DECO IN, OUT	VB，IB，QB， MB，SMB，LB， SB，AC，常数	VW，IW，QW， MW，SW，SMW， LW，T，C，AC

（2）指令应用。

【例 5-46】 编码与译码指令的应用见表 5-85。在程序段 1 中，CPU 模块一上电时，将数据 16♯080C 装入 VW0 中，其对应的二进制数为 2♯0000100000001100；数据 4 装入

VB10 中，其对应的二进制数为 2♯00000100。在程序段 2 中，当 I0.0 常开触点由 OFF 变为 ON 时，执行编码指令 ENCO 时，由于 VW0 中数据最低有效位的位号为 2，则 VB12 中装入数据为 2♯00000010；执行译码指令 DECO 时，由于 VB10 中数据为 4，则 VW20 中装入数据为 2♯0000000000010000，即对应的十进制数为 10。在程序段 3 中确定 VB12 中的内容是为 2，若是则 Q0.0 线圈得电。在程序段 4 中确定 VW20 中的数值是否为 16，若是由 Q0.1 线圈得电。

表 5-85　　　　　　　　　　　　　　编码与译码指令的应用程序

程序段	LAD	STL
程序段 1	SM0.1 — MOV_W (EN ENO); 16#080C—IN OUT—VW0; MOV_B (EN ENO); 4—IN OUT—VB10	LD　　SM0.1 MOVW　16♯080C, VW0 MOVB　4, VB10
程序段 2	I0.0 —P— ENCO (EN ENO); VW0—IN OUT—VB12; DECO (EN ENO); VB10—IN OUT—VW20	LD　　I0.0 EU ENCO　VW0, VB12 DECO　VB10, VW20
程序段 3	VB12 ==B 2 — Q0.0 ( )	LDB=　VB12, 2 =　　Q0.0
程序段 4	VW20 ==I 16 — Q0.1 ( )	LDW=　VW20, 16 =　　Q0.1

5.6.4　七段显示译码指令

S7-200 SMART 系列 PLC 七段显示译码指令 SEG（Segment）是根据输入字节 IN 低 4 位确定的十六进制数（16♯0～16♯F）产生点亮七段显示器各段的代码，并送到输出字节 OUT。七段显示器的 abcdefg（D0～D6）段分别对应于输出字节的第 0 位～第 6 位，若输出字节的某位为 1 时，其对应的段显示；输出字节的某位为 0 时，其对应的段不亮。将字节的第 7 位补 0，则构成七段显示器相对应的 8 位编码，称为七段显示码。字符显示与各段的关系见表 5-86。例如要显示数字"2"时，D0、D1、D3、D4、D6 为 1，其余为 0。

表 5-86 字符显示与各段关系

IN	段显示	. g f e d c b a	IN	段显示	. g f e d c b a
0	0	00111111	8	8	01111111
1	1	00000110	9	9	01100111
2	2	01011011	A	A	01110111
3	3	01001111	B	b	01111100
4	4	01100110	C	C	00111001
5	5	01101101	D	d	01011110
6	6	01111101	E	E	01111001
7	7	00000111	F	F	01110001

（1）指令格式。七段显示译码指令的格式见表 5-87。

表 5-87 七段显示译码指令格式

指令	LAD	STL	IN	OUT
显示译码	SEG <<-EN ENO->I ????-IN OUT-????	SEG IN, OUT	VB, IB, QB, MB, SMB, LB, SB, AC, 常数	VB, IB, QB, MB, SMB, LB, SB, AC

（2）指令应用。

【例 5-47】 七段显示译码指令的应用。若 CPU 模块的 QB0（QB0～QB6 分别外接七段数码管 a～g 段）外接 1 位共阴极数码管，显示数字 6 的程序编写见表 5-88。

表 5-88 七段显示译码指令的应用程序

程序段	LAD	STL
程序段 1	SM0.1 — MOV_B EN ENO 6-IN OUT-VB0	LD SM0.1 MOVB 6, VB0
程序段 2	I0.0 —P— SEG EN ENO VB0-IN OUT-QB0	LD I0.0 EU SEG VB0, QB0

5.6.5 转换指令的应用

【例 5-48】 英寸转厘米。若 CPU 模块的 I0.0 外接按钮，要求将 I0.0 按下的次数作为英寸值，通过 PLC 程序将英寸值转换为相应的厘米值。

【分析】 I0.0 按下次数的统计可由递增指令来完成，即 I0.0 每发生一次上升沿跳变时，执行 1 次递增指令，使得 VW0 的内容加 1。已知 1 英寸等于 2.54 厘米，将英寸转换厘米的步骤：将 VW0 中的数值英寸→双整数英寸 AC0→实数英寸 VD8→实数厘米 VD12→整数厘米 VD16，编写程序见表 5-89。

表 5-89　　　　　　　　　　　　　　　　　英寸转厘米程序

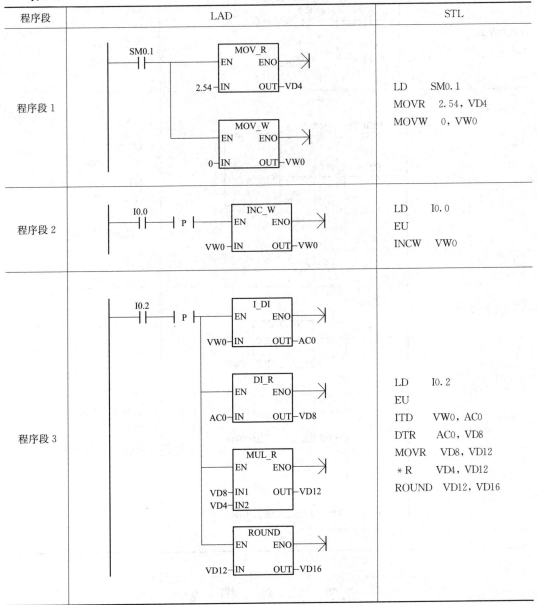

程序段	LAD	STL
程序段 1		LD　　SM0.1 MOVR　2.54，VD4 MOVW　0，VW0
程序段 2		LD　　I0.0 EU INCW　VW0
程序段 3		LD　　　I0.2 EU ITD　VW0，AC0 DTR　　AC0，VD8 MOVR　VD8，VD12 *R　　VD4，VD12 ROUND　VD12，VD16

【例 5-49】　循环显示数字 0～9。若 CPU 模块的 I0.0 外接停止按钮 SB1 和启动按钮 SB2，QB0 外接 1 位 LED 共阴极数码管。按下启动按钮 SB2，数码管显示以 s 为单位的时间，当累计达到 9s 时，自动清零，重新开始从零显示。按下停止按钮 SB1，停止显示。

【分析】　可以使用 C0 增计数器对秒脉冲个数进行统计，并通过传送指令将 C0 中的当前值传送到 VW0 中，然后再使用 ITB 转换指令 VW0 的值转换成 BCD 码送入 VB10，最后使用 SEG 指令将 VB10 中的数值转换为相应的段码输出即可，编写的程序见表 5-90。

表 5-90   循环显示数字 0～9 的程序

程序段	LAD	STL
程序段 1	I0.1 I0.0 M0.0 M0.0	LD I0.1 O M0.0 AN I0.0 = M0.0
程序段 2	M0.0 SM0.5 C0 CU CTU I0.0 R C0 10-PV SM0.1	LD M0.0 A SM0.5 LD I0.0 O C0 O SM0.1 CTU C0, 10
程序段 3	M0.0 MOV_W EN ENO C0-IN OUT-VW0 I_B EN ENO VW0-IN OUT-VB10 SEG EN ENO VB10-IN OUT-QB0	LD M0.0 MOVW C0, VW0 ITB VW0, VB10 SEG VB10, QB0

5.7 表 格 指 令

PLC 的表格功能指令是用来建立和存取字类型的数据表，数据表由表地址、表定义和存储数据这 3 部分组成，其组成及数据存储格式见表 5-91。表地址为数据表的第 1 个字地址；表定义是由表地址和第 2 个字地址所对应的单元分别存放的两个表参数来定义最大填表数 TL 和实际填表数 EC。存储数据为数据表的第 3 个字地址，用来存放数据。数据表最多可存放 100 个数据（字），不包括指定最大填表数 TL 和实际填表数 EC 的参数，每次向数据表中增加新数据后，EC 加 1。

表 5-91 数据表的组成和数据存储格式

单元地址	单元内容	说明
VW200	0005	TL＝5，最多可以填 5 个数，VW200 为表首地址
VW202	0004	EC＝4，实际在表中存 4 个数据
VW204	2314	数据 0
VW206	5230	数据 1
VW208	1286	数据 2
VW210	3487	数据 3
VW212	××××	无效数据（指 VW212 中的数据不是表中实际数据）

要建立表格，首先须确定表的最大填表数，见表 5-92，IN 输入最大填表数，OUT 为数据表地址。表 5-91 的数据表最大可填入 5 个数据，实际只填入了 4 个数据。确定表格的最大填表数后，用表功能指令在表中存取字型数据。表功能指令包括填表指令、查表指令、表取数指令和存储器填充指令。

表 5-92 确定表的最大填表数程序

程序段	LAD	STL
程序段 1	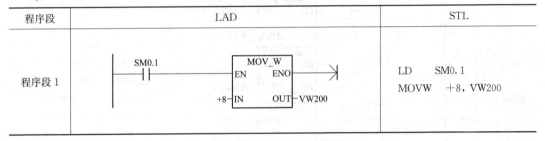	LD SM0.1 MOVW +8，VW200

5.7.1 填表指令

（1）指令格式。填表指令 ATT（Add To Table）向表 TBL 中填入 1 个字 DATA，指令格式见表 5-93。数据表内的第 1 个数 DATA 是表的最大长度 TL，第 2 个数是表内实际填表数 EC，用来指示已填入表的数据个数。新数据被放入表内上 1 次填入的数的后面。每向表中增加 1 个新数据时，EC 自动加 1。除 TL 和 EC 外，数据表最多可以装入 100 个数据。注意，填表指令中 TBL 操作数相差 2 个字节。

表 5-93 填表指令格式

指令	LAD	STL	DATA 数据输入端	TBL 首地址
填表指令	AD_T_TBL EN ENO ????─DATA ????─TBL	ATT DATA，TBL	VW，IW，QW，MW，SW，SMW，LW，T，C，AIW，AC，常数，＊VD，＊LD，＊AC	VW，IW，QW，MW，SW，SMW，LW，T，C，AIW，AC，＊VD，＊LD，＊AC

当数据表中装入的数据超过最大范围时，SM1.4 将被置 1。

（2）指令应用。

【例 5-50】 填表指令的应用。使用填表指令将 VW100 中的数据 2345 填入表 5-91 中。

【分析】 首先使用传送指令建立表格，然后使用填表指令 ATT 将 VW100 中的数据 2345 填入 VW200 的数据表中，编写程序见表 5-94。程序段 1 建立表格，建立表格时，首先将 5 送入 VW200 中确定表的最大填表数，然后将 4 送入 VW202 中，确定表中实际存 4 个数据，最后依次将相应数据填入 VW204～VW210 中。程序段 2 中，首先将数据 2345 送入 VW100 中，然后使用 ATT 指令将 VW100 中的数据填入 VW200 的数据表中。程序段 3 中确定表地址 VW212 中是否填入数据 2345。程序执行后，其结果见表 5-95。

表 5-94 填表指令的应用程序

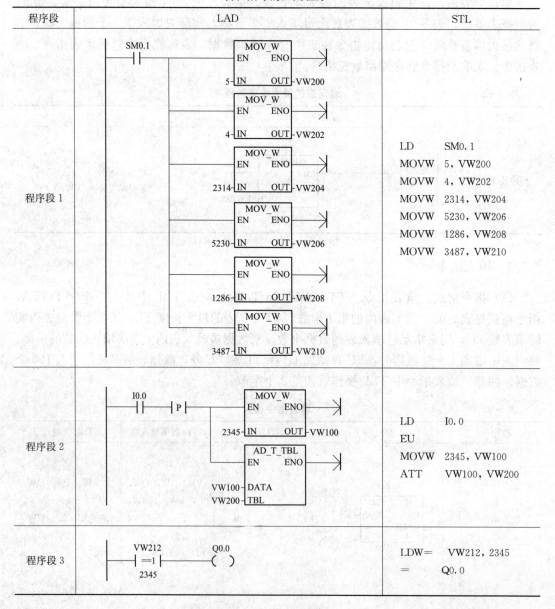

程序段	LAD	STL
程序段 1	SM0.1 — MOV_W (EN ENO) 5-IN OUT-VW200; MOV_W (EN ENO) 4-IN OUT-VW202; MOV_W (EN ENO) 2314-IN OUT-VW204; MOV_W (EN ENO) 5230-IN OUT-VW206; MOV_W (EN ENO) 1286-IN OUT-VW208; MOV_W (EN ENO) 3487-IN OUT-VW210	LD SM0.1 MOVW 5，VW200 MOVW 4，VW202 MOVW 2314，VW204 MOVW 5230，VW206 MOVW 1286，VW208 MOVW 3487，VW210
程序段 2	I0.0 —P— MOV_W (EN ENO) 2345-IN OUT-VW100; AD_T_TBL (EN ENO) VW100-DATA VW200-TBL	LD I0.0 EU MOVW 2345，VW100 ATT VW100，VW200
程序段 3	VW212 =1= Q0.0 —( ) 2345	LDW= VW212，2345 = Q0.0

表 5-95　　　　　　　　　　　　执行填表指令的结果

操作数	单元地址	填表前的内容	填表后的内容	说明
DATA	VW100	2345	2345	待填表数据
TBL	VW200	0005	0005	TL=5，最多可以填 5 个数
	VW202	0004	0004	EC=4，实际在表中存 4 个数据
	VW204	2314	2314	数据 0
	VW206	5230	5230	数据 1
	VW208	1286	1286	数据 2
	VW210	3487	3487	数据 3
	VW212	××××	2345	数据 4

5.7.2　查表指令

（1）指令格式。查表指令（Table Find）从 INDX 所指的地址开始查表 TBL，搜索与数据 PTN 的关系满足 CMD 定义的条件的数据，指令格式见表 5-96。INDX 用来指定表中符合查找条件的数据的编号；PTN 用来描述查表时进行比较的数据；命令参数 CMD＝1～4，分别代表"＝""＜＞"（不等于）"＜"和"＞"的查找条件。若发现一个符合条件的数据，则 INDX 指向该数据的编号。要查找下一个符合条件的数据，再次启动查表指令之前，应先将 INDX＋1。若没找到符合条件的数据，INDX 的数值等于 EC。

因为表中最多可填充 100 个数据，所以 INDX 的编号范围为 0～99。查表指令中的 TBL 操作数也相差 2 个字节。PTN 为整数型、INDX 和 TBL 为字型数据。

表 5-96　　　　　　　　　　　　查表指令格式

指令	LAD	STL	TBL、INDX	PTN
查表指令	TBL_FIND EN　　ENO ????－TBL ????－PTN ????－INDX ????－CMD	FND＝　TBL, PATRN, INDX FND＜＞TBL, PATRN, INDX FND＜　TBL, PATRN, INDX FDN＞　TBL, PATRN, INDX	VW, IW, QW, MW, SW, SMW, LW, T, C, AC, ＊VD, ＊LD, ＊AC	VW, IW, QW, MW, SW, SMW, LW, T, C, AIW, AC, ＊VD, ＊LD, ＊AC, 常数

（2）指令应用。

【例 5-51】　查表指令的应用。从表 5-91 中查找大于 3000 的数据，并将查表的结果存放到 V30 开始的字型存储单元中。

【分析】　使用查表指令即可实现操作，程序见表 5-97。当 PLC 一上电时，在程序段 1 中使用传送指令建立表格；在程序段 2 中首先进行初始化建立地址指针并对 AC0 清零，然后将查找数据 3000 送入 VW60 中。程序段 3 中，当 I0.1 发生上升沿跳变时，从 EC 地址为 VW202 的表中查找大于 3000 的数，并将查找到的数据编号存放在从 VW30 开始的存储单元中。为了从表格的顶端开始查找，在程序段 2 中 AC0 的初始值设为 0。第 1 次执行查表指令，找到满足条件的数据 1，AC0＝1。继续向下查找，先将 AC0 加 1，再激活查表指令，从表中符合条件的数据 1 的下一个数据开始查找，第 2 次执行查表指令时，找到满足条件的数据 3，AC1＝3。继续向下查找，将 AC0 再加 1，再激活查表指令，从表中符合条件的数据 3 开始的下一个数据开始查找，第 3 次执行查表指令后，没有找到符合条件的数据，AC0＝4（实际填表数）。查表指令执行过程见表 5-98。

表 5-97   查表指令的应用程序

程序段	LAD	STL
程序段 1	SM0.1 MOV_W: 5 → IN OUT → VW200 MOV_W: 4 → IN OUT → VW202 MOV_W: 2314 → IN OUT → VW204 MOV_W: 5230 → IN OUT → VW206 MOV_W: 1286 → IN OUT → VW208 MOV_W: 3487 → IN OUT → VW210	LD　　SM0.1 MOVW　5，VW200 MOVW　4，VW202 MOVW　2314，VW204 MOVW　5230，VW206 MOVW　1286，VW208 MOVW　3487，VW210
程序段 2	SM0.1 MOV_DW: &VB30 → IN OUT → *AC1 MOV_W: 0 → IN OUT → AC0 MOV_W: 3000 → IN OUT → VW60	LD　　SM0.1 MOVD　&VB30，＊AC1 MOVW　0，AC0 MOVW　3000，VW60

续表

程序段	LAD	STL
程序段 3		LD　　　I0.0 EU FND>　VW202, VW60, AC0 MOVW　AC0, * AC1 INCW　AC0 +D　　2, AC1

表 5-98　　　　　　　　　　查表指令执行过程

操作数	单元地址	执行前的内容	第1次执行后内容	第2次执行后内容	第3次执行后内容	说明
PTN	VW60	3000	3000	3000	3000	用于比较的数据和地址
INDX	AC0	0	1	3	4	符合查表条件的数据编号
CMD	无	4	4	4	4	查表条件，4 表示大于
TBL	VW200	0005	0005	0005	0005	TL＝5，最多可以填5个数
	VW202	0004	0004	0004	0004	EC＝4，实际在表中存4个数据
	VW204	2314	2314	2314	2314	数据 0
	VW206	5230	5230	5230	5230	数据 1
	VW208	1286	1286	1286	1286	数据 2
	VW210	3487	3487	3487	3487	数据 3
	VW212	××××	××××	××××	××××	无效数据
VW30	非表格地址	××××	1	1	1	第1个查出的数据编号
VW32		××××	××××	3	3	第2个查出的数据编号
VW34		××××	××××	××××	4	实际填表数 EC

5.7.3　表取数指令

通过两种方式可从表中取一个字型的数据：先进先出式和后进先出式。若一个字型数据从表中取走后，表的实际填表数 EC 值自动减 1。若从空表中取走一个字型数据时，特殊寄存器标志位 SM1.5 置 1。

（1）指令格式。表取数指令有先进先出指令和后进先出指令，其指令格式见表 5-99。

表 5-99   表取数指令格式

表取数指令	LAD	STL	TBL	DATA
先进先出	FIFO EN ENO TBL DATA	FIFO TBL, DATA	VW, IW, QW, MW, SW, SMW, LW, T, C, *VD, *LD, *AC	VW, IW, QW, MW, SW, SMW, LW, T, C, AC, AQW, *VD, *LD, *AC
后进先出	LIFO EN ENO TBL DATA	LIFO TBL, DATA	VW, IW, QW, MW, SW, SMW, LW, T, C, *VD, *LD, *AC	VW, IW, QW, MW, SW, SMW, LW, T, C, AC, AQW, *VD, *LD, *AC

先进先出 FIFO（First to First Out）指令从表 TBL 中移走第一个数据（最先进入表中的数据），并将此数输出到 DATA，表格中剩余的数据依次上移一个位置。每执行一次 FIFO 指令，EC 自动减 1。

后进先出 LIFO（Last to First Out）指令从表 TBL 中移走最后放进的数据，并将此数输出到 DATA，表格中其他数据的位置不变。每执行一次 FIFO 指令，EC 自动减 1。

（2）指令应用。

【例 5-52】 表取数指令的应用。使用表取数指令从表 5-91 中取数据，分别送入 VW30 和 VW60 中，程序见表 5-100，执行结果见表 5-101。

表 5-100   表取数的应用程序

程序段	LAD	STL
程序段 1	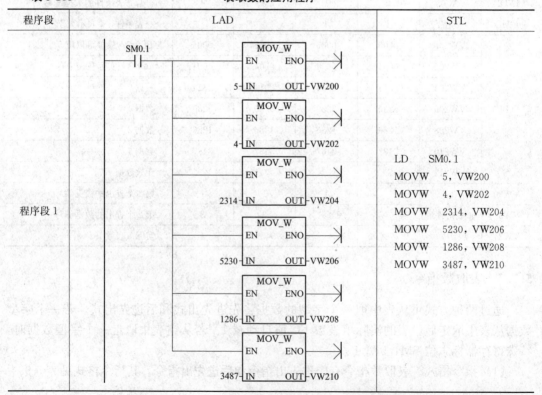	LD SM0.1 MOVW 5, VW200 MOVW 4，VW202 MOVW 2314，VW204 MOVW 5230，VW206 MOVW 1286，VW208 MOVW 3487，VW210

程序段	LAD	STL
程序段 2	I0.0 ┤├───┤P├　FIFO 　　　　　　EN　　ENO 　　　VW200─TBL　DATA─VW30 　　　┤N├　LIFO 　　　　　　EN　　ENO 　　　VW200─TBL　DATA─VW60	LD　　I0.0 LPS EU FIFO　VW200，VW30 LPP ED FIFO　　VW200，VW60

表 5-101　　　　　　　　　表取数指令的执行结果

操作数	单元地址	执行前的内容	执行 FIFO	执行 LIFO	说明
DATA	VW30	空	2314	2314	FIFO 输出的数据
	VW60	空	空	3487	LIFO 输出的数据
TBL	VW200	0005	0005	0005	TL＝5，最多可以填 5 个数
	VW202	0004	0003	0002	EC 值由 4 变为 3 再变为 2
	VW204	2314	5230	5230	数据 0
	VW206	5230	1286	1286	数据 1
	VW208	1286	3487	××××	无效数据
	VW210	3487	××××	××××	无效数据
	VW212	××××	××××	××××	无效数据

5.7.4　存储器填充指令

（1）指令格式。存储器填充指令 FILL（Memory Fill）将输入 IN 值填充从 OUT 开始的 n 个字的内容，字节型整数 n 为 1～255，指令格式见表 5-102。N 为字节型，IN 和 OUT 为整数。

表 5-102　　　　　　　　　存储器填充指令格式

指令	LAD	STL	IN，N	OUT
填充指令	FILL_N ─EN　ENO─ ????─IN　OUT─???? ????─N	FILL IN，OUT，N	VW，IW，QW，MW，SW，SMW，LW，T，C，AC，*VD，*LD，*AC，常数	VW，IW，QW，MW，SW，SMW，LW，T，C，AIW，*VD，*LD，*AC

（2）指令应用。

【例 5-53】　存储器填充指令的应用。使用存储器填充指令，将 VW200 数据表中 4 个字的数据填充为 1234，程序见表 5-103，执行结果见表 5-104。

表 5-103 存储器填充指令的应用程序

程序段	LAD	STL

程序段 1		LD SM0.1
		MOVW 5, VW200
		MOVW 4, VW202
		MOVW 2314, VW204
		MOVW 5230, VW206
		MOVW 1286, VW208
		MOVW 3487, VW210

程序段 2		LD I0.0 EU FILL 1234, VW204, 4

5.7.5 表格指令的应用

【例 5-54】 表格功能指令的应用程序见表 5-104。在程序段 1 中，PLC 一上电，将 20 送入 VW0 中，指定表格长度为 20 字。在程序段 2 中，I0.0 发生上升沿跳变时，将 VW2 开始连续 21 个字的存储器单元填充为 0。在程序段 3 中，I0.1 发生上升沿跳变时，将存储单元 VW100 中的值复制到表格。在程序段 4 中，I0.2 发生上升沿跳变时，读取表中最后 1 个值并移动到 VW102 中。在程序段 5 中，I0.3 发生上升沿跳变时，读取表中第 1 个值并移动到 VW104 中。在程序段 6 中，I0.4 发生上升沿跳变时，使用 MOVW 指令复位索引指针，并通过 FND 指令查找等于 10 的表格条目。

表 5-104　　　　　　　　　　　　　表格功能指令的应用程序

程序段	LAD	STL
程序段 1	SM0.1 — MOV_W (EN ENO) 20-IN OUT-VW0	D SM0.1 MOVW 20, VW0
程序段 2	I0.0 —P— FILL_N (EN ENO) 0-IN OUT-VW2 21-N	LD I0.0 EU FILL 0, VW2, 21
程序段 3	I0.1 —P— AD_T_TBL (EN ENO) VW100-DATA VW0-TBL	LD I0.1 EU ATT VW100, VW0
程序段 4	I0.2 —P— LIFO (EN ENO) VW0-TBL DATA-VW102	LD I0.2 EU LIFO VW0, VW102
程序段 5	I0.3 —P— FIFO (EN ENO) VW0-TBL DATA-VW104	LD I0.3 EU FIFO VW0, VW104
程序段 6	I0.4 —P— MOV_W (EN ENO) 0-IN OUT-VW106 TBL_FIND (EN ENO) VW2-TBL 10-PTN VW106-INDX 1-CMD	LD I0.4 EU MOVW 0, VW106 FND= VW2, 10, VW106

5.8　字符串指令

字符串常量的第 1 个字节是字符串的长度（即字符个数）。在符号表和程序编辑器中，字节、字和双字的 ASCII 字符用半角输入状态下的单引号表示，例如'A'。ASCII 常量字符串用半角输入状态下的双引号表示，例如"ABCD"。

程序编辑器中在半角输入状态下单引号可以表示 1 个、2 个、4 个 ASCII 字符常量，双引号可定义最多 126 个字符的字符串。字符串有效地址为 VB。

5.8.1 字符串操作指令

(1) 指令格式。S7-200 SMART 系列 PLC 中，有 3 条指令可进行简单的字符串操作，分别是获取字长串长度指令 SLEN、字符串复制指令 SCPY 和字符串连接指令 SCAT，其指令格式见表 5-105。

获取字长串长度指令 SLEN 是返回由 IN 指定的字符串长度（字节）。由于中文字符并不是用单字节表示，所以 SLEN 指令不会返回包含中文字符的字符串长度。字符串复制指令 SCPY 是将由 IN 指定的字符串复制到 OUT 指定的字符串。字符串连接指令 SCAT 是将由 IN 指定的字符串附加到由 OUT 指定的字符串的末尾。

表 5-105　　　　　　　　　　　字符串操作指令格式

指令类型	LAD	STL	IN、N	OUT
获取字符串长度指令	STR_LEN EN　ENO IN　OUT	SLEN IN, OUT	VB, LB, * VD, * LD, * AC, 常数 字符串	IB, QB, MB, SB, SMB, VB, AC, LB, * VD, * LD, * AC
字符串复制指令	STR_CPY EN　ENO IN　OUT	SCPY IN, OUT	VB, LB, * VD, * LD, * AC, 常数 字符串	VB, LB, * VD, * LD, * AC
字符串连接指令	STR_CAT EN　ENO IN　OUT	SCAT IN, OUT	VB, LB, * VD, * LD, * AC, 常数 字符串	VB, LB, * VD, * LD, * AC

(2) 指令应用。

【例 5-55】 字符串操作指令的应用见表 5-106。在执行程序段指令前，若 VB0 起始单元存储的字符串为"Hello"。若 I0.0 常开触点时，将执行 3 条字符串操作指令。首先通过 SCAT 指令将字符串"SMART"连接到 VB0 的字符串末尾，再通过 SCPY 指令将 VB0 起始的字符串内容复制到 VB30 起始单元，最后通过 SLEN 指令获取 VB100 起始单元的字符串长度为 11，并将该结果送入 AC0 中。

表 5-106　　　　　　　　　　　　字符串操作指令的使用

程序段	LAD	STL
程序段 1	I0.0　　　STR_CAT 　　　　　EN　　ENO "SMART"─IN　　OUT─VB0 　　　　　STR_CPY 　　　　　EN　　ENO 　　VB0─IN　　OUT─VB30 　　　　　STR_LEN 　　　　　EN　　ENO 　　VB30─IN　　OUT─AC0	LD　　I0.0 SCAT　" SMART", VB0 SCPY　VB0, VB30 SLEN　VB30, AC0

执行程序前

VB0						VB6
6	'H'	'e'	'l'	'l'	'o'	' '

执行程序后

VB0											VB11
11	'H'	'e'	'l'	'l'	'o'	' '	'S'	'M'	'A'	'R'	'T'

VB30											VB41
11	'H'	'e'	'l'	'l'	'o'	' '	'S'	'M'	'A'	'R'	'T'

AC0
11

5.8.2　复制子字符串指令

（1）指令格式。复制子字符串指令 SSCPY，是从 IN 指定的字符串中根据索引 INDX 开始的 N 个字符复制到 OUT 指定的新字符串中，其指令格式见表 5-107。注意，SSCPY 指令的作用对象是字节而不是字符。

表 5-107　　　　　　　　　　　　从字符串中复制子字符串指令

指令类型	LAD	STL	IN	INDX, N	OUT
从字符串中复制子字符串指令	SSTR_CPY EN　　ENO IN　　OUT INDX N	SSCPY IN, INDX, N, OUT	VB, LB, * VD, *LD, * AC, 常数 字符串	IB, QB, MB, SB, SMB, VB, AC, LB, * VD, * LD, * AC, 常数	VB, LB, * VD, * LD, * AC

（2）指令应用。

【例 5-56】　复制子字符串指令的应用见表 5-108。PLC 一上电时，程序段 1 执行 SCAT 指令，将字符串"S7-200 SMART"添加到 VB0 起始的单元中。当 I0.0 发生上升沿跳变时,从字符串的第 8 个字符开始,连续 5 个字符复制到 VB20 起始的单元中形成新的字符串。程序段 3 中将 VB21 起始单元中的字符串与 "SMART" 进行比较,若字符串相同,则 Q0.0 线圈得电。

表 5-108   **复制子字符串的应用程序**

程序段	LAD	STL
程序段 1	SM0.1 ─┤ ├─ [STR_CAT EN ENO]─( ) "Hello SMART"─IN OUT─VB0	LD SM0.1 SCAT "Hello SMART", VB0
程序段 2	I0.0 ─┤ ├─┤P├─ [SSTR_CPY EN ENO]─( ) VB0─IN OUT─VB20 8─INDX 5─N	LD I0.0 EU SSCPY VB0, 8, 5, VB20
程序段 3	"SMART" Q0.0 ─┤==S├─( ) VB21	LDS= " SMART", VB21 = Q0.0

PLC上电:

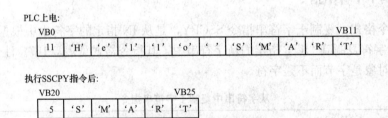

执行SSCPY指令后:

5.8.3 字符串与字符搜索指令

(1) 指令格式。字符串查找指令有两条,分别是 SFND 和 CFND,其指令格式见表 5-109。SFND 指令是根据 OUT 的初始值指定的位置,在字符串 IN1 中查找第 1 次出现的字符串 IN2,如果找到与字符串 IN2 完全匹配的字符序列,则将字符序列第 1 个字符在 IN1 字符串中的位置写入 OUT;如果未找到,则 OUT 为 0。CFND 指令是在字符串 IN2 中查找第 1 次出现的字符串 IN1 字符集中的任意字符,如果找到匹配字符,则将字符位置写入 OUT,否则 OUT 为 0。

表 5-109　　　　　　　　　　　字符串查找指令

指令类型	LAD	STL	IN1，IN2	OUT
SFND	STR_FIND EN　　ENO IN1　　OUT IN2	SFND IN1，IN2， OUT	VB，LB，＊VD， ＊LD，＊AC，常数 字符串	IB，QB，MB，SB， SMB，VB，AC，LB， ＊VD，＊LD，＊AC
CFND	CHR_FIND EN　　ENO IN1　　OUT IN2	CFND IN1，IN2， OUT	VB，，LB，＊VD， ＊LD，＊AC，常数 字符串	IB，QB，MB，SB， SMB，VB，AC，LB， ＊VD，＊LD，＊AC

（2）指令应用。

【例 5-57】 SFND 指令的应用见表 5-110。在程序段 1 中 PLC 一上电时，将 AC0 设置为 1，并将字符串"Hello SMART"添加到 VB0 起始单元中，将字符串"ART"添加到 VB20 起始单元中。在程序段 2 中，当 I0.0 常开触点发生上升沿跳变时，根据 AC0 指定的位置 1，从 VB0 起始单元的字符串中查找与 VB20 起始单元的字符串完全匹配的字符序列，并将字符序列第 1 个字符在 IN1 字符串中的位置写入 OUT。程序段 3 中将 VB21 起始单元中的字符串与"ART"进行比较，若字符串相同，则 Q0.0 线圈每隔 1s 得电输出。

表 5-110　　　　　　　　　　　SFND 指令的使用

程序段	LAD	STL
程序段 1	SM0.1 —MOV_B (EN ENO, 1-IN OUT-AC0); —STR_CAT (EN ENO, "Hello SMART"-IN OUT-VB0); —STR_CAT (EN ENO, "ART"-IN OUT-VB20)	LD　　SM0.1 MOVB　1，AC0 SCAT　"Hello SMART"，VB0 SCAT　"ART"，VB20
程序段 2	I0.0 —P— STR_FIND (EN ENO, VB0-IN1 OUT-AC0, VB20-IN2)	LD　　I0.0 EU SFND　VB0，VB20，AC0

程序段	LAD	STL
程序段 3	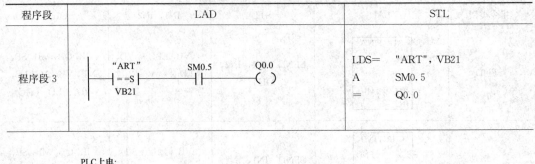	LDS=　"ART"，VB21 A　　　SM0.5 =　　　Q0.0

PLC 上电：

VB0										VB11
11	'H'	'e'	'l'	'l'	'o'	' '	'S'	'M'	'A'	'R'

(续)'T'

执行 SFEND 指令后：

VB20		VB23	
3	'A'	'R'	'T'

如果找到 VB20 中的字符串：　AC0　| 10 |　　　　如果未找到 VB20 中的字符串：　AC0　| 0 |

【例 5-58】 CFND 指令的使用见表 5-111。在程序段 1 中 PLC 一上电时，将 AC0 设置为 1，并将包含温度的字符串添加到 VB0 起始单元中，将字符串"1234567890＋－"添加到 VB20 起始单元中。在程序段 2 中，当 I0.0 常开触点发生上升沿跳变时，使用 CFND 指令根据 AC0 指定的位置 1，从 VB20 起始单元的字符串中查找与 VB0 起始单元的字符串中包含数字字符序列，并将字符序列第 1 个字符在 IN1 字符串中的位置写入 OUT；使用 STR 指令将温度值由字符串类型转换为实数类型，并将结果存储在 VD100 单元中。

表 5-111　　　　　　　　　　　　CFND 指令的使用

程序段	LAD	STL
程序段 1	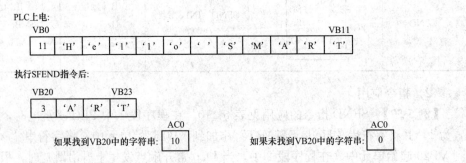	LD　　　SM0.1 MOVB　1，AC0 SCAT　"Temp 86.3F"，VB0 SCAT　"1234567890＋－"，VB20

220

续表

程序段	LAD	STL
程序段 2	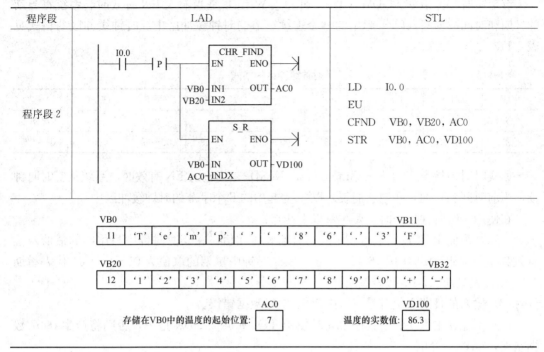	LD　　I0.0 EU CFND　　VB0，VB20，AC0 STR　　　VB0，AC0，VD100

5.9　实时时钟指令

PLC 中使用时钟指令可以实现调用系统实时时钟或根据需要设定时钟，以达到对 PLC 系统的运行进行监视的目的。在 S7-200 SMART 系列 PLC 中实时时钟指令有两大类：设定和读取实时时钟指令、设定和读取扩展实时时钟指令。

5.9.1　设定和读取实时时钟指令

设定和读取实时时钟指令有 TODW 设定实时时钟指令和 TODR 读实时时钟指令两条，其指令格式见表 5-112。

表 5-112　　　　　　　　　　设定和读取实时时钟指令格式

指令类型	LAD	STL	T 操作数
设定实时时钟指令	SET_RTC EN　　ENO T	TODW T	VB，IB，QB，，MB，SMB，SB，LB，＊VD，＊AC，＊LD
读实时时钟指令	READ_RTC EN　　ENO T	TODR T	

设定实时时钟指令 TODW（Time of Day Write）是当输入 EN 有效时，系统将当前的日期和时间数据写入以 T 起始的 8 个连续字节的时钟缓冲区中。时钟缓冲区的格式见表 5-113。

表 5-113 时钟缓冲区的格式

地址	T	T+1	T+2	T+3	T+4	T+5	T+6	T+7
含义	年	月	日	时	分	秒	0	星期
范围	00~99	00~12	00~31	00~23	00~59	00~59	00	01~07

读实时时钟指令 TODR（Time of Day Read）是当输入 EN 有效时，系统从实时时钟读取当前时间和日期，并把它们装入以 T 为起始的 8 个字节的时钟缓冲区中。

在使用实时时钟指令时，要注意以下几点：

（1）必须使用 BCD 码进行表示所有日期和时间值，在实时时钟中只用年的最低两位有效数字，例如 2014 年用 16♯14 表示。实时时钟中星期的取值为 01~07，01 代表星期一，02 代表星期二，07 代表星期日。

（2）输入的日期必须有效，否则产生 0007 数据错误。

（3）不能在主程序和子程序中同时使用 TODW 或 TODR 指令，否则将产生 0007 数据错误，SM4.3 置位。

5.9.2 设定和读取扩展实时时钟指令

设定和读取扩展实时时钟指令有 TODWX 设定扩展实时时钟指令和 TODRX 读取扩展实时时钟指令两条，其指令格式见表 5-114。

表 5-114 设定和读取扩展实时时钟指令

指令类型	LAD	STL	T 操作数
设定扩展实时时钟指令	SET_RTCX -EN ENO- -T	TODWX T	VB, IB, QB, MB, SMB, SB, LB, *VD, *AC, *LD
读取扩展实时时钟指令	READ_RTCX -EN ENO- -T	TODRX T	

设定扩展实时时钟指令 TODWX 是当输入 EN 有效时，系统将当前的日期、时间和夏令时，并将其写入以 T 起始的 19 个连续字节的时钟缓冲区中。

读扩展实时时钟指令 TODRX 是当输入 EN 有效时，系统从实时时钟读取当前时间、日期和夏令时，并把它们装入以 T 为起始的 19 个字节的时钟缓冲区中。

5.9.3 实时时钟指令的应用

【例 5-59】 使用实时时钟指令读取系统当前的日数据，并将其显示出来。

【分析】　可以使用 TODR 指令读取系统当前的时间和日期，并将其存储在 VB0 起始的单元中。根据时钟缓冲区的格式可知，VB0 存储的年数据，VB1 存储的为月数据，VB2 存储的是日数据，因此只要将 VB2 中的数据传送到 VB20，然后使用 SEG 指令将 VB20 中的数据由 QB0 进行显示即可，编写程序见表 5-115。

表 5-115　　　　　　　　　　　实时时钟指令读取系统当前的日数据程序

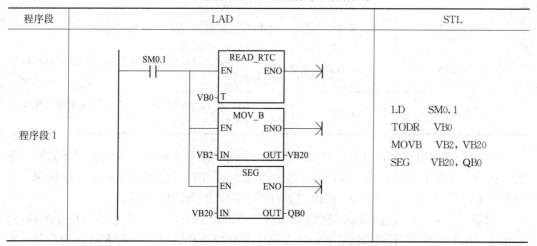

程序段	LAD	STL
程序段 1	READ_RTC / MOV_B / SEG	LD　　SM0.1 TODR　VB0 MOVB　VB2, VB20 SEG　　VB20, QB0

【例 5-60】　用实时时钟指令在路灯控制中的应用。在某 PLC 控制系统中，要求 18：00 时开灯，06：00 时关灯，路灯由 Q0.1 输出控制，程序见表 5-116。

表 5-116　　　　　　　　　　　　　　路灯控制程序

程序段	LAD	STL
程序段 1	SM0.0　READ_RTC EN　ENO VB0－T	LD　　SM0.0 //读实时时钟，小时值在 VB3 中 TODR　VB0

程序段 2	VB3　Q0.1
	>=B
	16#18
	VB3
	<=B
	16#06
		//若实时时钟在 18：00 之后
		LDB>=　VB3, 16#18
		//或实时时钟在 6：00 以前
		OB<=　　VB3, 16#06
		//开启路灯
		=　　　Q0.1

5.10　程序控制指令

程序控制指令主要控制程序结构和程序执行的相关指令，主要包括结束、暂停、看门狗复位、循环、跳转、子程序控制等指令。

5.10.1 结束、暂停及看门狗指令

（1）指令格式。结束、暂停及看门狗指令的格式见表 5-117。

表 5-117   结束、暂停及看门狗指令的格式

LAD	STL	功能说明
—（ END ）	END	结束指令，根据前一逻辑条件终止当前扫描
—（STOP）	STOP	暂停指令，通过 CPU 从 RUN 模式切换到 STOP 模式来终止程序的执行
—（WDR）	WDR	看门狗复位指令，触发系统看门狗定时器，并将完成扫描的允许时间加 500ms

END 条件结束指令，是根据前面的逻辑关系终止用户主程序，返回主程序的第一条指令执行。该指令无操作数，只能在主程序中使用不能在子程序或中断程序中使用。在梯形图中由结束条件和 "END" 构成，语句指令表中由 "END" 构成。

STOP 指令使 CPU 由 RUN 运行状态转到 STOP 停止状态，终止用户程序的执行。如果在中断程序中执行 STOP 指令，那么该中断立即终止并且忽略所有挂起的中断，继续扫描程序的剩余部分，在本次扫描的最后将 CPU 由 RUN 状态切换到 STOP 状态。

看门狗复位指令 WDR（Watch Dog Reset）又称警戒时钟刷新指令，它允许 CPU 的看门狗定时器重新被触发。当使能输入有效时，每执行一次 WDR 指令，看门狗定时器就被复位一次，可增加一次扫描时间。若使能输入无效时，看门狗定时器定时时间到，程序将终止当前指令的执行而重新启动，返回到第一条指令重新执行。

看门狗的定时时间为 300ms，正常情况下，若扫描周期小于看门狗定时时间，则看门狗不会复位，如果扫描周期等于或大于看门狗定时时间，看门狗定时器自动将其复位一次。因此，若程序的扫描时间超过 300ms 或者在中断事件发生时有可能使程序的扫描周期超过时，为防止在正常情况下程序被看门狗复位，可将看门狗刷新指令 WDR 插入到程序的适应位置以延长扫描周期，有效避免看门狗超时错误。

使用 WDR 指令时，若用循环指令去阻止扫描完成或过度的延迟扫描完成的时间，那么在终止本次扫描之前这些操作过程将被禁止：通信（自由端口方式除外）、I/O 更新（立即 I/O 除外）、强制更新、SM 位更新（SM0、SM5～SM29 不能被更新）、运行时间诊断、中断程序中的 STOP 指令等。由于扫描时间超过 25s，10ms 和 100ms 定时器将不会正确累计时间。

（2）指令应用。

【例 5-61】 结束、暂停和看门狗指令的应用程序如表 5-118 所示。程序段 1 中 SM5.0 是检查 I/O 是否发生错误，SM4.3 是运行时检查编程，I0.1 是外部切换开关，若 I/O 发生错误或者运行时发生错误或者外部开关有效，这 3 个条件只要有任一条件存在，PLC 由 RUN 切换到 STOP 状态。程序段 2 中当 M5.6 有效时，允许扫描周期扩展，重新触发 CPU 的看门狗，MOV_BIW 指令是重新触发第一个输出模块的看门狗。程序段 3 中当 I0.2 接通时，终止当前扫描周期。

表 5-118 结束、暂停和看门狗指令的应用程序

程序段	LAD	STL
程序段 1	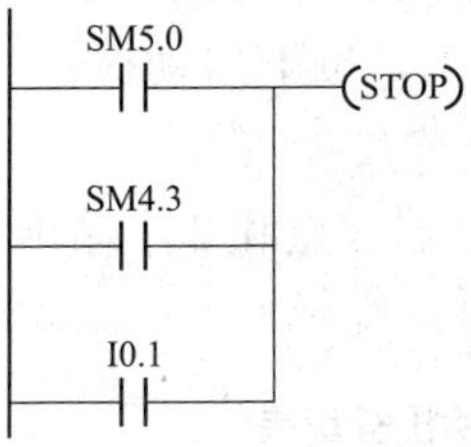 SM5.0 —(STOP) SM4.3 I0.1	LD　　SM5.0 O　　　SM4.3 O　　　I0.1 STOP
程序段 2	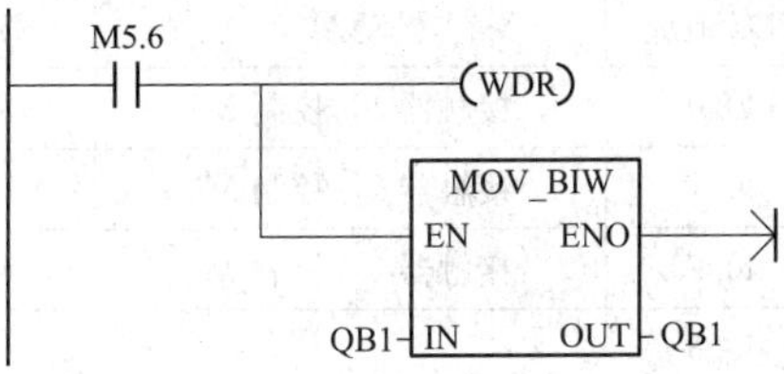 M5.6 —(WDR) MOV_BIW EN　ENO QB1 — IN　OUT — QB1	LD　　M5.6 WDR BIW　QB1, QB1
程序段 3	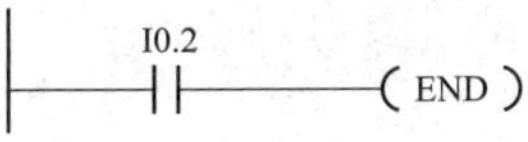 I0.2 —(END)	LD　　I0.2 END

5.10.2　跳转与标号指令

跳转指令主要用于较复杂程序的设计，该指令可以用来优化程序结构，增强程序功能。跳转指令可以使 PLC 编程的灵活性大大提高，使 PLC 可根据不同条件的判断，选择不同的程序段执行程序。

（1）指令格式。JMP 跳转指令是将程序跳转到同一程序 LBL 指定的标号（n）处执行，其指令格式见表 5-119。可以在主程序、同一子程序或同一中断服务程序中使用跳转指令，且跳转和与之相应的标号指令必须位于同一程序内，但是不能从主程序跳转到子程序，同样也不能从子程序或中断程序中跳出。

表 5-119 跳转及标号指令的格式

LAD	STL	功能说明
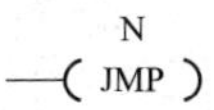 N —(JMP)	JMP　N	跳转指令，对程序中的标号 N 执行分支操作
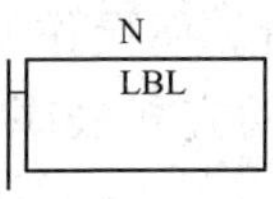 N LBL	LBL　N	标号指令，用于标记跳转目的地 N 的位置

（2）指令应用。

【例 5-62】 跳转与标号指令在电动机控制中的应用。某控制系统中有 3 台电动机 M1～M3，具有手动和自动操作两种启停控制方式。在手动操作方式下，这 3 台电动机由各自的启停按钮控制它们的启停状态；在自动操作方式下，按下启动按钮，M1～M3 每隔 10s 依次启动，按下停止按钮，则 M1～M3 同时停止。

【分析】 从题意可知，本例 CPU 模块使用 9 个输入点和 3 个输出点，其输入/输出分配见表 5-120，I/O 接线如图 5-13 所示。

表 5-120   3 台电动机控制的输入/输出分配表

输 入			输 出		
功能	元件	PLC 地址	功能	元件	PLC 地址
操作方式选择	SB1	I0.0	接触器 1，控制 M1	KM1	Q0.0
自动停止按钮	SB2	I0.1	接触器 2，控制 M2	KM2	Q0.1
自动启动按钮	SB3	I0.2	接触器 3，控制 M3	KM3	Q0.2
M1 手动停止按钮	SB4	I0.3			
M1 手动启动按钮	SB5	I0.4			
M2 手动停止按钮	SB6	I0.5			
M2 手动启动按钮	SB7	I0.6			
M3 手动停止按钮	SB8	I0.7			
M3 手动启动按钮	SB9	I1.0			

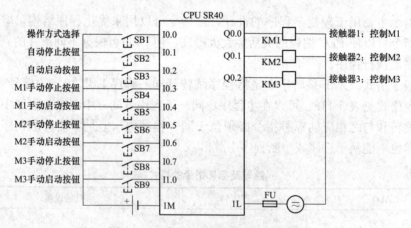

图 5-13 3 台电动机控制的 I/O 接线图

从控制要求可以看出，需要在程序中体现两种可以任意选择的控制方式，所以运用跳转与标号指令可完成任务操作。当操作方式选择开关闭合时，I0.0 常开触点为 ON，跳过手动程序不执行；I0.0 常闭触点断开，选择自动方式的程序段执行。而操作方式选择开关断开时的情况与此相反，跳过自动方式程序段不执行，选择手动方式程序段执行。编写程序见表 5-121。

表 5-121　　　　　　　　　　　**3 台电动机控制程序**

程序段	LAD	STL
程序段 1	I0.0常开触点闭合选择自动操作，否则为手动操作 I0.0 ——1—(JMP)	LD　　I0.0 JMP　　1
程序段 2	手动控制M1电动机的启停 I0.4　I0.3　Q0.0 Q0.0	LD　　I0.4 O　　 Q0.0 AN　　I0.3 =　　 Q0.0
程序段 3	手动控制M1电动机的启停 I0.6　I0.5　Q0.1 Q0.1	LD　　I0.6 O　　 Q0.1 AN　　I0.5 =　　 Q0.1
程序段 4	手动控制M3电动机的启停 I1.0　I0.7　Q0.2 Q0.2	LD　　I1.0 O　　 Q0.2 AN　　I0.7 =　　 Q0.2
程序段 5	1 LBL	LBL　　1
程序段 6	I0.0常闭触点闭合选择手动操作，否则为自动操作 I0.0 ——2—(JMP)	LDN　　I0.0 JMP　　2
程序段 7	自动操作方式下，I0.2常开闭合，启动M1电动机 I0.2　I0.1　Q0.0 Q0.0　　　　T37 IN　TON 100-PT　100ms	LD　　I0.2 O　　 Q0.0 AN　　I0.1 =　　 Q0.0 TON　　T37，100

续表

程序段	LAD	STL
程序段 8	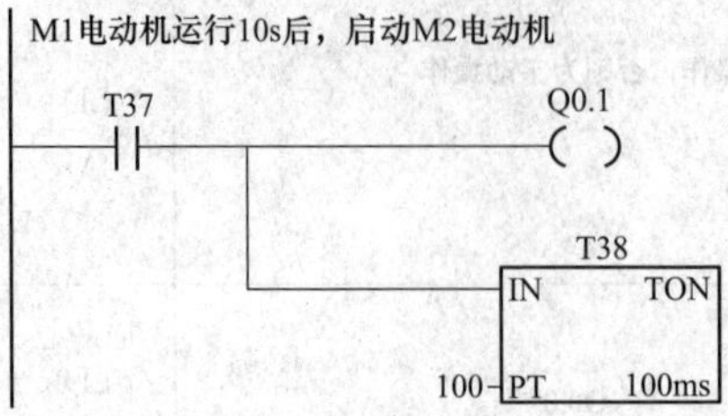 M1电动机运行10s后，启动M2电动机 T37 ── Q0.1 ──┤├── ──( )── T38 IN TON 100─PT 100ms	LD T37 = Q0.1 TON T38，100
程序段 9	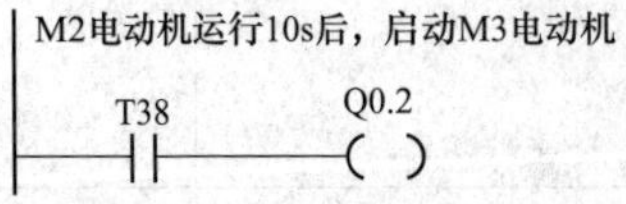 M2电动机运行10s后，启动M3电动机 T38 Q0.2 ──┤├── ──( )──	LD T38 = Q0.2
程序段 10	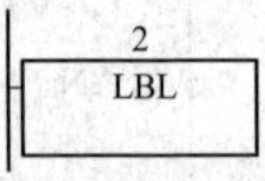 2 LBL	LBL 2

5.10.3 循环指令

（1）指令格式。FOR-NEXT 循环指令可以用来描述一段程序重复执行一定次数的循环体，它由 FOR 指令和 NEXT 指令两部分组成，指令格式见表5-122。FOR 指令标记循环的开始，NEXT 指令标记循环体的结束，FOR 和 NEXT 必须成对使用。

FOR 指令中的 INDX 为当前值计数器；INIT 为循环次数初始值；FINAL 为循环计数终止值。假设使能端 EN 有效时，给定循环次数初始值为1，计数终止值为10，那么随着当前计数值 INDX 从1增加到10，FOR 与 NEXT 之间的程序指令被执行10次。如果循环次数初始值大于计数终止值，那么不执行循环体。若循环次数初值小于计数终止值时，每执行一次循环体，当前计数值增加1，并且将其结果与终止值进行比较，当它大于终止值时，结束循环。FOR-NEXT 指令也可以嵌套使用，但最多可以嵌套8次。

表 5-122 **FOR-NEXT 循环指令的格式**

LAD	STL	功能说明
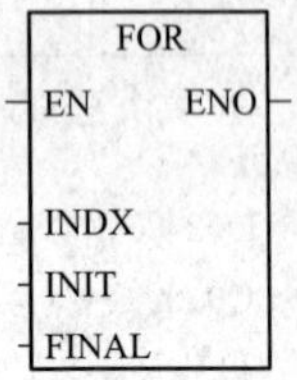 FOR EN ENO INDX INIT FINAL	FOR INDX，INTR，FINAL	执行 FOR 和 NEXT 指令之间的指令
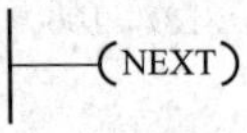 ──(NEXT)	NEXT	标记 FOR 循环程序段的结束

（2）指令应用。

【**例 5-63**】　循环指令的应用程序如图 5-14 所示，图中①为外循环，②为内循环。当 I0.0 常开触点闭合时，执行 3 次外循环，由 VW10 累计循环次数。当 I0.1 常开触点闭合时，每 1 次外循环，②所示的内循环执行 3 次，且由 VW20 累计循环次数。

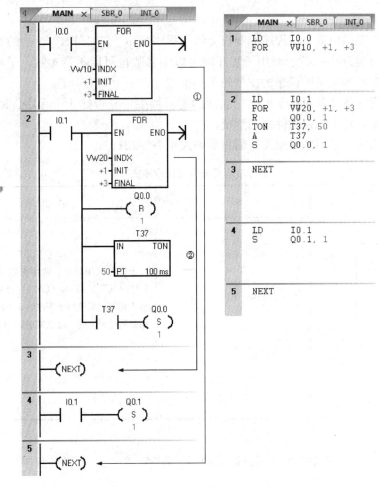

图 5-14　循环指令的应用程序

5.10.4　子程序调用与返回指令

通常将具有特定功能，并多次使用的程序段编制成子程序，子程序在结构化程序设计是一种方便有效的工具。在程序中使用子程序时，需进行的操作有：建立子程序、子程序调用和子程序返回。

1. 建立子程序

在 STEP7 Micro/WIN SMART 编程软件中可采用以下方法建立子程序：

（1）在【编辑】→【插入】组中点击"对象"→"子程序"。

（2）在"指令树"中用鼠标右键单击"程序块"图标，并从弹出的菜单选项中选择"插入"下的"子程序"。

（3）在"POU 选择器"中右击鼠标，从弹出的菜单选项中选择"插入"下的"子程序"。

建立了子程序后，子程序的默认名为 SBR_N，编号 N 从 0 开始按递增顺序生成。在 SBR_N 上单击鼠标右键，从弹出的菜单选项中选择"重命名"，可更改子程序的程序名。

2. 子程序调用

CALL 子程序调用指令将程序控制权交给子程序 SBR_N，SBR_N 中的 N 为子程序编号，其取值范围为 0～127。调用子程序时可以带参数也可以不带参数，子程序执行完成后，控制权返回到调用子程序的指令的下一条指令。

CRET 子程序条件返回指令根据它前面的逻辑块决定是否终止子程序，RET 子程序无条件返回指令，它由编程软件自动生成。

（1）指令格式。子程序调用及返回指令格式见表 5-123。

表 5-123　　　　　　　　　　子程序调用与返回指令格式

LAD	STL	功能说明
SBR_n EN x1 x2　　x3	CALL SBR_n，x1，x2，x3	子程序调用指令，调用参数 x1（IN）、x2（IN_OUT）和 x3（OUT）分别表示传入、传入和传出或传出子程序的 3 个调用参数。调用参数是可选的，可以使用 0～16 个调用参数
—（RET）	CRET	子程序返回

使用说明：

1）在主程序中，最多有 8 层可以嵌套调用子程序，但在中断服务程序中，不能嵌套调用子程序。

2）当有一个子程序被调用时，系统会保存当前的逻辑堆栈，并将栈顶值置 1，堆栈的其他值为 0，把控制权交给被调用的子程序。当子程序完成之后，恢复逻辑堆栈，将控制权交还给调用程序。

（2）指令应用。

【例 5-64】　子程序指令的应用。若两个按钮 SB1 和 SB2 分别与 CPU 模块的 I0.0 和 I0.1 连接，Q0.0～Q0.3 线圈外接 3 只信号灯 HL1～HL3。执行表 5-124 所示程序，当按下 SB2 按钮时，主程序的程序段 2 中 I0.1 常开触点闭合，与 Q0.0 连接的 HL1 信号灯秒闪。松开 SB2 按钮，按下 SB1 按钮时，执行主程序段 1 中的指令，与 Q0.0～Q0.3 连接的 HL1～HL3 熄火，同时调用并执行子程序 SBR_0。在子程序 SBR_0 中，首先 HL2 点亮、HL3 熄灭，维持 1s；而后 HL3 点亮、HL2 熄灭，维持 1s，再 HL2 点亮、HL3 熄灭，维持 1s……，如此循环交替。

表 5-124　　　　　　　　　　　　子程序指令的应用程序

程序段		LAD	STL
主程序 （main）	程序段 1	I0.0　I0.1　　SBR_0 ─┤├──┤/├──EN 　　　　　　　　Q0.0 　　　　　　　─(R) 　　　　　　　　3	LD　　I0.0 AN　　I0.1 CALL　SBR_0 R　　　Q0.0, 3
	程序段 2	I0.1　I0.0　SM0.5　Q0.0 ─┤├──┤/├──┤├──( )	LD　　I0.1 AN　　I0.0 A　　　SM0.5 =　　　Q0.0
子程序 （SBR_0）	程序段 1	T38　　　　T37 ─┤/├────IN　TON 　　　　10─PT　100ms	LDN　　T38 TON　　T37, 10
	程序段 2	T37　　　　T38 ─┤├────IN　TON 　　　　10─PT　100ms	LD　　T37 TON　　T38, 10
	程序段 3	T37　　　Q0.1 ─┤/├──( )	LDN　　T37 =　　　Q0.1
	程序段 4	T37　　　Q0.2 ─┤├──( ) 　　　　│ 　　　─(RET)	LD　　T37 =　　　Q0.2 CRET

5.10.5　程序控制指令的应用

【例 5-65】　使用循环指令完成 S＝1＋2＋3＋⋯＋50 求和。

【分析】　采用 $S_n = S_{n-1} + a_n$ 计算公式实现 S＝1＋2＋3＋⋯＋50 求和（其中 $a_n = a_{n-1} + 1$，n 为 1～50，$S_0 = a_0 = 0$），重复加 1 由循环指令完成，输出端口 Q0.0、Q0.1 连接的 HL1 和 HL2 来确定求和结果和循环计数器次数累计是否正确，编写程序见表 5-125。CPU 模块一上电，程序段 1 将 VW0、VW10 和 VW20 中的内容清零。VW10 用于循环次数的统计，每执行 1 次累加计算时 VW0 的内容自增 1，VW10 用于统计每次累加的和。程序段 2 至程序段 4 为循环计数控制。程序段 5 用于判断计算结果是否正确；程序段 6 用于判断循环计数器次数累计是否正确。

表 5-125　　　　　　　　　　　　循环指令完成求和的程序

程序段	LAD	STL

程序段 1	SM0.1 ⊢⊢ — MOV_W EN ENO, 0–IN OUT–VW0; MOV_W EN ENO, 0–IN OUT–VW10; MOV_W EN ENO, 0–IN OUT–VW20	LD SM0.1
		MOVW 0, VW0
		MOVW 0, VW10
		MOVW 0, VW20

程序段 2	I0.0 ⊢⊢ P ⊢— FOR EN ENO, VW10–INDX, 1–INIT, 50–FINAL	LD I0.0 EU FOR VW10，1，50
程序段 3	SM0.0 ⊢⊢ — INC_W EN ENO, VW0–IN OUT–VW0; ADD_I EN ENO, VW0–IN1 OUT–VW20, VW20–IN2	LD SM0.0 INCW VW0 +I VW0, VW20
程序段 4	—(NEXT)	NEXT
程序段 5	VW20 ⊢==I⊢ 1275 Q0.0 ( )	LDW= VW20, 1275 = Q0.0
程序段 6	VW10 ⊢==I⊢ 51 Q0.1 ( )	LDW= VW10, 51 = Q0.1

【例 5-66】　子程序控制 3 台电动机的应用。在某电动机控制系统中，CPU 模块的 I0.0～I0.3 外接按钮 SB1～SB4，Q0.0～Q0.2 控制 3 台电动机 M1～M3。其中 SB1 为停止按钮；SB2 为功能选择按钮；SB3 为 M2 的点动控制按钮；SB4 为 M3 的长动控制按钮。控制要求：①按下 SB1 按下时，3 台电动机同时停止；②根据 SB2 按下的次数选择

相应的控制，SB2 第 1 次按下时，Q0.0 控制 M1 电动机运行，SB2 第 2 次按下时，由 SB3 实现 M2 的点动控制，SB2 第 3 次按下时 M2 运行 1min 停止 1min，SB2 第 4 次按下时，由 SB4 实现 M3 的长动控制。

【分析】　从题意可知，本例 CPU 模块使用 4 个输入点和 3 个输出点，其输入/输出分配见表 5-126，I/O 接线如图 5-15 所示。

表 5-126　　　　　　　　　　子程序控制 3 台电动机的输入/输出分配表

输 入			输 出		
功能	元件	PLC 地址	功能	元件	PLC 地址
停止按钮	SB1	I0.0	接触器 1，控制 M1	KM1	Q0.0
功能选择按钮	SB2	I0.1	接触器 2，控制 M2	KM2	Q0.1
M2 点动控制按钮	SB3	I0.2	接触器 3，控制 M3	KM3	Q0.2
M3 长动控制按钮	SB4	I0.3			

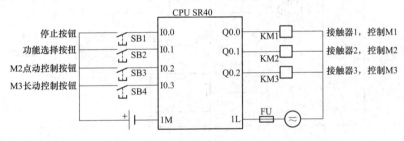

图 5-15　子程序控制 3 台电动机的 I/O 接线图

从控制要求可以看出，本例可由 1 个主程序（main）和 3 个子程序（SBR）构成。在主程序中，I0.1（SB2）每闭合 1 次时，VB0 递增 1 次，然后通过比较指令根据 VB0 的内容选择相应的子程序。当 VB0 等于 1 时，直接将 1 送入 VB0，使得 Q0.0 控制 M1 电动机运行；当 VB0 等于 2 时，将 QB0 清零，同时调用子程序 SBR_0；当 VB0 等于 3 时，将 QB0 清零，同时调用子程序 SBR_1；当 VB0 等于 4 时，将 QB0 清零，同时调用子程序 SBR_2；当 VB0 等于 5 时，VB0 清零，对系统进行复位。子程序 SBR_0 实现 M2 的点动控制；子程序 SBR_1 实现 M2 运行 1min、停止 1min 控制；子程序 SBR_2 实现 M3 的长动控制，程序编写见表 5-127。

表 5-127　　　　　　　　　　　子程序控制 3 台电动机的程序

程序段		LAD	STL
主程序（MAIN）	程序段 1	SM0.1 ┤├ ─── MOV_B（EN ENO）0─IN OUT─VB0 ； VB0 ==B 5 ； I0.0 ┤├	LD　SM0.1 OB=　VB0, 5 O　　I0.0 MOVB 0, VB0

程序段		LAD	STL
主程序 （main）	程序段 2	I0.1 —| |— P — INC_B EN ENO VB0—IN OUT—VB0	LD I0.1 EU INCB VB0
	程序段 3	VB0 —|= =B|— MOV_B 1 EN ENO 1—IN OUT—QB0	LDB= VB0，1 MOVB 1，QB0
	程序段 4	VB0 —|= =B|— MOV_B 2 EN ENO 0—IN OUT—QB0 SBR_0 EN	LDB= VB0，2 MOVB 0，QB0 CALL SBR _ 0
	程序段 5	VB0 —|= =B|— MOV_B 3 EN ENO 0—IN OUT—QB0 SBR_1 EN	LDB= VB0，3 MOVB 0，QB0 CALL SBR _ 1
	程序段 6	VB0 —|= =B|— MOV_B 4 EN ENO 0—IN OUT—QB0 SBR_2 EN	LDB= VB0，4 MOVB 0，QB0 CALL SBR _ 2
子程序 （SBR _ 0）	程序段 1	子程序0(M2点动控制) I0.2 Q0.1 —| |——( ) ——(RET)	LD I0.2 = Q0.1 CRET

程序段		LAD	STL
子程序 (SBR_1)	程序段 1	子程序(M2运行1min，停止1min) T38　　　　　　　　T37 ─┤／├──────[IN　　TON] 　　　　　　　600─[PT　　100ms]	LDN　　T38 TON　　T37, 600
	程序段 2	T37　　　　　　　　T38 ─┤├───┬───[IN　　TON] 　　　　│　600─[PT　　100ms] 　　　　│ 　　　　│　Q0.1 　　　　├──( ) 　　　　│ 　　　　└──(RET)	LD　　　T37 TON　　T38, 600 =　　　　Q0.1 CRET
子程序 (SBR_2)	程序段 1	子程序(M3长动控制) I0.3　　　I0.0　　Q0.2 ─┤├───┤／├──( ) Q0.1 ─┤├──────────(RET)	LD　　　I0.3 O　　　　Q0.1 AN　　　I0.0 =　　　　Q0.2 CRET

5.11　中　断　指　令

所谓中断是指当计算机执行正常程序时，系统中出现某些急需处理的异常情况和特殊请求，CPU暂时中止现行程序，转去对随机发生的更为紧迫事件进行处理，处理完毕后，CPU自动返回原来的程序继续执行，此过程称为中断。

5.11.1　中断基本概念

1. 中断源

能向CPU发出中断请求的事件，称为中断事件或中断源。S7-200 SMART系列PLC最多有38个中断源（9个预留），分为3大类：通信中断、输入/输出中断和时基中断。每个中断源都分配一个编号，称为中断事件号。中断指令是通过中断事件号来识别中断源的。

（1）通信中断。PLC 与外部设备或上位机进行信息交换时，可以采用通信中断。PLC 在自由通信模式下，通信口的状态可由程序来控制。用户根据需求通过程序可以定义波特率、每个字符位数、奇偶校验等通信协议参数，这种用户通过编程控制通信端口的事件称为通信中断。

（2）输入/输出中断。输入/输出中断包括外部的上升或下降沿输入中断、高速计数器中断和脉冲串输出中断（PTO）。在 S7-200 SMART 系列 PLC 中外部输入中断是利用输入点 I0.0～I0.3 的上升沿或下降沿产生中断，这些输入点被用作连接某些一旦发生必须处理的外部事件；高速计数器中断可对高速计数器运行时产生的事件实时响应，如当前值等于预置值、计数方向的改变、计数器外部复位等事件。脉冲串口输出中断允许完成对指定脉冲数输出的响应。

（3）时基中断。时基中断包括定时中断和定时器 T32/T96 中断。定时中断按指定的周期时间循环执行，周期时间以 1ms 为单位，周期设定时间为 1～255ms。定时中断 0，把周期时间值写入 SMB34；定时中断 1，把周期时间值写入 SMB35。每当达到定时时间值时，定时中断时间把控制权交给相应的中断程序，执行中断。定时中断可用来以固定的时间间隔作为采样周期，对模拟量输入进行采样或定期执行 PID 回路。

定时器 T32 和 T96 中断是指允许对定时时间间隔产生中断，这类中断只能用时基为 1ms 的 T32 或 T96 构成。T32 和 T96 定时器和其他定时器功能相同，只是 T32 和 T96 在中断允许后，当定时器的当前值等于预置位时，在主机正常的定时刷新中，执行中断程序。

2. 中断优先级

若有多个中断源同时请求中断响应时，CPU 通常根据中断源的紧急程度，将其进行排列，规定每个中断源都有一个中断优先级。S7-200 SMART 系列 PLC 中通信中断的优先级最高，其次为 I/O 中断，时基中断的优先级最低。

在 S7-200 SMART 系列 PLC 中，当不同的优先级的中断源同时请求中断时，CPU 按从高到低的优先原则进行响应；当相同优先级的中断源请求中断时，CPU 按先来先服务的原则响应中断请求；当 CPU 正在处理某中断时，若有新的中断源请求中断，当前中断服务程序不会被其他甚至更优先级的中断程序打断，新出现的中断请求只能按优先级排队等候响应。任何时候 CPU 只执行一个中断程序。3 个中断队列及其能保存的最大中断时间个数有限，若超出其范围时，将产生溢出，中断队列和每个队列的最大中断数见表 5-128。

表 5-128 中断队列和每个队列的最大中断数

队列	中断队列（个）	中断队列溢出标志位
通信中断队列	8	SM4.0
I/O 中断队列	16	SM4.1
时基中断队列	8	SM4.2

每类中断中不同的中断事件又有不同的优先权，见表 5-129。

表 5-129　　　　　　　　　　　　　　　　　中断优先级

中断优先级	中断事件类型	中断事件号	中断事件说明
通信中断 （最高级）	通信口 0	8	通信口 0：接收字符
		9	通信口 0：发送字符
		23	通信口 0：接收信息完成
	通信口 1	24	通信口 1：接收信息完成
		25	通信口 1：接收字符
		26	通信口 1：发送完成
I/O 中断 （中等级）	脉冲输出	19	PTO0 脉冲计数完成
		20	PTO1 脉冲计数完成
		34	PTO2 脉冲计数完成
	外部输入	0	I0.0 上升沿中断
		2	I0.1 上升沿中断
		4	I0.2 上升沿中断
		6	I0.3 上升沿中断
		35	I7.0 上升沿中断（信号板）
		37	I7.1 上升沿中断（信号板）
		1	I0.0 下降沿中断
		3	I0.1 下降沿中断
		5	I0.2 下降沿中断
		7	I0.3 下降沿中断
		36	I7.0 下降沿中断（信号板）
		38	I7.1 下降沿中断（信号板）
	高速计数器	12	HSC0 当前值等于预置值中断
		27	HSC0 输入方向改变中断
		28	HSC0 外部复位中断
		13	HSC1 当前值等于预置值中断
		16	HSC2 当前值等于预置值中断
		17	HSC2 输入方向改变中断
		18	HSC2 外部复位中断
		32	HSC3 当前值等于预置值中断
		29	HSC4 当前值等于预置值中断
		30	HSC4 输入方向改变中断
		31	HSC4 外部复位中断
		33	HSC5 当前值等于预置值中断
		43	HSC5 输入方向改变中断
		44	HSC5 外部复位中断

中断优先级	中断事件类型	中断事件号	中断事件说明
定时中断 （最低级）	定时	10	定时中断 0
		11	定时中断 1
	定时器	21	定时器 T32 CT＝PT 中断
		22	定时器 T96 CT＝PT 中断

5.11.2 中断控制指令

中断控制指令有：开中断、关中断、中断返回、中断连接、中断分离、中断清除等指令，其指令格式见表 5-130，表中 INT 和 EVNT 均为字节型常数。

表 5-130 中断控制指令格式

指令	LAD	STL	INT	EVNT
开中断	—(ENI)	ENI	—	—
关中断	—(DISI)	DISI		
中断返回	—(RETI)	CRETI		
中断连接	ATCH EN ENO INT EVNT	ATCH INT，EVNT	中断事件号： 0～127	中断事件号： CPU CR20/30/40/60 为 0～13、16～18、21～23、27、28 和 32； CPU SR20/30/40/40 为 0～13 和 16～44； CPU ST20/30/40/40 为 0～13 和 16～44
中断分离	DTCH EN ENO EVNT	DTCH EVNT		
中断清除	CLR_EVNT EN ENO EVNT	CEVNT EVNT		

（1）开中断指令 ENI。开中断指令又称为中断允许指令 ENI（Enable Interrupt），它全局性地允许所有被连接的中断事件。

（2）关中断指令 DISI。关中断指令又称为中断禁止指令 DISI（Disable Interrupt），它全局性地禁止处理所有中断事件，允许中断排队等候，但不允许执行中断程序，直到全局中断允许指令 ENI 重新允许中断。

当 PLC 转换为 RUN 运行模式时，开始时中断自动被禁止，在执行全局中断允许指令后，各中断事件是否会执行中断程序，将取决于是否执行了该中断事件的中断连接指令。

（3）中断返回指令 CRETI。中断程序有条件返回指令 CRETI（Conditional Return from Interrupt），用于根据前面的逻辑操作条件，从中断服务程序中返回，编程软件自动为各中断程序添加无条件返回指令。

（4）中断连接指令 ATCH。中断连接指令 ATCH（Attach Interrupt），将中断事件 EVNT 与中断服务程序号 INT 相关联，并启用该中断事件。

在调用一个中断程序之前，必须用中断连接指令将某中断事件与中断程序进行连接，当某个中断事件和中断程序连接好后，该中断事件发生时自动开中断。多个中断事件可调用同一个中断程序，但同一时刻一个中断事件不能与多个中断程序同时进行连接，否则，当中断许可且某个中断事件发生后，系统默认执行与该事件建立连接的最后一个中断程序。

当中断事件和中断程序连接时，自动允许中断，如果采用禁止全局中断指令不响应所有中断，每个中断事件进行排队，直到采用允许全局中断指令重新允许中断。

（5）中断分离指令 DTCH。中断分离指令 DTCH（Detach Interrupt），将中断事件 EVNT 与中断服务程序之间的关联切断，并禁止该中断事件。中断分离指令使中断回到不激活或无效状态。

（6）中断清除指令 CEVNT。中断清除指令 CEVNT 是从中断队列中清除所有 EVNT 类型的中断事件，将不需要的中断事件进行清除。若使用此指令来清除假的中断事件时，从队列中清除此事件之前必须先将其进行中断分离，否则在执行清除事件指令之后，新的事件将被增加到队列中。例如，光电传感器正好处于从明亮过渡到黑暗的边界位置，在新的 PV 值装载之前，小的机械振动将生成实际并不需要的中断，为清除此类振动干扰，执行时先进行中断分离指令。

5.11.3 中断程序

中断程序又称为中断服务程序，是用户为处理中断事件而事先编写好的程序。它由中断程序标志、中断程序指令和无条件返回指令三部分组成。编程时用中断程序入口的中断程序标志来识别每个中断程序，每个中断服务程序由中断程序号开始，以无条件返回指令结束。对中断事件的处理由中断程序指令来完成，PLC 中的中断指令与计算机原理中的中断不同，它不允许嵌套。

中断程序不是由程序调用，而是在中断事件发生时由操作系统调用。由于不能预知系统何时调用中断程序，在中断程序中不能改写其他程序使用的存储器，因此在中断程序中最好使用局部变量。在中断服务程序中禁止使用 DISI、ENI、CALL、HDEF、FOR/NEXT、LSCR、SCRE、SCRT、END 等指令。

软件编程时，在"编辑"菜单下"插入"中选择"中断程序"可生成一个新的中断程序编号，进入该程序的编辑区，在此编辑区中可编写中断服务。或者在程序编辑器视窗中点击鼠标右键，从弹出的菜单下"插入"中选择"中断程序"也可实现中断程序的编写。

在编写中断程序时，应使程序短小精悍，以减少中断程序的执行时间。最大限度地优化中断程序，否则意外条件可能会引起主程序控制的设备出现异常现象。

【例 5-67】 中断指令在 3 台电动机控制中的应用。使用中断指令完成【例 5-66】的任务，要求功能选择通过中断方式实现。

【分析】 功能选择通过中断方式实现，这属于单个 I/O 中断事件。在 I0.1 的上升沿（中断事件号为 2）通过中断使 VB0 中的内容递增 1，编写程序见表 5-131。

表 5-131   中断指令在 3 台电动机控制中的应用程序

程序段	LAD	STL
程序段 1	SM0.1 —┤├— / VB0 ==B 5 / I0.0 —┤├— MOV_B EN ENO 0—IN OUT—VB0	LD SM0.1 OB= VB0，5 O I0.0 MOVB 0，VB0
程序段 2	SM0.1 —┤├— ATCH EN ENO INT_0—INT 2—EVNT （ENI）	LD SM0.1 ATCH INT_0，2 ENI
主程序（main） 程序段 3	VB0 ==B 1 MOV_B EN ENO 1—IN OUT—QB0	LDB= VB0，1 MOVB 1，QB0
程序段 4	VB0 ==B 2 MOV_B EN ENO 0—IN OUT—QB0 SBR_0 EN	LDB= VB0，2 MOVB 0，QB0 CALL SBR_0
程序段 5	VB0 ==B 3 MOV_B EN ENO 0—IN OUT—QB0 SBR_1 EN	LDB= VB0，3 MOVB 0，QB0 CALL SBR_1

程序段		LAD	STL
主程序 （main）	程序段 6	VB0 ==B 4 ── MOV_B ── EN ENO ──┤├ 0─IN OUT─QB0 SBR_2 EN	LDB= VB0，4 MOVB 0，QB0 CALL SBR_2
子程序 （SBR_0）	程序段 1	子程序0(M2点动控制) I0.2 Q0.1 ──┤├──（ ） ──（RET）	LD I0.2 = Q0.1 CRET
子程序 （SBR_1）	程序段 1	子程序(M2运行1min，停止1min) T38 T37 ──┤/├── IN TON 600─PT 100ms	LDN T38 TON T37，600
	程序段 2	T37 T38 ──┤├── IN TON 600─PT 100ms Q0.1 （ ） ──（RET）	LD T37 TON T38，600 = Q0.1 CRET
子程序 （SBR_2）	程序段 1	子程序(M3长动控制) I0.3 I0.0 Q0.2 ──┤├──┤/├──（ ） Q0.1 ──┤├ ──（RET）	LD I0.3 O Q0.1 AN I0.0 = Q0.2 CRET
中断程序 （INT_0）	程序段 1	SM0.0 ── INC_B ── ──┤├── EN ENO ──┤├ VB0─IN OUT─VB0 ──（RETI）	LD SM0.0 INCB VB0 CRETI

【例 5-68】 中断指令在加/减计数控制中的应用。某系统中，CPU 模块的 I0.1 和 I0.2 分别外接两个按钮 SB1 和 SB2，QB1 外接 1 位共阴极数码管。要求使用 I/O 中断方式实现 0~10 范围内的加减计数，每次按下 SB1 时进行加计数；每次按下 SB2 时进行减计数，数码管实时显示计数值。

【分析】 本例使用了两个 I/O 中断事件。在 I0.1 的上升沿（中断事件号为 2）通过中断使 VB0 中的内容递增 1，在 I0.2 的上升沿（中断事件号为 4）通过中断使 VB0 中的内容递减 1。本例可由 1 个主程序（main）和 2 个中断程序（INT）构成。主程序中，首先使用两个 ATCH 分别连接两个中断事件，并使用 ENI 开启中断，然后使用比较指令判断当前计数值是否处于 0~10 范围内，若在范围由 Q0.0 线圈得电，提示允许进行加减计数，最后使用 SEG 指令将 VB0 的内容送入 QB1，以实现当前计数值的实时显示。在中断程序 INT_0 中，首先判断 VB0 的当前值是否小于或等于 9，若是执行递增指令，将 VB0 中的内容加 1，且 Q0.1 线圈得电。在中断程序 INT_1 中，首先判断 VB0 的当前值是大于 1，若是执行递减指令，将 VB0 中的内容减 1，且 Q0.2 线圈得电，编写程序见表 5-132。

表 5-132　　中断指令在加减计数控制中的应用程序

程序段	LAD	STL
主程序（main） 程序段 1	ATCH (SM0.1, INT_0, 2; INT_1, 4; ENI)	LD SM0.1 ATCH INT_0, 2 ATCH INT_1, 4 ENI
程序段 2	VB0 >=B 0 / VB0 <=B 10 → Q0.0	LDB>= VB0, 0 AB<= VB0, 10 = Q0.0
程序段 3	SM0.0 SEG (VB0→QB1)	LD SM0.0 SEG VB0, QB1

续表

程序段		LAD	STL
中断程序 (INT_0)	程序段 1	VB0 <=B 9 — INC_B (EN ENO / VB0-IN OUT-VB0) —( )— Q0.1	LDB<= VB0, 9 INCB VB0 = Q0.1
中断程序 (INT_1)	程序段 1	VB0 >B 1 — DEC_B (EN ENO / VB0-IN OUT-VB0) —( )— Q0.2	LDB> VB0, 1 DECB VB0 = Q0.2

【例 5-69】　中断指令在 8 位流水灯控制中的应用。CPU 模块的 QB0 外接 8 只发光二极管，要求 CPU 模块一上电，8 位数码管执行流水显示，其间隔时间为 1s，由定时中断实现延时。

【分析】　定时中断以 1ms 为增量，周期的时间可以取 1~255ms。定时中断 0 和定时中断 1 的时间间隔分别写入特殊存储器字节 SMB34 和 SMB35。每当定时时间到，就立即执行相应的定时中断程序。本例可使用定时中断 0（中断事件号为 10）来实现延时控制，而定时中断每次最多只能延时 255ms，可以将 SMB34 设置时间间隔为 250ms，每次延时 250ms 时，VB0 的内容增 1，当 VB0 中的内容等于 4 时，表示延时了 1s。程序编写见表 5-133，在主程序中，设置将累计延时 250ms 的次数 VB0 清零，将流水灯的移位初值设置为 1，将周期时间 250 写入 SMB34，然后连接并开启中断。中断程序（INT_0）的程序段 1 中实现 VB0 的增 1 计数，即每次达 250ms 时 VB0 内容加 1，程序段 2 中当 VB0 等于 4 时，执行循环右移指令 1 次，将 QB0 中的内容右移 1 次，从而实现流水控制，同时 VB0 的内容清零，为下次延时 1s 做好准备。

【例 5-70】　中断指令在 0~9 循环显示中的应用。CPU 模块的 QB0 外接 8 只发光二极管，要求 CPU 模块一上电，每隔 1s 进行 0~9 数字的循环显示，其延时由定时中断实现。

【分析】　本例也使用定时中断 0（中断事件号为 10）来实现延时控制，SMB34 设置时间间隔为 250ms，每次延时 250ms 时，VB0 的内容增 1。VB2 用于存储 0~9 的数字，每延时 1s 时 VB2 的内容增 1。程序编写见表 5-134。

表 5-133   中断指令在 8 位流水灯控制中的应用程序

程序段		LAD	STL
主程序 （MAIN）	程序段 1	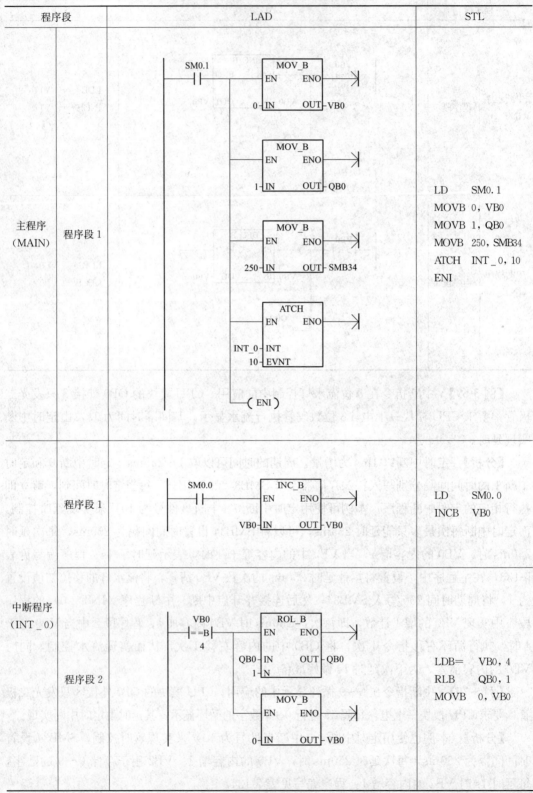	LD SM0.1 MOVB 0，VB0 MOVB 1，QB0 MOVB 250，SMB34 ATCH INT_0，10 ENI
中断程序 （INT_0）	程序段 1		LD SM0.0 INCB VB0
	程序段 2		LDB= VB0，4 RLB QB0，1 MOVB 0，VB0

244

表 5-134　　　　　　　　　　　　　　　　中断指令在 0～9 循环显示中的应用程序

程序段		LAD	STL
主程序 （MAIN）	程序段 1		LD　　SM0.1 MOVB　0，VB0 MOVB　0，VB2 MOVB　250，SMB34 ATCH　INT _ 0，10 ENI
中断程序 （INT _ 0）	程序段 1		LD　　SM0.0 INCB　VB0
	程序段 2		LDB＝　VB0，4 INCB　VB2 MOVB　0，VB0
	程序段 3		LDB＝　VB0，4 INCB　VB2 MOVB　0，VB0
	程序段 4		LDB＞　VB2，9 MOVB　0，VB2

245

5.12 高速计数器指令

PLC 的普通计数器的计数过程受 CPU 扫描速度的影响，CPU 通过每一扫描周期读取一次被测信号的方法来捕捉被测信号的上升沿，被测信号的频率较高时，会丢失地数脉冲，所以普通计数器的工作频率一般只有几十赫兹，它不能对高速脉冲信号进行计数。为解决这一问题，S7-200 SMART 系列 PLC 提供了 6 个高速计数器 HSC0～HSC5，以响应快速脉冲输入信号。高速计数器独立于用户程序工作，不受程序扫描时间的限制，它可对小于主机扫描周期的高速脉冲准确计数，用户通过相关指令，设置相应的特殊存储器控制高速计数器的工作。

5.12.1 高速计数器指令说明

高速计数器指令有两条：高速计数器定义指令（HDEF）和高速计数器启动指令（HSC）这两条，其指令格式见表 5-135。

表 5-135 高速计数指令格式

指令	LAD	STL	操作数
HDEF	HDEF EN ENO HSC MODE	HDEF HSC, MODE	HSC：高速计数器编号（0～5） MODE：计数模式
HSC	HSC EN ENO N	HSC N	N：高速计数器编号（0～5）

对高速计数器指令说明如下：

（1）高速计数器定义指令（HDEF），用于指定高速计数器的计数模式，即用来选择高速计数器的输入脉冲、计数方向、复位功能。每个高速计数器在使用之前必须使用此指令来选定一种计数模式，并且每一个高速计数器只能使用一次"高速计数器定义"指令。

（2）高速计数器启动指令（HSC），根据高速计数器控制位的状态和按照 HDEF 指令指定的工作模式，启动编号为 N 的高速计数器。

5.12.2 高速计数器的主要参数

不同型号的 PLC 主机，高速计数器数量不同，经济型的 CPU 模块支持 HSC0、HSC1、HSC2、HSC3 这 4 个高速计数器，而没有 HSC4 和 HSC5 这 2 个计数器；标准型的 CPU 模块拥有 HSC0～HSC5 这 6 个高速计数器。6 个高速计数器的主要参数见表 5-136。

表 5-136　　　　　　　　　　　　**6 个高速计数器的主要参数**

计数器	时钟 A	方向/ 时钟 B	复位	单相/双相最大时钟/输入速率	AB 正交相最大时钟/输入速率
HSC0	I0.0	I0.1	I0.4	标准型 CPU 为 200kHz	标准型 CPU 为 100kHz（1 倍计数速率）或 400kHz（4 倍计数速率）
				经济型 CPU 为 100kHz	经济型 CPU 为 50kHz（1 倍计数速率）或 200kHz（4 倍计数速率）
HSC1	I0.1			标准型 CPU 为 200kHz	
				经济型 CPU 为 100kHz	
HSC2	I0.2	I0.3	I0.5	标准型 CPU 为 200kHz	标准型 CPU 为 100kHz（1 倍计数速率）或 400kHz（4 倍计数速率）
				经济型 CPU 为 100kHz	经济型 CPU 为 50kHz（1 倍计数速率）或 200kHz（4 倍计数速率）
HSC3	I0.3			标准型 CPU 为 200kHz	
				经济型 CPU 为 100kHz	
HSC4	I0.6	I0.7	I1.2	SR30、ST30 为 200kHz	SR30、ST30 为 100kHz（1 倍计数速率）或 400kHz（4 倍计数速率）
				SR20/40/60、ST20/40/60 为 30kHz	SR20/40/60、ST20/40/60 为 20kHz（1 倍计数速率）或 80kHz（4 倍计数速率）
				经济型 CPU 不适用	经济型 CPU 不适用
HSC5	I1.0	I1.1	I1.3	标准型 CPU 为 30kHz	标准型 CPU 为 20kHz（1 倍计数速率）或 80kHz（4 倍计数速率）
				经济型 CPU 不适用	经济型 CPU 不适用

　　HSC0、HSC2、HSC4 和 HSC5 支持 8 种计数模式，分别为模式 0、模式 1、模式 3、模式 4、模式 6、模式 7、模式 9 和模式 10，而 HSC1 和 HSC3 只支持模式 0 这 1 种计数模式。

　　高速计数器的硬件输入接口与普通数字量输入接口使用相同的地址，已定义用于高速计数器的输入端不再具有其他功能，但某个模式下没有用到的输入端仍然可以用作普通开关量的输入点，其占用的输入端子见表 5-135。各高速计数器不同的输入端接口有专用的功能，如时钟脉冲端、方向控制端、复位端、启动端等。同一输入端不能用于两种不同的功能，但高速计数器当前模式未使用的输入端可用于其他功能。

5.12.3　高速计数器的工作类型

　　S7-200 SMART 系列 PLC 高速计数器有 4 种工作类型：①内部方向控制的单相计数；②外部方向控制的单相计数；③双脉冲输入的加/减计数；④两路脉冲输入的双相正交计数。

1. 内部方向控制的单相计数

　　内部方向控制的单相计数，它只有一个脉冲输入端，通过高速计数器的控制字节的第 3 位来控制计数方向。若高速计数器控制字节的第 3 位为 1，进行加计数；若该位为 0，进行减计数，如图 5-16 所示，图中 CV 表示当前值，PV 表示预置值。计数模式 0 和 1 为内部方向控制的单相计数，其中模式 1 还具有外部复位功能。

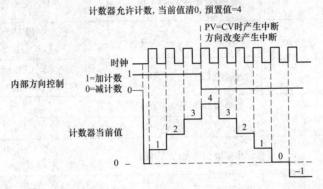

图 5-16　内部方向控制的单相计数

2. 外部方向控制的单相计数

外部方向控制的单相计数，它有一个脉冲输入端，有一个方向控制端。若方向控制端等于 1 时，加计数；若方向控制端等于 0 时，减计数，如图 5-17 所示。计数模式 3 和 4 为外部方向控制的单相计数，其中模式 4 还具有外部复位功能。

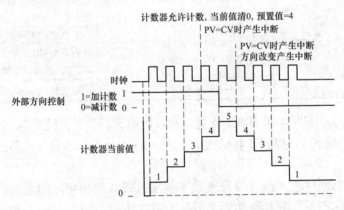

图 5-17　外部方向控制的单相计数

3. 双脉冲输入的加/减计数

双脉冲输入的加/减计数，有两个脉冲输入端，一个是加计数脉冲输入端，另一个是减计数输入端。计数值为两个输入端脉冲的代数和。若在高速计数使用在模式 6、7 时，如果加计数时钟的上升沿与减计数时钟输入的上升沿之间的时间间隔小于 0.3ms 时，高速计数器把这些事件看作是同时发生的，在此情况下，当前值不变，计数方向指示不变，只要加计数时钟输入的上升沿与减计数时钟输入的上升沿之间的时间间隔大于 0.3ms 时，高速计数器分别捕捉每个事件，在以上两种情况下，都不会产生错误，计数器保持正确的当前值，如图 5-18 所示。

4. 两路脉冲输入的双相正交计数

两路脉冲输入的双相正交计数，有两个脉冲输入端，一个是 A 相，另一个是 B 相。

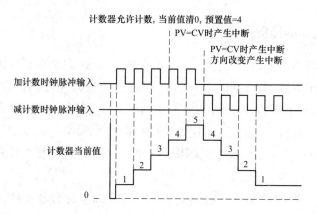

图 5-18　模式 6、7 时双脉冲输入的加/减计数

两路输入脉冲 A 相和 B 相的相位相差 90°（正交），A 相超前 B 相 90°时，加计数；A 相滞后 B 相 90°时，减计数。在这种计数方式下，可选择计数模式 9 或 10 的 1 倍速正交模式（1 个时钟脉冲计 1 个数）和 4 倍速正交模式（1 个时钟脉冲计 4 个数）如图 5-19 所示。

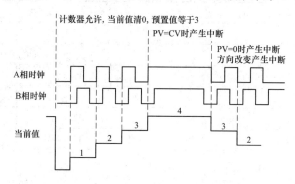

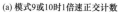

(a) 模式9或10时1倍速正交计数

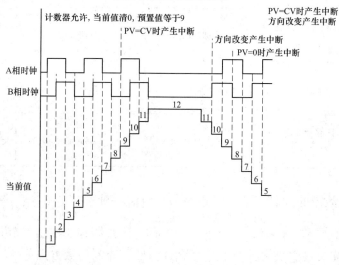

(b) 模式9或10时4倍速正交计数

图 5-19　两路脉冲输入的双相正交计数

249

5.12.4 高速计数器的计数模式

S7-200 SMART 系列 PLC 提供了 6 个高速计数器 HSC0～HSC5,其中 HSC0、HSC2、HSC4 和 HSC5 支持 8 种计数模式,分别为模式 0、模式 1、模式 3、模式 4、模式 6、模式 7、模式 9 和模式 10,而 HSC1 和 HSC3 只支持模式 0 这 1 种计数模式。

模式 0、模式 1 采用单相内部方向控制的加/减计数;模式 3、模式 4 采用单相外部方向控制的加/减计数;模式 6、模式 7 采用双脉冲输入的加/减计数;模式 9、模式 10 采用两路脉冲输入的双相正交计数。

选用某个高速计数器在某种计数模式下工作后,高速计数器所使用的输入不是任意选择的,必须按系统指定的输入点输入信号。例如 HSC0 的所有计数模式始终使用 I0.0,而 HSC2 的所有计数模式始终使用 I0.2,所以使用这些计数器时,不能将这些输入端子作为其他用途。高速计数器的计数模式和输入端子的关系见表 5-137。

表 5-137　　　　　　　　高速计数器的工作模式和输入端子的关系

		功能及说明	占用的输入端子及功能		
输入端子		HSC0	I0.0	I0.1	I0.4
		HSC1	I0.1		
		HSC2	I0.2	I0.3	I0.5
		HSC3	I0.3		
		HSC4	I0.6	I0.7	I1.2
		HSC5	I1.0	I1.1	I1.3
HSC 模式	0	单相内部方向控制的加/减计数	脉冲输入端		
	1				复位端
	3	单相外部方向控制的加/减计数	脉冲输入端	方向控制端	
	4				复位端
	6	双脉冲输入的加/减计数	加计数脉冲输入端	减计数脉冲输入端	
	7				复位端
	9	两路脉冲输入的双相正交计数	A 相脉冲输入端	B 脉冲输入端	
	10				复位端

5.12.5 高速计数器的控制字节、状态字节与数值寻址

在定义了计数器和工作模式后,还要设置高速计数器有关控制字节。每个高速计数器都有一个控制字节,它决定计数器是否允许计数、控制计数方向或者对所有其他模式定义初始化计数方向、装载初始值和装载预置值。高速计数器控制字节的位地址分配见表 5-138。

表 5-138　　　　　　　　　　高速计数器控制字节的位地址分配

HSC0	HSC1	HSC2	HSC3	HSC4	HSC5	功能描述
SM37.0	不支持	SM57.0	不支持	SM147.0	SM157.0	复位有效电平控制位： 0，高电平有效；1，低电平有效
SM37.2	不支持	SM57.2	不支持	SM147.2	SM157.2	正交计数速率选择位： 0 为 4 倍速计数；1 为 1 倍速计数
SM37.3	SM47.3	SM57.3	SM137.3	SM147.3	SM157.3	计数方向控制位： 0，减计数；1，加计数
SM37.4	SM47.4	SM57.4	SM137.4	SM147.4	SM157.4	向 HSC 写计数方向允许控制位： 0，不更新；1，更新计数方向
SM37.5	SM47.5	SM57.5	SM137.5	SM147.5	SM157.5	向 HSC 写入预设值允许控制位： 0，不更新；1，更新预设值
SM37.6	SM47.6	SM57.6	SM137.6	SM147.6	SM157.6	向 HSC 写入当前值允许控制位： 0，不更新；1，更新当前值
SM37.7	SM47.7	SM57.7	SM137.7	SM147.7	SM157.7	HSC 指令执行允许控制位： 0，禁止 HSC；1 允许 HSC

每个高速计数器除了控制字节外，还有一个状态字节。状态字节的相关位用来描述当前的计数方向、当前值是否大于或等于预置值，状态位功能见表 5-139。

表 5-139　　　　　　　　　　高速计数器状态字节

HSC0	HSC1	HSC2	HSC3	HSC4	HSC5	功能描述
SM36.5	SM46.5	SM56.5	SM136.5	SM146.5	SM156.5	当前计数方向状态位： 0，减计数；1，加计数
SM36.6	SM46.6	SM56.6	SM136.6	SM146.6	SM156.6	当前值等于预置值状态位： 0，不相等；1，相等
SM36.7	SM46.7	SM56.7	SM136.7	SM146.7	SM156.7	当前值大于预置值状态位： 0，小于或等于；1，大于

每个高速计数器都有一个初始值和一个预置值，它们都是 32 位的有符号整数。初始值是高速计数器计数的起始值；预置值是计数器运行的目标值，如果当前计数值等于预置值时，内部产生一个中断。当控制字节设置为允许装入新的初始值和预置值时，在高速计数器运行前应将初始值和预置值存入特殊的存储器中，然后执行高速计数器指令才有效。不同的高速计数器其初始值、预置值和当前值有专用的存储地址，见表 5-140。

表 5-140　　　　　　　　　　高速计数器数值寻址

计数器号	HSC0	HSC1	HSC2	HSC3	HSC4	HSC5
初始值	SMD38	SMD48	SMD58	SMD138	SMD148	SMD158
预置值	SMD42	SMD52	SMD62	SMD142	SMD152	SMD162
当前值	HC0	HC1	HC2	HC3	HC4	HC5

当前值也是一个 32 位的有符号整数，HSC0 的当前值在 HC0 中读取；HSC1 的当前值在 HC1 中读取。

5.12.6 高速计数器的使用步骤及初始化

使用高速计数器时，需完成以下步骤：

（1）根据选定的计数器工作模式，设置相应的控制字节。

（2）使用 HDEF 指令定义计数器号。

（3）设置计数方向。

（4）设置初始值。

（5）设置预置值。

（6）指定并使能中断服务程序。

（7）执行 HSC 指令，激活高速计数器。

如果在计数器运行中改变其设置时，则以上的第（2）和第（6）步省略。

高速计数器指令的初始化步骤如下：

（1）用初次扫描存储器 SM0.1＝1 调用执行初始化操作的子程序，由于采用了子程序，在后续扫描中不必再调用这个子程序，从而减少扫描时间，使程序结构更加优化。

（2）初始化子程序中，根据所希望的控制要求设置控制字节（SMB37、SMB47、SMB57、SMB137、SMB147、SMB157）。例如 SMB37＝16♯C8，表示使用 HSC0，允许加计数，写入初始值，不装入预置值，运行中不更改方向，若为正交计数时，为 4 倍速正交计数，高电平有效复位。

（3）执行 HDEF 指令时，设置 HSC 编号（0～5）和计数模式 MODE（0～10）。

（4）使用 MOVD 指令将新的当前值写入 32 位当前寄存器（SMD38、SMD48、SMD58、SMD138、SMD148、SMD158）。如果将 0 写入当前寄存器中，则是将当前计数值清 0。

（5）使用 MOVD 指令将预置值写入 32 位预置值寄存器（SMD42、SMD52、SMD62、SMD142、SMD152、SMD162）。例如执行 MOVD 1000，SMD42 则预置值为 1000。

（6）为了捕获当前值 CV 等于预置值 PV 中断事件，编写中断子程序，并指定 CV＝PV 中断事件（中断事件号为 16）调用该中断子程序。

（7）为了捕获计数方向的改变，将方向改变的中断事件（中断事件号为 17）与一个中断程序联系；为了捕获外部复位事件，将外部复位中断事件（中断事件号为 18）与一个中断程序联系。

（8）执行全局中断允许指令 ENI 来允许 HSC 中断。

（9）执行 HSC 指令，使 S7-200 SMART 对高速计数器进行编程。

（10）退出子程序。

5.12.7 高速计数器指令的应用

【例 5-71】 高速计数器指令在单相计数中的应用。使用高速计数器 HSC0（单相计数，工作在模式 1）和中断指令对输入端 I0.0 脉冲信号进行计数，当计数值大于或等于 100 时，与输出端 Q0.0 连接的指示灯点亮，若按下复位键 SB1（与 I0.4 连接）时，指示灯熄灭。

【分析】 本例可由主程序（main）、高速计数器初始化子程序（SBR_0）、外部中断复位子程序（INT_0）和当前值等于预置值中断子程序（INT_1）构成，其程序如表5-141 所示。

表 5-141   高速计数器指令在单相计数中的应用程序

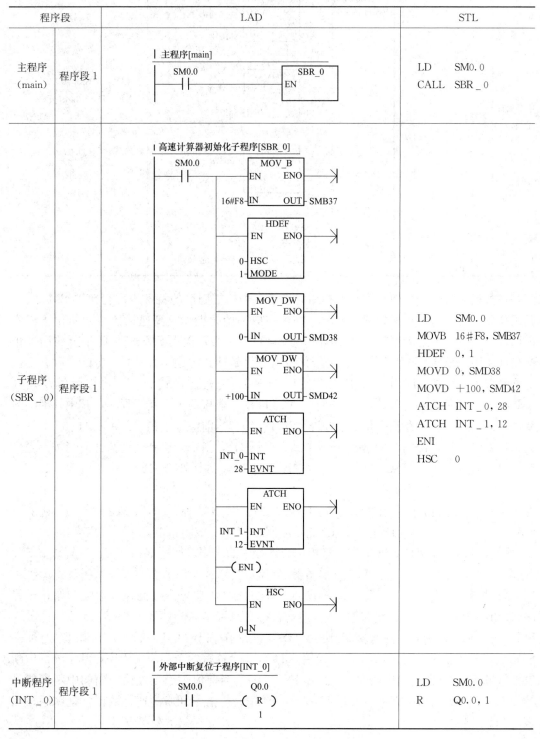

程序段		LAD	STL
主程序 （main）	程序段 1	主程序[main] SM0.0 —— SBR_0 EN	LD SM0.0 CALL SBR_0

子程序
（SBR_0）
	程序段 1	高速计算器初始化子程序[SBR_0]
		MOV_B / HDEF / MOV_DW / MOV_DW / ATCH / ATCH / (ENI) / HSC
			LD SM0.0
			MOVB 16#F8, SMB37
			HDEF 0, 1
			MOVD 0, SMD38
			MOVD +100, SMD42
			ATCH INT_0, 28
			ATCH INT_1, 12
			ENI
			HSC 0

中断程序 （INT_0）	程序段 1	外部中断复位子程序[INT_0] SM0.0 —— Q0.0 (R) 1	LD SM0.0 R Q0.0, 1

程序段		LAD	STL

中断程序
(INT_1)
	程序段 1	当前值等于预置值中断子程序[INT_1]
		
		SM0.0 ├┤├─── MOV_DW (EN ENO), +0-IN OUT-SMD38
		
		MOV_B (EN ENO), 16#C0-IN OUT-SMB37
		
		HSC (EN ENO), 1-N
		
		Q0.0 ─(S)─ 1
			LD SM0.0
			MOVD +0, SMD38
			MOVB 16#C0, SMB37
			HSC 1
			S Q0.0, 1

在主程序 (main) 中，用首次扫描时接通 1 个扫描周期的特殊内部存储器 SM0.1 来调用高速计数器初始化子程序 (SBR_0)，完成初始化操作。高速计数器初始化子程序 (SBR_0) 中，首先将控制字节 16#F8 (2#11111000) 送入 SMB37，此字节的设置包括允许使用 HSC0、更新当前值、更新预设值、更新计数方向、加计数、4 倍计数、复位高电平有效；设置 HDEF，将其指定使用 HSC0，工作在模式 1 下；将初始值 0 写入 SMD38；预置值 100 写入 SMD42；使用 ATCH 指令连接两个中断子程序，其中外部中断复位 (I0.2) 子程序的中断事件号为 28 (INT_0)，当前值等于预置值中断的中断事件号为 12 (INT_1)；使用 ENI 指令开启中断；使用 HSC 指令开启高速计数器。当按下复位按钮时，高速计数器 HSC0 复位，产生中断事件 28，执行外部中断复位子程序 (INT_0)，将输出端 Q0.0 复位，指示灯熄灭。如果当前计数值大于或等于 100 时，产生中断事件 12，执行当前值等于预置值中断子程序 (INT_1)，对 HSC0 重新写入控制字节 SMB37，启动 HSC0，预置值、计数方向等不变，Q0.0 线圈得电，指示灯点亮。

【例 5-72】　高速计数器指令在双相正交计数中的应用。使用双相正交高速计数 HSC2 (两路脉冲输入的双相正交计数，工作在模式 10) 实现例 5-71 所示功能。

【分析】　本例程序与例 5-71 编写的程序不同之处主要体现在高速计数器初始化子程序 (SBR_0) 中，在此 SBR_0 中，首先将控制字节 16#F8 (2#11111000) 送入 SMB57；设置 HDEF，将其指定使用 HSC2，工作在模式 10 下；将初始值 0 写入 SMD58；预置值 100 写入 SMD62；使用 ATCH 指令连接两个中断子程序，其中外部中断复位 (I0.5) 子程序的中断事件号为 18 (INT_0)，当前值等于预置值中断的中断事件号为 16 (INT_1)；使用 ENI 指令开启中断；使用 HSC 指令开启高速计数器，程序编写见表 5-142。

表 5-142　　　　　　　　　　**高速计数器指令在单相计数中的应用程序**

程序段		LAD	STL
主程序 （main）	程序段 1	主程序(main) SM0.0 —[ ]— SBR_0 　　　　　　　　EN	LD　　SM0.0 CALL　SBR _ 0
子程序 （SBR _ 0）	程序段 1	高速计数器初始化子程序(SBR_0) SM0.0 —[ ]— 　MOV_B 　EN　ENO 16#F8—IN　OUT—SMB57 　HDEF 　EN　ENO 2—HSC 10—MODE 　MOV_DW 　EN　ENO 0—IN　OUT—SMD58 　MOV_DW 　EN　ENO +100—IN　OUT—SMD62 　ATCH 　EN　ENO INT_0—INT 18—EVNT 　ATCH 　EN　ENO INT_1—INT 16—EVNT —(ENI) 　HSC 　EN　ENO 0—N	LD　　SM0.0 MOVB　16＃F8，SMB57 HDEF　1，10 MOVD　0，SMD58 MOVD　＋100，SMD62 ATCH　INT _ 0，18 ATCH　INT _ 1，16 ENI HSC　　0
中断程序 （INT _ 0）	程序段 1	外部中断复位子程序(INT_0) SM0.0 —[ ]— Q0.0 　　　　　　—(R)— 　　　　　　　1	LD　　SM0.0 R　　　Q0.0，1

255

续表

程序段		LAD	STL
中断程序 （INT_1）	程序段 1	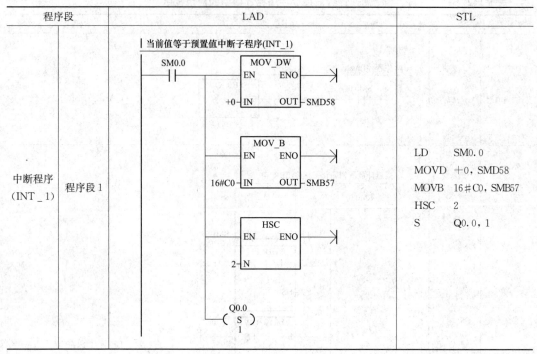	LD SM0.0 MOVD +0，SMD58 MOVB 16♯C0，SMB57 HSC 2 S Q0.0，1

5.13　高速脉冲指令

高速脉冲输出功能是指在可编程控制器的某些输出端有高速脉冲输出，用来驱动负载以实现精确控制进行高精度的控制，例如利用输出的脉冲对步进电机进行控制。

5.13.1　高速脉冲指令说明

在 S7-200 SMART 系列 PLC 中 CPU SR30/40/60、CPU ST30/40/60 有 3 有 3 个高速脉冲串输出 PTO（Pulse Train Output）和脉冲宽度调制输出 PWM（Pulse Width Modulation）发生器，分别通过数字量输出点 Q0.0、Q0.1 或 Q0.3 输出高速脉冲串或脉冲宽度可调的波形。CPU SR20、CPU ST20 只有 Q0.0 和 Q0.1 输出高速脉冲串或脉冲宽度可调的波形。

脉冲宽度与脉冲周期之比称为占空比，PTO 可以输出一串占空比为 50% 的脉冲，用户也可以控制脉冲的周期和脉冲数目。周期的单位可选用μs 或 ms，周期范围为 50～65 536μs 或 2～65 536ms，脉冲计数范围为 1～2 147 483 647。

PWM 提供连续的、周期与脉冲宽度可以由用户控制的输出脉冲，周期的单位可选用μs 或 ms，周期变化范围为 10～65 536μs 或 2～65 536ms，脉冲宽度变化范围为 0～65 536μs 或 0～65 536ms。当指定的脉冲宽度值大于周期值时，占空比为 100%，输出连续接通。当脉冲宽度为 0 时，占空比为 0%，输出断开。

高速脉冲输出 PLS 指令检查为脉冲输出（Q0.0、Q0.1 和 Q0.3）设置的特殊存储器位 SM，然后执行特殊存储器位定义的脉冲操作，指令格式见表 5-143。

表 5-143　　　　　　　　　　　高速脉冲输出 PLS 指令格式

指令	LAD	STL	操作数
PLS	PLS —EN　　ENO— —N	PLSN	N 为常数，N＝0 选择 Q0.0；N＝1 选择 Q0.1；N＝2 选择 Q0.3

5.13.2　高速脉冲输出控制相关特殊寄存器

在 S7-200 SMART 中，每个 PTO 或 PWM 输出都对应一些 SM 特殊寄存器，如 1 个 8 位的状态字节、1 个 8 位的控制字节、2 个 16 位的时间寄存器、1 个 32 位的脉冲计数器、1 个 8 位的段数寄存器和 1 个 16 位的偏移地址寄存器。通过这些特殊的寄存器，可以控制高速脉冲输出的工作状态、输出形式以及设置各种参数。

1. 高速脉冲输出的状态字节

PTO 输出时，Q0.0、Q0.1 或 Q0.3 是否空闲、是否产生溢出、是否由用户命令而终止、是否增量计算错误而终止等，都通过状态字节来描述，见表 5-144。Q0.0 的 SMB66.0～SMB66.3、Q0.1 的 SMB76.0～SMB76.3 和 Q0.3 的 SMB566.0～SMB566.3 特殊寄存器位没有使用。

表 5-144　　　　　　　　　　　高速脉冲输出的状态字节

Q0.0	Q0.1	Q0.0	功能描述
SMB66.4	SMB76.4	SMB566.4	PTO 包络由于增量计算错误而终止：0，无错误；1，终止
SMB66.5	SMB76.5	SMB566.5	PTO 包络由于用户命令而终止：0，无错误；1，终止
SMB66.6	SMB76.6	SMB566.6	PTO 管线溢出：0，无溢出；1，上溢/下溢
SMB66.7	SMB76.7	SMB566.7	PTO 空闲：0，执行中；1，PTO 空闲

2. 高速脉冲输出的控制字节

高速脉冲输出的控制字节通过设置特殊寄存器 SMB67、SMB77 和 SMB567 的相关位可定义 PTO/PWM 的输出形式、时间基准、更新方式、PTO 的单段或多段输出选择等，这些位的默认值为 0，特殊寄存器的设置见表 5-145。为方便使用，列出 PTO/PWM 的参考控制字节见表 5-146。

表 5-145　　　　　　　　　　　高速脉冲输出的控制字节

Q0.0	Q0.1	Q0.3	功能描述
SMB67.0	SMB77.0	SMB567.0	PTO/PWM 更新频率/周期值：0，不更新；1，更新频率/周期值
SMB67.1	SMB77.1	SMB567.1	PWM 更新脉冲宽度值：0，不更新；1，更新脉冲宽度值
SMB67.2	SMB77.2	SMB567.2	PTO 更新脉冲计数值：0，不更新；1，更新脉冲计数值
SMB67.3	SMB77.3	SMB567.3	PTO/PWM 时间基准选择：0，1μs/时标；1，1ms/刻度
SMB67.4	SMB77.4	SMB567.4	保留
SMB67.5	SMB77.5	SMB567.5	PTO 操作：0，单段操作；1，多段操作
SMB67.6	SMB77.6	SMB567.6	PTO/PWM 模式选择：0，选择 PWM；1，选择 PTO
SMB67.7	SMB77.7	SMB567.7	PTO/PWM 使能控制：0，禁止；1，启用

表 5-146 PTO/PWM 的参考控制字节

控制寄存器	启用	PLS 指令的执行结果					
		模式	PTO 操作	时基	脉冲计数	脉冲宽度	周期时间/频率
16#80	是	PWM		1μs/周期			
16#81	是	PWM		1μs/周期			更新周期时间
16#82	是	PWM		1μs/周期		更新	
16#83	是	PWM		1μs/周期		更新	更新周期时间
16#88	是	PWM		1ms/周期			
16#89	是	PWM		1ms/周期			更新周期时间
16#8A	是	PWM		1ms/周期		更新	
16#8B	是	PWM		1ms/周期		更新	更新周期时间
16#C0	是	PTO	单段				
16#C1	是	PTO	单段				更新频率
16#C4	是	PTO	单段		更新		
16#C5	是	PTO	单段		更新		更新频率
16#E0	是	PTO	多段				

3. 其他相关的特殊寄存器

在 S7-200 SMART 的高速脉冲输出控制中还有其他相关的特殊寄存器用于存储周期值、脉冲宽度值、PTO 脉冲计数值、多段 PTO 进行中的段数等,设置见表 5-147。

表 5-147 高速脉冲输出的其他相关特殊寄存器

Q0.0	Q0.1	Q0.3	功能描述
SMW68	SMW78	SMW568	PTO/PWM 周期值(范围:2~65 536)
SMW70	SMW80	SMW570	PWM 脉冲宽度值(范围:0~65 536)
SMD72	SMD82	SMD572	PTO 脉冲计数值(范围:1~2 147 483 647)
SMB166	SMB176	SMB576	进行中的段数(仅限多段 PTO 操作)
SMW168	SMW178	SMW578	包络表的起始位置,用从 V0 开始的字节偏移表示(仅限多段 PTO 操作)

5.13.3 PTO 的工作模式及使用步骤

图 5-20 PTO 输出方波

PTO 是以指定频率和指定脉冲数量提供 50% 占空比的方波,如图 5-20 所示。其脉冲数为 1~2 147 483 647,频率为 1~100 000Hz(多段)或 1~65 535Hz(单段)。

1. 工作模式

PTO 允许脉冲串"排队",以保证脉冲输出的连续进行,形成管线,也支持在未发完脉冲串时,立刻终止脉冲输出。如果要控制输出脉冲的频率(如步进电机的速度/频率控制),须将频率转换为 16 位无符号数周期值。为保证

50％的占空比，周期值设定为偶数，否则会引起输出波形占空比的失真。根据管线的实现方式不同，PTO 分为单段管线和多段管线两种工作模式。

（1）单段管线模式。PTO 单段管线模式中，每次只能存储一个脉冲串的控制参数。在当前脉冲串输出期间，需要为下 1 个脉冲更新 SM 特殊寄存器。初始 PTO 段一旦启动了，就必须按照第 2 个波形的要求改变特殊寄存器，并再次执行 PLS 指令。第 2 个脉冲串的属性在管线中一直保持到第 1 个脉冲器发送完成。在管线中一次只能存储一段脉冲器的属性，当第 1 个脉冲器发送完成后，接着输出第 2 个波形，此时管线可以用于下一个新的脉冲串，这样可实现多段脉冲串的连续输出。

单段管线模式中的各段脉冲串可以采用不同的时间基准，但是当参数设置不恰当时，会造成各个脉冲串之间的连接不平稳且使编程复杂烦琐。

（2）多段管线模式。PTO 多段管线模式中，在变量存储区 V 建立一个包络表，包络表存放每个脉冲器的参数。执行 PLS 指令时，CPU 自动从 V 存储器区包络表中读出每个脉冲串的参数。多段管线 PTO 常用于步进电机的控制。

包络是一个预先定义的以位置为横坐标、以速度为纵坐标的曲线，它是运动的图形描述。包络表由包络段数和各段构成，每段长度为 8 个字节，由 16 位周期增量值和 32 位脉冲个数值组成，其格式见表 5-148。选择多段操作时，必须装入包络表在 V 存储器中的起始地址偏移量（SMW168、SMW178 或 SMW578）。

表 5-148　　　　　　　　　　　多段 PTO 包络表的格式

字节偏移量	包络段数	存储说明
VBn		包络表中的段数 1～255（输入 0 作为脉冲的段数将不产生 PTO 输出）
VDn+1	段 1	段 1 起始频率（1～100 000Hz）
VDn+5		段 1 结束频率（1～100 000Hz）
VDn+9		段 1 脉冲数（1～2 147 483 647）
VDn+13	段 2	段 2 起始频率（1～100 000Hz）
VDn+17		段 2 结束频率（1～100 000Hz）
VDn+21		段 2 脉冲数（1～2 147 483 647）
VDn+25	段 3	段 3 起始频率（1～100 000Hz）
VDn+29		段 3 结束频率（1～100 000Hz）
VDn+33		段 3 脉冲数（1～2 147 483 647）
（依此类推）	段 4	（依此类推）

多段管线 PTO 具有编程简单，能够按照程序设定的周期增量值自动增减脉冲周期，周期增量值为正值就增加周期，周期增量值为负值就减少周期，周期增量值为 0 则周期不变。多段管线 PTO 中所有脉冲串的时间基准必须一致，当执行 PLS 指令时，包络表中的所有参数均不能改变。

2. PTO 的使用步骤

使用高速脉冲串输出时，需按以下步骤完成：

（1）确定脉冲发生器及工作模式。根据控制要求选用高速脉冲串输出端，并选择

PTO，确定 PTO 是单段管线模式还是多段管线模式。若要求有多个脉冲串连续输出时，通过选择多段管线模式。

（2）按照控制要求设置控制字节，并写入 SMB67、SMB77 或 SMB567 中。

（3）写入周期表、周期增量和脉冲数。如果使用单段脉冲，周期表、周期增量和脉冲数需分别设置；若采用多段脉冲，则需建立多段脉冲包络表，并对各段参数分别设置。

（4）装入包络表的首地址。

（5）设置中断事件并全局开中断。

（6）执行 PLS 指令，使 S7-200 SMART CPU 对 PTO 确认设置。

5.13.4　PWM 操作

1. PWM 的更新方法

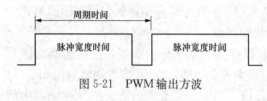

图 5-21　PWM 输出方波

PWM 提供 3 条通道，这些通道允许占空比可变的固定周期时间输出（如图 5-21 所示），通过同步更新和异步更新可改变 PWM 输出波形特性。其周期时间为 $10 \sim 65\,535\mu s$ 或 $2 \sim 65\,535ms$；脉冲宽度时间为 $0 \sim 65\,535\mu s$ 或 $0 \sim 65\,535ms$。

如果不需要改变 PWM 时间基准，就可以进行同步更新。执行同步更新时，波形的变化发生在周期边沿，形成平滑转换。

PWM 的典型操作是当周期时间保持常数时变化脉冲宽度，所以不需改变时间基准，但是，如果需要改变 PWM 时间基准时，就必须采用异步更新。异步更新会造成 PWM 功能被瞬时禁止，和 PWM 波形不同步而引起被控设备的振动，因此通常选用一个适合于所有周期时间的时间基准进行 PWM 同步更新。

2. PWM 的使用步骤

使用 PWM 时，需按以下步骤完成：

（1）根据控制要求选用高速脉冲输出端，并选择 PWM 模式。

（2）按照控制要求设置控制字节，并写入 SMB67、SMB77 或 SMB567 中。

（3）按控制要求将脉冲周期值写入 SMW68、SMW78 或 SMW568，脉宽值写入 SMW70、SMW80 或 SMW570 中。

（4）执行 PLS 指令，使 S7-200 SMART CPU 对 PTO 确认设置。

5.13.5　高速脉冲指令的应用

【例 5-73】　CPU 模块输出单段 PTO 脉冲串。要求从 CPU 模块的 Q0.0 端输出单段 PTO 脉冲串，先输出周期为 100ms 的 8 个脉冲，再输出周期为 600ms 的 8 个脉冲，然后又输出周期为 100ms 的 8 个脉冲……重复执行。

【分析】　假设使用 I0.0 的上升沿启动 PTO 脉冲输出，I0.1 上升沿停止 PTO 脉冲串输出。本例可由主程序（main）、高速脉冲输出 PTO 初始子程序（SBR_0）和 PTO 脉冲输出中断程序（INT_0）构成，编写程序见表 5-149。在主程序（main）中，I0.0 发生上升沿跳变时，调用高速脉冲输出 PTO 初始子程序（SBR_0）；I0.1 发生上升沿跳变时，执行关中断指令 DISI，使 CPU 模块停止输出 PTO 脉冲串。在高速脉冲输出 PTO 初始子程序（SBR_0）中，首先将控制字节 16#CD（2#11001101）送入 SMB67，此字节的设置包括启动 PTO，单段 PTO 操作，1ms 刻度，允许 PTO 更新脉冲计数值，PTO 更新频率/周期值；将周期值 100 写入 SMW68 中；PTO 脉冲计数值 8 写入 SMD72；使用 ATCH 连接 PTO 中断，其中断事件号为 19；使用 ENI 开启中断；使用 Q0.0 输出高速脉冲输出。在 PTO 脉冲输出中断程序（INT_0）中，先判断 SMW68 中的内容是否等于 100，若是将周期值 600 送入 SMW68 中，并返回中断；然后再判断 SMW68 中的内容是否等于 600，若是将周期值 100 送入 SMW68 中，并返回中断。

表 5-149　　　　　　　　　　　　CPU 模块输出单段 PTO 脉冲串的程序

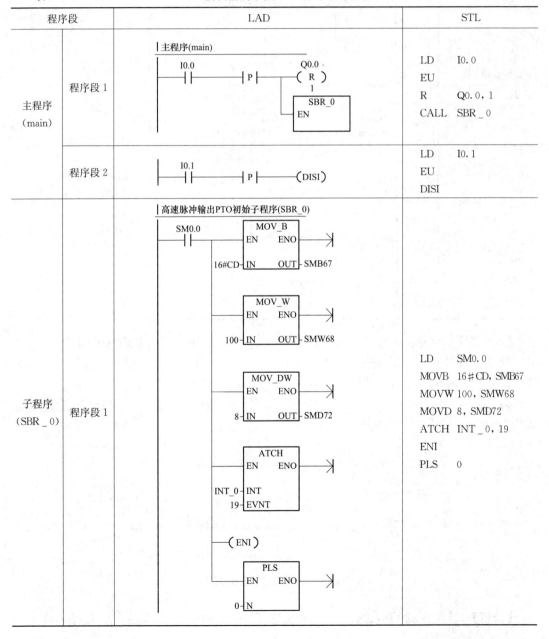

程序段	LAD	STL
中断程序 (INT_0)	**程序段 1** PTO脉冲输出中断程序(INT_0) SMW68 ==I 100 — MOV_W (EN ENO), +600 — IN OUT — SMW68 PLS (EN ENO), 0 — N (RETI)	LDW= SMW68, 100 MOVW +600, SMW68 PLS 0 CRETI
	程序段 2 SMW68 ==I 600 — MOV_W (EN ENO), +100 — IN OUT — SMW68 PLS (EN ENO), 0 — N (RETI)	LDW= SMW68, 600 MOVW +100, SMW68 PLS 0 CRETI

【例 5-74】 步进电动机 PTO 多段高速控制。某步进电动机的控制过程如图 5-22 所示，从 A 点加速到 B 点后匀速运行，又从 C 点开始减速到 D 点，完成这一过程用指示灯显示。电动机的转动受 Q0.0 脉冲控制，A 点和 D 点脉冲频率为 2kHz，B 点和 C 点脉冲频率为 10kHz，加速过程有脉冲数为 400 个，匀速转动的脉冲数为 4000 个，减速过程脉冲数为 200 个。

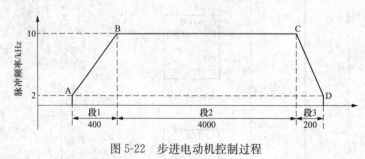

图 5-22　步进电动机控制过程

【分析】 从图 5-22 可看出，步进电机分段 1、段 2 和段 3 这 3 段运行。起始和终止脉冲频率为 2kHz（周期为 500μs），最大脉冲频率为 10KHz（周期为 100μs）。步进电机总共运行了 4600 个脉冲数，其中段 1 为加速运行，有 400 个脉冲数；段 2 为匀速运行，有 4000 个脉冲数；段 3 为减速运行，有 200 个脉冲数。根据以下公式，写出如表 5-150 所示的包络表（以 VB300 开始作为包络表存储单元）。程序中用传送指令可将表中的数据传送 V 变量存储区中。

$$段周期增量＝（段终止周期－段初始周期）/ 段脉冲数$$

表 5-150　　　　　　　　　　　　　　　步进电机控制包络表

字节偏移量	包络段数	实数功能	参数值	存储说明
VB300	段数	决定输出脉冲串数	3	包络表共 3 段
VW301	段 1	电动机加速运行阶段	500μs	段 1 初始周期
VW303			−1μs	段 1 脉冲周期增量
VD305			500	段 1 脉冲数
VW309	段 2	电动机恒速运行阶段	100μs	段 2 初始周期
VW311			0	段 2 脉冲周期增量
VD313			4000	段 2 脉冲数
VW317	段 3	电动机减速运行阶段	100μs	段 3 初始周期
VW319			2μs	段 3 脉冲周期增量
VD321			200	段 3 脉冲数

本例可由主程序（main）、高速计数器初始化子程序（SBR_0）、PTO 多段设置子程序（SBR_1）和指示灯点亮中断程序（INT_0）构成，编写程序见表 5-151。

在主程序（main）中，CPU 模块一上电，调用高速计数器初始化子程序（SBR_0）。在高速计数器初始化子程序（SBR_0）中，首先将控制字节 16♯A0（2♯10100000）送入 SMB67，此字节的设置包括允许 PTO 功能、选择 PTO 操作、选择多段操作，以及选择时基为微秒，不允许更新周期和脉冲数；包络表起始地址 SMW168 设置为 300（即 VB300）；调用 PTO 多段设置子程序（SBR_1）；使用 ATCH 指令连接 PTO0 脉冲计数完成中断（中断事件号为 19），当脉冲计数完成后用来点亮指示灯；使用 ENI 指令开启中断；使用 PLS 指令开启高速脉冲输出，控制步进电动机运行。

PTO 多段设置子程序（SBR_1）中，程序段 1 为段 1 的设置，CPU 模块一上电时，将 3 送入 VB300，设置包络表为 3 段；将 500 送入 VW301，设置段 1 初始周期为 500μs；将−1 送入 VW303，设置段 1 脉冲周期增量为−1μs；将 400 送入 VD305，设置段 1 为 400 个脉冲；程序段 2 为段 2 的设置，CPU 模块一上电时，将 100 送入 VW309，设置段 2 初始周期为 100μs；将 0 送入 VW311，设置段 2 脉冲周期增量为 0μs；将 4000 送入 VD313，设置段 2 为 4000 个脉冲；程序段 3 为段 3 的设置，CPU 模块一上电时，将 100 送入 VW317，设置段 3 初始周期为 100μs；将 2 送入 VW319，设置段 3 脉冲周期增量为 2μs；将 200 送入 VD321，设置段 3 为 200 个脉冲。

一旦完成的所有脉冲的输出，将激活中断事件 19，执行指示灯点亮中断程序（INT_0），在该程序中完成指示灯的点亮。

表 5-151　　　　　　　　　　　　**步进电动机 PTO 多段高速控制程序**

程序段		LAD	STL
主程序 （main）	程序段 1	| 主程序(main) SM0.0　　Q0.1 ─┤├──（R） 　　　　　　1 　　　　　　　　　SBR_0 　　　　　　　　　EN	LD　　SM0.0 R　　　Q0.1，1 CALL　SBR_0
子程序 （SBR_0）	程序段 1	| 高速计数器初始化子程序(SBR_0) SM0.0　　　　MOV_B ─┤├────EN　ENO─ 　　16#A0─IN　OUT─SMB67 　　　　　　　MOV_W 　　　　────EN　ENO─ 　　300─IN　OUT─SMW168 　　　　　　　SBR_1 　　　　────EN 　　　　　　　ATCH 　　　　────EN　ENO─ 　INT_0─INT 　　19─EVNT 　──（ENI）── 　　　　　　　PLS 　　　　────EN　ENO─ 　　0─N	LD　　SM0.0 MOVB　16#A0，SMB67 MOVW　300，SMW168 CALL　SBR_1 ATCH　INT_0，19 ENI PLS　　0
子程序 （SBR_1）	程序段 1	| PTO多段设置子程序(SBR_1) 设置PTO的段1 SM0.0　　　　MOV_B ─┤├────EN　ENO─ 　　3─IN　OUT─VB300 　　　　　　　MOV_W 　　　　────EN　ENO─ 　+1000─IN　OUT─VW301 　　　　　　　MOV_W 　　　　────EN　ENO─ 　　-1─IN　OUT─VW303 　　　　　　　MOV_DW 　　　　────EN　ENO─ 　400─IN　OUT─VD305	LD　　SM0.0 MOVB　3，VB300 MOVW　+1000，VW301 MOVW　-1，VW303 MOVD　400，VD305

续表

程序段		LAD	STL
子程序 (SBR_1)	程序段 2	设置PTO的段2 SM0.0 — MOV_W EN ENO, +100 IN OUT VW309 MOV_W EN ENO, 0 IN OUT VW311 MOV_DW EN ENO, 4000 IN OUT VD313	LD　　SM0.0 MOVW　+100, VW309 MOVW　0, VW311 MOVD　4000，VD313
	程序段 3	设置PTO的段3 SM0.0 — MOV_W EN ENO, +100 IN OUT VW317 MOV_W EN ENO, +2 IN OUT VW319 MOV_DW EN ENO, 200 IN OUT VD321	LD　　SM0.0 MOVW　+100, VW317 MOVW　+2, VW319 MOVD　200，VD321
中断程序 (INT_0)	程序段 1	指示灯点亮中断程序(INT_0) SM0.0　　Q0.1 —│├——( )	LD　　SM0.0 =　　Q0.1

【例 5-75】 使用 PWM 实现从 Q0.1 输出周期递增的高速脉冲，要求脉冲的初始宽度为 100ms，周期固定为 10s，脉冲宽度每周期递增 10ms，当脉宽达到 150ms，脉冲又恢复初始宽度重新上述过程。

【分析】 因为每个周期都有操作，所以须把 Q0.1 连接到 I0.0，采用 I0.0 上升沿中断的方法完成脉冲宽度的递增。在中断程序中，实现脉宽递增。在子程序中完成 PWM 的初始化操作，选用输出端为 Q0.1，控制字节为 SMB77，控制字设定为 16#DA（允许 PWM 输出，Q0.1 为 PWM 方式，同步更新，时基为 ms，允许更新脉宽，不允许更新周期)。Q0.1 输出周期递增高速脉冲的程序见表 5-152。

表 5-152   Q0.1 输出周期递增高速脉冲的程序

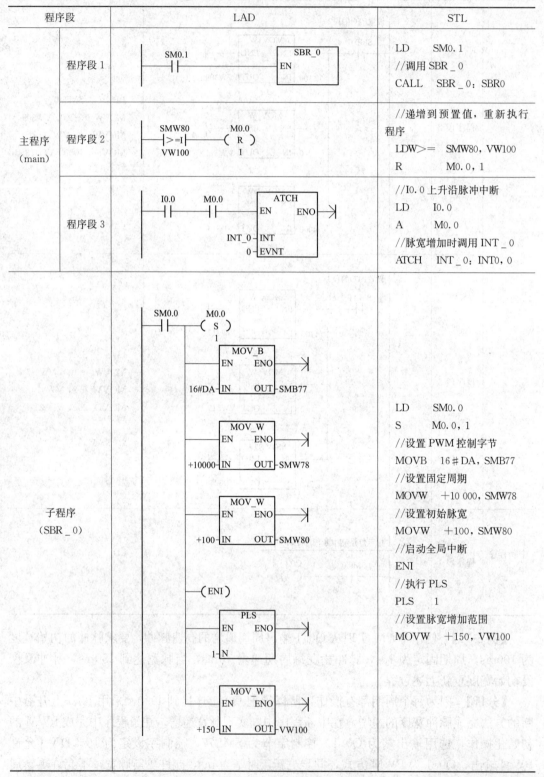

程序段		LAD	STL
主程序 (main)	程序段 1	SM0.1 —[ ]— SBR_0 EN	LD SM0.1 //调用 SBR_0 CALL SBR_0: SBR0
	程序段 2	SMW80 —[>=I]— M0.0 —(R)— VW100 1	//递增到预置值，重新执行 程序 LDW>= SMW80, VW100 R M0.0, 1

	程序段 3	I0.0 —[ ]— M0.0 —[ ]— ATCH EN ENO INT_0-INT 0-EVNT	//I0.0 上升沿脉冲中断
			LD I0.0
			A M0.0
			//脉宽增加时调用 INT_0
			ATCH INT_0: INT0, 0

子程序
(SBR_0)
		SM0.0 —[ ]— M0.0 —(S)— 1
		MOV_B EN ENO 16#DA-IN OUT-SMB77
		MOV_W EN ENO +10000-IN OUT-SMW78
		MOV_W EN ENO +100-IN OUT-SMW80
		—(ENI)
		PLS EN ENO 1-N
		MOV_W EN ENO +150-IN OUT-VW100
			LD SM0.0
			S M0.0, 1
			//设置 PWM 控制字节
			MOVB 16♯DA, SMB77
			//设置固定周期
			MOVW +10 000, SMW78
			//设置初始脉宽
			MOVW +100, SMW80
			//启动全局中断
			ENI
			//执行 PLS
			PLS 1
			//设置脉宽增加范围
			MOVW +150, VW100

程序段	LAD	STL

中断程序
（INT _ 0）
	SM0.0 —| |— ADD_I [EN ENO] +10–IN1 OUT–SMW80 SMW80–IN2
	
	PLS [EN ENO] 1–N
	
	DTCH [EN ENO] 0–EVNT
		LD　　SM0.0
		//M0.0 为 ON 时，脉宽递增
		+I　　+10，SMW80
		//PWM 输出 Q0.1
		PLS　　1
		//关中断
		DTCH　　0

【例 5-76】　使用 PWM 实现从 Q0.0 输出周期递增与递减的高速脉冲，要求脉冲的初始宽度为 500ms，周期固定为 5s，脉冲宽度每周期递增 500ms，当脉宽达到 4.5s 时，脉宽改为每周期递减 500ms，直到脉宽减为 0。以上过程重复执行。

【分析】　因为每个周期都有操作，所以须把 Q0.0 连接到 I0.0，采用 I0.0 上升沿中断的方法完成脉冲宽度的递增和递减。编写两个中断程序，一个中断程序实现脉宽递增（INT _ 0），一个中断程序实现脉宽递减（INT _ 1），并设置标志位 M0.0。在初始化操作时使 M0.0 置位，执行脉宽递增中断程序。当脉宽达到 4.5s 时，使 M0.0 复位，执行脉宽递减中断程序。在子程序中完成 PWM 的初始化操作，选用输出端为 Q0.0，控制字节为 SMB67，控制字设定为 16♯DA（允许 PWM 输出，Q0.1 为 PWM 方式，同步更新，时基为 ms，允许更新脉宽，不允许更新周期）。Q0.0 输出周期递增与递减高速脉冲的程序见表 5-153。

表 5-153　　　　　　　　　　Q0.0 输出周期递增与递减高速脉冲的程序

程序段		LAD	STL
主程序 （main）	程序段 1	SM0.1 —| |— [SBR_0 EN]	LD　　SM0.1 //调用 SBR _ 0 CALL　　SBR _ 0：SBR0
	程序段 2	SMW80 —|>=I|— M0.0 —(R)— VW100　　　　　1	//递增到预置值，重新执行程序 LDW>=　SMW80，VW100 R　　M0.0，1

267

程序段		LAD	STL

主程序
（main）
	程序段 3		//I0.0 上升沿脉冲中断
			LD I0.0
			A M0.0
			//脉宽增加时调用 INT _ 0
			ATCH INT _ 0：INT0, 0

	程序段 4		//I0.0 上升沿脉冲中断
			LD I0.0
			AN M0.0
			//脉宽增加时调用 INT _ 1
			ATCH INT _ 1：INT1, 0

子程序
（SBR _ 0）
			LD SM0.0
			S M0.0, 1
			//设置 PWM 控制字节
			MOVB 16♯DA，SMB67
			//设置固定周期
			MOVW +10 000，SMW68
			//设置初始脉宽
			MOVW +100，SMW70
			//启动全局中断
			ENI
			//执行 PLS
			PLS 0

程序段	LAD	STL

中断程序 INT_0		LD　　SM0.0
		//脉宽递增 500ms
		＋I　　＋10，SMW70
		//PWM 输出 Q0.0
		PLS　　1
		//关中断
		DTCH　　0

INT_1		LD　　SM0.0
		//脉宽递减 500ms
		－I　　＋10，SMW70
		//PWM 输出 Q0.0
		PLS　　1
		//关中断
		DTCH　　0

第6章 数字量控制系统梯形图的设计方法

数字量控制系统又称为开关量控制系统，传统的继电-接触器控制系统就是典型的数字量控制系统。采用梯形图及指令表方式编程是可编程控制器最基本的编程方式，它采用的是常规控制电路的设计思想，所以广大电气工作者均采用这些方式进行 PLC 系统的设计。

6.1 梯形图设计方法

梯形图的设计方法主要包括根据继电-接触器电路图设计法、经验设计法和顺序控制设计法，本节讲述前两种设计方法。

6.1.1 翻译法设计梯形图

将经过验证的继电-接触器电路直接转换为梯形图，这种方法被称为翻译设计法。实质上也就是 PLC 替代法，其基本思想是：根据表 6-1 所示的继电-接触器控制电路符号与梯形图电路符号的对应情况，将原有电气控制系统输入信号及输出信号作为 PLC 的 I/O 点，原来由继电-接触器硬件完成的逻辑控制功能由 PLC 的软件-梯形图及程序替代完成。下面以三相异步电动机的正反转控制为例，讲述其替代过程。下面以三相异步电动机的正反转控制为例，讲述其替代过程。

表 6-1　　　　　继电-接触器控制电路符号与梯形图电路符号的对应情况

梯形图电路			继电-接触器电路	
元件	符号	常用地址	元件	符号
常开触点	─┤├─	I、Q、M、T、C	按钮、接触器、时间继电器、中间继电器的常开触点	
常闭触点	─┤/├─	I、Q、M、T、C	按钮、接触器、时间继电器、中间继电器的常闭触点	
线圈	─( )─	Q、M	接触器、中间继电器线圈	

梯形图电路			继电-接触器电路	
元件	符号	常用地址	元件	符号
定时器	T××× —IN　　TON —PT　　???ms	T	时间继电器	⊠▬　▮▬
功能框 计数器	C××× —CU　　CTU —R —PV	C	无	无

【例 6-1】 翻译法设计三相异步电动机的正反转。

1. 传统三相异步电动机的正反转控制原理分析

传统继电器-接触器的正反转控制电路原理图如图 6-1 所示。合上隔离开关 QS，按下正向启动按钮 SB2 时，KM1 线圈得电，主触头闭合，电动机正向启动运行。若需反向运行时，按下反向启动按钮，其常闭触点打开切断 KM1 线圈电源，电动机正向运行电源切断，同时 SB3 的常开触点闭合，使 KM2 线圈得电，KM2 的主触头闭合，改变了电动机的电源相序，使电动机反向运行。电动机需要停止运行时，只需按下停止按钮 SB1 即可实现。

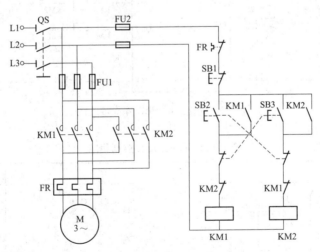

图 6-1　传统继电器-接触器的正反转控制电路原理图

2. 翻译法实现三相异步电动机的正反转控制

通过 PLC 实现三相异步电动机的正反转控制时，需要停止按钮 SB1、正转启动按钮 SB2、反转启动按钮 SB3、还需要 PLC、正转接触器 KM1、反转接触器 KM2、三相异步交流电动机 M 和热继电器 FR 等。

PLC 程序采用翻译法实现三相异步电动机的正反转控制时，其转换步骤如下。

（1）将继电-接触器式正反转控制辅助电路的输入开关逐一改接到 PLC 的相应输入

端;辅助电路的线圈逐一改接到 PLC 的相应输出端,如图 6-2 所示。

(2) 将继电-接触器式正反转控制辅助电路中的触点、线圈逐一转换成 PLC 梯形图虚拟电路中的虚拟触点、虚线线圈,并保持连接顺序不变,但要将虚拟线圈之右的触点改接到虚拟线圈之左。

(3) 检查所得 PLC 梯形图虚拟电路是否满足要求,如果不满足应做局部修改。

实际上,用户可以将图 6-2 进行优化:①可以将 FR 热继电器改接到输出,这样节省了一个输入端口;②另外 PLC 外部输出电路中还必须对正反转接触器 KM1 与 KM2 进行"硬互锁",以避免正反转切换时发生短路故障。因此,优先后的 PLC 接线图如图 6-3 所示,编写程序见表 6-2 所示。

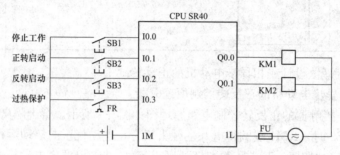

图 6-2 正反转控制的 PLC 外部接线图

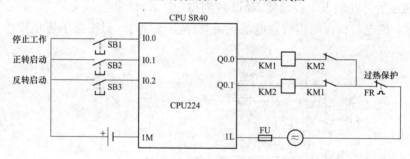

图 6-3 优化后的 PLC 外部接线图

表 6-2   翻译法编写的正反转控制程序

程序段	LAD	STL
程序段 1	I0.1 I0.0 I0.2 Q0.1 (Q0.0) Q0.0	LD I0.1 O Q0.0 AN I0.0 AN I0.2 AN Q0.1 = Q0.0
程序段 2	I0.2 I0.0 I0.1 Q0.0 (Q0.1) Q0.1	LD I0.2 O Q0.1 AN I0.0 AN I0.1 AN Q0.0 = Q0.1

程序段 1 为正向运行控制,按下正转启动按钮 SB2,I0.1 触点闭合,Q0.0 线圈输出,控制 KM1 线圈得电,使电动机正转启动运行,Q0.0 的常开触点闭合,形成自锁。

程序段 2 为反向运行控制，按下反转启动按钮 SB3，I0.2 的常开触点闭合，I0.2 的常闭触点打开，使电动机反转启动运行。不管电动机是在正转还是反转，只要按下停止按钮 SB1，I0.0 常闭触点打开，都将切断电动机的电源，从而实现停车。

3. 程序仿真

在 S7_200 仿真软件中，模拟运行状态下，直接点击某位拨码开关使其处于 ON 或 OFF 状态，例如图单击"2"位拨码开关后，将其设置为"ON"，设置好后，CPU 的仿真效果如图 6-4 所示。在图中，输入位"2"为绿色，表示 I0.1 为 ON 状态；输出位"1"为绿色，表示 Q0.1 线圈处于得电状态。

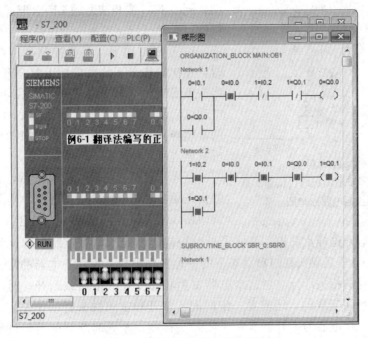

图 6-4 正反转控制的仿真运行结果

根据继电-接触器电路图采用翻译法编写 PLC 梯形图程序，其优点是程序设计方法简单，有现成的电控制线路作为依据，设计周期短。一般在旧设备电气控制系统改造中，对于不太复杂的控制系统常采用此方法。

6.1.2 经验法设计梯形图

在 PLC 发展的初期，沿用了设计继电器电路图的方法来设计梯形图程序，即在已有的典型梯形图上，根据被控对象对控制的要求，不断修改和完善梯形图。有时需要多次反复地调试和修改梯形图，不断地增加中间编程元件的触点，最后才能得到一个较为满意的结果。这种方法没有普遍的规律可以遵循，设计所用的时间、设计的质量与编程者的经验有很大的关系，所以有人将这种设计方法称为经验设计法。

经验设计法要求设计者具有一定的实践经验，掌握较多的典型应用程序的基本环节。根据被控对象对控制系统的具体要求，凭经验选择基本环节，并把它们有机地组合起来。其设计过程是逐步完善的，一般不易获得最佳方案，程序初步设计后，还需反复调度、修改的完善，直至满足被控对象的控制要求。

【例 6-2】 经验法设计三相异步电动机的"长动＋点动"控制。

经验设计法可以用于逻辑关系较简单的梯形图程序设计。电动机"长动＋点动"过程的 PLC 控制是学习 PLC 经验设计梯形图的典型代表。电动机"长动＋点动"过程的控制程序适合采用经验编程法，而且能充分反映经验编程法的特点。

1. 传统三相异步电动机的"长动＋点动"控制原理分析

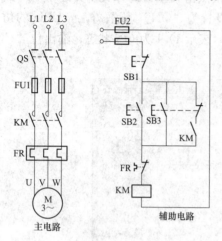

图 6-5 三相异步电动机的"长动＋点动"控制电路原理图

三相异步电动机的"长动＋点动"控制电路原理图如图 6-5 所示。在初始状态下，按下按钮 SB2，KM 线圈得电，KM 主触头闭合，电动机得电启动，同时 KM 常开辅助触头闭合形成自锁，使电动机进行长动运行。若想电动机停止工作，只需按下停止按钮 SB1 即可。工业控制中若需是点动控制时，在初始状态下，只需按下复合开关 SB3 即可。当按下 SB3 时，KM 线圈得电，KM 主触头闭合，电动机启动，同时 KM 的辅助触头闭合，由于 SB3 的常闭触头打开，因此断开了 KM 自锁回路，电动机只能进行点动控制。

当操作者松开复合按钮 SB3 后，若 SB3 的常闭触头先闭合，常开触头后打开时，则接通了 KM 自锁回路，使 KM 线圈继续保持得电状态，电动机仍然维持运行状态，这样点动控制变成了长动控制，因此在电气控制中称这种情况为"触头竞争"。触头竞争是触头在过渡状态下的一种特殊现象。若同一电器的常开和常闭触头同时出现在电路的相关部分，当这个电器发生状态变化（接通或断开）时，电器接点状态的变化不是瞬间完成的，还需要一定时间。常开和常闭触头有动作先后之别，在吸合和释放过程中，继电器的常开触头和常闭触头存在一个同时断开的特殊过程。因此在设计电路时，如果忽视了上述触头的动态过程，就可能会导致产生破坏电路执行正常工作程序的触头竞争，使电路设计遭受失败。如果已存在这样的竞争一定要从电器设计和选择上来消除，如电路上采用延时继电器等。

2. 经验法实现三相异步电动机的"长动＋点动"控制

用 PLC 实现对三相异步电动机的"长动＋点动"控制时，需要停止按钮 SB1、长动按钮 SB2、点动按钮 SB3、还需要 PLC、接触器 KM、三相异步交流电动机 M 和热继电器 FR 等。PLC 用于三相异步电动机"长动＋点动"的辅助电路控制，其 I/O 接线如图 6-6 所示。

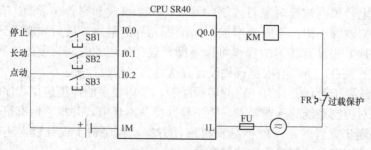

图 6-6 "长动＋点动"控制的 I/O 接线图

用 PLC 实现"长动＋点动"控制时，其控制过程为：当 SB1 按下时，I0.0 的常闭触点断开，Q0.0 线圈断电输出状态为 0(OFF)，使 KM 线圈断点，从而使电动机停止运行；

当 SB2 按下，I0.1 的常开触点闭合，Q0.0 线圈得电输出状态为 1(ON)，使 KM 线圈得电，从而使电动机长动运行；当 SB3 按下，I0.2 的常开触点闭合，Q0.0 线圈得电输出状态为 1，使 KM 线圈得电，从而使电动机点动运行。

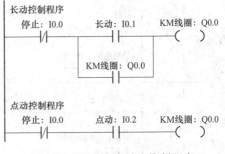

图 6-7　"长动＋点动"控制程序

从 PLC 的控制过程可以看出，可以理解由长动控制程序和点动控制程序构成，如图 6-7 所示。在图中的两个程序段的输出都为 Q0.0 线圈，应避免这种现象存在。试着将这两个程序直接合并，以希望得到"既能长动、又能点动"的控制程序，如图 6-8 所示。

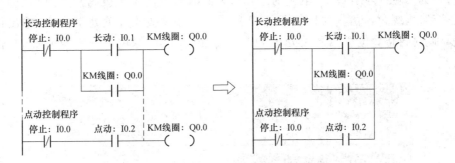

图 6-8　"长动＋点动"控制程序直接合并

如果直接按图 6-9 合并，将会产生点动控制不能实现的故障。因为不管是 I0.1 或 I0.2 常开触点闭合，Q0.0 线圈得电，使 Q0.0 常开触点闭合而实现了通电自保。

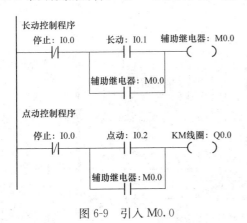

图 6-9　引入 M0.0

针对这种情况，可以有两种方法解决：一是在 Q0.0 常开触点支路上串联 I0.2 常闭触点，另一方法是引入内部辅助继电器触点 M0.0，如图 6-9 所示。在图 6-9 中，既实现了点动控制，又实现了长动控制。长动控制的启动信号到来（I0.1 常开触点闭合），M0.0 通电自保，再由 M0.0 的常开触点传递到 Q0.0，从而实现了三相异步电动机的长动控制。这里的关键是 M0.0 对长动的启动信号自保，而与点动信号无关。点动控制信号直接控制 Q0.0，Q0.0 不应自保，因为点动控制排斥自保。

根据梯形图的设计规则，图 6-9 还需进一步优化，需将 I0.0 常闭触点放在并联回路的右方，且点动控制程序中的 I0.0 常闭触点可以省略，因此编写的程序见表 6-3。

表 6-3   **经验法编写的"长动＋点动"控制程序**

程序段	LAD	STL
程序段 1	长动：I0.1 ┤├ 停止：I0.0 ┤/├ 辅助继电器：M0.0 ─( )─ 辅助继电器：M0.0 ┤├	LD 长动：I0.1 O 辅助继电器：M0.0 AN 停止：I0.0 = 辅助继电器：M0.0
程序段 2	点动：I0.2 ┤├ KM线圈：Q0.0 ─( )─ 辅助继电器：M0.0 ┤├	LD 点动：I0.2 O 辅助继电器：M0.0 = KM 线圈：Q0.0

3. 程序仿真

在 S7＿200 仿真软件中，模拟运行状态下，直接点击 1 位拨码开关使其处于 ON，输出位 "0" 为绿色（表示 Q0.0 输出为 "1"），此时再点击 1 位拨码开关使其处于 OFF，输出位 "0" 为绿色，仿真效果如图 6-10 所示。当 2 位拨码开关处于 ON，输出位 "0" 为绿色，此时再将 2 位拨码开关处于 OFF，输出位 "0" 绿色消失，表示 Q0.0 输出为 "0"。

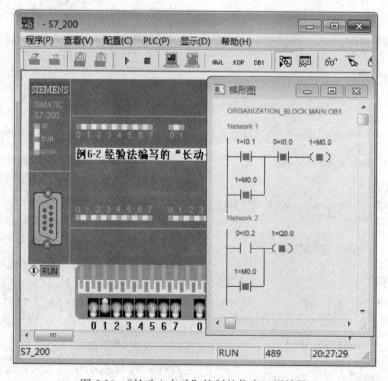

图 6-10 "长动＋点动"控制的仿真运行结果

通过仿真可以看出，表 6-3 中的程序完全符合设计要求。用经验法设计梯形图程序时，没有一套固定的方法和步骤，且具有很大的试探性的随意性。对于不同的控制系统，没有一种通用的容易掌握的设计方法。

6.2　顺序控制设计法与顺序功能图

在工业控制中存在着大量的顺序控制,如机床的自动加工、自动生产线的自动运行、机械手的动作等,它们都是按照固定的顺序进行动作的。在顺序控制系统中,对于复杂顺序控制程序仅靠基本指令系统编程会感到很不方便,其梯形图复杂且不直观。针对此种情况,可以使用顺序控制设计法相关程序的编写。

顺序控制就是按照生产工艺预先规定的顺序,在各个输入信号的作用下,根据内部状态和时间的顺序,在生产过程中各个执行机构自动地有秩序地进行操作。使用顺序控制设计法首先根据系统的工艺过程,画出顺序功能图,然后根据顺序功能图画出梯形图。有的 PLC 编程软件为用户提供了顺序功能(Sequential Function Chart,SFC)语言,在编程软件中生成顺序功能图后便完成了编程工作。例如西门子 S7-300/400 系列 PLC 为用户提供了顺序功能图语言,用于编制复杂的顺序控制程序。利用这种编程方法能够较容易地编写出复杂的顺序控制程序,从而提高工作效率。

顺序控制设计法是一种先进的设计方法,很容易被初学者接受,对于有经验的工程师,也会提高设计的效率,程序的调试、修改和阅读也很方便。其设计思想是将系统的一个工作周期划分为若干个顺序相连的阶段,这些阶段称为"步"(Step),并明确每一"步"所要执行的输出,"步"与"步"之间通过指定的条件进行转换,在程序中只需要通过正确连接进行"步"与"步"之间的转换,便可以完成系统的全部工作。

顺序控制程序与其他 PLC 程序在执行过程中的最大区别是:SFC 程序在执行程序过程中始终只有处于工作状态的"步"(称为"有效状态"或"活动步")才能进行逻辑处理与状态输出,而其他状态的步(称为"无效状态"或"非活动步")的全部逻辑指令与输出状态均无效。因此,使用顺序控制进行程序设计时,设计者只需要分别考虑每一"步"所需要确定的输出,以及"步"与"步"之间的转换条件,并通过简单的逻辑运算指令就可完成程序的设计。

顺序功能图又称为流程图,它是描述控制系统的控制过程、功能和特性的一种图形,也是设计 PLC 的顺序控制程序的有力工具。顺序功能图并不涉及所描述的控制功能的具体技术,它是一通用的技术语言,可以进行进一步设计,用来和不同专业的人员之间进行技术交流。

各个 PLC 厂家都开发了相应的顺序功能图,各国家也都制定了顺序功能图的国家标准,我国于 1986 年颁布了顺序功能图的国家标准。顺序功能图主要由步、有向连线、转换、转换条件和动作(或命令)组成,如图 6-11 所示。

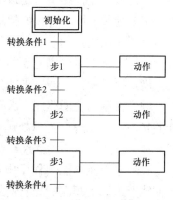

图 6-11　顺序功能图

6.2.1　步与动作

1. 步

在顺序控制中"步"又称为状态,它是指控制对象的某一特定的工作情况。为了区分不同的状，同时使得 PLC 能够控制这些状态，需要对每一状态赋予一定的标记，这一标记称为"状态元件"。在 S7-200 系列 PLC 中，状态元件通常用顺序控制继电器 S0.0～S31.7 来表示。

步主要分为初始步、活动步和非活动步。

初始状态一般是系统等待启动命令的相对静止的状态。系统在开始进行自动控制之前，首先应进入规定的初始状态。与系统的初始状态相对应的步称为初始步，初始步用双线框表示，每一个顺序控制功能图至少应该有 1 个初始步。

当系统处于某一步所在的阶段时，该步处于活动状态，称为"活动步"。步处于活动状态时，相应的动作被执行。处于不活动状态的步称为非活动步，其相应的非存储型动作被停止执行。

2. 动作

可以将一个控制系统划分为施控系统和被控系统，对于被控系统，动作是某一步是所要完成的操作；对于施控系统，在某一步中要向被控系统发出某些"命令"，这些命令也可称为动作。

6.2.2 有向连接与转换

有向连线就是状态间的连接线，它决定了状态的转换方向与转换途径。在顺序控制功能图程序中的状态一般需要 2 条以上的有向连线进行连接，其中 1 条为输入线，表示转换到本状态的上一级"源状态"，另 1 条为输出线，表示本状态执行转换时的下一线"目标状态"。在顺序功能图程序设计中，对于自上而下的正常转换方向，其连接线一般不需标记箭头，但是对于自下而上的转换或是向其他方向的转换，必须以箭头标明转换方向。

步的活动状态的进展是由转换的实现来完成的，并与控制过程的发展相对应。转换用有向连线上与有向连线垂直的短划线来表示，转换将相邻两步分隔开。

所谓转换条件是指于用改变 PLC 状态的控制信号，它可以是外部的输入信号，如按钮、主令开关、限位开关的接通/断开等；也可以是 PLC 内部产生的信号，如定时器、计数器常开触点的接通等，转换条件还可能是若干个信号的与、或、非逻辑组合。不同状态间的换转条件可以不同也可以相同，当转换条件各不相同时，顺序控制功能图程序每次只能选择其中的一种工作状态（称为选择分支）。当若干个状态的转换条件完全相同时，顺序控制功能图程序一次可以选择多个状态同时工作（称为并行分支）。只有满足条件的状态，才能进行逻辑处理与输出，因此，转换条件是顺序功能图程序选择工作状态的开关。

在顺序控制功能图程序中，转换条件通过与有向连线垂直的短横线行进标记，并在短横线旁边标上相应的控制信号地址。

6.2.3 顺序功能图的基本结构

在顺序控制功能图程序中，由于控制要求或设计思路的不同，使得步与步之间的连接形式也不同，从而形成了顺序控制功能图程序的 3 种不同基本结构形式：①单序列，②选择序列，③并行序列。这 3 种序列结构如图 6-12 所示。

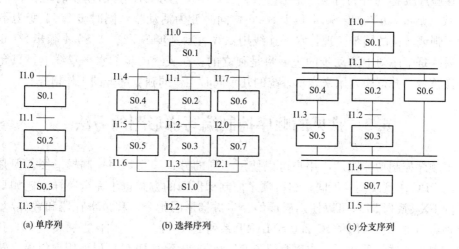

图 6-12　SFC 的 3 种序列结构图

1. 单序列

单序列由一系列相继激活的步组成，每一步的后面仅有一个转换，每一个转换的后面只有一个步，如图 6-12（a）所示。单序列结构的特点如下：

（1）步与步之间采用自上而下的串联连接方式。

（2）状态的转换方向始终是自上而下且固定不变（起始状态与结束状态除外）。

（3）除转换瞬间外，通常仅有 1 个步处于活动状态。基于此，在单序列中可以使用"重复线圈"（如输出线圈、内部辅助继电器等）。

（4）在状态转换的瞬间，存在一个 PLC 循环周期时间的相邻两状态同时工作的情况，因此对于需要进行"互锁"的动作，应在程序中加入"互锁"触点。

（5）在单序列结构的顺序控制功能图程序中，原则上定时器也可以重复使用，但不能在相邻两状态里使用同一定时器。

（6）在单序列结构的顺序控制功能图程序中，只能有一个初始状态。

2. 选择序列

选择序列的开始称为分支，如图 6-12（b）所示，转换符号只能在标在水平连线之下。在图 6-12（b）中，如果步 S0.1 为活动步且转换条件 I1.1 有效时，则发生由步 S0.1→步 S0.2 的进展；如果步 S0.1 为活动步且转换条件 I1.4 有效时，则发生由步 S0.1→步 S0.4 的进展；如果步 S0.1 为活动步且转换条件 I1.7 有效时，则发生由步 S0.1→步 S0.6 的进展。

在步 S0.1 之后选择序列的分支处，每次只允许选择一个序列。选择序列的结束称为合并，几个选择序列合并到一个公共序列时，用与需要重新组合的序列相同数量的转换符号和水平连线来表示，转换符号只允许标在连线之上。

允许选择序列的某一条分支上没有步，但是必须有一个转换，这种结构的选择序列称为跳步序列。跳步序列是一种特殊的选择序列。

3. 并行序列

并行序列的开始称为分支，如图 6-12（c）所示，当转换的实现导致几个序列同时激活时，这些序列称为并行序列。在图 6-12（c）中，当步 0.1 为活动步时，若转换条件 I1.1 有效，则步 S0.2、步 S0.4 和步 S0.6 均同时变为活动步，同时步 S0.1 变为不活动 步。为了强调转换的同步实现，水平连线用双线表示。步 S0.2、步 S0.4 和步 S0.6 被同 时激活后，每个序列中活动步的进展将是独立的。在表示同步的水平双线上，只允许有 一个转换符号。并行序列用来表示系统的几个同时工作的独立部分的工作情况。

6.3 常见的顺序控制编写梯形图的方法

有了顺序控制功能图后，用户可以使用不同的方式编写顺序控制梯形图。但是，如 果使用的 PLC 类型及型号不同，编写顺序控制梯形图的方式也不完全一样。比如日本三 菱公司的 FX$_{2N}$ 系列 PLC 可以使用启保停、步进梯形图指令、移位寄存器和置位/复位指 令这 4 种编写方式；西门子 S7-200 SMART 系列 PLC 可以使用启保停、转换中心和顺序 控制继电器指令这 3 种编写方式；西门子 S7-300/400 系列 PLC 可以使用启保停、转换中 心和使用 S7 Graph 这 3 种编写方式；欧姆龙 CP1H 系列 PLC 可以使用启保停、转换中心 和顺控指令（步启动/步开始）这 3 种编写方式。

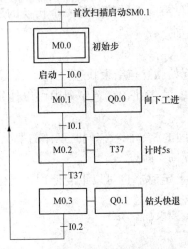

图 6-13　某回转工作台控制钻孔的
顺序控制功能图

注意，在启保停方式和转换中心方式中，状态寄存 器 S 用内部标志寄存器 M 来代替。下面，以某回转工 作台控制钻孔为例，简单介绍分别使用启保停和转换中 心这两种方式编写顺序控制梯形图的方法。

某 PLC 控制的回转工作台控制钻孔的过程是：当 回转工作台不转且钻头回转时，如果传感器工件到位， 则 I0.0 信号为 1，Q0.0 线圈控制钻头向下工进。当钻 到一定深度使钻头套筒压到下接近开关时，I0.1 信号 为 1，控制 T37 计时。T37 延时 5s 后，Q0.1 线圈控制 钻头快退。当快退到上接近开关时，I0.2 信号为 1，就 回到原位。顺序控制功能如图 6-13 所示。

6.3.1 启保停方式编程

启保停电路即启动保持停止电路，它是梯形图设计 中应用比较广泛的一种电路。其工作原理是：如果输入信号的常开触点接通，则输出信 号的线圈得电，同时对输入信号进行"自锁"或"自保持"，这样输入信号的常开触点在 接通后可以断开。

1. 启保停方式的顺序控制编程规律

启保停方式的顺序控制编程有一定的规律，例如单序列启保停方式的顺序功能图与 梯形图的对应关系，如图 6-14 所示。

在图 6-14 中，M_{i-1}、M_i、M_{i+1} 是顺序功能图中的连续 3 步，I_i 和 I_{i+1} 为转换条件。对 于 M_i 步来说，它的前级步为 M_{i-1}，转换条件为 I_i，要让 M_i 步成为活动步，前提是 M_{i-1} 必须为活动步，才能让辅助继电器的常开触点 M_{i-1} 闭合，当转换条件满足（I_i 常开触点闭 合）时，M_i 步即成为活动步，M_i 的自锁触点闭合让本步保持活动状态。

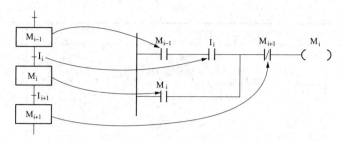

图 6-14 启保停方式的顺序功能图与梯形图的对应关系

M_{i+1} 常闭触点断开时，M_i 步将成为非活动步，而转换条件为 I_{i+1} 的闭合为 M_{i+1} 步成为活动步做好准备。

2. 启保停方式的顺序控制应用实例

启保停方式通用性强，编程容易掌握，一般在原继电-接触器控制系统的 PLC 改造过程中应用较多。

【例 6-3】 启保停方式在某回转工作台控制钻孔中的应用。

结合图 6-13 和图 6-14 可以看出，M0.0 的一个启动条件为 M0.3 的常开触点和转换条件 I0.2 的常开触点组成的串联电路；此外 PLC 刚运行时应将初始步 M0.0 激活，否则系统无法工作，所以初始化脉冲 SM0.1 为 M0.0 的另一个启动条件，这两个启动条件应并联。为了保证活动状态能持续到下一步活动为上，还需并上 M0.0 的自锁触点。当 M0.0、I0.0 的常开触点同时为 1 时，步 M0.1 变为活动步，M0.0 变为不活动步，因此将 M0.1 的常闭触点串入 M0.0 的回路中作为停止条件。此后 M0.1~M0.3 步的梯形图转换与 M0.0 步梯形图的转换一致。表 6-4 是使用启保停方式编写与图 6-13 顺序功能图所对应的程序，在程序中使用了常开触点、常闭触点以及输出线圈等。

表 6-4 启保停方式编写某回转工作台控制钻孔中的应用程序

程序段	LAD	STL
程序段 1	M0.3 I0.2 M0.1 M0.0 ( ) SM0.1 M0.0	LD M0.3 A I0.2 O SM0.1 O M0.0 AN M0.1 = M0.0
程序段 2	M0.0 I0.0 M0.2 Q0.0 ( ) M0.1 M0.1 ( )	LD M0.0 A I0.0 O M0.1 AN M0.2 = Q0.0 = M0.1
程序段 3	M0.1 I0.1 M0.3 T37 IN TON +50 PT 100ms M0.2 M0.2 ( )	LD M0.1 A I0.1 O M0.2 AN M0.3 TON T37, +50 = M0.2

程序段	LAD	STL
程序段 4	（见图）	LD M0.2 A T37 O M0.3 AN M0.0 = Q0.1 = M0.3

在 S7_200 仿真软件中，模拟运行状态下，刚进入模拟时，SM0.1 常开触点闭合 1 次，使 M0.0 线圈得电并自锁。先点击"0"位拨码开关后，将其设置为"ON"，M0.1 和 Q0.0 线圈得电，模拟钻头向下工进。再将"0"位拨码开关设置为"OFF"，"1"位拨码开关设置为"ON"，M0.1 和 Q0.0 线圈失电，同时 M0.2 线圈得电、T37 进行延时，其仿真效果如图 6-15 所示。当 T37 延时达 5s 时，M0.2 线圈失电，而 Q0.1 和 M0.3 线圈得电，模拟钻头快退。然后将"1"位拨码开关设置为"OFF"，"2"位拨码开关设置为"ON"，M0.3 和 Q0.1 线圈失电，同时 M0.0 线圈得电，又回到初始步状态。

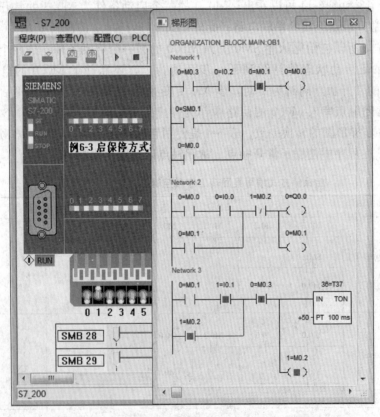

图 6-15　使用启保停方式编写程序的仿真运行效果图

6.3.2　转换中心方式编程

编写转换中心方式的顺序控制程序使用置位和复位指令来进行，置位指令让本步成为活动步，同时使用复位指令关闭上一步。

1. 转换中心方式的顺序控制编程规律

转换中心方式的顺序控制编程也有一定的规律，例如单序列转换中心方式的顺序功能图与梯形图的对应关系，如图 6-16 所示。

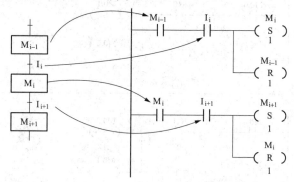

图 6-16　转换中心方式的顺序功能图与梯形图的对应关系

M_{i-1} 为活动步，且转换条件 I_i 满足，M_i 被置位，同时 M_{i-1} 被复位，因此将 M_{i-1} 和 I_i 的常开触点组成的串联电路作为 M_i 步的启动条件，同时它也作为 M_{i-1} 步的停止条件。M_i 为活动步，且转换条件 I_{i+1} 满足，M_{i+1} 被置位，同时 M_i 被复位，因此将 M_i 和 I_{i+1} 的常开触点组成的串联电路作为 M_{i+1} 步的启动条件，同时它也作为 M_i 步的停止条件。

2. 转换中心方式的顺序控制应用实例

转换中心方式的顺序转换关系明确，编程易理解，一般用于自动控制系统中手动控制程序的编写。

【例 6-4】　转换中心方式在某回转工作台控制钻孔中的应用。

结合图 6-13 和图 6-16 可以看出，M0.0 的一个启动条件为 M0.3 的常开触点和转换条件 I0.2 的常开触点组成的串联电路；此外 PLC 刚运行时应将初始步 M0.0 激活，否则系统无法工作，所以初始化脉冲 SM0.1 为 M0.0 的另一个启动条件，这两个启动条件应并联。为了保证活动状态能持续到下一步活动为上，可使用置位指令将 M0.0 置 1。当 M0.0、I0.0 的常开触点同时为 1 时，步 M0.1 变为活动步，M0.0 变为不活动步，因此使用复位指令将 M0.0 复位，置位指令将 M0.1 置 1。此后 M0.2～M0.3 步的梯形图转换与 M0.0 步梯形图的转换一致。表 6-5 是转换中心方式编写与图 6-13 顺序功能图所对应的程序。

表 6-5　　转换中心方式编写某回转工作台控制钻孔中的应用程序

程序段	LAD	STL
程序段 1	M0.3 I0.2 (S)1 M0.0 SM0.1 M0.3 (R)1	LD M0.3 A I0.2 O SM0.1 S M0.0, 1 R M0.3, 1

程序段	LAD	STL
程序段 2	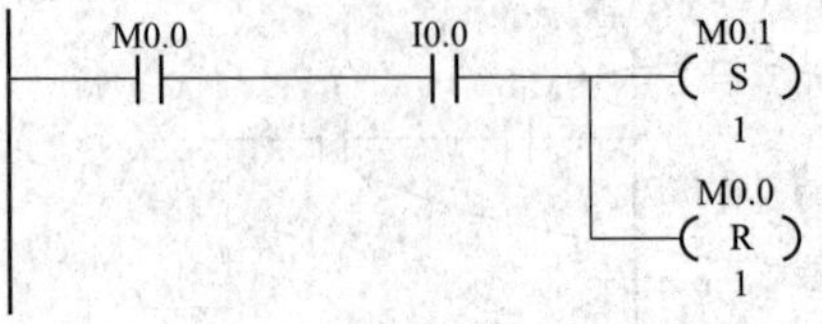 M0.0 ─┤├─ I0.0 ─┤├─ M0.1 ─(S)─ 1 / M0.0 ─(R)─ 1	LD M0.0 A I0.0 S M0.1, 1 R M0.0, 1
程序段 3	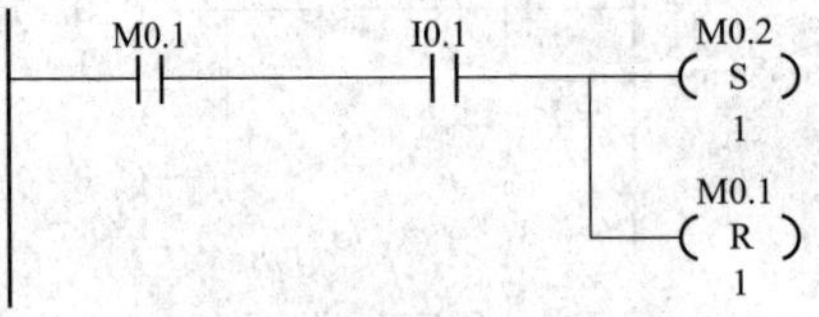 M0.1 ─┤├─ I0.1 ─┤├─ M0.2 ─(S)─ 1 / M0.1 ─(R)─ 1	LD M0.1 A I0.1 S M0.2, 1 R M0.1, 1
程序段 4	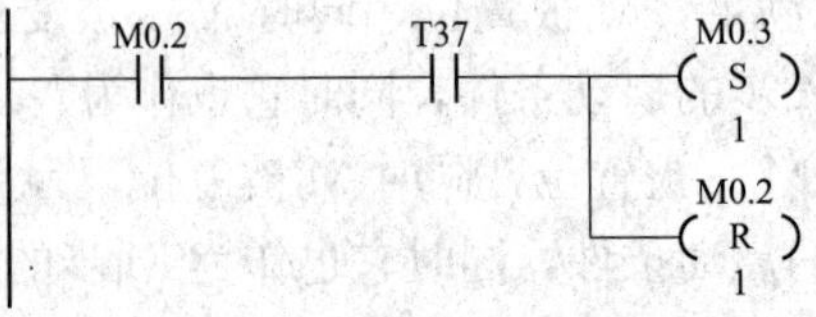 M0.2 ─┤├─ T37 ─┤├─ M0.3 ─(S)─ 1 / M0.2 ─(R)─ 1	LD M0.2 A T37 S M0.3, 1 R M0.2, 1
程序段 5	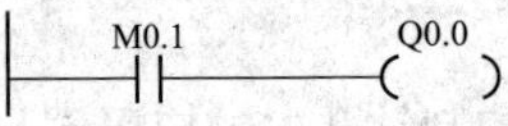 M0.1 ─┤├─ Q0.0 ─( )─	LD M0.1 = Q0.0
程序段 6	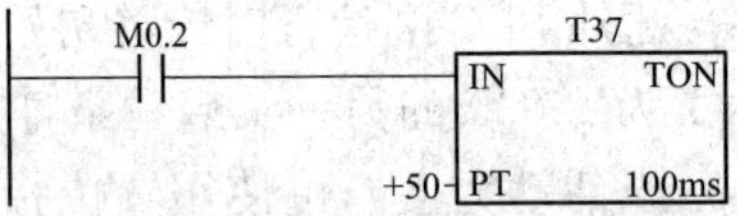 M0.2 ─┤├─ T37 IN TON / +50 ─ PT 100ms	LD M0.2 TON T37, +50
程序段 7	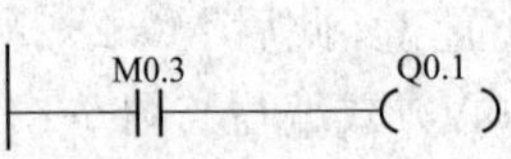 M0.3 ─┤├─ Q0.1 ─( )─	LD M0.3 = Q0.1

在 S7_200 仿真软件中，模拟运行状态下，刚进入模拟时，SM0.1 常开触点闭合 1 次，使 M0.0 线圈得电并自锁。先点击 "0" 位拨码开关后，将其设置为 "ON"，M0.1 和 Q0.0 线圈得电，模拟钻头向下工进。再将 "0" 位拨码开关设置为 "OFF"，"1" 位拨码开关设置为 "ON"，M0.1 和 Q0.0 线圈失电，同时 M0.2 线圈得电、T37 进行延时。当 T37 延时达 5s 时，M0.2 线圈失电，而 Q0.1 和 M0.3 线圈得电，模拟钻头快退，其运行效果如图 6-17 所示。然后将 "1" 位拨码开关设置为 "OFF"，"2" 位拨码开关设置为 "ON"，M0.3 和 Q0.1 线圈失电，同时 M0.0 线圈得电，又回到初始步状态。

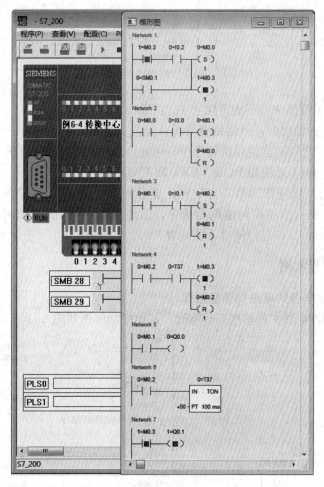

图 6-17   使用转换中心方式编写程序的仿真运行效果图

6.4   顺序控制继电器指令编程法

和其他的 PLC 一样，西门子 S7-200 SMART PLC 也有一套自己的专门编程法，即控制继电器指令编程法，它专用于编制 S7-200 SMART 的顺序控制程序。

6.4.1   顺序控制继电器指令

在 S7-200 SMART 系列 PLC 中，使用 3 条指令描述程序的顺序控制步进状态：顺序控制开始指令 SCR、顺序控制转移指令 SCRT 和顺序控制结束指令 SCRE。顺序控制程序段是从 SCR 指令开始，到 SCRE 指令结束，指令格式如图 6-18 所示。在顺控指令中，利用 LSCR n 指令将 S 位的值装载到 SCR 堆栈和逻辑堆栈顶；SCRT 指令执行顺控程序段的转换，一方面使上步工序自动停止，另一方面自动进入下一步的工序；SCRE 指令表示一个顺控程序段的结束。

在使用顺序控制指令时需注意以下几点：

(1) SCR 只对状态元件 S 有效，不能将同一个 S 位用于不同程序中，例如若主程序

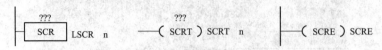

图 6-18 顺序控制继电器指令格式

中用了 S0.1 位，子程序中就不能再用它了。

（2）当需要保持输出时，可使用置位 S 或复位 R 指令。

（3）在 SCR 段之间不能使用跳转指令，不允许跳入或跳出 SCR 段。

（4）在 SCR 段中不能使用 FOR-NEXT 和 END 指令。

（5）S7-200 仿真软件作为第 3 方软件，能够简单仿真 S7-200 SMART 系列 PLC 程序，但是该软件不支持顺序控制继电器指令，因此由顺序控制继电器指令编写的顺控程序其运行效果应通过 PLC 运行调试才能观看。

6.4.2 单序列编程实例

1. 顺序控制继电器的单序列编程规律

使用顺序控制继电器实现单序列编程时，其顺序功能图如图 6-19 所示。从图中可以看

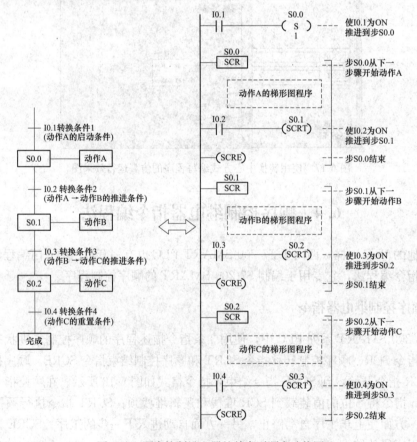

图 6-19 顺序控制继电器的单序列顺序功能图

出它可完成动作 A、动作 B 和动作 C 的操作，这 3 个动作分别有相应的状态元件 S0.0～S0.3，其中动作 A 的启动条件为 I0.1；动作 B 的转换条件为 I0.2；动作 C 的转换条件为

I0.3；I0.4 为动作重置条件。

2. 顺序控制继电器的单序列编程实例

【例 6-5】　顺序控制继电器的单序列在彩灯中的应用。

（1）控制要求。按下启动按钮 SB0，红灯亮；10s 后，绿灯亮；20s 后，黄灯亮；再过 10s 后返回到红灯亮，如此循环。

（2）控制分析。这属于单序列顺控系统，由 4 个步构成，其中步 0 为初始步，步 1 用于红灯亮 10s 控制；步 2 用于绿灯亮 20s 控制；步 3 用于黄灯亮 10s 控制。

（3）I/O 端子资源分配与接线。根据控制要求可知，本例 CPU 模块需使用 2 个输入和 3 个输出点，I/O 分配如表 6-6 所示，PLC 外部接线如图 6-20 所示。

表 6-6　　　　　　　　　　　　　彩灯控制的 I/O 分配表

输　　入			输　　出		
功能	元件	PLC 地址	功能	元件	PLC 地址
停止按钮	SB1	I0.0	红灯	HL0	Q0.0
启动按钮	SB2	I0.1	绿灯	HL1	Q0.1
			黄灯	HL2	Q0.2

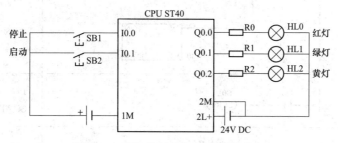

图 6-20　彩灯控制的 PLC 外部接线图

（4）编写 PLC 控制程序。根据控制分析和 PLC 资源分配，绘制出彩灯控制的状态流程图，如图 6-21 所示。使用顺序控制继电器指令编写的程序见表 6-7。

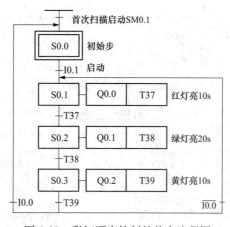

图 6-21　彩灯顺序控制的状态流程图

表 6-7   彩灯顺序控制程序

程序段	LAD	STL
程序段 1	SM0.1　　　　S0.0 ─┤├──────(S) 　　　　　　　　1	LD　　SM0.1 S　　S0.0，1
程序段 2	S0.0 SCR	LSCR　S0.0
程序段 3	I0.1　　　　S0.1 ─┤├──────(SCRT)	LD　　I0.1 SCRT　S0.1
程序段 4	──(SCRE)	SCRE
程序段 5	S0.1 SCR	LSCR　S0.1
程序段 6	SM0.0　　　　Q0.0 ─┤├──────( ) 　　　　　　　　　T37 　　　　　　IN　　TON 　　100─PT　　100ms	LD　　SM0.0 =　　Q0.0 TON　T37，100
程序段 7	T37　　　　S0.2 ─┤├──────(SCRT)	LD　　T37 SCRT　S0.2
程序段 8	──(SCRE)	SCRE
程序段 9	S0.2 SCR	LSCR　S0.2
程序段 10	SM0.0　　　　Q0.1 ─┤├──────( ) 　　　　　　　　　T38 　　　　　　IN　　TON 　　200─PT　　100ms	LD　　SM0.0 =　　Q0.1 TON　T38，200
程序段 11	T38　　　　S0.3 ─┤├──────(SCRT)	LD　　T38 SCRT　S0.3
程序段 12	──(SCRE)	SCRE

程序段	LAD	STL
程序段 13	S0.3 SCR	LSCR　S0.3
程序段 14	SM0.0 —||— (Q0.2) T39 IN　TON 100 — PT　100ms	LD　SM0.0 =　Q0.2 TON　T39, 100
程序段 15	T39 —||— I0.0 —||— (SCRT) S0.0 I0.1 —|/|— (SCRT) S0.1	LD　T39 LPS A　I0.0 SCRT　S0.0 LPP AN　I0.1 SCRT　S0.1
程序段 16	—(SCRE)	SCRE

（5）程序监控。为了更好地对程序进行仿真，在 STEP 7-Micro/WIN SMART 软件中通过在线监控的方式进行。

刚进入在线监控状态时，S0.0 步显示蓝色，表示为活动步。按下启动按钮 SB2（I0.1），S0.0 恢复为常态，变为非活动步，而 S0.1 为活动步，Q0.0 输出为 ON，而 T37 开始计时，此时再将松开 SB2，Q0.0 仍输出为 ON，其监控运行效果如图 6-22 所示。当 T37 延时达到 10s 时，T37 常开触点闭合，S0.1 变为非活动步，而 S0.2 变为活动步，Q0.0 输出为 OFF，而 Q0.1 输出为 ON，同时启动 T38 进行延时。当 T38 延时达到 20s 时，T38 常开触点闭合，S0.2 变为非活动步，而 S0.3 变为活动步，Q0.1 输出为 OFF，而 Q0.2 输出为 ON，同时启动 T39 进行延时。当 T39 延时达到 10s 时，T39 常开触点闭合，S0.3 变为非活动步，此时若未按下停止按钮 SB1(I0.0)，则 S0.1 变为活动步将重复执行上述操作；如果按下了停止按钮 SB1（I0.0），则 S0.0 变为活动步，只有待重新按下启动按钮 SB2（I0.1）才能重复执行上述操作。

【例 6-6】　顺序控制继电器的单序列在运料小车中的应用。

（1）控制要求。某运料小车控制示意如图 6-23 所示，当小车处于后端时，按下启动按钮 SB1，小车向前运行，行至高端压下行程开关 SQ1，翻斗门打开装货，15s 后，关闭翻斗门，小车向后运行，行至后端，压下行程开关 SQ2，打开小车底门卸货，8s 后底门关闭，完成一次动作。运料小车可进行单周期操作或连续操作。在单周期操作模式下，按下启动按钮后，小车往复运行 1 次后，停在后端等待下次启动；在连接操作模式下，按下启动按钮后，小车可自动往返运动。

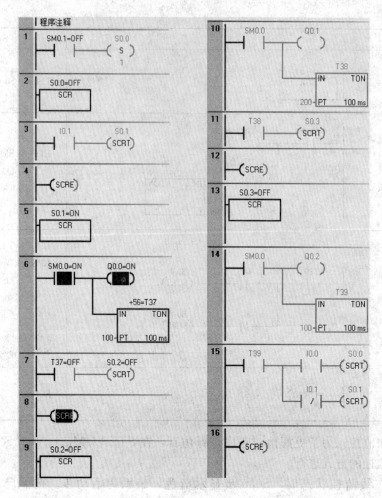

图 6-22　彩灯顺序控制的监控运行效果图

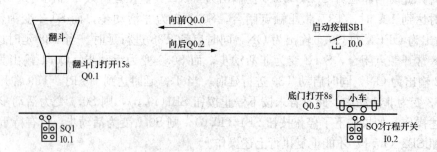

图 6-23　某运料小车控制示意图

（2）控制分析。本例也属于单序列顺序控制，由 5 个步构成，其中步 0 为初始步，步 1 用于小车前行控制；步 2 为翻斗门打开进行装货控制；步 3 小车后行控制；步 4 为底门打开进行卸货控制。

（3）I/O 端子资源分配与接线。根据控制要求可知，本例 CPU 模块需使用 5 个输入和 4 个输出点，I/O 分配见表 6-8，PLC 外部接线如图 6-24 所示。

表 6-8　　　　　　　　　　　　　某运料小车的 I/O 分配表

输　入			输　出		
功能	元件	PLC 地址	功能	元件	PLC 地址
启动按钮	SB1	I0.0	小车向前运行	KM1	Q0.0
前进限位行程开关	SQ1	I0.1	翻斗门打开	YV1	Q0.1
后退限位行程开关	SQ2	I0.2	小车后退运行	KM2	Q0.2
单周期选择开关	SB2	I0.3	底门打开	YV2	Q0.3
连续周期选择开关	SB3	I0.4			

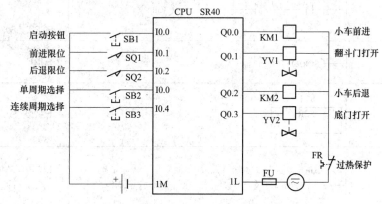

图 6-24　某运料小车的 PLC 外部接线图

（4）编写 PLC 控制程序。根据控制分析和 PLC 资源分配，绘制出某运料小车控制的状态流程图，如图 6-25 所示。使用顺序控制继电器指令编写的程序见表 6-9。

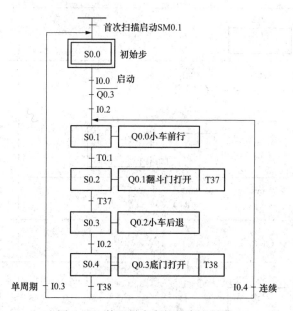

图 6-25　某运料小车的状态流程图

291

表 6-9 某运料小车控制程序

程序段	LAD	STL
程序段 1	SM0.1 ── S0.0 (S) 1	LD SM0.1 S S0.0, 1
程序段 2	S0.0 SCR	LSCR S0.0
程序段 3	I0.0 Q0.3 I0.2 (SCRT) S0.1	LD I0.0 AN Q0.3 A I0.2 SCRT S0.1
程序段 4	─(SCRE)	SCRE
程序段 5	S0.1 SCR	LSCR S0.1
程序段 6	SM0.0 Q0.0 ( )	LD SM0.0 = Q0.0
程序段 7	I0.1 S0.2 (SCRT)	LD I0.1 SCRT S0.2
程序段 8	─(SCRE)	SCRE
程序段 9	S0.2 SCR	LSCR S0.2
程序段 10	SM0.0 Q0.1 ( ) T37 IN TON 150-PT 100ms	LD SM0.0 = Q0.1 TON T37, 150
程序段 11	T37 S0.3 (SCRT)	LD T37 SCRT S0.3
程序段 12	─(SCRE)	SCRE
程序段 13	S0.3 SCR	LSCR S0.3

程序段	LAD	STL
程序段 14	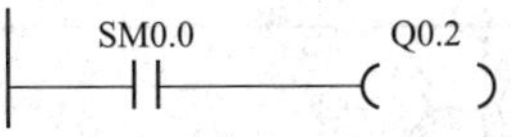 SM0.0　Q0.2 ┤├─( )	LD　　SM0.0 =　　　Q0.2
程序段 15	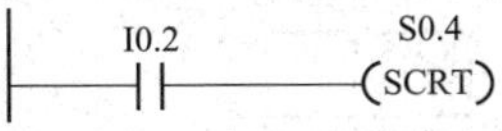 I0.2　S0.4 ┤├─(SCRT)	LD　　I0.2 SCRT　S0.4
程序段 16	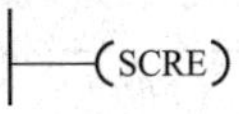 ─(SCRE)	SCRE
程序段 17	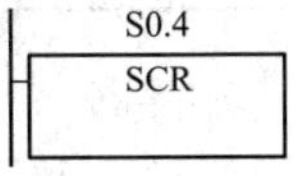 S0.4 SCR	LSCR　S0.4
程序段 18	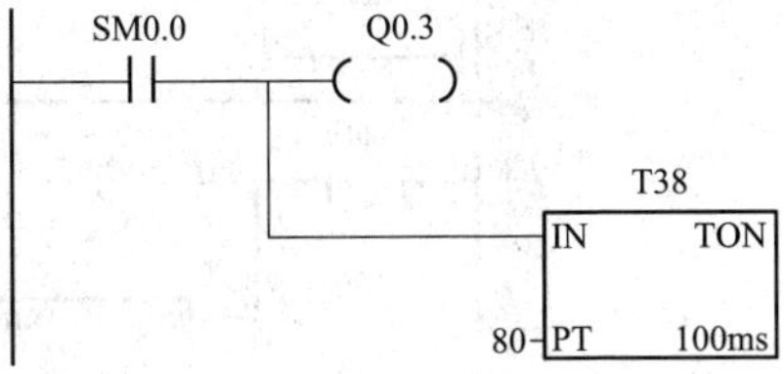 SM0.0　Q0.3 ┤├─( ) T38 IN　　TON 80-PT　　100ms	LD　　SM0.0 =　　　Q0.3 TON　T38，80
程序段 19	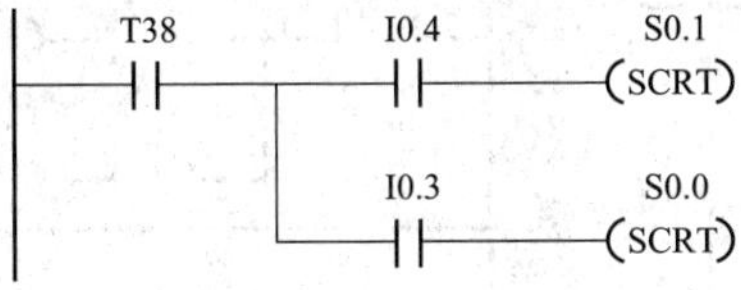 T38　I0.4　S0.1 ┤├─┤├─(SCRT) I0.3　S0.0 ┤├─(SCRT)	LD　　T38 LPS A　　　I0.4 SCRT　S0.1 LPP A　　　I0.3 SCRT　S0.0
程序段 20	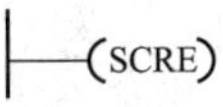 ─(SCRE)	SCRE

（5）程序监控。刚进入在线监控状态时，S0.0 步显示蓝色，表示为活动步。若小车在后限位开关处，且底门关闭，则 I0.2 常开触点闭合，Q0.3 常闭触点闭合，按下启动按钮，I0.0 触点闭合，则激活 S0.1 步，使 S0.0 步变为非活动步，Q0.0 线圈得电，小车向前运行；小车行至前限位开关处，I0.1 触点闭合，激活 S0.2 步，使 S0.1 步变为非活动步，Q0.1 线圈得电，翻斗门打开装料，同时 T37 进行延时，其监控运行效果如图 6-26 所示。15s 后，T37 触点闭合，激活 S0.3 步，使 S0.2 步变为非活动步（关闭翻斗门），Q0.2 线圈得电，小车向后行进。小车行至后退行程开关处，I0.2 触点闭合，激活 S0.4 步，使 S0.3 步变为非活动步（小车停止），Q0.3 线圈得电，底门打开卸料，同时 T38 进行延时。8s 后 T38 触点闭合。若为单周期运行，I0.3 触点接通，再次激活 S0.0 步，此时如果按下启动按钮，I0.0 触点闭合，则开始下一周期的运行；若为连续运行方式，I0.4 触点接通，激活 S0.1 步，Q0.0 线圈得电，小车再次向前行进，实现连续运行。

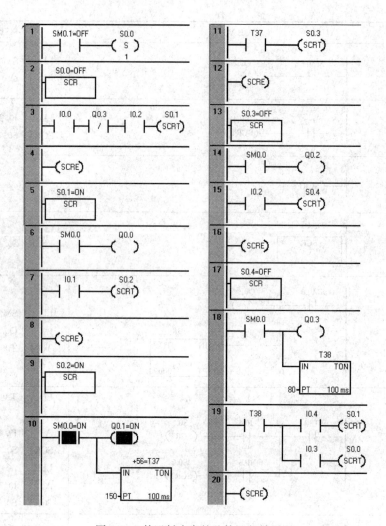

图 6-26 某运料小车的监控运行效果图

6.4.3 选择序列编程实例

1. 顺序控制继电器的选择序列编程规律

顺序控制继电器的选择序列顺序功能图如图 6-27 所示，图中只使用了两个选择支路。对于两个选择的开始位置，应分别使用 SCRT 指令，以切换到不同的 S。在执行不同的选择任务时，应使用相应的 SCR 指令，以启动不同的动作。

2. 顺序控制继电器的选择序列编程实例

【**例 6-7**】 顺序控制继电器的选择序列在某加工系统中的应用

（1）控制要求。某加工系统中有 2 台电动机 M0、M1，由 SB0～SB2、SQ0 和 SQ1 进行控制。系统刚通电时，如果按下 SB0(I0.0) 向下工进按钮时，M0 电动机工作控制钻头向下工进；如果按下 SB1(I0.1) 向上工进按钮时，M0 电动机工作控制钻头向上工进。若 M0 向下工进压到 SQ0(I0.3) 下接近开关，或 M0 向上工进压到 SQ1(I0.4) 上接近开关

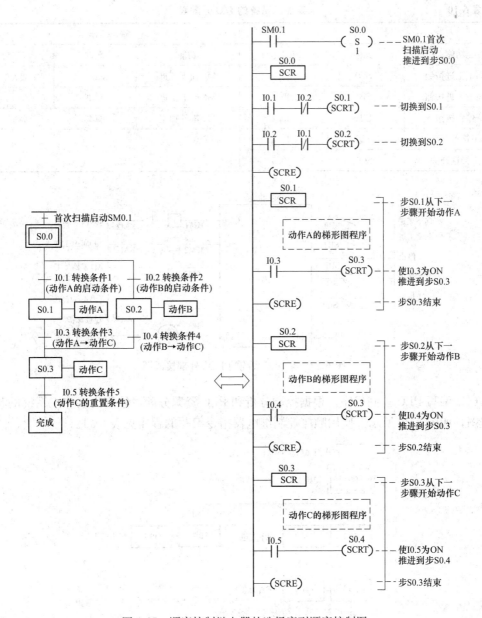

图 6-27 顺序控制继电器的选择序列顺序控制图

时，M1 电动机才能启动以进行零件加工操作。M1 运行时，若按下 SB2(I0.2) 停止按钮，则 M1 立即停止运行，系统恢复到刚通电时的状态。

（2）控制分析。此系统是一个条件选择分支顺序控制系统，如果 I0.0 有效时，选择向下工进；如果 I0.1 有效时，选择向上工进。若向下工进压到接近开关（I0.3），或向上工进压到接近开关（I0.4）时，电动机将进行零件加工操作，因此 I0.0 和 I0.4 可作为两个分支选择控制端。

（3）I/O 端子资源分配与接线。根据控制要求可知，需要 5 个输入和 3 个输出点，I/O 分配见表 6-10，PLC 外部接线如图 6-28 所示。

表 6-10　　　　　　　　　　　某加工系统的 I/O 分配表

输　入			输　出		
功能	元件	PLC 地址	功能	元件	PLC 地址
向下工进按钮	SB0	I0.0	M0 向下工进	KM1	Q0.0
向上工进按钮	SB1	I0.1	M0 向上工进	KM2	Q0.1
停止按钮	SB2	I0.2	M1 零件加工	KM3	Q0.2
下接近开关	SQ1	I0.3			
上接近开关	SQ2	I0.4			

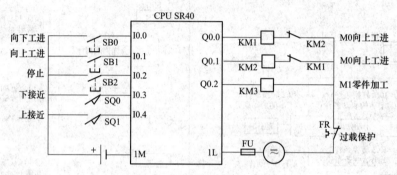

图 6-28　某加工系统的 PLC 外部接线图

（4）编写 PLC 控制程序。根据控制分析和 PLC 资源分配，绘制出某加工系统的状态流程图，如图 6-29 所示。使用顺序控制继电器指令编写的程序见表 6-11。

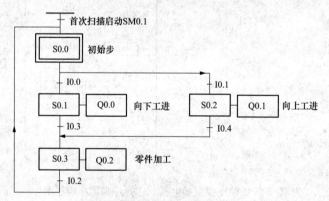

图 6-29　某加工系统的状态流程图

表 6-11　　　　　　　　　　　某加工系统的控制程序

程序段	LAD	STL
程序段 1	SM0.1　　　S0.0 (S) 1	LD　　SM0.1 S　　S0.0, 1
程序段 2	S0.0 SCR	LSCR　S0.0

程序段	LAD	STL
程序段 3	I0.0 —||— I0.1 —|/|— (SCRT) S0.1	LD I0.0 AN I0.1 SCRT S0.1
程序段 4	I0.1 —||— I0.0 —|/|— (SCRT) S0.2	LD I0.1 AN I0.0 SCRT S0.2
程序段 5	(SCRE)	SCRE
程序段 6	S0.1 SCR	LSCR S0.1
程序段 7	SM0.0 —||— (Q0.0)	LD SM0.0 = Q0.0
程序段 8	I0.3 —||— (SCRT) S0.3	LD I0.3 SCRT S0.3
程序段 9	(SCRE)	SCRE
程序段 10	S0.2 SCR	LSCR S0.2
程序段 11	SM0.0 —||— (Q0.1)	LD SM0.0 = Q0.1
程序段 12	I0.4 —||— (SCRT) S0.3	LD I0.4 SCRT S0.3
程序段 13	(SCRE)	SCRE
程序段 14	S0.3 SCR	LSCR S0.3
程序段 15	SM0.0 —||— (Q0.2)	LD SM0.0 = Q0.2
程序段 16	I0.2 —||— (SCRT) S0.0	LD I0.2 SCRT S0.0
程序段 17	(SCRE)	SCRE

（5）程序监控。刚进入在线监控状态时，S0.0 步显示蓝色，表示为活动步。在 S0.0 步后有 1 个选择分支，其后续步分别为 S0.1 步和 S0.2 步。若按下 SB0 向下工进按钮，则 S0.1 步为活动步，而 S0.0 为非活动步，Q0.0 线圈输出 ON，控制 M0 电动机向下进

行工进。向下工进到一定位置时，下接近开关 I0.3 动作，步 S0.3 变为活动步，而 S0.1 变为非活动步，Q0.2 线圈输出 ON，控制 M1 电动机进行零件加工，加工完成后按下停止按钮，则工序完成。若 S0.0 为活动步时，按下 SB1 向上工进按钮，则 S0.2 步为活动步，而 S0.0 为非活动步，Q0.1 线圈输出 ON，控制 M0 电动机向上进行工进，其监控效果如图 6-30 所示。向上工进到一定位置时，上接近开关 I0.4 动作，步 S0.3 变为活动步，而 S0.2 变为非活动步，Q0.2 线圈输出 ON，控制 M1 电动机进行零件加工，加工完成后按下停止按钮，则工序完成。

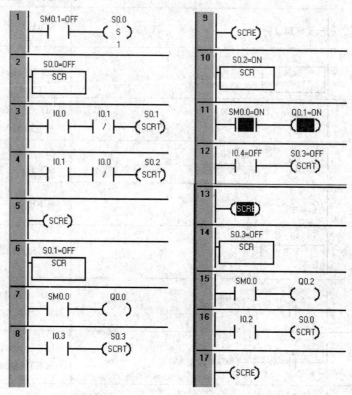

图 6-30 某加工系统的监控运行效果图

【例 6-8】 顺序控制继电器的选择序列在洗车控制系统中的应用。

（1）控制要求。洗车过程通常包含 3 道工艺：泡沫洗车（Q0.0）、清水冲洗（Q0.1）和风干（Q0.2）。某洗车控制系统具有手动和自动两种方式。如果选择开关（SA）置于"手动"方式，按下启动按钮 SB0，则执行泡沫清洗；按下冲洗按钮 SB2，则执行清水冲洗；按下风干按钮 SB3，则执行风干；按结束按钮 SB4，则结束洗车作业。如果选择开关置于"自动"方式，按下启动按钮 SB0，则自动执行洗车操作。自动洗车流程为：泡沫清洗 20s→清水冲洗 30s→风干 15s→结束→回到待洗状态。洗车过程结束，警铃（Q0.3）发声提示。

（2）控制分析。此系统明显是一个条件选择分支顺序控制系统，手动和自动各 1 个分支，由选择开关（SA）来决定选择哪一个分支。洗车作业流程包括泡沫清洗、清水冲洗、风干 3 个工序，所以在"自动"和"手动"方式下可分别用 3 个步表示。执行完 3 个步后，再进行汇总。汇总执行 1 个步的操作后，再通过判断是否按下结束按钮来决定返回到哪 1 个步。

（3）I/O 端子资源分配与接线。根据控制要求可知，需要 6 个输入和 4 个输出点，I/O 分配见表 6-12，PLC 外部接线如图 6-31 所示。

表 6-12　　　　　　　　　　　　　**洗车控制系统的 I/O 分配表**

输　　入			输　　出		
功能	元件	PLC 地址	功能	元件	PLC 地址
手动/自动选择开关	SA	I0.0	控制泡沫洗车电动机	KM1	Q0.0
启动按钮	SB0	I0.1	控制清水冲洗电动机	KM2	Q0.1
停止按钮	SB1	I0.2	控制风干电动机	KM3	Q0.2
冲洗按钮	SB2	I0.3	控制警铃	KA	Q0.3
风干按钮	SB3	I0.4			
结束按钮	SB4	I0.5			

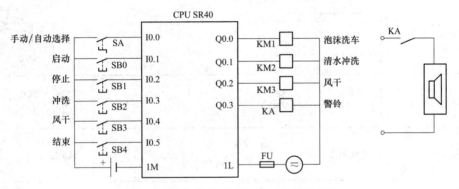

图 6-31　洗车控制系统的 PLC 外部接线图

（4）编写 PLC 控制程序。根据控制分析和 PLC 资源分配，绘制出洗车控制系统的状态流程图，如图 6-32 所示。使用顺序控制继电器指令编写的程序见表 6-13。

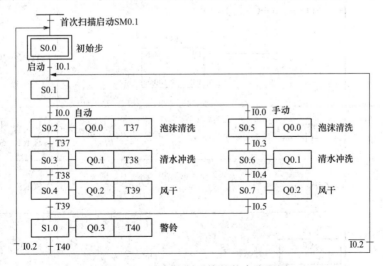

图 6-32　洗车控制系统的状态流程图

表 6-13   洗车控制系统程序

程序段	LAD	STL
程序段 1	SM0.1 ———┤ ├——— S0.0 (S) 1	LD SM0.1 S S0.0，1
程序段 2	S0.0 SCR	LSCR S0.0
程序段 3	I0.1 ———┤ ├——— S0.1 (SCRT)	LD I0.1 SCRT S0.1
程序段 4	——(SCRE)	SCRE
程序段 5	S0.1 SCR	LSCR S0.1
程序段 6	I0.0 ———┤ ├——— S0.2 (SCRT)	LD I0.0 SCRT S0.2
程序段 7	I0.0 ———┤/├——— S0.5 (SCRT)	LDN I0.0 SCRT S0.5
程序段 8	——(SCRE)	SCRE
程序段 9	S0.2 SCR	LSCR S0.2
程序段 10	SM0.0 ———┤ ├———————— M0.0 ( ) T37 IN TON 200 — PT 100ms	LD SM0.0 = M0.0 TON T37，200
程序段 11	T37 ———┤ ├——— S0.3 (SCRT)	LD T37 SCRT S0.3
程序段 12	——(SCRE)	SCRE
程序段 13	S0.3 SCR	LSCR S0.3

续表

程序段	LAD	STL
程序段 14	SM0.0 ——| |——(M0.1) T38 IN TON 300 — PT 100ms	LD SM0.0 = M0.1 TON T38,300
程序段 15	T38 ——| |——(S0.4 SCRT)	LD T38 SCRT S0.4
程序段 16	—(SCRE)	SCRE
程序段 17	S0.4 SCR	LSCR S0.4
程序段 18	SM0.0 ——| |——(M0.2) T39 IN TON 150 — PT 100ms	LD SM0.0 = M0.2 TON T39,150
程序段 19	T39 ——| |——(S1.0 SCRT)	LD T39 SCRT S1.0
程序段 20	—(SCRE)	SCRE
程序段 21	S0.5 SCR	LSCR S0.5
程序段 22	SM0.0 ——| |——(M0.3)	LD SM0.0 = M0.3
程序段 23	I0.3 ——| |——(S0.6 SCRT)	LD I0.3 SCRT S0.6
程序段 24	—(SCRE)	SCRE
程序段 25	S0.6 SCR	LSCR S0.6
程序段 26	SM0.0 ——| |——(M0.4)	LD SM0.0 = M0.4

程序段	LAD	STL
程序段 27	I0.4 —∣ ∣— S0.7 —(SCRT)	LD I0.4 SCRT S0.7
程序段 28	—(SCRE)	SCRE
程序段 29	S0.7 SCR	LSCR S0.7
程序段 30	SM0.0 —∣ ∣— M0.5 —( )	LD SM0.0 = M0.5
程序段 31	I0.5 —∣ ∣— S1.0 —(SCRT)	LD I0.5 SCRT S1.0
程序段 32	—(SCRE)	SCRE
程序段 33	S1.0 SCR	LSCR S1.0
程序段 34	SM0.0 —∣ ∣— Q0.3 —( ) T40 IN TON 50—PT 100 ms	LD SM0.0 = Q0.3 TON T40，50
程序段 35	T40 —∣ ∣— I0.2 —∣ ∣— S0.0 —(SCRT) I0.2 —∣/∣— S0.1 —(SCRT)	LD T40 LPS A I0.2 SCRT S0.0 LPP AN I0.2 SCRT S0.1
程序段 36	—(SCRE)	SCRE
程序段 37	M0.0 —∣ ∣— Q0.0 —( ) M0.3 —∣ ∣—	LD M0.0 O M0.3 = Q0.0

程序段	LAD	STL
程序段38	M0.1　　　　Q0.1 ─┤├────（　） M0.4 ─┤├─	LD　　M0.1 O　　　M0.4 =　　　Q0.1
程序段39	M0.2　　　　Q0.2 ─┤├────（　） M0.5 ─┤├─	LD　　M0.2 O　　　M0.5 =　　　Q0.2

（5）程序监控。刚进入在线监控状态时，S0.0步显示蓝色，表示为活动步。按下启动按钮SB0，I0.1触点闭合，S0.1变为活动步，S0.0为非活动步，选择自动模式，即I0.0常开触点闭合，I0.0常闭触点断开，S0.2变为活动步，S0.1为非活动步，此时M0.0（即Q0.0）输出为ON，T37进行延时，进入泡沫清洗工序，其监控效果如图6-33（a）所示。当T37延时达20s时，T37触点闭合，S0.3变为活动步，S0.2为非活动步，M0.1（即Q0.1）输出为ON，T38进行延时，进入清水冲洗工序。当T38延时达30s

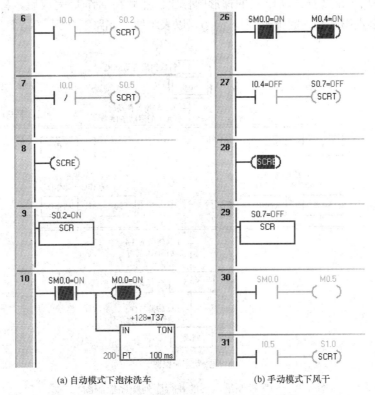

(a) 自动模式下泡沫洗车　　　　　(b) 手动模式下风干

图6-33　洗车控制系统的监控运行效果图

时，T38 触点闭合，S0.4 变为活动步，S0.3 为非活动步，M0.2（即 Q0.2）输出为 ON，T39 进行延时，进入风干工序。当 T39 延时达 15s 时，T39 触点闭合，S1.0 变为活动步，S0.4 为非活动步，Q0.3 输出为 ON，T40 进行延时，发出警铃声，表示 1 次洗车工序完成。当 T40 延时达 5s 时，如果未按下停止按钮 SB1，即 I0.2 常闭触点处于闭合状态时，S0.1 变为活动步，S1.0 为非活动步，重新执行下一轮洗车工序。如果按下停止按钮 SB1，即 I0.2 常闭触点断开、常开触点闭合时，S0.0 变为活动步，S1.0 为非活动步，此时只以等按下启动按钮 SB0 后才能执行下一轮洗车工序。

S0.1 变为活动步，S0.0 为非活动步，选择手动模式，即 I0.0 常闭触点闭合，I0.0 常开触点断开，S0.5 变为活动步，S0.1 为非活动步，此时 M0.3（即 Q0.0）输出为 ON，进入泡沫清洗工序。按下冲洗按钮 SB2，I0.3 触点闭合，S0.6 变为活动步，S0.5 为非活动步，此时 M0.4（即 Q0.1）输出为 ON，进入清水冲洗工序。按下冲洗按钮 SB3，I0.4 触点闭合，S0.7 变为活动步，S0.6 为非活动步，此时 M0.5（即 Q0.2）输出为 ON，进入风干工序，其监控效果如图 6-33（b）所示。按下结束按钮 SB4，I0.5 触点闭合，S1.0 变为活动步，S0.7 为非活动步，Q0.3 输出为 ON，T40 进行延时，发出警铃声，表示 1 次洗车工序完成。

6.4.4 并行序列编程实例

1. 顺序控制继电器的并行序列编程规律

顺序控制继电器的并行序列顺序控制如图 6-34 所示，在 6-34（b）图中执行完动作 B 的梯形图程序后，继续描述动作 C 的梯形图程序，然后在动作 D 完成后，将 S0.2、S0.4 和 I0.4 常开触点串联在一起推进到步 S0.5，以表示两条支路汇合到 S0.5。

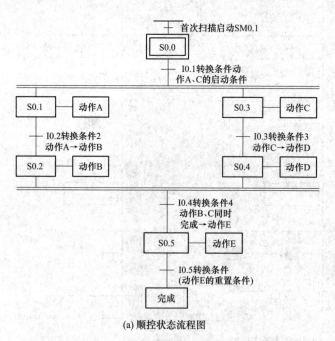

(a) 顺控状态流程图

图 6-34 顺序控制继电器的并行序列顺序控制图（一）

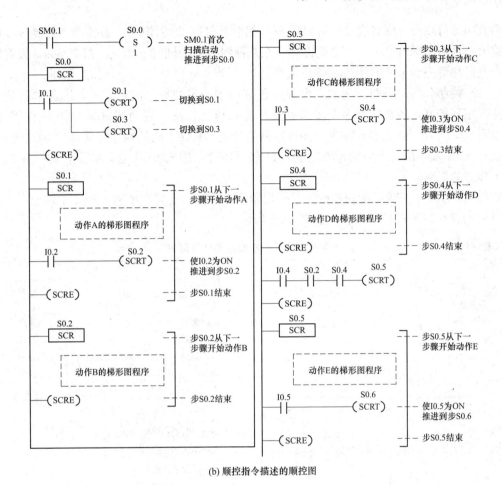

(b) 顺控指令描述的顺控图

图 6-34　顺序控制继电器的并行序列顺序控制图（二）

2. 顺序控制继电器的并行序列编程实例

【例 6-9】　顺序控制继电器的选择序列在十字路口信号灯控制中的应用。

（1）控制要求。某十字路口信号灯的控制示意如图 6-35 所示。按下启动按钮 SB0，

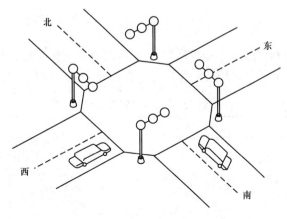

图 6-35　十字路口信号灯控制示意图

东西方向绿灯点亮，绿灯亮 25s 后闪烁 3s，然后黄灯亮 2s 后熄灭，紧接着红灯亮 30s 后再熄灭，再接着绿灯亮……，如此循环。在东西绿灯亮的同时，南北红灯亮 30s，接着绿灯点亮，绿灯亮 25s 后闪烁 3s，然后黄灯亮 2s 后熄灭，红灯亮……，如此循环。

（2）控制分析。东西、南北两大方向各灯均按一定的规律进行显示，因此本例是属于并行序列控制，各自均有多个步来完成相应操作。若按下启动按钮时 I0.0 触点闭合，转换到 S0.1 步和 S0.5 步，即进行并行序列的分支。东西方向的操作完成 T40 触点闭合，转换到 S1.1 步，南北方向的操作完成 T44 触点闭合，进入 S1.1 步，即进行并行序列的两个分支的汇总。

（3）I/O 端子资源分配与接线。根据控制要求可知，需要 2 个输入和 6 个输出点，I/O 分配见表 6-14，PLC 外部接线如图 6-36 所示。

表 6-14   十字路口信号灯控制的 I/O 分配表

输入			输出		
功能	元件	PLC 地址	功能	元件	PLC 地址
启动按钮	SB0	I0.0	东西绿灯	HL0	Q0.0
停止按钮	SB1	I0.1	东西黄灯	HL1	Q0.1
			东西红灯	HL2	Q0.2
			南北绿灯	HL3	Q0.3
			南北黄灯	HL4	Q0.4
			南北红灯	HL5	Q0.5

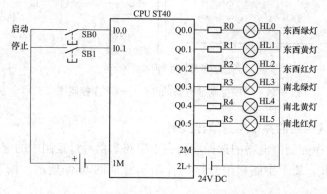

图 6-36 十字路口信号灯控制的 PLC 外部接线图

（4）编写 PLC 控制程序。根据控制分析和 PLC 资源分配，绘制出十字路口信号灯的状态流程图，如图 6-37 所示。使用顺序控制继电器指令编写的程序见表 6-15。

表 6-15   十字路口信号灯控制程序

程序段	LAD	STL
程序段 1	I0.1 S0.0 (R) 10 Q0.0 (R) 6	LD I0.1 R S0.0, 10 R Q0.0, 6

续表

程序段	LAD	STL
程序段 2	SM0.1 —(S S0.0, 1)	LD　SM0.1 S　　S0.0，1
程序段 3	S0.0 SCR	LSCR　S0.0
程序段 4	I0.0 — I0.1 —(SCRT S0.1)　(SCRT S0.5)	LD　　I0.0 AN　　I0.1 SCRT　S0.1 SCRT　S0.5
程序段 5	—(SCRE)	SCRE
程序段 6	S0.1 SCR	LSCR　S0.1
程序段 7	I0.1 —(M0.0)；T37 IN TON，250 PT 100ms	LDN　I0.1 =　　M0.0 TON　T37，250
程序段 8	I0.1 — T37 —(SCRT S0.2)	LDN　I0.1 A　　T37 SCRT　S0.2
程序段 9	—(SCRE)	SCRE
程序段 10	S0.2 SCR	LSCR　S0.2
程序段 11	I0.1；T38 IN TON，30 PT 100ms；SM0.5 —(M0.1)	LDN　I0.1 TON　T38，30 A　　SM0.5 =　　M0.1
程序段 12	T38 —(SCRT S0.3)	LD　　T38 SCRT　S0.3
程序段 13	—(SCRE)	SCRE
程序段 14	S0.3 SCR	LSCR　S0.3

程序段	LAD	STL
程序段 15	I0.1 —|/|— Q0.1 —( )— T39 TON, IN, 20—PT 100ms	LDN I0.1 = Q0.1 TON T39，20
程序段 16	T39 —||— S0.4 (SCRT)	LD T39 SCRT S0.4
程序段 17	—(SCRE)	SCRE
程序段 18	S0.4 SCR	LSCR S0.4
程序段 19	I0.1 —|/|— Q0.2 —( )— T40 TON, IN, 300—PT 100ms	LDN I0.1 = Q0.2 TON T40，300
程序段 20	T40 —||— S1.1 (SCRT)	LD T40 SCRT S1.1
程序段 21	—(SCRE)	SCRE
程序段 22	S0.5 SCR	LSCR S0.5
程序段 23	I0.1 —|/|— Q0.5 —( )— T41 TON, IN, 300—PT 100ms	LDN I0.1 = Q0.5 TON T41，300
程序段 24	T41 —||— S0.6 (SCRT)	LD T41 SCRT S0.6
程序段 25	—(SCRE)	SCRE
程序段 26	S0.6 SCR	LSCR S0.6

程序段	LAD	STL
程序段 27	I0.1 `/` → M0.2 ( )；T42 IN TON，250 PT 100ms	LDN I0.1 = M0.2 TON T42，250
程序段 28	T42 → S0.7 (SCRT)	LD T42 SCRT S0.7
程序段 29	(SCRE)	SCRE
程序段 30	S0.7 SCR	LSCR S0.7
程序段 31	T42 `/` → T43 IN TON，30 PT 100ms；SM0.5 → M0.3 ( )	LDN T42 TON T43，30 A SM0.5 = M0.3
程序段 32	T43 → S1.0 (SCRT)	LD T43 SCRT S1.0
程序段 33	(SCRE)	SCRE
程序段 34	S1.0 SCR	LSCR S1.0
程序段 35	I0.1 `/` → Q0.4 ( )；T44 IN TON，20 PT 100ms	LDN I0.1 = Q0.4 TON T44，20
程序段 36	T44 → S1.1 (SCRT)	LD T44 SCRT S1.1
程序段 37	(SCRE)	SCRE

续表

程序段	LAD	STL
程序段 38	S1.1 SCR	LSCR S1.1
程序段 39	I0.1 —/— T45 IN TON 1—PT 100ms	LDN I0.1 TON T45，1
程序段 40	T45 —| |— S0.0 (SCRT)	LD T45 SCRT S0.0
程序段 41	—(SCRE)	SCRE
程序段 42	M0.0 —| |— Q0.0 ( ) M0.1 —| |—	LD M0.0 O M0.1 = Q0.0
程序段 43	M0.2 —| |— Q0.3 ( ) M0.3 —| |—	LD M0.2 O M0.3 = Q0.3

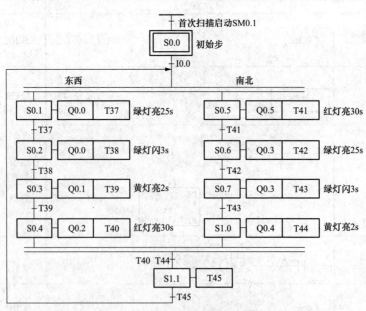

图 6-37　十字路口信号灯的状态流程图

（5）程序监控。刚进入在线监控状态时，S0.0 步显示蓝色，表示为活动步。按下启动按钮 SB0，I0.0 触点闭合，S0.1 和 S0.5 均变为活动步，S0.0 为非活动步，同时进入了两路分支的运行。

S0.1 为活动步时，M0.0（Q0.0）输出为 ON，控制东西方向的绿灯亮，T37 进行延进。当 T37 延时达 25s 时，T37 触点闭合，使 S0.2 变为活动步，S0.1 为非激活状态。东西方向绿灯亮的同时，S0.5 也为活动步，Q0.5 输出为 ON，控制南北方向的红灯亮，其监控效果如图 6-38 所示。S0.2 变为活动步，M0.1（Q0.0）每隔 0.5s 输出为 ON，控制东西方向的绿灯闪烁，同时 T38 进行延时。当 T38 延时达 3s 时，S0.3 变为活动步，S0.2 为非激活状态。而南北方向的 T41 延时达 30s，其触点闭合，S0.6 变为活动步，S0.5 为非激活状态，M0.2（Q0.3）输出为 ON，控制南北方向的绿灯点亮。而后，东西和南北方向的指示灯均按相应的顺序进行点亮。

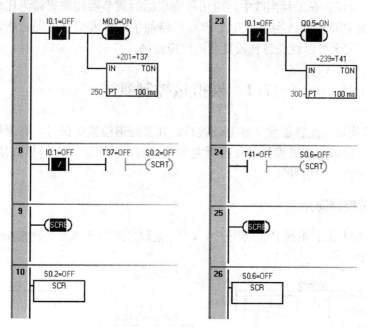

图 6-38　十字路口信号灯的监控运行效果图

第7章 模拟量功能与 PID 控制

生产过程中有许多电压、电流信号是用连续变化的形式来温度、流量、压力、物位等工艺参数的大小，这就是模拟量信号。这些信号在一定范围内连续变化，如 0～10V 电压或 0～20mA 电流。在工程实践中，应用最为广泛的调节器控制规律为比例、积分、微分控制，简称为 PID 控制。当今第五代 PLC 已增加了许多模拟量处理功能，具有较强的 PID 控制能力，完全可以胜任各种较复杂的模拟控制。

7.1 模拟量控制概述

通常 CPU 模块只配置了数字量 I/O 接口，如果处理模拟量信号，必须使用相应的模拟量扩展模块。模拟量扩展模块的任务就是实现 A/D 转换或 D/A 转换，使 PLC 能够接受、处理和输出模拟量信号。

7.1.1 模拟量控制简介

在 S7-200 SMART 系列 PLC 系统中，CPU 是以二进制格式来处理模拟值，其处理流程如图 7-1 所示。

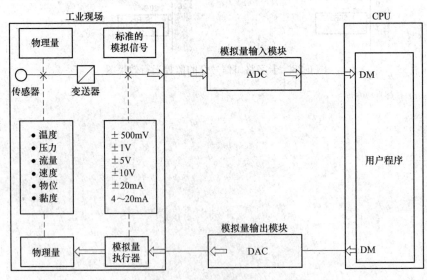

图 7-1 模拟量处理流程

若需将外界信号传送到 CPU 时，首先通过传感器采集所需的外界信号并将其转换为电信号，该电信号可能是离散性的电信号，需通过变送器将它转换为标准的模拟量电压或电流信号。模拟量输入模拟接收到这些标准模拟量信号后，通过 ADC 转换为与模拟量成比例的数字量信号，并存放在缓冲器中（AI）。CPU 读取模拟量输入模块缓冲器中数字量信号，并传送到 CPU 指定的存储区中。

若 CPU 需控制外部相关设备时，首先 CPU 将指定的数字量信号传送到模拟量输出模块的缓冲器中（AQ）。这些数字量信号在模拟量输出模块中通过 DAC 转换后，转换为成比例的标准模拟电压或电流信号。标准模块电压或电流信号驱动相应的模拟量执行器进行相应动作，从而实现了 PLC 的模拟量输出控制。

7.1.2 模拟量的表示及精度

1. 模拟值的精度

CPU 只能以二进制处理模拟值。对于具有相同标称范围的输入和输出值来说，数字化的模拟值都相同。模拟值用一个由二进制补码定点数来表示，第 15 位为符号位。符号位为 0 表示正数，1 表示负数。

模拟值的精度见表 7-1，表中以符号位对齐，未用的低位则用"0"来填补，表中的"×"表示未用的位。

表 7-1　　模拟值的精度

精度（位数）	分辨率		模拟值	
	十进制	十六进制	高 8 位字节	低 8 位字节
8	128	0x80	符号 0 0 0 0 0 0 0	1 × × × × × × ×
9	64	0x40	符号 0 0 0 0 0 0 0	0 1 × × × × × ×
10	32	0x20	符号 0 0 0 0 0 0 0	0 0 1 × × × × ×
11	16	0x10	符号 0 0 0 0 0 0 0	0 0 0 1 × × × ×
12	8	0x08	符号 0 0 0 0 0 0 0	0 0 0 0 1 × × ×
13	4	0x04	符号 0 0 0 0 0 0 0	0 0 0 0 0 1 × ×
14	2	0x02	符号 0 0 0 0 0 0 0	0 0 0 0 0 0 1 ×
15	1	0x01	符号 0 0 0 0 0 0 0	0 0 0 0 0 0 0 1

2. 输入量程的模拟值表示

（1）电压测量范围为 −10~+10V、−5~5V、−2.5~2.5V 的模拟值表示见表 7-2。

表 7-2　　电压测量范围为 −10~+10V、−5~5V、−2.5~2.5V 的模拟值表示

电压测量范围				模拟值	
所测电压	±10V	−5~5V	−2.5~2.5V	十进制	十六进制
上溢	11.85V	5.926V	2.963V	32 767	0x7FFF
				32 512	0x7F00

续表

电压测量范围				模拟值	
所测电压	±10V	−5～5V	−2.5～2.5V	十进制	十六进制
上溢警告	11.759V	5.879V	2.940V	32 511	0x7EFF
				27 649	0x6C01
正常范围	10V	5V	2.5V	27 648	0x6C00
	7.5V	3.75V	1.875V	20 736	0x5100
	361.7μV	180.8μV	90.4μV	1	0x1
	0V	0V	0V	0	0x0
				−1	0xFFFF
	−7.5V	−3.75V	−1.875V	−20 736	0xAF00
	−10V	−5V	−2.5V	−27 648	0x9400
下溢警告				−27 649	0x93FF
	−11.759V	−5.879V	−2.940V	−32 512	0x8100
				−4864	0xED00
下溢				−32 513	0x80FF
	−11.85V	−5.926V	−2.963V	−32 768	0x8000

（2）电流测量范围为 0～20mA 和 4～20mA 的模拟值表示见表 7-3。

表 7-3　　　　　电流测量范围为 0～20mA 和 4～20mA 的模拟值表示

电流测量范围		模拟值	
所测电流	0～20mA	4～20mA	十进制	十六进制
上溢	23.70mA	22.96mA	32 767	0x7FFF
			32 512	0x7F00
上溢警告	23.52mA	22.81mA	32 511	0x7EFF
			27 649	0x6C01
正常范围	20mA	20mA	27 648	0x6C00
	15mA	16mA	20 736	0x5100
	723.4nA	4mA+578.7nA	1	0x1
	0mA	4mA	0	0x0
			−1	0xFFFF
			−20 736	0xAF00
			−27 648	0x9400
下溢警告			−27 649	0x93FF
			−32 512	0x8100
	−3.52mA	1.185mA	−4864	0xED00
下溢			−32 513	0x80FF
			−32 768	0x8000

3. 输出量程的模拟值表示

（1）电压输出范围为－10～10V 的模拟值表示见表 7-4。

表 7-4　　　　　　　　　　　　　电压输出范围为－10～10V 的模拟值表示

数字量			输出电压范围	
百分比	十进制	十六进制	－10V～10V	输出电压
118.5 149%	32 767	0x7FFF	0.00V	上溢，断路和去电
	32 512	0x7F00		
117.589%	32 511	0x7EFF	11.76V	上溢警告
	27 649	0x6C01		
100%	27 648	0x6C00	10V	正常范围
75%	20 736	0x5100	7.5V	
0.003 617%	1	0x1	361.7μV	
0%	0	0x0	0V	
	－1	0xFFFF	－361.7μV	
－75%	－20 736	0xAF00	－7.5V	
－100%	－27 648	0x9400	－10V	
	－27 649	0x93FF		下溢警告
－25%	－6912	0xE500		
	－6913	0xE4FF		
－117.593%	－32 512	0x8100	－11.76V	
	－32 513	0x80FF		下溢，断路和去电
－118.519%	－32 768	0x8000	0.00V	

（2）电流输出范围为 0～20mA 以及 4～20mA 的模拟值表示见表 7-5。

表 7-5　　　　　　　　　电流输出范围为 0～20mA 以及 4～20mA 的模拟值表示

数字量			输出电流范围		
百分比	十进制	十六进制	0～20mA	4～20mA	输出电流
118.5 149%	32 767	0x7FFF	0.00mA	0.00mA	上溢
	32 512	0x7F00			
117.589%	32 511	0x7EFF	23.52mA	22.81mA	上溢警告
	27 649	0x6C01			
100%	27 648	0x6C00	20mA	20mA	正常范围
75%	20 736	0x5100	15mA	16mA	
0.003 617%	1	0x1	723.4nA	4mA＋578.7nA	
0%	0	0x0	0mA	4mA	
	－1	0xFFFF			
－75%	－20 736	0xAF00			
－100%	－27 648	0x9400			

数字量			输出电流范围		
百分比	十进制	十六进制	0～20mA	4～20mA	输出电流
	−27 649	0x93FF			
−25%	−6912	0xE500		0mA	下溢警告
	−6913	0xE4FF			
−117.593%	−32 512	0x8100	输出值限制在 0mA		
	−32 513	0x80FF			下溢
−118.519%	−32 768	0x8000	0.00mA	0.00mA	

7.1.3 模拟量的输入/输出方法

1. 模拟量输入方法

模拟量的输入有两种方法：用模拟量输入模块输入模拟量、用采集脉冲输入模拟量。

（1）用模拟量输入模块输入模拟量。模拟量输入模块是将模拟过程信号转换为数字格式，其处理流程可参见图 7-1。使用该模拟时，要了解其性能，主要的性能如下：

1）模拟量规格：指可接受或可输出的标准电流或标准电压的规格，一般多些好，便于选用。

2）数字量位数：指转换后的数字量，用多少位二进制数表达。位越多，精度越高。

3）转换时间：只实现一次模拟量转换的时间，越短越好。

4）转换路数：只可实现多少路的模拟量的转换，路数越多越好，可处理多路信号。

5）功能：指除了实现数模转换时的一些附加功能，有的还有标定、平均峰值及开方功能。

（2）用采集脉冲输入模拟量。PLC 可采集脉冲信号，可用于高速计数单元或特定输入点采集。也可用输入中断的方法采集。而把物理量转换为电脉冲信号也将方便。

2. 模拟量输出方法

模拟量输入的方法有 3 种：用模拟量输出模块控制输出、用开关量 ON/OFF 比值控制输出、用可调制脉冲宽度的脉冲量控制输出。

（1）用模拟量输出模块控制输出。为使控制的模拟量能连续、无波动地变化，最好采用模拟量输出模块。模拟量输出模块是将数字输出值转换为模拟信号，其处理流程可参见图 7-1。模拟量输出模拟的参数包括诊断中断、组诊断、输出类型选择（电压、电流或禁用）、输出范围选择及对 CPU STOP 模式的响应。使用模拟量输出模块时应按以下步骤进行：

1）选用。确定是选用 CPU 单元的内置模拟量输入/输出模块，还是选用外扩大的模拟量输出模块。在选择外扩时，要选性能合适的模块输出模块，既要与 PLC 型号相当，规格、功能也要一致，而且配套的附件或装置也要选好。

2）接线。模拟量输出模块可为负载和执行器提供电源。模拟量输出模块使用屏蔽双绞线电缆连接模拟量信号至执行器。电缆两端的任何电位差都可能导致在屏蔽层产生等电位电流，进行干扰模拟信号。为防止发生这种情况，应只将电缆的一端的屏蔽层接地。

3）设定。有硬设定及软设定。硬设定用 DIP 开关，软设定用存储区或运行相当的初始化 PLC 程序。做了设定，才能确定要使用哪些功能，选用什么样的数据转换，数据存储于什么单元等。总之，没有进行必要的设定，如同没有接好线一样，模块也是不能使用的。

（2）用开关量 ON/OFF 比值控制输出。改变开关量 ON/OFF 比例，进而用这个开关量去控制模拟量，是模拟量控制输出最简单的办法。这个方法不用模拟量输出模块，即可实现模拟量控制输出。其缺点是，这个方法的控制输出是断续的，系统接收的功率有波动，不是很均匀。如果系统惯性较大，或要求不高，允许不大的波动时可用。为了减少波动，可缩短工作周期。

（3）用可调制脉冲宽度的脉冲量控制输出。有的 PLC 有半导体输出的输出点，可缩短工作周期，提高模拟量输出的平稳性。用其控制模拟量，则是既简单又平稳的方法。

7.2　S7-200 SMART PLC 模拟量扩展模块

S7-200 SMART 系列的模拟量模块包括模拟量输入扩展模块、模拟量输出扩展模块和模拟量输入/输出扩展模块。

7.2.1　模拟量输入扩展模块

S7-200 SMART 系列 PLC 的模拟量输入扩展模块有 2 种型号：EM AE04 和 EM AE08。其中，EM AE04 为 4 路模拟量输入，EM AE08 为 8 路模拟量输入。

EM AE04 和 EM AE08 是将输入的模拟量信号转换为数字量，并将结果存入模拟量输入映像寄存器 AI 中，AI 中的数据是以字（1 个字 16 位）的形式存取，存储的 16 位数据中，电压模式有效位为 12 位＋符号位，电流模式有效位为 12 位。

模拟量输入扩展模块 EM AE04 和 EM AE08 有 4 种量程，分别为 0～20mA、−10～10V、−5～5V、−2.5～2.5V。这 4 种量程的选择是通过编程软件 STEP 7-Micro/WIN SMART 来设置，具体设置参见 3.3.3 节。

对于单极性满量程输入范围对应的数字量输出为 0～27 648；双极性满量程输入范围对应的数字量输出为−27 648～27 648。

模拟量输入扩展模块的接线如图 7-2 所示，它们需要 DC 24V 电源供电，可以外接开关电源，也可由来自 PLC 的传感器电源（L＋，M 之间 DC 24V）提供。在扩展模块及外围元件较多的情况下，不建议使用 PLC 的传感器电源供电。

通道 0(0＋、0−) 和通道 1(1＋、1−)，不能同时测量电压和电流信号，只能二选一。通道 2(2＋、2−) 和通道 3(3＋、3−)、通道 4(4＋、4−) 和通道 5(5＋、5−)、通道 6(6＋、6−) 和通道 7(7＋、7−)，也是如此。

模拟量输入扩展模块安装时，将其连接器插入 CPU 模块或其他扩展模块的插槽中，不再是 S7-200 PLC 那种采用扁平电缆的连接方式。

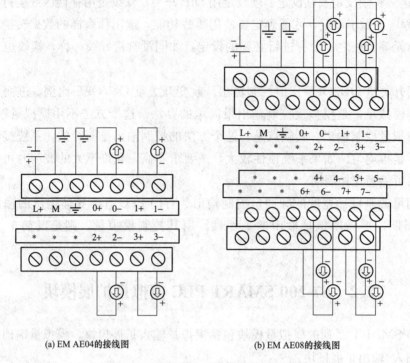

(a) EM AE04的接线图　　　　　　　　(b) EM AE08的接线图

图 7-2　模拟量输入扩展模块的接线图

7.2.2　模拟量输出扩展模块

S7-200 SMART 系列 PLC 的模拟量输出扩展模块也有 2 种型号：EM AQ02 和 EM AQ04。其中，EM AQ02 为 2 路模拟量输出，EM AQ04 为 4 路模拟量输出。

EM AQ02 和 EM AQ04 是将模拟量输出映像寄存器 AQ 中的数字量转换为可用于驱动执行元件的模拟量。AQ 中的数据是以字（1 个字 16 位）的形式存取，存储的 16 位数据中，电压模式有效位为 11 位＋符号位，电流模式有效位为 11 位。

模拟量输出扩展模块 EM AQ02 和 EM AQ04 有两种量程，分别是 ±10V 和 0～20mA，对应的数字量为 -27 648～27 648 和 0～27 648。这两种量程的选择也是通过编程软件 STEP 7-Micro/WIN SMART 来设置。

模拟量输出扩展模块的接线如图 7-3 所示，它们需要 DC 24V 电源供电，可以外接开关电源，也可由来自 PLC 的传感器电源（L＋，M 之间 DC 24V）提供。在扩展模块及外围元件较多的情况下，不建议使用 PLC 的传感器电源供电。

7.2.3　模拟量输入/输出扩展模块

S7-200 SMART 系列 PLC 的模拟量输入/输出扩展模块同样有 2 种型号：EM AM03 和 EM AM06。其中，EM AM03 为 2 路模拟量输入/1 路模拟量输出，EM AM06 为 4 路模拟量输入/2 路模拟量输出。

模拟量输入/输出扩展模块的接线如图 7-4 所示，它们需要 DC 24V 电源供电，可以外接开关电源，也可由来自 PLC 的传感器电源（L＋，M 之间 DC 24V）提供。在扩展模

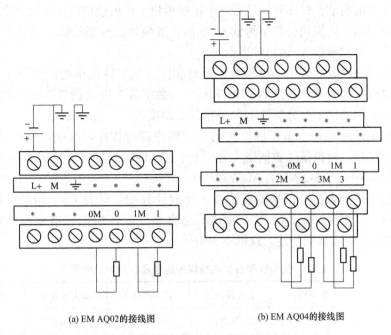

(a) EM AQ02的接线图　　　　　　　(b) EM AQ04的接线图

图 7-3　模拟量输出扩展模块的接线图

块及外围元件较多的情况下，不建议使用 PLC 的传感器电源供电。

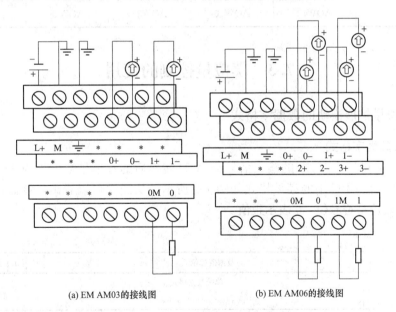

(a) EM AM03的接线图　　　　　　　(b) EM AM06的接线图

图 7-4　模拟量输入/输出扩展模块的接线图

7.2.4　扩展模块的连接

　　S7-200 SMART PLC 本机有一定数量的 I/O 点，其地址分配也是固定的。当 I/O 点数不够时，通过连接 I/O 扩展模块或安装信号板，可以实现 I/O 点数的扩展。扩展模块一般安装在本机的右端，最多可以扩展 6 个扩展模块。扩展模块可以分为数字量输入扩展模块、数字量输出扩展模块、数字量输入/输出扩展模块、模拟量输入扩展模块、模拟量输出扩展模块、模拟量输入/输出扩展模块等。

扩展模块的地址分配是由 I/O 模块的类型和模块在 I/O 链中的位置决定。数字量 I/O 模块的地址以字节为单位，某些 CPU 和信号和数字量 I/O 点数如不是 8 的整数倍，最后一个字节中未用的位不会分配给 I/O 链中的后续模块。

每个模拟量扩展模块，按扩展模块的先后顺序进行排序，其中，模拟量根据输入、输出不同分别排序。模拟量的数据格式为一个字长，所以地址必须从偶数字开始。例如：AIW16，AIW32……、AQW16，AQW32……。

CPU、信号板和各扩展模块的连接及起始地址分配，见表 7-6。用系统块组态硬件时，编程软件 STEP 7-Micro/WIN SMART 会自动分配各模拟和信号板的地址，本书 3.2.3 节硬件组态中有详细阐述，这里不再赘述。

表 7-6　　　　　CPU、信号板和各扩展模块的连接及起始地址分配

地址	CPU	信号板	信号模块 0	信号模块 1	信号模块 2	信号模块 3
起始地址	I0.0 Q0.0	I7.0	I8.0	I12.0	I16.0	I20.0
		Q7.0	Q8.0	Q12.0	Q16.0	Q20.0
		无 AI 信号板	AIW16	AIW32	AIW48	AIW64
		AQW12	AQW16	AQW32	AQW48	AQW64

7.3　模拟量控制的使用

7.3.1　模拟量扩展模块的数据字格式

1. 输入数据字格式

EM AE04 和 EM AE08 的输入信号经 A/D 转换后的数字量数值均为 12 位二进制。该数值的 12 位在 CPU 中的存放格式如图 7-5 所示。从图中可以看出，该数值是左对齐的，最高有效位是符号位，0 表示正值。

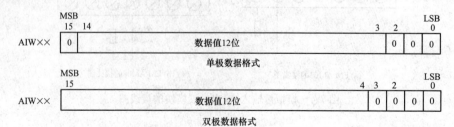

图 7-5　输入数据字格式

在单极性格式中，3 个连续的 0 使得模拟量到数字量转换器（ADC）每变化 1 个单位，数据字则以 8 个单位变化。数值的 12 位存储在第 3～14 位区域，这 12 位数据的最大

值应为 $2^{15}-8=32\,760$。EM AE04 和 EM AE08 输入信号经 A/D 转换后单极性数据格式的全量程范围设置为 $0\sim3200$。差值 $32\,760-32\,000=760$ 则用于偏置/增益，由系统完成。由于第 15 位为 0，表示是正值数据。

在双极性格式中，4 个连续的 0 使得模拟量到数字量转换器每变化 1 个单位，数据字则以 16 为单位变化。数值的 12 位存储在第 $4\sim15$ 位区域，最高位是符合位，双级性数据格式的全量程范围设置为 $-32\,000\sim+32\,000$。

2. 输出数据字格式

EM AQ02 和 EM AQ04 模拟量扩展模拟的输出数据格式也是左端对齐的，电流模式有效位为 11 位，电压模式为符号位加 11 位有效位。

7.3.2　模拟量信号的转换

模拟量信号通过 A/D 转换变成 PLC 可以识别的数字信号，模拟量输出信号通过模拟量转换器（DAC）转换将 PLC 中的数字信号转换成模拟量输出信号。在 PLC 的程序设计中为了实现控制需要，将有关的模拟量通过手工计算转换为数字量，具体的换算公式如下：

（1）模拟量到数字量的转换公式

$$D=(A-A_0)\times\frac{(D_m-D_0)}{(A_m-A_0)}+D_0 \tag{7-1}$$

（2）数字量到模拟量的转换公式

$$A=(D-D_0)\times\frac{(A_m-A_0)}{(D_m-D_0)}+A_0 \tag{7-2}$$

式中：A_m 为模拟量输入信号的最大值；A_0 为模拟量输出信号的最小值；D_m 为 A_m 经 A/D 转换得到的数值；D_0 为 A_0 经 A/D 转换得到的数值；A 为模拟量信号值；D 为 A 经 A/D 转换得到的数值。

【例 7-1】 已知 S7-200 SMART 的模拟量输入模块加入标准电信号为 $0\sim20mA(A_0\sim A_m)$，经 A/D 转换后数值为 $0\sim27\,648(D_0\sim D_m)$，试分别计算：当输入信号为 15mA 时，经 A/D 转换后存入模拟量输入寄存器 AIW 中的数值；当已知存入模拟量输入寄存器 AIW 中的数值是 16 800，则对应的输入端信号值：

（1）由式（7-1）得到 AIW 中的数值 D：

$$D=(A-A_0)\times\frac{(D_m-D_0)}{(A_m-A_0)}+D_0=(15-0)\times\frac{27\,648-0}{20-0}+0=20\,736$$

（2）由式（7-2）得到输入端信号的值 A 为：

$$A=(D-D_0)\times\frac{(A_m-A_0)}{(D_m-D_0)}+A_0=(16\,800-0)\times\frac{20-0}{27\,648-0}+0\approx12.15(mA)$$

7.3.3　模拟量扩展模块的使用

【例 7-2】 EM AE04 电压量程的使用。某压力变送器量程为 $0\sim20MPa$，输出信号为 $0\sim10V$，要求使用模拟量输入模块 EM AE04 电压量程，根据转换后的数字量计算出压力值，并编写相应程序。

【分析】 假设使用模拟量输入模块 EM AE04 的电压量程为 $-10\sim10\text{V}$，其转换后的数字量范围为 $0\sim27\,648$。压力变送器输出信号的量程为 $0\sim10\text{V}$，正好和模拟量输入模块 EM AE04 的量程一半 $0\sim10\text{V}$ 逐一对应，因此对应关系成正比，实际物理量 0MPa 对应模块量模块内部数字量为 0，实际物理量 20MPa 对应模拟量模块内部数字量为 27 648。如果转换后的数字量为 D，根据式（7-2）得出压力值所对应的 A 值：

$$A = (D - D_0) \times \frac{(A_m - A_0)}{(D_m - D_0)} + A_0 = (D - 0) \times \frac{20 - 0}{27\,648 - 0} + 0 = \frac{20D}{27\,648}(\text{mA})$$

编写程序见表 7-7。

表 7-7   **EM AE04 电压量程的使用程序**

程序段	LAD	STL

程序段 1	MOV_W：I0.0，EN，ENO，AIW16-IN，OUT-VW0；I_DI：EN，ENO，VW0-IN，OUT-VD10；MUL_DI：EN，ENO，VD10-IN1，+20-IN2，OUT-VD20；DIV_DI：EN，END，VD20-IN1，+27648-IN2，OUT-VD30	LD I0.0
		MOVW AIW16, VW0
		ITD VW0, VD10
		MOVD VD10, VD20
		*D +20, VD20
		MOVD VD20, VD30
		/D +27 648,
		        VD30

在程序段 1 中，MOVW 指令将模拟量模块转换的数字量（D）由 AIW16 送入到 VW0 中，然后通过 ITD 指令将 VW0 的中值转换为双整数，并送入 VD10 中。*D 指令将 VD10 中的值乘以 20，得到的积送入 VD20，即实现了公式中的 20D，/D 指令将 VD20 中的值除以 27 648，得到的商送入 VD30 中，即实现了公式中的 20D/27 648。由于程序段中使用的数据类型为整数，因此得出的压力值为整数类型。

【例 7-3】 EM AE04 电流量程的使用。某压力变送器量程为 $0\sim10\text{MPa}$，输出信号为 $4\sim20\text{mA}$，要求使用模拟量输入模块 EM AE04 电流量程，根据转换后的数字量计算出压力值，并编写相应程序。

【分析】 模拟量输入模块 EM AE04 的电流量程为 $0\sim20\text{mA}$，其转换后的数字量范围为 $0\sim27\,648$。压力变送器输出信号的量程为 $4\sim20\text{mA}$，与模拟量输入模块 EM AE04 的量程不完全对应。4mA 对应的数字量为 $27\,648 \times 4/20$，约为 5530，因此实际物理量 0MPa 对应模拟量模拟内部数字量为 5530，实际物理量 10MPa 对应模拟量模块内部数字量为 27 648。如果转换后的数字量为 D，根据式（7-2）得出压力值所对应的 A 值：$A =$

$$(D - D_0) \times \frac{(A_m - A_0)}{(D_m - D_0)} + A_0 = (D - 5530) \times \frac{10 - 0}{27\,648 - 5530} + 0 = \frac{10 \times (D - 5530)}{27\,648 - 5530}(\text{mA}),$$

编写程序见表 7-8。

表 7-8   **EM AE04 电流量程的使用程序**

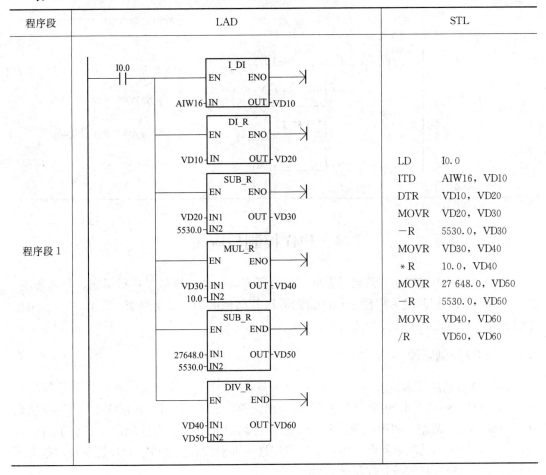

程序段	LAD	STL
程序段 1	(见上图)	LD I0.0 ITD AIW16，VD10 DTR VD10，VD20 MOVR VD20，VD30 －R 5530.0，VD30 MOVR VD30，VD40 ＊R 10.0，VD40 MOVR 27 648.0，VD50 －R 5530.0，VD50 MOVR VD40，VD60 /R VD50，VD60

在程序段 1 中，ITD 指令将模拟量模块转换的数字量（D）AIW16 中的值转换为双整数，并送入 VD10 中。并通过 DTR 指令将 VD10 中的双整数转换为实数，结果送入 VD20 中。第 1 条－R 指令，将 VD20 中的实数减去 5530.0，结果送入 VD30 中，即执行 D-5530.0 操作。＊R 指令，将 VD30 中的值乘以 10，结果送入 VD40 中，即执行 10×（D-5530.0）操作。第 2 条－R 指令，执行 27 648-5530 操作，差值送入 VD50 中。/R 指令，将 VD40 除以 VD50，结果送入 VD60，即计算出的压力值送入 VD60 中。由于程序段中使用的数据类型为实数，因此得出的压力值为实数类型。

【例 7-4】 EM AM03 模拟量输入/输出模块的使用。编写一个输出模拟量与输入模拟量成递减关系的程序。

【分析】 选择 EM AM03 的"0＋"和"0－"作为模拟电压输入端；"0M"和"0"作为模拟电压输出端。0～10V 档作为测量量程，编写程序如表 7-9 所示。在程序中，通过 A/D 转换器将 0～10V 的模拟电压转换成 0～32 000 的数字量存入 AIW16，常数 32 000 与 AIW16 的差通过 VW0 传送到 AQW16，然后通过 D/A 转换器输出模拟电压。输入模拟电压越高，则输出模拟电压越低，输出模拟量与输入模拟量成递减关系。

表 7-9   **EM AM03　模拟量输入/输出模块的使用程序**

程序段	LAD	STL
程序段 1		LD　　　SM0.0 MOVW　+32 000, VW0 —I　　　AIW16, VW0 MOVW　VW0, AQW16

7.4　PID 控制与应用

在工业生产中许多地方需要对温度、压力等连续变化的模拟量进行恒温、恒压控制，其中，应用 PID 控制最为广泛。PID 控制器以其结构简单、稳定性好、工作可靠、调整方便而成为工业控制的主要技术之一。

7.4.1　PID 控制原理

1. PID 控制的基本概念

PID（Proportional Integral Derivative）即比例（P)-积分（I)-微分（D）。PID 控制器就是根据系统的误差，利用比例、积分、微分计算出控制量进行控制的，解决了自动控制理论所要解决的最基本问题，即系统的稳定性、准确性和快速性。PID 控制技术包含了比例控制、微分控制和积分控制等。

（1）比例控制（Proportional）。比例控制是一种最简单的控制方式。其控制器的输出与输入误差信号成比例关系，如果增大比例系数使系统反应灵敏，调节速度加快，并且可以减小稳态误差。但是，比例系数过大会使超调量增大，振荡次数增加，调节时间加长，动态性能变坏，比例系数太大甚至会使闭环系统不稳定。当仅有比例控制时系统输出存在稳态误差（Steady-state error）。

（2）积分控制（Integral）。在 PID 中的积分对应于图 7-6 中的误差曲线 ev(t) 与坐标轴包围的面积，图中的 T_s 为采样周期。通常情况下，用图中各矩形面积之和来近似精确积分。

在积分控制中，PID 的输出与输入误差信号的积分成正比关系。每次 PID 运算时，在原来的积分值基础上，增加一个与当前的误差值 $ev(n)$ 成正比的微小部分。误差为负值时，积分的增量为负。

对一个自动控制系统，如果在进入稳态后存在稳态误差，则称这个控制系统为有稳态误差系统，或简称有差系统（System with Steady-state Error）。为了消除稳态误差，在控制器中必须引入"积分项"。积分项对误差的运算取决于积分时间 T_I，T_I 在积分项的分母中。T_I 越小，积分项变化的速度越快，积分作用越强。

（3）比例积分控制。PID 输出中的积分项输入误差的积分成正比。输入误差包含当前误差及以前的误差，它会时间而增加，而累积，因此积分作用本身具有严重的滞后特性，对系统的稳定性不利。如果积分项的系数设置得不好，其负面作用很难通过积分作用本身迅速地修正。而比例项没有延迟，只要误差一出现，比例部分就会立即起作用。因此积分很少单独使用，它一般与比例和微分联合使用，组成 PI 或 PID 控制器。

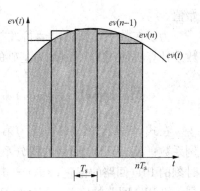

图 7-6 积分的近似计算

PI 和 PID 控制器既克服了单纯的比例调节有稳态误差的缺点，又避免了单纯的积分调节响应慢、动态性能不好的缺点，因此被广泛使用。

如果控制器有积分作用（例如采用 PI 或 PID 控制），积分能消除阶跃输入的稳态误差，这时可以将比例系数调得小一些。如果积分作用太强（即积分时间太小），其累积的作用会使系统输出的动态性能变差，有可能使系统不稳定。积分作用太弱（即积分时间太长），则消除稳态误差的速度太慢，所以要取合适的积分时间值。

（4）微分控制。在微分控制中，控制器的输出与输入误差信号的微分（即误差的变化率）成正比关系，误差变化越快，其微分绝对值越大。误差增大时，其微分为正；误差减小时，其微分为负。由于在自动控制系统中存在较大的惯性组件（环节）或有滞后（delay）组件，具有抑制误差的作用，其变化总是落后于误差的变化。因此，自动控制系统在克服误差的调节过程中可能会出现振荡甚至失稳。在这种情况下，可以使抑制误差的作用的变化"超前"，即在误差接近零时，抑制误差的作用就应该是零。也就是说，在控制器中仅引入"比例"项往往是不够的，比例项的作用仅是放大误差的幅值，而目前需要增加的是"微分项"，它能预测误差变化的趋势，这样，具有比例＋微分的控制器就能够提前使抑制误差的控制作用等于零，甚至为负值，从而避免被控量的严重超调。所以对有较大惯性或滞后的被控对象，比例＋微分（PD）控制器能改善系统在调节过程中的动态特性。

2. PID 表达式

PID 控制器的传递函数为

$$\frac{MV(t)}{EV(t)} = K_P\left(1 + \frac{1}{T_i s} + T_D s\right)$$

模拟量 PID 控制器的输出表达式为

$$mv(t) = K_P\left[ev(t) + \frac{1}{T_I}\int ev(t)\mathrm{d}t + T_D\frac{dev(t)}{\mathrm{d}t}\right] + M \tag{7-3}$$

式（7-3）中控制器的输入量（误差信号）$ev(t) = sp(t) - pv(t)$，$sp(t)$ 为设定值，$pv(t)$ 为过程变量（反馈值）；$mv(t)$ 是 PID 控制器的输出信号，是时间的函数；K_P 是 PID 回路的比例系数；T_I 和 T_D 分别是积分时间常数和微分时间常数，M 是积分部分的初始值。

为了在数字计算机内运行此控制函数，必须将连续函数化成为偏差值的间断采样。数字计算机使式（7-4）为基础的离散化 PID 运算模型：

$$Mv(n)=K_P \times ev(n)+Ki \sum_{i=1}^{n} e_i + Mx + Kd \times [ev(n)-ev(n-1)] \qquad (7\text{-}4)$$

在式（7-4）中，$MV(n)$ 为第 n 次采样时刻的 PID 运算输出值；K_P 为 PID 回路的比例系数；Ki 为 PID 回路的积分系数；Kd 为 PID 回路的微分系数；$ev(n)$ 为第 n 次采样时刻的 PID 回路的偏差；$ev(n-1)$ 为第 $n-1$ 次采样时刻的 PID 回路的误差；e_i 为采样时刻 i 的 PID 回路的偏差；Mx 为 PID 回路输出的初始值。

在式（7-4）中，第一项叫作比例项，第二项由两项的和构成，叫积分项，最后一项叫微分项。比例项是当前采样的函数，积分项是从第一采样至当前采样的函数，微分项是当前采样及前一采样的函数。在数字计算机内，这里既不可能也没有必要存储全部偏差项的采样。因为从第一采样开始，每次对偏差采样时都必须计算其输出数值，因此，只需要存储前一次的偏差值及前一次的积分项数值。利用计算机处理的重复性，可对上述计算公式进行简化。简化后的公式为式（7-5）：

$$Mv(n)=K_P \times ev(n)+[Ki \times ev(n)+Mx]+Kd \times [ev(n)-ev(n-1)] \qquad (7\text{-}5)$$

3. PID 参数的整定

PID 控制器的参数整定是控制系统设计的核心内容。它是根据被控过程的特性，确定 PID 控制器的比例系数、积分时间和微分时间的大小。PID 控制器有 4 个主要的参数 K_P、T_I、T_D 和 T_S 需整定，无论哪一个参数选择得不合适都会影响控制效果。在整定参数时应把握住 PID 参数与系统动态、静态性能之间的关系。

在 P（比例）、I（积分）、D（微分）这三种控制作用中，比例部分与误差信号在时间上是一致的，只要误差一出现，比例部分就能及时地产生与误差成正比的调节作用，具有调节及时的特点。

增大比例系数 K_P 一般将加快系统的响应速度，在有静养的情况下，有利于减小静差，提高系统的稳态精度。但是，对于大多数系统而言，K_p 过大会使系统有较大的超调，并使输出量振荡加剧，从而降低系统的稳定性。

积分作用与当前误差的大小和误差的历史情况都有关系，只要误差不为零，控制器的输出就会因积分作用而不断变化，一直要到误差消失，系统处于稳定状态时，积分部分才不再变化。因此，积分部分可以消除稳态误差，提高控制精度，但是积分作用的动作缓慢，可能给系统的动态稳定性带来不良影响。积分时间常数 T_I 增大时，积分作用减弱，有利于减小超调，减小振荡，使系统的动态性能（稳定性）有所改善，但是消除稳态误差的时间变长。

微分部分是根据误差变化的速度，提前给出较大的调节作用。微分部分反映了系统变化的趋势，它较比例调节更为及时，所以微分部分具有超前和预测的特点。微分时间常数 T_D 增大时，有利于加快系统的响应速度，使系统的超调量减小，动态性能得到改善，稳定性增加，但是抑制高频干扰的能力减弱。

选取采样周期 T_S 时，应使它远远小于系统阶跃响应的纯滞后时间或上升时间。为使采样值能及时反映模拟量的变化，T_S 越小越好。但是 T_S 太小会增加 CPU 的运算工作量，相邻两次采样的差值几乎没有什么变化，所以也不宜将 T_S 取得过小。

对 PID 控制器进行参数整定时，可实行先比例、后积分，再微分的整定步骤。

首先整定比例部分。将比例参数由小变大，并观察相应的系统响应，直至得到反应快、超调小的响应曲线。如果系统没有静差或静差已经小到允许范围内，并且对响应曲线已经满意，则只需要比例调节器即可。

如果在比例调节的基础上系统的静差不能满足设计要求，则必须加入积分环节。在整定时先将积分时间设定到一个比较大的值，然后将已经调节好的比例系数略为缩小（一般缩小为原值的 0.8），然后减小积分时间，使得系统在保持良好动态性能的情况下，静差得到消除。在此过程中，可根据系统的响应曲线的好坏反复改变比例系数和积分时间，以期得到满意的控制过程和整定参数。

反复调整比例系数和积分时间，如果还不能得到满意的结果，则可以加入微分环节。微分时间 T_D 从 0 逐渐增大，反复调节控制器的比例、积分和微分各部分的参数，直至得到满意的调节效果。

7.4.2　PID 回路控制参数表及指令

S7-200 SMART 系列 PLC 提供了 8 个回路的 PID（Proportional Integral Derivative，即比例-微分-积分）功能以实现有模拟量的自动控制领域中需要按照 PID 控制规律进行自动调节的控制任务，如温度、压力、流量等。PID 是根据被控制输入的模拟物理量的实际数值与用户设定的调节目标值的相对差值，按照 PID 算法计算出结果，输出到执行机构进行调节，以达到自动维持被控制的量跟随用户设定的调节目标值变化的目的。

1. PID 回路控制参数表

PID 控制回路的运算是根据参数表中的输入测量值、控制设定值和 PID 参数来求得输出控制值。回路参数表的长度为 80 个字节，其格式见表 7-10，其中地址偏移量 0～35 用于基本 PID 回路控制，36～80 用于自整定 PID 控制。

表 7-10　　　　　　　　　　　　　　PID 回路控制参数表格式

地址偏移量（VD）	参数	数据格式	参数类型	说明
0	过程变量（PVn）	实数	输入	过程变量，必须在 0.0～1.0 之间
4	设定值（SPn）	实数	输入	给定值，必须在 0.0～1.0 之间
8	输出值（Mn）	实数	输入/输出	输出值，必须在 0.0～1.0 之间
12	增益（Kc）	实数	输入	增益是比例常数，可正可负
16	采样时间（Ts）	实数	输入	单位为秒，必须是正数
20	积分时间（TI）	实数	输入	单位为分钟，必须是正数
24	微分时间（TD）	实数	输入	单位为分钟，必须是正数
28	积分项前项（MX）	实数	输入	积分项前项，必须在 0.0～1.0 之间
32	过程变量前值（PVn-1）	实数	输入/输出	最近一次 PID 运算的过程变量值
36	PID 扩展表 ID	ASCII	常数	'PIDA'（PID 扩展表，版本 A）；ASCII 常数
40	AT 控制（ACNTL）	字节	输入	各位定义详见图 7-7（a）

地址偏移量（VD)	参数	数据格式	参数类型	说明
41	AT 状态（ASTAT）	字节	输出	每次自整定序列启动时，CPU 会清除警告位并置位进行位，自整定完成后，CPU 会清除进行位，各位定义详见图 7-7 (b)
42	AT 结果（ARES）	字节	输入/输出	各位定义详见图 7-7 (c)
43	AT 配置（ACNFG）	字节	输入	各位定义详见图 7-7 (d)
44	偏差（DEV）	实数	输入	最大 PV 振荡幅度的标准化值（范围 0.025~0.25）
48	滞后（HYS）	实数	输入	用于确定过零的 PV 滞后标准化值（范围 0.005~0.1）。如果 DEV 与 HYS 的比值小于 4，自整定期间会发出警告
52	初始输出阶段（STEP	实数	输入	输出值中阶跃变化的标准化大小，用于使 PV 产生振荡（范围 0.05~0.4）
56	看门狗时间（WDOG）	实数	输入	两次过零之间允许的最大秒数值（范围 60~7200）
60	建议增益（AT_Kc）	实数	输出	自整定过程确定的建议回路增益
64	建议积分时间（AT_Ti）	实数	输出	自整定过程确定的建议积分时间
68	建议微分时间（AT_TD）	实数	输出	自整定过程确定的建议微分时间
72	实际阶跃大小（ASTEP）	实数	输出	自整定过程确定的标准化阶跃大小值
76	实际滞后（AHYS）	实数	输出	自整定过程确定的标准化 PV 滞后值

AT控制(ACNTL):

MSB 7							LSB 0
0	0	0	0	0	0	0	EN

EN=1，启动自整定；
EN=0，中止自整定

(a) AT控制的各位定义

AT状态(ASTAT):

MSB 7							LSB 0
W0	W1	W2	0	AH	0	0	IP

W0	警告，偏差设置没有超过滞后设置的4倍
W1	警告，过程偏差不一致可能导致对输出阶跃值的调整不正确
W2	警告，实际平均偏差没有超过滞后设置的4倍
AH	AH=1，没有进行自动滞后计算 AH=0，正在进行自动滞后计算
IP	IP=0，没有进行自整定 IP=1，正在进行自整定

(b) AT状态的各位定义

图 7-7　AT 控制和状态字段的各位定义（一）

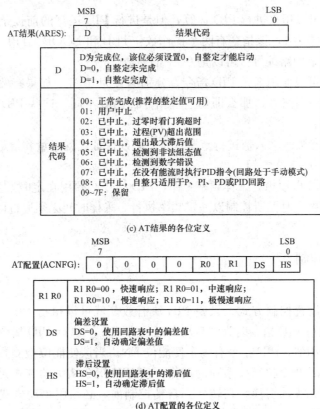

(c) AT 结果的各位定义

(d) AT 配置的各位定义

图 7-7　AT 控制和状态字段的各位定义（二）

在许多控制系统中，有时只采用一种或两种回路控制类型即可。例如只需要比例回路或者比例积分回路。通过设置常量参数，可以选择需要的回路控制类型，其方法如下：

（1）如果不需要积分回路（即 PID 计算中没有"I"），可以把积分时间 T_i（复位）设为无穷大"INF"。虽然没有积分作用，但由于初值 MX 不为零，所以积分项还是不为零。

（2）如果不需要微发回路（即 PID 计算中没有"D"），应将微分时间 T_d 设为零。

（3）如果不需要比例回路（即 PID 计算中没有"I"），但需要积分（I）或积分、微分（ID）回路，应将增益值 K_c 设为零。由于 K_c 是计算积分和微分项公式中的系数，系统会在积分和微分项时，将增益当作 1.0 看待。

2. PID 回路控制指令

PID 回路控制指令是利用回路参数表 TBL 中的输入信息和组态信息进行 PID 运算，其指令见表 7-11 所示。

表 7-11　　　　　　　　　　　　　　PID 回路控制指令

指令	LAD	STL	说　明
PID	PID EN ENO TBL LOOP	PID TBL, LOOP	TBL：参数表起始地址 VB，数据类型：字节 LOOP：回路号，常量（0～7），数据类型：字节

PID 回路指令可以用来进行 PID 运算，但是进行 PID 运算的前提条件是逻辑堆栈的栈顶（TOS）值必须为 1，该指令有两个操作数：TBL 和 LOOP。TBL 是 PID 回路表的起始地址；LOOP 是回路编号，可以是 0～7 的整数。

在程序中最多可以使用 8 条 PID 指令，分别编号为 0～7。如果有两个或两个以上的 PID 指令用了同一个回路号，那么即使这些指令回路表不同，这些 PID 运算之间也会相互干涉，产生错误。

PID 指令不对参数表输入值进行范围检查。必须保证过程变量和给定值积分项前值和过程变量前值在 0.0～1.0 之间。

为了让 PID 运算以预想的采样频率工作，PID 指令必须用在定时发生的中断程序中，或者用在主程序中被定时器所控制以一定频率执行，采样时间必须通过回路表输入到 PID 运算中。

7.4.3 PID 回路控制

1. 控制方式

PID 回路没有设置控制方式，只要 PID 块有效，就可以执行 PID 运算。也就是说，S7-200 SMART 执行 PID 指令时为"自动"运行方式，不执行 PID 指令时为"手动"模式。同计数器指令相似，PID 指令有一个使能位 EN。当该使能位检测到一个信号的正跳变（从 0 到 1），PID 指令执行一系列的动作，使 PID 指令从手动方式无扰动地切换到自动方式。为了达到无扰动切换，在转变到自动控制前，必须用手动方式把当前输出值填入回路表中的 Mn 栏，用来初始化输出值 Mn，且进行一系列的操作，对回路表中值进行组态，完成一系列的动作包括：

（1）置给定值 SPn＝过程变量 PVn。

（2）置过程变量前值 PVn-1＝过程变量当前值 PVn。

（3）置积分项前值 MX＝输出值 Mn。

PID 使能位 EN 的默认值是 1，在 CPU 启动或从 STOP 方式转到 RUN 方式时首次使 PID 块有效，此时若没有检测到使能位的正跳变，也就不会执行"无扰动"自动变换。

2. 回路输入和转换的标准化

每个 PID 回路有两个输入量，即给定值（SP）和过程变量（PV）。给定值通常是一个固定的值，比如设定的汽车速度。过程变量是与 PID 回路输出有关，可以衡量输出对控制系统作用的大小。在汽车速度控制系统的实例中，过程变量应该是测量轮胎转速的测速计输入。给定值和过程变量都可能是实际的值，它们的大小、范围和工程单位都可能不一样。在 PID 指令对这些实际值进行运算之前，必须把它们转换成标准的浮点型表达形式，其步骤如下：

（1）将 16 位整数数值转换成浮点型实数值，下面指令是将整数转换为实数。

XORD　　AC0，AC0　　//将 AC0 清 0

ITD　　　AIW0，AC0　//将输入值转换成 32 位的双整数

DIR　　　AC0，AC0　　//将 32 位双整数转换成实数

（2）将实际的实数值转换成 0.0～1.0 之间的标准化值。用下面的公式可实现：

实际的实数值＝实际数值的非标准化数值或原始实数÷取值范围＋偏移量

式中取值范围＝最大可能值－最小可能值。单极性时取值范围为 27 648，偏移量为 0.0；双极性时取值范围为 55 296，偏移量为 0.5。

下面指令是将双极性实数标准化为 0.0～1.0 之间的实数。

/R	55 296.0，AC0	//将累加器中的数值标准化
＋R	0.5，AC0	//加偏移量，使其在 0.5～1.0 之间
MOVR	AC0，VD100	//标准化的值存入回路表

3. PID 回路输出值转换为成比例的整数值

程序执行后，回路输出值一般是控制变量，比如，在汽车速度控制中，可以是油阀开度的设置。回路输出是 0.0 和 1.0 之间的一个标准化的实数值。在回路输出可以用于驱动模拟输出之前，回路输出必须转换成一个 16 位的标定整数值。这一过程，是给定值或过程变量的标准化转换的逆过程。

PID 回路输出成比例实数数值＝（PID 回路输出标准化实数值－偏移量）×取值范围。

程序如下：

MOVR	VD108，AC0	//将 PID 回路输出值送入 AC0
－R	0.5，AC0	//双极性值减偏移量 0.5（仅双极性有此句）
＊R	55 296.0，AC0	//将 AC0 的值×取值范围，变为 32 位整数
ROUND	AC0，AC0	//将实数转换成 32 位整数
DTI	AC0，LW0	//将 32 位整数转换成 16 位整数
MOVW	LW0，AQW0	//将 16 位整数写入模拟量输出寄存器

4. PID 回路的正作用与反作用

如果 PID 回路增益 Kc 为正，那么该回路为正作用回路；若增益 Kc 为负，则为反作用回路。对于增益值为 0.0 的积分或微分控制来说，如果指定积分时间、微分时间为正，就是正作用回路；如果指定为负值，就是反作用回路。

5. 变量与范围

过程变量和给定值是 PID 运算的输入值，因此在回路控制参数表中的这些变量只能被 PID 指令读而不能被改写。输出变量是由 PID 运算产生的，所以在每一次 PID 运算完成之后，需更新回路表中的输出值，输出值被限定在 0.0～1.0 之间。当 PID 指令从手动方式转变到自动方式时，回路表中的输出值可以用来初始化输出值。

如果使用积分控制，积分项前值要根据 PID 运算结果更新。这个更新了的值用作下一次 PID 运算的输入，当输出值超过范围（大于 1.0 或小于 0.0），那么积分项前值必须根据下列公式进行调整：

$$MX=1.0-(MPn+MDn) \qquad 当前输出值 Mn>1.0$$

或者 $$MX=-(MPn+MDn) \qquad 当前输出值 Mn<0.0$$

式中：MX 是经过调整了的积分项前值；MPn 是第 n 次采样时刻的比例项；MDn 是第 n 次采样时刻的微分项。

这样调整积分前值，一旦输出回到范围后，可以提高系统的响应性能。调整积分前值后，应保证 MX 的值在 0.0～1.0 之间。

7.4.4 PID 应用控制

在 S7-200 SMART PLC 中，PID 的应用控制可以采用 3 种方式进行：PID 应用指令方式、PID 向导方式和 PID 自整定控制面板方式。其中，PID 应用指令方式就是直接使用 PID 回路控制指令进行操作；PID 向导就是在 SETP7-Micro/WIN SMART 软件中通过设置相应参数来完成 PID 运算操作；PID 自整定控制面板方式就是在 SETP7-Micro/WIN SMART 软件中，允许用户以图形方式监视 PID 回路、启动自整定序列、中止序列以及应用默认的整定值或用户自己的整定值，使控制系统达到最佳的控制效果。使用 PID 自整定控制面板方式时，CPU 模块必须与计算机进行通信，并且该 CPU 中必须有 1 个用 PID 向导生成的组态，所以在此前两种方式为例，讲述 PID 的应用控制。

【例 7-5】 使用 PID 指令实现锅炉内蒸汽压力的 PID 控制。

(1) 控制任务。某蒸汽锅炉，通过 PID 应用指令调节鼓风机的速度使其蒸汽压力维持在 0.75～1.5MPa。压力的大小由压力变送器检测，变送器压力量程为 0～2.5MPa，输出为 DC 4～20mA。

(2) PID 回路参数表。过程变量值是压力变送器检测的单极性模块量，回路输出值也是一个单极性模拟量，用来控制鼓风机的速度。由于变送器压力量程为 0～2.5MPa，输出为 DC 4～20mA，蒸汽压力维持在 0.75～1.5MPa 时，根据公式（7-1）和公式（7-2）可求得标准化刻度值如图 7-8 所示。

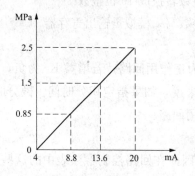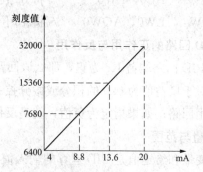

图 7-8 压力变送标准化刻度值示意图

根据图 7-7 可求得给定值和增益，列出 PID 控制回路参数见表 7-12。

表 7-12 　　　　　　　　　　　　　　蒸汽压力 PID 控制回路参数

地址	参数	数值
VB300	过程变量当前值 PVn	压力变送器提供的模拟量经 A/D 转换后的标准化数值
VD304	给定值 SPn	0.3（对应 0.75MPa）
VD312	增益 K_c	0.2
VD316	采样时间 T_s	0.1
VD320	积分时间 T_i	10.0
VD324	微分时间 T_D	0（关闭微分作用）

（3）程序分析。假设采用 PI 控制，且给定值 SPn＝0.3，增益 K_C＝0.2，采样时间 T_S＝0.1s，积分时间 T_i＝10.0min，微分时间 T_D＝0。将这些 PID 参数控制存放在 VB300 开始的 36 个字节中，编写的程序见表 7-13。

表 7-13　　　　　　　　　　　　　蒸汽压力的 PID 控制程序

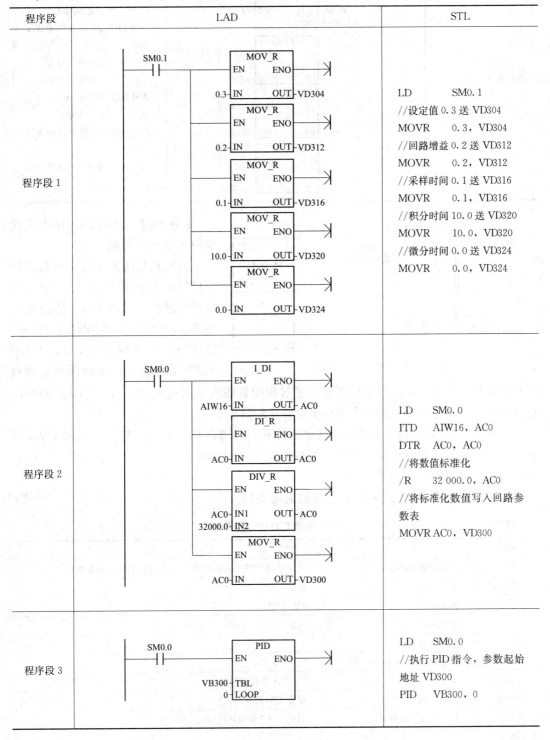

程序段	LAD	STL

程序段 1		LD　　　SM0.1
		//设定值 0.3 送 VD304
		MOVR　　0.3，VD304
		//回路增益 0.2 送 VD312
		MOVR　　0.2，VD312
		//采样时间 0.1 送 VD316
		MOVR　　0.1，VD316
		//积分时间 10.0 送 VD320
		MOVR　　10.0，VD320
		//微分时间 0.0 送 VD324
		MOVR　　0.0，VD324

程序段 2		LD　　SM0.0
		ITD　　AIW16，AC0
		DTR　　AC0，AC0
		//将数值标准化
		/R　　32 000.0，AC0
		//将标准化数值写入回路参数表
		MOVR AC0，VD300

程序段 3		LD　　SM0.0 //执行 PID 指令，参数起始地址 VD300 PID　　VB300，0

续表

程序段	LAD	STL

程序段 4	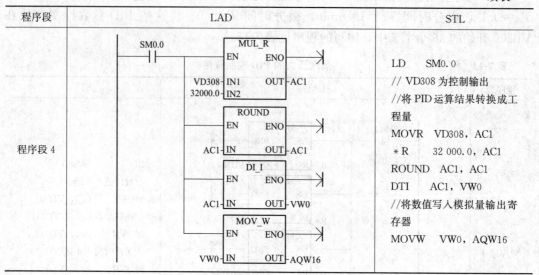	LD SM0.0
		// VD308 为控制输出
		//将 PID 运算结果转换成工程量
		MOVR VD308, AC1
		* R 32 000.0, AC1
		ROUND AC1, AC1
		DTI AC1, VW0
		//将数值写入模拟量输出寄存器
		MOVW VW0, AQW16

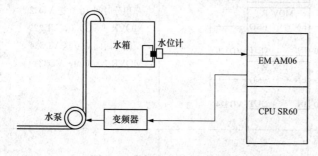

图 7-9　水箱水位控制示意图

【例 7-6】　使用 PID 指令实现水箱水位 PID 控制。

（1）控制任务。某一水箱水位的控制示意如图 7-9 所示，它是通过变频器驱动水泵供水，维持水位在满水位的 70%，满水位为 200cm。以 PLC 为主控制器，采用 EM AM06 模拟量模块实现模拟量和数字量的转换，水位计送出的水位测量值通过模拟量输入通道送入 PLC 中，PID 回路输出值通过模拟量转化控制变频器实现对水泵转速的调节。

假设选用 PI 控制器，各控制参数选定为 $K_C=0.3$，$T_S=0.1s$，$T_D=30min$。要求开机后先由手动方式控制水泵电动机，等到水位上升到满水位的 70%时，水泵电动机改为自动运行，由 PID 指令来调节水位。

（2）PID 回路参数表。PID 回路参数见表 7-14。

表 7-14　　　　　　　　　　供水水箱 PID 控制参数表

地址	参数	数值
VB300	过程变量当前值 PVn	水位检测计提供的模拟量经 A/D 转换后的标准化数值
VD304	给定值 SPn	0.7
VD308	输出值 Mn	PID 回路
VD312	增益 K_c	0.3
VD316	采样时间 T_s	0.1
VD320	积分时间 T_i	30
VD324	微分时间 T_D	0（关闭微分作用）
VD328	上一次积分值 Mx	根据 PID 运算结果更新
VD332	上一次过程变量 PV_{n-1}	最近一次 PID 的变量值

（3）程序分析。系统中 I0.0 作为手动/自动转换开关，模拟量输入通道为 AIW16，模拟量输出通道为 AQW16。程序由主程序（main）、初始化子程序（SBR_0）和中断程序（INT_0）构成，见表 7-15。主程序用来调用初始化子程序，以及 I0.1 为 ON 时将变频器接入电源。

表 7-15　　　　　　　　　　　　供水水箱 PID 控制的程序

程序段		LAD	STL
主程序 （main）	程序段 1	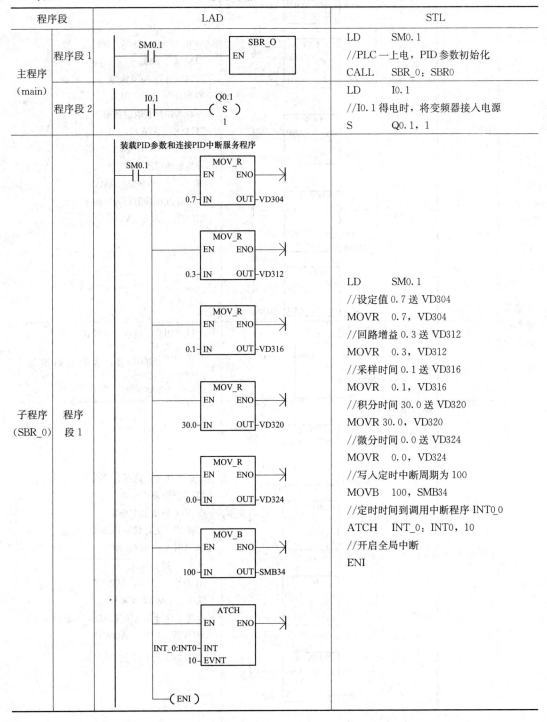	LD　　　SM0.1 //PLC 一上电，PID 参数初始化 CALL　　SBR_0：SBR0
	程序段 2		LD　　　I0.1 //I0.1 得电时，将变频器接入电源 S　　　　Q0.1，1

子程序
（SBR_0）
	程序
	段 1
			LD　　　SM0.1
			//设定值 0.7 送 VD304
			MOVR　0.7，VD304
			//回路增益 0.3 送 VD312
			MOVR　0.3，VD312
			//采样时间 0.1 送 VD316
			MOVR　0.1，VD316
			//积分时间 30.0 送 VD320
			MOVR 30.0，VD320
			//微分时间 0.0 送 VD324
			MOVR　0.0，VD324
			//写入定时中断周期为 100
			MOVB　100，SMB34
			//定时时间到调用中断程序 INT0_0
			ATCH　INT_0：INT0，10
			//开启全局中断
			ENI

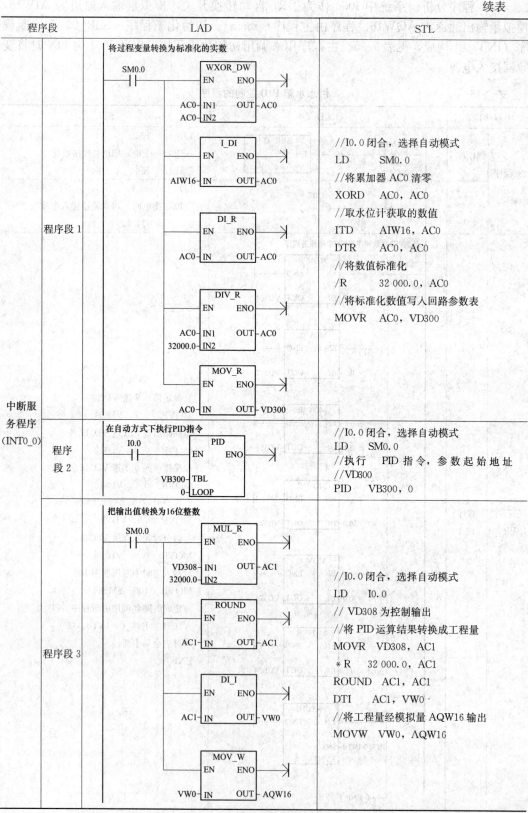

程序段	LAD	STL

程序段 1 — 将过程变量转换为标准化的实数

//I0.0 闭合，选择自动模式
LD   SM0.0
//将累加器 AC0 清零
XORD   AC0，AC0
//取水位计获取的数值
ITD   AIW16，AC0
DTR   AC0，AC0
//将数值标准化
/R   32 000.0，AC0
//将标准化数值写入回路参数表
MOVR   AC0，VD300

中断服务程序 (INT0_0)

程序段 2 — 在自动方式下执行PID指令

//I0.0 闭合，选择自动模式
LD   SM0.0
//执行 PID 指令，参数起始地址
//VD300
PID   VB300，0

程序段 3 — 把输出值转换为16位整数

//I0.0 闭合，选择自动模式
LD   I0.0
// VD308 为控制输出
//将 PID 运算结果转换成工程量
MOVR   VD308，AC1
* R   32 000.0，AC1
ROUND AC1，AC1
DTI   AC1，VW0
//将工程量经模拟量 AQW16 输出
MOVW   VW0，AQW16

初始化子程序用来建立 PID 回路初始参数表和设置中断，在 SBR_0 中，先进行编程初始化工作，将 5 个固定值的参数（设定值 SPn、增益 K_C、采样时间 T_i、微分时间 T_D）填入回路表，PID 指令控制回路表首地址为 VB300；然后再设置定时中断（中断事件号为 10），定时时间为 100ms，以便周期地执行 PID 指令。通常压力控制中采用 PI 控制，所以 Td 设置值为 0。

中断程序用于执行 PID 运算。在此程序中，先将模拟量输入模块提供的过程变量 PVn，即 CPU 读取模拟量输入 AIW16（当前水位值），经标准化换算后存入控制回路表的 VD300 中。当 I0.0＝1 时，执行 PID 运算，并将指令输出值（VD308）换算为工程实际值，送入 AQW16 经 D/A 转换后输出。

【例 7-7】 使用 PID 向导方式实现水箱水位控制。

【分析】 SETP 7-Micro/WIN SMART 软件提供了 PID 向导，用户只要在向导下设置相应的参数，就可以快捷地完成 PID 运算的子程序。在主程序中通过调用由向导生成的子程序，就可以完成控制任务。具体步骤如下所示。

（1）启动 PID 向导。打开 SETP 7-Micro/WIN SMART 软件，在【工具】→【向导】组中选择 "PID"，即可启动 PID 回路向导，如图 7-10 所示。

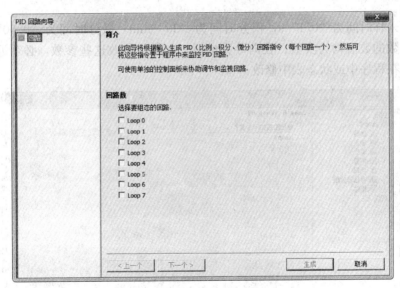

图 7-10　启动 PID 回路向导

（2）选择 PID 组态回路。SETP 7-Micro/WIN SMART 软件中，最多允许用户配置 8 个 PID 回路，即 Loop 0～Loop 7。在图 7-10 中选择回路为 "Loop 0"，其左侧的 "项目树" 中增添了 Loop 0 的相关设置内容，如图 7-11 所示。

（3）为 PID 回路组态重命名。在图 7-11 中，单击 "下一个" 按钮后，可为回路组态自定义名称。此部分的默认名称是 "Loop x"，其中 "x" 等于回路编号，如图 7-12 所示。

（4）设定 PID 回路参数。在图 7-12 中，单击 "下一个" 按钮后，将弹出 PID 回路参数设置对话框。PID 回路参数设置分为 4 个部分，分别为增益（即比例常数）设置、采样时间设置、积分时间设置和微分时间设置。在此，选择默认值（如图 7-13 所示），即增益

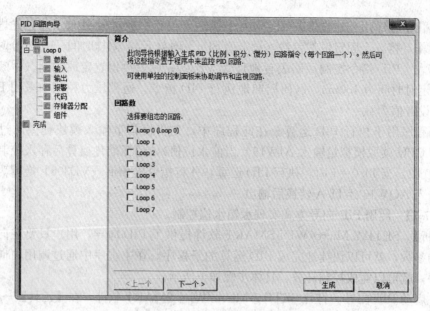

图 7-11 选择 PID 组态回路

为"0.3",采样时间为"0.1"s,积分时间为"30"min,微分时间为"0.00"min。注意,这些参数的数值均为实数。在向导完成后,如果想修改这些参数,必须返回向导中修改,不能在程序中或状态表中修改。

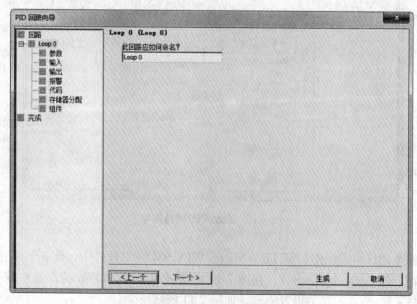

图 7-12 PID 回路组态重命名

(5) 设定输入回路过程变量。在图 7-13 中设置好后,单击"下一个"按钮,将进入回路输入选项的设置对话框,如图 7-14 所示。此对话框主要有两大项设置内容:类型及标定。

1) 类型。类型的设置即过程变量标定的设置,它有 5 种类型可选:单极、单极 20%

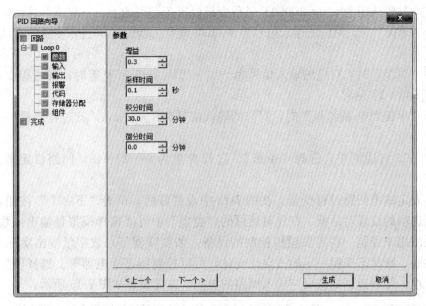

图 7-13　设定 PID 回路参数

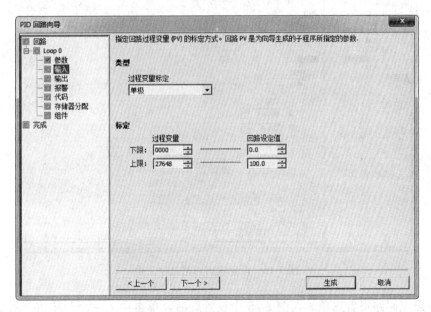

图 7-14　设定输入回路过程变量

偏移量、双极、温度×10℃、温度×10℉。

单极：即输入的信号为正，如 0～10V 或 0～20mA。

双极：输入信号在从负到正的范围内变化，如输入信号为−10～10V、−5～5V 等时选用。

单极 20％偏移量：如果输入为 4～20mA，则选择此项。4mA 是 0～20mA 信号的 20％，所以选择 20％偏移，即 4mA 对应 5530，20mA 对应 27 648。

2）标定。标定的设置包含两部分：过程变量及回路设定值。回路设定值可设置 SPn

如何标定，其默认值为 0.0～100.0。过程变量设置各类型的上、下限值，具体如下。

选择"单极"时，对应的输入信号为 0～10V 或 0～20mA，其过程变量的默认值为 0～27 648。

选择"双级"时，对应的输入信号为－10～10V、－5～5V 等时，其过程变量的默认值为－27 648～27 648。

选择"单极 20％偏移量"时，对应的输入信号为 4～20mA，其过程变量的默认值为 5530～27 648。

在图 7-13 对话框中，选择"单极"、过程变量为 0～27 648，回路设定值为 0.0～100.0。

（6）设定输出回路过程变量。在图 7-13 中设置好后，单击"下一个"按钮，将进入回路输出选项的设置对话框。在此对话框的"类型"中可以选择模拟量输出或数字输出。模拟量输出用来控制一些需要模拟控制的设备，如变频器等；数字量输出实际上是控制输出点的通、断状态按照一定的占空比变化，可以控制固态继电器等。选择模拟量输出，其信号极性、量程范围的意义与输入回路的类同，在此设置如图 7-15 所示。

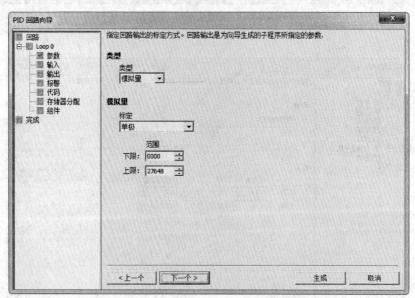

图 7-15　设定输出回路过程变量

（7）设定回路报警选项。在图 7-15 中设置好后，单击"下一个"按钮，将进入回路报警选项的设置。向导可以为回路状态提供输出信号，输出信号将在报警条件满足时置位。在此，回路报警选项的设置如图 7-16 所示。

（8）创建子程序、中断程序。在图 7-16 中设置完后，单击"下一个"按钮，将进入所创建的初始化子程序、中断程序名称的设置。PID 向导生成的初始化子程序名默认为 PID0_CTRL，中断程序名默认为 PID _ EXE，用户也可以自定义这些名称。选择手动控制 PID，处于手动模式时，不执行 PID 控制。在此其设置如图 7-17 所示。

（9）指定 PID 运算数据存储区。在图 7-17 中设置完后，单击"下一个"按钮，将进入 V 存储区的设置。PID 向导需要一个 120 字节的数据存储区（V 区），其中 80 个字节

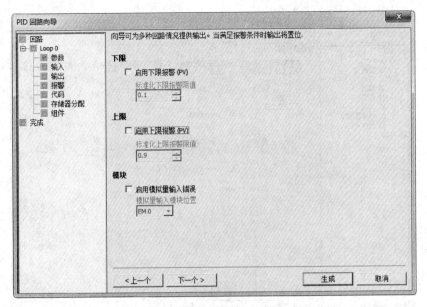

图 7-16　设定回路报警选项

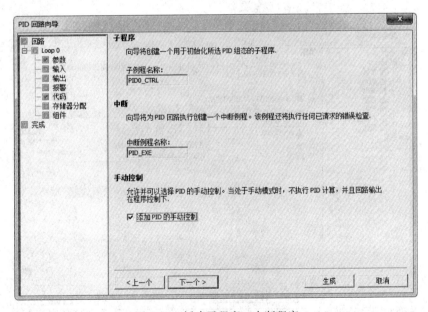

图 7-17　创建子程序、中断程序

用于回路表，另外 40 个字节用于计算。注意，设置了相应的存储区后，在程序的其他地方就不能重复使用这些地址，否则，将出现不可预料的错误。如果点击"建议"按钮，则向导将自动设定当前程序中没有用近的 V 区地址。在此设置其地址如图 7-18 所示。

（10）PID 生成子程序、中断程序和全局符号表。在图 7-18 中设置完后，单击"下一步"按钮，PID 指令向导将生成子程序、中断程序和全局符号表，如图 7-19 所示。

在图 7-19 中单击"完成"后，将弹出"完成"对话框。如果 PID 向导设置没有问题，则单击"是"按钮，否则还可以返回继续修改设置。单击"是"按钮后，在 SETP 7-Mi-

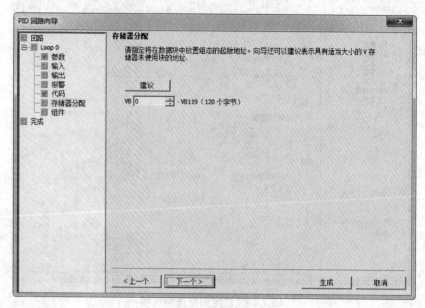

图 7-18　指定 PID 运算数据存储区

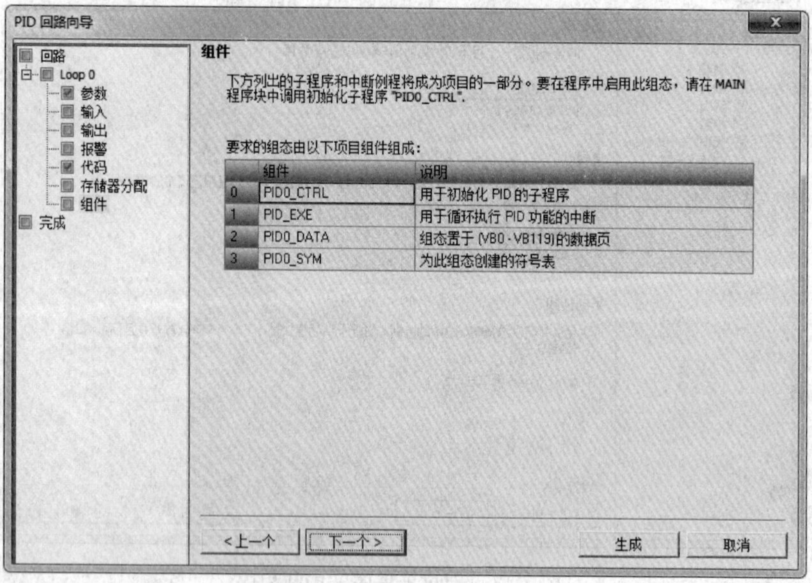

图 7-19　PID 生成子程序、中断程序和全局符号表

cro/WIN SAMRT 软件的"项目树"中，点击"数据块"→"向导"→"PID0 _ DATA"，可以查看向导生成的数据表，如图 7-20 所示。

至此，PID 向导已经配置完成。

（11）恒压供水水箱 PID 控制的主程序。PID 向导配置完成后，只要在主程序块中使用 SM0.0 在每个扫描周期中调用子程序 PID0_CTRL 即可。程序编程后，将 PID 控制程序、数据块下载到 CPU 中。恒压供水水箱 PID 控制的主程序见表 7-16。

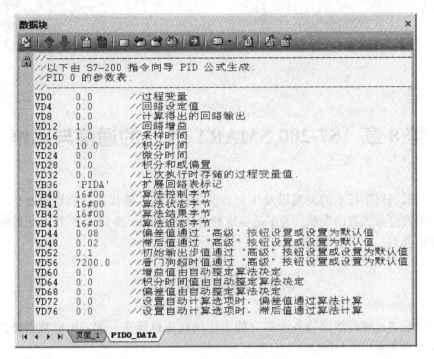

图 7-20　PID 向导生成的数据表

表 7-16　　　　　　　　　　　　恒压供水水箱 PID 控制的主程序

程序段	LAD	STL
程序段 1	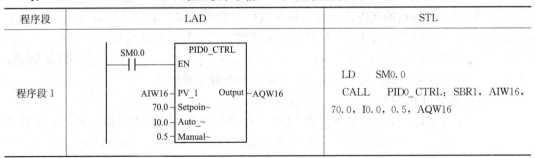	LD　　SM0.0 CALL　PID0_CTRL：SBR1，AIW16， 70.0，I0.0，0.5，AQW16

在 PID0_CTRL 子程序中包括以下几项：

1）反馈过程变量值地址 PV_I，即 AIW16。

2）设置值 Setpoint _ R，即 70.0。

3）手动/自动控制方式选择 Auto_Manual，即 I0.0。

4）手动控制输出值 ManualOutput，即 0.5。

5）PID 控制输出值地址 Output，即 AQW16。

注意，PID0_CTRL 子程序中，Setpoint _ R 端是输入设定值变量地址，块中显示为"Setpoin～"；Auto_Manual 为手动/自动选择控制端，块中显示为"Auto～"；Manual-Output 为手动输出控制端，块中显示为"Manual～"。

第 8 章　S7-200 SMART PLC 的通信与网络

随着计算机网络技术的发展以及工业自动化程度的不断提高，自动控制也从传统的集中式向多级分布式方向发展。为了适应这种形势的发展，各 PLC 厂商为此加强了 PLC 的网络通信能力。

8.1　通信基础知识

网络就是通过物理线路将各个孤立的工作站或主机连在一起，组成数据链路，从而达到资源共享和通信的目的。

8.1.1　通信方式

PLC 的通信包括 PLC 之间的通信、PLC 与上位机之间的通信以及和其他智能设备间的通信。PLC 之间通信的实质就是计算机的通信，使得众多独立的控制任务构成一个控制项目整体，形成模块控制体系。计算机的通信方式有多种，根据数据传输方式的不同，可分为并行通信和串行通信；根据时钟控制方式的不同，可分为异步通信和同步通信；根据数据传送方向的不同，可分为单工、半双工和全双工通信等。

1. 并行通信和串行通信

并行通信就是将一个 8 位数据（或 16 位、32 位）的每一个二进制位，采用单独的导线进行传输，并将传送方和接收方进行并行连接，一个数据的各二进制位可以在同一时间内一次传送，即多个数据的各位同时传送。例如，老式打印机的打印口与计算机的通信就采用并行通信。并行通信的特点是传送速度快，效率高，但占用的数据线较多，成本高，仅适用于短距离的数据传送。

串行通信就是通过一对导线将发送方与接收方进行连接，传输数据的每个二进制位，按照规定顺序在同一导线上依次发送与接收。例如，U 盘与计算机就采用串行通信。串行通信适用于传输距离较远的场合，所以在工业控制领域中 PLC 一般采用串行通信。

2. 异步通信和同步通信

异步通信中的数据是以字符（或字节）为单位组成字符帧（Character Frame）进行传送的。这些字符帧在发送端是一帧一帧地发送，在接收端通过数据线一帧一帧地接收字符或字节。发送端和接收端可以由各自的时钟控制数据的发送和接收，这两个时钟彼此独立，互不同步。

同步通信是一种连续串行传送数据的通信方式，一次通信可传送若干个字符信息。同步通信的数据传输速率较高，通常可达 56 000bit/s 或更高。但是，同步通信要求发送时钟和接收时钟必须保持严格同步，发送时钟除应和发送波特率一致外，还要求把它同时传送到接收端。

3. 单工、半双工和全双工通信

在单工形式下，数据传送是单向的。通信双方中一方固定为发送端，另一方固定为接收端，数据只能从发送端传送到接收端，因此只需一根数据线。

在半双工形式下数据传送是双向的，但任何时刻只能由其中的一方发送数据，另一方接收数据。即数据从 A 站发送到 B 站时，B 站只能接收数据；数据从 B 站发送到 A 站时，A 站只能接收数据。通常需要一对双绞线连接，通信线路成本低。例如，RS-485 只用一对双绞线时，就是"半双工"通信方式。

在全双工形式下，数据传送也是双向的，允许双方同时进行数据双向传送，即可以同时发送和接收数据。通常需要两对双绞线连接，通信线路成本高。例如，RS-422 就是"全双工"方式。

8.1.2　通信传输介质

目前，PLC 采用有线数据传输，其通信传输介质一般有 3 种，分别为双绞线、同轴电缆和光纤电缆，如图 8-1 所示。

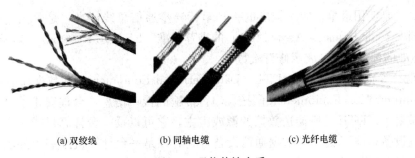

(a) 双绞线　　　　(b) 同轴电缆　　　　(c) 光纤电缆

图 8-1　通信传输介质

双绞线是将两根导线扭绞在一起，以减少外部电磁干扰。如果使用金属网加以屏蔽时，其抗干扰能力更强。双绞线具有成本低、安装简单等特点，RS-485 接口通常采用双绞线进行通信。

同轴电缆有 4 层，最内层为中心导体，中心导体的外层为绝缘层，包着中心体。绝缘外层为屏蔽层，同轴电缆的最外层为表面的保护皮。同轴电缆可用于基带传输也可用于宽带数据传输，与双绞线相比，具有传输速率高、距离远、抗干扰能力强等优点，但是其成本比双绞线要高。

光纤电缆有全塑光纤电缆、塑料护套光纤电缆、硬塑料护套光纤电缆等类型，其中硬塑料护套光纤电缆的数据传输距离最远，全塑料光纤电缆的数据传输距离最短。光纤电缆与同轴电缆相比具有抗干扰能力强，传输距离远等优点，但是其价格高，维修复杂。同轴电缆、双绞线和光纤电缆的性能比较见表 8-1。

表 8-1 同轴电缆、双绞线和光纤电缆的性能比较

性能	双绞线	同轴电缆	光纤电缆
传输速率	9.6~2kb/s	1~450Mb/s	10~500Mb/s
连接方法	点到点 多点 1.5km 不用中继器	点到点 多点 10km 不用中继器（宽带） 1~3km 不用中继器（宽带）	点到点 50km 不用中继器
传送信号	数字、调制信号、纯模拟信号（基带）	调制信号、数字（基带）、数字、声音、图像（宽带）	调制信号（基带）、数字、声音、图像（宽带）
支持网络	星形、环形、小型交换机	总线形、环形	总线形、环形
抗干扰	好（需是屏蔽）	很好	极好
抗恶劣环境	好	好，但必须将同轴电缆与腐蚀物隔开	极好，耐高温与其他恶劣环境

8.1.3 通信接口标准

串行通信接口主要有 RS-232C 接口、RS-449、RS-422 和 RS-485 接口等。在 PLC 控制系统中，常采用 RS-232C 接口、RS-422 和 RS-485 接口。

1. RS-232C 标准

RS-232C 是使用最早、应用最广的一种串行异步通信总线标准，是美国电子工业协会 EIA（Electronic Industry Association）的推荐标准。RS 表示 Recommended Standard，232 为该标准的标识号，C 表示修订次数。

该标准定义了数据终端设备 DTE（Data Terminal Equipment）和数据通信设备 DCE（Data Communication Equipment）间按位串行传输的接口信息，合理安排了接口的电气信号和机械要求。DTE 是所传送数据的源或宿主，它可以是一台计算机或一个数据终端或一个外围设备；DCE 是一种数据通信设备，它可以是一台计算机或一个外围设备。例如编程器与 CPU 之间的通信采用 RS-232C 接口。

RS-232C 标准规定的数据传输速率为 50、75、100、150、300、600、1200、2400、4800、9600、19 200bit/s。由于它采用单端驱动非差分接收电路，因此传输距离不太远（最大传输距离 15m），传送速率不太高（最大位速率为 20kb/s）的问题。

（1）RS-232C 信号线的连接。RS-232C 标准总线有 25 根和 9 根两种"D"型插头，25 芯插头座（DB-25）的引脚排列如图 8-2 所示。9 芯插头座的引脚排列如图 8-3 所示。

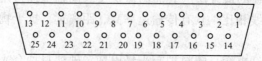

图 8-2　25 芯 232C 引脚图

在工业控制领域中 PLC 一般使用 9 芯的"D"型插头，当距离较近时只需要 3 根线即可实现，如图 8-4 所示，图中的 GND 为信号地。

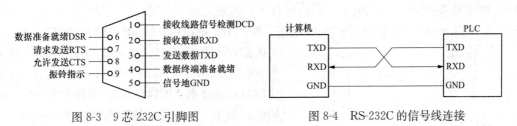

图 8-3　9 芯 232C 引脚图　　　　　　　图 8-4　RS-232C 的信号线连接

RS-232C 标准总线的 25 根信号线是为了各设备或器件之间进行联系或信息控制而定义的。各引脚的定义见表 8-2。

表 8-2　　　　　　　　　　　　　　RS-232C 信号引脚定义

引脚	名称	定　义	引脚	名称	定　义
＊1	GND	保护地	14	STXD	辅助通道发送数据
＊2	TXD	发送数据	＊15	TXC	发送时钟
＊3	RXD	接收数据	16	SRXD	辅助通道接收数据
＊4	RTS	请求发送	17	RXC	接收时钟
＊5	CTS	允许发送	18		未定义
＊6	DSR	数据准备就绪	19	SRTS	辅助通道请求发送
＊7	GND	信号地	＊20	DTR	数据终端准备就绪
＊8	DCD	接收线路信号检测	＊21		信号质量检测
＊9	SG	接收线路建立检测	＊22	RI	振铃指示
10		线路建立检测	＊23		数据信号速率选择
11		未定义	＊24		发送时钟
12	SDCD	辅助通道接收线信号检测	25		未定义
13	SCTS	辅助通道清除发送			

注：表中带"＊"号的 15 根引线组成主信道通信，除了 11、18 及 25 三个引脚未定义外，其余的可作为辅信道进行通信，但是其传输速率比主信道要低，一般不使用。若使用，则主要用来传送通信线路两端所接的调制解调器的控制信号。

（2）RS-232C 接口电路。在计算机中，信号电平是 TTL 型的，即规定≥2.4V 时，为逻辑电平"1"；≤0.5V 时，为逻辑电平"0"。在串行通信中若 DTE 和 DCE 之间采用 TTL 信号电平传送数据时，如果两者的传送距离较大，很可能使源点的逻辑电平"1"在到达目的点时，就衰减到 0.5V 以下，使通信失败，所以 RS-232C 有其自己的电气标准。RS-232C 标准规定：在信号源点，＋5～＋15V 时，为逻辑电平"0"，－15～－5V 时，为逻辑电平"1"；在信号目的点，＋3～＋15V 时，为逻辑电平"0"，－15～－3V 时，为逻辑电平"1"，噪声容限为 2V。通常，RS-232C 总线为＋12V 时表示逻辑电平"0"；－12V 时表示逻辑电平"1"。

由于 RS-232C 的电气标准不是 TTL 型的，在使用时不能直接与 TTL 型的设备相连，必须进行电平转换，否则会使 TTL 电路烧坏。

为实现电平转换，RS-232C 一般采用运算放大器、晶体管和光电管隔离器等电路来完成。电平转换集成电路有传输线驱动器 MC1488 和传输线接收器 MC1489。MC1488 把

TTL 电平转换成 RS-232C 电平，其内部有 3 个与非门和一个反相器，供电电压为±12V，输入为 TTL 电平，输出为 RS-232C 电平。MC1489 把 RS-232C 电平转换成 TTL 电平，

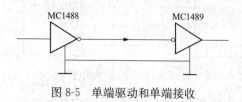

其内部有 4 个反相器，供电电压为±5V，输入为 RS-232C 电平，输出为 TTL 电平。RS-232C 使用单端驱动器 MC1488 和单端接收器 MC1489 的电路如图 8-5 所示，该线路容易受到公共地线上的电位差和外部引入干扰信号的影响。

图 8-5 单端驱动和单端接收

2. RS-422 和 RS-485

RS-422 是一种单机发送、多机接收的单向、平衡传输规范，被命名为 TIA/EIA-422-A 标准。它是在 RS-232 的基础上发展起来的，用来弥补 RS-232 之不足而提出的。为改进 RS-232 通信距离短、速率低的缺点，RS-422 定义了一种平衡通信接口，将传输速率提高到 10Mb/s，传输距离延长到 4000ft（约为 1219.2m）（速率低于 100kb/s 时），并允许在一条平衡总线上连接最多 10 个接收器。为扩大应用范围，EIA 又于 1983 年在 RS-422 基础上制定了 RS-485 标准，增加了多点、双向通信能力，即允许多个发送器连接到同一条总线上，同时增加了发送器的驱动能力和冲突保护特性，扩展了总线共模范围，后命名为 TIA/EIA-485-A 标准。由于 EIA 提出的建议标准都是以"RS"作为前缀，所以在通信工业领域，仍然习惯将上述标准以 RS 作前缀称谓。

（1）平衡传输。RS-422、RS-485 与 RS-232 不一样，数据信号采用差分传输方式，也称作平衡传输，它使用一对双绞线，将其中一线定义为 A，另一线定义为 B。

通常情况下，发送驱动器 A、B 之间的正电平为+2～+6V，是一个逻辑状态，负电平为-6～-2V，是另一个逻辑状态。另有一个信号地 C，在 RS-485 中还有一"使能"端，而在 RS-422 中这是可用或可不用的。"使能"端是用于控制发送驱动器与传输线的切断与连接。当"使能"端起作用时，发送驱动器处于高阻状态，称作"第三态"，即它有别于逻辑"1"与"0"的第三态。

接收器也做出了与发送端相对应的规定，收、发端通过平衡双绞线将 AA 与 BB 对应相连，当在收端 AB 之间有大于+200mV 的电平时，输出正逻辑电平，小于-200mV 时，输出负逻辑电平。接收器接收平衡线上的电平范围通常在 200mV～6V。

（2）RS-422 电气规定。RS-422 标准全称是"平衡电压数字接口电路的电气特性"，它定义了接口电路的特性。图 8-6 是典型的 RS-422 四线接口，它有两根发送线 SDA、SDB 和两根接收线 RDA 和 RDB。由于接收器采用高输入阻抗和发送驱动器比 RS232 更强的驱动能力，故允许在相同传输线上连接多个接收节点，最多可接 10 个节点。即一个主设备（Master），其余为从设备（Salve），从设备之间不能通信，所以 RS-422 支持点对多的双向通信。接收器输入阻抗为 4kΩ，故发送端最大负载能力是 $10\times4k\Omega+100\Omega$（终接电阻）。RS-422 四线接口由于采用单独的发送和接收通道，因此不必控制数据方向，各装置之间任何的信号交换均可以按软件方式（XON/XOFF 握手）或硬件方式（一对单独的双绞线）实现。

RS-422 的最大传输距离约 1219m，最大传输速率为 10Mb/s。其平衡双绞线的长度与传输速率成反比，在 100kb/s 速率以下，才可能达到最大传输距离。只有在很短的距离下才能获得最高速率传输。一般 100m 长的双绞线上所能获得的最大传输速率仅为

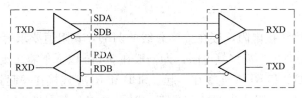

图 8-6　RS-422 通信接线图

1Mb/s。

　　RS-422 需要一终接电阻，接在传输电缆的最远端，其阻值约等于传输电缆的特性阻抗。在短距离传输时可不需终接电阻，即一般在 300m 以下不需终接电阻。RS-232、RS-422、RS-485 接口的有关电气参数见表 8-3。

表 8-3　　　　　　　　　　　　　　　三种接口的电气参数

规定		RS-232 接口	RS-422 接口	RS-485 接口
工作方式		单端	差分	差分
节点数		1 个发送、1 个接收	1 个发送、10 个接收	1 个发送、32 个接收
最大传输电缆长度		15m	1219m	1219m
最大传输速率		20kb/s	10Mb/s	10Mb/s
最大驱动输出电压		−25～+25V	−0.25～+6V	−7～+12V
驱动器输出信号电平 （负载最小值）	负载	±5～±15V	±2.0V	±1.5V
驱动器输出信号电平 （空载最大值）	负载	±25V	±6V	±6V
驱动器负载阻抗		3～7kΩ	100Ω	54Ω
接收器输入电压范围		−15～+15V	−10～+10V	−7～+12V
接收器输入电阻		3～7kΩ	4K（最小）	≥12kΩ
驱动器共模电压			−3～+3V	−1～+3V
接收器共模电压			−7～+7V	−7～+12V

　　（3）RS-485 电气规定。由于 RS-485 是从 RS-422 基础上发展而来的，所以 RS-485 许多电气规定与 RS-422 类似。都采用平衡传输方式、都需要在传输线上接终接电阻等。RS-485 可以采用二线或四线制传输方式，二线制可实现真正的多点双向通信，而采用四线制连接时，与 RS-422 一样只能实现点对多的通信，即只能有一个主设备，其余为从设备，但它比 RS-422 有改进，无论四线还是二线连接方式总线上可多接到 32 个设备。

　　RS-485 与 RS-422 的不同还在于其共模输出电压是不同的，RS-485 是−7～+12V 之间，而 RS-422 在−7～+7V 之间，RS-485 接收器最小输入阻抗为 12kΩ，而 RS-422 是4kΩ；RS-485 满足所有 RS-422 的规范，所以 RS-485 的驱动器可以用在 RS-422 网络中应用。

　　RS-485 与 RS-422 一样，其最大传输距离约为 1219m，最大传输速率为 10Mb/s。平衡双绞线的长度与传输速率成反比，在 100kb/s 速率以下，才可能使用规定最长的电缆长度。只有在很短的距离下才能获得最高速率传输。一般 100m 长双绞线最大传输速率仅为 1Mb/s。

RS-485 需要 2 个终接电阻，接在传输总线的两端，其阻值要求等于传输电缆的特性阻抗。在短距离传输时可不需终接电阻，即一般在 300m 以下不需终接电阻。

将 RS-422 的 SDA 和 RDA 连接在一起，SDB 和 RDB 连接在一起就可构成 RS-485 接口，如图 8-7 所示。RS-485 为半双工，只有一对平衡差分信号线，不能同时发送和接收数据。使用 RS-485 的双绞线可构成分布式串行通信网络系统，系统中最多可达 32 个站。

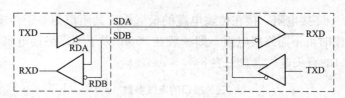

图 8-7　RS-485 通信接线图

8.2　S7-200 SMART 系列 PLC 的通信部件及协议

8.2.1　S7-200 SMART 系列 PLC 的通信部件

S7-200 SMART 系列 PLC 的通信部件主要包括通信端口、通信信号板、PC/PPI 电缆、网络连接器、PROFIBUS 网络电缆、网络中继器、EM DP01 等。

1. 通信端口

S7-200 SMART 系列 PLC 的标准型 CPU 模块集成了 1 个以太网接口和 1 个 RS-485 通信接口；经济型 CPU 模块只集成了 1 个 RS-485 通信接口。

（1）RS-485 通信。S7-200 SMART 系列 CPU 模块内部集成的 PPI 接口的物理特性为 RS-485 串行通信接口（端口 0），它是 9 针超小 D 型连接器。该通信接口符合欧洲标准 EN50170 中 PROFIBUS 标准，端口各个引脚名称及其表示意义见表 8-4。

表 8-4　　　　　　　　　S7-200 SMART 系列 RS-485 通信端口引脚名称

引脚	连接器	名称	端口 0
1		屏蔽	机壳接地
2		24V 返回	逻辑地
3		RS-485 信号 B	RS-485 信号 B
4	引脚9　引脚5	发送申请	RTS（TTL）
5		5V 返回	逻辑地
6		+5V	+5V，100Ω 串联电阻
7	引脚6　引脚1	+24V	+24V
8		RS-485 信号 A	RS-485 信号 A
9		不用	10 位协议选择（输入）
连接器外壳		屏蔽	机壳接地

通过集成的 RS-485 通信口，可以使 CPU 模块与变频器、触摸屏等第三方设备进行通信。如果 CPU 模块还需要额外的接口，可通过扩展 CM01 信号板来实现。

（2）以太网通信口。标准型 CPU 模块集成了以太网通信口，而经济型 CPU 模块没有以太网端口，只能使用 RS-485 通信口进行通信。

集成的以太网通信口，支持 TCP、UDP、ISO＿on＿TCP 通信协议。通过该端口，可与多种终端进行有效连接：使用普通网线与计算机连接即可实现程序的下载，不需要通过专用编程电缆，不仅方便且有效降低用户成本；与 SMART LINE 触摸屏进行通信，实现 CPU 运行状况的监控；通过交换机与多台以太网设备进行通信，实现数据的快速交互。

2. 通信信号板

通信信号板 SB CM01 可以扩展标准型 CPU 模块的通信端口，将其与 CPU 模块连接后，SB CM01 被视为端口 1，而 CPU 模块内部集成的 RS-485 通信口被视为端口 0。SB CM01 各个引脚名称及其表示意义见表 8-5。

表 8-5　　　　　　　　　　　　　　　　SB CM01 引脚名称

引脚	连接器	名称	端口 1
1		接地	机壳接地
2	6ES7288-5CM01-0AA0　X23	Tx/B	RS-232-Tx(发送)/ RS-485-B（信号正）
3	SB CM01	请求发送	RTS(TTL 电平)
4		M 接地	逻辑公共端
5	X20　1　6	Rx/A	RS-232-Rx(接收)/ RS-485-A(信号负)
6		+5V	+5V，100Ω 串联电阻

3. PC/PPI 电缆

使用计算机对 PLC 进行编程时，一般用 PC/PPI（个人计算机/点对点接口）电缆连接计算机与 PLC，这是一种低成本的通信方式。由于 S7-200 SMART 系列 PLC 的通信端口采用 RS-485 接口，而计算机通信端口采用 RS-232C 接口或 USB 通信端口，所以 PC/PPI 分为两种：RS-232C/PPI 电缆和 USB/PPI 电缆。

（1）RS-232C/PPI 电缆。RS-232C/PPI 的电缆外形如图 8-8 所示。使用 RS-232C/PPI 电缆在自由端口通信模式下，S7-200 SMART 可以与其他有 RS-232C 接口的设备进行通信。

将 RS-232C/PPI 电缆上标有"PC"的 RS-232 端连接到计算机的 RS-232 通信接口，标有"PPI"的 RS-485 端连接到 PLC 的 CPU 模块，拧紧两边螺丝即可。RS-232C/PPI

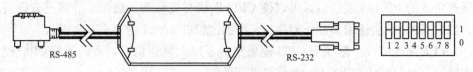

图 8-8   RS-232C/PPI 电缆

电缆的护套上有 8 个 DIP 开关，DIP 开关的 1～3 位设置通信的波特率，其设置方法见表 8-6 所示。第 4 位和第 8 位为空闲位；第 5 位为 1 时选择 PPI（M 主站）模式，第 5 位为 0 时选择自由端口模式；第 6 位为 0 时选择本地模式（相当于数据通信设备-DCE），第 6 位 为 1 时选择远端模式（相当于数据终端设备-DTE）；第 7 位为 0 时选择 10 位 PPI 协议，第 7 位为 1 时选择 11 位 PPI 协议。

表 8-6 波特率设置

波特率（bit/s）	开关 1、2、3	波特率（bit/s）	开关 1、2、3
115 200	1 1 0	9600	0 1 0
57 600	1 1 1	4800	0 1 1
38 400	0 0 0	2400	1 0 0
19 200	0 0 1	1200	1 0 1

当波特率小于等于 187 500bit/s 时，通过 RS-232C/PPI 电缆或 USB/PPI 电缆能以最简单和经济的方式将 PLC 编译软件 STEP7-Micro/Win SMART 连接到 S7-200 SMART 系列 PLC 或 S7-200 SMART 网络。USB/PPI 电缆是一种即插即用设备，适用于支持 USB1.1 版以上的计算机，当在 187 500bit/s 下进行 PPI 通信时，它能将 PC 和 S7-200 隔离，此时不需要设置任何开关。将 PLC 编译软件 STEP7-Micro/Win 与 PLC 通信时，不能同时使用多根 USB/PPI 连接到计算机上。

（2）USB/PPI 电缆。USB/PPI 的电缆外形如图 8-9 所示。要使用此电缆，计算机必须安装 STEP 7 Micro/WIN SMART V2.3（或更高版本）。

图 8-9   USB/PPI 电缆

USB/PPI 电缆不支持自由端口通信，如果将该电缆连接到 CPU 的 RS-485 端口，则会强制 CPU 退出自由端口模式并启用 PPI 模式，同时 STEP 7 Micro/WIN SMART V2.3 恢复 CPU 控制。

RS-232C/PPI 电缆或 USB/PPI 电缆上都带有绿色 LED，用来显示计算机或 S7-200 SMART 网络是否进行通信，其中 Tx LED 用来指示电缆是否在将信息传送给计算机；Rx LED 用来指示电缆是否在接收 PC 传来的信息；PPI LED 用来指示电缆是否在网络上传输信息。

使用 RS-232C/PPI 电缆或 USB/PPI 电缆将计算机与 PLC 连接好后，需进行通信时必须进行相应的通信设置。

4. 网络连接器

为了能够把多个设备很容易地连接到网络中，西门子公司提供两种网络连接器：一种标准网络连接器和另一种带编程接口的连接器。后者允许在不影响现有网络连接的情况下，再连接一个编程站或者一个 HMI 设备到网络中。带编程接口的连接器将 S7-200 SMART 的所有信号（包括电源引脚）传到编程接口。这种连接器对于那些从 S7-200 SMART 取电源的设备（例如 TD 400C）尤为有用。

两种连接器都有两组螺钉连接端子，可以用来连接输入连接电缆和输出连接电缆。在整个网络中，始端和终端节点的网络一定要有网络偏置和终端匹配以减少网络在通信过程中的传输错误。所以处在始端和终端节点的网络连接器的网络偏置和终端匹配选择开关应拨在 ON 位置，而其他节点的网络连接器的网络偏置和终端匹配选择开关应拨在 OFF 位置上。典型的网络连接器偏置和终端如图 8-10 所示。

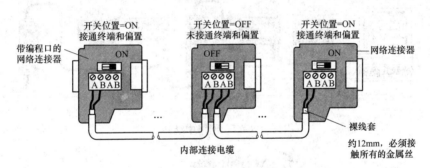

图 8-10　内部连接电缆的偏置与终端

5. PROFIBUS 网络电缆

如果使用 RS-485 通信口进行通信，且通信设备相距较远时，可使用 PROFIBUS 电缆进行连接，表 8-7 中列出了 PROFIBUS 网络电缆的性能指标。

表 8-7　　　　　　　　　　　　　　　PROFIBUS 电缆性能指标

特性	规范	特性	规范
电缆类型	屏蔽双绞线	衰减	0.9dB/100m
回路电阻	≤115Ω/km	横截面积	0.3~0.5mm²
有效电容	30pF/m	电缆直径	8mm
额定阻抗	约 135~160Ω		

PROFIBUS 网络的最远距离有赖于波特率和所用电缆的类型，表 8-8 中列出了规范电缆时网络段的最远距离。

表 8-8   **PROFIBUS 网络的最大长度**

波特率	不使用隔离器或中继器的电缆最远距离	带中继器的电缆最远距离
9.6~187.5kbps	50m	1000m
500kbps	不支持	400m
1M~1.5Mbps	不支持	200m
3M~12Mbps	不支持	100m

6. 网络中继器

为增加网络传输距离，通常在网络中使用中继器就可以使网络的通信距离扩展 50m。如果在已连接的两个中继器之间没有其他节点，那么网络的长度将能达到波特率允许的最大值。在波特率为 9600bit/s，传输距离 50m 范围时，一个网段最多可以连接 32 个设备，但使用一个中继器后，将在网络上可再增加 32 个设备。但是在同一个串联网络中，最多只能增加 9 个中继器，且网络的总长度不能超过 9600m。含中继器的网络如图 8-11 所示。

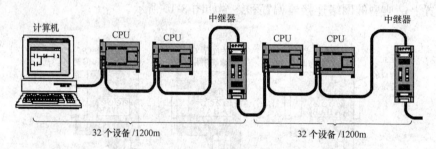

图 8-11　网络中继器

7. EM DP01 模块

图 8-12　EM DP01 外形

EM DP01 模块是专用于 PROFIBUS-DP（PROFIBUS Decentralized Periphery）协议通信的通信扩展模块，该模块只适用于标准型 CPU 模块，而经济型 CPU 模块不能外扩该模块。EM DP01 模块的外形如图 8-12 所示，其外壳上有 1 个 RS-485 接口，通过该接口可将 S7-200 SMART 系列 CPU 连接至网络，它支持 PROFBUS-DP 和 MPI 协议。

PROFIBUS-DP 是欧洲标准 EN 50170 和国际标准 IEC611158 定义的一种远程 I/O 通信协议。遵守这种标准的设备，即使是由不同公司制造的，也是兼容的。DP 表示分布式外围设备，即远程 I/O；PROFIBUS 表示过程现场总线。EM DP01 作为 PROFIBUS-DP 协议下的从站，实现通信功能。

通过 EM DP01 模块，可将 S7-200 SMART CPU 连接到 PROFIBUS-DP 网络。EM DP01 经过串行 I/O 总线连接到 S7-200 SMART CPU，PROFIBUS 网络经过其 DP 通信端口，连接到 EM DP01 模块。这个端口可运行于 9600bit/s 和 12Mbit/s 之间的任何 PROFIBUS 支持的波特率。作为 DP 从站，EM DP01 模块接受从主站来的多种不同的 I/O 配置，向主站发送和接收不同数量的数据，这种特性使用户能够修改所传输的数据量，以满足实际应用的需要。与许多 DP 主站不同的是 EM DP01 模块不仅能传输 I/O 数据，还能读写 S7-200 SMART CPU 中定义的变量数据块，这样使用户能与主站交换任何类型的数据。首先，将数据移到 S7-200 SMART CPU 中的变量存储器，就可将输入计数值、定时器值或其他计算值传送到主站。类似地，从主站来的数据存储在 S7-200 SMART CPU 中的变量存储器内，并可移到其他数据区。EM DP01 模块的 DP 端口可连接到网络上的一个 DP 主站上，但仍能作为一个 MPI 从站或同一网络上（如 SIMATIC 编程器或 s7-300/400 CPU 等）其他主站进行通信。图 8-13 表示有一个 S7-200 SMART CPU SR20 和一个 EM DP01 模块的 PROFIBUS 网络。在这种场合下，CPU 315-2 作为 DP 主站，通过装有 STEP 7 编程软件的 SIMATIC 编程设备进行组态后，CPU 315-2 能够从 EM DP01 模块中读取或写入数据。S7-200 SMART CPU SR20 和 ET 200 I/O 模块作为 CPU 315-2 所有的 DP 从站。S7-400 CPU 连接到 PROFIBUS 网络上并使用 S7-400 CPU 用户程序中的 X-GET 指令读取 CPU SR20 中的数据。

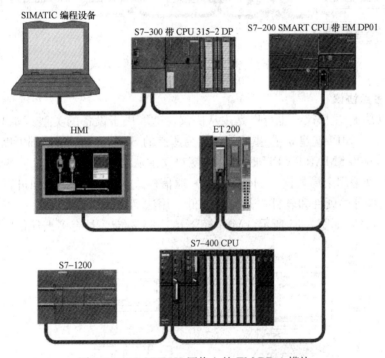

图 8-13　PROFIBUS 网络上的 EM DP01 模块

8. 2. 2　S7-200 SMART 系列 PLC 的通信协议

　　S7-200 SMART 系列 PLC 支持多种通信协议，根据所使用的 S7-200 SMART CPU，网络可以支持一个或多个协议，如 PPI 点到点（Point to Point）协议、MPI 多点（Multi Point）协议、PROFIBUS 协议、自由通信接口协议、USS 协议等。PPI 点到点协议、MPI 多点协议和 PROFIBUS 协议可以在 PLC 网络中同时运行，不会形成干扰。

1. PPI 点到点协议

　　PPI 是西门子专为 S7-200 系列 PLC 开发的主从协议。在该协议中主站器件（如

CPU、西门子编程器或 TD 400）给从站发送申请，从站器件响应。从站器件不发送信息，只是等待主站的要求并对要求做出响应。主站靠一个 PPI 协议管理的共享连接来与从站通信。在一个网络中 PPI 协议不限制从站的数量，但是要求主站的个数最多不能超过 32 个。

在 S7-200 系列 PLC 中，PLC 与 PLC 之间的通信可以采用 PPI 协议而进行数据的交换。作为 S7-200 的升级版 S7-200 SMART 也支持 PPI 协议，但是，在该模式下只支持 S7-200 SMART CPU 与 HMI（Human Machine Interface，人机界面）设备之间的通信。

主站和从站可通过两芯屏蔽双绞线进行联网，如图 8-14 所示，其数据传输速率为 9600bit/s、19 200bit/s、18 7500bit/s。

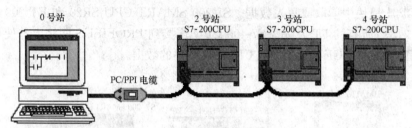

图 8-14　一个主站和多个从站的 PPI 方式

2. MPI 多点协议

MPI 可以是主-主协议，也可以是主从协议，这取决于设备的类型。如果设备是 S7-300/400CPU 时，MPI 就建立主-主协议，因为所有的 S7-300/400CPU 都可以是主站。但如果设备是 S7-200 SMART CPU 时，MPI 就建立主从协议，因为 S7-200 SMART CPU 是从站。MPI 网采用全局数据（Globe Data）通信模式，可在 PLC 之间进行少量数据交换。它不需要额外的硬件和软件，具有成本低，用法简单等特点。MPI 网可连接多个不同的 CPU 或设备，如图 8-15 所示。MPI 符合 RS-485 标准，具有多点通信的功能，其波特率设定为 187.5kbps。

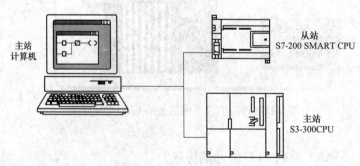

图 8-15　MPI 网络连接

3. PROFIBUS 协议

PROFIBUS 是一种用于工厂自动化车间级监控和现场设备层数据通信与控制的现场总线技术。可实现现场设备层到车间级监控的分散式数字控制和现场通信网络，从而为实现工厂综合自动化和现场设备智能化提供了可行的解决方案。在 PLC 系统中 PROFIBUS 应用比较广泛，下面对其进行相关介绍。

（1）PROFIBUS 的组成。PROFIBUS 由三个兼容部分组成，即 PROFIBUS-DP（Decentralized Periphery）、PROFIBUS-PA（Process Automation）、PROFIBUS-FMS（Fieldbus Message Specification）。

PROFIBUS-DP 是一种高速（数据传输速率 9600～12 000bit/s）低成本的设备级网络，主要用于设备级控制系统与分散式 I/O 的通信。它可满足系统快速响应的时间要求：位于这一级的 PLC 或工业控制计算机可以通过 PROFIBUS-DP 同分散的现场设备进行通信。主站之间的通信为令牌方式，主站与从站之间为主从方式。

PROFIBUS-PA 专为过程自动化设计，可使传感器和执行机构联在一根总线上，可用于安全性要求较高的场合。

PROFIBUS-FMS 用于车间级监控网络，是一个令牌结构、实时多主网络。它可提供大量生产的通信服务，用以完成中等级传输速度进行的循环和非循环的通信服务。对于 FMS 而言，考虑的是系统功能而不是系统响应时间。FMS 服务向用户提供了广泛的应用空间的更大的灵活性，通常用于大范围、复杂的通信系统。

（2）PROFIBUS 的结构。PROFIBUS 协议结构是根据 ISO7498 国际标准，以开放式系统互联网络 OSI（Open System Interconnection）作为参考模型的。该模型共有 7 层，第 1 层为物理层，定义了物理的传输特性；第 2 层为数据链路层；第 3 层至第 6 层未使用；第 7 层为应用层。应用层包括现场总线信息规范（Fieldbus Message Specification-FMS）和低层接口（Lower Layer Interface-LLI）。FMS 包括了应用协议并向用户提供了可广泛选用的强有力的通信服务；LLI 协调不同的通信关系并提供不依赖设备的第 2 层访问接口。

PROFIBUS-DP 物理层与 ISO/OSI 参考模型的第 1 层相同，采用了 EIA-RS-485 协议。RS-485 传输是 PROFIBUS 最常用的一种传输技术，它采用屏蔽双绞铜线的电缆，如图 8-16 所示。图中两根数据线 A、B 分别对应 RXD/TXD-P 和 RXD/TXD-N。根据数据传输速率不同，可选用双绞线和光纤两种传输介质。

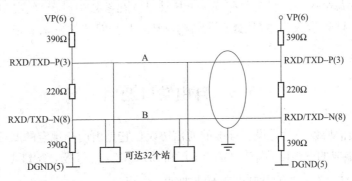

图 8-16　EIA-RS-485 总线连接

PROFIBUS-DP 并未采用 ISO/OSI 参考模型的应用层，而是自行设置了一个用户层，该层定义了 DP 的功能、规范与扩展要求等。PROFIBUS-DP 使用统一的介质存取协议，由 OSI 参考模型的第 2 层来实现，并提供了令牌总线方式和主从方式这两种基本的介质存取控制方式。令牌总线与局域网 IEEE 8024 协议一致，主从方式的数据链路层协议与局域网标准不同，它符合 HDLC 中的非平衡正常响应模式 NRM。

4. 自由端口协议

自由端口协议模式（Freeport Mode）是 S7-200 SMART 系列 PLC 一个很有特色的功能，用户通过用户程序对通信口进行操作，自己定义通信协议（如 ASCII 协议）。

用户自行定义协议使 PLC 可通信的范围增大，控制系统的配置更加灵活、方便。应用此种通信协议，使 S7-200 系列 PLC 可以与任何通信协议兼容，并使串口的智能设备和控制器进行通信。如打印机、条形码阅读器、调制解调器、变频器和上位 PC 机等。当然这种协议也可以使两个 CPU 之间进行简单的数据交换。当连接的智能设备具有 RS-485接口时，可以通过双绞线进行连接；如果连接的智能设备具有 RS-232C 接口时，可以通过 RS-232C/PPI 电缆连接起来进行自由口通信，此时通信口支持的速率为 1200～115 200bit/s。

与智能外设连接后，在自由口通信模式下，通信协议完全由用户程序控制。通过设定特殊存储字节 SMB30（端口 0）或者 SMB130（端口 1）允许自由口模式，用户程序可以通过使用接收中断、发送中断、发送指令（XMT）和接收指令（RCV）对通信口进行操作。

应注意只有当 CPU 处于 RUN 模式时才能允许自由口模式，当 CPU 处于 STOP 模式时，自由通信口停止，通信口自动转换成正常的 PPI 协议操作，编程器与 CPU 恢复正常的通信。

5. USS 协议

USS 协议（Universal Serial Interface Protocol，通用串行接口协议）是用于传动控制设备（变频器等）通信的一种协议，S7-200 SMART 提供了 USS 协议指令，用户使用该指令可以方便地实现对变频器的控制。

通过串行 USS 总线，最多可连接 30 台变频器作为从站。这些变频器用一个主站（计算机或西门子公司的 PLC 产品）进行控制，包括变频器的启/停、频率设定，参数修改等操作，总线上的每个传动控制装置都有一个从站号（在参数中设定），主站依靠从站号对它们进行识别。USS 协议为主/从式总线结构，从站只是对主站发来的报文做出回应，并发送报文。

8.3 自由端口通信

自由端口通信协议，就是没有标准的通信协议，它是由用户规定的通信协议。S7-200 SMART CPU 集成的 RS-485 端口（端口 0）和 SB CM01 信号板（端口 1）支持自由端口通信，它是基于 RS-485 通信基础的半双工通信。

8.3.1 自由端口通信的参数设置

S7-200 SMART CPU 处于 RUN 模式时才能进行 PPI 通信或自由端口模式的选择；CPU 处于 STOP 模式时，自由端口通信模式被禁用，自动进入 PPI 通信模式。通过 SMB30（端口 0）和 SMB130（端口 1）控制寄存器，可实现自由端口通信设置。SMB30和 SMB130 各位的定义见表 8-9。

表 8-9　　　　　　　　SMB30、SMB130 控制寄存器各位的定义

位号	7　6	5	4　3　2	1　0
标志符	pp	d	bbb	mm
标志	pp=00，不校验 pp=01，奇校验 pp=10，不校验 pp=11，偶校验	d=0，每字符 8 位数据 d=1，每字符 7 位数据	bbb=000，38 400bit/s bbb=001，19 200bit/s bbb=010，9600bit/s bbb=011，4800bit/s bbb=100，2400bit/s bbb=101，1200bit/s bbb=110，600bit/s bbb=111，300bit/s	mm=00，PPI/从站模式 mm=01，自由端口模式 mm=10，PPI/主站模式 mm=11，保留

在自由端口模式下，通信协议完全由用户程序来控制，对端口 0 和端口 1 分别通过 SMB30 和 SMB130 来设置波特率及奇偶校验。在执行连接到接收字符中断程序之前，接收到的字符存储在自由端口模式的接收字符缓冲区 SMB2 中，奇偶状态存储在自由端口模式的奇偶校验错误标志 SM3.0 中。奇偶校验出错时丢弃接收到的信息或产生一个出错的返回信息。端口 0 和端口 1 共用 SMB2 和 SMB3。

8.3.2　自由端口发送和接收指令

XMT/RCV 指令常用于自由口通信模式，控制通信端口发送或接收数据，其指令格式见表 8-10。

表 8-10　　　　　　　　自由口发送和接收指令格式

指令	LAD	STL	TABLE 操作数	PORT 操作数
发送	XMT EN　　ENO TBL PORT	XMT　TBL，PORT	VB，IB，QB，MB，SMB，SB，＊VD，＊AC，＊LD	常数（0 或 1）
接收	RCV EN　　ENO TBL PORT	RCV　TBL，PORT	VB，IB，QB，MB，SMB，SB，＊VD，＊AC，＊LD	常数（0 或 1）

在自由口模式下，发送指令 XMT 激活时，数据缓冲区 TBL 中的数据（1～255 个字符）通过指令指定的通信端口发送出去，发送完时端口 0 将产生一个中断事件 9，端口 1 产生一个中断事件 26，数据缓冲区的第一个数据指明了要发送的字节数。

如果将字符数设置为 0，然后执行 XMT 指令时，以当前的波特率在线路上产生一个 16 位的间断条件。SM4.5 或 SM4.6 反映 XMT 的当前状态。

在自由口模式下，接收指令 RCV 激活时，通过指令指定的通信端口接收信息（最多可接收 255 上字符），并存放于接收数据缓冲区 TBL 中，发送完成时端口 0 将产生一个中断事件 23，端口 1 产生一个中断事件 24，数据缓冲区的第一个数据指明了接收的字节数。

当然，也可以不通过中断，而通过监控 SMB86（对于端口 0）或者 SMB186（对于端口 1）的状态来判断发送是否完成，如果状态为非零，说明完成。通过监控 SMB87（对于端口 0）或者 SMB187（对于端口 1）的状态来判断接收是否完成，如果状态为非零，说明完成。SMB86 和 SMB186 的各位含义见表 8-11；SMB87 和 SMB187 的各位含义见表8-12。

表 8-11　　　　　　　　　　　　SMB86 和 SMB186 的各位含义

对于端口 0	对于端口 1	控制字节各位的含义
SM86.0	SM186.0	由于奇偶校验出错而终止接收信息，1 有效
SM86.1	SM186.1	因已达到最大字符数而终止接收信息，1 有效
SM86.2	SM186.2	因已超过规定时间而终止接收信息，1 有效
SM86.3	SM186.3	为 0
SM86.4	SM186.4	为 0
SM86.5	SM186.5	收到信息的结束符
SM86.6	SM186.6	由于输入参数错误或缺少起始和结束条件而终止接收信息，1 有效
SM86.7	SM186.7	由于用户使用禁止命令而终止接收信息，1 有效

表 8-12　　　　　　　　　　　　SMB87 和 SMB187 的各位含义

对于端口 0	对于端口 1	控制字节各位的含义
SM87.0	SM187.0	为 0
SM87.1	SM187.1	使用中断条件为 1；不使用中断条件为 0
SM87.2	SM187.2	0 与 SMW92 无关；1 为若超出 SMW92 确定的时间而终止接收信息
SM87.3	SM187.3	0 为字符间定时器；1 为信息间定时器
SM87.4	SM187.4	0 与 SMW90 无关；1 由 SMW90 中的值来检测空闲状态
SM87.5	SM187.5	0 与 SMB89 无关；1 为结束符由 SMB89 设定
SM87.6	SM187.6	0 与 SMB88 无关；1 为起始符由 SMB88 设定
SM87.7	SM187.7	0 禁止接收信息；1 允许接收信息

与自由口通信相关的其他重要特殊控制字/字节见表 8-13。

表 8-13　　　　　　　　　　　　其他重要特殊控制字/字节

对于端口 0	对于端口 1	控制字节或控制字的含义
SMB88	SMB188	起始符
SMB89	SMB189	结束符
SMW90	SMW190	空闲时间间隔的毫秒数
SMW92	SMW192	字符间/信息间定时器超时值（毫秒数）
SMW94	SMW194	接收字符的最大数（1～255）

8.3.3　自由端口通信实例

【例 8-1】 S7-200 SMART PLC 与 PC 机的自由端口通信。使用 S7-200 SMART PLC

与 PC 机终端进行自由端口通信，要求 CPU 模块的输入信号 I0.0 发生上升沿跳变时，将数据缓冲区 VB10 中的数据信息发送到 PC 机超级终端进行显示。

（1）控制分析。S7-200 SMART PLC 与 PC 机采用自由端口实现通信时，可以使用 RS-232C/PPI 电缆将 PC 的 COM1 端口与 CPU SR60 的 Port 0 端口进行硬件连接。在 STEP7-Micro/WIN SMART 中编写程序即可。

（2）硬件配置。S7-200 SMART PLC 与 PC 机的自由端口通信时，可以使用 RS-232C/PPI 电缆将 PC 的 COM1 端口与 CPU SR60 的端口 0 进行硬件连接，其硬件配置如图 8-17 所示。硬件主要包括 1 根 RS-232C/PPI 电缆（本例的计算机端。为 RS-232C 接口）、1 台计算机、1 台 CPU SR60。

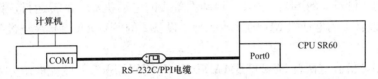

图 8-17　S7-200 SMART PLC 与 PC 机终端自由端口通信的硬件配置

（3）程序编写。可以利用 SM0.1 对自由端口协议进行设置，然后在发送空闲时执行发送命令，编写程序见表 8-14。在程序段 1 中，PLC 一上电时，MOVD 指令将要发送的数据地址 VB10 送入 VD100 中；DTA 指令将 VD100 中的数值转换为 ASCII 码存入 VB200 中；MOVB 指令执行自由端口的初始化。程序段 2 中，Port 0 端口发送空闲时 SM4.5 常开触点闭合，每次 I0.0 发生上升沿跳变时，触发 XMT 指令，完成数据的传送。

表 8-14　　　　　　　　　　**S7-200 SMART PLC 与 PC 机终端自由端口通信程序**

程序段	LAD	STL
程序段 1	SM0.1 — MOV_DW (EN ENO) &VB10–IN OUT–VD100 ; DTA (EN ENO) VD100–IN OUT–VB200, 0–FMT ; MOV_B (EN ENO) 16#09–IN OUT–SMB30	LD　SM0.1 MOVD　&VB10，VD100 DTA　VD100，VB200，0 MOVB　16#09，SMB30
程序段 2	SM4.5 — I0.0 — P — XMT (EN ENO) *VD200–TBL 0–PORT	LD　SM4.5 A　I0.0 EU XMT　*VD200，0

（4）设置 Hyper Terminal（超级终端）。除了在 STEP7-Micro/WIN SMART 中编写相应程序外，在 PC 中还需对 Hyper Terminal 进行相应设置。在 Windows XP 系统的附件中集成了 Hyper Terminal，而 Windows 7 的 32 位和 64 位系统的附件中没有集成了，所以使用 Windows7 系统时，要完成本操作需要到 HyperTerminal 的官方网站上下载最新的 HyperTerminal Private Edition。打开超级终端 Hyper Terminal，设置串行通信接口为 COM1，数据传输速率为 9600bps（与 CPU SR60 的通信速率保持一致），数据流控制方式为"无"。通过这些设置后，即可实现 S7-200 SMART PLC 与 PC 机的自由端口通信。

【例 8-2】 两台 S7-200 SMART PLC 的自由口通信应用。要求设备 1 的 SB1（I0.0）启动设备 2 的电动机 M2 进行星-三角启动控制，设备 1 的 SB2（I0.1）终止设备 2 的电动机 M2 的转动。设备 2 的 SB3（I0.2）启动设备 1 的电动机 M1 正转运行，设备 2 的 SB4（I0.3）启动设备 1 的电动机 M1 的反转运行，设备 2 的 SB5（I0.4）终止设备 1 的电动机 M1 的运转。

（1）控制分析。这两台 S7-200 SMART PLC（CPU SR60）既能向对方发送数据，又能接收对方发送过来的数据，这属于全双工式自由端口通信。要实现自由端口通信，首先应进行硬件配置及 I/O 分配，并为每台 PLC 的划定某些区域为发送或接收缓冲区，然后分别编写程序实现任务操作即可。

（2）硬件配置及 I/O 分配。这两台 CPU SR60 设备的硬件配置如图 8-18 所示，其硬件主要包括 1 根 PC/PPI 电缆、两台 CPU SR60、1 根 PROFIBUS 网络电缆（含 2 个网络连接器）。注意，自由口通信的通信线缆最好使用 PROFIBUS 网络电缆和网络连接器，如果要求不高，为了节省开支可使用 DB9 接插件，再将这两个接插件的 3 和 8 脚相连即可。设备 1（CPU SR60）的 I0.0 外接启动按钮 SB1，I0.1 外接停止按钮 SB2，Q0.0 驱动 M1 正转，Q0.1 驱动 M1 反转；设备 2（CPU SR60）的 I0.2 外接正转启动按钮 SB3，I0.3 外接反转启动按钮 SB4，I0.4 外接停止按钮 SB5，Q0.3 驱动 M2 星形运转，Q0.4 驱动 M2 三角形运转。为了显示这两台设备接收数据的情况，还可以分别连接 1 个信号灯。CPU SR60 设备的 I/O 分配见表 8-15，其 PLC 接线如图 8-19 所示。

图 8-18 两台 S7-200 PLC 间的自由端口通信配置图

表 8-15 两台 S7-200 SMART PLC 间自由端口通信的 I/O 分配表

输入/输出	设备 1			设备 2		
	功能	元件	PLC 地址	功能	元件	PLC 地址
输入	M2 启动按钮	SB1	I0.0	M1 正转启动按钮	SB3	I0.2
	M2 停止按钮	SB2	I0.1	M1 反转启动按钮	SB4	I0.3
				M1 停止按钮	SB5	I0.4
输出	M1 正转驱动	KM1	Q0.0	驱动 M2 星形运行	KM3	Q0.3
	M1 反转驱动	KM2	Q0.1	驱动 M2 三角形运行	KM4	Q0.4
	设备 1 接收超时指示	HL1	Q0.2	设备 2 接收超时指示	HL2	Q0.5

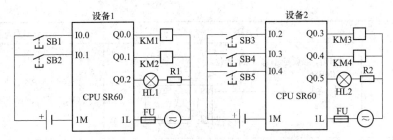

图 8-19　两台 S7-200 SMART PLC 间自由端口通信的 I/O 接线图

（3）程序编写。两台 S7-200 SMART PLC 间进行自由端口通信时，可按表 8-16 所示分配某些区域作为数据的发送与接收缓冲区。两台 S7-200 SMART PLC 都需要编写程序，它们都可以由 1 个主程序（MAIN）、2 个子程序（SBR_0、SBR_1）、2 个中断服务程序（INT_0、INT_1 和 INT_2）构成。其中主程序负责调用两个子程序以及判断接收数据时是否发生超时；SBR_0 设置自由端口通信协议，并初始化相关参数；SBR_1 为本设备控制对方设备进行正反转（或星形-三角形启动）运行，并根据接收的信息控制本机设备进行星形-三角形启动（或正反转）运行；INT_0 为发送数据中断服务程序；INT_1 为数据发送完，并准备接收数据的中断服务程序；INT_2 为数据接收完，并重新启动 SMB34 定时中断准备发送数据的中断服务程序。设备 1 的程序编写见表 8-17，设备 2 的程序编写见表 8-18。

表 8-16　　　　　　　　　　　　发送和接收数据缓冲区分配表

设备 1			设备 2		
地址		说明	地址		说明
发送区	VB100	发送字节数（含结束符）	发送区	VB100	发送字节数（含结束符）
	VB101	发送的数据		VB101	发送的数据
	VB102	结束字符		VB102	结束字符
接收区	VB200	接收到的字符数	接收区	VB200	接收到的字符数
	VB201	接收到的数据		VB201	接收到的数据
	VB202	结束字符		VB202	结束字符

表 8-17　　　　　　　　　　　　设备 1 的自由端口通信程序

程序段		LAD	STL
主程序 （main）	程序段 1	调用初始化子程序，初始化通信参数 SM0.1 — SBR_0 EN	LD　　SM0.1 CALL　SBR_0：SBR0
	程序段 2	调用正反转控制子程序 SM0.0 — SBR_1 EN	LD　　SM0.0 CALL　SBR_1：SBR1

程序段		LAD	STL

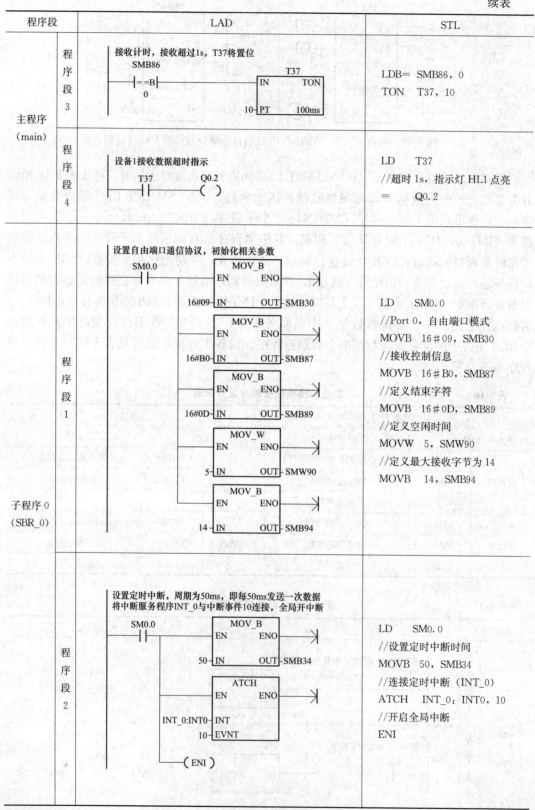

主程序（main）

程序段 3

接收计时，接收超过1s，T37将置位

SMB86
==B
0

T37
IN   TON
10—PT   100ms

LDB= SMB86，0
TON   T37，10

程序段 4

设备1接收数据超时指示

T37   Q0.2

LD   T37
//超时 1s，指示灯 HL1 点亮
=   Q0.2

子程序 0（SBR_0）

程序段 1

设置自由端口通信协议，初始化相关参数

SM0.0

MOV_B
EN   ENO
16#09—IN   OUT—SMB30

MOV_B
EN   ENO
16#B0—IN   OUT—SMB87

MOV_B
EN   ENO
16#0D—IN   OUT—SMB89

MOV_W
EN   ENO
5—IN   OUT—SMW90

MOV_B
EN   ENO
14—IN   OUT—SMB94

LD   SM0.0
//Port 0，自由端口模式
MOVB 16#09，SMB30
//接收控制信息
MOVB 16#B0，SMB87
//定义结束字符
MOVB 16#0D，SMB89
//定义空闲时间
MOVW 5，SMW90
//定义最大接收字节为14
MOVB 14，SMB94

程序段 2

设置定时中断，周期为50ms，即每50ms发送一次数据
将中断服务程序INT_0与中断事件10连接，全局开中断

SM0.0

MOV_B
EN   ENO
50—IN   OUT—SMB34

ATCH
EN   ENO
INT_0:INT0—INT
10—EVNT

（ENI）

LD   SM0.0
//设置定时中断时间
MOVB 50，SMB34
//连接定时中断（INT_0）
ATCH   INT_0：INT0，10
//开启全局中断
ENI

续表

程序段		LAD	STL

主程序
(SBR_0)
	程序段3	将中断服务程序INT_1与中断事件9相连
		将中断服务程序INT_2与中断事件23相连
		
		SM0.0
		──┤├──┬── ATCH
		　　　　│　EN　　ENO ──
		　　　　│
		INT_1:INT1─ INT
		　　　9─ EVNT
		　　　　│
		　　　　└── ATCH
		　　　　　　EN　　ENO ──
		INT_2:INT2─ INT
		　　　23─ EVNT
			LD　　SM0.0
			//连接 Port 0 发送数据中断
			ATCH　INT_1：INT1，9
			//连接 Port 0 接收数据中断
			ATCH　INT_2：INT2，23

子程序 1 (SBR_1)	程序段1	设备1的I0.0启动设备2的电动机 I0.0　　　　　　M10.1　M10.0 ──┤├──┤P├──┤/├──(S) 　　　　　　　　　　　　　1	LD　　I0.0 EU AN　　M10.1 S　　　M10.0，1
	程序段2	星形启动时间 M10.0　　　　T38 ──┤├──┤IN　　TON 　　　　　　│ 　　　100─┤PT　　100ms	LD　　M10.0 TON　T38，100
	程序段3	切换成三角形运行 T38　　　　　M10.1 ──┤├──┬──(S) 　　　　　　│　　1 　　　　　　│　M10.0 　　　　　　└──(R) 　　　　　　　　　1	LD　　T38 S　　　M10.1，1 R　　　M10.0，1
	程序段4	设备2的I0.2启动设备1的电动机正转 设备2的I0.4停止设备1的电动机运行 V201.0　　　V201.2　　　Q0.0 ──┤├──┤/├──( )	LD　　V201.0 AN　　V201.2 =　　　Q0.0
	程序段5	设备2的I0.3启动设备1的电动机反转 设备2的I0.4停止设备1的电动机运行 V201.1　　　V201.2　　　Q0.1 ──┤├──┤/├──( )	LD　　V201.1 AN　　V201.2 =　　　Q0.1

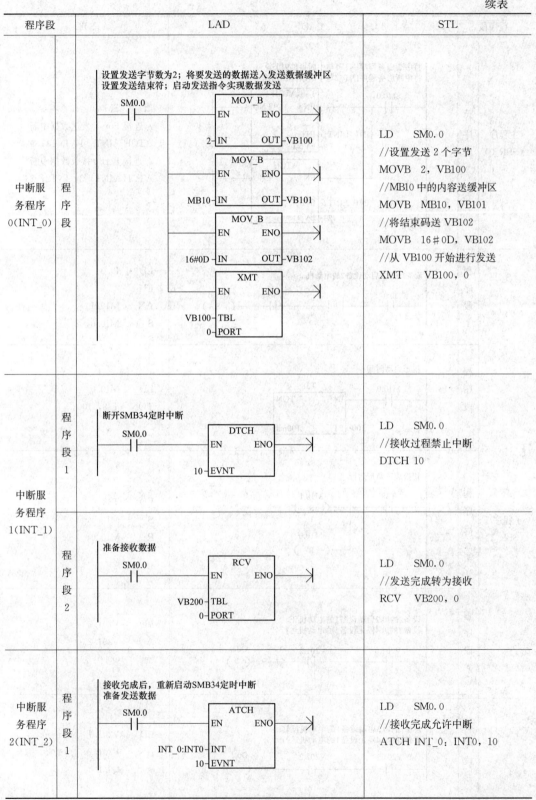

程序段		LAD	STL

中断服务程序 0(INT_0)	程序段	**设置发送字节数为2；将要发送的数据送入发送数据缓冲区 设置发送结束符；启动发送指令实现数据发送**
		
		SM0.0 — MOV_B (EN, ENO; 2–IN, OUT–VB100)
		MOV_B (EN, ENO; MB10–IN, OUT–VB101)
		MOV_B (EN, ENO; 16#0D–IN, OUT–VB102)
		XMT (EN, ENO; VB100–TBL, 0–PORT)
			LD　　SM0.0
			//设置发送 2 个字节
			MOVB　2，VB100
			//MB10 中的内容送缓冲区
			MOVB　MB10，VB101
			//将结束码送 VB102
			MOVB　16#0D，VB102
			//从 VB100 开始进行发送
			XMT　　VB100，0

中断服务程序 1(INT_1)	程序段 1	**断开SMB34定时中断** SM0.0 — DTCH (EN, ENO; 10–EVNT)	LD　　SM0.0 //接收过程禁止中断 DTCH 10
	程序段 2	**准备接收数据** SM0.0 — RCV (EN, ENO; VB200–TBL, 0–PORT)	LD　　SM0.0 //发送完成转为接收 RCV　　VB200，0
中断服务程序 2(INT_2)	程序段 1	**接收完成后，重新启动SMB34定时中断 准备发送数据** SM0.0 — ATCH (EN, ENO; INT_0:INT0–INT, 10–EVNT)	LD　　SM0.0 //接收完成允许中断 ATCH INT_0；INT0，10

表 8-18　　　　　　　　　　　　　　　　设备 2 的自由端口通信程序

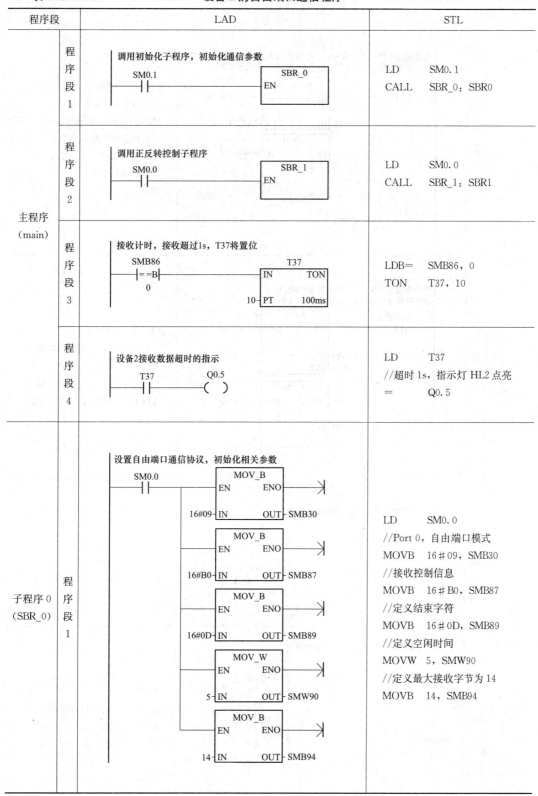

程序段		LAD	STL

子程序 0
（SBR_0）
	程序段 2	设置定时中断，周期为50ms，即每50ms发送一次数据
		将中断服务程序INT_0与中断事件10连接，全局开中断
		
		SM0.0 —MOV_B— EN ENO
		50—IN OUT—SMB34
		—ATCH— EN ENO
		INT_0:INT0—INT
		10—EVNT
		（ENI）
			LD　　SM0.0
			//设置定时中断时间
			MOVB　50, SMB34
			//连接定时中断（INT_0）
			ATCH　INT_0：INT0, 10
			//开启全局中断
			ENI

	程序段 3	将中断服务程序INT_1与中断事件9相连
		将中断服务程序INT_2与中断事件23相连
		
		SM0.0 —ATCH— EN ENO
		INT_1:INT1—INT
		9—EVNT
		—ATCH— EN ENO
		INT_2:INT2—INT
		23—EVNT
			LD　　SM0.0
			//连接 Port 0 发送数据中断
			ATCH　INT_1：INT1, 9
			//连接 Port 0 接收数据中断
			ATCH　INT_2：INT2, 23

子程序 1 （SBR_1）	程序段 1	设备2的I0.2启动设备1的电动机正转 I0.2 —P— M10.0（S）1 M10.1（R）2	LD　　I0.2 EU S　　　M10.0, 1 R　　　M10.1, 2
	程序段 2	设备2的I0.3启动设备1的电动机反转 I0.3 —P— M10.1（S）1 M10.0（R）1 M10.2（R）1	LD　　I0.3 EU S　　　M10.1, 1 R　　　M10.0, 1 R　　　M10.2, 1

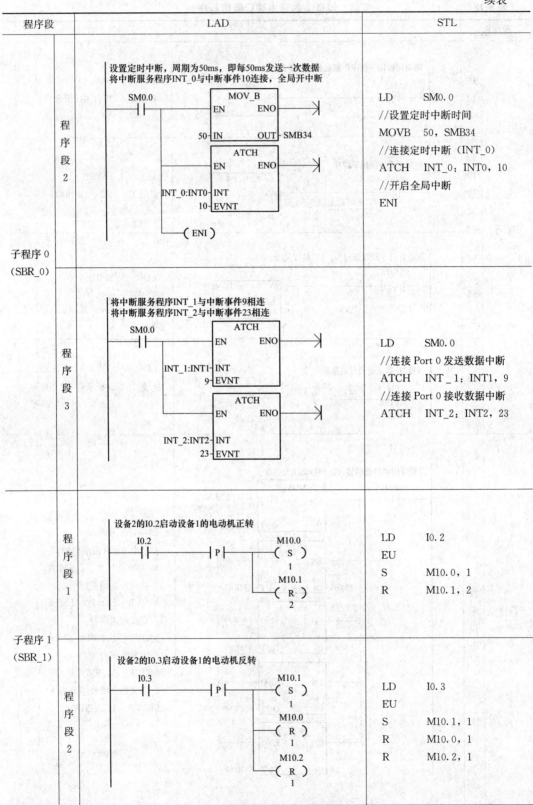

程序段		LAD	STL
子程序 1 (SBR_1)	程序段 3	设备2的I0.4停止设备1的电动机运行 I0.4 ─┤ P ├─ M10.0 (R) 2 / M10.2 (S) 1	LD I0.4 EU R M10.0, 2 S M10.2, 1
	程序段 4	设备1控制设备2的电动机星形启动 V201.0 ─┤ ├─ Q0.3 ( )	LD V201.0 = Q0.3
	程序段 5	设备1控制设备2电动机三角形运行 V201.1 ─┤ ├─ Q0.4 ( )	LD V201.1 = Q0.4

中断服务程序 0(INT_0)	程序段 1	设置发送字节数为2；将要发送的数据送入发送数据缓冲区
		设置发送结束符；启动发送指令实现数据发送
		
		SM0.0 ─┤ ├─ MOV_B: EN ENO, 2-IN OUT-VB100
		MOV_B: EN ENO, MB10-IN OUT-VB101
		MOV_B: EN ENO, 16#0D-IN OUT-VB102
		XMT: EN ENO, VB100-TBL, 0-PORT
			LD SM0.0
			//设置发送 2 个字节
			MOVB 2, VB100
			//MB10 中的内容送缓冲区
			MOVB MB10, VB101
			//将结束码送 VB102
			MOVB 16#0D, VB102
			//从 VB100 开始进行发送
			XMT VB100, 0

中断服务程序 1(INT_1)	程序段 1	断开SMB34定时中断 SM0.0 ─┤ ├─ DTCH: EN ENO, 10-EVNT	LD SM0.0 //接收过程禁止中断 DTCH 10
	程序段 2	准备接收数据 SM0.0 ─┤ ├─ RCV: EN ENO, VB200-TBL, 0-PORT	LD SM0.0 //发送完成转为接收 RCV VB200, 0

程序段		LAD	STL
中断服务程序2(INT_2)	程序段1	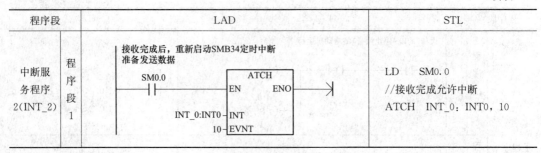	LD　　SM0.0 //接收完成允许中断 ATCH　INT_0：INT0, 10

8.4　Modbus RTU 通信

Modbus 是一种应用于电子控制器上的通信协议，于 1979 年由 Modicon 公司（现为施耐德公司旗下品牌）发明，并公开、推向市场。由于 Modbus 是制造业、基础设施环境下真正的开放协议，所以得到了工业界的广泛支持，是事实上的工业标准。还由于其协议简单、容易实施和高性价比等特点，所以得到全球超过 400 个厂家的支持，使用的设备节点超过 700 万个，有多达 250 个硬件厂商提供 Modbus 的兼容产品。如 PLC、变频器、人机界面、DCS 和自动化仪表等都广泛使用 Modbus 协议。

8.4.1　Modbus 通信协议

Modbus 协议现为一通用工业标准协议，通过此协议，控制器相互之间、控制器通过网络（例如以太网）和其他设备之间可以通信。它已经成为一通用工业标准。有了它，不同厂商生产的控制设备可以连成工业网络，进行集中监控。

Modbus 协议定义了一个控制器能认识使用的消息结构，而不管它们是经过何种网络进行通信的。它描述了控制器请求访问其他设备的过程，如何回应来自其他设备的请求，以及怎样侦测错误并记录。它制定了消息域格式和内容的公共格式。

在 Modbus 网络上通信时，协议规定对于每个控制器必须要知道它们的设备地址、能够识别按地址发来的消息及决定要产生何种操作。如果需要回应，控制器将生成反馈信息并用 Modbus 协议发出。在其他网络上，包含了 Modbus 协议的消息转换为在此网络上使用的帧或包结构。这种转换也扩展了根据具体的网络解决节地址、路由路径及错误检测的方法。

Modbus 通信协议具有多个变种，其具有支持串口和以太网多个版本，其中最著名的是 Modbus RTU、Modbus ASCII 和 Modbus TCP 三种。其中 Modbus RTU 与 Modbus ASCII 均为支持 RS-485 总线的通信协议。Modbus RTU 由于其采用二进制表现形式以及紧凑数据结构，通信效率较高，应用比较广泛。Modbus ASCII 由于采用 ASCII 码传输，并且利用特殊字符作为其字节的开始与结束标识，其传输效率要远远低于 Modbus RTU 协议，一般只有在通信数据量较小的情况下才考虑使用 Modbus ASCII 通信协议，在工业现场一般都是采用 Modbus RTU 协议。通常基于串口通信的 Modbus 通信协议都是指 Modbus RTU 通信协议。

1. Modbus 协议网络选择

在 Modbus 网络上传输时，标准的 Modbus 口是使用 RS-232C 或 RS-485 串行接口，它定义了连接口的针脚、电缆、信号位、传输波特率、奇偶校验。控制器能直接或通过 Modem 进行组网。

控制器通信使用主-从技术，即仅一个主站设备能初始化传输（查询）。其他从站设备根据主站设备查询提供的数据做出相应反应。典型的主站设备，如主机和可编程仪表。典型的从站设备，如可编程控制器等。

主站设备可单独与从设备进行通信，也能以广播方式和所有从站设备通信。如果单独通信，从站设备返回一消息作为回应，如果是以广播方式查询的，则不做任何回应。Modbus 协议建立了主站设备查询的格式：设备（或广播）地址、功能代码、所有要发送的数据、一错误检测域。

从站设备回应消息也由 Modbus 协议构成，包括确认要行动的域、任何要返回的数据和一错误检测域。如果在消息接收过程中发生一错误，或从站设备不能执行其命令，从站设备将建立一错误消息并把它作为回应发送出去。

在其他网络上，控制器使用对等技术通信，故任何控制都能初始化并和其他控制器的通信。这样在单独的通信过程中，控制器既可作为主站设备也可作为从站设备。提供的多个内部通道可允许同时发生的传输进程。

在消息位，Modbus 协议仍提供了主-从原则，尽管网络通信方法是"对等"。如果一控制器发送一消息，它只是作为主站设备，并期望从从站设备得到回应。同样，当控制器接收到一消息，它将建立一从设备回应格式并返回给发送的控制器。

2. Modbus 协议的查询-回应周期

Modbus 协议的主-从式查询-回应周期如图 8-20 所示。

查询消息中的功能代码告之被选中的从站设备要执行何种功能。数据段包含了从站设备要执行功能的任何附加信息。例如，功能代码 03 是要求从站设备读保持寄存器并返回它们的内容。数据段必须包含要告之从设备的信息：从何寄存器开始读及要读的寄存器数量。错误检测域为从设备提供了一种验证消息内容是否正确的方法。

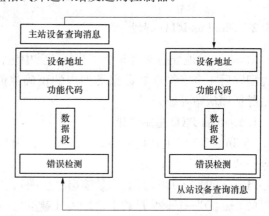

图 8-20　主-从式查询-回应周期

如果从站设备产生正常的回应，在回应消息中的功能代码是在查询消息中的功能代码的回应。数据段包括了从站设备收集的数据。如果有错误发生，功能代码将被修改并指出回应消息是错误的，同时数据段包含了描述此错误信息的代码。错误检测域允许主设备确认消息内容是否可用。

3. Modbus 的报文传输方式

Modbus 网络通信协议有两种报文传输方式：ASCII（美国标准交换信息码）和 RTU

（远程终端单元）。Modbus 网络上以 ASCII 模式通信，在消息中的每个 8bit 字节都作为两个 ASCII 字符发送。这种方式的主要优点是字符发送的时间间隔可达到 1s 而不产生错误。

Modbus 网络上以 RTU 模式通信，在消息中的每个 8bit 字节包含两个 4bit 的十六进制字符。这种方式的主要优点是：在同样的波特率下，其传输的字符的密度高于 ASCII 模式，每个信息必须连续传输。

4. Modbus 通信帧结构

在 Modbus 网络通信中，无论是 ASCII 模式还是 RTU 模式，Modbus 信息是以帧的方式传输，每帧有确定的起始位和停止位，使接收设备在信息的起始位开始读地址，并确定要寻址的设备以及信息传输的结束时间。

（1）Modbus ASCII 通信帧结构。在 ASCII 模式中，以 ":" 号（ASCII 的 3AH）表示信息开始，以换行键（CRLF）（ASCII 的 OD 和 OAH）表示信息结束。

对其他的区，允许发送的字符为 16 进制字符 0～9 和 A～F。网络中设备连续检测并接收一个冒号（:）时，每台设备对地址区解码，找出要寻址的设备。

（2）Modbus RTU 通信帧结构。Modbus RTU 通信帧结构如图 8-21 所示，从站地址为 0～247，它和功能码各占一个字节，命令帧中 PLC 地址区的起始地址和 CRC 各占一个字，数据以字或字节为单位，以字为单位时高字节在前，低字节在后。但是发送时 CRC 的低字节在前，高字节在后，帧中的数据将为十六进制数。

站地址	功能码	数据1	……	数据n	CRC低字节	CRC高字节

图 8-21　Modbus RTU 通信帧结构

8.4.2　Modbus RTU 寻址

Modbus 的地址通常有 5 个字符值，其中包含数据类型和偏移量。第 1 个字符决定数据类型，后 4 个字符选择数据类型内的正确数值。Modbus RTU 的寻址分为两种情况：主站寻址和从站寻址。

1. Modbus RTU 主站寻址

Modbus RTU 主站指令将地址映射至正确功能，以发送到从站。Modbus RTU 主站指令支持下列 Modbus 地址。

（1）00001～09999 是数字量输出（线圈）。

（2）10001～19999 是数字量输入（触点）。

（3）30001～39999 是输入寄存器（通常是模拟量输入）。

（4）40001～49999 是保持寄存器。

所有 Modbus 地址均从 1 开始，也就是说，第 1 个数据值从地址 1 开始。实际有效地址范围取决于从站。不同的从站支持不同的数据类型和地址范围。

2. Modbus RTU 从站寻址

Modbus RTU 从站指令将地址映射至正确的功能。Modbus RTU 从站指令支持下列 Modbus 地址。

（1）00001～00256 是映射到 Q0.0～Q31.7 的数字量输出。

（2）10001～10256 是映射到 I0.0～I31.7 的数字量输入。

（3）30001～30256 是映射到 AIW0～AIW110 的模拟量输入寄存器。

（4）40001～49999 和 400001～465535 是映射到 V 存储器的保持寄存器。

8.4.3　Modbus RTU 通信指令

STEP7-Micro/WIN SMART 指令库有专为 Modbus 通信设计的预先定义的子程序和中断服务程序，使得与 Modbus 设备的通信变得更简单。通过 Modbus 协议指令，可以将 S7-200 SMART 组态为 Modbus 主站或从站设备。

Modbus 通信指令主要包括了 6 条指令：MBUS_CTRL、MB_CTRL2、MBUS_MSG、MB_MSG2、MBUS_INIT、MBUS_SLAVE，其中前 4 条指令与主站有关；后 2 条指令与从站有关。

1. MBUS_CTRL 和 MB_CTRL2 指令

MBUS_CTRL 和 MB_CTRL2 为初始化主站指令，这两条指令具有相同的作用和参数，其中 MBUS_CTRL 用于单个 Modbus RTU 主站；MB_CTRL2 用于第二个 Modbus RTU 主站。

MBUS_CTRL 和 MB_CTRL2 指令将主站的 S7-200 SMART 通信端口使能、初始化或禁止 Modbus 通信，它们的指令格式见表 8-19。在使用 MBUS_MSG 和 MB_MSG2 指令之前，必须正确执行 MBUS_CTRL 和 MB_CTRL2 指令，指令执行完成后，立即设定"完成"位，才能继续执行下一条指令。

表 8-19　　　　　　　　　　　　MBUS_CTRL 和 MB_CTRL2 指令格式

LAD	STL	参数	数据类型	操作数
MBUS_CTRL EN Mode Baud　　Done Parity　　Error Port Timeout MB_CTRL2 EN Mode Baud　　Done Parity　　Error Port Timeout	CALL 　MBUS _ CTRL，Mode，Baud，Parity，Port，Time-out，Done，Error CALL 　MB _ CTRL2，Mode，Baud，Parity，Port，Time-out，Done，Error	Mode	BOOL	I、Q、M、S、SM、T、C、V、L
		Baud	DWORD	VD、ID、QD、MD、SD、SMD、LD、AC、常数、* VD、* AC、* LD
		Parity	BYTE	VB、IB、QB、MB、SB、SMB、LB、AC、常数、* VD、* AC、* LD
		Port	BYTE	VB、IB、QB、MB、SB、SMB、LB、AC、常数、* VD、* AC、* LD
		Timeout	WORD	VW、IW、QW、MW、SW、SMW、LW、AC、常数、* VD、* AC、* LD
		Done	BOOL	I、Q、M、S、SM、T、C、V、L
		ERROR	BYTE	VB、IB、QB、MB、SB、SMB、LB、AC、* VD、* AC、* LD

EN：使能控制端。必须保证每一扫描周期都被使能，可由 SM0.0 常开触点控制。

Mode：模式选择端。为 1 将 CPU 端口分配给 Modbus 协议并启用该协议；为 0 将

CPU 端口分配给 PPI 协议, 并禁用 Modbus 协议。

Baud: 波特率设置端。波特率可设定为 1200、2400、4800、9600、19 200、38 400、57 600 或 11 5200bps。

Parity: 校验设置端。设置奇偶校验使其与 Modbus 从站相匹配, 为 0 时表示无校验; 为 1 时表示奇校验; 为 2 时表示偶校验。

Port: 端口号。为 0 选择 CPU 模块集成的 RS-485 通信口, 即选择端口 0; 为 1 选择 CM01 通信信号板, 即选择端口 1。

Timeout: 超时。主站等待来自从站响应的毫秒时间, 典型的设置值为 1000ms, 允许设置的范围为 1~32 767。

Done: 完成位。初始化完成, 此位会自动置 1。可以用该位启动 MBUS_MSG 或 MB_MSG2 读写操作。

ERROR: 出错时返回的错误代码。0 表示无错误; 1 表示校验选择非法; 2 表示波特率选择非法; 3 表示超时无效; 4 表示模式选择非法; 9 表示端口无效; 10 表示 SB CM01 信号板端口 1 缺失或未组态。

2. MBUS_MSG 和 MB_MSG2 指令

MBUS_MSG 和 MB_MSG2 指令具有相同的作用和参数, 其中 MBUS_MSG 用于单个 Modbus RTU 主站; MB_MSG2 用于第二个 Modbus RTU 主站。

MBUS_MSG 和 MB_MSG2 指令用于启动对 Modbus 从站的请求, 并处理应答, 它们的指令格式见表 8-20。当 EN 输入和 "首次" 输入打开时, MBUS_MSG、MB_MSG2 指令启动对 Modbus 从站的请求。

表 8-20   MBUS_MSG 和 MB_MSG2 指令格式

LAD	STL	参数	数据类型	操作数

MBUS_MSG
EN
 	
First
 	
Slave   Done
RW   Error
Addr
Count
DataPtr
 	
MB_MSG2
EN
 	
First
 	
Slave   Done
RW   Error
Addr
Count
DataPtr
	CALL
	  MBUS _ MSG, First,
	Slave, RW, Addr, Count,
	DataPtr, Done, Error
	
	CALL
	  MB _ MSG2, First,
	Slave, RW, Addr, Count,
	DataPtr, Done, Error
		First	BOOL	I、Q、M、S、SM、T、C、V、L (受上升沿检测元素控制的能流)

		Slave	BYTE	VB、IB、QB、MB、SB、SMB、LB、AC、常数、*VD、*AC、*LD
		RW	BYTE	VB、IB、QB、MB、SB、SMB、LB、AC、常数、*VD、*AC、*LD
		Addr	DWORD	VD、ID、QD、MD、SD、SMD、LD、AC、常数、*VD、*AC、*LD
		Count	INT	VW、IW、QW、MW、SW、SMW、LW、AC、常数、*VD、*AC、*LD
		DataPtr	DWORD	&VB
		Done	BOOL	I、Q、M、S、SM、T、C、V、L
		ERROR	BYTE	VB、IB、QB、MB、SB、SMB、LB、AC、*VD、*AC、*LD

EN：使能控制端。同一时刻只能有一个读写功能，即 MBUS_MSG 或 MB_MSG2 使能。可以在每一个读写功能（MBUS_MSG 或 MB_MSG2）都用上一个 MBUS_MSG 或 MB_MSG2 指令的 Done 完成位来激活，以保证所有读写指令循环进行。

First：读写请求位。该参数应该在有新请求要发送时才打开，进行一次扫描。该参数应当通过一个边沿检测元素（例如上升沿）打开，以保证请求被传送一次。

Slave：Modbus 从站地址。允许的范围是 1～247。

RW：读/写操作控制位。为 0 时进行读操作；为 1 时进行写操作。

Addr：Modbus 的起始地址。S7-200 SMART 支持的地址范围是：000001～09999 为数字量输出；10001～19999 为数字量输入；30001～39999 为模拟量输入寄存器；40001～49999 和 400001～465535 为保持寄存器。Modbus 从站设备支持的地址决定了 Addr 的实际取值范围。

Count：读取或写入数据元素的个数。Modbus 主站可读写的最大数据量为 120 个字（是指每 1 个 MBUS_CTRL 和 MB_CTRL2 指令）。

DataPtr：数据指针。S7-200 SMART CPU 的 V 存储器中与读取或写入请求相关数据的间接地址指针。对于读请求，将 DataPtr 设置为用于存储从 Modbus 从站读取的数据的第一个 CPU 存储单元。对于写请求，将 DataPtr 设置为要发送到 Modbus 从站的数据的第一个 CPU 存储单元。

Done：读写功能完成位。

ERROR：出错时返回的错误代码。0 表示无错误；1 表示响应校验错误；2 未使用；3 表示接收超时（从站无响应）；4 表示请求参数错误，一个或多个参数（Slave，RW、Addr、Count）被设置为非法值；5 表示 Modbus/自由口未使能；6 表示 Modbus 正在忙于其他请求；7 表示响应错误（响应不是请求的操作）；8 表示响应 CRC 校验和错误；101 表示从站不支持请求的功能；102 表示从站不支持数据地址；103 表示从站不支持此种数据类型；104 表示从站设备故障；105 表示从站接收了信息，但是响应被延迟；106 表示从站忙，拒绝了该信息；107 表示从站拒绝了信息；108 表示从站存储器奇偶错误。

3. MBUS_INIT 指令

MBUS_INIT 为从站初始化指令。该指令将从站的 S7-200 SMART 通信端口使能、初始化或禁止 Modbus 通信，其指令格式见表 8-21。只有在本指令执行无误后，才能执行 MBUS_SLAVE 指令。

表 8-21　　　　　　　　　　　　MBUS_INIT 指令格式

LAD	STL	参数	数据类型	操 作 数
MBUS_INIT —EN —Mode　　Done— —Addr　　Error— —Baud —Parity —Port —Delay —MaxIQ —MaxAl —MaxHold —HoldStart	CALL 　MBUS _ INIT，Mode，Addr，Baud，Parity，Port，Delay， MaxIQ， MaxAI，Max Hold，HoldStart，Done，Error	Mode	BYTE	VB、IB、QB、MB、SB、SMB、LB、AC、常数、*VD、*AC、*LD
		Addr	BYTE	VB、IB、QB、MB、SB、SMB、LB、AC、常数、*VD、*AC、*LD
		Baud	DWORD	VD、ID、QD、MD、SD、SMD、LD、AC、常数、*VD、*AC、*LD
		Parity	BYTE	VB、IB、QB、MB、SB、SMB、LB、AC、常数、*VD、*AC、*LD
		Port	BYTE	VB、IB、QB、MB、SB、SMB、LB、AC、常数、*VD、*AC、*LD

续表

LAD	STL	参数	数据类型	操 作 数
MBUS_INIT EN Mode　Done Addr　Error Baud Parity Port Delay MaxIQ MaxAI MaxHold HoldStart	CALL MBUS_INIT, Mode, Addr, Baud, Parity, Port, Delay, MaxIQ, MaxAI, Max Hold, HoldStart, Do-ne, Error	Delay	WORD	VW、IW、QW、MW、SW、SMW、LW、AC、常数、*VD、*AC、*LD
		MaxIQ	WORD	VW、IW、QW、MW、SW、SMW、LW、AC、常数、*VD、*AC、*LD
		MaxAI	WORD	VW、IW、QW、MW、SW、SMW、LW、AC、常数、*VD、*AC、*LD
		MaxHold	WORD	VW、IW、QW、MW、SW、SMW、LW、AC、常数、*VD、*AC、*LD
		HoldStart	DWORD	VD、ID、QD、MD、SD、SMD、LD、AC、常数、*VD、*AC、*LD
		Done	BOOL	I、Q、M、S、SM、T、C、V、L
		ERROR	BYTE	VB、IB、QB、MB、SB、SMB、LB、AC、*VD、*AC、*LD

Mode：模式选择端。为1将CPU端口分配给Modbus协议并启用该协议；为0将CPU端口分配给PPI协议，并禁用Modbus协议。

Addr：Modbus从站的起始地址，允许的范围是1~247。

Baud：波特率设置端。波特率可设定为1200、2400、4800、9600、19200、38400、57600或115200bps，其他值无效。

Parity：校验设置端。设置奇偶校验使其与Modbus从站相匹配，为0时表示无校验；为1时表示奇校验；为2时表示偶校验。

Port：端口号。为0选择CPU模块集成的RS-485通信口，即选择端口0；为1选择CM01通信信号板，即选择端口1。

Delay：延时端。附加字符间延时，默认值为0。

MaxIQ：最大I/O位。将Modbus地址0xxxx和1xxxx使用的I和Q点数设为0~256的数值。值为0时，将禁用所有对输入和输出的读写操作，通常MaxIQ值设为256。

MaxAI：最大AI字数。将Modbus地址3xxxx使用的字输入（AI）寄存器数目设为0~56的数值。值为0时，将禁止读取模拟量输入。对于经济型CPU模块，该值应设为0，其他类型的CPU模块，该值可设为56。

MaxHold：最大保持寄存器区。用来指定主设备可以访问的保持寄存器（V存储器字）的最大个数。

HoldStart：保持寄存器区起始地址。用来设置V存储区内保持寄存器的起始地址，一般为VB0。

Done：完成位。初始化完成，此位会自动置1。

ERROR：出错时返回的错误代码。0表示无错误；1表示存储器范围错误；2表示波特率或奇偶校验错误；3表示从站地址错误；4表示Modbus参数值错误；5表示保持寄存器与Modbus从站符号重叠；6表示收到奇偶校验错误；7表示收到CRC错误；8表示功能请求错误；9 表示请求中的存储器地址非法；10 表示从站功能未启用；11 表示端口号无效；12 表示 SB CM01 通信信号板端口 1 缺失或未组态。

4. MBUS_SLAVE 指令

MBUS_SLAVE 指令用于响应 Modbus 主站发出的请求服务。该指令应该在每个扫描周期都被执行，以检查是否有主站的请求，指令格式见表 8-22。

表 8-22　　　　　　　　　　　　　MBUS_SLAVE 指令格式

LAD	STL	参数	数据类型	操作数
MBUS_SLAVE EN Done Error	CALL MBUS_SLAVE，Done， Error	Done	BOOL	I、Q、M、S、SM、T、C、V、L
		ERROR	BYTE	VB、IB、QB、MB、SB、SMB、LB、AC、*VD、*AC、*LD

Done：完成位。当响应 Modbus 主站的请求时，Done 位有效，输出为 1。如果没有服务请求时，Done 位输出为 0。

ERROR：出错时返回的错误代码。0 表示无错误；1 表示存储器范围错误；2 表示波特率或奇偶校验错误；3 表示从站地址错误；4 表示 Modbus 参数值错误；5 表示保持寄存器与 Modbus 从站符号重叠；6 表示收到奇偶校验错误；7 表示收到 CRC 错误；8 表示功能请求错误；9 表示请求中的存储器地址非法；10 表示从站功能未启用；11 表示端口号无效；12 表示 SB CM01 通信信号板端口 1 缺失或未组态。

8.4.4　Modbus RTU 通信实例

【例 8-3】　两台 S7-200 SMART PLC 采用 Modbus 通信，其中 1 台为主站，另外 1 台作为从站，要求主站 CPU SR60 发出启停信号，从站 CPU SR60 接收到该信号后，控制从站电动机的启停。

（1）控制分析。本例的两台 S7-200 SMART PLC（CPU SR60）进行 Modbus 通信时，主站 PLC 定时将启停控制信号通过 MBUS_MSG 指令写入从站；从站 PLC 通过 MBUS_INT 指令将接收到启停信号存放到相应地址中，然后通过该地址位来控制从站 PLC 的输出。为完成任务操作，首先要进行硬件配置，然后再进行程序的编写。

（2）硬件配置及 I/O 分配。两台 S7-200 SMART PLC 的硬件配置如图 8-22 所示，其硬件主要包括 1 根 PC/PPI 电缆、2 台 CPU ST30、1 根 PROFIBUS 网络电缆（含 2 个网络连接器）。主站 CPU ST30 的 I0.0 外接启动按钮，I0.1 外接停止按钮；从站 CPU ST30 的 Q0.0 外接 HL 指示灯，I/O 分配见表 8-23；主站和从站的 PLC 接线如图 8-23 所示。

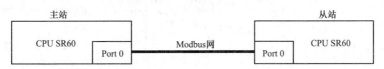

图 8-22　两台 S7-200 SMART PLC 间 Modbus 通信配置图

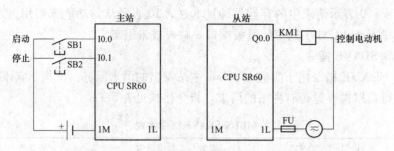

图 8-23　两台 S7-200 SMART PLC 间 Modbus 通信的 I/O 接线图

表 8-23　　　　　　　　两台 S7-200 SMART PLC 间 Modbus 通信的 I/O 分配表

输入（主站）			输出（从站）		
功能	元件	PLC 地址	功能	元件	PLC 地址
启动按钮	SB0	I0.0	控制电动机	KM1	Q0.0
停止按钮	SB1	I0.1			

（3）程序编写。这两台 CPU SR60 设备均应编写相应的源程序，所以需要分别编写主站的 MAIN 程序和从站的 MAIN 程序，见表 8-24。

表 8-24　　　　　　　　　　两台 CPU SR60 的 Modbus 通信程序

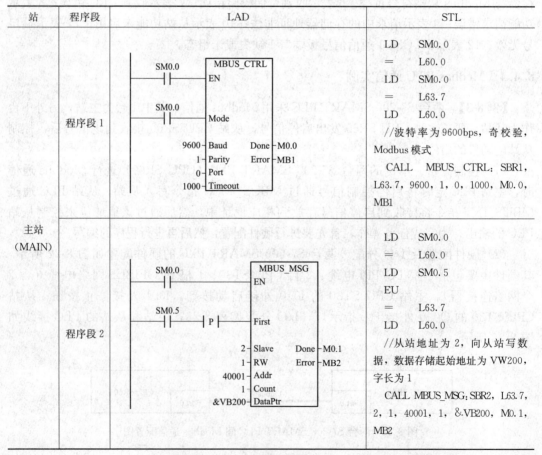

站	程序段	LAD	STL
主站（MAIN）	程序段 1		LD SM0.0 = L60.0 LD SM0.0 = L63.7 LD L60.0 //波特率为 9600bps，奇校验，Modbus 模式 CALL MBUS_CTRL：SBR1，L63.7，9600，1，0，1000，M0.0，MB1
	程序段 2		LD SM0.0 = L60.0 LD SM0.5 EU = L63.7 LD L60.0 //从站地址为 2，向从站写数据，数据存储起始地址为 VW200，字长为 1 CALL MBUS_MSG：SBR2，L63.7，2，1，40001，1，&VB200，M0.1，MB2

续表

站	程序段	LAD	STL
从站 （MAIN）	程序段 3	I0.0　　I0.1　　　　V200.0 ┤├──┤/├────( ) V200.0 ┤├	LD　　I0.0 O　　V200.0 AN　　I0.1 =　　V200.0
	程序 段 1	SM0.1　　MBUS_INIT ┤├───EN 1─Mode　　Done─M0.0 2─Addr　　Error─VB0 9600─Baud 1─Parity 0─Port 0─Delay 256─MaxIQ 56─MaxAI 1000─MaxHold &VB200─HoldSt~	LD　　SM0.1 //Modbus 模式，从站地址为 2，波特率为 9600，奇校验，接收数据存储区的首址为 VW200 CALL　MBUS_INIT：SBR1，1，2，9600，1，0，256，56，1000，&VB200，M0.0，VB0
	程序段 2	SM0.0　　MBUS_SLAVE ┤├───EN Done─M0.1 Error─VB1	LD　　SM0.0 CALL　MBUS_SLAVE：SBR2，M0.1，VB1
	程序段 3	V200.0　　SM0.5　　　Q0.0 ┤├──┤├────( )	LD　　V200.0 //接收启停信息，以进行秒闪控制 A　　SM0.5 =　　Q0.0

　　主站 CPU SR60 的程序有 3 个程序段：程序段 1 通过 MBUS_CTRL 指令主要设置波特率及 Modbus 模式等；程序段 2 通过 MBUS_MSG 指令设置从站地址、数据存储起始地址；程序段 3 中将主站的启停信息存储在 V200.0 中。

　　从站 CPU SR60 的程序也有 3 个程序段：程序段 1 通过 MBUS_INIT 指令主要设置波特率及接收 V 存储区等；程序段 2 通过 MBUS_SLAVE 指令检测主站是否发送启停信息；程序段 3 中将接收的启停信息，作为电动机的启停控制。

　　注意，主站和从站程序中 Modbus 指令的调用方法：点击项目树中的"指令"→"库"，然后将所需要的指令拖到程序段合适的位置即可。在调用了 Modbus 指令库的指令后，还要对库存储器进行分配，若不分配，则即使编写的程序没有语法错误，程序编译后也会显示一些错误。分配库存储区的方法：在【文件】→【库】组选中"存储器"，将弹出"库存储器分配"对话框，在此对话框中进行设置即可，如图 8-24 所示。

　　【例 8-4】　S7-200 SMART PLC 与 S7-1200 PLC 间的 Modbus 通信。其中 S7-1200 PLC 作为主站，S7-200 SMART PLC 作为从站，要求将主站读取从站由 40001 起始的连续 5 个数据，存储到主站指定地址开始的连续 5 个字中。

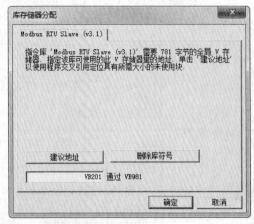

图 8-24　设定库存储区的范围

（1）控制分析。S7-200SMART PLC 的编译软件中包含了 Modbus 库，同样 S7-1200 PLC 的编译软件（如 TIA Protal，俗称博途）中也有 Modbus 库，在编程时可以通过相应指令即可。由于 S7-1200 PLC 采用模块式结构，所以使用前通常要进行硬件组态。

S7-1200 PLC 与 S7-1200 PLC 间进行 Modbus 通信时，首先要对两台 PLC 进行硬件配置，再对 S7-1200 PLC 进行硬件组态，然后分别编写下载程序即可完成任务操作。

（2）硬件配置。S7-200 SMART PLC 作为从站时，使用端口 0；S7-1200 PLC 只有 1 个通信口，即 PROFINET 口，所以要进行 Modbus 通信就必须配置 RS-485 模块（如 CM1241 RS-485）或者 RS-232 模块（如 CM1241 RS-232），这两个模块都由 CPU 供电，不需外接供电电源。本例的硬件配置如图 8-25 所示，其硬件主要包括 1 根 PC/PPI 电缆、1 台 CPU ST30、1 台 CPU 1214C、1 台 CM1241（RS-485）、1 根 PROFIBUS 网络电缆（含 2 个网络连接器）。

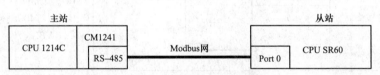

图 8-25　S7-200 SMART PLC 与 S7-1200 PLC 间 Modbus 通信配置图

（3）S7-1200 主站硬件组态。在 TIA Protal 编程软件中，对于初学者来说，可按以下步骤完成 CPU 1214C 的硬件组态。

1）新建主站项目。启动 TIA Protal 软件，选择"创建新项目"，并输入项目名称和设置项目的保存路径，如图 8-26 所示。

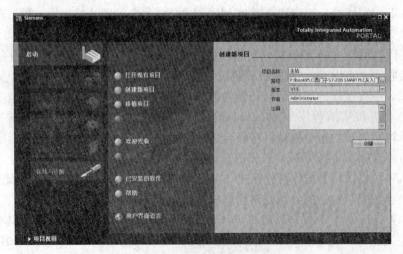

图 8-26　新建主站项目

2）进入组态设备。首先在图 8-26 中单击"创建"按钮，进入如图 8-27 所示界面并选择"组态设备"，然后进入如图 8-28 所示界面，选择"添加新设备"。

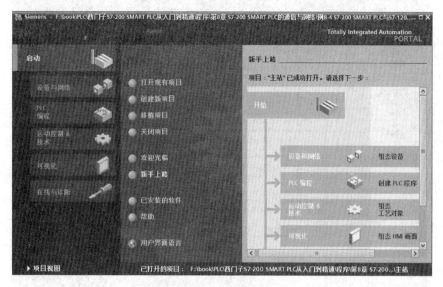

图 8-27　选择组态设备

图 8-28　添加新设备

3）添加控制器 CPU 1214C。在图 8-28 所示的添加新设备对话框中执行命令"控制器"→"SIMATIC S7-1200"→"CPU"→"CPU 1214C DC/DC/DC"，添加新设备为 CPU 1214C，如图 8-29 所示。

4）进入硬件组态。在图 8-29 的右下角点击"添加"按钮，将进入如图 8-30 所示的硬件组态界面。在此界面中，可以看到机架 Rack_0 的第 1 槽为 CPU 模块。

5）添加 RS-485 模块。在硬件组态界面选中 101 槽位，然后在右侧执行"硬件目录"→"通信模块"→"点到点"→"CM 1241（RS-485）"，添加 RS-485 模块到 101 槽

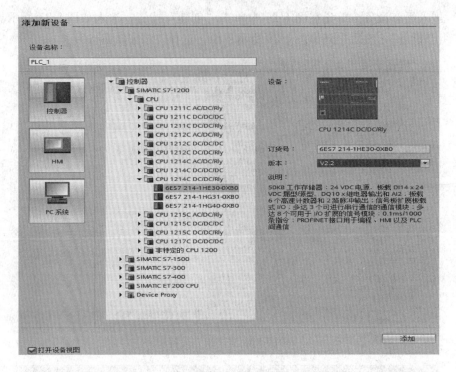

图 8-29　添加 CPU 1214C

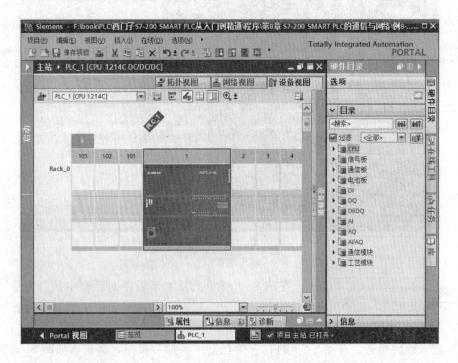

图 8-30　进入硬件组态

位，如图 8-31 所示。

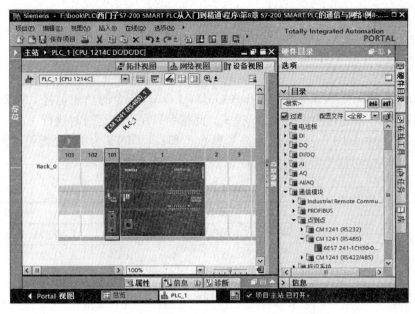

图 8-31　添加 RS-485 模块

6）启动系统时钟。先选中 CPU 1214C，再在"属性"的"常规"选项卡中选中"系统和时钟存储器"，将"时钟存储器位"的"允许使用时钟存储器字节"勾选，并在"时钟存储器字节的地址"中输入 10，则 M10.1 位表示 5Hz 的时钟，M10.5 位表示 1Hz 的时钟。如图 8-32 所示。

图 8-32　启用系统时钟

7）点击"保存项目"按钮，硬件组态操作完成。

（4）S7-1200 PLC 的 Modbus 通信相关指令。在 TIA Protal 编辑软件的指令库中，专为 S7-1200 PLC 的 Modbus 通信而提供了 3 条指令：MB_COMM_LOAD、MB_MASTER 和 MB_SLAVE。

1）MB_COMM_LOAD 指令。MB_COMM_LOAD 指令的功能是将 CM1241 模块的端口配置成 Modbus 通信协议的 RTU 模式。此指令只在程序运行时执行 1 次，其指令格式见表 8-25。表中 UINT 为 16 位无符号整数类型；UDINT 为 32 位无符号整数类型；VARIANT 是 1 个可以指向各种数据类型或参数类型变量的指针。

表 8-25　　　　　　　　　MB_COMM_LOAD 指令格式

LAD	参数	数据类型	操作数
"MB_COMM_LOAD_DB" MB_COMM_LOAD EN ENO REQ DONE PORT ERROR BAUD STATUS PARITY FLOW_CTRL RTS_ON_DLY RTS_OFF_DLY RESP_TO MB_DB	REQ	BOOL	I、Q、M、D、L
	PORT	UDINT	I、Q、M、D、L 或常数
	BAUD	UDINT	I、Q、M、D、L 或常数
	PARITY	UINT	I、Q、M、D、L 或常数
	FLOW_CTRL	UINT	I、Q、M、D、L 或常数
	RTS_ON_DLY	UINT	I、Q、M、D、L 或常数
	RTS_OFF_DLY	UINT	I、Q、M、D、L 或常数
	RESP_TO	UINT	I、Q、M、D、L 或常数
	MB_DB	VARIANT	D
	DONE	BOOL	I、Q、M、D、L
	ERROR	BOOL	I、Q、M、D、L
	STATUS	WORD	I、Q、M、D、L

EN：使能端。

REQ：通信请求端。0 表示无请求；1 表示有请求，上升沿有效。

PORT：通信端口的 ID。在设备组态中插入通信模块后，端口 ID 就会显示在 PORT 框连接的下拉列表中。也可以在变量表的"常数"（Constants）选项卡中引用该常数。

BAUD：波特率设置端。波特率可设定为 1200、2400、4800、9600、19200、38400、57600 或 115200bps，其他值无效。

PARITY：校验设置端。0 表示无校验；1 表示奇校验；2 表示偶校验。

FLOW_CTRL：流控制选择。0 表示无流控制；1 表示通过 RTS 实现的硬件流控制始终开启（不适用于 RS-485 端口）；2 表示通过 RTS 切换实现硬件流控制。默认情况下，该值为 0。

RTS_ON_DLY：RTS 延时选择。0 表示到传送消息的第 1 个字符之前，激活 RTS 无延时；1～65535 表示传送消息的第 1 个字符之前，"激活 RTS"以毫秒为单位的延时（不适用于 RS-485 端口）。默认情况下，该值为 0。

RTS_OFF_DLY：RTS 关断延时选择。0 表示到传送最后 1 个字符到"取消激活 RTS"之前没有延时；1～65535 表示传送消息的最后 1 个字符到"取消激活 RTS"之间以毫秒为单位的延时（不适用于 RS-485 端口）。默认情况下，该值为 0。

RESP_TO：响应超时。设定从站对主站的响应超出时间，取值范围为 5～65535ms。

MB_DB：在同一程序中调用 MB_MASTER 或 MB_SLAVE 指令时的背景数据块的地址。

DONE：完成位。初始化完成，此位会自动置 1。

ERROR：出错时返回的错误代码。0 表示无错误；8180 表示端口 ID 的值无效（通信模块的地址错误）；8181 表示波特率设置错误；8182 表示奇偶校验值无效；8183 表示流控制值无效；8184 表示响应超时值无效；8185 表示参数 MB _ DB 指向 MB_MASTER 或 MB_SLAVE 指令时的背景数据块的指针不正确。

2）MB_MASTER 指令。MB_MASTER 指令的功能是将主站上的 CM1241 模块（RS-485 或 RS-232）的通信口建立与一个或者多个从站的通信，其指令格式见表 8-26。表中 USINT 为 8 位无符号整数类型。

表 8-26　　　　　　　　　　　　　　　　MB_MASTER 指令格式

LAD	参数	数据类型	操作数
"MB_MASTER_DB" MB MASTER EN　　　ENO REQ　　　DONE MB_ADDR　　BUSY MODE　　ERROR DATA_ADDR　STATUS DATA_LEN DATA_PTR	REQ	BOOL	I、Q、M、D、L
	MB_ADDR	UINT	I、Q、M、D、L 或常数
	MODE	USINT	I、Q、M、D、L 或常数
	DATA_ADDR	VARIANT	I、Q、M、D、L 或常数
	DATA_LEN	UINT	I、Q、M、D、L 或常数
	DATA _ PTR	VARIANT	M、D
	DONE	BOOL	I、Q、M、D、L
	BUSY	BOOL	I、Q、M、D、L
	ERROR	BOOL	I、Q、M、D、L
	STATUS	WORD	I、Q、M、D、L

REQ：通信请求端。0 表示无请求；1 表示请求将数据发送到 Modbus 从站。

MB_ADDR：通信对象 Modbus RTU 从站的地址。默认地址范围为 0～247；扩展地址范围为 0～65535。

MODE：模式选择控制端。可选择读、写或诊断。

DATA_ADDR：Modbus 从站中通信访问数据的起始地址。

DATA_LEN：请求访问数据的长度为位数或字节数。

DATA_PTR：用来存取 Modbus 通信数据的本地数据块的地址。多次调用 MB_ MASTER 时，可使用不同的数据块，也可以各自使用同一个数据块的不同地址区域。

DONE：完成位。初始化完成，此位会自动置 1。

BUSY：通信忙。0 表示当前处于空闲状态；1 表示当前处于忙碌状态。

ERROR：出错时返回的错误代码。

STATUS：执行条件代码。

3）MB_SLAVE 指令。MB_SLAVE 指令使串口作为 Modbus 从站响应 Modbus RTU 主站的数据请求，其指令格式见表 8-27。

表 8-27 　　　　　　　　　　　　　　　MB_SLAVE 指令格式

LAD	参数	数据类型	操作数
"MB_SLAVE_DB" MB_SLAVE EN　　　ENO MB_ADDR　　NDR MB_HOLD_REG　　DR ERROR STATUS	MB_ADDR	USINT	I、Q、M、D、L
	MB_HOLD_REG	VARIANT	D
	NDR	BOOL	I、Q、M、D、L
	DR	BOOL	I、Q、M、D、L
	ERROR	BOOL	I、Q、M、D、L
	STATUS	WORD	I、Q、M、D、L

MB_ADDR：通信对象 Modbus RTU 从站的地址。

MB_HOLD_REG：指向 Modbus 保持寄存器数据块的地址。

NDR：新数据准备好。

DR：读数据标志。

ERROR：出错时返回的错误代码。

STATUS：故障代码。

（5）编写 S7-1200 PLC 的主站程序。在 TIA Protal 编程软件中完成硬件组态后，可按以下步骤进行程序的编写。

1）添加数据块 Modbus_Data。首先在 TIA Protal 编程软件的"启动"项中选择"PLC 编程"，接着选择"添加新块"，然后选择"数据块"，并将名称改为"Modbus_Data"，如图 8-33 所示。设置完后，点击右下角的"添加"按钮，即可添加数据块 Modbus_Data。

图 8-33　添加数据块 Modbus_Data

2）新建数组。在数据块 Modbus_Data 中新建数组 data，数组的数据类型为字。其中 data［0］～data［5］的初始值均为 16#0，如图 8-34 所示。

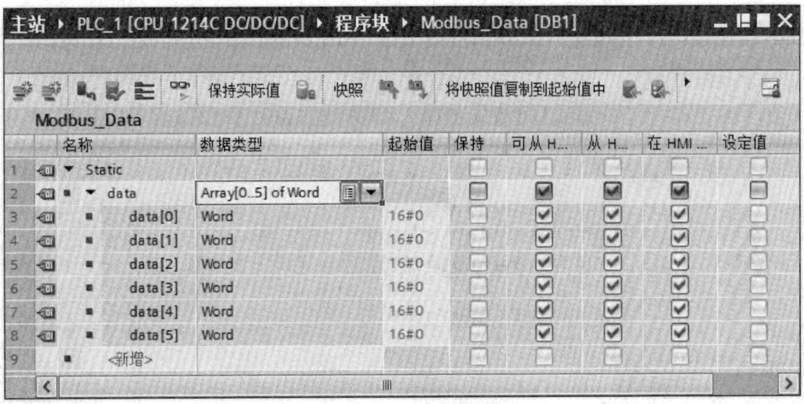

图 8-34　新建数组 data

3）添加启动组织块 OB100，并编写程序。新建数组后，点击左下角的"Portal 视图"按钮，选择"添加新块"，然后在"组织块"中选择"Startup"，如图 8-35 所示。双击"Startup"，将进入如图 8-36 所示的组织块 OB100 编辑界面。在此界面中编写如图 8-37 所示的程序。此程序只在启动时才运行 1 次，对主站进行 Modbus 初始化。在程序中，每当 M10.5 发生上升沿跳变时请求将数据发送到 Modbus 从站（REQ 连接 M20.1 的上升沿）；选择 CM-1241 通信模块的 RS-485 通信，其通信端口 ID 为 267(PORT＝267)；波特率设置为 9600(BAUD＝9600)；进行奇校验（PARITY＝1）；数据块为"MB_MASTER_DB"。

图 8-35　添加启动组织块

4）进入 Main，编写 OB1 组织块程序。在 TIA Protal 编程软件的"项目树"中，单击"主站程序"→"PLC_1"→"程序块"→"Main[OB1]"，进入 Main 主程序的编辑界面，并在界面中编写如图 8-38 所示的 OB1 组织块程序。程序中，每当 M10.5 发生上升沿跳变时请求将数据发送到 Modbus 从站（REQ 连接 M10.5 的上升沿）；从站地址设

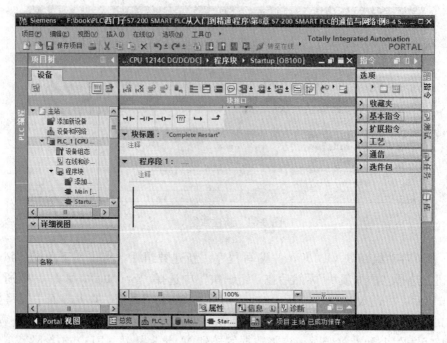

图 8-36　进入组织块 OB100 编辑界面

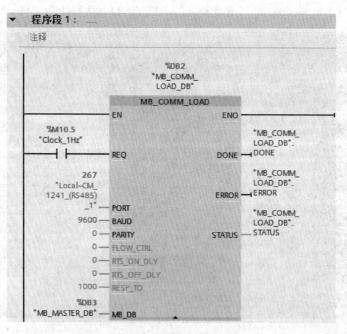

图 8-37　B100 组织块中的初始化程序

置为 2(MB_ADDR＝2)；对从站执行写操作（MODE＝1）；Modbus 从站中通信访问数据的起始地址为 40001(DATA_ADDR＝40001)，即主站 S7-1200 PLC 读取从站 S7-200 PLC 由 40001 开始的连续 5 个数据，存储到主站指定地址开始的连续 5 个字中；数据的长度为 5 个字（DATA_LEN＝5）；发送"Modbus_Data.data"数组的数据。主站中的 40001 对

应从站中的 &VB10。

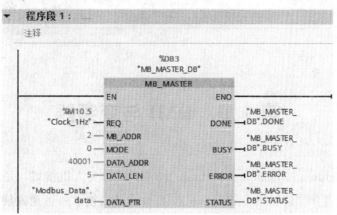

图 8-38　OB1 组织块中的程序

（6）编写 S7-200 SMART PLC 从站程序。在 STEP 7 Micro/WIN SMART 中编写的从站程序见表 8-28。PLC 一上电，程序段 1 执行从站 Modbus 通信初始化操作，将通信波特率设置为 9600bps(Baud=9600)，不进行奇偶校验（Parity=0），使用端口 0（Port=0），延时时间为 0s(Delay=0)，最大 I/O 位为 128(MaxIQ=128)，最大 AI 字数为 16(MaxAI=16)，最大保持寄存器区为 5(MaxHold=5)，数据指针为 VB10（HoldStart=&VB10），即从站 V 存储区为 VW10 和 VW11，完成位为 M1.0，错误代码存储于 MB2 中。同时，程序段 2 在完成初始化后执行 Modbus 从站协议。注意，主站中的 40001 对应从站中的 &VB10。

表 8-28　　　　　　　　　　　　Modbus 通信从站程序

程序段	LAD	STL
程序段 1	SM0.1 ├┤├─ MBUS_INIT EN 1─Mode　Done─M1.0 2─Addr　Error─MB2 9600─Baud 0─Parity 0─Port 1─Delay 128─MaxIQ 16─MaxAI 5─MaxH~ &VB10─HoldS~	LD　SM0.1 CALL　MBUS_INIT, 1, 2, 9600, 0, 0, 1, 128, 16, 5, &VB10, M1.0, MB2
程序段 2	M1.0 ├┤├─ MBUS_SLAVE EN Done─M1.1 Error─MB3	LD　M1.0 CALL　MBUS_SLAVE, M1.1, MB3

第 9 章　HMI 与变频器

　　人机界面（Human Machine Interface，HMI）又称为人机接口，是系统与用户之间进行信息交互的媒介。近年来，随着信息技术与计算机技术的迅速发展，人机接口在工业控制中已得到了广泛的应用。变频器（Variable-frequency Drive，VFD）是应用变频技术与微电子技术，通过改变电机工作电源频率方式来控制交流电动机的电力控制设备。人机界面和变频器在 PLC 控制系统中应用较为广泛，本章主要讲解 HMI 与变频器的相关知识。

9.1　TD 400C 文本显示器

　　人机界面主要包括文本显示器和触摸屏。文本显示器（Text Display，TD）又称为终端显示器，用来显示数字（包括 PLC 中的动态数据）、字符和汉字，还可以用来修改 PLC 中的参数设定值。触摸屏是人机界面的发展方向，可以由用户在触摸屏上设置具有明确意义和提示信息的触摸式按键。

　　S7-200 TD 设备是一种低成本的人机界面，是可嵌入数据的文本显示器。可以使用 TD 设备组态层级式用户菜单及信息画面，来查看、监视和改变用户应用程序的过程变量。

9.1.1　TD 400C 简介

　　TD 400C 是西门子专门为 SIMATIC S7-200 设计生产的小型人机界面，性价比极高，其面板如图 9-1 所示。在 S7-200 SMART 面市之后，TD 400C 与之能无缝连接，并且连接方式、向导配置与 S7-200 几乎一致。

　　TD 400C 具有 2 行或 4 行文本显示，主要取决于用户选择的字符和字符。TD 400C 的 LCD 分辨率为 192×64 像素，最多 64 个屏幕。为 4 行显示时，每行可显示 12 个小的中文简体字符，总共可显示 48 个字符；或者每行可显示 24 个小的 ASCII 字符，总共可显示 96 个字符。为 2 行显示时，每行可显示 8 个大的中文简体字符，总共可显示 16 个字符；或者每行可显示 16 个 ASCII 字符，总共可显示 32 个字符。TD 400C 有 8 个功能键，与 Shift 键配合，可最多可创建 15 个自定义按键，其各键功能见表 9-1。

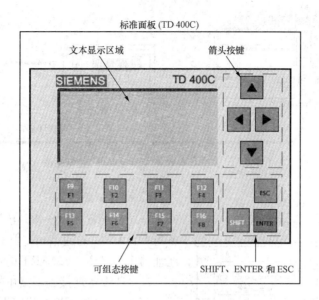

图 9-1　TD 400C 设备面板图

表 9-1　　　　　　　　　　　**TD 400C 各键功能**

命令键	说　　明
ENTER	选择屏幕上的菜单项或确认屏幕上的值
ESC	切换显示信息模式和菜单模式，返回上一级菜单或前一个屏幕
▲键	可编辑的数值加 1，或显示上一条信息
▼键	可编辑的数值减 1，或显示下一条信息
▶键	在 TD 设备的信息内右移显示
◀键	在 TD 设备的信息内左移显示
功能键 F1～F8	完成用文本显示向导组态的任务（TD 设备型号不同，其功能键数量也不相同）
SHIFT	与功能键配合完成用文本显示向导组态的任务

9.1.2　TD 400C 与 S7-200 SMART PLC 的连接

TD 400C 随机附带长 2.5m 的 TD/CPU（RS-485 接口）通信电缆，该电缆既包含通信线又包含电源线，通过该电缆可以使 TD 400C 与 S7-200 SMART CPU 建立通信连接，如图 9-2 所示。

当 TD 400C 与 S7-200 SMART CPU 之间的距离小于 2.5m 时，可以由 S7-200 CPU 模块通过该电缆供电。当 TD 400C 与 S7-200 SMART CPU 之间的距离大于 2.5m 时，由独立的 24V 直流电源供电，如图 9-3 所示。

在 TD 400C 与一台或几台 PLC 连接构成的网络中，TD 400C 作为主站使用。多台 TD 400C 可以和一个或多个连在同一网络上的 S7-200 SMART CPU 模块一起使用。

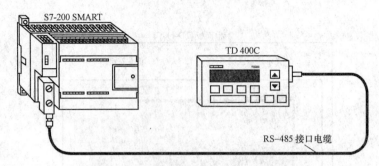

图 9-2　S7-200 SMART 与 TD 400C 电缆连接

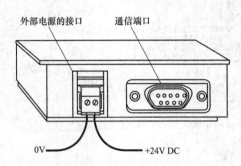

图 9-3　TD 400C 设备电源接口和通信端口

1. 一对一配置

一对一配置用 RS-485 电缆连接一台 TD 设备与一台 CPU 的通信口。默认 TD 设备的通信地址为 1，S7-200 SMART 的地址为 2。

2. TD 设备连接到网络中的 CPU 通信口

多台 S7-200 SMART CPU 联网时，某个 CPU 的通信口使用带编程口的网络连接器，来自 TD 设备的电缆连接到该编程口。此时，TD 设备由外接的直流 24V 电源供电。

3. TD 设备接入通信网络

可用网络连接器和 PROFIBUS 电缆将 TD 设备连入网络。此时，只连接了通信信号线（3 针和 8 针），没有连接电源线（2 针和 7 针），而 TD 设备是由外接的直流 24V 电源供电。

9.1.3　使用文本显示器向导配置 TD 400C

S7-200 SMART 的编程软件 STEP7-Micro/WIN SMART 提供为 TD 设备组态的文本显示向导，只需要进行一些简单的设置，就可以自动生成存储 TD 设备的组态信息、画面和报警信息的参数块，参数块放在 CPU 的 V 存储区中。TD 设备在上电时从 S7-200 SMART CPU 中读取参数块。参数块是数据块的一部分，在下载时应将数据块下载到 S7-200 SMART。上电时，TD 设备从 S7-200 SMART 读取参数块。

使用 STEP7-Micro/WIN SMART 中的文本显示向导可以完成的任务有：完成 TD 400C 的基本配置；生成在 TD 设备上显示画面和报警信息；生成 TD 设备的语言设置；为参数块指定 V 存储器区地址。

1. 完成 TD 400C 的基本配置

TD 400C 的基本配置是指设置 TD 设备的操作参数，例如选择要组态的 TD、TD 设备重命名、使用的语言、更新速率等。

TD 设备组态向导对 TD 200 设备的基本设置可按以下步骤进行：

（1）启动 TD 组态向导。打开 STEP7-Micro/WIN SMART 软件，在【工具】→【向导】组中选择"文本显示"，或点击项目树的"向导"文件夹中的"文本显示"图标，启动 TD 组态向导。选择需要组态的 TD 数目，如图 9-4 所示。

S7-200SMART CPU 模块集成的 RS-485 接口最多能连接 4 个 TD，信号板 RS-232/485 接口最多也只能连接 4 个 TD，但每个 CPU 模块能组态的 TD 数目不能超过 5 个。用户勾选几个 TD 意味着激活几个 TD 的组态，被勾选的 TD 组成结构将自动在左侧显示。如果只勾选了 TD 0，则只有 TD 0 的组成结构在左侧显示。

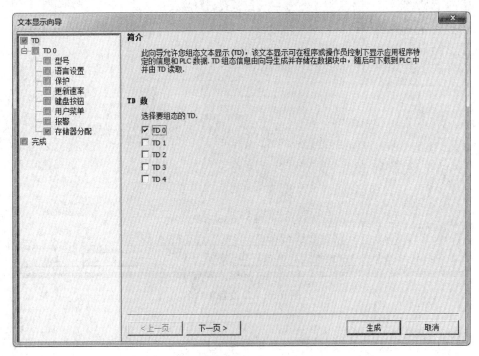

图 9-4　选择要组态的 TD

（2）TD 设备重命名。选择要组态的 TD 后，点击"下一页"按钮，弹出 TD 命名设置对话框。在此对话框中设置 TD 设备的名称，如图 9-5 所示对话框。重命名后，左侧相应的 TD 设备名称自动进行了修改。

（3）选择 TD 400C 型号和版本。TD 设备重命名后，点击"下一页"按钮，将弹出如图 9-6 所示对话框。在此对话框"要组态哪个 TD?"下方的下拉列表中，根据实际情况选择相应的 TD 400C 型号与版本。用户确定 TD 型号和版本号有 2 种方法：①给 TD 设备上电，初始画面会显示 TD 的型号和版本号；②可以在 TD 设备的背面发现其型号和版本号。

（4）语言设置。在图 9-6 中单击"下一页"按钮后，进入如图 9-7 所示的语言设置对话框，在此对话框中可进行语言和字符集的设置。TD 400C V1.0 支持基于简体中文字符集的中文和英文，而 TD 400C V2.0 支持的语言多达 6 种，分别为"英语""德语""法语""意大利语言""西班牙语"以及"简体中文"。

（5）组态密码和菜单。在图 9-7 中单击"下一页"按钮后，进入如图 9-8 所示对话框。在图 9-8 中，若勾选"启用密码保护"项，可以设置一个 4 位数的密码，以防止未经许可可对 TD 设备系统菜单的操作，从而避免随意改变 TD 设备的参数设置。用户根据需求，在此对话框中还可勾选相应的菜单。

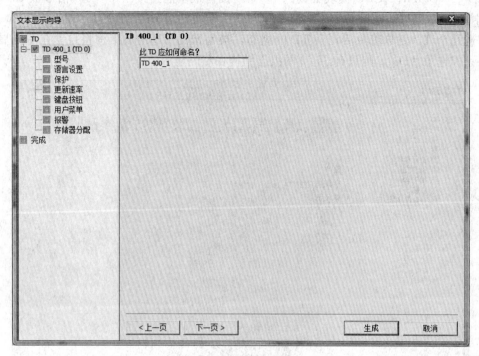

图 9-5　TD 设备重命名

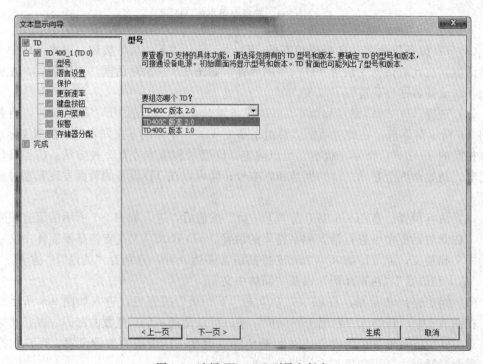

图 9-6　选择 TD 400C 型号和版本

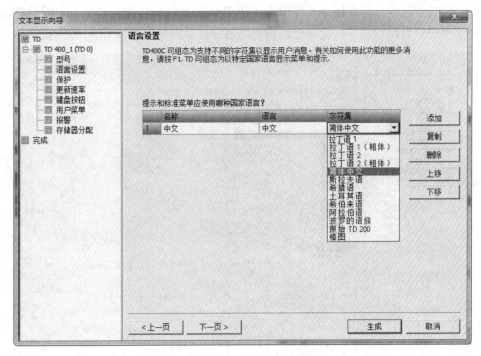

图 9-7 语言设置

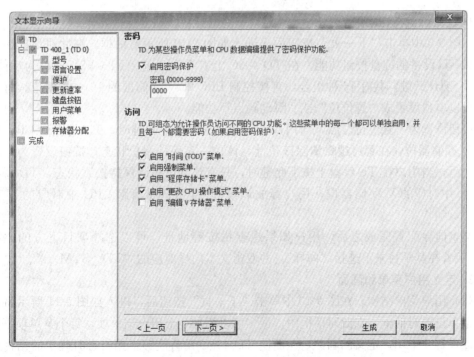

图 9-8 组态密码和菜单

（6）设置更新速率。在图 9-8 中单击"下一页"按钮后，进入如图 9-9 所示对话框。在此对话框中，可以设置 TD 设置更新画面的速度以及报警刷新和 CPU 数据更新的速率。

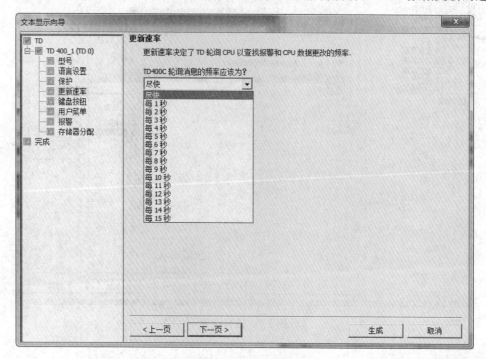

图 9-9　设置更新速率

2. 定义键盘按钮功能

在图 9-9 中单击"下一页"按钮后，进入如图 9-10 所示对话框。在此对话框中，可以定义 TD 设备的键盘按钮功能。在 TD 400C 上有 8 个 F 键（F1～F8，又称为功能键）和 1 个 SHIFT 键，共有 16 种组合，直接控制 PLC 中 V 存储区的 16 个数据位。每一个键都可以单独设置成"置位位"或"瞬动触点"功能。

按钮设置为"置位位"后，当用户在 TD 键盘上按下此键时，TD 将置位 CPU 中对应的 V 存储器位，在程序逻辑清除该位前，该位一直保持置位状态；按钮设置为"瞬动触点"后，当用户在 TD 键盘上按下此键时，只有该 TD 按键保持按下状态，TD 才会置位 CPU 中对应的 V 存储器位，用户释放该按键后，TD 将清除 CPU 中对应的 V 存储器位。

文本向导配置完成之后，用户如果想查找按键地址，可以选择项目下方的"符号表"，接着在其子目录下选择"向导"，并双击文本向导对应的"TD_SYM_0"。

3. 定义用户菜单和画面

（1）用户菜单结构。在图 9-10 中单击"下一页"按钮后，进入如图 9-11 所示将进入用户菜单设置对话框。在此对话框中，最多可以添加 8 个用户菜单项，每个菜单项下面最多可以设置 8 个用户定义的画面，从而使 TD 400C 设备能够根据组态时确定的结构显示菜单和画面。

（2）组态用户画面及数据嵌入。定义好菜单结构后还需要组态画面，用来显示文本

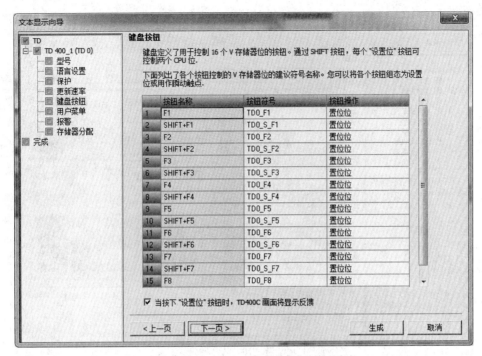

图 9-10　定义键盘按钮功能

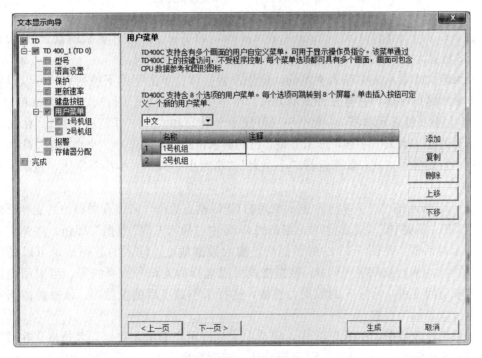

图 9-11　定义用户菜单

信息及嵌入数据，如图 9-12 所示。在图中绿色的文本显示区（即 TD 设备的显示屏）输入字符，TD 400C 可以在文本信息中插入工具栏内的图标、输入文本信息及嵌入 CPU 数据等。

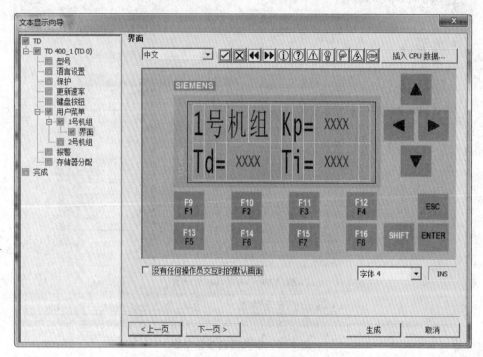

图 9-12　组态用户画面及数据嵌入

图 9-12 右下角的 "INS"（Insert）表示插入新的字符，点击计算机键盘上的〈Inset〉键，INS 将变为 OVE(Over)，则输入的新字符将覆盖原有的字符。

在绿色文本显示区中输入文本前，应先设置字体。单击字体下拉列表，可以设置绿色文本显示区的字体，它有五种显示方式：小小小小（可显示 4 行）、小小大（可显示 3 行）、小大小（可显示 3 行）、大小小（可显示 3 行）和大大（可显示 2 行）。在图 9-12 中，选择的是 "大大" 字体，显示屏是 2 行的显示格式。如果选择 "小小小小" 字体，显示屏是 4 行的显示格式；如果选择 "小小大""小大小" 和 "大小小" 字体，显示屏则是 3 行显示。

图 9-12 所示的 "××××" 表示插入的 CPU 动态数据。若需在画面中的光标所处位置插入 CPU 模块中的动态数据时，点击图 9-12 中 "插入 CPU 数据" 按钮，将弹出如图 9-13 所示对话框。在图 9-13 的对话框中，输入数据地址。输入的数据地址可以是字节（VB）、字（VW）或双字（VD）。数据格式可以选择为无符号或有符号。可以用变量的符号名来访问变量。若输入的数据为整数，选择了小数点后的位数后，该整数以指定的小数点位数显示为小数。

如果想修改数据，在图 9-13 中，应选中 "允许用户编辑此数据" 复选框。在 TD 设备上修改完数据后，必须按 ENTER 键确认，修改的数值才被写入 CPU 中。

每个数据都有一个对应的数据编辑通知位，该位在用户对此数据进行编辑后，会自动置位为 1，且不会自动复位。用户根据该位的状态变化来编程实现一些动作，并且应编程将其复位，以便以后继续识别该位的状态变化。图 9-13 下面的文本框给出了自动生成

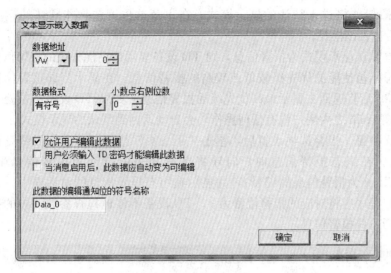

图 9-13　嵌入 CPU 数据

的数据编辑通知位的符号名"Data_0"，可以在 TD 设备的符号表中找到其绝对地址。

4. 组态报警信息

（1）报警选项设置。定义完各用户菜单和画面后，单击"下一页"按钮，将进入报警选项的设置，如图 9-14 所示。在此对话框中可以设置报警长度、默认显示模式及添加报警的画面。

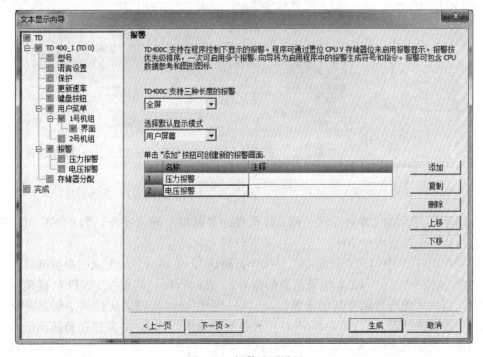

图 9-14　报警选项设置

上电后 TD 设备显示默认的显示模式和文本，操作员可以用 ESC 键返回主菜单，在主菜单按 ESC 键，将进入默认的显示模式。在主菜单也可选择非默认的显示模式，按 ENTER 键后进入该模式。

如果选择默认显示模式为报警信息，则 TD 设备显示最高优先级的报警信息，用▲键和▼键可以显示被使能的优先级较低或较高的报警信息。在显示当前报警信息时，如果没有按键，10s 后将返回去显示最高优先级的报警信息。如果 TD 设备不是处于默认的显示状态，且在 1min 之内用户没有任何操作，会自动返回到默认的显示模式。

（2）定义报警。报警选项设置后，单击"下一页"按钮，将进入报警设置界面，如图 9-15 所示。在组态报警信息时，向导将在符号表中自动为报警信息生成符号名"Alarm0_x"（x 为报警信息的编号），并显示在组态报警信息的对话框中。为了显示报警信息，用户程序应将对应的报警位置为 1。TD 设备不停地检查参数块中的报警位，以决定需要激活哪些报警信息。

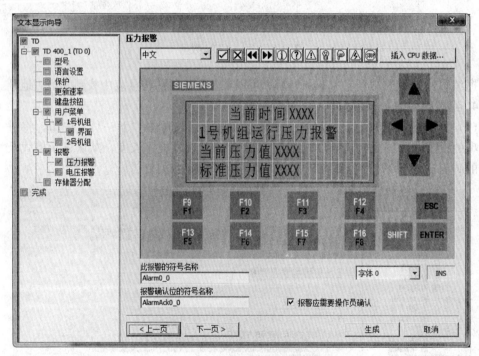

图 9-15　定义报警

在图 9-15 中间的文本显示区（即 TD 设备的显示屏）输入字符，TD 400C 可以在文本信息中插入工具栏内的图标。

如果在图 9-15 中勾选"报警应需要操作员确认"，将显示自动生成的报警确认位的符号名"Alarm0Ack_x"（x 为报警信息的编号）。在运行时，需要按 ENTER 键确认该报警信息，用户才能接着翻看其他报警信息。用户程序通过报警确认位来了解报警是否被确认。报警被确认后，TD 设备将 PLC 中该报警的确认位置 1，并复位报警使能位。

如果在图 9-15 中点击"插入 CPU 数据"按钮，将弹出与图 9-13 完全相同的对话框，在此对话框中可以输入报警信息地址。在符号表中可以看到报警符号名对应的报警使能位的地址。

5. 存储器分配

报警信息组态完后，单击"下一页"按钮，将进入如图 9-16 所示存储器分配对话框。在此对话框中，可以分配 S7-200 SMART CPU 的 V 存储区地址中的参数块的起始地址。默认情况下，起始地址为 VB0，但用户可以自己输入一个程序中未用的 V 存储区，也可以点击"建议地址"按钮，由向导自动分配一个程序中未用的 V 存储区地址。如果为不同的 TD 设备设置不同的参数块地址，可以将多个 TD 设备连接到同一 CPU 上，它们可以同时显示不同的内容。在用户程序中绝对不能占用这个地址区，否则会引起参数块错误、显示乱码和数据错误。

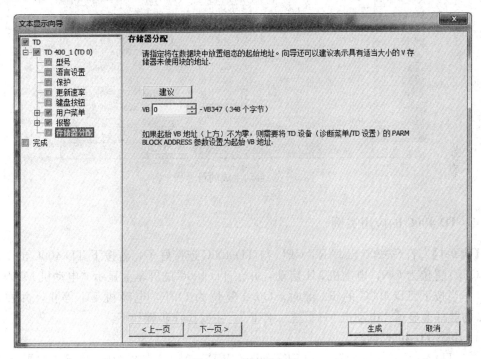

图 9-16　存储器分配

6. 完成配置

设置好 V 存储区地址后，点击"完成"按钮，全部配置过程结束，自动退出向导。

在 S7-200 SMART 编程软件 STEP7-Micro/WIN SMART 项目树的"\ 指令 \ 调用子程序"文件夹内，可以看到刚刚生成的子程序"TD ＿ CTRL ＿ 0"和"TD ＿ ALM ＿ 0"的图标。子程序名中的"0"表示 TD 设置的参数块的起始地址为 VB0。

在 S7-200 SMART 编程软件 STEP7-Micro/WIN SMART 项目树的"\ 数据块 \ 向导"文件夹内，可以看到刚刚生成的 V 存储区内的数据块（参数块）"TD ＿ DATA ＿ 0"的图标。该图标上有一把锁，表示参数块受到保护，用户只能查看，不能改写。参数块内存储了画面和报警信息的 ASCII 文本、输入的变量和格式信息。操作人员用 TD 设备上的按钮选择画面时，TD 设备读取和显示存储在 CPU 内的参数块中相应的画面信息或报警信息。

在 S7-200 SMART 编程软件 STEP7-Micro/WIN SMART 项目树的"\ 符号表 \ 向

导”文件夹内，可以看到刚刚生成的符号表“TD _ SYM _ 0”图标，双击该图标，将弹出如图 9-17 所示符号表。在此符号表中，详细显示了 TD 设备向导的设置内容。

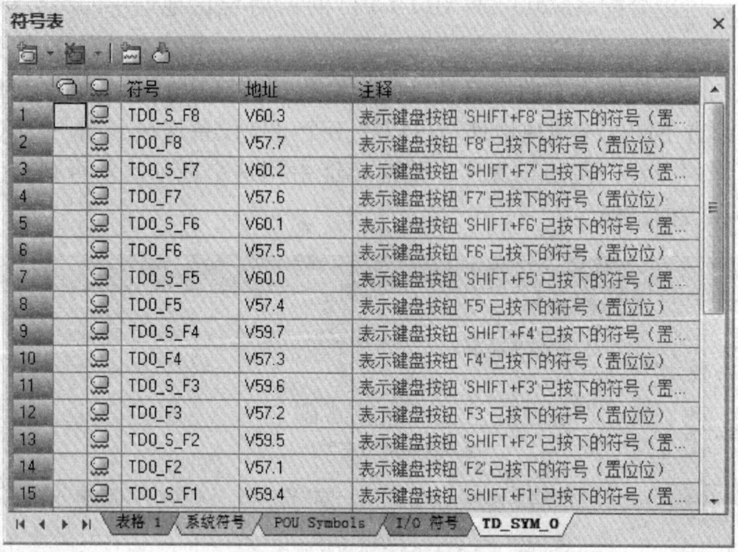
符号表
符号
地址
注释
1 TD0_S_F8 V60.3 表示键盘按钮 'SHIFT+F8' 已按下的符号（置...
2 TD0_F8 V57.7 表示键盘按钮 'F8' 已按下的符号（置位位）
3 TD0_S_F7 V60.2 表示键盘按钮 'SHIFT+F7' 已按下的符号（置...
4 TD0_F7 V57.6 表示键盘按钮 'F7' 已按下的符号（置位位）
5 TD0_S_F6 V60.1 表示键盘按钮 'SHIFT+F6' 已按下的符号（置...
6 TD0_F6 V57.5 表示键盘按钮 'F6' 已按下的符号（置位位）
7 TD0_S_F5 V60.0 表示键盘按钮 'SHIFT+F5' 已按下的符号（置...
8 TD0_F5 V57.4 表示键盘按钮 'F5' 已按下的符号（置位位）
9 TD0_S_F4 V59.7 表示键盘按钮 'SHIFT+F4' 已按下的符号（置...
10 TD0_F4 V57.3 表示键盘按钮 'F4' 已按下的符号（置位位）
11 TD0_S_F3 V59.6 表示键盘按钮 'SHIFT+F3' 已按下的符号（置...
12 TD0_F3 V57.2 表示键盘按钮 'F3' 已按下的符号（置位位）
13 TD0_S_F2 V59.5 表示键盘按钮 'SHIFT+F2' 已按下的符号（置...
14 TD0_F2 V57.1 表示键盘按钮 'F2' 已按下的符号（置位位）
15 TD0_S_F1 V59.4 表示键盘按钮 'SHIFT+F1' 已按下的符号（置...
表格 1
系统符号
POU Symbols
I/O 符号
TD_SYM_0

图 9-17　自动生成的符号表

9.1.4　TD 400C 的应用实例

【例 9-1】 若 S7-200 SMART CPU 与 TD 400C 连接好了，若按下 TD 400C 的 F1 键时，Q0.0 置位为 ON，电动机 M1 启动，并在 TD 400C 的屏幕上显示“电动机 M1 状态：运行”；当按下 TD 400C 的 F2 键时，Q0.0 复位为 OFF，电动机 M1 停止，并在 TD 400C 的屏幕上显示“电动机 M1 状态：停止”。主要操作步骤如下：

1. 组态 TD 400C 向导

(1) TD 400C 的基本配置。STEP7-Micro/WIN SMART 软件中，在【工具】→【向导】组中选择“文本显示”，以向导方式选择组态 TD 0，采用默认名称，使用 TD 400C 版本 2.0，语言和字符集采用默认设置，密码和访问方式也采用默认状态，更新速率为尽快。

(2) 定义按钮功能。在定义按钮功能对话框中，将 F1 和 F2 按键分别设置为“瞬时触点”，如图 9-18 所示。

(3) 定义用户菜单和画面。在用户菜单对话框中，设置用户菜单名称为 1，组态用户屏幕画面，如图 9-19 所示。将图中的“xxxx”组态数据地址为“VB20”，数据格式为“字符串”。

(4) 存储器分配。在分配存储器对话框中，单击“建议”按钮对存储器进行分配。完成存储器分配后，可以在项目树的“\ 符号表 \ 向导”文件夹内查看符号表“TD _ SYM _ 0”，在该表中显示了 TD0 _ F1 和 TD0 _ F2 的地址分别为 V215.0 和 V215.1。

2. 编写程序

在 STEP7-Micro/WIN SMART 中按表 9-2 所示编写相应的 PLC 程序。

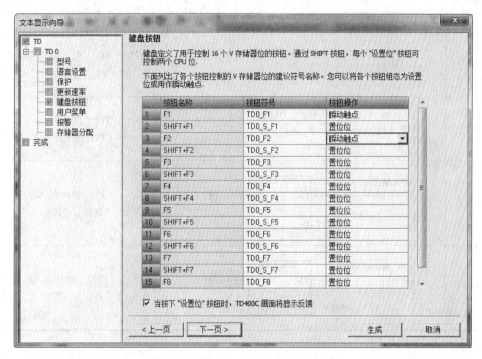

图 9-18　定义 F1 和 F2 的按键功能

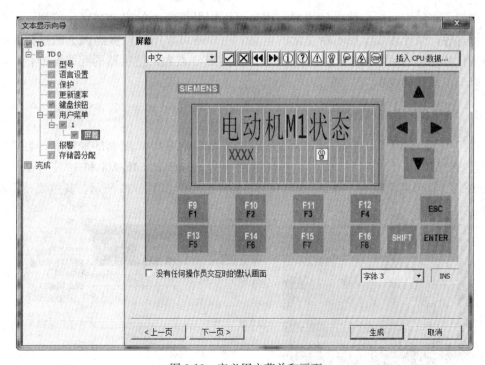

图 9-19　定义用户菜单和画面

表 9-2　　　　　　　　　　　　　　　电动机状态指示的 PLC 程序

程序段	LAD	STL
程序段 1	TD0_F1: V215.0　CPU_输出0: Q0.0 ⊢ ⊢—(S)　1	LD　　TD0_F1: V215.0 S　　CPU_输出0: Q0.0, 1
程序段 2	TD0_F2: V215.1　CPU_输出0: Q0.0 ⊢ ⊢—(R)　1	LD　　TD0_F2: V215.1 R　　CPU_输出0: Q0.0, 1
程序段 3	CPU_输出0: Q0.0　STR_CPY ⊢ ⊢—EN　ENO— "运行"—IN　OUT—VB20	LD　　CPU_输出0: Q0.0 SCPY　"运行", VB20
程序段 4	CPU_输出0: Q0.0　STR_CPY ⊢ / ⊢—EN　ENO— "停止"—IN　OUT—VB20	LDN　CPU_输出0: Q0.0 SCPY　"停止", VB20

9.2　SMART LINE 触摸屏

西门子将触摸面板俗称为触摸屏，用户可以用触摸屏上的组合文字、按钮、图形的数字信息等，来处理或监控不断变化的信息。用户还可以用触摸屏画面上的按钮和指示灯等来代替相应的硬件元件，以减少 PLC 需要的 I/O 点数，使机器的配线标准化、简单化，降低了系统的成本。

9.2.1　SMART LINE 简介

西门子 SMART LINE 是一款专门为 S7-200 SMART PLC 配套的触摸屏，当前使用较多是 SMART LINE IE V3 版本，它包括 7 寸的 Smart 700 IE V3 和 10.1 寸的 Smart 1000 IE V3 宽屏两个系列。Smart 700 IE V3 的外形结构如图 9-20 所示，其主要技术参数见表 9-3。

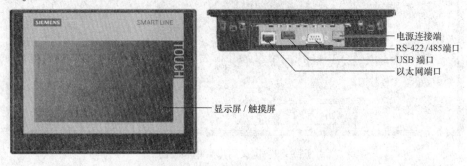

电源连接端
RS-422/485端口
USB 端口
以太网端口

显示屏/触摸屏

图 9-20　Smart 700 IE V3 的外形结构

表 9-3 SMART LINE 的主要技术参数

	Smart 700 IE V3	Smart 1000 IE V3
类型	模拟电阻式触摸屏（LCD TFT）	模拟电阻式触摸屏（LCD TFT）
有效显示区域	154.1mm×85.9mm（7 寸）	222.7mm×125.3mm（10.1 寸）
分辨率	800×480 像素	1024×600 像素
可用颜色	16 位（65536 色）	16 位（65536 色）
数据存储器	128MB	256MB
RS-422/485 接口	1 个（最高速率为 187.5kb/s）	1 个（最高速率为 187.5kb/s）
工业以太网接口	1 个（10/100Mb/s，支持自动跨接）	1 个（10/100Mb/s，支持自动跨接）
USB 接口	1 个（额定电流 500mA）	1 个（额定电流 500mA）
电流消耗（典型值）	200mA	230mA
额定电压	DC 24V（允许范围 19.2~28.8V）	DC 24V（允许范围 19.2~28.8V）

9.2.2　S7-200 SMART PLC 与 SMART LINE 触摸屏的以太网通信应用

【例 9-2】　在此以 Smart 700 IE V3、S7-200 SMART 系列 PLC 为例，讲述 SMART LINE 触摸屏在 PLC 的电动机正反转控制中的应用。其基本思路为：通过计算机在 WinCC flexible SMART V3 中制作触摸屏界面，由 PPI 电缆或双绞线将其写入 SMART LINE 触摸屏中，使 SMART LINE 触摸屏能够发出控制命令并显示运行状态；在 STEP 7-Micro/WIN SMART 中编写 PLC 控制程序，并将程序下载到 PLC 中，利用 PLC 控制功能对电动机进行控制，使用双绞线将触摸屏与 PLC 连接起来，以构成触摸屏和 PLC 的以太网通信系统，其系统构成如图 9-21 所示。

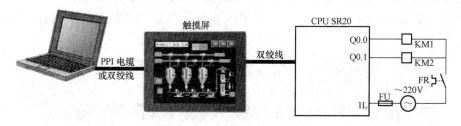

图 9-21　触摸屏与 PLC 的系统构成

该控制系统要注意 HMI 触摸屏变量的属性以及与 PLC 软元件的对应关系，在此约定触摸屏与 PLC 软元件的地址分配见表 9-4。

表 9-4 触摸屏与 PLC 软元件的地址分配

地址	功能	地址	功能
M0.0	正转启动（PLC、HMI）	Q0.0	正转运行（PLC、HMI）
M0.1	反转启动（PLC、HMI）	Q0.1	反转运行（PLC、HMI）
M0.2	停止运行（PLC、HMI）	Q0.2	停止状态（PLC、HMI）

该控制系统主要包括 3 大内容：触摸屏界面制作、PLC 程序设计以及 HMI 触摸屏与 PLC 的联机运行。

1. 触摸屏界面制作

WinCC flexible SMART V3 是专为 SMART LINE 配套的触摸屏软件，触摸屏界面的制作需要在此软件中完成。

本系统触摸屏界面可设计如图 9-22 所示，其制作的内容主要包括边框、文本对象、触摸按钮对象、指示灯对象等，下面详细叙述其制作方法。

图 9-22　触摸屏界面

（1）新建项目。在计算机中安装完 WinCC flexible SMART V3 软件后，双击桌面上的 ██ 图标，启动 WinCC flexible SMART 项目向导，单击"创建一个空项目"，如图 9-23 所示。

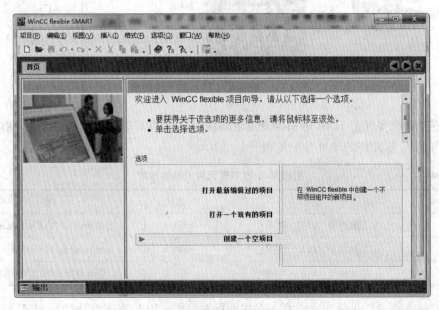

图 9-23　创建一个空项目

（2）选择触摸屏型号。根据实际情况，可以选择合适的触摸屏型号，在此选择"Smart 700 IE V3"，如图 9-24 所示。确定触摸屏型号后，单击"确定"按钮，出现 WinCC flexible SMART V3 软件界面，如图 9-25 所示。

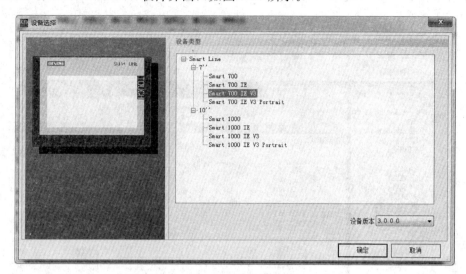

图 9-24　选项触摸屏设备

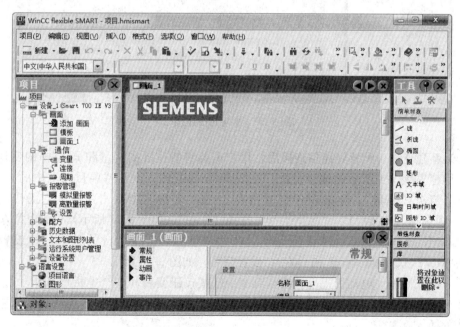

图 9-25　WinCC flexible SMART V3 软件界面

（3）建立通信连接。建立通信连接即建立触摸屏与 PLC 的连接。在图 9-25 的左侧，点开"项目树"中的"通信"文件夹，双击"连接"，会出现"连接列表"。在"名称"中双击，会出现"连接 1"，"通信驱动程序"项选择"SIMATIC S7-200 Smart"，"在线"项选择"开"。在下侧的"参数"中，Smart 700 IE V3 的接口类型选择"以太网"，网络连接类型选择"IP",分别设置 Smart 700 IE V3 和 Station(即 SIMATIC S7-200 Smart)的 IP 地址,如图 9-26 所示。注意 Smart 700 IE V3 和 Station 的 IP 地址不能完全相同,图 9-26 中设置为 C 类 IP 地址,因此它们 IP 地址的前 3 个字节相同,只是最后一位不同。

图 9-26 建立通信连接

(4) 新建变量。配置好通信连接后,用户需要将触摸屏的变量和 PLC 中的变量建立联系,即建立表 9-4 所示的地址分配。在图 9-25 的左侧,点开"项目树"中的"通信"文件夹,双击"变量",会出现"变量列表"。在"名称"中双击,输入"正转启动","连接"项选择"连接_1","数据类型"选择"Bool"(如图 9-27 所示),"地址"项设置为"M0.0",这样变量 M0.0 设置完毕。在"变量列表"中依此方法,继续设置变量 M0.1、M0.2、Q0.0、Q0.1 和 Q0.2,设置完后,如图 9-28 所示。

(5) 制作画面。电动机正反转控制有 3 个触摸按钮变量和 3 个电机运行指示灯变量,这些个变量的操作需要在画面中通过插入对象来实现。除此之外,界面还包括边框、文本对象的插入。

(1) 画面重命名。制作画面需要在工作区中完成,点开"项目树"中的"画面"文件夹,双击"画面_1",会进入"画面 1"界面。在属性视图"常规"选项卡中,将"名称"设置为"电机正反转控制"(如图 9-29 所示),这样将"画面_1"命名为"电动机正反控制","背景颜色"等都可以根据需要进行修改。

(2) 插入边框。单击图 9-29 右侧工具箱中的"简单对象"组,将 ▢ **矩形**图标拖

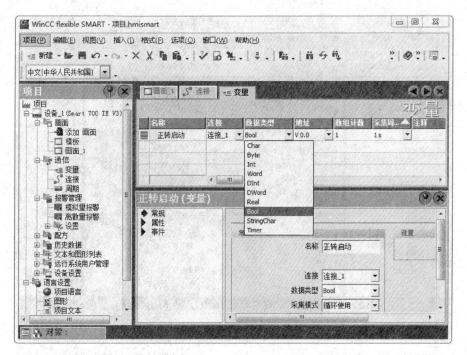

图 9-27　设置 M0.0 变量

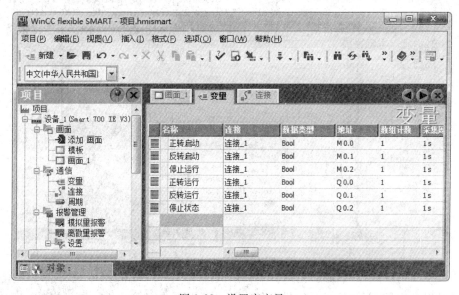

图 9-28　设置完变量

到"电动机正反转"画面中，该矩形将整个画面覆盖，然后在"矩形"属性设置的"外观"窗口中设置矩形框的边框颜色和填充颜色，并设置矩形框的边框宽度为"3"，如图 9-30 所示。

（3）插入文本对象。单击图 9-29 右侧工具箱中的"简单对象"组，将 **A 文本域** 图标拖到"电动机正反转"画面中，并在"文本域"属性设置的"常规"窗口中输入"HMI

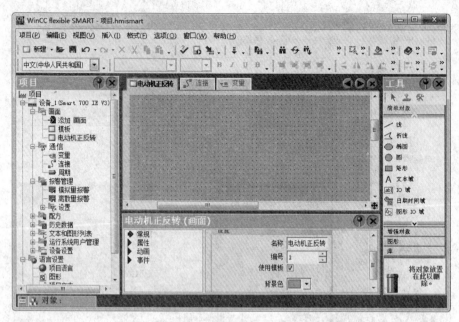

图 9-29　设置画面名称

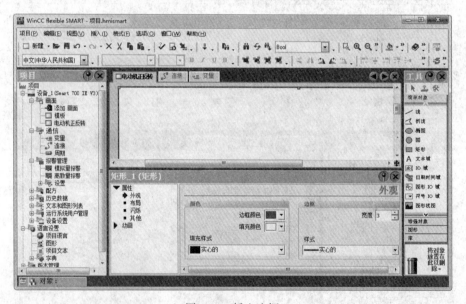

图 9-30　插入边框

与 PLC 的以太网通信"，通过"属性"的设置，可以更改字体颜色、放置位置、字体大小等操作，如图 9-31 所示。依此方法，再将"电动机正反转控制"文本对象插入到"HMI 与 PLC 的以太网通信"对象的下方。

（4）插入触摸按钮对象。单击图 9-31 右侧工具箱中的"简单对象"组，将 按钮 图标拖放到"电动机正反转"画面中，并在"按钮"属性设置的"常规"窗口中，选择"文本"按钮模式，"OFF"状态文本中输入"正转启动"；通过"属性"的设置，可以更改字体颜色、放置位置、字体大小等操作，以完成按钮的常规和外观设置，

图 9-31　插入文本对象

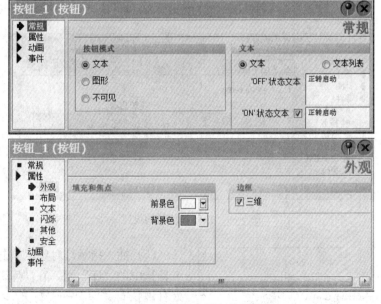

图 9-32　按钮的常规和外观设置

如图 9-32 所示。按钮按下时，其设置方法是：在"事件"中选择"按下"，"函数"选择"setbit"，"变量"的名称选择"正转启动"（即变量 M0.0），如图 9-33 所示。按钮释放时，其设置方法是：在"事件"中选择"释放"，"函数"选择"resetbit"，"变量"的名称选择"正转启动"，如图 9-34 所示。

反转启动触摸按钮、停止运行触摸按钮与正转启动按钮的设置基本相同，只不过他们名称分别为"反转启动"和"停止运行"，对应的变量为 M0.1 和 M0.2。

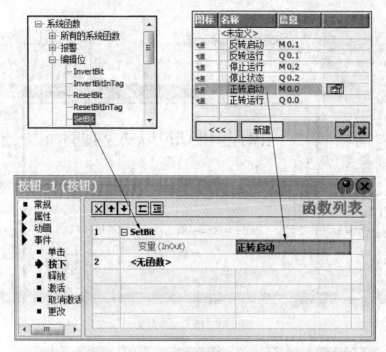

图 9-33 按钮按下时的设置

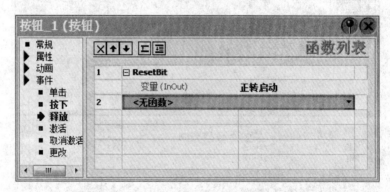

图 9-34 按钮释放时的设置

图 9-35 打开路径

（5）插入指示灯对象。单击图 9-31 右侧工具箱中的"库"组，在"库"组窗口空白处右键执行"库"→"打开"，打开路径为"C：\Program Files(x86)\Siemens\SIMATIC WinCC flexible\WinCC flexible SMART Support\Libraries\System-Libraries"（如图 9-35 所示），双击"Button _ and _ switches. wlf"库文件（如图 9-36 所示），在库文件夹下，会出现"Button _ and _ switches"，选中⭕图标，拖到"电动机正反转"画

面中，并在"PilotLight"属性中，将连接变量的名称选择"正转运行"（即变量 Q0.0），如图 9-37 所示。在"动画"的"外观"中将类型选择"位"，然后分别对"0"值和"1"值的前景色和背景色进行设置，如图 9-38 所示。依此方法再分别插入"反转运行"和"停止"启示灯对象。

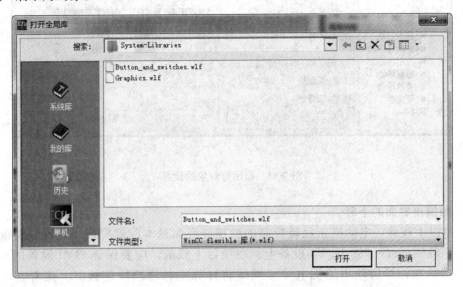

图 9-36 加载库文件

图 9-37 插入指示灯对象

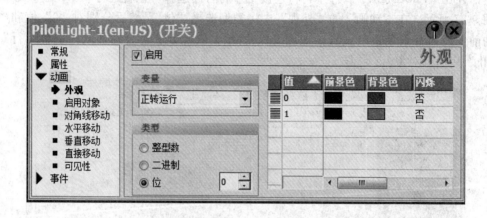

图 9-38　指示灯对象的设置

2. 触摸屏界面的下载

通过以上步骤，电动机正反转控制的触摸屏界面基本配置完成了，现要将配置好的项目下载到 Smart 700 IE V3 设备上。在项目下载前，应要保证 HMI 设备的通信口处于激活状态，然后使用编程电缆或网线将计算机与触摸屏连接好。接着在 WinCC flexible SMART 软件的菜单栏执行命令"项目"→"传送"→"传输"，将弹出如图 9-39 所示对话框，在此对话框中设置 IP 地址，然后单击"传送"即可将项目下载到 HMI 触摸屏中。

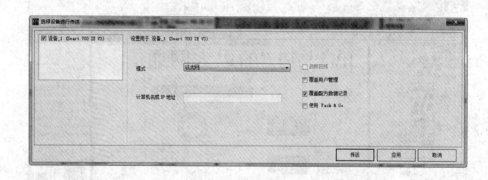

图 9-39　传输设置

3. PLC 程序设计

（1）硬件组态。STEP 7-Micro/WIN SMART，可按图 9-40 所示对 CPU 模块进行硬件组态。

（2）编写程序。在 STEP 7-Micro/WIN SMART 中编写电动机正反转程序见表 9-5。

4. HMI 与 PLC 的联机运行

在断电情况下，使用双绞线将 HMI 与 PLC 进行连接，然后再将 PLC 设备和 HMI 设备重新复电，即可实现两者的联机运行。

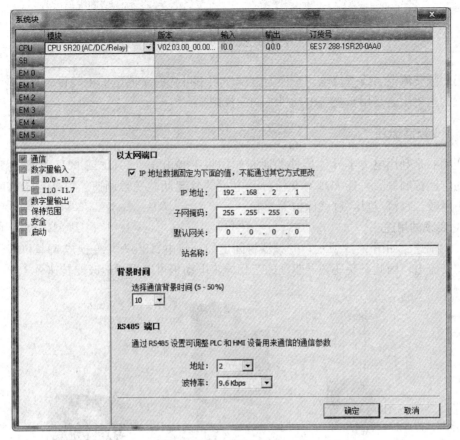

图 9-40　CPU 模块的硬件组态

表 9-5 电动机正反转程序

程序段	LAD		STL
程序段 1	电动机正转启动控制　M0.0　M0.1　M0.2　Q0.0　Q0.0		LD　M0.0 O　Q0.0 AN　M0.1 AN　M0.2 ＝　Q0.0
程序段 2	电动机反转启动控制　M0.1　M0.0　M0.2　Q0.1　Q0.1		LD　M0.1 O　Q0.1 AN　M0.0 AN　M0.2 ＝　Q0.1
程序段 3	电动机停止状态指示　M0.0　M0.1　M0.2　Q0.0　Q0.1　Q0.2		LDN　M0.0 AN　M0.1 AN　M0.2 AN　Q0.0 AN　Q0.1 ＝　Q0.2

9.3 变 频 器

把工频交流电（或直流电）变换为电压和频率可变的交流电的电气设备称为变频器。变频器的主要用途是用于交流电动机的调速控制。

9.3.1 变频器概述

变频器是利用电力半导体器件的通断作用将工频电源（50Hz 或 60Hz）变换为另一频率的电能控制装置，能实现对交流异步电机的软起动、变频调速、提高运转精度、改变功率因数、过流/过压/过载保护等功能。

1. 变频的用途

（1）调速。如图 9-41 所示，变频器将固定的交流电（50Hz）变换成频率和电压连续可调的交流电，因此，受变频器驱动的三相异步电动机可以平滑地改变转速。

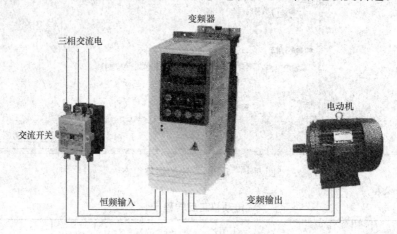

图 9-41　变频器连接电路

（2）节能。对风机、泵类负载，通过调节电动机的转速改变输出功率，不仅能做到流量平稳，减少启动和停机次数，而且节能效果显著，经济效益可观。

（3）提高自动化控制水平。变频器有较多的外部控制接口（数字开关信号或模拟信号接口）和通信接口，控制功能强，并且可以组网控制。

使用变频器的电动机大大降低了启动电流，启动和停机过程平稳，减少了对设备的冲击力，延长了电动机及生产设备的使用寿命。

2. 变频器的基本结构

为交流电动机变频调速提供变频电源的一般都是变频器。按主回路电路结构，变频器有交-交变频器和交-直-交变频器两种结构形式。

（1）交-交变频器。交-交变频器无中间直流环节，直接将工频交流电变换成频率、电压均可控制的交流电，又称直接式变频器。整个系统由两组整流器组成，一组为正组整流器，一组为反组整流器，控制系统按照负载电流的极性，交替控制两组反向并联的整流器，使之轮流处于整流和逆变状态，从而获得变频变流电压，交-交变频器的电压由整流器的控制角来决定。

交-交变频器由于其控制方式决定了最高输出频率只能达到电源频率的 1/3～1/2，不能高速运行。但由于没有中间直流环节，不需换流，提高了变频效率，并能实现四象限运行。

（2）交-直-交变频器。交-直-交变频器，先把工频交流电通过整流器变成直流电，然后再把直流电变换成频率、电压均可控制的交流电，它又称为间接式变频器。由于直流电逆变成交流电的环节较易控制，现在社会流行的低压通用变频器大多是这种形式，所以在此以交-直-交变频器为例讲述其结构形式。

交-直-交变频器的基本结构如图 9-42 所示，由主电路和控制电路组成。

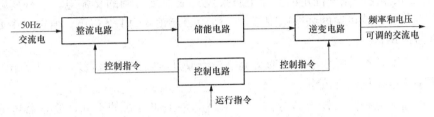

图 9-42　交-直-交变频器的基本结构

主电路是给异步电动机提供调压调频电源的电力变换部分，变频器的主电路包括整流电路、储能电路、逆变电路，如图 9-43 所示。

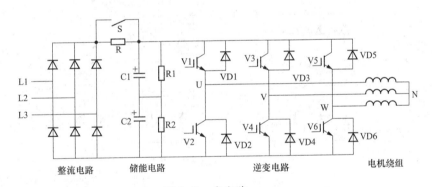

图 9-43　主电路

整流电路位于电网侧，是由二极管构成的三相（或单相）桥式整流电路，其作用是将三相（或单相）交流电整流成直流电。

逆变电路位于负载侧，是由 6 只绝缘栅双极晶体管（IGBT）V1～V6 和 6 只续流二极管 VD1～VD6 构成三相逆变桥式电路。晶体管工作在开关状态，按一定规律轮流导通，将直流电逆变成三相正弦脉宽调制波（SPWM），驱动电动机工作。

由于逆变器的负载属于感性负载，在中间直流环节和电动机之间总会有无功功率的交换。这种无功能量要靠中间直流环节的储能元件（电容器或电抗器）来缓冲。所以将这些中间直流环节电路称为储能电路。储能电路由电容 C1、C2 构成（R1 和 R2 为均压电阻），具体有储能和平稳直流电压的作用。为了防止刚接通电源时对电容器充电电流过大，串入限流电阻 R，当充电电压上升到正常值后，并联开关 S 闭合，将 R 短接。

控制电路由运算电路、检测电路、控制信号的输入、输出电路和驱动电路等构成。其主要任务是完成对逆变电路的开关控制、对整流电路的电压控制以及完成各种保护功能等。控制方法可以采用模拟控制或数字控制。高性能的变频器目前已经采用微型计算机进行全数字控制，采用尽可能简单的硬件电路，主要靠软件来完成各种功能。

3. 变频器的分类

（1）按主电路的结构分类。按主电路结构的不同，变频器可分为交-交变频器和交-直-交变频器两类。

交-交变频器是将频率固定的交流电直接变换成连续可调的交流电。这种变频器的变换效率高、但其连续可调的频率范围窄，一般为额定频率的 1/2 以下，所以它主要用于低速、大容量的场合。

交-直-交变频器是将频率固定的交流电整流成直流电，经过滤波，再将平滑的直流电逆变成频率连续可调的交流电。

（2）按主路电路的工作方式分类。按主路电路工作方式的不同，变频器可分为电压型和电流型两类。

对于交-直-交变频器，当中间直流环节主要采用大电容作为储能元件时，主回路直流电压波形比较平直，在理想情况下是一种内阻抗为零的恒压源，输出交流电压是矩形波或阶梯波，称为电压型变频器，如图 9-44 所示。

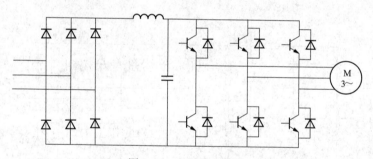

图 9-44　电压型变频器

当交-直-交变频器的中间直流环节采用大电感作为储能元件时，直流回路中电流波形比较平直，对负载来说基本上是一个恒流源，输出交流电流是矩形波或阶梯波，称为电流型变频器。

除以上两种分类方式外，变频器还可以按其他方式进行分类：按照开关方式的不同，可以分为 PAM（pulse amplitude modulation，脉冲幅值调制）控制变频器、PWM（pulse width modulation，脉冲宽度调制）控制变频器和高载频 PWM 控制变频器；按照工作原理分类，可以分为 V/f 控制变频器、转差频率控制变频器和矢量控制变频器等；在变频器修理中，按照用途分类，可以分为通用变频器、高性能专用变频器、高频变频器、单相变频器和三相变频器等。

4. 变频器的工作原理

（1）PWM 控制。PWM 控制方式即脉宽调制方式，是变频器的核心技术之一，也是目前应用较多的一种技术。它是通过一系列等幅不等宽的脉冲，来代替等效的波形。

一般异步电动机需要的是正弦交流电，而逆变电路输出的往往是脉冲。PWM 控制方式，就是对逆变电路开关器件的通断控制，使输出端得到一系列幅值相等而宽度不等的方波脉冲，用这些脉冲来代替正弦波或所需要的波形，即可改变逆变电路输出电压的大小。如图 9-45 所示，就是将正弦波的一个周期分成 N 等份，并把每一等份所包围的面积，用一个等幅的矩形脉冲来表示，且矩形波的中点与相应正弦波等份的中点重合，就得到正弦波等效的脉宽调制波，称为 SPWM 波。

从图 9-45 中可以看出，等份数 N 越多，就越接近正弦波。N 在变频器中称为载波频率，通常载波频率为 0.7～15kHz。正弦波的频率称为调制频率。

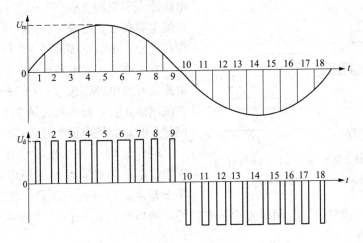

图 9-45　正弦脉宽调制波

（2）PWM 逆变原理。图 9-46 所示为单相逆变器的主电路。在正弦脉宽调制波的正半周，V1 保持导通，V2 保持截止。当 V4 受控导通时，负载电压 $U_o = U_d$，当 V4 受控截止时，负载感性电流经过 V1 和 VD3 续流。在正弦脉宽调制波的负半周，V2 保持导通，V1 保持截止。当 V3 受控导通时，负载电压 $U_o = -U_d$，当 V3 受控截止时，负载感性电流经过 V2 和 VD4 续流。

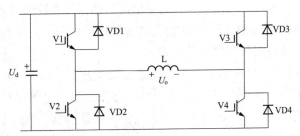

图 9-46　单相逆变器主电路

图 9-43 所示的逆变电路为三相逆变器的主电路，V1～V6 各管导通波形及输出三相线电压的波形如图 9-47 所示。在控制信号的作用下，一个周期内 V1～V6 晶体管的导通电角度均为 180°，同一相的上下两个晶体管交替导通。例如在 0°～180°电角度内，V1 导

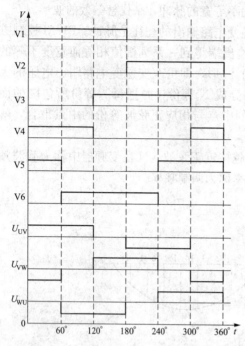

图 9-47 变频器逆变电路 V1~V6 管导通
及输出线电压波形图

通、V2 截止；在 180°~360°电角度内 V2 导通、V1 截止。各相开始导通的相位差为 120°，例如 V3 从 120°、V5 从 240°开始导通，据此可画出 V3 与 V4、V5 与 V6 的导通波形。可以看出，在任意时刻，均有 3 只晶体管导通。

下面以 U、V 之间的电压为例，分析三相逆变电路输出的线电压 U_{UV}。

在 0°~120°电角度内，V1 与 V4 导通，电流经直流电源正极 V1→U→负载→V→V4 直流电源负极，形成 U_{UV} 的正半周。当 V4 受控截止时，负载电流经过 V1 和 VD3 续流。

在 180°~300°电角度内，V3 与 V2 导通，电流经直流电源正极 V3→V→负载→U→V2 直流电源负极，形成 U_{UV} 的负半周。当 V3 受控截止时，负载电流经过 V2 和 VD4 续流。

综合分析三相输出线电压的波形可知，三相线电压为脉宽调制的矩形波，其最大值等于整流后的直流电压值；相位互差 120°的电角度；频率（或周期）与调制波的频率相等，所以通过调节控制信号频率即可改变输出交流电的频率。

9.3.2 MicroMaster440 变频器

MicroMaster440 变频器简称 MM440 变频器，是西门子公司一种适合于三相电动机速度控制和转矩控制的变频器系列，其应用较广。该变频器在恒定转矩（CT）控制方式下功率范围为 120~200kW，有多种型号可供用户选用。

MM440 变频器由微处理器控制，并采用具有现代先进技术的绝缘双极型晶体管（IGBT）作为功率输出器件。因此，它们具有很高的运行可靠性和功能的多样性。其脉冲宽度调制的开关频率是可选的，所以降低了电动机运行的噪声。同时，全面而完善的保护功能为变频器和电动机提供了良好的保护。

一方面，MM440 可工作在默认的工厂设置参数状态下，是为数量众多的简单的电动机变速驱动系统供电的理想变频驱动装置。另一方面，用户也可以根据实际需要设置相应的参数，充分利用 MM440 所具有的全面、完善的控制功能，为需要多种功能的复杂电动机控制系统服务。

1. 电源和电动机的接线端子

MM440 的接线端子如图 9-48 所示，从图中可以看出，选用不同的 MM440 外形尺寸，其接线端子也不相同。外形尺寸 A~F 的 MM440 与电源和电动机的接线方法如图 9-49 所示。

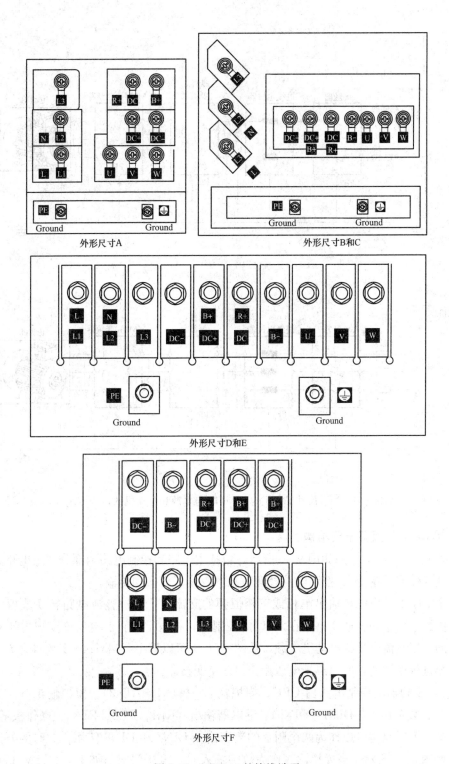

图 9-48　MM440 的接线端子

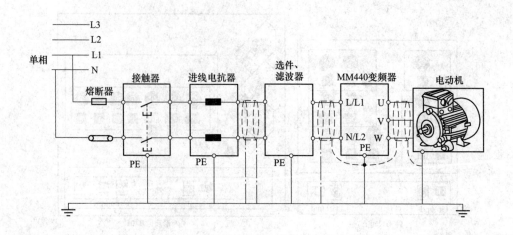

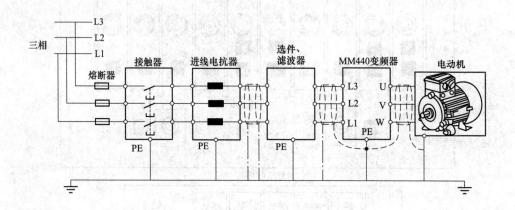

图 9-49　外形尺寸 A~F 的 MM440 与电源和电动机的接线方法

2. MM440 变频器电路结构

MM440 变频器的电路如图 9-50 所示，包括主电路和控制电路两部分。主电路完成电能的转换（整流、逆变）；控制电路处理信息的收集、变换和传输。

在主电路中，由电源输出单相或三相恒频的交流电，经过整流电路转换成恒定的直流电，供给逆变电路。逆变电路在 CPU 的控制下，将恒定的直流电压逆变成电压和频率均可调的三相交流电压给电动机负载。从图 9-50 中可以看出，MM440 变频器直流环节是通过电容进行滤波的，所以属于电压型交-直-交变频器。

M440 变频器的控制电路由 CPU、模拟输入（AIN1、AIN2）、模拟输出（AOUT1、AOUT2）、数字输入（DIN1~DIN6）、继电器输出（RL1、RL2、RL3）、操作板等组成。两个模拟输入回路也可以作为两个附加的数字输入 DIN7 和 DIN8 使用，此时的外部线路的连接如图 9-51 所示。当模拟输入作为数字输入时，电压门限值如下：1.75V（DC）＝ OFF、3.75V（DC）＝ON。

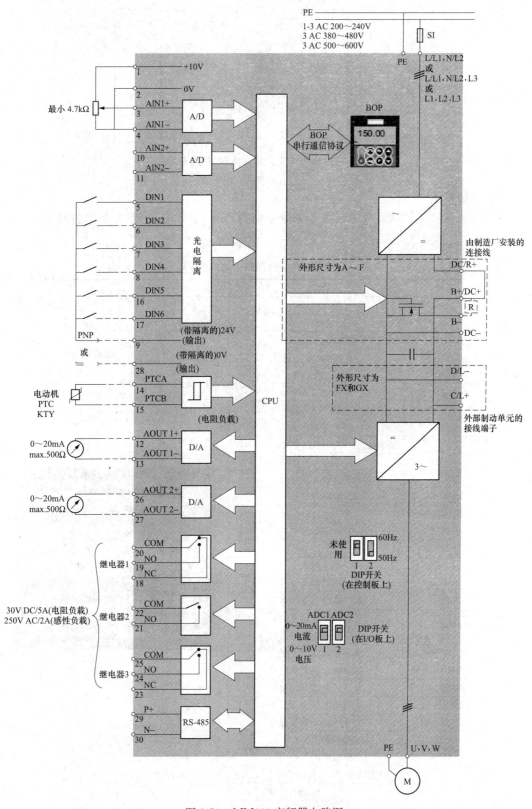

图 9-50　MM440 变频器电路图

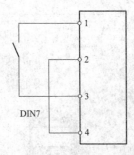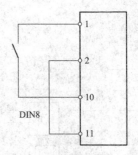

图 9-51　模拟输入作为数字输入时外部线路的连接

3. 控制端子

MM440 有 30 个控制端子，端子编号分别为 1～10，如图 9-50 所示。各端子的端子号、标识、功能见表 9-6。

表 9-6　　　　　　　　　　　　　　MM440 变频器端子功能表

端子	标识	功能	控制端子外形
1	—	输出＋10V	
2	—	输出 0V	
3	ADC1＋	模拟输入 1（＋）	
4	ADC1－	模拟输入 1（－）	
5	DIN1	数字输入 1	
6	DIN2	数字输入 2	
7	DIN3	数字输入 3	
8	DIN4	数字输入 4	
9	—	隔离输出＋24V/最大电流为 100mA	
10	ADC2＋	模拟输入 2（＋）	
11	ADC2－	模拟输入 2（－）	
12	DAC1＋	模拟输出 1（＋）	
13	DAC1－	模拟输出 1（－）	
14	PTCA	连接 PTC/KTY84	
15	PTCB	连接 PTC/KTY84	
16	DIN5	数字输入 5	
17	DIN6	数字输入 6	
18	DOUT1/NC	数字输出 1/常闭触点	
19	DOUT1/NO	数字输出 1/常开触点	
20	DOUT1/COM	数字输出 1/转换触点	
21	DOUT2/NO	数字输出 2/常开触点	
22	DOUT2/COM	数字输出 2/转换触点	
23	DOUT3/NC	数字输出 3/常闭触点	
24	DOUT3/NO	数字输出 3/常开触点	
25	DOUT3/COM	数字输出 3/转换触点	
26	DAC2＋	模拟输出 2（＋）	
27	DAC2－	模拟输出 2（－）	
28	—	隔离输出 0V/最大电流为 100mA	
29	P＋	RS-485 端口	
30	P－	RS-485 端口	

端子 1、2 是变频器为用户提供的 10V 直流稳压电源。当采用模拟电压信号输入方式输入给定频率时,为提高交流变频器调速系统的控制精度,必须配备一个高精度的直流稳压电源作为模拟电压信号输入的直流电源。

模拟输入 3、4 端和 10、11 端为用户提供了两对模拟电压给定输入端,作为频率给定信号,经变频器内的 A/D 转换器,将模拟量转换成数字量,并传输给 CPU 来控制系统。

数字输入 5~8 端和 16、17 端为用户提供了 6 个完全可编程的数字输入端,数字信号经光电隔离输入 CPU,对电动机进行正反转、正反向点动、固定频率设定值控制等。

端子 9 和 28 是 24V 直流电源端,端子 9(24V)在作为数字输入使用时也可用于驱动模拟输入,要求端子 2 和 28(0V)必须连接在一起。

输出 12、13 和 26、27 端为两对模拟输出端;输出 18~25 端为输出继电器的触头;输入 14、15 端为电动机过热保护输入端;输入 29、30 端为串行接口 RS-485(USS 协议)端。

4. MM440 变频器的调试

适用于 MM440 变频器的操作面板主要包含 SDP、BOP 和 AOP,如图 9-52 所示。MM440 变频器在标准供货方式时装有状态显示板(SDP),对于很多用户来说,利用 SDP 和制造厂的默认设置值,就可以使变频器成功地投入运行。如果工厂的默认设置值不适合用户的设备情况,用户可以利用基本操作板(BOP)或高级操作板(AOP)修改参数,使之匹配起来。BOP 和 AOP 是作为可选件供货的,用户也可以用 PC IBN 工具"Drive Monitor"或"STARTER"来调整工厂的设置值。

SDP 状态显示板

BOP 基本操作板

AOP 高级的操作板

图 9-52 适用于 MM440 变频器的操作面板

设置电动机频率的 DIP 开关位于 I/O 板的下面,共有两个开关,即 DIP2 开关和 DIP1 开关。其中 DIP2 开关置于 OFF 时,默认值为 50Hz,功率单位为 kW,适用于中国及欧洲地区;置于 ON 时,默认值为 60Hz,功率单位为 hp,适用于日本及北美地区。DIP1 开关不供用户使用。在调试前,需要首先设置 DIP2 开关的位置,选择正确的频率匹配。

(1)用状态显示屏(SDP)进行调试。SDP 上有两个 LED 指示灯,用于指示变频器的运行状态。采用 SDP 进行操作时,变频器的预设定必须与电动机的额定功率、额定电压、额定电流、额定频率等参数兼容。此外,还必须满足以下条件:

1)按照线性 V/f 控制特性,由模拟电位计控制电动机速度。

2）频率为 50Hz 时最大速度为 3000r/min（60Hz 时为 3600r/min），可通过变频器输入端用电位计控制。

3）斜坡上升时间/斜坡下降时间＝10s。

采用 SDP 进行调试时，变频器控制端子的默认设置见表 9-7。

表 9-7 用 SDP 调试时变频器的默认设置

	端子编号	参数的设置值	默认的操作
数字输入 1	5	P0701＝1	ON，正向运行
数字输入 2	6	P0702＝12	反向运行
数字输入 3	7	P0703＝9	故障确认
数字输入 4	8	P0704＝15	固定频率
数字输入 5	16	P0705＝15	固定频率
数字输入 6	17	P0706＝15	固定频率
数字输入 7	经由 AIN1	P0707＝0	不激活
数字输入 8	经由 AIN2	P0708＝0	不激活

使用变频器上装设的 SDP 进行调试的基础电路如下：

1）启动和停止电动机（数字输入 DIN1 由外接开关控制）；

2）电动机正向（数字输入 DIN2 由外接开关控制）；

3）故障复位（数字输入 DIN3 由外接开关控制）。

用 SDP 进行调试的基本操作如图 9-53 所示，按图连接模拟输入信号，即可实现对电动机速度的控制。

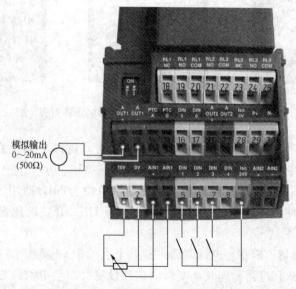

图 9-53 用 SDP 进行的基本操作

（2）用基本操作板（BOP）进行调试。利用基本操作面板（BOP）可以更改变频器的各个参数。为了用 BOP 设置参数，用户首先必须将 SDP 从变频器上拆卸下来，然后装上 BOP。

BOP 具有 5 位数字的七段显示，用于显示参数的序号和数值、报警和故障信息，以及该参数的设定值和实际值。BOP 不能存储参数的信息。

表 9-8 所示是用 BOP 操作时的工厂默认值。在默认值设置时，用 BOP 控制电动机的功能是被禁止的。如果要用 BOP 进行控制，参数 P0700 应设置为 1，参数 P1000 也应设置为 1。变频器加上电源时，也可以将 BOP 装到变频器上，或从变频器上将 BOP 拆卸下来。如果 BOP 已经设置为 I/O 控制（P0700＝1），在拆卸 BOP 时，变频器驱动装置将自动停车。

表 9-8　　　　　　　　　　　　　用 BOP 操作时的工厂默认值

参数	说明	默认值，欧洲（或北美）地区
P0100	运行方式，欧洲/北美	50Hz，kW（60Hz，hp）
P0307	电动机的额定功率	量纲〔kW（hp）〕取决于 P0100 的设定值（数值决定于变量）
P0310	电动机的额定频率	50Hz（60Hz）
P0311	电动机的额定速度	1395（1680）r/min（决定于变量）
P1082	最大电动机频率	50Hz（60Hz）

基本面板 BOP 上的按钮及其功能说明见表 9-9。

表 9-9　　　　　　　　　　　　基本面板 BOP 上的按钮及其功能

显示/按钮	功能	功能的说明
r 0000	状态显示	LCD 显示变频器当前的设定值
I	起动电动机	按此键起动变频器。默认值运行时此键是被封锁的。为了使此键的操作有效，应设定 P0700＝1
O	停止电动机	OFF1：按此键，变频器将按选定的斜坡下降速率减速停车。默认值运行时此键被封锁，为了允许此键操作，应设定 P0700＝1； OFF2：按此键两次（或一次，但时间较长），电动机将在惯性作用下自由停车。 此功能总是"使能"的
↺	改变电动机的转动方向	按此键可以改变电动机的转动方向，电动机的反向用负号（—）表示或用闪烁的小数点表示。默认值运行时此键是被封锁的，为了使此键的操作有效，应设定 P0700＝1
jog	电动机点动	在变频器无输出的情况下按此键，将使电动机机起动，并按预设的点动频率运行。释放此键时，变频器停车。如果变频器/电动机正在运行，按此键将不起作用

续表

显示/按钮	功能	功能的说明
(Fn)	功能	此键用于游览辅助信息。 变频器运行过程中，在显示任何一个参数时按下此键并保持不动 2s，将显示以下参数的数值： ①直流回路电压（用 d 表示，单位为 V）； ②输出电流（A）； ③输出频率（Hz）； ④输出电压（用 o 表示，单位为 V）； ⑤由 P0005 选定的数值［如果 P0005 选择显示上述参数中的任何一个（③～⑤），这里将不再显示］。 连续多次按此键，将轮流显示以上参数。 跳转功能：在显示任何一个参数（rxxxx 或 Pxxxx）时短时间按下此键，将立即跳转到 r0000，如果需要的话，用户可以接着修改其他的参数。跳转到 r0000 后，按此键将返回原来的显示点。 故障确认：在出现故障或报警的情况下，按此键可以对故障或报警进行确认
(P)	访问参数	按此键即可访问参数
(▲)	增加数值	按此键即可增加面板上显示的参数数值
(▼)	减少数值	按此键即可减少面板上显示的参数数值

用 BOP 可以更改参数的数值，下面以更改参数 P0004 为例介绍数值的更改步骤，见表 9-10；并以 P0719 为例说明如何修改下标参数的数值，见表 9-11。按照表 9-10 和表 9-11 中说明的类似方法，可以用 BOP 更改任何一个参数。

表 9-10　　　　　　　　　　　设置更改参数的操作步骤

操作步骤	显示结果
1. 按 (P) 访问参数	r0000
2. 按 (▲) 直到显示出 P0004	P0004
3. 按 (P) 进入到参数数值的访问级	0
4. 按 (▲) 或 (▼) 达到所需的数值	1
5. 按 (P) 确认并存储参数的数值	P0004
6. 使用者只能看到电动机的参数	

表 9-11　　　　　　　　　　　　　　　**修改下标参数 P0719 步骤**

操作步骤	显示结果
1. 按 ⬛P 访问参数	r0000
2. 按 ⬛▲ 直到显示出 P0719	P0719
3. 按 ⬛P 进入参数数值访问级	in000
4. 按 ⬛P 显示当前的设定值	0
5. 按 ⬛▲ 或 ⬛▼ 选择运行所需要的数值	12
6. 按 ⬛P 确认并存储这一数值	P0719
7. 按 ⬛▼ 直到显示出 r0000	r0000
8. 按 ⬛P 返回标准的变频器显示（由用户定义）	

　　用 BOP 修改参数的数值时，BOP 有时会显示"busy"，表示变频器正忙于处理优先级更高的任务。

　　(3) 用高级操作板（AOP）调试变频器。高级操作面板 AOP 也是可选件，除了像 BOP 一样的方法进行参数设置与修改外，AOP 还具有以下特点：

　　1) 清晰的多种语言文本显示；

　　2) 多组参数组的上装和下载功能；

　　3) 可以通过 PC 编程；

　　4) 具有连接多个站点的能力，最多可连接 30 台变频器。

　　(4) BOP/AOP 的快速调试功能。如果变频器还没有进行适当的参数设置，那么，在采用闭环矢量控制和 V/f 控制的情况下必须进行快速调试，同时执行电动机技术数据的自动检测子程序。快速调试可采用 BOP 或 AOP，也可以采用带调试软件 STARTER 或 DriveMonitor 的 PC 工具。

　　采用 BOP 或 AOP 进行快速调试中，P0010 的参数过滤调试功能和 P0003 的选择用户访问级别的功能十分重要。P0010=1 表示启动快速调试。MM440 变频器的参数有 3 个用户访问级，即标准访问级（基本的应用）、扩展访问级（标准应用）和专家访问级（复杂的应用）。访问的等级由参数 P0003 来选择。对于大多数应用对象，只要访问标准级（P0003=1）和扩展级（P0003=2）参数就足够了。

　　快速调试的进行与参数 P3900 的设定有关，当它被设定为 1 时，快速调试结束后要完成必要的电动机计算，并使其他所有的参数（P0010=1 不包括在内）复位为工厂的默认设置值。当 P3900＝1，并完成快速调试后，变频器即已作好了运行准备。

快速调试（QC）的步骤如下：

步骤 1：设置用户访问级别 P0003。对于大多数应用对象，可采用默认设定值（标准级）就可以了。P0003 的设定为 1，表示选择标准级；P0003 的设定为 2，表示选择扩展级；P0003 的设定为 3，表示选择专家级。

步骤 2：设置参数过滤器 P0004。该参数的作用是按功能的要求筛选（过滤）出与该功能相关的参数，这样可以更方便地进行调试。P0004 设定为 0，表示选择全部参数（默认设置）；P0004 设定为 1，表示选择变频器参数；P0004 设定为 2，表示选择电动机参数；P0003 设定为 1，表示选择速度传感器。

步骤 3：设置调试参数过滤器 P0010，开始快速调试。P0010 设定为 0，表示准备运行；P0010 设定为 1，表示快速调试；P0010 设定为 30，表示选择工厂的默认设定值。在变频器投入运行之前，应将本参数复位为 0。在 P0010 设定为 1 时变频器的调试可以较快速和方便地完成。此时，只有一些重要的参数（如 P0304、P0305 等）是可以看得见的。这些参数的数值必须一个一个地输入变频器。当 P3900 设定为 1～3 时，快速调试结束后立即开始变频器参数的内部计算。然后，自动把参数 P0010 复位为 0。当进行电动机铭牌数据的参数化设置时，参数 P0010 应设定为 1。

步骤 4：设置参数 P0100，选择工作区域。P0100 设定为 0 时，工作区域是欧洲地区，功率单位为 kW，频率默认为 50Hz；P0100 设定为 1 时，工作区域是北美地区，功率单位为 hp，频率默认为 60Hz；P0100 设定为 2 时，工作区域是北美地区，功率单位为 kW，频率默认为 60Hz。本参数用于确定功率设定值的单位为 kW 还是 hp，在我国使用 MM440 变频器，P0100 应设定为 0。P0100 的设定值 0 和 1 应该用 DIP 开关更改，使其设定的值固定不变。在 P0100 为 0 或 1 的情况下，DIP2 开关确定 P0100 的值，DIP2 为 OFF，选择功率单位为 kW，频率为 50Hz；DIP2 为 ON，选择功率单位为 hp，频率为 60Hz。

步骤 5：设置参数 P0205，确定变频器的应用对象（转矩特性）。P0205 设定为 0，选择恒转矩（例如压缩机生产过程恒转矩机械）；P0205 设定为 1，选择变转矩（例如水泵、风机）。参数 P0205 只对大于或等于 5.5kW/400V 的变频器有效，其用户访问级为专家级（P0003＝3）。此外，对于恒转矩的应用对象，如果将 P0205 的参数设定为 1 时，可能导致电动机过热。

步骤 6：设置参数 P0300，选择电动机的类型。P0300 设定为 1 时，选择异步电动机（感应电动机）；P0300 设定为 2 时，选择同步电动机。设定 P0300＝2（同步电动机）时，只允许 V/f 控制方式（P1300＜20）。

步骤 7：设置参数 P0304，确定电动机的额定电压。根据电动机的铭牌数据键入 P0304＝电动机的额定电压（V）。注意，按照丫-△绕组接法核对电动机铭牌上的电动机额定电压确保电压的数值与电动机端子板上实际配置的电路接线方式相对应。

步骤 8：设置参数 P0305，确定电动机的额定电流。电动机额定电流 P0305 设定值范围通常为 0～2 倍变频器额定电流，根据电动机的铭牌数据键入，P0305＝电动机的额定电流（A）。对于异步电动机，电动机电流的最大值定义为变频器的最大电流继电；对于同步电动机，电动机的最大值定义为变频器的最大电流的 2 倍。

步骤 9：设置参数 P0307，确定电动机的额定功率。电动机额定功率 P0307 的设定值范围通常为 0～2000kW，应根据电动机的铭牌数据来设定。键入 P0307＝电动机的额定功率。如果 P0100＝0 或 2，那么应键入 kW 数；如果 P0100＝1 应键入 hp 数。

步骤 10：设置参数 P0308，输入电动机的额定功率因数。电动机额定功率因数 P0308 的设定值范围通常为 0.000～1.000，应根据所选电动机的铭牌上的额定功率因数来决定。键入 P0308＝电动机额定功率因数。如果设置为 0，变频器将自动计算功率因数的数值。注意，本参数只有在 P0100＝0 或 2 的情况下（电动机的功率单位为 kW 时），才能看到。

步骤 11：设置参数 P0309，确定电动机的额定效率。该参数设定值的范围为 0.00～99.9%，根据电动机铭牌键入。如果设置为 0，变频器将自动计算电动机效率的数值。只有在 P0100＝1 的情况下（电动机的功率单位为 hp 时），才能看到。

步骤 12：设置参数 P0310，确定电动机的额定频率。该参数设定值的范围为 12～650Hz，根据电动机的铭牌数据键入。电动机的极对数是变频器自动计算的。

步骤 13：设置参数 P0311，确定电动机的额定速率。该参数设定值的范围为 0～40000r/min，根据电动机的铭牌数据键入电动机的额定速率（r/min）。如果设置为 0，额定速度的数值是在变频器内部进行计算的。

步骤 14：设置参数 P0320，确定电动机的磁化电流。该参数设定值的满园为 0.0～99.0%，是以电动机额定电流（P0305）的百分数表示的磁化电流。

步骤 15：设置参数 P0335，确定电动机的冷却方式。P0335 设定为 0，将利用安装在电动机轴上的风机自冷；P0335 设定为 1，将强制冷却采用单独供电的冷却风机进行冷却；P0335 设定为 2，将自冷和内置冷却风机；P0335 设定为 3，将强制冷却和内置冷却风机。

步骤 16：设置参数 P0640，确定电动机的过载因子。该参数设定值的范围为 10.0～400.0%，它确定以电动机额定电流（P0305）的% 值表示的最大输出电流限制值。在恒转矩方式（由 P0205 确定）下，这一参数设置为 150%；在变转矩方式下，这一参数设置为 110%。

步骤 17：设置参数 P0700，确定选择命令信号源。P0700 设定为 0 时，将数字 I/O 复位为出厂的默认设置值；P0700 设定为 1 时，命令信号源选择为 BOP（变频机键盘）；P0700 设定为 2 时，命令信号源选择为由端子排输入（出厂的默认设置值）；P0700 设定为 4 时，命令信号源选择为通过 BOP 链路的 USS 设置；P0700 设定为 5 时，命令信号源选择为通过 COM 链路的 USS 设置（经由控制端子 29 和 30）；P0700 设定为 6 时，命令信号源选择为通过 COM 链路的 CB 设置（CB＝通信模块）。

步骤 18：设置参数 P1000，选择频率设定值。该参数用于键入频率设定值信号源。P1000 设定为 1 时，选择电动电位计设定（MOP 设定）；P1000 设定为 2 时，选择模拟输入设定值 1（工厂的默认设定值）；P1000 设定为 3 时，选择固定频率设定值；P1000 设定为 4 时，选择通过 BOP 链路的 USS 设置；P1000 设定为 5 时，选择通过 COM 链路的 USS 设置（控制端子 29 和 30）；P1000 设定为 6 时，选择通过 COM 链路的 CB 设置（CB＝通信模块）；P1000 设定为 7 时，选择模拟输入设定值 2。

步骤 19：设置参数 P1080，确定电动机的最小频率。该参数设置电动机的最低频率，其设定值范围为 0～650Hz，低于这一频率时电动机的运行速度将与频率的设定值无关。

这里设置的值对电动机的正转和反转都适用。

步骤 20：设置参数 P1082，确定电动机的最大频率。该参数设置电动机的最高频率，其设定值范围为 0～650Hz，高于这一频率时电动机的运行速度将与频率的设定值无关。这里设置的值对电动机的正转和反转都适用。

步骤 21：设置参数 P1120，确定斜坡上升时间。斜坡上升时间是电动机从静止停车加速到电动机最大频率 P1082 所需的时间，其设定值范围为 0～650s。如果斜坡上升时间设定的太短，就可能会出现报警信号 A0501（电流达到限制值）或变频器因故障 F0001（过电流）而停车。

步骤 22：设置参数 P1121，确定斜坡下降时间。斜坡下降时间是电动机从最大频率 P1082 制动减速到静止停车所需的时间，其设定值范围为 0～650s。如果斜坡下降时间设定的太短，就可能会出现报警信号 A0501（电流达到限制值）、A0502（达到过电压限制值）或变频器因故障 F0001（过电流）或 F0002（过电压）而断电。

步骤 23：设置参数 P1135，确定 OFF3 的斜坡下降时间。OFF3 的斜坡下降时间是发出 OFF3（快速停车）命令后电动机从其最大频率（P1082）制动减速到静止停车所需的时间，其设定值范围为 0～650s。如果设置的斜坡下降时间太短，可能出现报警信号 A0501（电流达到限制值）、A0502（达到过电压限制值）或变频器因故障 F0001（过电流）或 F0002（过电压）而断电。

步骤 24：设置参数 P1300，确定实际需要的控制方式。P1300 设定为 0 时，选择 V/f 控制；P1300 设定为 1 时，选择带 FCC（磁通电流控制）功能的 V/f 控制；P1300 设定为 2 时，选择抛物线 V/f 控制；P1300 设定为 5 时，选择用于纺织工业的 V/f 控制；P1300 设定为 6 时，选择用于纺织工业的带 FCC 功能的 V/f 控制；P1300 设定为 19 时，选择带独立电压设定值的 V/f 控制；P1300 设定为 20 时，选择无传感器的矢量控制；P1300 设定为 21 时，选择带传感器的矢量控制；P1300 设定为 22 时，选择无传感器的矢量转矩控制；P1300 设定为 23 时，选择带传感器的矢量转矩控制。

步骤 25：设置参数 P1500，选择转矩设定值。P1500 设定为 0 时，选择无主设定值；P1500 设定为 2 时，选择模拟设定值 1；P1500 设定为 4 时，选择通过 BOP 链路的 USS 设置；P1500 设定为 5 时，选择通过 COM 链路的 USS 设置（控制端子 29 和 30）；P1500 设定为 6 时，选择通过 COM 链路的 CB 设置（CB＝通信模块）；P1500 设定为 7 时，选择模拟设定值 2。

步骤 26：设置参数 P1910，选择电动机技术数据自动检测方式。P1910 设定为 0 时，禁止自动检测；P1910 设定为 1 时，自动检测全部参数并改写参数数值，这些参数被控制器接收并用于控制器的控制；P1910 设定为 2 时，自动检测全部参数但不改写参数数值，显示这些参数但不供控制器使用；P1910 设定为 3 时，饱和曲线自动检测并改写参数数值，生成报警信号 A0541（电动机技术数据自动检测功能激活）并用后续的 ON 命令启动检测。

步骤 27：设置参数 P3900，快速调试结束。P3900 设定为 0 时，不进行快速调试（不进行电动机数据计算）；P3900 设定为 1 时，结束快速调试，进行电动机数据计算，并且将不包括在快速调试中的其他全部参数都复位为出厂时的默认设置值；P3900 设定为 2 时，结束快速调试，进行电动机技术数据计算，并将 I/O 设置复位为出厂时的默认设置；P3900 设定为 3 时，只进行电动机技术数据计算，其他参数不复位。注意，P3900 设定为 3 时，接通电动机，开始电动机数据的自动检测，在完成电动机数据的自动检测以后，报警信号 A0541 消失。如果电动机要弱磁运行，操作要在 P1910＝3（"饱和曲线"）下重复。

步骤 28：快速调试结束，变频器进入"运行准备"就绪状态。

（5）复位为出厂时变频器的默认设置值的方法。使用 BOP、AOP 或通信选件，将 P0010 设置为 30，P0970 设置为 1，大约需要 30min 就可以把变频器的所有参数复位为出厂时的默认设置值。

（6）MM440 的常规操作。用 BOP、AOP 进行 MM440 的常规操作前提条件是：①P0010＝0，为了正确地进行运行命令的初始化；②P0700＝1，使能 BOP 的起动/停止按钮；③P1000＝1，使能电动电位计的设定值。

用 BOP、AOP 进行 MM440 的基本操作是：①按下绿色按键🔘启动电动机；②在电动机转动时按下🔘键使电动机升速到 50Hz；③在电动机达到 50Hz 时按下🔘键电动机速度及其显示值都降低；④用🔘键改变电动机的转动方向；⑤用红色按键🔘停止电动机。

在操作时，应注意以下几点：

1）变频器没有主电源开关，所以，当电源电压接通时变频器就已带电。在按下运行（RUN）键，或者在数字输入端 5 出现"ON"信号（正向旋转）之前，变频器的输出一直被封锁，处于等待状态。

2）如果装有 BOP 或 AOP 并且已选定要显示输出频率（P0005＝21），那么，在变频器减速停车时，相应的设定值大约每一秒钟显示一次。

3）变频器出厂时已按相同额定功率的西门子四级标准电动机的常规应用对象进行编程。用户采用的是其他型号的电动机，就必须输入电动机铭牌上的规格数据。

4）除非 P0010＝1，否则是不能修改电动机参数的。

5）为了使电动机开始运行，必须将 P0010 返回"0"值。

9.3.3 变频器的应用实例

1. PLC 与变频器联机延时控制实例

【例 9-3】 使用 S7-200 SMART PLC 和 MM440 变频器的联机，以实现电动机延时控制运转。若按下正转按钮 SB2，延时 5s 后，电动机正向启动并运行频率为 30Hz，对应电动机转速为 1680r/min。若按下反转按钮 SB3，延时 10s 后，电动机反向启动并运行频率为 30Hz，对应电动机转速为 1680r/min。如果按下停止按钮 SB1，电动机停止运行。

【分析】 PLC 只使用 3 个输入和 2 个输出即可，其 I/O 分配见表 9-12。PLC 与变频器的接线方法如图 9-54 所示。

表 9-12　　　　　　　　　PLC 与变频器联机延时控制的 I/O 分配表

输　入			输　出	
功能	元件	PLC 地址	功能	PLC 地址
停止工作	SB1	I0.0	电动机正向运行	Q0.0
正转启动	SB2	I0.1	电动机反向运行	Q0.1
反转启动	SB3	I0.2		

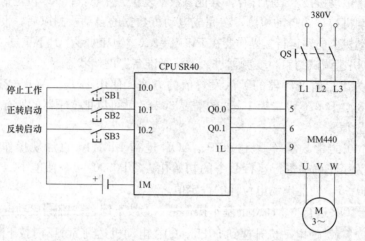

图 9-54　S7-200 SMART 和 MM440 变频器联机接线图

复位变频器为工厂默认设置值，P0010＝30 和 P0970＝1，按下 P 键，开始复位，复位过程大约 3min，这样保证了变频器的参数恢复到工厂默认设置值。MM440 变频器参数设置见表 9-13。

表 9-13　　　　　　　　　　　　　　　　MM440 变频器参数设置

参数号	工厂默认值	设置值	说　　　　明
P0003	1	2	设用户访问级为标准级
P0700	2	2	由端子输入
P0701	1	1	ON 接通正转，OFF 停止
P0702	1	2	ON 接通反转，OFF 停止
P1000	2	1	频率设定值为键盘（MOP）设定值
P1080	0	0	电动机运行时最低频率（Hz）
P1082	50	50	电动机运行时最高频率（Hz）
P1120	10	8	斜坡上升时间（s）
P1121	10	10	斜坡下降时间（s）
P1040	5	30	设定键盘控制的频率值（Hz）

在 STEP 7 Micro/WIN SMART 中输入表 9-14 所示的 PLC 与变频器联机延时控制源程序。

表 9-14　　　　　　　　　　　　PLC 与变频器联机延时控制程序

程序段	LAD	STL
程序段 1	I0.1　　　I0.0　　　I0.2　　　　M0.0 ├─┤├──┤/├──┤/├────（　） M0.0 ├─┤├─	LD　　I0.1 O　　　M0.0 AN　　I0.0 AN　　I0.2 =　　　M0.0

程序段	LAD	STL
程序段 2	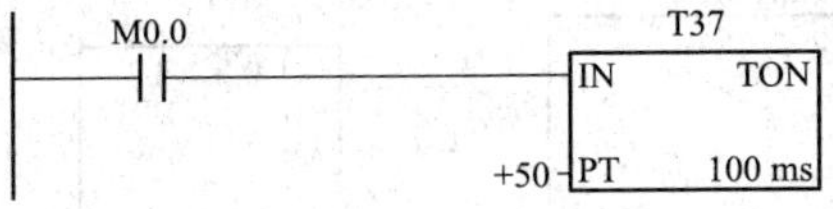 M0.0 —||— T37 IN TON +50—PT 100 ms	LD　　M0.0 TON　T37，+50
程序段 3	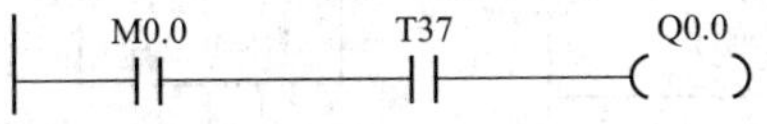 M0.0 —||— T37 —||— Q0.0 —( )—	LD　　M0.0 A　　 T37 =　　 Q0.0
程序段 4	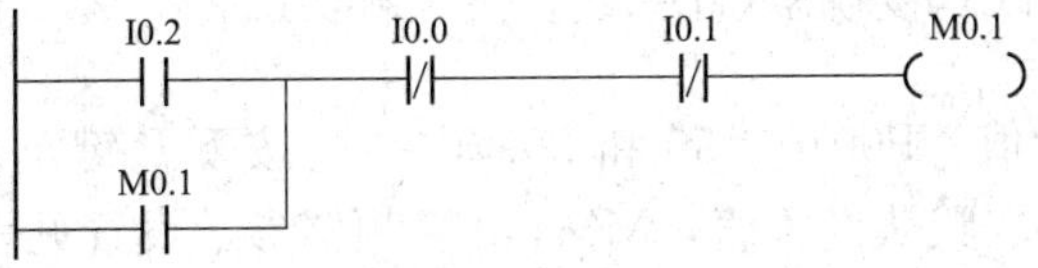 I0.2 —||— I0.0 —|/|— I0.1 —|/|— M0.1 —( )— M0.1 —||—	LD　　I0.2 O　　 M0.1 AN　 I0.0 AN　 I0.1 =　　 M0.1
程序段 5	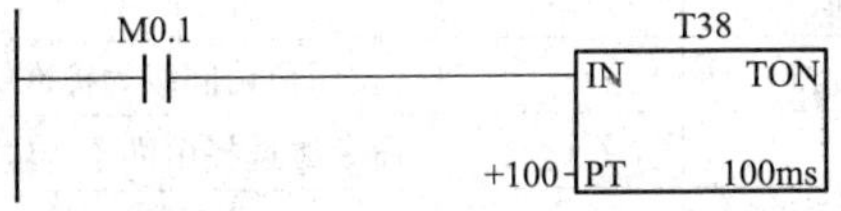 M0.1 —||— T38 IN TON +100—PT 100ms	LD　　M0.1 TON　T38，+100
程序段 6	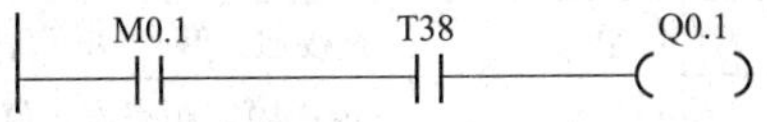 M0.1 —||— T38 —||— Q0.1 —( )—	LD　　M0.1 A　　 T38 =　　 Q0.1

2. PLC 与变频器联机多段速频率控制实例

【例 9-4】 使用 S7-200 SMART PLC 和 MM440 变频器的联机，以实现电动机三段速频率运转控制。若按下启动按钮 SB2，电动机启动并运行在第 1 段，频率为 10Hz，对应电动机转速为 560r/min；延时 10s 后，电动机反向运行在第 2 段，频率为 30Hz；再延时 15s 后，电动机正向运行在第 3 段，频率为 50Hz，对应电动机转速为 2800r/min。如果按下停止按钮 SB1，电动机停止运行。

【分析】 PLC 只使用 2 个输入和 3 个输出即可，其 I/O 分配见表 9-15。PLC 与变频器的接线方法如图 9-55 所示。

表 9-15　　　　　　　PLC 与变频器联机三段速频率控制的 I/O 分配表

输　入			输　出	
功能	元件	PLC 地址	功能	PLC 地址
停止工作	SB1	I0.0	DIN1，3 速功能	Q0.0
启动运行	SB2	I0.1	DIN2，3 速功能	Q0.1
			DIN3，启停功能	Q0.2

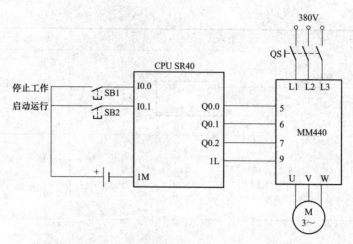

图 9-55　PLC 与变频器联机三段速频率控制接线图

复位变频器为工厂默认设置值，P0010＝30 和 P0970＝1，按下 P 键，开始复位，这样保证了变频器的参数恢复到工厂默认设置值。MM440 变频器参数设置见表 9-16。

表 9-16　　　　　　　　　　　　　**MM440 变频器参数设置**

参数号	工厂默认值	设置值	说　明
P0003	1	2	设用户访问级为标准级
P0700	2	2	命令源选择由端子排输入
P0701	1	17	选择固定频率
P0702	1	17	选择固定频率
P0703	1	1	ON 接通正转，OFF 停止
P1000	2	3	选择固定频率设定值
P1001	0	10	设定固定频率 1（Hz）
P1002	5	－30	设定固定频率 2（Hz）
P1003	10	50	设定固定频率 3（Hz）

在 STEP 7 Micro/WIN SMART 中输入表 9-17 所示的 PLC 与变频器联机三段速频率控制源程序。

表 9-17　　　　　　　　　　　**PLC 与变频器联机三段速频率控制程序**

程序段	LAD	STL
程序段 1	I0.0 ── Q0.2 (S) 1	LD　I0.0 S　Q0.2, 1
程序段 2	Q0.2 ── T38 ── [IN TON] 100-PT　100 ms (T37)	LD　Q0.2 AN　T38 TON　T37, 100
程序段 3	T37 ── [IN TON] T38 150-PT　100 ms	LD　T37 TON　T38, 150

程序段	LAD	STL
程序段 4	Q0.2 ─┤├─ T37 ─┤/├─ Q0.0 ─( ) T38 ─┤├─	LD Q0.2 AN T37 O T38 = Q0.0
程序段 5	T37 ─┤├─ Q0.1 ─( )	LD T37 = Q0.1
程序段 6	I0.1 ─┤├─ Q0.2 ─(R) 1	LD I0.1 R Q0.2, 1

3. PLC 与变频器的 USS 通信控制实例

(1) USS 协议简介。USS 协议（Universal Serial Interface Protocol，通用串行接口协议）是西门子公司所有传动产品（变频器等）的通用通信协议，它是一种基于串行总线进行数据通信的协议。S7-200 PLC 可以将其通信端口设置为自由模式的 USS 协议，以便实现 PLC 对变频器的控制。

USS 协议是主-从结构的协议，规定了在 USS 总线上可以有一个主站和最多 31 个从站（变频器）；总线上的每个从站都有一个站地址（在从站参数中设定），主站依靠它识别每个从站；每个从站也只对主站发来的报文做出响应并回送报文，从站之间不能直接进行数据通信。另外，还有一种广播通信方式，主站可以同时给所有从站发送报文，从站在接收到报文并做出相应的响应后可不回送报文。

USS 协议的波特率最高可达 187.5kbps，通信字符帧格式长度为 11 位，分别为 1 位起始位、8 位数据位、1 位偶校验位和 1 位停止位。

USS 通信的刷新周期与 PLC 的扫描周期是不同步的，一般完成一次 USS 通信需要几个 PLC 扫描周期，通信时间和链路变频器的台数、波特率和扫描周期有关。例如，假设通信的波特率设置为 19.2kbps，3 台变频器，经实际设计检测通信时间大约为 50ms。

(2) USS 协议的数据报文结构。USS 通信是以报文传递信息的，每条报文都是以字符 STX（=02hex）开始，接着是长度的说明（LGE）和地址字节（ADR），然后是采用的数据字符报文以数据块的检验符（BCC）结束，其报文结构如图 9-56 所示。

| STX | LGE | ADR | 1 | 2 | 3 | ... | n | BCC |

采用的数据字符

图 9-56 USS 协议报文结构

STX 区为 1 个字节的 ASCII 字符，固定为 02hex，表示一条信息的开始。

LGE 区为 1 个字节，指明这一条信息中后跟的字节数目，即报文长度。报文的长度是可以变化的，其长度必须在报文的第 2 个字节（即 LGE）中说明。总线上的各个从站节点可以采用不同长度的报文。一条报文的最大长度是 256 个字节。LGE 是根据所采用的数据字符数（数量 n）、地址字节（ADR）和数据块检验字符（BCC）确定。显然，实际的报文总长度比 LGE 要多 2 个字节，因为字节 STX 和 LGE 没有计算在 LGE 以内。

ADR 区为一个字节，标志从站地址。Bit0-Bit4 表示变频器的地址，从站地址可以是 0-31。Bit5 是广播标志位，如果这一位设置为 1，该报文就是广播报文，对串行链路上的所有节点都有效。Bit6 表示镜像报文，如果这一位设置为 1，节点号需要判定，被寻址的从站将未加更改的报文返回给主站。其余不用的位应设置为 0。

BCC 区是长度为一个字节的校验和，用于检查该报文是否有效。它是该报文中 BCC 前面所有字节"异或"运算的结果。

数据区由参数标志值域（PKW）和过程数据域（PZD）组成，典型 USS 报文的数据区结构如图 9-57 所示。

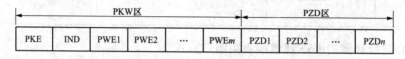

图 9-57　USS 协议数据区结构

PKW 域由参数标志（PKE）、参数标号（IND）和参数值（PWE）3 部分构成。

PKE 为参数标志码，1 字长，PNU（bit0～10）表示参数号；SP（bit11）为参数改变标志，由从站设置；AK（Bit12～15）为报文类型，主站-从站和从站-主站各有 16 种不同的报文类型。

IND 为参数标号，1 字长，用来指定某些数组型设备参数的子参数号。

PWE 为参数值，1 字长或 2 字长，是 PKE 区域中所指定参数的 IND 指定子参数的值。每个报文中只能有一个参数值被传送。

PZD 区是为控制和监测变频器而设计的。在主站和从站中收到的 PZD 总是以最高的优先级加以处理，处理 PZD 的优先级高于处理 PKW 的优先级，而且，总是传送接口上当前最新的有效数据。PZD 区域的长度是由 PZD 元素的数量和它们的大小（单字或双字）决定的。每个报文中的最大 PZD 数量限制为 16 个字，最小为 0 个字。PZD1 在传送方向为主站至从站时为控制字，传送方向为从站至主站时为状态字。

（3）常用 USS 设备。西门子变频器都带有一个 RS-485 通信接口，PLC 作为主站，最多允许 31 个变频器作为通信链路中的从站。USS 主站设备包括 S7-200、S7-200 SMART、S7-1200、CPU 31xC-PtP、CP 340、CP341、CP 440、CP 441 等。

USS 从站设备包括 MM3、MM4、G110、G120、6RA70、6SE70 等变频驱动装置及其他第三方支持 USS 协议的设备。常用 USS 从站设备的性能对比见表 9-18。

表 9-18　　　　　　　　常用 USS 从站设备的性能对比

从站设备	PKW 区	PZD 区	Bico	终端电阻	通信接口	最大通信波特率
MM3/ECO	3 固定	2 固定	NO	NO	9 芯 D 型插头或端子	19.2kbps
MM410/420	0，3，4，127	0-4	YES	NO	端子	57.6kbps
MM430/440	0，3，4，127	0-8	YES	NO	端子	115.2kbps
Simoreg 6RA70	0，3，4，127	0-16	YES	YES	9 芯 D 型插头或端子	115.2kbps
Simovert 6SE70	0，3，4，127	0-16	YES	YES	9 芯 D 型插头或端子	115.2kbps

（4）USS 指令库。STEP7-Micro/WIN SMART 指令库包括提供了 14 个子程序、3 个中断例行程序和 8 条指令，极大地简化了 USS 通信的开发和实现。这 8 条指令可以在 STEP7-Micro/WIN SMART 指令树的库文件夹中找到，如图 9-58 所示。PLC 将用这些指令表来控制变频器的运行和参数的读写操作。

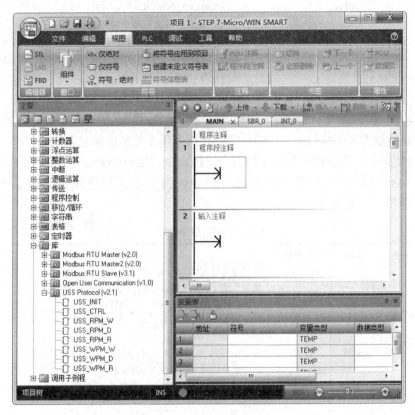

图 9-58　USS 指令库

USS 协议需占用 PLC 的通信端口 0 或 1，使用 USS _ INIT 指令可以选择 PLC 的端口是使用 USS 协议还是 PPI 协议，选择 USS 协议后 PLC 的相应端口不能在做其他用途，包括与 STEP 7-Wicro/WIN 的通信，只有通过执行另外一条 USS 指令或将 CPU 的模式开关拨到 STOP 状态，才能重新再进行 PPI 通信，当 PLC 与变频器通信中断时，变频器将停止运行，所以一般建议选择 CPU 226、CPU224XP。因为它们有 2 个通信端口，当第一个口用于 USS 通信时，第二个端口可以用于在 USS 协议运行时通过 STEP7-Micro/WIN 监控应用程序。注意，STEP7-Micro/WIN SP5 以前的版本中，USS 通信只能用端口 0，而 STEP7-Micro/WIN SP5（含）之后的版本，则 USS 通信可以使用通信端口 0 或 1。调用不同的通信端口使用的子程序也不同。USS 指令还影响与端口 0 自由端口通信相关的所有 SM 位置。

1）初始化指令 USS _ INIT。初始化指令 USS _ INIT 用于使能或禁止 PLC 和变频器之间的通信，在执行其他 USS 协议前，必须先成功执行一次 USS _ INIT 指令。只有当该指令成功执行且其完成位（DONE）置位后，才能继续执行下面的指令。USS _ INIT 指令格式及参数的意义见表 9-19。

表 9-19   USS＿INIT 指令参数

LAD	参数	数据类型	描述
	EN	BOOL	该位为 1 时 USS＿INIT 指令被执行，通常采用脉冲指令
	Mode	BYTE	用于选择 PLC 通信端口的通信协议，1-选择 USS；0-选择 PPI
USS_INIT EN Mode Done Baud Error Active	Baud	INT	指定通信波特率
	Active	DINT	用于设定链路上的哪个变频器被激活，Active 共 32 位，位 0～31 分别对应通信链路上的通信地址为 0～31 的变频器。例如：Active 的给定值为 16＃0000000000000010 时，表示链路上的通信地址为 1 的变频器被激活
	Done	BIT	当 USS＿INIT 指令正确执行完成后该位置 1
	Error	BYTE	在 USS＿INIT 指令执行有错误时该字节包含错误代码

2）控制指令 USS＿CTRL。USS＿CTRL 指令用于控制已通过 USS＿INIT 激活的变频器，每台变频器只能使用 1 条这样的指令。该指令将用户命令放在通信缓冲区内，如果指令参数 Drive 指定的变频器已经激活，缓冲区内的命令将被发送到指定的变频器。USS＿CTRL 格式及参数意义见表 9-20。

表 9-20   USS＿CTRL 指令参数

LAD	参数	数据类型	描述
	EN	BOOL	该位为 1 时 USS＿CTRL 指令被执行，通常该指令总是处于使能状态
	RUN	BOOL	该命令用于控制变频器的启动停止状态，RUN＝1 OFF2＝0，OFF3＝0 时变频器启动；RUN＝0 变频器停止

USS_CTRL
EN
 	
RUN
 	
OFF2
 	
OFF3
 	
F_ACK
 	
DIR
 	
Drive   Resp_R
Type   Error
Speed~ Status
         Speed
         Run_EN
         D_Dir
         Inhibit
         Fault
	OFF2	BOOL	停车信号 2，此信号为 1 时，变频器将封锁主回路输出，电机自由停车

	OFF3	BOOL	停车信号 3，此信号为 1 时，变频器将快速制动停车
	F_ACK	BOOL	故障确认。当变频器发生故障后，将通过状态字向 USS 主站报告；如果造成故障的原因排除，可以使用此输入端清除变频器的报警状态，即复位
	DIR	BOOL	该命令用于控制变频器的运行方向，1-正转；0-反转
	Drive	BYTE	该命令用于设定变频器的站地址，指定该指令的命令要发送到那台变频器
	Type	BYTE	变频器的类型，1-MM4 或 G110 变频器；0-MM3 或更早的产品
	Speed＿SP	REAL	速度设定值。速度设定值必须是一个实数，给出的数值是变频器的频率范围百分比还是绝对的频率值取决于变频器中的参数设置（如 MM440 的 P2009）
	Resp＿R	BOOL	从站应答确认信号。主站从 USS 从站收到有效的数据后，此位接通一个扫描周期，表明以下的所有数据都是最新的
	Error	BYTE	当变频器产生错误时该字节包含错误代码
	Status	WORD	状态字，此状态字直接来自变频器的状态字，表示了当时的实际运行状态
	Speed	REAL	变频器返回的实际运行速度
	Run＿EN	BOOL	变频器返回的运行状态信号，1-正在运行，0-已停止
	D＿Dir	BOOL	变频器返回的运行方向信号，1-正转，0-反转
	Inhibit	BOOL	变频器返回的禁止状态信号，1-禁止，0-开放
	Fault	BOOL	故障指示位（0-无故障，1-有故障）。表示变频器处于故障状态，变频器上会显示故障代码（如果有显示装置）。要复位故障报警状态，必须先消除引起故障的原因，然后用 F＿ACK 或者变频器的端子，或操作面板复位故障状态

其中对应 MM3 系列变频器的"Status"参数的意义如图 9-59（a）所示，对应 MM4 系列变频器的"Status"参数的意义如图 9-59（b）所示。

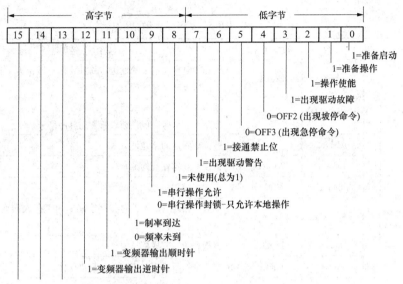

(a) 对应MM3系列变频器的"Status"参数的意义

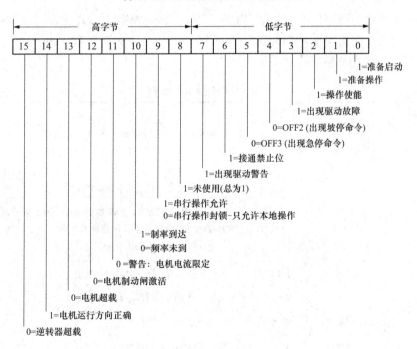

(b) 对应MM4系列变频器的"Status"参数的意义

图 9-59　"Status"参数的意义

3）读取变频器参数指令 USS＿RPM＿x。读取变频器参数的指令，包括 USS＿RPM＿

W、USS ＿ RPM ＿ D、USS ＿ RPM ＿ R 共 3 条指令，分别用于读取变频器的一个无符号字参数，一个无符号双字参数和一个实数类型的参数，USS ＿ RPM ＿ x 指令的格式及参数的意义见表 9-21。

表 9-21   USS ＿ RPM ＿ x 指令参数

LAD	参数	数据类型	描 述
	EN	BOOL	位为 1 时启动请求的发送，并且要保持该位为 1 直到 Done 位为 1 标志着整个参数读取过程完成
USS_RPM_W EN XMT_~ Drive Done Param Error Index Value DB Ptr	XMT ＿ REQ	BOOL	该位为 1 时读取参数指令的请求发送给变频器，该位和 EN 位通常用一个信号，但该请求通常用脉冲信号
	Drive	BYTE	被读变频器的站地址
	Param	WORD	被读变频器参数的编号
	Index	WORD	被读变频器参数的下标
	DB ＿ Ptr	DWORD	该参数指定 16 字节的存储空间，用于存放向变频器发送的命令
	Done	BOOL	该指令执行完成标志位
	Error	BYTE	当指令执行错误时该字节包含错误代码
	Value	W/D/R	由变频器返回的参数值（WORD、DWORD 或 REAL 类型）

4）写变频器参数指令 USS ＿ WPM ＿ x。

写变频器参数的指令包括 USS ＿ WPM ＿ W、USS ＿ WPM ＿ D、USS ＿ WPM ＿ R 共 3 条指令，分别用于向指定变频器写入一个无符号字，一个无符号双字和一个实数类型的参数，该指令的格式及参数的意义见表 9-22。

表 9-22   USS ＿ WPM ＿ x 指令参数

LAD	参数	数据类型	描 述
	EN	BOOL	该位为 1 时启动请求的写操作，并且要保持该位为 1 直到 Done 位为 1 标志着整个参数的写操作过程完成
USS_WPM_W EN XMT_~ EEPR~ Drive Done Param Error Index Value DB Ptr	XMT ＿ REQ	BOOL	该位为 1 时写参数指令的请求发送给比变频器，该位和 EN 位通常用一个信号，但该请求通常用脉冲信号
	EEPROM	BOOL	该参数为 1 时写入变频器的参数同时存储在变频器的 EEPROM 和 ROM 当中，该参数为 0 时写入变频器的参数只存储在变频器的 ROM 当中
	Drive	BYTE	该指令要写的那台变频器的站地址
	Param	WORD	该指令要写的变频器参数的编号
	Index	WORD	该指令要写的变频器参数的下标
	Value	W/D/R	写入变频器中的参数值
	DB ＿ Ptr	DWORD	该参数指定 16 字节的存储空间，用于存放向变频器发送的命令
	Done	BOOL	该指令执行完成标志位
	Error	BYTE	当指令执行错误时该字节包含错误代码

（5）PLC 与变频器的 USS 通信实例。

【**例 9-5**】 使用 S7-200 SMART 和 MM440 变频器进行 USS 通信，以实现电动机的无级调速控制。已知电动机功率为 0.06kW，额定转速为 1440r/min，额定电压为 380V，额定电流为 0.35A，额定频率为 50Hz。

【**分析**】 PLC 使用 5 个输入即可，通过双绞线，将 PLC 的通信端口 0 与变频器连接在一起，其接线方法如图 9-60 所示。

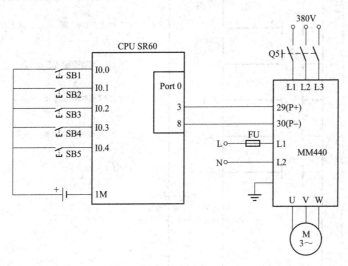

图 9-60 PLC 与变频器的 USS 无级调速接线图

复位变频器为工厂默认设置值，P0010＝30 和 P0970＝1，按下 P 键，开始复位，复位过程大约 3min，这样保证了变频器的参数恢复到工厂默认设置值。MM440 变频器参数设置见表 9-23。

表 **9-23** MM440 变频器参数设置

参数号	工厂默认值	设置值	说 明
P0304	230	380	电动机的额定电压 380V
P0305	3.25	0.35	电动机的额定电流 0.35A
P0307	0.75	0.06	电动机的额定功率 0.06kW
P0310	50.00	50.00	电动机的额定频率 50Hz
P0311	0	1440	电动机的额定转速 1440r/min
P0700	2	5	选择命令源（COM 链路的 USS 设置）
P1000	2	5	频率源（COM 链路的 USS 设置）
P2010	6	6	USS 波特率（6～9600bps）
P2011	0	18	站点的地址

在 STEP 7 Micro/WIN SMART 中输入图 9-61 所示的 PLC 与变频器的 USS 无级调速控制源程序。编写完程序后，在用户程序中需指定库存储区地址，否则程序编译时会报错。其方法是用鼠标点击项目树中的"程序块"→"库"图标，在弹出的快捷菜单中

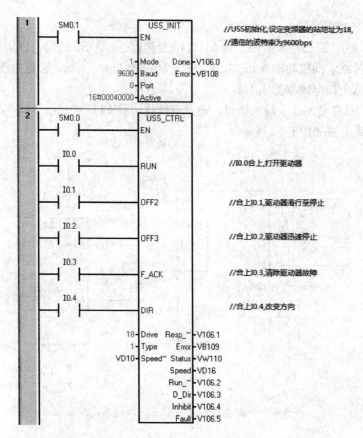

图 9-61　PLC 与变频器的 USS 无级调速控制程序

执行"库存储区"命令，为 USS 指令库所使用的 397 个字节 V 存储区指定起始地址，如图 9-62 所示。

【例 9-6】　使用 S7-200 SMART 和 MM440 变频器进行 USS 通信，以实现对电动机的启动、制动停止、自由停止和正反转，并能够通过 PLC 读取变频器参数、设置变频器参数。

【分析】　PLC 使用 7 个输入和 5 个输出，其 I/O 分配见表 9-24，通过双绞线，将 PLC 的通信端口 0 与变频器连接在一起，其接线方法如图 9-63 所示。

表 9-24　　　　　　　　　PLC 与变频器的 USS 启停控制 I/O 分配表

输　入			输　出	
功能	元件	PLC 地址	功能	PLC 地址
启动按钮	SB0	I0.0	变频器激活状态显示	Q0.0
自动停车按钮	SB1	I0.1	变频器运行状态显示	Q0.1
快速停车按钮	SB2	I0.2	变频器运行方向显示	Q0.2
变频器故障确认按钮	SB3	I0.3	变频器禁止位状态显示	Q0.3
变频器方向控制按钮	SB4	I0.4	变频器故障状态显示	Q0.4
变频器参数读操作使能按钮	SB5	I0.5		
变频器参数写操作使能按钮	SB6	I0.6		

图 9-62　指定库存储区地址

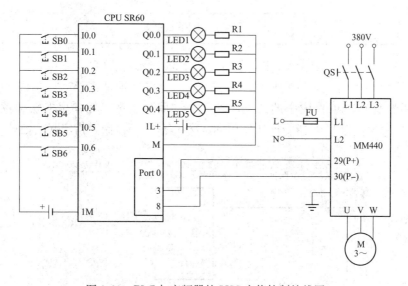

图 9-63　PLC 与变频器的 USS 启停控制接线图

复位变频器为工厂默认设置值，P0010＝30 和 P0970＝1，按下 P 键，开始复位，复

445

位过程大约 3min，这样保证了变频器的参数恢复到工厂默认设置值。MM440 变频器主要参数设置见表 9-25。

表 9-25   **MM440 变频器主要参数设置**

参数号	工厂默认值	设置值	说　　明
P0003	1	3	设用户访问级为专家级
P0010	30	1	调试参数过滤器，=1 快速调试；=0 准备
P0304	230	380	电动机的额定电压 380V（以电动机铭牌为准）
P0305	3.25	0.35	电动机的额定电流 0.35A（以电动机铭牌为准）
P0307	0.75	0.06	电动机的额定功率 0.06kW（以电动机铭牌为准）
P0310	50.00	50.00	电动机的额定频率 50Hz（以电动机铭牌为准）
P0311	0	1440	电动机的额定转速 1440r/min（以电动机铭牌为准）
P0700	2	5	选择命令源（COM 链路的 USS 设置）
P1000	2	5	频率源（COM 链路的 USS 设置）
P2010	6	7	USS 波特率（19.2kbps）
P2011	0	1	站点的地址
P2012	2	2	USS 的 PZD 长度
P2013	127	4	USS 的 PKW 长度
P2014	0	0	禁止通信超时

在 STEP 7 Micro/WIN SMART 中输入图 9-64 所示的 PLC 与变频器的 USS 启停控制源程序。编写完程序后，在用户程序中需指定库存储区地址，否则程序编译时会报错。其方法是用鼠标点击项目树中的"程序块"→"库"图标，在弹出的快捷菜单中执行"库存储区"命令，为 USS 指令库所使用的 397 个字节 V 存储区指定起始地址。

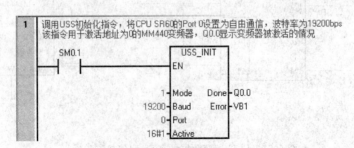

图 9-64　PLC 与变频器的 USS 启停控制源程序（一）

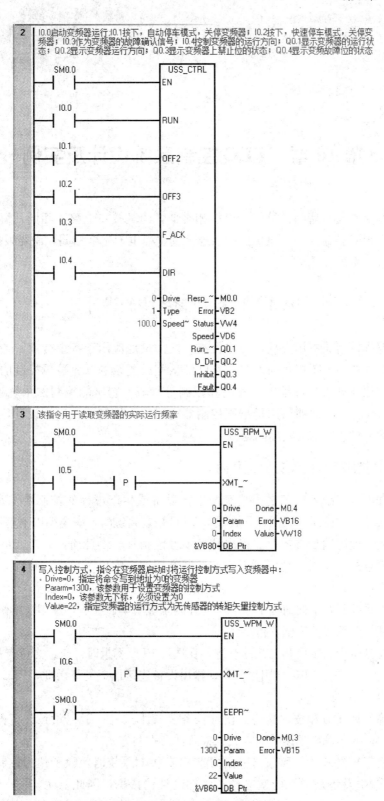

2 I0.0自动变频器运行 I0.1按下，自动停车模式，关停变频器；I0.2按下，快速停车模式，关停变频器；I0.3作为变频器的故障确认信号；I0.4控制变频器的运行方向；Q0.1显示变频器的运行状态；Q0.2显示变频器运行方向；Q0.3显示变频器上禁止位的状态；Q0.4显示变频故障位的状态

3 该指令用于读取变频器的实际运行频率

4 写入控制方式，指令在变频器启动时将运行控制方式写入变频器中：
　Drive=0，指定将命令写到地址为0的变频器
　Pararm=1300，该参数用于设置变频器的控制方式
　Index=0，该参数无下标，必须设置为0
　Value=22，指定变频器的运行方式为无传感器的转矩矢量控制方式

图 9-64　PLC 与变频器的 USS 启停控制源程序（二）

447

第 10 章　PLC 控制系统设计及实例

PLC 的内部结构尽管与计算机、微机相类似，但其接口电路不相同，编程语言也不一致。因此，PLC 控制系统与微机控制系统开发过程也不完全相同，需要根据 PLC 本身特点、性能进行系统设计。

10.1　PLC 控制系统的设计

由于可编程控制器应用方便、可靠性高，被大量地应用于各个行业、各个领域随着可编程控制器功能的不断拓宽与增强，它已经从完成复杂的顺序逻辑控制的继电器控制柜的替代物，逐渐进入到过程控制和闭环控制等领域，它所能控制的系统越来越复杂，控制规模越来宏大，因此如何用可编程控制器完成实际控制系统应用设计，是每个从事电气控制技术人员所面临的实际问题。

10.1.1　PLC 控制系统的设计原则和内容

任何一种电气控制系统都是为了实现生产设备或生产过程的控制要求和工艺需求，以提高生产效率和产品质量。因此，在设计 PLC 控制系统时，应遵循以下基本原则：

（1）最大限度地满足被控对象提出和各项性能指标。设计前，设计人员除理解被控对象的技术要求外，应深入现场进行实地的调查研究，收集资料，访问有关的技术人员和实际操作人员，共同拟定设计方案，协同解决设计中出现的各种问题。

（2）在满足控制要求的前提下，力求使控制系统简单、经济，使用及维修方便。

（3）保证控制系统的安全、可靠。

（4）考虑到生产的发展和工艺的改进，在选择 PLC 容量时，应适当留有裕量。

PLC 控制系统是由 PLC 与用户输入、输出设备连接而成的，因此，PLC 控制系统设计的基本内容如下：

（1）明确设计任务和技术文件。设计任务和技术条件一般以设计任务的方式给出，在设计任务中，应明确各项设计要求、约束条件及控制方式。

（2）确实用户输入设备和输出。在构成 PLC 控制系统时，除了作为控制器的 PLC，用户的输入/输出设备是进行机型选择和软件设计的依据，因此要明确输入设备的类型（如控制按钮、操作开关、限位开关、传感器等）和数量，输出设备的类型（如信号灯、接触器、继电器等）和数量，以及由输出设备驱动的负载（如电动机、电磁阀等），并进行分类、汇总。

（3）选择合适的 PLC 机型。PLC 是整个控制系统的核心部件，正确、合理选择机型对于保证整个系统技术经济性能指标起重要的作用。选择 PLC，应包括机型的选择、容量选择、I/O 模块的选择、电源模块的选择等。

（4）合理分配 I/O 端口，绘制 I/O 接线图。通过对用户输入/输出设备的分析、分类和整理，进行相应的 I/O 地址分配，并据此绘制 I/O 接线图。

（5）设计控制程序。根据控制任务、所选择的机型及 I/O 接线图，一般采用梯形图语言（LAD）或语句表（STL）设计系统控制程序。控制程序是控制整个系统工作的软件，是保证系统工作正常、安全、可靠的关键。

（6）必要时设计非标准设备。在进行设备选型时，应尽量选用标准设备，如果无标准设备可选，还可能需要设计操作台、控制柜、模拟显示屏等非标准设备。

（7）编制控制系统的技术文件。在设计任务完成后，要编制系统技术文件。技术文件一般应包括设计说明书、使用说明书、I/O 接线图和控制程序（如梯形图、语句表等）。

10.1.2　PLC 控制系统的设计步骤

设计一个 PLC 控制系统需要以下八个步骤：

步骤一：分析被控对象并提出控制要求。

详细分析被控对象的工艺过程及工作特点，了解被控对象机、电、液之间的配合，提出被控对象对 PLC 控制系统的控制要求，确定控制方案，拟定设计任务书。被控对象就是受控的机械、电气设备、生产线或生产过程。控制要求主要指控制的基本方式、应完成的动作、自动工作循环的组成、必要的保护和联锁等。

步骤二：确定输入/输出设备。

根据系统的控制要求，确定系统所需的全部输入设备（如按钮、位置开关、转换开关及各种传感器等）和输出设备（如接触器、电磁阀、信号指示灯及其他执行器等），从而确定与 PLC 有关的输入/输出设备，以确定 PLC 的 I/O 点数。

步骤三：选择 PLC。

根据已确定的用户 I/O 设备，统计所需的输入信号和输出信号的点数，选择合适的 PLC 类型，包括机型的选择、容量的选择、I/O 模块的选择、电源模块的选择等。

步骤四：分配 I/O 点并设计 PLC 外围硬件线路。

（1）分配 I/O 点。画出 PLC 的 I/O 点与输入/输出设备的连接图或对应关系表，该部分也可在步骤二中进行。

（2）设计 PLC 外围硬件线路。画出系统其他部分的电气线路图，包括主电路和未进入 PLC 的控制电路等。由 PLC 的 I/O 连接图和 PLC 外围电气线路图组成系统的电气原理图。到此为止系统的硬件电气线路已经确定。

步骤五：程序设计。

（1）程序设计。根据系统的控制要求，采用合适的设计方法来设计 PLC 程序。程序要以满足系统控制要求为主线，逐一编写实现各控制功能或各子任务的程序，逐步完善系统指定的功能。除此之外，程序通常还应包括以下内容：

1）初始化程序。在 PLC 上电后，一般都要做一些初始化的操作，为启动作必要的准备，避免系统发生误动作。初始化程序的主要内容有：对某些数据区、计数器等进行清零，对某些数据区所需数据进行恢复，对某些继电器进行置位或复位，对某些初始状态进行显示等。

2）检测、故障诊断和显示等程序。这些程序相对独立，一般在程序设计基本完成时再添加。

3）保护和连锁程序。保护和连锁是程序中不可缺少的部分，必须认真考虑。它可以避免由于非法操作而引起的控制逻辑混乱。

（2）程序模拟调试。程序模拟调试的基本思想是，以方便的形式模拟产生现场实际状态，为程序的运行创造必要的环境条件。根据产生现场信号的方式不同，模拟调试有硬件模拟法和软件模拟法两种形式。

1）硬件模拟法是使用一些硬件设备（如用另一台 PLC 或一些输入器件等）模拟产生现场的信号，并将这些信号以硬接线的方式连到 PLC 系统的输入端，其时效性较强。

2）软件模拟法是在 PLC 中另外编写一套模拟程序，模拟提供现场信号，其简单易行，但时效性不易保证。模拟调试过程中，可采用分段调试的方法，并利用编程器的监控功能。

步骤六：硬件实施。

硬件实施方面主要是进行控制柜（台）等硬件的设计及现场施工。主要内容有：

1）设计控制柜和操作台等部分的电器布置图及安装接线图。

2）设计系统各部分之间的电气互连图。

3）根据施工图纸进行现场接线，并进行详细检查。

由于程序设计与硬件实施可同时进行，因此 PLC 控制系统的设计周期可大大缩短。

步骤七：联机调试。

联机调试是将通过模拟调试的程序进一步进行在线统调。联机调试过程应循序渐进，从 PLC 只连接输入设备、再连接输出设备、再接上实际负载等逐步进行调试。如不符合要求，则对硬件和程序做调整。通常只需修改部分程序即可。

全部调试完毕后，交付试运行。经过一段时间运行，如果工作正常、程序不需要修改，应将程序固化到 EPROM 中，以防程序丢失。

步骤八：编制技术文件。

系统调试好后，应根据调试的最终结果，整理出完整的系统技术文件。系统技术文件包括说明书、电气原理图、电器布置图、电气元件明细表、PLC 梯形图。

10.1.3 PLC 硬件系统设计

PLC 硬件系统设计主要包括 PLC 型号的选择、I/O 模块的选择、输入/输出点数的选择、可靠性的设计等内容。

1. PLC 型号选择

做出系统控制方案的决策之前，要详细了解被控对象的控制要求，从而决定是否选用 PLC 进行控制。

随着 PLC 技术的发展，PLC 产品的种类也越来越多。不同型号的 PLC，其结构形式、指令系统、编程方式、价格等也各有不同，适用的场合也各有侧重。因此，合理选用 PLC，对于提高 PLC 控制系统的技术经济指标有着重要意义。

PLC 的选择主要应从 PLC 的机型、容量、I/O 模块、电源模块、特殊功能模块、通信联网能力等方面加以综合考虑。

（1）对输入/输出点的选择。盲目选择点数多的机型会造成一定浪费。要先弄清楚控制系统的 I/O 总点数，再按实际所需总点数的 15%～20% 留出备用量（为系统的改造等留有余地）后确定所需 PLC 的点数。另外要注意，一些高密度输入点的模块对同时接通的输入点数有限制，一般同时接通的输入点不得超过总输入点的 60%；PLC 每个输出点的驱动能力也是有限的，有的 PLC 其每点输出电流的大小还随所加负载电压的不同而异；一般 PLC 的允许输出电流随环境温度的升高而有所降低等。在选型时要考虑这些问题。

PLC 的输出点可分共点式、分组式和隔离式几种接法。隔离式的各组输出点之间可以采用不同的电压种类和电压等级，但这种 PLC 平均每点的价格较高。如果输出信号之间不需要隔离，则应选择前两种输出方式的 PLC。

（2）对存储容量的选择。对用户存储容量只能做粗略的估算。在仅对开关量进行控制的系统中，可以用输入总点数乘 10 字/点＋输出总点数乘 5 字/点来估算；计数器/定时器按（3～5）字/个估算；有运算处理时按（5～10）字/量估算；在有模拟量输入/输出的系统中，可以按每输入/（或输出）一路模拟量约需（80～100）字左右的存储容量来估算；有通信处理时按每个接口 200 字以上的数量粗略估算。最后，一般按估算容量的 50%～100% 留有裕量。对缺乏经验的设计者，选择容量时留有裕量要大些。

（3）对 I/O 响应时间的选择。PLC 的 I/O 响应时间包括输入电路延迟、输出电路延迟和扫描工作方式引起的时间延迟（一般在 2～3 个扫描周期）等。对开关量控制的系统，PLC 和 I/O 响应时间一般都能满足实际工程的要求，可不必考虑 I/O 响应问题。但对模拟量控制的系统、特别是闭环系统就要考虑这个问题。

（4）根据输出负载的特点选型。不同的负载对 PLC 的输出方式有相应的要求。例如，频繁通断的感性负载，应选择晶体管或晶闸管输出型的，而不应选用继电器输出型的。但继电器输出型的 PLC 有许多优点，如导通压降小，有隔离作用，价格相对较便宜，承受瞬时过电压和过电流的能力较强，其负载电压灵活（可交流、可直流）且电压等级范围大等。所以动作不频繁的交、直流负载可以选择继电器输出型的 PLC。

（5）对在线和离线编程的选择。离线编程是指主机和编程器共用一个 CPU，通过编程器的方式选择开关来选择 PLC 的编程、监控和运行工作状态。编程状态时，CPU 只为编程器服务，而不对现场进行控制。专用编程器编程属于这种情况。在线编程是指主机和编程器各有一个 CPU，主机的 CPU 完成对现场的控制，在每一个扫描周期末尾与编程器通信，编程器把修改的程序发给主机，在下一个扫描周期主机将按新的程序对现场进行控制。计算机辅助编程既能实现离线编程，也能实现在线编程。在线编程需购置计算机，并配置编程软件。采用哪种编程方法应根据需要决定。

（6）根据是否联网通信选型。若 PLC 控制的系统需要联入工厂自动化程序段，则 PLC 需要有通信联网功能，即要求 PLC 应具有连接其他 PLC、上位计算机及 CRT 等的接口。大、中型机都有通信功能，目前大部分小型机也具有通信功能。

（7）对 PLC 结构形式的选择。在相同功能和相同 I/O 点数的情况下，整体式比模块式价格低且体积相对较小，所以一般用于系统工艺过程较为固定的小型控制系统中。但模块式具有功能扩展灵活，维修方便（换模块），容易判断故障等优点，因此模块式 PLC 一般适用于较复杂系统和环境差（维修量大）的场合。

2. I/O 模块的选择

在 PLC 控制系统中，为了实现对生产机械的控制，需将对象的各种测量参数，按要求的方式送入 PLC。PLC 经过运算、处理后再将结果以数字量的形式输出，此时也是把该输出变换为适合于对生产机械控制的量。因此在 PLC 和生产机械中必须设置信息传递和变换的装置，即 I/O 模块。

由于输入和输出信号的不同，所以 I/O 模块有数字量输入模块、数字量输出模块、模拟量输入模块和模拟量输出模块四大类。不同的 I/O 模块，其电路及功能也不同，直接影响 PLC 的应用范围和价格，因此必须根据实际需求合理选择 I/O 模块。

选择 I/O 模块之前，应确定哪些信号是输入信号，哪些信号是输出信号，输入信号由输入模块进行传递和变换，输出信号由输出模块进行传递和变换。

对于输入模块的选择要从三个方面进行考虑。

（1）根据输入信号的不同进行选择，输入信号为开关量即数字量时，应选择数字量输入模块；输入信号为模拟量时，应选择模拟量输入模块。

（2）根据现场设备与模块之间的距离进行选择，一般 5V、12V 和 24V 属于低电平，其传输出距离不宜太远，如 12V 电压模块的传输距离一般不超过 12m。对于传输距离较远的设备应选用较高电压或电压范围较宽的模块。

（3）根据同时接通的点数多少进行选择，对于高密度的输入模块，如 32 点和 64 点输入模块，能允许同时接通的点数取决于输入电压的高低和环境温度，不宜过多。一般同时接通的点数不得超过总输入点数的 60%，但对于控制过程，比如自动/手动、启动/停止等输入点同时接通的概率不大，所以不需考虑。

输出模块有继电器、晶体管和晶闸管三种工作方式。继电器输出适用于交、直流负载，其特点是带负载能力强，但动作频率与响应速度慢。晶体管输出适用于直流负载，其特点是动作频率高，响应速度快，但带负载能力小。晶闸管输出适用于交流负载，响应速度快，带负载能力不大。因此，对于开关频繁、功率因数低的感性负载，可选用晶闸管（交流）和晶体管（直流）输出；在输出变化不太快、开关要求不频繁的场合应选用继电器输出。在选用输出模块时，不但是看一个点的驱动能力，还是看整个模块的满负荷能力，即输出模块同时接通点数的总电流值不得超过模块规定的最大允许电流。对于功率较小的集中设备，如普通机床，可选用低电压高密度的基本 I/O 模块；对功率较大的分散设备，可选用高电压低密度的基本 I/O 模块。

3. 输入/输出点数的选择

一般输入点和输入信号、输出点和输出控制是逐一对应的。

分配好后，按系统配置的通道与接点号，分配给每一个输入信号和输出信号，即进行编号。在个别情况下，也有两个信号用一个输入点的，那样就应在接入输入点前，按逻辑关系接好线（如两个触点先串联或并联），然后再接到输入点。

（1）确定 I/O 通道范围。不同型号的 PLC，其输入/输出通道的范围是不一样的，应根据所选 PLC 型号，查阅相应的编程手册，决不可"张冠李戴"。

（2）内部辅助继电器。内部辅助继电器不对外输出，不能直接连接外部器件，而是在控制其他继电器、定时器/计数器时作数据存储或数据处理用。

从功能上讲，内部辅助继电器相当于传统电控柜中的中间继电器。未分配模块的输入/输出继电器区以及未使用 1∶1 链接时的链接继电器区等均可作为内部辅助继电器使用。根据程序设计的需要，应合理安排 PLC 的内部辅助继电器，在设计说明书中应详细列出各内部辅助继电器在程序中的用途，避免重复使用。

（3）分配定时器/计数器。PLC 的定时器/计数器数量分配请参阅 4.2 节和 4.3 节。

4. 可靠性的设计

PLC 控制系统的可靠性设计主要包括供电系统设计、接地设计和冗余设计。

（1）PLC 供电系统设计。通常 PLC 供电系统设计是指 CPU 工作电源、I/O 模板工作电源的设计。

1）CPU 工作电源的设计。PLC 的正常供电电源一般由电网供电（交流 220V，50Hz），由于电网覆盖范围广，它将受到所有空间电磁干扰而在线路上感应电压和电流。尤其是电网内部的变化，开关操作浪涌、大型电力设备的启停、交直流传动装置引起的谐波、电网短路暂态冲击等，都通过输电线路传到电源中，从而影响 PLC 的可靠运行。在 CPU 工作电源的设计中，一般可采取隔离变压器、交流稳压器、UPS 电源、晶体管开关电源等措施。

PLC 的电源模板可能包括多种输入电压：交流 220V、交流 110V 和直流 24V，而 CPU 电源模板所需要的工作电源一般是 5V 直流电源，在实际应用中要注意电源模板输入电压的选择。在选择电源模板的输出功率时，要保证其输出功率大于 CPU 模板、所有 I/O 模板及各种智能模板总的消耗功率，并且要考虑 30% 左右的裕量。

2）I/O 模板工作电源的设计。I/O 模板工作电源是为了系统中的传感器、执行机构、各种负载与 I/O 模板之间的供电电源。在实际应用中，基本上采用 24V 直流供电电源或 220V 交流供电电源。

（2）接地的设计。为了安全和抑制干扰，系统一般要正确接地。系统接地方式一般有浮地方式、直接接地方式和电容接地三种方式。对 PLC 控制系统而言，它属高速低电平控制装置，应采用直接接地方式。由于信号电缆分布电容和输入装置滤波等的影响，装置之间的信号交换频率一般都低于 1MHz，所以 PLC 控制系统接地线采用一点接地和串联一点接地方式。集中布置的 PLC 系统适于并联一点接地方式，各装置的柜体中心接地点以单独的接地线引向接地极。如果装置间距较大，应采用串联一点接地方式。用一根大截面铜母线（或绝缘电缆）连接各装置的柜体中心接地点，然后将接地母线直接连接接地极。接地线采用截面大于 20mm² 的铜导线，总母线使用截面大于 60mm² 的铜排。接地极的接地电阻小于 2Ω，接地极最好埋在距建筑物 10～15m 远处，而且 PLC 系统接地点必须与强电设备接地点相距 10m 以上。信号源接地时，屏蔽层应在信号侧接地；不接地时，应在 PLC 侧接地；信号线中间有接头时，屏蔽层应牢固连接并进行绝缘处理，一定要避免多点接地；多个测点信号的屏蔽双绞线与多芯对绞总屏电缆连接时，各屏蔽层应相互连接好，并经绝缘处理。选择适当的接地处单点接点。PLC 电源线、I/O 电源线、输入、输出信号线，交流线、直流线都应尽量分开布线。开关量信号线与模拟量信号线也应分开布线，而且后者应采用屏蔽线，并且将屏蔽层接地。数字传输线也要采用屏蔽线，并且要将屏蔽层接地。PLC 系统最好单独接地，也可以与其他设备公共接地，但严禁与其他设备串联接地。连接接地线时，应注意以下几点：

1）PLC 控制系统单独接地。

2）PLC 系统接地端子是抗干扰的中性端子，应与接地端子连接，其正确接地可以有效消除电源系统的共模干扰。

3）PLC 系统的接地电阻应小于 100Ω，接地线至少用 $20mm^2$ 的专用接地线，以防止感应电的产生。

4）输入输出信号电缆的屏蔽线应与接地端子端连接，且接地良好。

（3）冗余设计。冗余设计是指在系统中人为地设计某些"多余"的部分，冗余配置代表 PLC 适应特殊需要的能力，是高性能 PLC 的体现。冗余设计的目的是在 PLC 已经可靠工作的基础上，再进一步提高其可靠性，减少出现故障的概率，减少出现故障后修复的时间。

10.1.4 PLC 软件系统设计

1. PLC 软件系统设计方法

PLC 软件系统设计就是根据控制系统硬件结构和工艺要求，使用相应的编程语言，编制用户控制程序和形成相应文件的过程。编制 PLC 控制程序的方法很多，这里主要介绍几种典型的编程方法。

（1）图解法编程。图解法是靠画图进行 PLC 程序设计。常见的主要有梯形图法、逻辑流程图法、时序流程图法和步进顺控法。

1）梯形图法：梯形图法是用梯形图语言去编制 PLC 程序。这是一种模仿继电器控制系统的编程方法。其图形甚至元件名称都与继电器控制电路十分相近。这种方法很容易地就可以把原继电器控制电路移植成 PLC 的梯形图语言。这对于熟悉继电器控制的人来说，是最方便的一种编程方法。

2）逻辑流程图法：逻辑流程图法是用逻辑框图表示 PLC 程序的执行过程，反应输入与输出的关系。逻辑流程图法是把系统的工艺流程，用逻辑框图表示出来形成系统的逻辑流程图。这种方法编制的 PLC 控制程序逻辑思路清晰、输入与输出的因果关系及联锁条件明确。逻辑流程图会使整个程序脉络清楚，便于分析控制程序，便于查找故障点，便于调试程序和维修程序。有时对一个复杂的程序，直接用语句表和用梯形图编程可能觉得难以下手，则可以先画出逻辑流程图，再为逻辑流程图的各个部分用语句表和梯形图编制 PLC 应用程序。

3）时序流程图法：时序流程图法使首先画出控制系统的时序图（即到某一个时间应该进行哪项控制的控制时序图），再根据时序关系画出对应的控制任务的程序框图，最后把程序框图写成 PLC 程序。时序流程图法很适合于以时间为基准的控制系统的编程方法。

4）步进顺控法：步进顺控法是在顺控指令的配合下设计复杂的控制程序。一般比较复杂的程序，都可以分成若干个功能比较简单的程序段，一个程序段可以看成整个控制过程中的一步。从整个角度去看，一个复杂系统的控制过程是由这样若干步组成的。系统控制的任务实际上可以认为在不同时刻或者在不同进程中去完成对各个步的控制。为此，不少 PLC 生产厂家在自己的 PLC 中增加了步进顺控指令。在画完各个步进的状态流程图之后，可以利用步进顺控指令方便地编写控制程序。

（2）经验法编程。经验法是运用自己的或别人的经验进行设计。多数是设计前先选择与自己工艺要求相近的程序，把这些程序看成是自己的"试验程序"。结合自己工程的情况，对这些"试验程序"逐一修改，使之适合自己的工程要求。这里所说的经验，有的是来自自己的经验总结，有的可能是别人的设计经验，就需要日积月累，善于总结。

（3）计算机辅助设计编程。计算机辅助设计是通过 PLC 编程软件在计算机上进行程序设计、离线或在线编程、离线仿真和在线调试等。使用编程软件可以十分方便地在计算机上离线或在线编程、在线调试，使用编程软件可以十分方便地在计算机上进行程序的存取、加密以及形成 exe 运行文件。

2. PLC 软件系统设计步骤

在了解了程序结构和编程方法的基础上，就要实际地编写 PLC 程序了。编写 PLC 程序和编写其他计算机程序一样，都需要经历如下过程。

（1）对系统任务分块。分块的目的就是把一个复杂的工程，分解成多个比较简单和小任务。这样就把一个复杂的大问题。这样可便于编制程序。

（2）编制控制系统的逻辑关系图。从逻辑控制关系图上，可以反映出某一逻辑关系的结果是什么，这一结果又应该导出哪些动作。这个逻辑关系可以是以各个控制活动顺序基准，也可能是以整个活动的时间节拍为基准。逻辑关系图反映了控制过程中控制作用与被控对象的活动，也反映了输入与输出的关系。

（3）绘制各种电路图。绘制各种电路的目的是把系统的输入输出所设计的地址和名称联系起来，这是关键的一步。在绘制 PLC 的输入电路时，不仅要考虑到信号的连接点是否与命名一致，还要考虑到输入端的电压和电流是否合适，也要考虑到在特殊条件下运行的可靠性与稳定条件等问题。特别要考虑到能否把高压引导到 PLC 的输入端，若将高压引入 PLC 的输入端时，有可能对 PLC 造成比较大的伤害。在绘制 PLC 输出电路时，不仅要考虑到输出信号连接点是否与命名一致，还要考虑到 PLC 输出模块的带负载能力和耐电压能力。此外还要考虑到电源输出功率和极性问题。在整个电路的绘制，还要考虑设计原则，努力提高其稳定性和可靠性。虽然用 PLC 进行控制方便、灵活。但是在电路的设计仍然需要谨慎、全面。因此，在绘制电路图时要考虑周全，何处该装按钮何处该装开关都要一丝不苟。

（4）编制 PLC 程序并进行模拟调试。在编制完电路图后，就可以着手编制 PLC 程序了。在编程时，除了注意程序要正确、可靠之外，还要考虑程序简捷、省时、便于阅读、便于修改。编好一个程序块要进行模拟实验，这样便于查找问题，便于及时修改程序。

10.2　PLC 在电动机控制中的应用

10.2.1　异步电动机降压启动控制

对于 10kW 及其以下容量的三相异步电动机，通常采用全压起动，但对于 10kW 以上容量的电动机一般采用降压启动。鼠笼式异步电动机的降压启动控制方法有多种：定子电路串电阻降压启动、自耦变压器降压启动、星形-三角形降压启动、延边三角形降压启动和软启动（固态降压起动器启动）等。在此，以星形-三角形降压启动为例，讲述 PLC 在异步电动机降压启动控制中的应用。

1. 星形-三角形降压启动控制线路分析

星形-三角形降压启动又称为丫-△降压启动，简称星三角降压启动。启动时，定子绕组先接成星形，待电动机转速上升到接近额定转速时，将定子绕组接成三角形，电动机进入全电压运行状态。传统继电器-接触器的星形-三角形降压启动控制线路如图 10-1 所示。

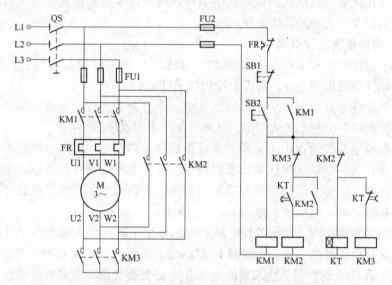

图 10-1　传统继电器-接触器星形-三角形降压启动控制线路原理图

电路的工作原理：合上隔离开关 QS，按下启动按钮 SB2，KM1、KT、KM3 线圈得电。KM1 线圈得电，辅助常开触头闭合，形成自锁，KM1 主触头闭合，为电动机的启动做好准备。KM3 线圈得电，主触头闭合，使电动机定子绕组接成星形，进行降压启动，KM3 的辅助常闭触头断开对 KM2 进行联锁，防止电动机在启动过程中由于误操作而发生短路故障。当电动机转速接近额定转速时，KT 的延时断开动断触头 KT 断开，使 KM3 线圈失电，而 KT 的延时闭合动合触头 KT 闭合。当 KM3 线圈断电时，主触头断开，同时辅助常闭触头闭合，使 KM2 线圈得电。KM2 线圈得电，辅助常开触头闭合自锁，辅助常闭触头断开，切断 KT 和 KM3 线圈的电源，主触头闭合使电动机定子绕组接成三角形而全电压运行。KM2、KM3 常闭触头为互锁触头，可防止 KM2、KM3 线圈同时得电，造成电源短接现象。

2. 星形-三角形降压启动控制线路 PLC 控制

根据星形-三角形降压启动控制线路的分析，其 PLC 控制设计如下：

（1）PLC 的 I/O 分配见表 10-1。

表 10-1　　　　　　　　星形-三角形降压启动控制线路 PLC 控制的 I/O 分配表

输　入			输　出		
功能	元件	PLC 地址	功能	元件	PLC 地址
停止按钮	SB1	I0.0	电动机电源接通接触器	KM1	Q0.0
启动按钮	SB2	I0.1	定子绕组△形接法接触器	KM2	Q0.1
			定子绕组丫形接法接触器	KM3	Q0.2

（2）PLC 的控制线路接线图如图 10-2 所示。

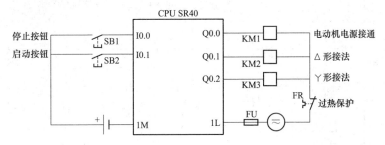

图 10-2　PLC 控制星形－三角形降压启动接线图

（3）星形-三角形降压启动控制 PLC 程序见表 10-2。

表 10-2　　　　　　　　星形-三角形降压启动控制 PLC 程序

程序段	LAD	STL
程序段 1	I0.1　　　　I0.0　　　　M0.0 ──┤├──────┤/├──────( ) M0.0 ──┤├──	LD　　I0.1 O　　　M0.0 AN　　I0.0 =　　　M0.0
程序段 2	M0.0　　Q0.0 ──┤├────( ) 　　　　　　　T37 　　　　　IN　　TON 　+10─PT　　100ms	LD　　M0.0 =　　　Q0.0 TON　　T37, +10

程序段	LAD	STL
程序段 3	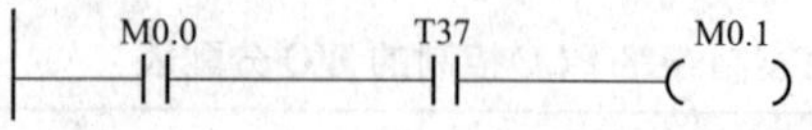 M0.0　　　　T37　　　　M0.1	LD　　M0.0 A　　　T37 =　　　M0.1
程序段 4	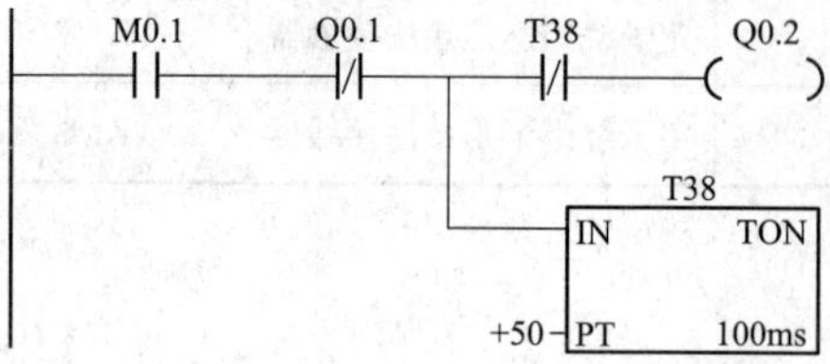 M0.1　　Q0.1　　T38　　　Q0.2 　　　　　　　　　　　T38 　　　　　　　　IN　　　TON 　　　　　　+50─PT　　100ms	LD　　M0.1 AN　　Q0.1 LPS AN　　T38 =　　　Q0.2 LPP TON　　T38, +50
程序段 5	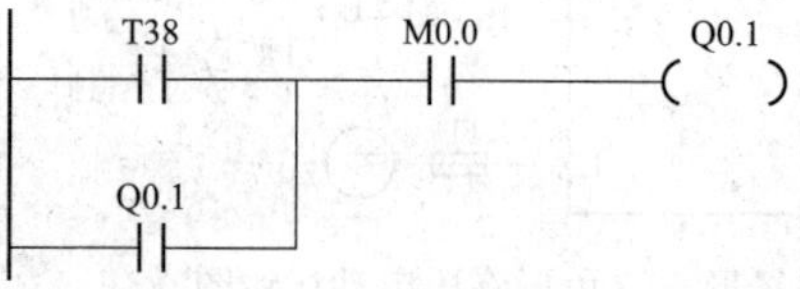 T38　　　　M0.0　　　Q0.1 Q0.1	LD　　T38 O　　　Q0.1 A　　　M0.0 =　　　Q0.1

（4）PLC 程序说明。按下启动按钮 SB2 时，程序段 1 中的 M0.0 线圈得电，使得程序段 2 中的 Q0.0 线圈得电，从而控制 KM1 线圈得电，同时定时器 T37 开始延时。当 T37 延时 1s 后，程序段 3 中的 M0.1 线圈得电，从而控制程序段 4 中的 M0.1 常开触点为 ON。程序段 4 中的 M0.1 常开触点为 ON，定时器 T38 开始延时，同时 Q0.2 线圈得电，控制 KM3 线圈得电，从而使电动机进行星形启动，其 PLC 运行仿真效果如图 10-3 所示。当 T38 延时 5s 后，程序段 5 中的 Q0.1 线圈得电，使 Q0.1 常开触点闭合，形成自保，同时程序段 4 中的 Q0.1 常闭触点断开，使 KM3 线圈失电，而 KM2 线圈得电，从而使电动机处于三角形运行状态。

10.2.2　异步电动机限位往返控制

在生产过程中，有时需控制一些生产机械运动部件的行程和位置，或允许某些运动部件只能在一定范围内自动循环往返。如在摇臂钻床、万能铣床、镗床、桥式起重机及各种自动或半自动控制机床设计中经常遇到机械运动部件需进行位置与自动循环控制的要求。

1. 异步电动机限位往返控制线路分析

自动往返通常是利用行程开关来控制自动往复运动的相对位置，再控制电动机的正

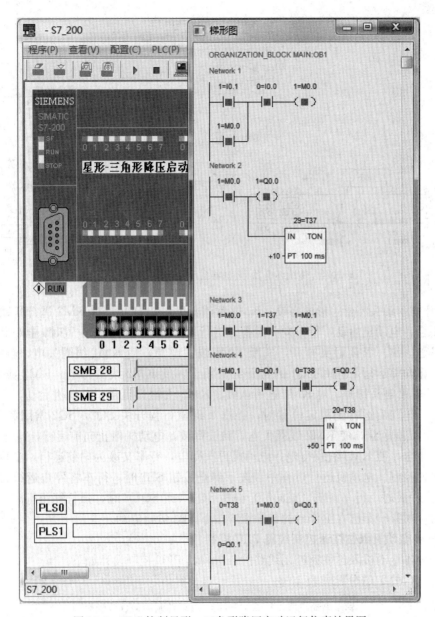

图 10-3　PLC 控制星形－三角形降压启动运行仿真效果图

反转，其传统继电器-接触器控制线路如图 10-4 所示。

　　为使电动机的正反转与行车的向前或向后运动相配合，在控制线路中设置了 SQ1、SQ2、SQ3 和 SQ4 这四个行程开关，并将它们安装在工作台的相应位置。SQ1 和 SQ2 用来自动切换电动机的正反转以控制行车向前或向后运行，因此将 SQ1 称为反向转正向行程开关；SQ2 称为正向转反向行程开关。为防止工作台越过限定位置，在工作台的两端还安装 SQ3 和 SQ4，因此 SQ3 称为正向限位开关；SQ4 称为反向限位开关。行车的挡铁 1 只能碰撞 SQ1、SQ3；挡铁 2 只能碰撞 SQ2、SQ4。

　　电路的工作原理：合上隔离开关 QS，按下正转启动按钮 SB2，KM1 线圈得电，

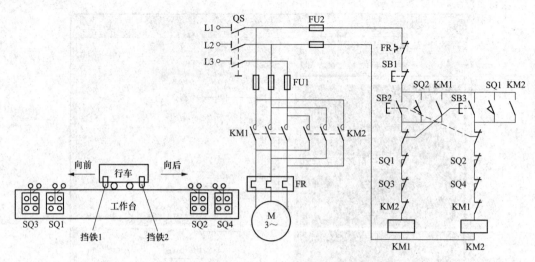

图 10-4   传统继电器-接触器自动循环控制线路原理图

KM1 常开辅助触头闭合，形成自锁；KM1 常闭辅助触头打开，对 KM2 进行联锁；KM1 主触头闭合，电动机启动，行车向前运行。当行车向前运行到限定位置时，挡铁 1 碰撞行程开关 SQ1，SQ1 常闭触头打开，切断 KM1 线圈电源，使 KM1 线圈失电，触头释放，电动机停止向前运行，同时 SQ1 的常开触头闭合，使 KM2 线圈得电。KM2 线圈得电，KM2 常闭辅助触头打开，对 KM1 进行联锁；KM2 主触头闭合，电动机启动，行车向后运行。当行车向后运行到限定位置时，挡铁 2 碰撞行程开关 SQ2，SQ2 常闭触头打开，切断 KM2 线圈电源，使 KM2 线圈失电，触头释放，电动机停止向前运行，同时 SQ2 的常开触头闭合，使 KM1 线圈得电，电动机再次得电，行车又改为向前运行，实现了自动循环往返转控制。电动机运行过程中，按下停止按钮 SB1 时，行车将停止运行。若 SQ1（或 SQ2）失灵时，行车向前（或向后）碰撞 SQ3（或 SQ4）时，强行停止行车运行。启动行车时，如果行车已在工作台的最前端应按下 SB3 进行启动。

2. 异步电动机限位往返控制线路 PLC 控制

根据异步电动机限位往返控制线路的分析，其 PLC 控制设计如下：

（1）PLC 的 I/O 分配见表 10-3。

表 10-3　　　　　　　　异步电动机限位往返控制线路 PLC 控制的 I/O 分配表

输　入			输　出		
功能	元件	PLC 地址	功能	元件	PLC 地址
停止按钮	SB1	I0.0	正向控制接触器	KM1	Q0.0
正向启动按钮	SB2	I0.1	反向控制接触器	KM2	Q0.1
反向启动按钮	SB3	I0.2			
正向转反向行程开关	SQ1	I0.3			
反向转正向行程开关	SQ2	I0.4			
正向限位开关	SQ3	I0.5			
反向限位开关	SQ4	I0.6			

（2）PLC 的控制线路接线图如图 10-5 所示。

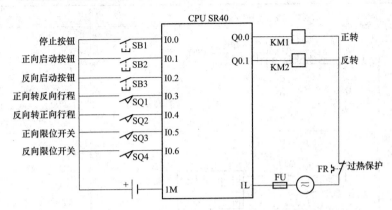

图 10-5　PLC 控制异步电动机限位往返接线图

（3）异步电动机限位往返控制 PLC 程序如表 10-4 所示。

表 10-4　　　　　　　异步电动机限位往返控制线路 PLC 控制程序

程序段	LAD	STL
程序段 1	I0.1　I0.0　I0.3　I0.2　I0.5　Q0.1　M0.0 ┤├─┤/├─┤/├─┤/├─┤/├─┤/├─( ) I0.4 ┤├ M0.0 ┤├	LD　I0.1 O　I0.4 O　M0.0 AN　I0.0 AN　I0.3 AN　I0.2 AN　I0.5 AN　Q0.1 =　M0.0
程序段 2	I0.2　I0.0　I0.4　I0.1　I0.6　Q0.0　M0.1 ┤├─┤/├─┤/├─┤/├─┤/├─┤/├─( ) I0.3 ┤├ M0.1 ┤├	LD　I0.2 O　I0.3 O　M0.1 AN　I0.0 AN　I0.4 AN　I0.1 AN　I0.6 AN　Q0.0 =　M0.1
程序段 3	M0.0　Q0.0　　　T37 ┤├─┤/├─[IN　TON] +20─PT　100ms	LD　M0.0 AN　Q0.0 TON　T37，+20

程序段	LAD	STL
程序段 4	T37 —‖— M0.0 —‖— (Q0.0) Q0.0 —‖—	LD T37 O Q0.0 A M0.0 = Q0.0
程序段 5	M0.1 —‖— Q0.1 —‖— ┌ T38 ┐ IN TON +20 — PT 100ms	LD M0.1 AN Q0.1 TON T38, +20
程序段 6	T38 —‖— M0.1 —‖— (Q0.1) Q0.1 —‖—	LD T38 O Q0.1 A M0.1 = Q0.1

（4）PLC 程序说明。程序段 1、程序段 3、程序段 4 为正向运行控制，按下正向启动按钮 SB2 时，I0.1 常开触点闭合，延时 2s 后 Q0.0 输出线圈有效，控制 KM1 主触头闭合，行车正向前进。当行车行进中碰到反向转正向限位开关 SQ1 时，I0.3 常闭触点打开，Q0.0 输出线圈无效，KM1 主触头断开，从而使行车停止前进，同时 I0.3 常开触点闭合，延时 2s 后 Q0.1 输出线圈得电并自保，使行车反向运行。

程序段 2、程序段 5、程序段 6 为反向运行控制，按下反向启动按钮 SB3 时，I0.2 常开触点闭合，延时 2s 后 Q0.1 输出线圈有效，控制 KM2 主触头闭合，行车反向后退。当行车行进中碰到反向限位开关 SQ2 时，I0.4 常闭触点打开，Q0.1 输出线圈无效，KM2 主触头断开，从而使行车停止后退，同时 I0.4 常开触点闭合，延时 2s 后 Q0.0 输出线圈得电并自保，使行车正向运行，其 PLC 运行仿真效果如图 10-6 所示。

行车在行进过程中，按下停止按钮 SB1 时，I0.0 常闭触头断开，从而控制行车停止运行。当电动机由正转切换到反转时，KM1 的断电和 KM2 的得电同时进行。这样，对于功率较大、且为感性的负载，有可能在 KM1 断开其触头，电弧尚未熄灭时，KM2 的触头已闭合，使电源相间瞬时短路。解决的办法是在程序中加入两个定时器（如 T37 和 T38），使正、反向切换时，被切断的接触器瞬时动作，被接通的接触器延时一段时间才动作（如延时 2s），避免了 2 个接触器同时切换造成的电源相间短路。

10.2.3 异步电动机制动控制

交流异步电动机的制动方法有机械制动和电气制动两种。机械制动是用机械装置来强迫电动机迅速停转，如电磁抱闸制动、电磁离合器制动等。电气制动是使电动机的电磁转矩方向与电动机旋转方向相反以达到制动，如反接制动、能耗制动、回馈制动等。

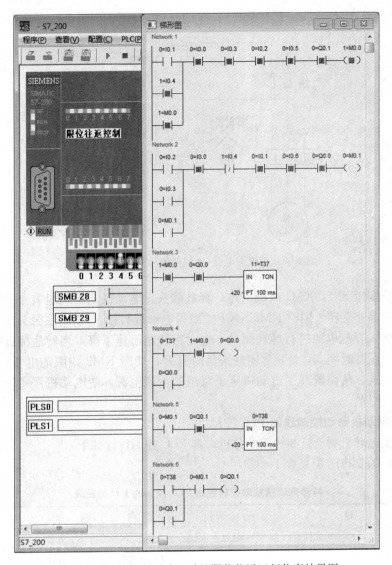

图 10-6　PLC 控制异步电动机限位往返运行仿真效果图

在此，以电动机能耗制动为例，讲述 PLC 在异步电动机制动控制中的应用。

1. 异步电动机制动控制线路分析

能耗制动是一种应用广泛的电气制动方法，它是在电动机切断交流电源后，立即向电动机定子绕组通入直流电源，定子绕组中流过直流电流，产生一个静止不动的直流磁场，而此时电动机的转子由于惯性仍按原来方向旋转，转子导体切割直流磁通，产生感生电流，在感生电流和静止磁场的作用下，产生一个阻碍转子转动的制动力矩，使电动机转速迅速下降，当转速下降到零时，转子导体与磁场之间无相对运动，感生电流消失，制动力矩变为零，电动机停止转动，从而达到制动的目的。传统继电器-接触器能耗制动线路如图 10-7 所示。

电路的工作原理：合上隔离开关 QS，按下启动按钮 SB2，KM1 线圈得电，常开辅助触头自锁，常闭辅助触头互锁，主触头闭合，电动机全电压启动运行。需要电动机停止

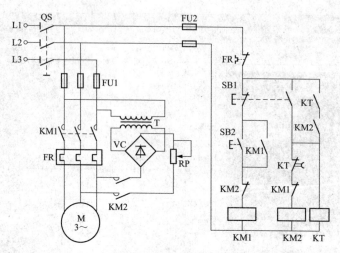

图 10-7　传统继电器-接触器能耗制动控制线路

时，按下停止按钮 SB1，KM1 线圈失电，释放触头，电动机定子绕组失去交流电源，由于惯性转子仍高速旋转。同时 KM2、KT 线圈得电形成自锁，KM2 主触头闭合，使电动机定子绕组接入直流电源进行能耗制动，电动机转速迅速下降，当转速接近零时，时间继电器 KT 的延时时间到，KT 常闭触头延时打开，切断 KM2 线圈的电源，KM2、KT 的相应触头释放，从而断开了电动机定子绕组的直流电源，使电动机停止转动，以达到了能耗制动的目的。

2. 异步电动机制动控制线路 PLC 控制

根据异步电动机制动控制线路的分析，其 PLC 控制设计如下：

（1）PLC 的 I/O 分配见表 10-5。

表 10-5　　　　　　异步电动机制动控制线路 PLC 控制的 I/O 分配表

输　入			输　出		
功能	元件	PLC 地址	功能	元件	PLC 地址
停止按钮	SB1	I0.0	启动运行控制	KM1	Q0.0
启动按钮	SB2	I0.1	能耗制动控制	KM2	Q0.1

（2）PLC 的控制线路接线图如图 10-8 所示。

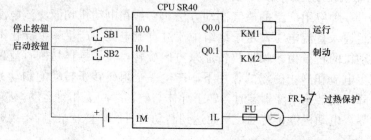

图 10-8　PLC 控制异步电动机制动控制接线图

（3）异步电动机制动 PLC 程序见表10-6。

表 10-6　　　　　　　　　　PLC控制异步电动机制动控制程序

程序段	LAD	STL
程序段 1	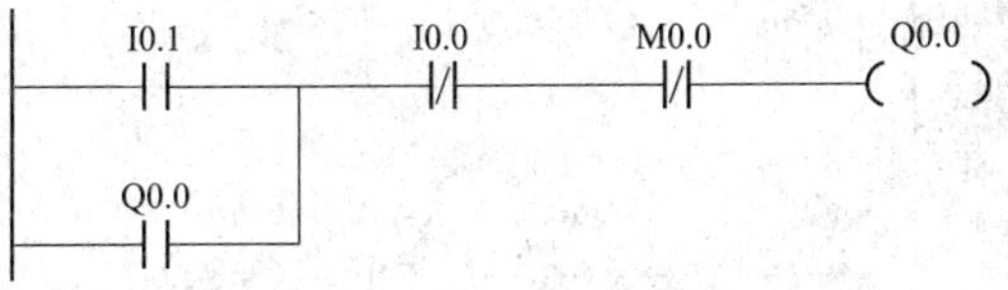	LD　　I0.1 O　　Q0.0 AN　　I0.0 AN　　M0.0 =　　　Q0.0
程序段 2	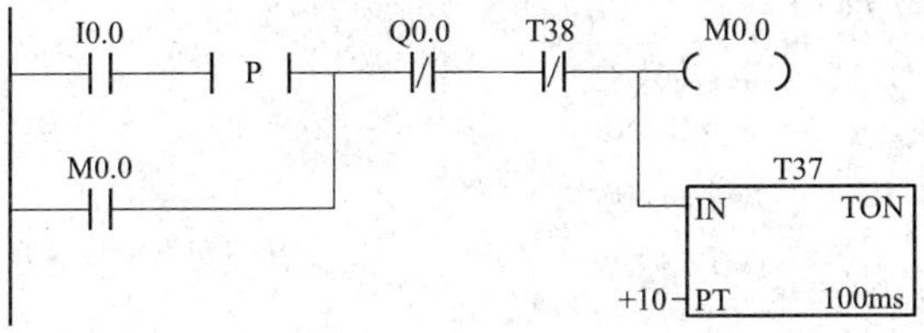	LD　　I0.0 EU O　　M0.0 AN　　Q0.0 AN　　T38 =　　　M0.0 TON　　T37, +10
程序段 3	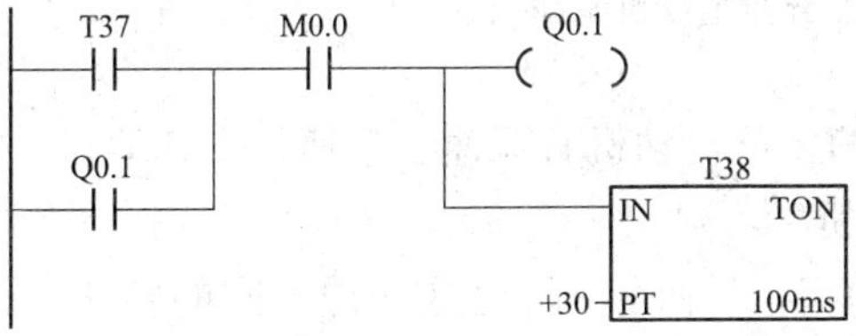	LD　　T37 O　　Q0.1 A　　M0.0 =　　　Q0.1 TON　　T38, +30

（4）PLC 程序说明。按下启动按钮，KM1 线圈（Q0.0）得电。按下停止按钮时（I0.0），KM1 线圈失电，延时 1s 后 KM2 线圈（Q0.1）得电，使电机反接制动，同时定时器 T38 进行延时，其 PLC 运行仿真效果如图 10-9 所示。当 T38 延时达 3s 后，KM2 线圈失电，能耗制动过程结束。程序段 2 中的上升沿检测指令 EU 是确保按下停止按钮且未松开时，而电动机反接制动工作完成后，KM2 线圈不再重新上电。

10.2.4　异步电动机多速控制

改变异步电动机磁极对数来调速电动机转速称为变极调速，变极调速是通过接触器触头改变电动机绕组的外部接线方式，改变电动机的极对数，从而达到调速目的。改变鼠笼式异步电动机定子绕组的极数以后，转子绕组的极数能够随之变化，而改变绕线式异步电动机定子绕组的极数以后，它的转子绕组必须进行相应的重新组合，无法满足极数能够随之变化的要求，因此变极调速只适用于鼠笼式异步电动机。凡磁极对数可以改

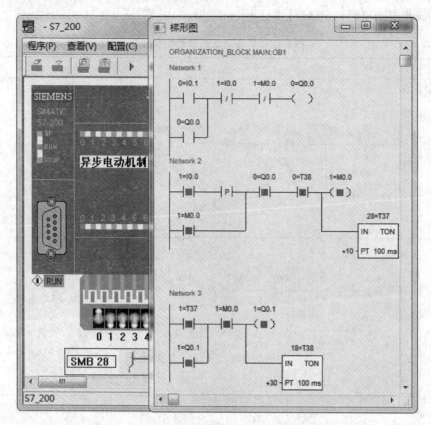

图 10-9　PLC 控制异步电动机制动控制运行仿真效果图

变的电动机称为多速电动机，常见的多速电动机有双速、三速、四速等。

1. 异步电动机多速控制线路分析

三速异步电动机有两套绕组和低速、中速、高速这三种不同的转速。其中一套绕组同双速电动机一样，当电动机定子绕组接成△形接法时，电动机低速运行；当电动机定子绕组接成丫丫形接法时，电动机高速运行。另一套绕组接成丫形接法，电动机中速运行。

传统继电器–接触器三速异步电动机的调速控制线路如图 10-10 所示，其中 SB1、KM1 控制电动机△形接法下低速运行；SB2、KT1、KT2 控制电动机从△形接法下低速启动到丫形接法下中速运行的自动转换；SB3、KT1、KT2、KM3 控制电动机从△形接法下低速启动到丫形中速过渡到丫丫接法下高速运行的自动转换。

合上隔离开关 QS，按下 SB1，KM1 线圈得电，KM1 主触头闭合、常开辅助触头闭合自锁，电动机 M 接成△形接法低速运行，常闭辅助触头打开对 KM2、KM3 联锁。

按下 SB2，SB2 的常闭触头先断开，常开触头后闭合，使 KT1 线圈得电延时。KT1-1 瞬时闭合，使 KM1 线圈得电，KM1 主触头闭合，电动机 M 接成△形接法低速启动，KT1 延时片刻后，KT1-2 先断开，使 KM1 线圈失电，KM1 触头复位，KT1-3 后闭合使 KM2 线圈得电。KM2 线圈得电，KM2 的两对常开触头闭合，KM2 的主触头闭合，使电动机接成丫形中速运行，KM2 两对联锁触头断开对 KM1、KM3 进行联锁。

按下 SB3，SB3 的常闭触头先断开，常开触头后闭合，使 KT2 线圈电，KT2-1 瞬时

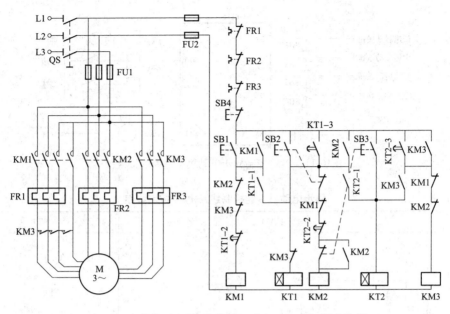

图 10-10　传统继电器−接触器三速电动机变极调速控制

闭合，这样 KT1 线圈得电。KT1 线圈得电，KT1-1 瞬时闭合，KM1 线圈得电，KM1 主触头动作，电动机接成△形接法低速启动，经 KT1 整定时间，KT1-2 先分断，KM1 线圈失电，KM1 主触头复位，而 KM1-3 后闭合使 KM2 线圈得电，KM2 主触头闭合，电动机接成丫形中速过渡。经 KT2 整定时间后，KT2-2 先分断，KM2 线圈失电，KM2 主触头复位，KT2-3 后闭合，KM3 线圈得电。KM3 线圈得电，其主触头和两对常开辅助触头闭合，使电动机 M 接成丫丫形高速运行，同时 KM3 两对常闭辅助触头分断，对 KM1 联锁，而使 KT1 线圈失电，KT1 触头复位。

不管电动机在低速、中速还是高速下运行，只要按下停止按钮 SB4 时，电动机会停止运行。

2. 异步电动机多速控制线路 PLC 控制

根据异步电动机多速控制线路的分析，其 PLC 控制设计如下：

（1）PLC 的 I/O 分配见表 10-7。

表 10-7　　　　　　　　　异步电动机多速控制线路 PLC 控制的 I/O 分配表

输　入			输　出		
功能	元件	PLC 地址	功能	元件	PLC 地址
低速启动按钮	SB1	I0.0	低速运行控制	KM1	Q0.0
中速启动按钮	SB2	I0.1	中速运行控制	KM2	Q0.1
高速启动按钮	SB3	I0.2	高速运行控制	KM3	Q0.2
停止按钮	SB4	I0.3			

（2）PLC 的控制线路接线图如图 10-11 所示。

（3）异步电动机多速控制 PLC 程序见表 10-8。

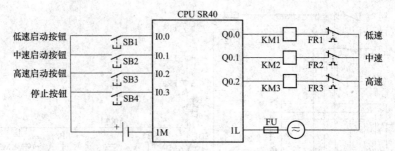

图 10-11 PLC 控制异步电动机多速控制接线图

表 10-8　　　　　　　　　　　异步电动机多速控制线路 PLC 控制程序

程序段	LAD	STL
程序段 1	I0.0 —| |— —| P |— （M0.0）	LD I0.0 EU = M0.0
程序段 2	I0.1 —| |— —| P |— （M0.1）	LD I0.1 EU = M0.1
程序段 3	I0.2 —| |— —| P |— （M0.2）	LD I0.2 EU = M0.2
程序段 4	M0.0 —| |— I0.3 —|/|— T37 —|/|— （Q0.0） M0.1 —| |— M0.2 —| |— Q0.0 —| |—	LD M0.0 O M0.1 O M0.2 O Q0.0 AN I0.3 AN T37 = Q0.0
程序段 5	M0.1 —| |— I0.3 —|/|— （M0.3） M0.2 —| |— M0.3 —| |— T37 IN TON +20 —PT 100ms	LD M0.1 O M0.2 O M0.3 AN I0.3 = M0.3 TON T37，+20

程序段	LAD	STL
程序段 6	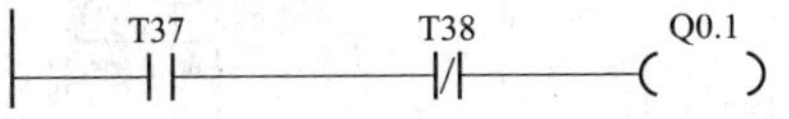 ┤ T37 ├───┤/ T38 ├───(Q0.1)	LD　　T37 AN　　T38 =　　　Q0.1
程序段 7	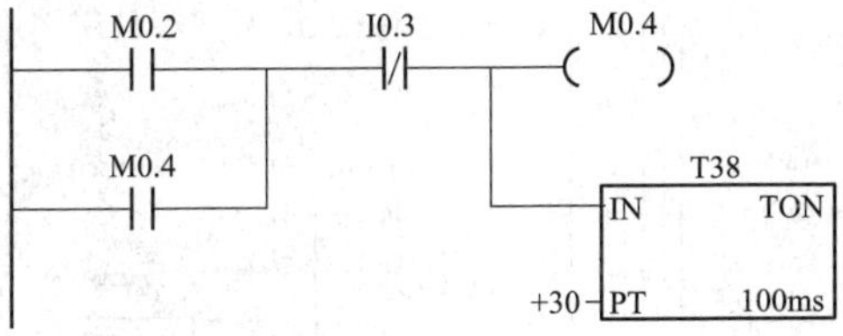 ┤ M0.2 ├───┤/ I0.3 ├───(M0.4) ┤ M0.4 ├ T38 IN　　TON +30─PT　　100ms	LD　　M0.2 O　　　M0.4 AN　　I0.3 =　　　M0.4 TON　T38, +30
程序段 8	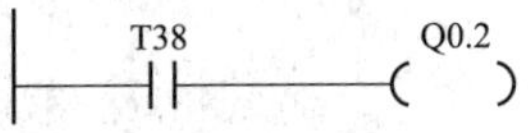 ┤ T38 ├───(Q0.2)	LD　　T38 =　　　Q0.2

（4）PLC 程序说明。按下低速启动按钮 SB1 时，程序段 1 中的 I0.0 常开触点闭合，M0.0 在其上升沿到来时闭合一个扫描周期，控制程序段 4 中的 M0.0 常开触点闭合一个扫描周期，从而使 Q0.0 线圈得电，控制 KM1 主触头闭合，电动机接成△形低速运行。

按下中速启动按钮 SB2 时，程序段 2 中的 I0.1 常开触点闭合，M0.1 在其上升沿到来时闭合一个扫描周期，控制程序段 4 中的 M0.1 常开触点闭合一个扫描周期，从而使 Q0.0 线圈得电，控制 KM1 主触头闭合，电动机△形接法低速启动。而程序段 5 中的 M0.1 常开触点闭合一个扫描周期，使 T37 进行延时，其 PLC 运行仿真效果如图 10-12 所示。若延时时间到，T37 的常闭触头断开使程序段 4 中的 Q0.0 线圈失电，同时 T37 的常开触头闭合，控制程序段 6 的 Q0.1 线圈得电，使电动机接成丫形中速运行。

按下高速启动按钮 SB3 时，程序段 3 中的 I0.2 常开触点闭合，M0.2 在其上升沿到来时闭合一个扫描周期，控制程序段 4 中的 M0.2 常开触点闭合一个扫描周期，从而使 Q0.0 线圈得电，控制 KM1 主触头闭合，电动机△形接法低速启动。而程序段 5 中的 M0.2 常开触点闭合一个扫描周期，使 T37 进行延时 2s。若延时时间到，T37 的常闭触头断开使程序段 4 中的 Q0.0 线圈失电，同时 T37 的常开触头闭合，控制程序段 6 的 Q0.1 线圈得电，使电动机接成丫形中速过渡。程序段 7 中的 M0.2 常开触点闭合一个扫描周期，使 T38 进行延时 3s。若延时时间到，T38 的常闭触头断开使程序段 6 中的 Q0.1 线圈失电，同时 T38 的常开触头闭合，控制程序段 8 的 Q0.2 线圈得电，使电动机接成丫丫形高速运行。

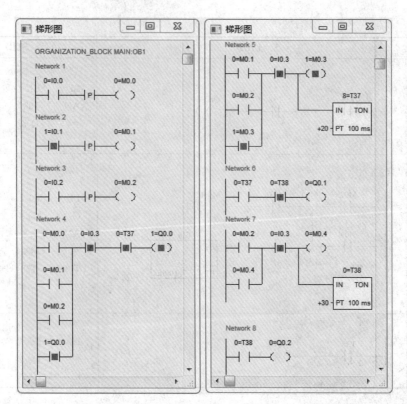

图 10-12　PLC 控制异步电动机多速控制运行仿真效果图

10.3　PLC 控制的应用设计

PLC 控制系统具有较好的稳定性、控制柔性、维修方便性。随着 PLC 的普及和推广，其应用领域越来越广泛，特别是在许多新建项目和设备的技术改造中，常常采用 PLC 作为控制装置。在此，通过实例讲解 PLC 应用系统的设计方法。

10.3.1　六组抢答器 PLC 控制

1. 控制要求

（1）主持人宣布抢答后，首先抢答成功者，抢答有效并且指示灯 LED1 亮，并显示组号，此时其他组抢答无效。

（2）主持人宣布抢答后方可抢答，否则抢答的组被视为犯规并且指示灯 LED2 闪烁，显示犯规组号。

（3）主持人宣布抢答后，10s 内抢答有效，否则指示灯 LED3 闪烁。

（4）主持人按下复位按钮后，各组才可重复上述操作。

2. 控制分析

假设每组有 1 个抢答按钮，分别为 SB1、SB2、SB3、SB4、SB5、SB6，主持人允许抢答按钮为 SB0，复位按钮为 SB7。SB0、SB1、SB2、SB3、SB4、SB5、SB6、SB7 分别与 I0.0、I0.1、I0.2、I0.3、I0.4、I0.5、I0.6、I0.7 相连；LED1、LED2、LED3 分别

与 Q1.0、Q1.1、Q1.2 相连。使用编码指令和译码指令可实现组号的显示。在编程时，使用 T37 进行 10s 延时，在 10s 内，允许各小组进行抢答。如果超过 10s，T37 的常闭断开，使各小组不能进行抢答；同时 T37 的常开触点闭合，使无效指示灯 LED3 闪烁。各小组抢答状态用 6 条 SET 指令保存，同时考虑到抢答器是否已经被最先按下的组所锁定，抢答器的锁定状态用 M2.2 保存；抢答器组被状态锁定后，其他组的操作无效，允许抢答指示灯 LED1 亮，同时数码管显示其组号。当某组先按下抢答按钮时，可将相应的组号数送入 VB0，然后使用 SEG 指令将 VB0 中数值进行译码由 QB0 输出，即可实现数值的显示。

3. I/O 分配表及 I/O 接线图

通过对控制要求的分析，六组抢答器需要使用 8 个输入和 11 个输出端子，I/O 分配见表 10-9，其 I/O 接线如图 10-13 所示。

表 10-9　　　　　　　　　　简易 6 组抢答器的输入/输出分配表

输　入			输　出		
功能	元件	PLC 地址	功能	元件	PLC 地址
允许抢答按钮	SB0	I0.0	数码管段码	a～g、dp	Q0.0～Q0.7
抢答 1 按钮	SB1	I0.1	允许抢答指示	LED1	Q1.0
抢答 2 按钮	SB2	I0.2	犯规指示	LED2	Q1.1
抢答 3 按钮	SB3	I0.3	抢答无效指示	LED3	Q1.2
抢答 4 按钮	SB4	I0.4			
抢答 5 按钮	SB5	I0.5			
抢答 6 按钮	SB6	I0.6			
复位按钮	SB7	I0.7			

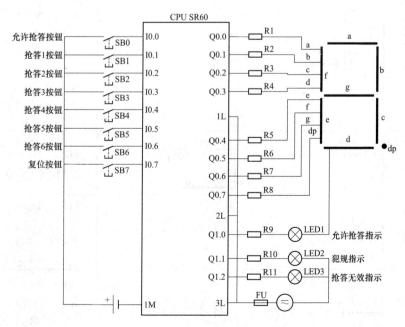

图 10-13　六组抢答器 PLC 控制 I/O 接线图

4. 程序编写

根据六组抢答器的控制分析和 PLC 资源配置，编写出 PLC 控制六组抢答器的梯形图（LAD）及指令语句表（STL），见表 10-10。

表 10-10　　　　　　　　　六组抢答器 PLC 控制程序

程序段	LAD	STL
程序段 1	SM0.1 — MOV_W (EN/ENO, 0→IN, OUT→MW0); M2.0 (R) 1	LD SM0.1 MOVW 0, MW0 R M2.0, 1
程序段 2	I0.0 — I0.7(/) — M2.0( ); M2.0 并联	LD I0.0 O M2.0 AN I0.7 = M2.0
程序段 3	M1.1—M2.0—Q1.0( ); M1.2—M2.0(/)—SM0.5—Q1.1( ); M1.3, M1.4, M1.5, M1.6 并联	LD M1.1 O M1.2 O M1.3 O M1.4 O M1.5 O M1.6 LPS A M2.0 = Q1.0 LPP AN M2.0 A SM0.5 = Q1.1
程序段 4	M2.0 — T37 TON, 100→PT 100ms	LD M2.0 TON T37, 100
程序段 5	I0.1 — T37(/) — M2.2(/) — M1.1(S) 1	LD I0.1 AN T37 AN M2.2 S M1.1, 1
程序段 6	I0.2 — T37(/) — M2.2(/) — M1.2(S) 1	LD I0.2 AN T37 AN M2.2 S M1.2, 1

程序段	LAD	STL
程序段 7	I0.3 ┤├ T37 ┤/├ M2.2 ┤/├ (S) M1.3 / 1	LD I0.3 AN T37 AN M2.2 S M1.3，1
程序段 8	I0.4 ┤├ T37 ┤/├ M2.2 ┤/├ (S) M1.4 / 1	LD I0.4 AN T37 AN M2.2 S M1.4，1
程序段 9	I0.5 ┤├ T37 ┤/├ M2.2 ┤/├ (S) M1.5 / 1	LD I0.5 AN T37 AN M2.2 S M1.5，1
程序段 10	I0.6 ┤├ T37 ┤/├ M2.2 ┤/├ (S) M1.6 / 1	LD I0.6 AN T37 AN M2.2 S M1.6，1
程序段 11	I0.1 ┤├ — I0.1 ┤/├ — ( ) M2.2 I0.2 ┤├ I0.3 ┤├ I0.4 ┤├ I0.5 ┤├ I0.6 ┤├	LD I0.1 O I0.2 O I0.3 O I0.4 O I0.5 O I0.6 AN I0.1 = M2.2
程序段 12	T37 ┤├ M1.1 ┤/├ M1.2 ┤/├ M1.3 ┤/├ ( ) M3.0	LD T37 AN M1.1 AN M1.2 AN M1.3 = M3.0

程序段	LAD	STL
程序段 13	M3.0 M1.4 M1.5 M1.6 M3.1	LD M3.0 AN M1.4 AN M1.5 AN M1.6 = M3.1
程序段 14	M3.1 SM0.5 Q1.2	LD M3.1 A SM0.5 = Q1.2
程序段 15	M1.1 —MOV_B— EN ENO 1–IN OUT–VB0	LD M1.1 MOVB 1, VB0
程序段 16	M1.2 —MOV_B— EN ENO 2–IN OUT–VB0	LD M1.2 MOVB 2, VB0
程序段 17	M1.3 —MOV_B— EN ENO 3–IN OUT–VB0	LD M1.3 MOVB 3, VB0
程序段 18	M1.4 —MOV_B— EN ENO 4–IN OUT–VB0	LD M1.4 MOVB 4, VB0
程序段 19	M1.5 —MOV_B— EN ENO 5–IN OUT–VB0	LD M1.5 MOVB 5, VB0
程序段 20	M1.6 —MOV_B— EN ENO 6–IN OUT–VB0	LD M1.6 MOVB 6, VB0

程序段	LAD	STL
程序段 21	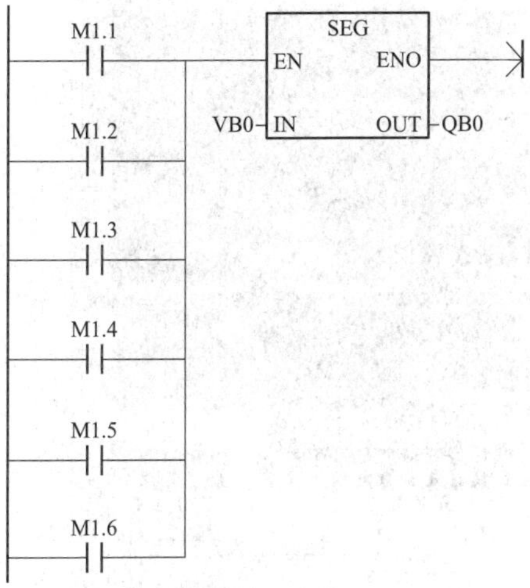 M1.1 M1.2 M1.3 M1.4 M1.5 M1.6 SEG EN ENO, VB0-IN OUT-QB0	LD　　M1.1 O　　M1.2 O　　M1.3 O　　M1.4 O　　M1.5 O　　M1.6 SEG　VB0, QB0
程序段 22	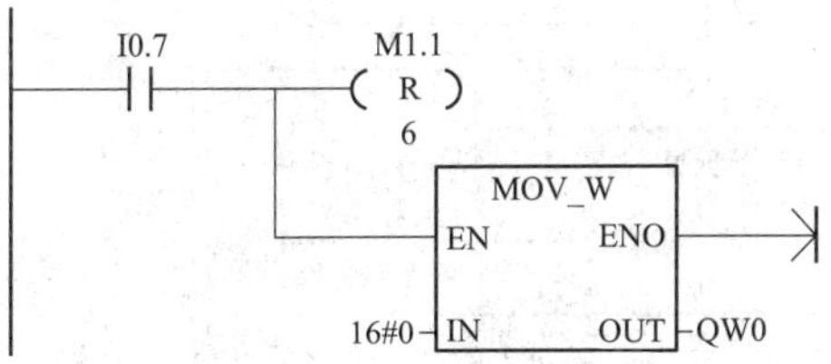 I0.7　M1.1 (R) 6 MOV_W EN ENO, 16#0-IN OUT-QW0	LD　　I0.7 R　　M1.1, 6 MOVW　16#0, QW0

5. 程序说明

PLC 一上电，程序段 1 对 MW0 和 M2.0 进行初始化。程序段 2 为主持人允许各组抢答的启保停控制。程序段 3 中，主持人按下允许抢答按钮 SB0 后，各组才能抢答，其允许抢答指示灯 LED1（Q1.0）点亮，否则抢答犯规指示灯 LED2（Q1.1）以 1s 的频率进行闪烁。程序段 4 中，主持人按下允许抢答按钮 SB0 后，T37 进行延时 10s。程序段 5~程序段 10，在 SB0 按下的 10s 内，只要有一组按下抢答按钮，将其状态位置 1。程序段 11 中，只要有一组按下抢答按钮，M2.2 线圈置 1，对程序段 5~程序段 10 进行锁定，使其他组按下抢答按钮无效。程序段 12~程序段 14 中，若 T37 延时超过 10s，抢答无效指示灯 LED3（Q1.2）以 1s 的频率进行闪烁。程序段 15~程序段 20 中，只要有一组按下抢答按钮，将相应的值送入 VB0，例如第 3 组先按下了抢答按钮则将数值 3 送入 VB0 中。程序段 21 中，只要一组按下抢答按钮，执行 SEG 指令，将组号通过数码管进行显示。程序段 22 中，主持人按下复位按钮后，将各组的状态复位、显示清零。主持人按下允许抢答按钮 SB0 后，在 10s 内第五组最先按下了抢答按钮时，其仿真效果如图 10-14 所示。

10.3.2　多种液体混合 PLC 控制

多种液体混合装置示意图如图 10-15 所示。图中 L 为低液面，SL3 为低液面传感器；M 为中液面，SL2 为中液面传感器；H 为高液面，SL1 为高液面传感器；YV1~YV4 为

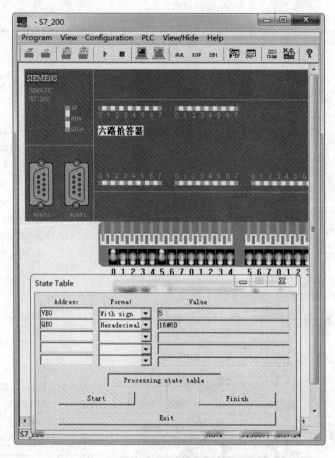

图 10-14　六组抢答器的仿真效果图

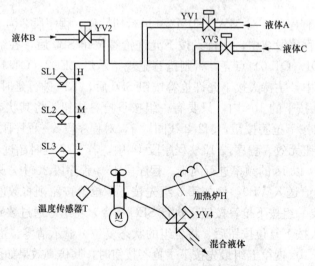

图 10-15　多种液体混合装置示意图

电磁阀，YV1～YV3 控制液体流入容器，YV4 控制混合液体从容器中流出；M 为搅拌电动机；H 为控制加热的电磁阀。

（1）初始状态：装置投入运行时，YV1～YV3 电磁阀关闭，YV4 阀门打开 1min 使容器清空，液位传感器 SL1～SL3 无信号，搅拌电动机未启动。

（2）混合操作：按下启动按钮，电磁阀 YV1 打开，液体 A 流入容器。当液面达到 L 低液面时，SL3 发出信号，使 YV1 闭合 YV2 打开，液体 B 流入容器。当液面达到 M 中液面时，SL2 发出信号，使 YV2 闭合 YV3 打开，液体 C 流入容器。

（3）搅拌操作：当液面达到 H 高液面时，YV3 阀门关闭。搅拌电动机 M 开始定时搅匀；搅动停止后进行加热，打开控制蒸汽的加热炉 H，加入蒸汽对混合后的液体进行加热。经过一定时间后，达到规定的温度，停止加热，YV4 阀门打开进行放料，放出混合料后，容器放空。

（4）停止操作：按下停止按钮，在当前周期混合操作处理完毕后，才能停止操作，各阀门均关闭。

1. 控制分析

PLC 控制多种液体混合装置需要 1 个启动按钮，1 个停止按钮，1 路温度传感信号和 3 个液面检测传感器作为输入控制。4 个电磁阀、1 个搅拌电动机和 1 个加热炉作为输出控制对象。系统刚上电时，需要对系统进行初始化，因此可用 SM0.1 控制实现。

2. I/O 分配表及 I/O 接线图

通过对控制要求的分析，多种液体混合 PLC 控制需要使用 6 个输入和 6 个输出端子，I/O 分配见表 10-11。温度传感器在此用开关信号替代，蒸汽加热炉用电磁阀替代，其 I/O 接线如图 10-16 所示。

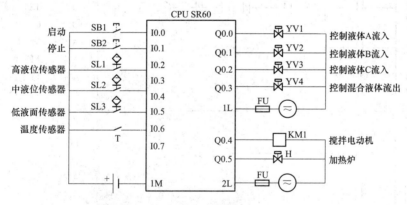

图 10-16　多种液体混合控制的 I/O 接线图

表 10-11　　　　　　　　　　　多种液体混合的 I/O 分配表

输　入			输　出		
功能	元件	PLC 地址	功能	元件	PLC 地址
启动按钮	SB1	I0.0	控制液体 A 流入电磁阀	YV1	Q0.0
停止按钮	SB2	I0.1	控制液体 B 流入电磁阀	YV2	Q0.1
高液面检测信号	SL1	I0.2	控制液体 C 流入电磁阀	YV3	Q0.2
中液面检测信号	SL2	I0.3	控制混合液体流出电磁阀	YV4	Q0.3
低液面检测信号	SL3	I0.4	控制搅拌电动机 M	KM	Q0.4
温度传感器	T	I0.5	加热炉	H	Q0.5

3. 程序编写

根据控制要求编写出多种液体混合装置的梯形图（LAD）及指令语句表（STL），见表 10-12。

表 10-12 　　　　　　　　　多种液体混合装置的 PLC 控制程序

程序段	LAD	STL
程序段 1	SM0.1 ┤├ Q0.0 ┤/├ M0.0 ─( ) M0.0 ┤├ T37 [IN TON] 600─PT 100ms	LD SM0.1 O M0.0 AN Q0.0 = M0.0 TON T37，600
程序段 2	T37 ┤├ M0.1 ─(S)1	LD T37 S M0.1，1
程序段 3	I0.0 ┤├ ─┤P├─ M2.3 ─(R)1	LD I0.0 EU R M2.3，1
程序段 4	I0.0 ┤├ M0.1 ┤├ M2.3 ┤/├ I0.4 ┤/├ Q0.0 ─( ) T39 ┤├ Q0.0 ┤├	LD I0.0 O T39 O Q0.0 A M0.1 AN M2.3 AN I0.4 = Q0.0
程序段 5	I0.4 ┤├ I0.3 ┤/├ Q0.1 ─( ) Q0.1 ┤├	LD I0.4 O Q0.1 AN I0.3 = Q0.1
程序段 6	I0.3 ┤├ I0.2 ┤/├ Q0.2 ─( ) Q0.2 ┤├	LD I0.3 O Q0.2 AN I0.2 = Q0.2
程序段 7	I0.2 ┤├ ─┤P├─ M2.0 ─(S)1	LD I0.2 EU S M2.0，1

程序段	LAD	STL
程序段 8	M2.0　T38　Q0.0　Q0.1　Q0.2　Q0.4 ├─┤ ├─┤/├─┤/├─┤/├─┤/├─( )─	LD　　M2.0 AN　　T38 AN　　Q0.0 AN　　Q0.1 AN　　Q0.2 =　　　Q0.4
程序段 9	M2.0　　　　　　　　T38 ├─┤ ├─────IN　　TON 　　　　　40─PT　　100ms	LD　　M2.0 TON　　T38，40
程序段 10	T38　　　　M2.1 ├─┤ ├──────(S) 　　　　　　　　1 　　　　　　　M2.0 　　　　　　(R) 　　　　　　　1	LD　　T38 S　　　M2.1，1 R　　　M2.0，1
程序段 11	M2.1　　　　I0.5　　　　Q0.5 ├─┤ ├──────┤/├──────( )─	LD　　M2.1 AN　　I0.5 =　　　Q0.5
程序段 12	I0.5　　　　M2.1 ├─┤ ├──────(R) 　　　　　　　　1 　　　　　　　M2.2 　　　　　　(S) 　　　　　　　1	LD　　I0.5 R　　　M2.1，1 S　　　M2.2，1
程序段 13	M0.0　　　　Q0.3 ├─┤ ├──────( )─ M2.2 ├─┤ ├─	LD　　M0.0 O　　　M2.2 =　　　Q0.3
程序段 14	M2.2　　　　　　　　T39 ├─┤ ├─────IN　　TON 　　　　1200─PT　　100ms	LD　　M2.2 TON　　T39，1200
程序段 15	T39　　　　M2.2 ├─┤ ├──────(R) 　　　　　　　　1	LD　　T39 R　　　M2.2，1
程序段 16	I0.1　　　　　　　　M2.3 ├─┤ ├──────┤ P ├──(S) 　　　　　　　　　　1	LD　　I0.1 EU S　　　M2.3，1

4. 程序说明

PLC 一上电，程序段 1 中的 T37 进行延时，同时控制程序段 13 中的 Q0.3 线圈得电，YV4 电磁阀打开，放空容器中的混合液体。当 T37 延时达 1min 时，程序段 2 中的 M0.1 线圈置 1 输出。按下启动按钮 SB1 时，程序段 3 将 M2.3 复位，为下轮重新启动做准备；程序段 4 中的 Q0.0 线圈得电，电磁阀 YV1 打开，控制液体 A 流入容器。当液面达到 L 低液面时，程序段 4 中的 I0.4 常闭触点断开，Q0.0 线圈失电，YV1 闭合，而程序段 5 中的 I0.4 常开触点闭合，Q0.1 线圈得电，YV2 打开，控制液体 B 流入容器。当液面达到 M 中液面时，程序段 5 中的 I0.3 常闭触点断开，Q0.1 线圈失电，YV2 闭合，而程序段 6 中的 I0.3 常开触点闭合，Q0.2 线圈得电，YV3 打开，控制液体 C 流入容器，其仿真效果如图 10-17 所示。当液面达到 H 高液面时，程序段 6 中的 I0.2 常闭触点断开，Q0.2 线圈失电，YV3 闭合，停止液体流入容器。同时，程序段 7 中的 I0.2 常开触点闭合，将 M2.0 置 1。M2.0 常开触点闭合，程序段 8 中的 Q0.4 线圈得电，控制搅拌电动机 M 进行液体的搅拌工作。同时，程序段 9 中的 T38 进行延时。当 T38 延时达设定时，程序段 8 中的 T38 常闭触点断开，使 Q0.4 线圈失电，停止液体的搅拌工作。而程序段 10 中的 T38 常开触点闭合，将 M2.0 复位，M2.1 置位，为加热做准备。液体停止搅拌工作后，M11 中的 Q0.5 线圈得电，蒸汽加热炉加入蒸汽对混合后的液体进行加热。当加热到一定温度时，程序段 11 中的 I0.5 常闭触点断开，停止加热，程序段 12 中的 I0.5 常开触点闭合，使 M2.1 复位，M2.2 置位。M2.2 常开触点闭合，使得程序段 13 中的 Q0.3 线

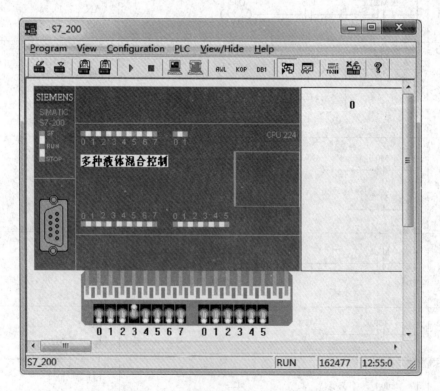

图 10-17　多种液体混合控制的仿真效果图

圈得电，YV4 阀门打开进行放出搅拌好的混合料，而程序段 14 中的 T39 进行延时。当 T39 延时达到设定值，表示容器中混合料放空，此时程序段 15 中的 T39 常开触点闭合，将 M2.2 复位，同时程序段 4 中的 T39 常开触点也闭合，Q0.0 线圈得电，重新加入液体 A，执行下一轮的液体混合操作。程序段 16 为停止控制，注意按下停止按钮时，必须执行完本次液体搅拌工作系统才能停止。

10.3.3　轧钢机的模拟控制

1. 控制要求

某车间轧钢机的控制示意图如图 10-18 所示，按下启动按钮 SB1，电动机 M1 和 M2 运行。按下 S1 表示检测到物件，电动机 M3 正转，即 M3F 点亮。再按 S2，电动机 M3 反转，即 M3R 点亮，同时电磁阀 YV 动作。再按 S1，电动机 M3 正转，重复经过 4 次循环，再按 S2，则停机 5s，取出成品后，继续运行，不需要按启动。当按下停止按钮后，必须按启动按钮才方可运行。如果不先按 S1，而按 S2 将不会有动作。

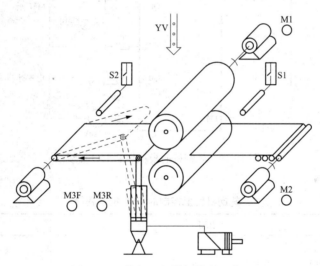

图 10-18　轧钢机的模拟控制示意图

2. 控制分析

轧钢机的模拟控制中，电动机 M3 需要正反转 4 次，并暂停 5s 后，复位重新下一轮的循环操作，因此需要 1 个定时器和 1 个计数器。其中定时器用于 5s 延时；计数器作为正反转次数的统计。每发生 1 次反转时，计数器的当前值加 1。若当前计数值等于 4 时，启动定时器进行延时。如果延时达到 5s 时，将计数器复位。

3. I/O 分配表及 I/O 接线图

轧钢机的模拟控制中，需要连接 4 个输入端子和 5 个输出端子，I/O 分配见表 10-13，PLC 的 I/O 接线图如图 10-19 所示。

4. 程序编写

根据控制要求编写出轧钢机模拟控制的梯形图（LAD）及指令语句表（STL），见表 10-14。

表 10-13 轧钢机的 I/O 分配表

输入（I）			输出（O）		
功能	元件	PLC 地址	功能	元件	PLC 地址
启动按钮	SB1	I0.0	驱动电动机 M1	KM1	Q0.0
停止按钮	SB2	I0.1	驱动电动机 M2	KM2	Q0.1
检测 1	S1	I0.2	M3 正转	KM3/M3F	Q0.2
检测 2	S2	I0.3	M3 反转	KM4/M3R	Q0.3
			电磁阀	YV	Q0.4

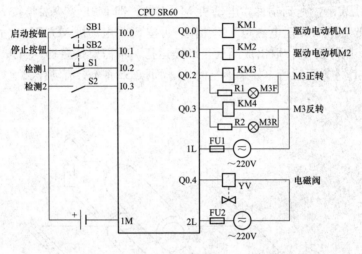

图 10-19 轧钢机的模拟控制 I/O 接线图

表 10-14 轧钢机模拟控制的 PLC 控制程序

程序段	LAD	STL
程序段 1	I0.0 ┤├ I0.1 ┤/├ M0.0 ─( ) T37 ┤├ M0.0 ┤├	LD I0.0 O T37 O M0.0 AN I0.1 = M0.0
程序段 2	M0.0 ┤├ I0.1 ┤/├ Q0.0 ─( ) Q0.1 ─( )	LD M0.0 AN I0.1 = Q0.0 = Q0.1

续表

程序段	LAD	STL
程序段 3	 I0.2　M0.0　I0.1　I0.3　Q0.2 Q0.2 M0.1 (S) 1	LD　　I0.2 O　　Q0.2 A　　M0.0 AN　　I0.1 AN　　I0.3 =　　Q0.2 S　　M0.1, 1
程序段 4	 I0.1　M0.1 (R) 1 C0	LD　　I0.1 O　　C0 R　　M0.1, 1
程序段 5	 I0.3　M0.0　I0.1　I0.2　M0.1　Q0.3 Q0.3　Q0.4	LD　　I0.3 O　　Q0.3 A　　M0.0 AN　　I0.1 AN　　I0.2 A　　M0.1 =　　Q0.3 =　　Q0.4
程序段 6	 Q0.3　—P—　C0 CU CTU T37 R 4—PV	LD　　Q0.3 EU LD　　T37 CTU　　C0, 4
程序段 7	 C0　T37 IN TON 50—PT　100ms Q0.0 (R) 4	LD　　C0 TON　　T37, 50 R　　Q0.0, 4

5. 程序说明

程序段 1 中，当按下启动按钮 SB1 或执行下一轮操作时 M0.0 线圈得电并自锁。M0.0 线圈得电，使得程序段 2 中的 M0.0 常开触点闭合，从而使 Q0.0 和 Q0.1 线圈均得电，电动机 M1 和 M2 运行。M0.0 线圈得电，S1 检测到物品时，程序段 3 中的 Q0.2 线圈得电并自锁，同时 M0.1 线圈置位输出，控制电动机 M3 正转。电动机在运行过程中按下停止按钮，或电动机 M3 正反转 3 次后，程序段 4 中的 M0.1 线圈将复位。M0.0 线圈得电，且电动机 M3 正转时，S2 检测到物品时，程序段 5 中的 Q0.3 和 Q0.4 线圈得电，电动机 M3 反转，电磁阀 YV 动作。电动机 M3 反转 1 次，则程序段 6 中的 C0 计数 1 次。当 C0 计数达 4 次，程序段 7 中的 C0 常开触点闭合，启动 T37 延时，且将 Q0.0~Q0.3 线圈复位，即 3 个电动机停止运行，其仿真效果如图 10-20 所示。

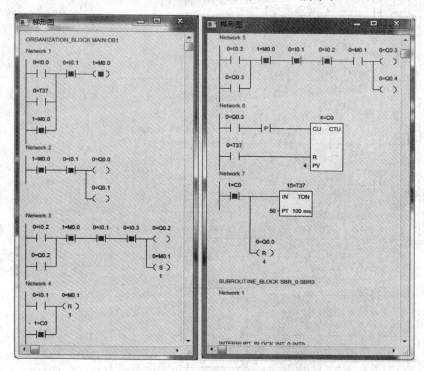

图 10-20　轧钢机模拟控制的仿真效果图

10.3.4　天塔之光 PLC 控制

1. 控制要求

天塔之光的控制示意图如图 10-21 所示，其中，彩灯 L1 为黄灯，L2~L5 为红灯，L6~L9 为绿灯，L10 ~L12 为白灯。要求按下启动按钮 SB1 后，彩灯间隔 1s 按以下规律显示：L12→L11→L10→L8→L1→L1、L2、L9→L1、L5、L8→L1、L4、L7→L1、L3、L6→L1→L1、L2、L3、L4、L5→L6、L7、L8、L9→L1、L2、L6→L1、L3、L7→L1、L4、L8→L1、L5、L9→L1→L2、L3、L4、L5→L6、L7、L8、L9→L12→L11→L10 ……，循环显示。按下停止按钮 SB2 时，彩灯同时熄灭。

2. 控制分析

根据控制要求可知，天塔之光共有 12 只彩灯，这些彩灯是循环移位点亮。移位分为 19 步，可以采用一个 19 位移位寄存器（M10.1～M10.7、M11.0～M11.7、M12.0～M12.3），每 1 位对应 1 步控制相应的彩灯。如果对于 12 位输出（Q0.0～Q0.7、Q1.0～Q1.3）的任意一位输出有效，则有若干移位寄存器的位共同使能：如 Q0.0 输出有效，则 M10.5、M10.6、M10.7、M11.0、M11.1、M11.2、M11.5、M11.6、M11.7、M12.0、M12.1 必须置位 1，Q0.0＝1 使 L1 点亮，其余的 QW0（QB0 和 QB1）位输出类似。利用移位寄存器指令 SHRB 可实现显示状态的转换，MB10.0 作为数据输入端，M10.1 作为移位寄存器的最低位，则 MD10 寄存器状态与 QW0 输出的对应关系见表 10-15。

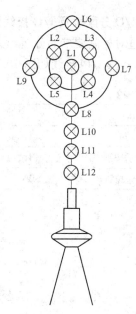

图 10-21　天塔之光控制示意图

表 10-15　　　　　　　　MD10 寄存器状态与 QW0 输出的对应关系

寄存器状态	输出											
	L1	L2	L3	L4	L5	L6	L7	L8	L9	L10	L11	L12
	Q0.0	Q0.1	Q0.2	Q0.3	Q0.4	Q0.5	Q0.6	Q0.7	Q1.0	Q1.1	Q1.2	Q1.3
M10.7	1	0	0	0	1	0	0	1	0	0	0	0
M10.6	1	1	0	0	0	0	0	0	1	0	0	0
M10.5	1	0	0	0	0	0	0	0	0	0	0	0
M10.4	0	0	0	0	0	0	0	1	0	0	0	0
M10.3	0	0	0	0	0	0	0	0	0	1	0	0
M10.2	0	0	0	0	0	0	0	0	0	0	1	0
M10.1	0	0	0	0	0	0	0	0	0	0	0	1
M11.7	1	0	0	1	0	0	0	1	0	0	0	0
M11.6	1	0	1	0	0	1	0	1	0	0	0	0
M11.5	1	1	0	0	0	1	0	0	0	0	0	0
M11.4	0	0	0	0	0	1	1	1	1	0	0	0
M11.3	0	1	1	1	1	0	0	0	0	0	0	0
M11.2	1	0	0	0	0	0	0	0	0	0	0	0
M11.1	1	0	0	1	0	0	0	0	0	0	0	0
M11.0	1	0	0	1	0	0	1	0	0	0	0	0
M12.3	0	0	0	0	0	0	1	1	1	1	0	0
M12.2	0	1	1	1	1	0	0	0	0	0	0	0
M12.1	1	0	0	0	0	0	0	0	0	0	0	0
M12.0	1	0	0	0	1	0	0	0	1	0	0	0

3. I/O 分配表及 I/O 接线图

通过对控制要求的分析，天塔之光需要使用 2 个输入和 12 个输出端子，I/O 分配见表 10-16，其 I/O 接线如图 10-22 所示。

表 10-16   天塔之光的 I/O 分配表

输入			输出		
功能	元件	PLC 地址	功能	元件	PLC 地址
启动按钮	SB1	I0.0	彩灯 1	L1	Q0.0
停止按钮	SB2	I0.1	彩灯 2	L2	Q0.1
			彩灯 3	L3	Q0.2
			彩灯 4	L4	Q0.3
			彩灯 5	L5	Q0.4
			彩灯 6	L6	Q0.5
			彩灯 7	L7	Q0.6
			彩灯 8	L8	Q0.7
			彩灯 9	L9	Q1.0
			彩灯 10	L10	Q1.1
			彩灯 11	L11	Q1.2
			彩灯 12	L12	Q1.3

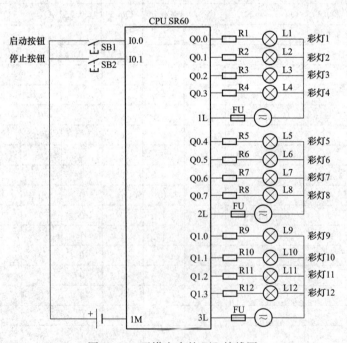

图 10-22   天塔之光的 I/O 接线图

4. 程序编写

根据控制要求，使用移位寄存器指令，并参照表 10-15，编写出 PLC 控制天塔之光的梯形图（LAD）及指令语句表（STL），见表 10-17。

表 10-17 天塔之光的程序

程序段	LAD	STL
程序段 1	I0.0 / I0.1 —(M0.0) / M0.0	LD I0.0 O M0.0 AN I0.1 = M0.0
程序段 2	M0.0 / M0.1 / T37 TON / 10—PT 100ms	LD M0.0 AN M0.1 TON T37，10
程序段 3	T37 —(M0.1)	LD T37 = M0.1
程序段 4	M0.0 / T38 TON / 20—PT 100ms / T38 —(M0.2)	LD M0.0 TON T38，20 AN T38 = M0.2
程序段 5	M0.2 —(M10.0) / M0.3	LD M0.2 O M0.3 = M10.0
程序段 6	M12.3 / T39 TON / 10—PT 100ms / T39 —(M0.3)	LD M12.3 TON T39，10 AN T39 = M0.3
程序段 7	M0.1 / SHRB EN ENO / M10.0—DATA / M10.1—S_BIT / +19—N	LD M0.1 SHRB M10.0，M10.1，+19

程序段	LAD	STL
程序段 8	M10.7 — Q0.0 —( ) M10.6 M10.5 M11.7 M11.6 M11.5 M11.2 M11.1 M11.0 M12.1 M12.0	LD M10.7 O M10.6 O M10.5 O M11.7 O M11.6 O M11.5 O M11.2 O M11.1 O M11.0 O M12.1 O M12.0 = Q0.0
程序段 9	M10.6 — Q0.1 —( ) M11.5 M11.3 M12.2	LD M10.6 O M11.5 O M11.3 O M12.2 = Q0.1
程序段 10	M11.6 — Q0.2 —( ) M11.3 M11.1 M12.2	LD M11.6 O M11.3 O M11.1 O M12.2 = Q0.2

续表

程序段	LAD	STL
程序段 11	M11.7 ── Q0.3 ( ) M11.3 ── M11.0 ── M12.2 ──	LD M11.7 O M11.3 O M11.0 O M12.2 = Q0.3
程序段 12	M10.7 ── Q0.4 ( ) M11.3 ── M12.2 ── M12.0 ──	LD M10.7 O M11.3 O M12.2 O M12.0 = Q0.4
程序段 13	M11.5 ── Q0.5 ( ) M11.4 ── M11.1 ── M12.3 ──	LD M11.5 O M11.4 O M11.1 O M12.3 = Q0.5
程序段 14	M11.6 ── Q0.6 ( ) M11.4 ── M11.0 ── M12.3 ──	LD M11.6 O M11.4 O M11.0 O M12.3 = Q0.6
程序段 15	M10.7 ── Q0.7 ( ) M10.4 ── M11.7 ── M11.4 ── M12.3 ──	LD M10.7 O M10.4 O M11.7 O M11.4 O M12.3 = Q0.7

续表

程序段	LAD	STL
程序段 16	M10.6 Q1.0 M11.4 M12.3 M12.0	LD M10.6 O M11.4 O M12.3 O M12.0 = Q1.0
程序段 17	M10.3 Q1.1	LD M10.3 = Q1.1
程序段 18	M10.2 Q1.2	LD M10.2 = Q1.2
程序段 19	M10.1 Q1.3	LD M10.1 = Q1.3

5. 程序说明

程序段 1 为启停控制，SB1 按下，I0.0 常开触点闭合，M0.0 线圈得电并自锁；按下 SB2，I0.1 常闭触点断开，M0.0 线圈失电自锁解除。程序段 2 和程序段 3 控制 1s 的脉冲由 M0.1 输出，该脉冲作为移位寄存器的移位信号。当 M0.0 线圈得电后，程序段 4 中的 M0.2 线圈也得电，同时 T38 进行延时，当 T38 延时达 2s 后，T38 常闭触点断开，使 M0.2 线圈失电。当移位寄存器移位了 19 步后，M12.3 常开触点闭合，使得程序段 6 中的 M0.3 线圈也得电，同时 T39 进行延时，当 T39 延时达 1s 后，T39 常闭触点断开，使 M0.3 线圈失电。在 M0.2 线圈或 M0.3 线圈得电时，程序段 5 中的 M0.2 常开触点闭合，M10.0 线圈得电，从而使程序段 7 中移位寄存器的 DATA 值为 1。在程序段 7 中，每隔 1s，执行 1 次移位寄存器指令，将 M10.0 中的内容从 M10.1 开始往左移 1 位，共移位 19 次。程序段 8~程序段 19 是根据表 10-15 的状态，每次移位时控制相应彩灯的亮或灭状态。由于 S7-200 仿真软件不支持寄存器移位指令，所以本例将程序下载到 PLC 中之后，在 STEP 7-Micro/WIN SMART 中单击 图标，进入程序状态监控，天塔之光的运行效果如图 10-23 所示。

10.3.5 PLC 与变频器联机 15 段速频率控制设计

1. 控制要求

使用 PLC 和变频器设计一个电动机 15 段速控制系统，要求按下电动机的启动按钮，电动机启动运行在 5Hz 所对应的转速；延时 n 秒后，电动机升速运行在 10Hz 对应的转速，再延时 n 秒后，电动机继续升速运行，电动机继续升速运行在 20Hz 对应的转速；以

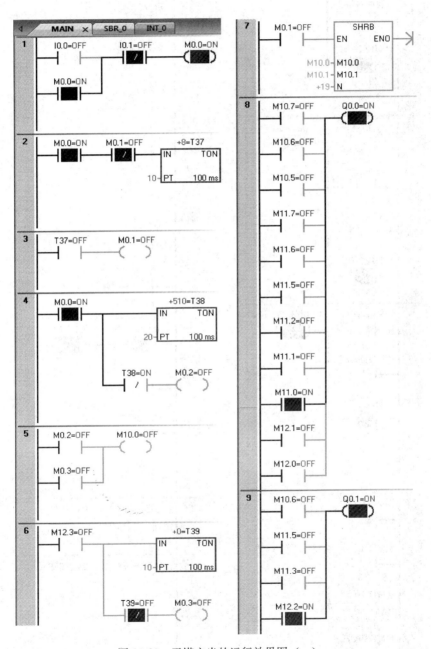

图 10-23　天塔之光的运行效果图（一）

西门子 S7-200 SMART PLC 从入门到精通

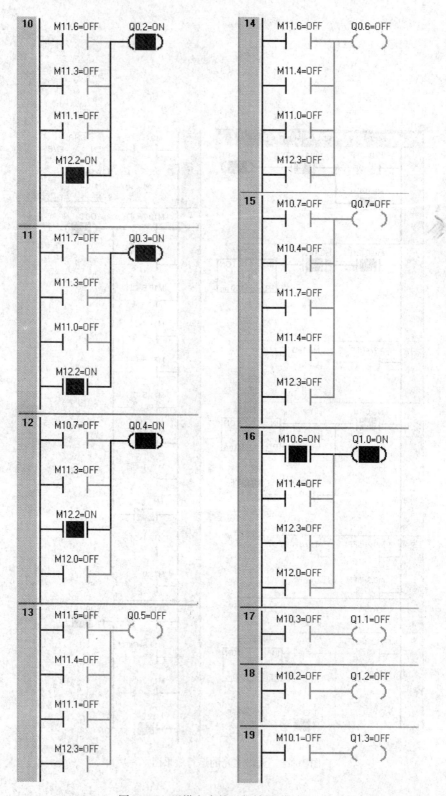

图 10-23　天塔之光的运行效果图（二）

492

后每隔 n 秒，则速度如图 10-24 所示依次变化，一个运行周期完后自动重新运行。按下停止按钮，电动机停止运行。间隔时间 n 通过开关 K0～K7 进行设置，电动机的转速由变频器的 15 段调速来控制。

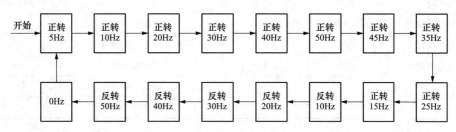

图 10-24　电动机运行过程

2. 控制分析

MM440 变频器有 6 个完全可编程的数字输入端 DIN1～DIN6，可对电动机进行正反转、固定频率设定值进行控制。在此使用 5 个数字输入端 DIN1～DIN4 的组合，可实现 15 段速频率控制。这 4 个数字输入端 DIN1～DIN5 由 PLC 的输出映像寄存器位 Q0.0～Q0.4 进行控制，该 15 段速与 PLC 的输出端子对应的关系见表 10-18。表中运行频率为负值，表示反转。

表 10-18　　　　　　　　　　15 段速与 PLC 输出端子对应的关系

Q0.4（DIN5）	Q0.3（DIN4）	Q0.2（DIN3）	Q0.1（DIN2）	Q0.0（DIN1）	运行频率（Hz）
1	0	0	0	1	5
1	0	0	1	0	10
1	0	0	1	1	20
1	0	1	0	0	30
1	0	1	0	1	40
1	0	1	1	0	50
1	0	1	1	1	45
1	1	0	0	0	35
1	1	0	0	1	25
1	1	0	1	0	15
1	1	0	1	1	−10
1	1	1	0	0	−20
1	1	1	0	1	−30
1	1	1	1	0	−40
1	1	1	1	1	−50
0	0	0	0	0	0

3. I/O 分配表及 I/O 接线图

由于延时时间 n 通过开关 K0～K7 设置，所以需要使用 I0.0～I0.7 与 K0～K7 进行连接。电动机的启动按钮 SB1 与停止按钮 SB2 可与 PLC 的 I1.0 和 I1.1 连接。PLC 的 Q0.0～Q0.4 与频率器 MM440 的 DIN1～DIN5 连接，因此需要使用 10 个输入和 5 个输出端子，I/O 分配见表 10-19，其 I/O 接线如图 10-25 所示。

表 10-19 　　　　　　　　　　　　**15 段速频率控制的 I/O 分配表**

输　入			输　出	
功能	元件	PLC 地址	功能	PLC 地址
延时时间设置	K0~K7	I0.0~I0.7	DIN1，固定频率设置	Q0.0
启动按钮	SB1	I1.0	DIN2，固定频率设置	Q0.1
停止按钮	SB2	I1.1	DIN3，固定频率设置	Q0.2
			DIN4，固定频率设置	Q0.3
			DIN5，固定频率设置	Q0.4

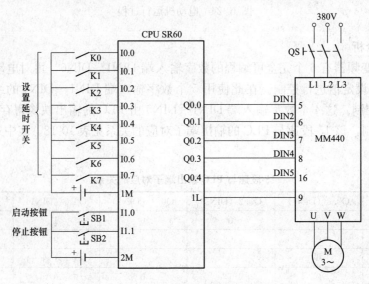

图 10-25　15 段速频率控制的 I/O 接线图

4. 变频器参数设置

复位变频器为工厂默认设置值，P0010＝30 和 P0970＝1，按下 P 键，开始复位，复位过程大约 3min，这样保证了变频器的参数恢复到工厂默认设置值。变频器参数设置见表 10-20。

表 10-20 　　　　　　　　　　　　**变频器参数设置**

参数号	设置值	说　明
P0003	2	设用户访问级为标准级
P0010	1	定义为快速调试
P0100	0	功率单位为 kW，频率为 50Hz
P0304	230	确定电动机的额定电压为 230V
P0305	1	确定电动机的额定电流为 1A
P0307	0.75	确定电动机的额定功率为 0.75kW
P0310	50	确定电动机的额定频率为 50Hz
P0311	1460	确定电动机的额定转速为 1460r/min
P3900	1	结束快速调试，进入"运行准备就绪"

5. 程序编写

间隔时间 n 由 I0.0~I0.7 的状态来设置，其数据长度为 8 位，而定时器设置值的数据长度为 16 位，所以可以将 IW0（IB0 为高 8 位，IB1 为低 8 位）使用右移指令将其移动 8 位，形成新的数值，该数值的长度为 16 位，但最高 8 位 0，而低 8 位为 IB0 的值，移位的结果送入 MW0 中，这样 MW0 中就可获取由 I0.0~I0.7 的状态决定的延时时间。15 段速频率的切换可通过 16 个定时器（T37~T52）延时来实现。从表 10-28 中可以看出，15 段速频率中，Q0.4 在定时器 T37~T50 延时均有输出，Q0.3 在 T43~T50 延时有输出，Q0.2 在 T39~T42、T47~T50 延时有输出，Q0.1 在 T37、T38、T41、T42、T45、T46、T49、T50 延时有输出，Q0.0 在启动 T37 延时及 T38、T40、T42、T44、T46、T48、T50 延时有输出。根据这些编写出程序见表 10-21。

表 10-21　　　　　　　　　　　　　　15 段速频率控制程序

程序段	LAD	STL
程序段 1	SM0.0 — SHR_W（EN ENO；IW0—IN，OUT—MW0；8—N）	LD　　SM0.0 MOVW　IW0，MW0 SRW　　MW0，8
程序段 2	I1.0 — M10.0（S）1	LD　　I1.0 S　　　M10.0，1
程序段 3	I1.1 — M10.0（R）1	LD　　I1.1 R　　　M10.0，1
程序段 4	M10.0 — T52 — T37（IN TON；MW0—PT 100ms）	LD　　M10.0 AN　　T52 TON　T37，MW0
程序段 5	T37 — T38（IN TON；MW0—PT 100ms）	LD　　T37 TON　T38，MW0
程序段 6	T38 — T39（IN TON；MW0—PT 100ms）	LD　　T38 TON　T39，MW0
程序段 7	T39 — T40（IN TON；MW0—PT 100ms）	LD　　T39 TON　T40，MW0

程序段	LAD	STL
程序段 8	T40 ┤├ — T41 IN TON / MW0–PT 100ms	LD T40 TON T41, MW0
程序段 9	T41 ┤├ — T42 IN TON / MW0–PT 100ms	LD T41 TON T42, MW0
程序段 10	T42 ┤├ — T43 IN TON / MW0–PT 100ms	LD T42 TON T43, MW0
程序段 11	T42 ┤├ — T43 IN TON / MW0–PT 100ms	LD T43 TON T44, MW0
程序段 12	T44 ┤├ — T45 IN TON / MW0–PT 100ms	LD T44 TON T45, MW0
程序段 13	T45 ┤├ — T46 IN TON / MW0–PT 100ms	LD T45 TON T46, MW0
程序段 14	T46 ┤├ — T47 IN TON / MW0–PT 100ms	LD T46 TON T47, MW0
程序段 15	T47 ┤├ — T48 IN TON / MW0–PT 100ms	LD T47 TON T48, MW0

程序段	LAD	STL
程序段 16	T48 —┤├— 　T49 IN TON 　MW0—PT 100ms	LD　　T48 TON　　T49，MW0
程序段 17	T49 —┤├— 　T50 IN TON 　MW0—PT 100ms	LD　　T49 TON　　T50，MW0
程序段 18	T50 —┤├— 　T51 IN TON 　MW0—PT 100ms	LD　　T50 TON　　T51，MW0
程序段 19	T51 —┤├— 　T52 IN TON 　MW0—PT 100ms	LD　　T51 TON　　T52，MW0
程序段 20	M10.0 —┤├— T51 —┤/├— Q0.4 —( )—	LD　　M10.0 AN　　T51 =　　　Q0.4
程序段 21	T43 —┤├— T51 —┤/├— Q0.3 —( )—	LD　　T43 AN　　T51 =　　　Q0.3
程序段 22	T39 —┤├— T43 —┤/├— Q0.2 —( )— T47 —┤├— T51 —┤/├—	LD　　T39 AN　　T43 LD　　T47 AN　　T51 OLD =　　　Q0.2

程序段	LAD	STL
程序段 23		LD T37 AN T39 LD T41 AN T43 OLD LD T45 AN T47 OLD LD T49 AN T51 OLD = Q0.1
程序段 24		LD M10.0 AN T37 LD T38 AN T39 OLD LD T40 AN T41 OLD LD T42 AN T43 OLD LD T44 AN T45 OLD LD T46 AN T47 OLD LD T48 AN T49 OLD LD T50 AN T51 OLD = Q0.0

6. 程序说明

当 PLC 一上电时，程序段 1 就采集 I0.0~I0.7 的状态，将该状态转换为 16 位数值，送入 MW0 中。按下启动按钮，程序段 2 中的 M10.0 置 1。按下停止按钮，程序段 3 中的

498

M10.1 复位。M10.1 置 1 后，程序段 4～程序段 19 依次对多个定时器延时。程序段 20～程序段 24 是根据表 10-28 而控制 Q0.4～Q0.0 的输出，从而控制变频器的 15 段速频率输出。图 10-26 为 15 段速频率控制的仿真运行图，图中间隔时间 n 设置为 127（即实际延时间隔为 $127 \times 100\text{ms} = 12.7\text{s}$），T37 当前计数值为 286，变频器输出 10Hz 频率，控制电动机进行正转。

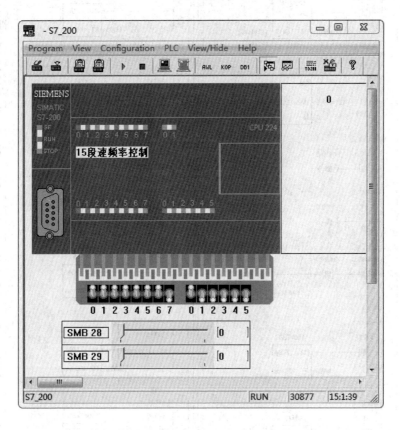

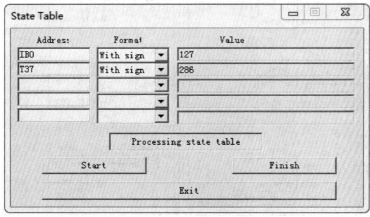

图 10-26　15 段速频率控制仿真运行图（一）

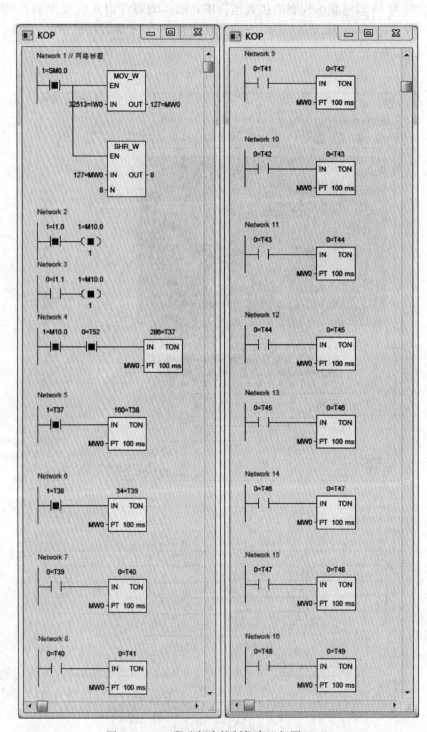

图 10-26　15 段速频率控制仿真运行图（二）

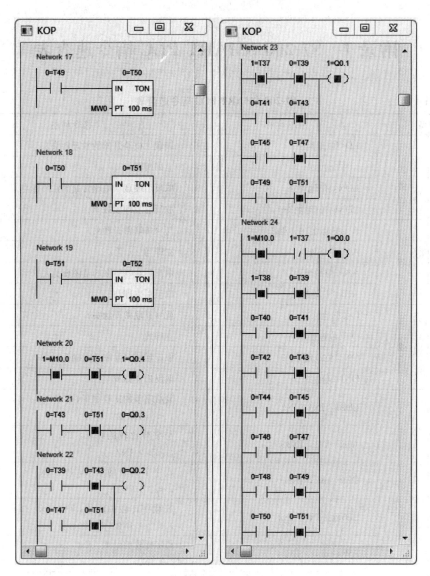

图 10-26　15 段速频率控制仿真运行图（三）

附录 1　S7-200 SMART PLC 指令速查表

附表 1-1　　　　　　　　　　　　　S7-200 SMART PLC 指令速查表

类型		指令名称	指令描述
布尔指令	装载	LD<位地址>	装载（电路开始的常开触头）
		LDI<位地址>	立即装载
		LDN<位地址>	取反后装载（电路开始的常闭触点）
		LDNI<位地址>	取反后立即装载
	与	A<位地址>	与（串联常开触头）
		AI<位地址>	立即与
		AN<位地址>	取反后与（串联的常闭触头）
		ANI<位地址>	取反后立即与
	或	O<位地址>	或（并联常开触头）
		OI<位地址>	立即或
		ON<位地址>	取反后或（并联常闭触头）
		ONI<位地址>	取反后立即或
	比较	LDBx IN1, IN2	装载字节的比较结果，IN1（x：<, <=, =, >, <>）IN2
		ABx IN1, IN2	与字节比较的结果，IN1（x：<, <=, =, >, <>）IN2
		OBx IN1, IN2	或字节比较的结果，IN1（x：<, <=, =, >, <>）IN2
		LDWx IN1, IN2	装载字比较的结果，IN1（x：<, <=, =, >, <>）IN2
		AWx IN1, IN2	与字比较的结果，IN1（x：<, <=, =, >, <>）IN2
		OWx IN1, IN2	或字比较的结果，IN1（x：<, <=, =, >, <>）IN2
		LDDx IN1, IN2	装载双字的比较结果，IN1（x：<, <=, =, >, <>）IN2
		ADx IN1, IN2	与双字比较的结果，IN1（x：<, <=, =, >, <>）IN2
		ODx IN1, IN2	或双字比较的结果，IN1（x：<, <=, =, >, <>）IN2
		LDRx IN1, IN2	装载实数的比较结果，IN1（x：<, <=, =, >, <>）IN22
		ARx IN1, IN2	与实数的比较结果，IN1（x：<, <=, =, >, <>）IN2
		ORx IN1, IN2	或实数的比较结果，IN1（x：<, <=, =, >, <>）IN2

类型		指令名称	指令描述
布尔指令	取反	NOT	堆栈值取反
	检测	EU	上升沿检测
		ED	下降沿检测
	输出	＝　＜位地址＞	输出（线圈）
		＝I　＜位地址＞	立即输出
	置位	S　＜位地址＞，N	置位一个区域
		SI　＜位地址＞，N	立即置位一个区域
	复位	R　＜位地址＞，N	复位一个区域
		RI　＜位地址＞，N	立即复位一个区域
	字符串比较	LDSx　IN1，IN2	装载字符串比较结果，IN1（x：＝，＜＞）IN2
		ASx　IN1，IN2	与字符串比较结果，IN1（x：＝，＜＞）IN2
		OSx　IN1，IN2	或字符串比较结果，IN1（x：＝，＜＞）IN2
	电路块	ALD	与装载（电路块串联）
		OLD	或装载（电路块并联）
	栈	LPS	逻辑入栈
		LRD	逻辑读栈
		LPP	逻辑出栈
		LDS　N	装载堆栈
		AENO	对 ENO 进行与操作
数学增减1函数	加法	＋I　　IN1，OUT	整数加法，IN1＋OUT＝OUT
		＋D　　IN1，OUT	双整数加法，IN1＋OUT＝OUT
		＋R　　IN1，OUT	实数加法，IN1＋OUT＝OUT
	减法	－I　　IN1，OUT	整数减法，OUT－IN1＝OUT
		－D　　IN1，OUT	双整数减法，OUT－IN1＝OUT
		－R　　IN1，OUT	实数减法，OUT－IN1＝OUT
	乘法	MUL　IN1，OUT	整数乘整数得双整数，IN1＊OUT＝OUT
		＊I　　IN1，OUT	整数乘法，IN1＊OUT＝OUT
		＊D　　IN1，OUT	双整数乘法，IN1＊OUT＝OUT
		＊R　　IN1，OUT	实数乘法，IN1＊OUT＝OUT
	除法	DIV　IN1，OUT	整数除整数得双整数，OUT/IN1＝OUT
		/I　　IN1，OUT	整数除法，OUT/IN1＝OUT
		/D　　IN1，OUT	双整数除法，OUT/IN1＝OUT
		/R　　IN1，OUT	实数除法，OUT/IN1＝OUT
	平方根	SQRT　IN，OUT	平方根
	自然对数	LN　　IN，OUT	自然对数
	自然指数	EXP　IN，OUT	自然指数

类型		指令名称	指令描述
数学增减1函数	正弦数	SIN　IN，OUT	正弦数
	余弦数	COS　IN，OUT	余弦数
	正切数	TAN　IN，OUT	正切数
	加1	INCB　OUT	字节加1
		INCW　OUT	字加1
		INCD　OUT	双字加1
	减1	DECB　OUT	字节减1
		DECW　OUT	字减1
		DECD　OUT	双字减1
	PID回路	PID　TBL，LOOP	PID回路
定时器和计数器	定时器	TON　Txxx，PT	接通延时定时器
		TOF　Txxx，PT	断开延时定时器
		TONR　Txxx，PT	保持型接通延时定时器
		BITIM　OUT	启动间隔定时器
		CITIM　IN，OUT	计算间隔定时器
	计数器	CTU　Cxxx，PV	加计数器
		CTD　Cxxx，PV	减计数器
		CTUD　Cxxx，PV	加/减计数器
实时时钟	读/写时钟	TODR　T	读实时时钟
		TODW　T	写实时时钟
	扩展读/写时钟	TODRX　T	扩展读实时时钟
		TODWX　T	扩展写实时时钟
程序控制	程序结束	END	程序的条件结束
	切换STOP	STOP	切换到STOP模式
	看门狗	WDR	看门狗复位9300ms0
	跳转	JMP　N	跳到指定的标号
		LBL　N	定义一个跳转的标号
	调用	CALL　N（N1…）	调用子程序，可以有16个可选参数
		CRET	从子程序条件返回
	循环	FOR　INDX，INIT，FINAL NEXT	FOR/NEXT循环
	顺控继电器	LSCR　N	顺序继电器段的启动
		SCRT　N	顺序继电器段的转换
		CSCRE	顺序继电器段的条件结束
		SCRE	顺序继电器段的结束
	诊断LED	DLED　IN	实时时钟

类型		指令名称	指令描述
传送 移位 循环 填充	传送	MOVB　IN，OUT	字节传送
		MOVW　IN，OUT	字传送
		MOVD　IN，OUT	双字传送
		MOVR　IN，OUT	实数传送
	立即读/写	BIR　IN，OUT	立即读物理输入字节
		BIW　IN，OUT	立即写物理输出字节
	块传送	BMB　IN，OUT，N	字节块传送
		BMW　IN，OUT，N	字块传送
		BMD　IN，OUT，N	双字块传送
	交换	SWAP　IN	交换字节
	移位	SHRB　DATA，S_BIT，N	移位寄存器
		SRB　OUT，N	字节右移 N 位
		SRW　OUT，N	字右移 N 位
		SRD　OUT，N	双字右移 N 位
		SLB　OUT，N	字节左移 N 位
		SLW　OUT，N	字左移 N 位
		SLD　OUT，N	双字左移 N 位
		RRB　OUT，N	字节循环右移 N 位
		RRW　OUT，N	字循环右移 N 位
		RRD　OUT，N	双字循环右移 N 位
		RLB　OUT，N	字节循环左移 N 位
		RLW　OUT，N	字循环左移 N 位
		RLD　OUT，N	双字循环左移 N 位
	填充	FILL　IN，OUT，N	用指定元素填充存储器空间
逻辑 操作	逻辑与	ANDB　IN1，OUT	字节逻辑与
		ANDW　IN1，OUT	字逻辑与
		ANDD　IN1，OUT	双字逻辑与
	逻辑或	ORB　IN1，OUT	字节逻辑或
		ORW　IN1，OUT	字逻辑或
		ORD　IN1，OUT	双字逻辑或
	逻辑异或	XORB　IN1，OUT	字节逻辑异或
		XORW　IN1，OUT	字逻辑异或
		XORD　IN1，OUT	双字逻辑异或
	取反	INVB　IN1，OUT	字节取反（1 的补码）
		INVW　IN1，OUT	字取反
		INVD　IN1，OUT	双字取反

续表

类型		指令名称	指令描述
字符串 指令	字符串长度	SLEN IN, OUT	求字符串长度
	连接字符串	SCAT IN, OUT	连接字符串
	复制字 符串	SCPY IN, OUT	复制字符串
		SSCPY IN, INDX, N, OUT	复制子字符串
	查找字 符串	CFND IN1, IN2, OUT	在字符串查找一个字符串
		SFND IN1, IN2, OUT	在字符串查找一个子字符串
表查找 转换指令	表取数	ATT DATA, TBL	把数据添加到表格中
		LIFO TBL, DATA	从表中取数据，后入先出
		FIFO TBL, DTAT	从表中取数据，后入后出
	表查找	FND= TBL, PTN, INDX	从表 TBL 中查找等于比较条件 PTN 的数据
		FND<> TBL, PTN, INDX	从表 TBL 中查找不等于比较条件 PTN 的数据
		FND< TBL, PTN, INDX	从表 TBL 中查找小于比较条件 PTN 的数据
		FND> TBL, PTN, INDX	从表 TBL 中查找大于比较条件 PTN 的数据
	BCD 码和 整数转换	BCDI IN, OUT	BCD 码转换成整数
		IBCD IN, OUT	整数转换成 BCD 码
	字节和整 数转换	BTI IN, OUT	字节转换成整数
		ITB IN, OUT	整数转换成字节
	整数和双 整数转换	ITD IN, OUT	整数转换成双整数
		DTI IN, OUT	双整数转换成整数
	实数转换	DTR IN, OUT	双整数转换成实数
		ROUND IN, OUT	实数四舍五入为双整数
		TRUNC IN, OUT	实数截位取整为双整数
	ASCII 码转换	ATH IN, OUT, LEN	ASCII 码转换成 16 进制数
		HTA IN, OUT, LEN	16 进制数转换成 ASCII 码
		ITA IN, OUT, LEN	整数转换成 ASCII 码
		DTA IN, OUT, LEN	双整数转换成 ASCII 码
		RTA IN, OUT, LEN	实数转换成 ASCII 码
	编码/译码	DECO IN, OUT	译码
		ENCO IN, OUT	编码
		SEG IN, OUT	7 段译码
	字符串 转换	ITS IN, FMT, OUT	整数转换为字符串
		DTS IN, FMT, OUT	双整数转换为字符串
		STR IN, FMT, OUT	实数转换为字符串
	子字符 串转换	STI IN, FMT, OUT	子字符串转换为整数
		STD IN, FMT, OUT	子字符串转换为双整数
		STR IN, FMT, OUT	子字符串转换为实数

类型		指令名称	指令描述
中断	中断返回	CRETI	从中断程序有条件返回
	允许/禁止中断	ENI	允许中断
		DISI	禁止中断
	分配/解除中断	ATCH　INT，EENT	给中断事件分配中断程序
		DTCH　EVNT	解除中断事件
		CEVNT　EVNT	清除所有类型为 EVNT 的中断事件
网络	发送/接收	XMT　TBL，PORT	自由端口发送
		RCV　TBL，PORT	自由端口接收
	读/写	GET	读取远程站数据
		PUT	向远程站写入数据
	获取/设置	GPA　ADDR，PORT	获取端口地址
		SPA　ADDR，PORT	设置端口地址
		GIP　ADDR，MAST，GATE	获取 CPU 地址、子网掩码及网关
		SIP　ADDR，MAST，GATE	设置 CPU 地址、子网掩码及网关
高速计数器	定义模式	HDEF　HSC，MODE	定义高速计数器模式
	激活计数器	HSC　N	激活高速计数器
	脉冲输出	PLS　X	脉冲输出

附录2 S7-200 SMART PLC 特殊寄存器

特殊寄存器标志位提供了大量的状态和控制功能，特殊寄存器起到了 CPU 和用户程序之间交换信息和作用。特殊寄存器标志位能以位、字节、字或双字等形式使用。

1. SMB0：系统状态位

特殊寄存器 SMB0 包含 8 个位（SM0.0～SM0.7），在各位扫描周期结束时，S7-200 SMART CPU 更新这些位。程序可以读取这些位的状态，然后根据位值做出决定。SMB0 各位说明见附表 2-1。

附表 2-1　　　　　　　　　　　　　　　SMB0 各位说明

SM 地址	S7-200 SMART 符号名	说　明
SM0.0	Always _ On	PLC 运行时，此位始终为接通（即为 1）
SM0.1	First _ Scan _ On	PLC 首次扫描时为 1，然后断开。该位可以用于初始化子程序
SM0.2	Retentive _ lost	在保持性数据丢失时，开启 1 个周期
SM0.3	Run _ Power _ Up	从上电或暖启动进入 RUN 模式时，接通 1 个扫描周期。该位可用于在开始操作之前给机器提供预热时间
SM0.4	Clock _ 60s	该位提供高低电平各 30s，周期为 1min 的时钟脉冲
SM0.5	Clock _ 1s	该位提供高低电平各 0.5s，周期为 1s 的时钟脉冲
SM0.6	Clock _ Scan	该位是扫描周期时钟，本次扫描为接通，下次扫描为断开，在后续扫描中交替接通和断开，可作为扫描计数器的输入
SM0.7	RTC _ Lost	如果实时时钟设备的时间被重置或丢失，则该位将接通 1 个扫描周期，该位可用作错误存储器或用来调用特殊启动顺序

2. SMB1：系统状态位

特殊寄存器 SMB1 也包含 8 个位（SM0.0～SM0.7），提供各种指令的执行状态，例如表格的数学运算。执行指令时，由置位和复位指令来控制这些位。程序可以读取位值，然后根据位值做出决定。SMB1 各位说明见附表 2-2。

附表 2-2　　　　　　　　　　　　　　　SMB1 各位说明

SM 地址	S7-200 SMART 符号名	说　明
SM1.0	Result _ 0	零标志，当执行某些结果为 0 时，该位置 1
SM1.1	Overflow _ Illegal	错误标志，当执行某些指令的结果为溢出或检测到非法数值时，该位置 1
SM1.2	Neg _ Result	负数标志，当执行数学运算的结果为负数时，该位置 1
SM1.3	Divide _ By _ 0	尝试除以零时，该位置 1
SM1.4	Table _ Overflow	当执行 ATT（Add to Table）指令时超出表的范围，该位置 1
SM1.5	Table _ Empty	执行 LIFO 或 FIFO 指令时，试图从空表读取数据，该位置 1
SM1.6	Not _ BCD	把 1 个非 BCD 数转换成二进制时，该位置 1
SM1.7	Not _ Hex	ASCII 码不能转换成有效的十六进制数时，该位置 1

3. SMB2：自由端口接收字符缓冲区

SMB2 为自由端口接收的缓冲区，其符号名为 Receive＿Char。在自由端口模式下进行通信时，从 PLC 端口 0 或端口 1 接收到的每 1 个字符暂存于此。

4. SMB3：自由端口字符错误

SMB3 为自由端口的字符错误位，其符号名为 Parity＿Err。自由端口模式下，在接收字符中检测到奇偶校验、帧、中断或超限错误时，SM3.0＝1（表示接收字符有误），否则 SM3.0＝0（表示接收字符正确）。SM3.1～SM3.7 暂时保留。

5. SMB4：队列溢出、运行时程序错误、中断启用、自由端口发送器空闲和强制值

特殊寄存器 SMB4 包含中断队列溢出位、一个指示中断是否启用的位、运行时程序错误指示位、自由端口发送器状态指示位、PLC 存储器值当前是否被强制指示位。SMB4各位说明见附表 2-3。注意，只能在中断子程序中使用状态位 SM4.0～SM4.2，队列为空闲时这些状态位复位，控制权返回到主程序。

附表 2-3　　　　　　　　　　　　　　SMB4 各位说明

SM 地址	S7-200 SMART 符号名	说　明
SM4.0	Comm＿Int＿Ovr	如果通信中断队列溢出时，该位置 1
SM4.1	Input＿Int＿Ovr	如果输入中断队列溢出时，该位置 1
SM4.2	Timed＿Int＿Ovr	如果定时中断队列溢出时，该位置 1
SM4.3	RUN＿Err	在运行时检测到程序有非致命性错误，该位置 1
SM4.4	Int＿Enable	该位为 1，中断已启用，否则中断禁止
SM4.5	Xmit0＿Idle	该位为 1，表示端口 0 发送器空闲时，否则发送器正在传输
SM4.6	Xmit1＿Idle	该位为 1，表示端口 1 发送器空闲时，否则发送器正在传输
SM4.7	Force＿On	PLC 存储器值当前被强制时，该位置 1

6. SMB5：I/O 错误状态

特殊寄存器 SMB5 的 SM5.0～SM5.2 位用于指示在 I/O 系统中是否检测到错误条件，而 SM5.3～SM5.7 暂时保留。SMB5 各位说明见附表 2-4。

附表 2-4　　　　　　　　　　　　　　SMB5 各位说明

SM 地址	S7-200 SMART 符号名	说　明
SM5.0	IO＿Err	存在任何 I/O 错误时，该位置 1
SM5.1	Too＿Many＿D＿IO	I/O 总线上连接了过多的数字量 I/O 点时，该位置 1
SM5.2	Too＿Many＿A＿IO	I/O 总线上连接了过多的模拟量 I/O 点时，该位置 1

7. SMB6：CPU 型号识别寄存器

特殊寄存器 SMB6 用于识别 CPU 型号，以及指示 CPU 组态是否发生错误。其中SM6.7 位固定为 1，SM6.0、SM6.1 固定为 0。

SM6.2 为 CPU 报警诊断指示位。SM6.2＝0 时，表示没有错误；SM6.2＝1 时，表示有错误。

SM6.3 为组态/参数分配错误指示位。SM6.3＝0 时，表示组态/参数分配正确；

SM6.3＝1 时，表示组态/参数分配错误。

SM6.6～SM6.4 用于识别 CPU 型号。SM6.6～SM6.4＝000，为保留；SM6.6～SM6.4＝001，表示 CPU 型号为 CPU CR40；SM6.6～SM6.4＝010，表示 CPU 型号为 CPU CR60；SM6.6～SM6.4＝011，表示 CPU 型号为 CPU SR20/ST20；SM6.6～SM6.4＝100，表示 CPU 型号为 CPU SR40/ST40；SM6.6～SM6.4＝101，表示 CPU 型号为 CPU SR60/ST60；SM6.6～SM6.4＝110，为保留；SM6.6～SM6.4＝111，表示 CPU 型号为 CPU SR30/ST30。

8. SMB7：数字量 I/O 点数识别寄存器

特殊寄存器 SMB7 用于识别数字量 I/O 点数，其中高 4 位（SM7.7～SM7.4）识别数字量的输入点数；低 4 位（SM7.3～SM7.0）识别数字量的输出点数。这些点数是用 4 位二进制数进行表示的。

9. SMB8～SMB19：I/O 模块标识与错误寄存器

SMB8～SMB19 以字节的形式用于 0 至 5 号扩展模块的 I/O 模块标识与错误寄存器，见附表 2-5。从附表 2-5 中可以看出，偶数字节是扩展模块标识寄存器，用于标记模块的类型、I/O 类型、输入和输出的点数。奇数字节是模块错误标志寄存器，指示该模块 I/O 的错误。模块标识寄存器的各位功能见附表 2-6；错误标志寄存器的各位功能见附表 2-7。

附表 2-5　　　　　SMB8～SMB19 的说明

SM 地址	S7-200 SMART 符号名	说　明
SMB8	EM0_ID	扩展模块 0 的标识寄存器
SMB9	EM0_Err	扩展模块 0 的错误寄存器
SMB10	EM1_ID	扩展模块 1 的标识寄存器
SMB11	EM1_Err	扩展模块 1 的错误寄存器
SMB12	EM2_ID	扩展模块 2 的标识寄存器
SMB13	EM2_Err	扩展模块 2 的错误寄存器
SMB14	EM3_ID	扩展模块 3 的标识寄存器
SMB15	EM3_Err	扩展模块 3 的错误寄存器
SMB16	EM4_ID	扩展模块 4 的标识寄存器
SMB17	EM4_Err	扩展模块 4 的错误寄存器
SMB18	EM5_ID	扩展模块 5 的标识寄存器
SMB19	EM5_Err	扩展模块 5 的错误寄存器

附表 2-6　　　　　扩展模块标识寄存器的各位功能

位号	7	6	5	4	3	2	1	0
标志位	M	0	0	A	I	I	Q	Q
标志	M=0，模块已插入 M=1，模块未插入	固定为 00		A=0，数字量 I/O A=1，模拟量 I/O	II=00，无输入 II=01，2AI 或 8DI II=10，4AI 或 16DI II=11，8AI 或 32DI		QQ=00，无输出 AA=01，8AQ 或 8DQ QQ=10，4AQ 或 16DQ QQ=11，8AQ 或 32DQ	

位号	7	6	5	4	3	2	1	0
标志位	C	D	0	B	0	0	0	M
标志	C=0，无错误 C=1，组态/ 参数化错误	D=0，无错误 D=1，诊断报警	固定为 0	B=0，无错误 B=1，总线 访问错误	固定为 000			M=0，正常 M=1，缺失已 组态模块

附表 2-7　　　　　　　　　　错误标志寄存器的各位功能

10. SMW22～SMW26：扫描时间

SMW22～SMW26 中分别以 ms 为单位的扫描时间，其说明见附表 2-8。

附表 2-8　　　　　　　　　　SMW22～SMW26 的说明

SM 地址	S7-200 SMART 符号名	说　　明
SMW22	Last _ Scan	最后 1 次扫描的扫描时间
SMW24	Minimum _ Scan	进入 RUN 方式后，所记录的最短扫描时间
SMW26	Maximum _ Scan	进入 RUN 方式后，所记录的最长扫描时间

11. SMB28 和 SMB29：信号板类型和错误标志寄存器

SMB28 的 S7-200 SMART 符号名为 SB _ ID，该字节地址存储信号板的类型，各位的说明见附表 2-9；SMB29 的 S7-200 SMART 符号名为 SB _ Err，该字节地址存储信号板的错误状态，各位的说明见附表 2-10。

附表 2-9　　　　　　　　　　SMB28 各位的说明

位号	7	6	5	4	3	2	1	0
标志位	M	0	0	A	I	I	Q	Q
标志	M=0，模块已插入 M=1，模块未插入	固定为 00		A=0，数字量 I/O A=1，模拟量 I/O	II=00，无输入 II=01，2AI 或 8DI II=10，4AI 或 16DI II=11，8AI 或 32DI		QQ=00，无输出 AA=01，8AQ 或 8DQ QQ=10，4AQ 或 16DQ QQ=11，8AQ 或 32DQ	

附表 2-10　　　　　　　　　　SMB29 各位的说明

位号	7	6	5	4	3	2	1	0
标志位	C	D	0	B	0	0	0	M
标志	C=0，无错误 C=1，组态/ 参数化错误	D=0，无错误 D=1， 诊断报警	固定为 0	B=0，无错误 B=1，总线 访问错误	固定为 000			M=0，正常 M=1，缺失已组态 的信号板

12. SMB30 和 SMB130：自由端口控制寄存器

SMB30 和 SMB130 分别控制自由端口 0 和 1 的通信方式，用于设置通信的波特率和奇偶校验等，见附表 2-11，并提供选择自由端口方式或使用系统支持的 PPI 通信协议。在 PPI 模式下，将忽略 SM30.2～SM30.7（SM130.2～SM130.7）位。

附表 2-11 自由端口控制寄存器标志

位号	7 6	5	4 3 2	1 0
标志符	pp	d	bbb	mm
标志	pp=00，不校验 pp=01，偶校验 pp=10，不校验 pp=11，奇校验	d=0，每字符 8 个数据位 d=1，每字符 7 个数据位	bbb=000，38400bps bbb=001，19200bps bbb=010，9600bps bbb=011，4800bps bbb=100，2400bps bbb=101，1200bps bbb=110，115200bps bbb=111，57600bps	mm=00，PPI 从站模式 mm=01，自由端口模式 mm=10，保留（默认为 PPI 从站模式） mm=11，保留（默认为 PPI 从站模式）

13. SMB34 和 SMB35：定时中断时间间隔寄存器

特殊存储器字节 SMB34 和 SMB35 分别控制定时中断 0 和定时中断 1 的时间间隔，其说明见附表 2-12。

附表 2-12 SMB34、SMB35 的说明

SM 地址	S7-200 SMART 符号名	说　明
SMB34	Time _ 0 _ Intrvl	定时中断 0 的时间间隔（增量为 1ms，取值范围为 1ms～255ms）
SMB35	Time _ 1 _ Intrvl	定时中断 1 的时间间隔（增量为 1ms，取值范围为 1ms～255ms）

14. SMB36～SMB45、SMB46～SMB55、SMB56～SMB65、SMB136～SMB145：高速计数器 HSC0～HSC3 寄存器

这些特殊寄存器可为 HSC0～HSC3 提供高速计数器组态和操作，其说明见附表 2-13。表中未列出的位是暂时保留位，如 SM36.0～SM36.4。

附表 2-13 SMB36～SMB45、SMB46～SMB55、SMB56～SMB65、
SMB136～SMB145 的说明

SM 地址	S7-200 SMART 符号名	说　明
SMB36	HSC0 _ Status	HSC0 计数器状态
SM36.5	HSC0 _ Status _ 5	HSC0 当前计数方向位，1 为增计数
SM36.6	HSC0 _ Status _ 6	HSC0 当前计数等于预设值位，1 为相等
SM36.7	HSC0 _ Status _ 7	HSC0 当前计数大于预设值位，1 为大于
SMB37	HSC0 _ Ctrl	HSC0 计数器控制
SM37.0	HSC0 _ Reset _ Level	HSC0 复位操作的有效电平控制位，0 为高电平复位有效；1 为低电平复位有效
SM37.2	HSC0 _ Rate	HSC0 的 AB 正交相计数器的计数速率选择，0 为 4x 计数速率；1 为 1x 计数速率
SM37.3	HSC0 _ Dir	HSC0 方向控制位，1 为加计数
SM37.4	HSC0 _ Dir _ Update	HSC0 更新方向位，1 为更新方向
SM37.5	HSC0 _ PV _ Update	HSC0 更新预设值，1 将新预设值写入 HSC0 预设值
SM37.6	HSC0 _ CV _ Update	HSC0 更新当前值，1 将新当前值写入 HSC0 当前值

SM 地址	S7-200 SMART 符号名	说　明
SM37.7	HSC0 _ Enable	HSC0 使能位，0 为禁止；1 为允许
SMD38	HSC0 _ CV	SMD38 用于将 HSC0 当前值设置为用户所选择的任何值。要更新当前值，可将所需的新当前值先写入 SMD38，并将 SM37.6 设置为 1，然后执行该 HSC 指令，这样新的当前值将写入 HSC0 的当前计数寄存器
SMD42	HSC0 _ PV	SMD42 用于将 HSC0 预设值设置为用户所选择的任何值。要更新预设值，可将所需的新设值先写入 SMD42，并将 SM37.5 设置为 1，然后执行该 HSC 指令，这样新的预设值将写入 HSC0 的预设寄存器
SMB46	HSC1 _ Status	HSC1 计数器状态
SM46.5	HSC1 _ Status _ 5	HSC1 当前计数方向位，1 为增计数
SM46.6	HSC1 _ Status _ 6	HSC1 当前计数等于预设值位，1 为相等
SM46.7	HSC1 _ Status _ 7	HSC1 当前计数大于预设值位，1 为大于
SMB47	HSC1 _ Ctrl	HSC1 计数器控制
SM47.3	HSC1 _ Dir	HSC1 方向控制位，1 为加计数
SM47.4	HSC1 _ Dir _ Update	HSC1 更新方向位，1 为更新方向
SM47.5	HSC1 _ PV _ Update	HSC1 更新预设值，1 将新预设值写入 HSC1 预设值
SM47.6	HSC1 _ CV _ Update	HSC1 更新当前值，1 将新当前值写入 HSC1 当前值
SM47.7	HSC1 _ Enable	HSC1 使能位，0 为禁止；1 为允许
SMD48	HSC1 _ CV	SMD48 用于将 HSC1 当前值设置为用户所选择的任何值。要更新当前值，可将所需的新当前值先写入 SMD48，并将 SM47.6 设置为 1，然后执行该 HSC 指令，这样新的当前值将写入 HSC1 的当前计数寄存器
SMD52	HSC1 _ PV	SMD52 用于将 HSC1 预设值设置为用户所选择的任何值。要更新预设值，可将所需的新设值先写入 SMD52，并将 SM47.5 设置为 1，然后执行该 HSC 指令，这样新的预设值将写入 HSC1 的预设寄存器
SMB56	HSC2 _ Status	HSC1 计数器状态
SM56.5	HSC2 _ Status _ 5	HSC2 当前计数方向位，1 为增计数
SM56.6	HSC2 _ Status _ 6	HSC2 当前计数等于预设值位，1 为相等
SM56.7	HSC2 _ Status _ 7	HSC2 当前计数大于预设值位，1 为大于
SMB57	HSC2 _ Ctrl	HSC2 计数器控制
SM57.0	HSC2 _ Reset _ Level	HSC2 复位操作的有效电平控制位，0 为高电平复位有效；1 为低电平复位有效
SM57.2	HSC2 _ Rate	HSC2 的 AB 正交相计数器的计数速率选择，0 为 4x 计数速率；1 为 1x 计数速率
SM57.3	HSC2 _ Dir	HSC2 方向控制位，1 为加计数
SM57.4	HSC2 _ Dir _ Update	HSC2 更新方向位，1 为更新方向
SM57.5	HSC2 _ PV _ Update	HSC2 更新预设值，1 将新预设值写入 HSC2 预设值

SM 地址	S7-200 SMART 符号名	说　明
SM57.6	HSC2 _ CV _ Update	HSC2 更新当前值，1 将新当前值写入 HSC2 当前值
SM57.7	HSC2 _ Enable	HSC2 使能位，0 为禁止；1 为允许
SMD58	HSC2 _ CV	SMD58 用于将 HSC1 当前值设置为用户所选择的任何值。要更新当前值，可将所需的新当前值先写入 SMD58，并将 SM57.6 设置为 1，然后执行该 HSC 指令，这样新的当前值将写入 HSC2 的当前计数寄存器
SMD62	HSC1 _ PV	SMD62 用于将 HSC1 预设值设置为用户所选择的任何值。要更新预设值，可将所需的新设值先写入 SMD62，并将 SM57.5 设置为 1，然后执行该 HSC 指令，这样新的预设值将写入 HSC2 的预设寄存器
SMB136	HSC3 _ Status	HSC3 计数器状态
SM136.5	HSC3 _ Status _ 5	HSC3 当前计数方向位，1 为增计数
SM136.6	HSC3 _ Status _ 6	HSC3 当前计数等于预设值位，1 为相等
SM136.7	HSC3 _ Status _ 7	HSC3 当前计数大于预设值位，1 为大于
SMB137	HSC3 _ Ctrl	HSC3 计数器控制
SM137.3	HSC3 _ Dir	HSC3 方向控制位，1 为加计数
SM137.4	HSC3 _ Dir _ Update	HSC3 更新方向位，1 为更新方向
SM137.5	HSC3 _ PV _ Update	HSC3 更新预设值，1 将新预设值写入 HSC0 预设值
SM137.6	HSC3 _ CV _ Update	HSC3 更新当前值，1 将新当前值写入 HSC0 当前值
SM137.7	HSC3 _ Enable	HSC3 使能位，0 为禁止；1 为允许
SMD138	HSC3 _ CV	SMD138 用于将 HSC3 当前值设置为用户所选择的任何值。要更新当前值，可将所需的新当前值先写入 SMD138，并将 SM137.6 设置为 1，然后执行该 HSC 指令，这样新的当前值将写入 HSC3 的当前计数寄存器
SMD142	HSC3 _ PV	SMD142 用于将 HSC3 预设值设置为用户所选择的任何值。要更新预设值，可将所需的新设值先写入 SMD142，并将 SM137.5 设置为 1，然后执行该 HSC 指令，这样新的预设值将写入 HSC3 的预设寄存器

15. SMB66～SMB85、SMB166～SMB169、SMB176～SMB179、SMB566～SMB579：监控脉冲输出 PTO 和脉宽调制 PWM 功能

这些特殊寄存器可用来监视与控制脉冲串输出（PTO0～PTO2）和脉宽调制输出（PWM0～PWM2），其说明见附表 2-14。表中未列出的位是暂时保留位，如 SM66.0～SM66.3。

附表 2-14　　　SMB66～SMB85、SMB166～SMB169、SMB176～SMB179、
SMB566～SMB579 的说明

SM 地址	S7-200 SMART 符号名	说　明
SMB66	PTO0 _ Status	PTO0 状态
SM66.4	PLS0 _ Abort _ AE	PTO0 包络因相加错误而中止：0 表示未中止；1 表示中止

SM 地址	S7-200 SMART 符号名	说　　明
SM66.5	PLS0 _ Disable _ UC	用户在 PTO0 的 PTO 包络运行期间手动将其禁止：0 表示未中止；1 表示手动禁止
SM66.6	PLS0 _ Ovr	PTO0 管道上溢/下溢，管道已满时装载管道或传输空管道：0 表示未上溢；1 表示管道上溢/下溢
SM66.7	PLS0 _ Idle	PTO0 空闲位：0 表示 PTO0 进行中；1 表示 PTO0 空闲
SMB67	PLS0 _ Ctrl	为 Q0.0 监视和控制 PTO0（脉冲串输出）及 PWM0（脉宽调制）
SM67.0	PLS0 _ Cycle _ Update	PTO0/PWM0 更新周期时间或频率值：0 表示未更新；1 表示写入新周期时间/频率
SM67.1	PWM0 _ PW _ Update	PWM0 更新脉宽值：0 表示未更新；1 表示写入新脉宽
SM67.2	PTO0 _ PC _ Update	PTO0 更新脉冲计数值：0 表示未更新；1 表示写入新脉冲计数
SM67.3	PWM0 _ TimeBase	PWM0 时基：0 表示 1μs/刻度；1 表示 1ms/刻度
SM67.5	PTO0 _ Operation	PTO0 选择单/多段操作：0 表示单段；1 表示多段
SM67.6	PLS0 _ Select	PTO0/PWM0 模式选择
SM67.7	PLS0 _ Enable	PTO0/PWM0 使能控制端：0 表示禁止；1 表示启用
SMW68	PLS0 _ Cycle	PWO0 周期时间值（2～65535 单位的时基）/PTO0 频率值（1～65535Hz），字数据类型
SMW70	PWM0 _ PW	PWM0 脉宽值（0～65535 单位的时基），字数据类型
SMD72	PTO0 _ PC	PTO0 脉冲计数值（1～$2^{31}-1$），双字数据类型
SMB166	PTO0 _ Seg _ Num	PTO0 包络中当前执行的段号，字节数据类型
SMW168	PTO0 _ Profile _ Offset	PTO0 包络表的起始单元（相对于 V0 的字节偏移量），字数据类型
SMB76	PTO1 _ Status	PTO1 状态
SM76.4	PLS1 _ Abort _ AE	PTO0 包络因相加错误而中止：0 表示未中止；1 表示中止
SM76.5	PLS1 _ Disable _ UC	用户在 PTO0 的 PTO 包络运行期间手动将其禁止：0 表示未中止；1 表示手动禁止
SM76.6	PLS1 _ Ovr	PTO0 管道上溢/下溢，管道已满时装载管道或传输空管道：0 表示未上溢；1 表示管道上溢/下溢
SM76.7	PLS1 _ Idle	PTO1 空闲位：0 表示 PTO1 进行中；1 表示 PTO1 空闲
SMB77	PLS1 _ Ctrl	为 Q0.1 监视和控制 PTO1（脉冲串输出）及 PWM1（脉宽调制）
SM77.0	PLS1 _ Cycle _ Update	PTO1/PWM1 更新周期时间或频率值：0 表示未更新；1 表示写入新周期时间/频率
SM77.1	PWM1 _ PW _ Update	PWM1 更新脉宽值：0 表示未更新；1 表示写入新脉宽
SM77.2	PTO1 _ PC _ Update	PTO1 更新脉冲计数值：0 表示未更新；1 表示写入新脉冲计数
SM77.3	PWM1 _ TimeBase	PWM1 时基：0 表示 1μs/刻度；1 表示 1ms/刻度
SM77.5	PTO1 _ Operation	PTO1 选择单/多段操作：0 表示单段；1 表示多段

SM 地址	S7-200 SMART 符号名	说　明
SM77.6	PLS1_Select	PTO1/PWM1 模式选择
SM77.7	PLS1_Enable	PTO1/PWM1 使能控制端：0 表示禁止；1 表示启用
SMW78	PLS1_Cycle	PWO1 周期时间值（2~65535 单位的时基）/PTO1 频率值（1~65535Hz），字数据类型
SMW80	PWM1_PW	PWM1 脉宽值（0~65535 单位的时基），字数据类型
SMD82	PTO1_PC	PTO1 脉冲计数值（1~2³¹−1），双字数据类型
SMB176	PTO0_Seg_Num	PTO1 包络中当前执行的段号，字节数据类型
SMW178	PTO0_Profile_Offset	PTO1 包络表的起始单元（相对于 V0 的字节偏移量），字数据类型
SMB566	PTO2_Status	PTO2 状态
SM566.4	PLS2_Abort_AE	PTO2 包络因相加错误而中止：0 表示未中止；1 表示中止
SM566.5	PLS2_Disable_UC	用户在 PTO2 的 PTO 包络运行期间手动将其禁止：0 表示未中止；1 表示手动禁止
SM566.6	PLS2_Ovr	PTO2 管道上溢/下溢，管道已满时装载管道或传输空管道：0 表示未上溢；1 表示管道上溢/下溢
SM566.7	PLS2_Idle	PTO2 空闲位：0 表示 PTO0 进行中；1 表示 PTO2 空闲
SMB567	PLS2_Ctrl	为 Q0.3 监视和控制 PTO2（脉冲串输出）及 PWM2（脉宽调制）
SM567.0	PLS2_Cycle_Update	PTO2/PWM2 更新周期时间或频率值：0 表示未更新；1 表示写入新周期时间/频率
SM567.1	PWM2_PW_Update	PWM2 更新脉宽值：0 表示未更新；1 表示写入新脉宽
SM567.2	PTO2_PC_Update	PTO2 更新脉冲计数值：0 表示未更新；1 表示写入新脉冲计数
SM567.3	PWM2_TimeBase	PWM2 时基：0 表示 1μs/刻度；1 表示 1ms/刻度
SM567.5	PTO2_Operation	PTO2 选择单/多段操作：0 表示单段；1 表示多段
SM567.6	PLS2_Select	PTO2/PWM2 模式选择
SM567.7	PLS2_Enable	PTO2/PWM2 使能控制端：0 表示禁止；1 表示启用
SMW568	PLS2_Cycle	PWO2 周期时间值（2~65535 单位的时基）/PTO2 频率值（1~65535Hz），字数据类型
SMW570	PWM2_PW	PWM2 脉宽值（0~65535 单位的时基），字数据类型
SMD572	PTO2_PC	PTO2 脉冲计数值（1~2³¹−1），双字数据类型
SMB576	PTO2_Seg_Num	PTO2 包络中当前执行的段号，字节数据类型
SMW578	PTO2_Profile_Offset	PTO2 包络表的起始单元（相对于 V0 的字节偏移量），字数据类型

16. SMB86~SMB94、SMB186~SMB194：接收信息控制

特殊寄存器 SMB86~SMB94、SMB186~SMB194 用于端口 0、端口 1 的控制和读取 RCV（接收消息）指令的状态，它们的说明见附表 2-15。

附表 2-15 **SMB86～SMB94、SMB186～SMB194 的说明**

SM 地址	S7-200 SMART 符号名	说　明
SMB86	P0 _ Stat _ Rcv	端口 0 的接收消息状态
SM86.0	P0 _ Stat _ Rcv _ 0	端口 0 通信时，若发生奇偶校验、组帧、中断或超限错误，则接收消息终止且该位为 1，否则该位为 0
SM86.1	P0 _ Stat _ Rcv _ 1	端口 0 通信时，若接收消息达到最大字符数，则接收消息终止且该位为 1，否则该位为 0
SM86.2	P0 _ Stat _ Rcv _ 2	端口 0 通信时，若定时器终止，则接收消息终止且该位为 1，否则该位为 0
SM86.5	P0 _ Stat _ Rcv _ 5	端口 0 通信时，若接收到结束字符，则该位为 1，否则该位为 0
SM86.6	P0 _ Stat _ Rcv _ 6	端口 0 通信时，若未定义开始条件、字符计数为 0 或在传送激活情况下执行消息接收，则接收消息终止且该位为 1，否则该位为 0
SM86.7	P0 _ Stat _ Rcv _ 7	端口 0 通信时，若接收消息被用户禁用命令终止，则该位为 1，否则该位为 0
SMB87	P0 _ Ctrl _ Rcv	端口 0 的接收消息控制字节
SM87.1	P0 _ Ctrl _ Rcv _ 1	端口 0 通信时，表示忽略中断条件；1 表示使用中断条件作为消息检测的开始
SM87.2	P0 _ Ctrl _ Rcv _ 2	端口 0 通信时，0 表示忽略 SMW92；1 表示在超出 SMW92 的时长时终止接收；
SM87.3	P0 _ Ctrl _ Rcv _ 3	端口 0 通信时，0 表示定时器中是字符间定时器；1 表示定时器是消息定时器
SM87.4	P0 _ Ctrl _ Rcv _ 4	端口 0 通信时，0 表示忽略 SMW90；1 表示使用 SMW90 的值检测空闲条件
SM87.5	P0 _ Ctrl _ Rcv _ 5	端口 0 通信时，0 表示忽略 SMB89；1 表示使用 SMB89 的值检测消息的结束
SM87.6	P0 _ Ctrl _ Rcv _ 6	端口 0 通信时，0 表示忽略 SMB88；1 表示使用 SMB88 的值检测消息的开始
SM87.7	P0 _ Ctrl _ Rcv _ 7	端口 0 通信时，0 表示禁用接收消息功能；1 表示启用接收消息功能
SMB88	P0 _ Start _ Char	端口 0 通信的消息开始字符
SMB89	P0 _ End _ Char	端口 0 通信的消息结束字符
SMW90	P0 _ Idle _ Time	端口 0 通信时，空闲时间段以毫秒为单位指定，空闲时间过后接收到的首个字符为新消息的起始字符，字数据类型
SMW92	P0 _ Timeout	端口 0 通信时，以毫秒为单位指定字符间/消息定时器的超时值。如果超出该时间段，则终止接收消息
SMB94	P0 _ Max _ Char	端口 0 通信时，要接收的最大字符数（1～255 个字节）
SMB186	P1 _ Stat _ Rcv	端口 1 的接收消息状态
SM186.0	P1 _ Stat _ Rcv _ 0	端口 1 通信时，若发生奇偶校验、组帧、中断或超限错误，则接收消息终止且该位为 1，否则该位为 0
SM186.1	P1 _ Stat _ Rcv _ 1	端口 1 通信时，若接收消息达到最大字符数，则接收消息终止且该位为 1，否则该位为 0
SM186.2	P1 _ Stat _ Rcv _ 2	端口 1 通信时，若定时器终止，则接收消息终止且该位为 1，否则该位为 0

SM 地址	S7-200 SMART 符号名	说　　明
SM186.5	P1 _ Stat _ Rcv _ 5	端口 1 通信时，若接收到结束字符，则该位为 1，否则该位为 0
SM186.6	P1 _ Stat _ Rcv _ 6	端口 1 通信时，若未定义开始条件、字符计数为 0 或在传送激活情况下执行消息接收，则接收消息终止且该位为 1，否则该位为 0
SM186.7	P1 _ Stat _ Rcv _ 7	端口 1 通信时，若接收消息被用户禁用命令终止，则该位为 1，否则该位为 0
SMB187	P1 _ Ctrl _ Rcv	端口 1 的接收消息控制字节
SM187.1	P1 _ Ctrl _ Rcv _ 1	端口 1 通信时，表示忽略中断条件；1 表示使用中断条件作为消息检测的开始
SM187.2	P1 _ Ctrl _ Rcv _ 2	端口 1 通信时，0 表示忽略 SMW192；1 表示在超出 SMW192 的时长时终止接收；
SM187.3	P1 _ Ctrl _ Rcv _ 3	端口 1 通信时，0 表示定时器中是字符间定时器；1 表示定时器是消息定时器
SM187.4	P1 _ Ctrl _ Rcv _ 4	端口 1 通信时，0 表示忽略 SMW190；1 表示使用 SMW190 的值检测空闲条件
SM187.5	P1 _ Ctrl _ Rcv _ 5	端口 1 通信时，0 表示忽略 SMB189；1 表示使用 SMB189 的值检测消息的结束
SM187.6	P1 _ Ctrl _ Rcv _ 6	端口 1 通信时，0 表示忽略 SMB188；1 表示使用 SMB188 的值检测消息的开始
SM187.7	P1 _ Ctrl _ Rcv _ 7	端口 1 通信时，0 表示禁用接收消息功能；1 表示启用接收消息功能
SMB188	P1 _ Start _ Char	端口 1 通信的消息开始字符
SMB189	P0 _ End _ Char	端口 1 通信的消息结束字符
SMW190	P0 _ Idle _ Time	端口 1 通信时，空闲时间段以毫秒为单位指定，空闲时间过后接收到的首个字符为新消息的起始字符，字数据类型
SMW192	P0 _ Timeout	端口 1 通信时，以毫秒为单位指定字符间/消息定时器的超时值。如果超出该时间段，则终止接收消息
SMB194	P0 _ Max _ Char	端口 1 通信时，要接收的最大字符数（1～255 个字节）

17. SMW98：I/O 扩展总线错误计数器

特殊寄存器 SMW98 为 I/O 扩展总线错误计数器，在 S7-200 SMART 中的符号名 EM _ Parity _ Err。当扩展总线出现奇偶校验错误时，该字的值加 1；系统得电或用户写入零时，该字将清零。

18. SMW100～SMW114：系统报警寄存器

特殊寄存器 SMW100～SMW114 为 CPU 模块、SB（信号板）和 EM（扩展模块）提供报警和诊断错误代码见附表 2-16。SMW100～SMW114 中存储的是字类型的诊断错误代码，每个诊断错误代码包含 b15～b0 共 16 位，各位的含义见附表 2-17，表中未列出 b7 ～b0 的位状态，表示该状态为保留。

附表 2-16　　　　　　　　　　　　　　SMW100～SMW114 的说明

SM 地址	S7-200 SMART 符号名	说　明
SMW100	CPU _ Alarm	CPU 诊断报警代码
SMW102	SB _ Alarm	信号板诊断报警代码
SMW104	EM0 _ Alarm	扩展模块总线插槽 0 诊断报警代码
SMW106	EM1 _ Alarm	扩展模块总线插槽 1 诊断报警代码
SMW108	EM2 _ Alarm	扩展模块总线插槽 2 诊断报警代码
SMW110	EM3 _ Alarm	扩展模块总线插槽 3 诊断报警代码
SMW112	EM4 _ Alarm	扩展模块总线插槽 4 诊断报警代码
SMW114	EM5 _ Alarm	扩展模块总线插槽 5 诊断报警代码

附表 2-17　　　　　　　　　　　　　　诊断错误各位代码的含义

	位	含　义
报警位置	b15	0 表示输入通道或其他非 I/O 模块；1 表示输出通道
报警范围	b14	0 表示在单个通道上；1 表示在整个通道上
通道号	b13～b8	如果 b14＝0，则 b13～b8 的值表示受影响的通道；如果 b14＝1，则 b13～b8＝000000
报警类型	b7～b0	b7～b0＝00000000，无报警
		b7～b0＝00000001，短路
		b7～b0＝00000110，断路
		b7～b0＝00000111，超出上限
		b7～b0＝00001000，超出下限
		b7～b0＝00010000，参数化错误
		b7～b0＝00010001，传感器或负载电压缺失
		b7～b0＝00100000，内部错误（MID 问题）
		b7～b0＝00100001，内部错误（IID 问题）
		b7～b0＝00100011，组态错误
		b7～b0＝00100101，固件损坏或缺失
		b7～b0＝00101011，电池的电压低

19. SMB480～SMB515：数据日志状态寄存器

SMB480～SMB515 为只读特殊寄存器，用于指示数据日志的操作状态，其说明见附表 2-18。

附表 2-18　　　　　　　　　　　　　　SMB480～SMB515 的说明

SM 地址	S7-200 SMART 符号名	说　明
SMB480	DL0 _ InitResult	数据日志 0 的初始化结果代码，00H 表示数据日志正常；01H 表示正在初始化；02H 表示未找到数据日志文件；03H 表示数据日志初始化出错；FFH 表示数据日志未组态

SM 地址	S7-200 SMART 符号名	说　明
SMB481	DL1 _ InitResult	数据日志 1 的初始化结果代码，00H 表示数据日志正常；01H 表示正在初始化；02H 表示未找到数据日志文件；03H 表示数据日志初始化出错；FFH 表示数据日志未组态
SMB482	DL2 _ InitResult	数据日志 2 的初始化结果代码，00H 表示数据日志正常；01H 表示正在初始化；02H 表示未找到数据日志文件；03H 表示数据日志初始化出错；FFH 表示数据日志未组态
SMB483	DL3 _ InitResult	数据日志 3 的初始化结果代码，00H 表示数据日志正常；01H 表示正在初始化；02H 表示未找到数据日志文件；03H 表示数据日志初始化出错；FFH 表示数据日志未组态
SMW500	DL0 _ Maximum	数据日志 0：允许最大记录数的组态值
SMW502	DL0 _ Current	数据日志 0：允许最大记录数的实际值
SMW504	DL1 _ Maximum	数据日志 1：允许最大记录数的组态值
SMW506	DL1 _ Current	数据日志 1：允许最大记录数的实际值
SMW508	DL2 _ Maximum	数据日志 2：允许最大记录数的组态值
SMW510	DL2 _ Current	数据日志 2：允许最大记录数的实际值
SMW512	DL3 _ Maximum	数据日志 3：允许最大记录数的组态值
SMW514	DL3 _ Current	数据日志 3：允许最大记录数的实际值

20. 其余特殊寄存器

特殊寄存器 SMB600～SMB749 为轴（0、1 和 2）开环运动控制，通过向导生成的程序代码会读写这些寄存器中的数据。SMB1000～SMB1049 为 CPU 模块硬件/固件 ID 的特殊寄存器，在 PLC 上电或热重启切换后，此 CPU 将信息写入这些特殊寄存器中。SMB1050～SMB1099 为 SB（信号板）硬件/固件 ID 的特殊寄存器，在 PLC 上电或热重启切换后，此 CPU 将信号板信息写入这些特殊寄存器中。SMB1100～SMB1399 为 EM（扩展模块）硬件/固件 ID 的特殊寄存器，在 PLC 上电或热重启切换后，此 CPU 将扩展模块信息写入这些特殊寄存器中。SMB1400～SMB1699 为 EM（扩展模块）模块特定数据的特殊寄存器，CPU 为每个扩展模块保留额外的 50 个字节，用于模块特定的只读数据。

参 考 文 献

［1］陈忠平. 西门子 S7-200 PLC 从入门到精通（第二版）［M］. 北京：中国电力出版社，2020.

［2］陈忠平. 西门子 S7-200 SMART PLC 完全自学手册［M］. 北京：化学工业出版社，2020.

［3］西门子（中国）有限公司. 深入浅出西门子 S7-200 SMART PLC［M］. 北京：北京航空航天大学出版社，2015.

［4］陈忠平. 欧姆龙 CP1H 系列 PLC 完全自学手册（第二版）［M］. 北京：化学工业出版社，2018.

［5］陈忠平，侯玉宝. 三菱 FX_{2N} PLC 从入门到精通［M］. 北京：中国电力出版社，2015.

［6］向晓汉，陆彬. 西门子 PLC 工业通信网络应用案例精讲［M］. 北京：化学工业出版社，2011.

［7］吴志敏，阳胜峰. 西门子 PLC 与变频器、触摸屏综合应用教程［M］. 北京：中国电力出版社，2009.

［8］韩相争. 西门子 S7-200 SMART PLC 编程技巧与案例［M］. 北京：化学工业出版社，2017.

［9］刘华波，刘丹，赵岩岭等. 西门子 S7-1200 PLC 编程与应用［M］. 北京：机械工业出版社，2011.